杨树庄 著

BCMT
杨氏矿床成因论

基底—盖层—岩浆岩及控矿构造体系（下卷）

Basal-Cover-Magmatite and
Tectonic System of Mineral Control

谨以此书敬献给

将我送进地质学院的

我的父亲

杨熙明先生

和母亲

唐叔勤先生

西北大学出版社
·西安·

内容提要

原创却通俗易懂的地质学著作，论证世界锡都个旧锡矿、萨尔托海、罗布莎铬铁矿及海南石碌铁矿均受控于控矿张性入字型构造。个旧锡矿有在 1984 年基础上锡储量翻番的找矿前景。论证了大冰期引发的、冰碛层之上的碳酸盐岩—煤炭及磷块岩乃至膏盐沉积矿产等“帽”的形成机制，“碳帽”（生帽）、“磷帽”（死帽）和“膏盐帽”（干帽），之下有“红色的鞋”等概念并解释成因；阐明新的、正确的“震旦旋回”概念及其中道理；指出大冰期才有地球最大规模碳循环，大气圈二氧化碳将自然进入岩石圈成为碳帽，氧留在大气圈随一次次大冰期迅速增加浓度；指明沼泽泥炭与泥炭是两个不可混淆的概念；创立了大冰期生物尸骸变质带成磷说，质疑了长期统治沉积磷矿成因的深海洋流上升说。该书有助于地质学、矿床成因乃至地球环境变化—碳循环研究等，可供相关领域理论界、实践层面及求学者参考。

图书在版编目（CIP）数据

BCMT杨氏矿床成因论：基底—盖层—岩浆岩及控矿构造体系. 下卷 / 杨树庄著. --西安：西北大学出版社，2024.1

ISBN 978-7-5604-5100-8

Ⅰ. ①B⋯ Ⅱ. ①杨⋯ Ⅲ. ①矿床成因论 Ⅳ. ①P611

中国国家版本馆CIP数据核字（2023）第030859号

BCMT杨氏矿床成因论：基底—盖层—岩浆岩及控矿构造体系（下卷）

BCMT YANGSHI KUANGCHUANG CHENGYIN LUN: JIDI-GAICENG-YANJIANGYAN JI KONGKUANG GOUZAO TIXI（XIAJUAN）

著　　者	杨树庄
出版发行	西北大学出版社
地　　址	西安市太白北路229号
邮　　编	710069
电　　话	029-88303059
经　　销	全国新华书店
印　　装	西安华新彩印有限责任公司
开　　本	787 mm × 1092 mm　1/16
印　　张	26.75
字　　数	631千字
版　　次	2024年1月第1版　2024年1月第1次印刷
书　　号	ISBN 978-7-5604-5100-8
定　　价	80.00元

本版图书如有印装质量问题，请拨打电话029-88302966予以调换。

引　子

之一　孟子曰

杨墨之道不息，孔子之道不著，是邪说诬民，充塞仁义也。

——《孟子·滕文公章句下》

之二　孔子曰

学而不思则罔，思而不学则殆。

——《论语·为政》

之三　鲁迅说

生物学家告诉我们：“人类和猴子是没有大两样的，人类和猴子是表兄弟。”但为什么人类成了人，猴子终于是猴子呢？这就因为猴子不肯变化——它爱用四只脚走路。也许曾有一个猴子站起来，试用两脚走路的罢，但许多猴子就说：“我们底祖先一向是爬的，不许你站！”咬死了。它们不但不肯站起来，并且不肯讲话，因为它守旧。人类就不然，他终于站起来，讲话，结果是他胜利了。

——摘自《革命时代的文学》，见《鲁迅全集》第三卷第313—314页

维持现状说是任何时候都有的，赞成者也不会少，然而在任何时候都没有效，因为在实际上决定做不到。假使古时候用此法，就没有今之现状，今用此法，也就没有将来的现状，直到辽远的将来，一切都和太古无异。

——摘自《从“别字”说开去》，见《鲁迅全集》第六卷第224页

即使慢，驰而不息，纵会落后，纵会失败，但一定可以达到他所向的目标。

——摘自《补白》，见《鲁迅全集》第三卷第83页

之四　爱因斯坦说

发展独立思考和独立判断的一般能力，应当始终放在首位，而不应当把获得专业的知识放在首位。

——摘自牛素琴等《中外名人格言精华》（兰州：甘肃人民出版社，1982）第 38 页

启发我并永远使我充满生活乐趣的理想是真、善、美。

——摘自牛素琴等《中外名人格言精华》（兰州：甘肃人民出版社，1982）第 6 页

一个人在科学探索的道路上，走过弯路，犯过错误，并不是坏事，更不是什么耻辱，要在实践中勇于承认和改正错误。

——摘自牛素琴等《中外名人格言精华》（兰州：甘肃人民出版社，1982）第 96 页

之五　孙中山说

吾志所向，一往无前，愈挫愈奋，再接再厉。

——摘自牛素琴等《中外名人格言精华》（兰州：甘肃人民出版社，1982）第 9 页

序

一

杨树庄先生是从业 66 年行万里路的地质学家（在校生产实习三年完成辽源幅 1 ∶ 20 万区调已行万里路），他 1960 年本科毕业被分配到广东省地质局，先后在 705、706 地质队工作了 25 年，后调入广东省局机关从事技术管理和全省地勘行业管理工作，退休前在岗工作了 40 年。退休后杨先生继续地质学理论著述工作，2003 年出版地质科学和科普读物《苍茫大地，谁主沉浮——老地质队员说道》，2011 年出版《BCMT 杨氏矿床成因论：基底—盖层—岩浆岩及控矿构造体系》（上卷），2016 年出版《BCMT 杨氏矿床成因论：基底—盖层—岩浆岩及控矿构造体系》（中卷），今年（2023 年）将出版《BCMT 杨氏矿床成因论：基底—盖层—岩浆岩及控矿构造体系》（下卷）。如果从 1956 年入长春地质学院求学算起，那么杨先生从事地质学工作已经 66 年了，前 40 年在岗服从需要，主要从事矿产勘查及区域地质调查工作，其间有 3 年参与领导地质部地矿司“南岭地区铅锌矿规律研究”项目。

杨先生之所以在退休后开始了系统持久的理论研究工作，是因为他在前 40 年的地质勘查工作中遇到了很多实际问题，以当时的理论解释不清楚，甚至解释是错误的，但在当时的条件下，也没有时间进行系统的理论研究。他退休后，有了充分的时间，可以深入思考这些问题。所以，杨先生的著作不只是对自己过去实际工作经验的总结，更多的是对过去 60 多年（甚至是更长时间）以来地质学、矿床学基础理论的重新反思，在反思的过程中，他提出了很多新的创见，如冰期成因学说、黄土就是火山灰学说、矿床的构造成因说，等等，这些学说涉及现代地质学知识体系的根基，具有根本性的意义。当一个学科的基本理念发生了变化之后，基于其上的一系列衍生知识也将发生变化。知识从创新、传播到被同行普遍地接受，需要经历相当长的时间，我相信，随着杨先生《BCMT 杨氏矿床成因论：基底—盖层—岩浆岩及控矿构造体系》（下卷）的出版和他这些著作的持久传播，他对现代地质学的创造性影响会不断地呈现出来。

二

杨先生的《BCMT 杨氏矿床成因论：基底—盖层—岩浆岩及控矿构造体系》分为上、中、下三卷陆续出版，是因为杨先生的学问体大思精，有内在的逻辑体系，不能在短时间内把一切想写的都写出来，只能分阶段写作出版。但从读者的角度来看，倒也不必从上卷开始从头阅读，手里拿到哪一卷就从哪里开始阅读好了。因为杨先生的著作乃是思想创造之作，而非教科书式的知识陈列之作。学习系统的知识确实需要循序渐进，由浅入深。思想不同，思想可以在任何一个知识阶段上发生，而且可以按照新发生的思想重新组建知识体系。

三

《BCMT 杨氏矿床成因论：基底—盖层—岩浆岩及控矿构造体系》的潜在读者有三类，这三类读者对杨先生的书有不同的读法。

第一类读者是从事矿产勘查工作（特别是固体矿）的专业技术人员，由于他们已经有了一定的工作经验，所以读杨先生的书开始只选读与自己正从事的专业工作有关的章节，如在云南个旧锡矿从事矿产勘查专业的地质工程师们，直接读《BCMT 杨氏矿床成因论：基底—盖层—岩浆岩及控矿构造体系》（下卷）第一章第一节关于个旧锡矿的部分，相信会有新的收获。

第二类读者为从事基础地质理论教育或科研的专业学者，如地质院校中研究普通地质学、构造学的教师、研究生等，他们从阅读《BCMT 杨氏矿床成因论：基底—盖层—岩浆岩及控矿构造体系》（上卷）导篇“大冰期成因论”或《BCMT 杨氏矿床成因论：基底—盖层—岩浆岩及控矿构造体系》（下卷）的“论碳帽”入手更有针对性，因为这些在他们已熟知的知识领域出现的新创见，会引起他们新的思考。

第三类读者是不论什么专业背景，只是对地质学或自然科学有兴趣的读者，这类读者数量众多、专业各异，但共同的特点是怀有科学探索的好奇心。这类读者从《苍茫大地，谁主沉浮——老地质队员说道》或《BCMT 杨氏矿床成因论：基底—盖层—岩浆岩及控矿构造体系》（上卷）导篇入手更为顺畅，因为那些作品通俗易懂，且涉及普通读者已知的热门话题，易激发起阅读兴趣。

无论上述哪一类读者，我都强烈推荐《BCMT 杨氏矿床成因论：基底—盖层—岩浆岩及控矿构造体系》（下卷）中的附文《一次找矿活动》作为起始读物。

首先，是因为这篇文章短，只有 3 页，在阅读已进入“手机化”和“自阅读”的时代，无论什么人，对于系统阅读大部头的科学著作都没有兴趣和时间，而这篇短文的篇幅不长，符合当下的阅读环境。

其次，文章的故事十分精彩，记述的是 1997 年杨先生为某水泥厂寻找水泥原料黏土矿的过程，只用了 5 天时间（实际上按杨先生的设想只需要 2 天时间，其余 3 天时间是为了说服同伴，给他的试错时间）便超额完成找矿任务，原来规定的任务是 30 万吨，杨先生他们实际找到了 1 000 万吨以上。任务完成得干脆利索，文章也写得干脆利索，没有一行多余的字，又准确透彻地把找矿依据交代得一清二楚，有关云长温酒斩华雄的风采。专业的找矿工作者，谁不希望有这样一身本事呢！

此文虽短，但见微知著，透露出杨先生对找矿之外普通地质学问题——广东第四纪冰川遗迹的关注。冰川是基础性的地质学问题，也正是具有了冰川地质学深厚的理论基础，杨先生才能在短暂的时间内超额完成难度很大的找矿任务。基础理论对实践的指导作用通过本文得到了淋漓尽致的反映。要在找矿实践中干净利索地取得战果，深入透彻的基础理论研究是必不可少的基本功。

四

杨先生之所以能在退休之后，二十年如一日，以理论著述的方式持续从事自己的“职业地质学家”工作，是因为他对科学怀有真正的信仰，他从青年时代就信奉的人生格言是：对真理和知识的追求并为之奋斗，是人的最高品质之一。这种信仰使他的著作具有真正纯粹的科学精神。

地质学领域与其他科学领域不同，我曾称之为“前科学”态。读者所能接触到的大量专业文献中充满非科学的内容，这些内容包括且不限于不懂装懂的“权威言论”，崇尚从别的专业或国家抄袭来本专业或国家尚不明了的“玄奥术语”，为了糊口混饭而七拼八凑、逻辑混乱的专著，等等（这类现象不是中国独有的，外国也一样），简言之，是充斥于科学专业文献中的非科学因素导致的谬误言论。同时，哪怕是治学态度端正，纯粹从科学角度出发，也会因为基础知识和思维方法、认知水平的不同而形成不同的看法和观点。做学问不可避免地要面对既有知识体系中存在的各种观点，必须花时间去辨识既有观点的正确与错误，新的学术观点是在对既有学术观点的批判与继承基础上发展起来的。

杨先生的著作中，有很大部分是对既有知识的分析与梳理，如《BCMT 杨氏矿床成因论：基底—盖层—岩浆岩及控矿构造体系》（下卷）中第四章“论泥炭”，对既有文献的引述和分析占了大部分的篇幅。这类工作是必要的，但要花费作者和读者大量的时间，如同上述找黏土矿的案例中花费了 3 天时间让同伴试错一样。

从科学方法的角度而言，杨先生是严格的“证据主义者”，他要求一切科学结论都必须基于可观察、可被反复证实的事实依据基础之上，他说一个事物必须先被观察到并描述出来，才能展开论述，没有描述就展开论述，实际是一种“玄奥”，如地幔柱学说。我本人接受了地球排气理论、地幔流体理论、无机成油理论等学说，地球排气理论和地幔流体理论虽然与地幔柱理论有所不同，但也被杨先生视为“玄奥”之学。在这些方面，我和杨先生的看法有所不同，但我接受杨先生的科学方法论，同意每一条理论认识都必须有真实可靠的证据，我也在按杨先生的方法寻找这些理论得以成立的证据。

在科学研究中，有不同的观点和看法是正常的，但科学态度和科学证据必须是共同的，否则就不会有真正的科学知识存在了。

在思想方法上，杨先生重视唯物辩证法的主要特征，也就是内在的逻辑体系——事物的有机联系。在实际工作中重视从地质体的空间分布关系探索成因线索（他重视地质力学构造行迹之间的有机联系），在科研思考中重视各种地质现象之间的有机联系。上卷中的大冰期成因、黄土就是火山灰，下卷中的论碳帽、论磷帽、论泥炭都是有机联系在一起的作品。论磷帽中关于海绿石的指相问题乃至中国北方震旦系的时代问题都有机联系在一起。杨先生认为认识地质现象和理解地质作用才能够真正解决地质学实际问题，另外多读著作不及多认识地质现象和深入理解这些地质现象所反映的地质作用。我认为这些都是杨先生有所创新的根本原因，也是杨先生最重要的治学风格。

五

2014 年，我在网上搜索地质学文献时发现《BCMT 杨氏矿床成因论：基底—盖层—岩浆岩及控矿构造体系》（上卷），买回来阅读后觉得甚好，便去联系杨先生进行采访，杨先生愉快地接受了我们的采访，回答了很多问题，相关的采访文章已发表于《休闲读品》杂志 2015 年第一期。

此后，我们持续地联系。2016 年，《BCMT 杨氏矿床成因论：基底—盖层—岩浆岩及控矿构造体系》（中卷）出版，杨先生亦惠赐我阅读。2021 年，杨先生请我对其新作《BCMT 杨氏矿床成因论：基底—盖层—岩浆岩及控矿构造体系》（下卷）做些文字核校工作，我有幸在下卷尚未正式出版之时阅读了全部书稿，先睹为快，并对杨先生的学说有了更全面、更深刻的认识。在我看来，杨先生的学说不只是在固体矿床成因学上有独到的创见，同时，对普通地质学的很多基础性的概念重新作了符合地质实际的判断，而基于这些概念上的冰川地质学、火山学、沉积盆地学、油气地质学、煤田地质学等分支学科也将随之做出调整，形成新的认识。杨先生数十年独立思考、艰辛探索所获得的认识以及他严守“证据主义”的治学方法，构成了当代地球科学新革命的重要组成部分。

我仅从我所从事的石油天然气地质学的角度，谈一下杨先生两个重要学说“碳帽及冰期成因说”和“矿床构造成因说”对我产生的重大影响。

六

杨先生关于“大冰期成因”和“碳帽”的学说分见于《BCMT 杨氏矿床成因论：基底—盖层—岩浆岩及控矿构造体系》（上卷）的导篇“大冰期成因论”和《BCMT 杨氏矿床成因论：基底—盖层—岩浆岩及控矿构造体系》（下卷）的第二章“论碳帽”、第四章“论泥炭”等章节中，虽分卷、分不同章节而述，但是一个整体的东西，对观察所见的“碳帽”的成因做了系统化的解释。我将其概括为“大冰期及碳帽成因学说”，下面简明扼要地摘录杨先生这一学说中的主要观点，同时，从我个人的角度发表些阅读感想：

1. 大冰期的一个特征是气温低，但气温低只是出现大陆冰川的区域气温低。认清这一点，就不至于出现将整个地球置于低温条件下的成因假说（“雪球说”不成立）。大陆冰川总是出现在地壳的某一部分而不是全部陆壳。

（李寻感言：杨先生此观点完全符合实际观察到的地质现象，从思维方式上讲，也是对那种以偏概全、以点代面的主观想象思维方法的否定。人类所观察到的所有地质现象都是分布在一个具体的有限范围内的，但总是有些学者将这些有限范围内观察到的事

实无证据、无条件地推想成全球性的事件，这些推想事后被证明是不成立的，这类治学方法也是非科学的）

2. 大冰期与陆壳普遍出现碳酸盐岩与火山活动关系密切，大冰期可以多次发生，有人已经认为，隐生宙的中晚期、奥陶—志留纪及第三纪晚期的上新世也出现过冰期，尤其是现在，也不能说不是处在第四纪大冰期的间冰期中。

（李寻感言：此观点符合地质观察事实，此方面的证据多如牛毛。将大冰期与陆壳普遍出现碳酸盐岩的火山活动联系起来，是杨先生的洞见，也是一个关键的思想枢纽，既然火山可以多次发生，现在还在发生，那么冰川为什么不能多次发生，而且现在还在发生呢？只要出现一个大的火山旋回，冰期就可多次发生！这个结论很重要，杨先生已经论证成煤期就是大冰期，远比现有认识的“三大冰期”多得多。）

3. 冰川是地下 CO_2 气体大规模涌出排入大气产生的“干冰制冷机制”，可观察到的地质证据很多，例如 1977 年广东三水盆地水深 9 井 CO_2 井喷事件。

（李寻感言：地下 CO_2 大规模涌出是形成大冰期的原因，是杨先生独创的观点，我极为赞同此观点。所要补充的是，地下突出的气体不只是 CO_2，还有 H_2O、CH_4、N_2、H_2 等，CO_2 是“制冷剂”，同时喷发出的 H_2O 提供了水源，形成陆壳冰川。当然，杨先生认为，岩浆加热海水提供水源这个条件仍然是主要的）

4. 冰碛岩上必有碳酸盐岩，名之为“碳酸盐岩帽”；冰碛层上也必有煤层，含煤岩系中多含有火山灰层，即煤层中的“黏土岩夹矸”。碳酸盐岩帽和含煤系同作为碳帽。在地球外圈层系统，碳不可能凭空增加，必须有系统外的碳进入，即地球内圈层的碳加入。制造大冰期的 CO_2 和大冰期后的浅水、清水、暖水（都是淡水）中的 Ca^{2+}、Mg^{2+} 发生快速反应，大量的 $CaCO_3$ 和 $MgCO_3$ 快速沉淀下来，形成冰碛岩层上的碳酸盐帽。CO_2 还以其温室效应制造了炎热的间冰期，使植物迅速生长，为植物成因的泥炭提供了前体物质，碳以另一种形式灰飞沉积成冰碛层之帽。

[李寻感言：冰碛岩层上存在“碳酸盐岩帽”和煤系地层是被前人地质观察所证明的事实，杨先生的独特贡献是指出了煤系地层和碳酸盐岩同属“碳帽”，而且其碳源或直接或间接地来自地球内圈层的 CO_2。我认为这个见解非常重要，从根本上解释了冰期、火山以及“碳帽”形成的原因。杨先生还赞同前人根据 ^{13}C 同位素研究得出的观点，认为此类“碳帽”（包括碳酸盐岩和煤系）都形成于浅水、清水、暖水等淡水环境。这一观点也非常重要。我们在做含油气盆地研究时，见到碳酸盐岩就归为海相沉积，做沉积盆地演化史时，总是要千方百计地杜撰“海退”“海进”的过程，而这类故事永远讲不圆，因为其他太多的地质证据不支持那么频繁的“海进”或“海退”成立。根据杨先生的学说，在沉积盆地学的研究中，至少不用再做这种无中生有的“海进”“海退”解释了]

5. 沼泽地里由植物遗体堆积分解形成的含碳土壤——泥炭，与地质上所说的“婴儿期的煤——泥炭”是两回事，两者指的不是一个东西，也不是一个概念。

[李寻感言：杨先生对两种泥炭对应物及概念内涵的区分非常有价值，结合第四条杨先生关于“碳帽”的论述，我有如下发挥：

（1）沼泽地的含碳土壤——泥炭，与地质上“婴儿期的煤——泥炭”是两种东西，而且前者不能演化为后者，或者说后者是否是由前者演化来的尚未可知。现在煤田地质学上对煤化作用的描述，即泥炭→褐煤→烟煤→无烟煤，是确切的。但煤是否一定由碳酸盐岩产生的 CO_2 经植物形成，可能还是一种主观想象很强、缺乏地质证据和实验室证据的假说，还不能说是可靠的科学结论。

（2）沼泽泥炭是泥炭，煤是煤。形成泥炭的植物与 CO_2 有关，但形成煤的碳另有来源。

（3）我接受“煤的无机成因学说”的观点，该观点认为煤是由地壳内部的碳氢化合物（石油、天然气）脱氢后形成的。把“煤的无机成因学说”和杨先生的“碳帽学说”结合起来，可以得出以下认识：“碳帽”中碳酸盐岩的碳来自地球内圈层的 CO_2，“碳帽”中煤层的碳来自地球内圈层的碳氢化合物（如 CH_4）。

（4）地下圈层的 CO_2 不一定来自岩浆对沉积的碳酸盐岩层的加热，这种机制无法回答最初那层碳酸盐岩岩层的碳是从何而来的问题。能使 $CaCO_3$ 分解出 CO_2 的温度为 898 ℃，而在 600 ℃左右碳酸盐岩就可能熔融为岩浆，冷凝后成为岩浆成因的碳酸岩。现代已经进入工业开发的 CO_2 气田，如苏北的黄桥气田、松辽盆地的徐家围子气田，包括广东三水盆地发生井喷的 CO_2 气井，并没有证据说明其气源来自岩浆对碳酸盐岩地层的加热。而碳同位素研究揭示这些气体中有幔源的成分。

（5）“碳帽”下伏岩层顶面，即“碳帽”的底板多为冰碛，这一层位也常是油气储层，但在油气储层学中我尚未见到“冰碛储层”这一类型，未来在油气储层研究中，应增加“冰碛泥砾岩储层”这一项）]

七

杨先生的这套书的书名为《BCMT 杨氏矿床成因论：基底—盖层—岩浆岩及控矿构造体系》，可见矿床成因是杨先生研究的重点。但说实话，我过去读杨先生的书，于他的矿床成因说无甚感觉，看不出有什么特别的地方。直到最近，在写这篇序文与杨先生交流时，读杨先生邮件中的一句话：“200 多年来，矿床成因不是水成就是火成，而我的是‘构造成’。”初读此话，我甚觉愕然，我没搞过固体矿床成因研究，不知道“水成”“火成”学说，我搞的是石油天然气地质学研究，在石油地质学中，一向就讲“构造控藏”，只是在美国的页岩气革命发生后，又流行出“非常规油气藏”的概念，国外专家定义为“非常规油气藏就是不受构造控制的油气藏”。当然，近 5 年来，随着国内页岩气的开发和对美国页岩气开发的进一步认识，观点又有所变化，越来越多的研究者认为，页岩气藏也是受构造控制的。对油气藏来讲，构造控藏不是什么新鲜的东西，倒是非构造控制的油气藏曾经时髦了几年，是所谓“前沿新学说”。所以，当读到杨先生说到“构造成”之说时，我颇有惊异之感，构造成矿不是常识吗？何以费这么大工夫论述呢？

细思之后，才有醍醐灌顶之感，豁然开朗。盖固体矿之成矿前，乃为流体，无论是液态还是气态，都是流体。此等流体成矿必有两个前提：一是要有含足够丰度矿质的流体，如含矿热液、含水的油气等；二是要有个能容纳且封闭住这些流体的“固体容器”Trap。

石油地质学上的 Trap 早期译作“油捕”，现在普遍译作圈闭，圈闭就是这类容器，圈闭就是构造，无非是几何形状不同而已，含矿流体进入圈闭后被封闭在那里就成为矿床。在一定时间内依然保持流体状态的即为流体矿，如石油、天然气、卤水等。对流体矿床来讲，由于构造不仅是圈闭成矿的条件，而且是始终保存流体不逸散的条件，作用明显，所以构造控藏的概念易于被接受，且深入人心。而固体矿（包括金属矿和非金属矿）其成矿期已经结束，矿脉已经固化，和岩石交织为一体，已经不再依赖岩石构造维持其存在，当下已看不出构造的作用，有些学者便无视成矿期构造对含矿流体的控制作用，将成岩特征和成矿特征混为一体，推测出“火成说”和“水成说”（成岩的“火成说”和“水成说”我略有所知，固体矿床成因的“火成说”“水成说”我真没读过，以上说法只是臆测）。

实际上，流体矿可能成为固体矿，如卤水演变为膏盐；固体矿也可能再度被“活化”为流体矿，如膏盐变成卤水。但无论怎么演变，要汇聚高丰度的矿物成分，只能在流体状态下完成；而要形成流体的聚集、稳定地存在一段时间（包括流体矿的固体化），都依赖于构造即圈闭的存在。因此，构造控矿（控藏）具有普遍的意义。

构造控矿不仅是合理的矿床成因，而且可获得最为重要的找矿标志。早期的石油、天然气都是靠“露头”即油苗、气苗找到的。地质学家介入找油的队伍后，最早提出的理论就是背斜理论，这也被认为是石油地质学建立的象征。靠背斜这种构造标志找油直到现在还是油气勘探的重要方法，为了找到背斜，先后发展出许多地球物理勘探手段，如重力法、电磁法、地震法等。现在最为倚重的是地震法，而地震法的目的也是通过对地震波的处理和解释，识别地下深部的含油气构造。地震解释的核心任务就是构造解释，在深达几千米的地下，构造是最容易找到的控藏标志。

固体矿床目前开发的层位相对油气来说较浅，可能还有较多的地表成矿标志或浅孔取样矿物标志来帮助找矿；随着浅部资源开发殆尽，必然也向深部进一步勘查，在没有了那么多浅部找矿标志帮助之时，寻找深部矿床，杨先生的矿床构造成因理论会派上大的用场，地震勘探这种地球物理手段在固体矿勘探中也会起到越来越大的作用。

八

2022 年夏，杨先生的《BCMT 杨氏矿床成因论：基底—盖层—岩浆岩及控矿构造体系》（下卷）即将付梓，请余作序。后学何敢为前辈硕学通儒作序，上述所言，只是作为先生的读者和后学之学习体会，与同道分享。

最后需加以说明的是，杨先生所写的书只是先生学问的一部分，先生还有很多值得我们学习的本事是无法通过读他的书能学习到的，那就是对地质现象的分析和判断能力。能力不是知识，而是与人的天赋、悟性、经验，简言之与人的生命禀赋和阅历紧密地融合为一体，无法分开。同样一个现象，不同人的判断不同，很大一部分是天赋差异所致，就如不同医生（是西医，不是中医）面对同一张 CT 片子，可能做出完全不同的判断一样。先生读地质图的能力，在我看来已经神乎其技，我可能永远也学不会了。先生对每一个具体控矿构造的分析（这占了《BCMT 杨氏矿床成因论：基底—盖层—岩浆岩及控矿构造体系》的大部分篇幅），我只觉缜密有力、无懈可击，但让我来分析一个控矿构造，我仍无法像杨先生那样切中肯綮、一语中的。我在想，如果由杨先生来做含油气盆地的地震构造解释，一定会有许多新的发现。地震构造解释用行话来说“多解性强”，高度依赖于解释人员的经验、学养和悟性，杨先生的学问已达通会之境，构造解释已有庖丁解牛之技，他若作油气盆地地震构造解释，一定不同凡响。

是为序。

李　寻
2022 年 7 月 8 日—10 日
暑热之中

前 言

《BCMT 杨氏矿床成因论：基底—盖层—岩浆岩及控矿构造体系》最先的筹划是一本超百万字的专著。当发现个旧锡矿有可翻番的找矿前景时，就希望找全资料进行成矿预测，中止了个旧章的写作，因为我有对韶关—乳源地区 1：5 万成矿预测的成功经历，所以信心满满。这就是上卷言明“全书分上、下两卷”的由来。

收集资料何其难！各种努力无效感到无望只好放弃成矿预测后，在停下个旧写作的三四年里我将后面的章节提前出版，以“中卷”名之。可惜何以冒出一个中卷来未说明，只好致歉了。

下卷并非写作终结，只说明我对全部写作计划的完成缺乏信心。完成一点、出版一点，成了我的方略。但只要生命不止，上卷承诺的论地 × 运动和成矿作用 2 章包括中国南方钨矿脉构造形迹的力学性质、特殊类型的入字型构造等，将另谋出版。

本书上卷的六导篇，是 1982 年开始写作时未曾预料能够创作的，能写个旧锡矿也未曾料到。这是我写作过程中体会到越是大型矿床，构造控矿越明显之后，试探涉足的结果。《中国矿床》中的相关资料已经使我产生兴趣，求助云南省地质矿产局张资江高工，爱书的他即刻快递来《个旧锡矿地质》。我在该书扉页注记：“2008.3.14 收件，预计 2009.10.1 前归还”。但是细读的结果发现个旧的锡矿有在 1984 年基础上翻番的找矿远景，我兴奋了，但麻烦也随之到来：怎么能找到 1984 年之后的新资料呢？

最先我请行业报广州记者站联系倪明先生（他于 2008 年 1 月 15 日在《地质勘查导报》发表《地质力学：站在“二次创业”的新起点上》）；之后以《就个旧锡矿储量有可翻番远景提出的建议》函致中国国土资源报（2010 年 6 月 23 日），建议组织个旧锡矿进一步找矿专题讨论会，前云南省同仁张资江高工曾专为此事找有关部门、人士斡旋；函致国土资源部（现自然资源部）总工（2012 年 6 月 6 日）；函致云南锡业集团公司（2012 年 6 月 30 日）；函致云南省有色地质局（2012 年 10 月 15 日及 2013 年 4 月 7 日）。上述努力，除张资江高工回复时过境迁、无法助力外，全部未得回应。但是，我看到对个旧锡矿的研究多了起来，勘查也有了新发现。

这些努力无果并不等于生命在全部浪费，为寻觅个旧资料发现了“碳酸盐岩帽”说。我已经论证了大冰期与成煤作用的关联性，碳酸盐岩帽就是大冰期大气圈高浓度 CO_2 加富碳酸盐岩质火山灰转变为碳质岩石的证据。原来中国的传统相生相克的五行说“木生火”，在煤田地质学里变成了“火生木”——煤矸石是火山灰，并且属全球性特征。它说明的是“没有火山灰就没有煤”。结果就有了论碳帽章。从碳酸盐岩帽到碳帽，必须深入研究煤田地质学，这一研究的结果出乎意料的好。我对碳、氧同位素特征的解释，与煤田地质学家早在1989年前就已经有“淡水组”术语及“碳同位素组成可作为含盐度指标”有根有据的论点不谋而合、相互印证。

作为婴儿期煤炭的泥炭，当然更应予以研究，因为已经查明泥炭与第四纪冰盖空间分布，可从它们的分布规律中分析成因联系，我又专门读了中、日两位泥炭权威的专著，结果是在大失所望之后看到了地质学因果关系不明形成的概念混乱，和概念混乱所造成的严重后果。结果就有了论碳帽章。

与煤同样有成矿期的矿产还有磷。在查磷矿的资料时，我首先发现所谓“内生磷矿床”仍然是下伏基底（或盖层）存在含磷层，即沉积作用早已“储备好”了磷质，是构造岩浆活动使之聚集成矿——“内生磷矿床”产出于变质磷矿床分布区，这种空间分布规律正好成为《杨氏矿床成因论 基底—盖层—岩浆岩及控矿构造体系》的注脚。更重要的是，揭开了大冰期是磷块岩的形成的原因，也就是前人“事件性沉积”的事件。

磷帽说写出了磷矿层的厚度属挤压加厚、海绿石不能认为是海相矿物而很可能是冰川融水的淡水—冷水矿物等。论磷帽涉及找矿问题，开阳磷矿床东翼受构造应力强而陡，找矿方向当然应当向东，正好得知开阳磷矿床向东深部找矿取得了重大进展、新增储量8亿吨（超过5 000万吨就是大型磷矿床）的信息，它证明我的思路是正确的，沿此途的求索必须持续。

上卷将巴甫洛夫的“科学需要人的全部生命”作为“引言”时，已经对我余生的生活状态有了思想准备，十八九年下来，我对冯其庸说的“不要担心工作被前人做完了”有了更深刻的体会。这种体会甚至使得我不敢去找新资料、不敢多读书。因为一旦发现了素材，说不定又有新想法（这使我记起就读时老师说地质学年轻的科学、是冷门，有很多待解的课题的话），沿袭新想法又得去寻找佐证，如此循环往复虽然是一个有趣的求索过程，但我的年龄已经不允许太多这样的循环了。论碳帽和论磷帽，如果只论证碳和磷与冰碛层上下关系，用不着上万字，乃至论磷帽用了9万字。写碳帽也不至于写出一个5万多字的“论泥炭”来；磷帽说写出了磷矿层的厚度属挤压加厚、海绿石不能认为是海相矿物而很可能是冰川融水的淡水—冷水矿物等。问题是在这样的循环过程中我的生命也在一点点耗去，乃至15万字的个旧锡矿写完，就产生了“入字型构造整章都完成了”的错觉，大大地松了一口气之后，当想到该章至少还要写3节的时候，我惊出一身冷汗并颓然了——新的求索固然有趣，但是我必须首先兑现我在上卷的承诺，而完成那些承诺都需要生命啊。尽管那3节都有了初稿，然这些年的经验告诉我，整饰一幅图，修饰一段话，乃至校对好参考文献角标，将初稿变成合格的文稿，都很不易和很耗光阴，这让我萌生过请行家编辑的念头。个旧节指明了控矿因素，个旧锡矿找矿也在进行中，该尽早面世，我颓然的结果是决定只出版第一章的四节。

社会反响以无声的形式表现出来。例如，《评〈地质力学概论〉》并非出自专业机构却未见异议；上卷《呼唤“哲学地质学”》指出地质学被“妖魔化”——存在四大特征——蔑视实践是检验真理的唯一标准、拒绝研究事物的因果关系、摒弃否定之否定规律—扼杀评论、崇尚玄奥并轻视简单和谐的价值观。这些涉及地学界的根本却未受批驳。具体的如黄土是火山灰、地洼活化错了、金川镍矿和攀枝花钒钛磁铁矿不是岩浆矿床及大冰期成因等，相关领域竟然都保持缄默——此乃“无声胜有声”。

社会反响也还是有的。让儿子投身地质学的名牌大学教授，我以为是真正想学懂地质学的有心人。他借出差机会通过同窗邀我见面。他来访的原因当然只有他知道，但有一点是肯定的，要是我没有著述，他不可能知道有我且和他的同窗同单位。

陈文明先生的《论中国斑岩铜矿的矿质来源与评价标志》①指出，“本文所论述的问题，是矿床地质学中很重要的课题。它揭示内生矿床（主要指铜等有色金属矿床）与外生矿床之间没有截然的界线，它们之间有着内在的成因联系，即某些‘内生矿床’可能是‘外生矿床’经‘再生岩浆’作用演化而成的。据此又推导出较为重要的推论，即外生矿床（主要指铜等有色金属矿床）的控矿因素一定在控制着内生矿床的形成，其外生矿床的某些找矿规律与标志（特别是那些在‘再生岩浆’形成过程中不易发生变化的规律和标志）也一定适用于某些内生矿床。因此，中国斑岩铜矿的形成过程该课题的研究有助于全面认识某些内生矿床的形成过程和成矿规律，也必将对某些内生矿床（主要指铜等有色金属矿床）的成矿预测、找矿勘探产生重要影响”非常好，与成矿物质来源于地幔柱、下地壳、上地幔之类无法深入截然不同，却正好证明只要是脚踏实地、实事求是，矿床成因是可以逐步查明的。此文与我论证马坑铁矿是“石碌第二”、与笔者论证矿质来源于基底—盖层，由构造岩浆作用富集成矿结论相同——这不是反响，陈先生 1984 年就认识到了。这说明的是“道不孤，必有邻”。

石碌铁矿含矿层位 22 年就重回故道并成就了俨然的石碌铁矿研究新权威（参见石碌铁矿节）。证实斯坦顿先生说的：“在矿床成因学说上，令人惊奇的现象是缺少一个清楚的发展格局。各种观念彼此之间少有演化上的联系。事实上，在各种理论之间明显地保留着一种‘针锋相对’的关系，当一种理论受到另一种理论攻击时，它表现出显著的坚持性和抵抗力。各种理论此起彼伏地流行着——经常是作为对于一类特定矿石经过特别的独立研究而得出的具有雄辩力的结果——但是不论哪一种理论正在蓬勃兴起之时，其他理论仍然在背后坚持着，待到适当的时机又东山再起”。读者可以从石碌节披露的事实理解斯先生的惊奇感慨。

笔者都以自序评介上卷、中卷，央请李寻先生在下卷作序，这个重要改变必须交代。原因有四。其一是李先生认同并赞赏我的大冰期成因论等，且饶有兴趣实地考察检验我的论点。其二是他（及助手惠荣记者）亲为拙作修删编辑。其三是他本人就是不断创新者（其经历即见一斑）且有发现创新之敏锐。他买我的上卷，就为寻觅创新。

其四最重要。早在 2000 年撰写“呼唤哲学地质学”时，我就致函中国社会科学院哲学研究所，祈请调查研究地学界的思想方法（促发点是我看到“地质科学的最终目标——创立行星地球的统一演化理论，提供理论思维和线索”这样最基本的认识和实践关系的原则性错误），救救坚持不正确思想方法的地质学。希望局外权威能伸进头来看看地学

① 陈文明 . 论中国斑岩铜矿的矿质来源与评价标志 (专辑 4) 前言［ A ］. 北京 : 中国地质科学院矿床地质研究所 ,1984.

界，应当说是我久有的愿望。作为历史学家，李先生不仅著有《回到思想》对比孔子与苏格拉底的哲学思想，以“中国最有思想”为宗旨主办《休闲读品》天下杂志，还为经营其油气勘查开发公司研究地质学并采访包括院士在内的多位地质学家和研究他们的著述，读过七八种《普通地质学》《地质学基础》教材（评价我的《苍茫大地谁主沉浮》“论水平无出其右者”，应“作为相关专业的必读书”），组团赴俄国与其中央级机构学术交流，主持过 8 项油气地质勘探科研项目研究，发表过石油天然气勘探历史研究论文数十篇，其中第一作者 15 篇，4 项获得油气勘探知识产权国家发明专利，渴求科学创新乃至转载《杨氏矿床成因论》（上卷）论文且以“不付稿费是对知识的不尊重”为由坚持邮来 1.2 万元稿费，其转载的又确属分量极重的 7 篇（见《休闲读品》2015/1。其中“重新思考地质学与矿床学”为上卷之绪论）。为印证理论，他实地考察湖光岩、河南西峡恐龙园及泾河渭水。他还为核工业北京地质研究院学位委员会主席杜乐天先生编辑出版过 50 万字的《新地球科学原理导论》。他曾以“我认为您已具备构建一套全新的大地构造学的实力……非常期待您……更有自己全新观点的系统阐发”给予激励（我将在后续“论地 × 运动”章中不负李先生的期待）。

这样一位对历史学、哲学、地质学都有研究尤其是亲历矿产勘查实践承担风险，正属我能请到的姑且算探进头来地学界的“杂家”（我赋予杂家的含义是通晓多学科且能敏锐发现创新的科学家）评介，比靠央请权威提携，更客观公正。

李先生与我的认识不同。李先生接受了地球排气理论、地幔流体理论、无机成油理论和无机成煤等学说（他的油气勘探开发研究有限公司公司就冠名“幔源”），在序中有所表露，看似不和谐。但这不要紧，让读者有自己的思考、判断空间，也是我所期待的。

我对矿产勘查实际资料或实践层面久已形成的概念有修改，如在第一章个旧锡矿节我将五子山复背斜修改为卡老松背斜；实际资料如大菁向斜部位岩体等高线由 2 000 m 修改为 1 000 m、将主要呈东西向的猪头山向斜修改为东段向南东弯曲转为北西向，等等。不是有丰富的实践经验，这很难做到、也可以说几乎无人能够做到。这些修改若有错误，则欢迎指出并批判。

在前言的最后，我郑重声明希望对拙作能有批判，不论属善意扶持或讨伐，一概欢迎。因为我的一个重要主张是开展评论。

我要特别感谢云南国土资源厅高工张资江先生给我的大力帮助。爱书的他寄来《个旧锡矿地质》时是以归还为前提的；当我陈述个旧锡矿锡储量可翻番的理由后，他又曾为之各方奔走；这本书是我得以完成个旧章写作的素材支柱，没有此书，就没有我建立新类型构造体系的基础。我还要感谢同事罗珩硕士，他不仅无数次帮我处理电脑故障、找回丢失的文件，乃至不好意思再相央时，他仍即刻赶过来告诉我就在大院内（将修复的电脑扛回司机 – 打字员家）。

笔者各卷引用原著都有角标，加粗字体为笔者添加。几乎所有图件都是我重新绘制的，不仅是形式问题（图例框后直接注记，免去先看编号再找注记），最主要的目的是借以深入读图，吃透资料。

今年“七七”是全民族抗战爆发 77 周年纪念日，我曾一再往济南惨案烈士杨岿山三伯父（任炮兵团长，以少将衔归葬长沙岳麓山）墓地祭拜（很痛心，墓地已被损毁大半）。我辈对日本军国主义的罪行是永远无法忘怀的。

作者联系方式　　电话：18122114689
E-mail：yang 9231@139.com
通信地址：广东省广州市东风东路 741 号大院

2022 年 7 月 7 日

目 录

第一章　入字型构造及其控矿作用（下篇）

[承《BCMT杨氏矿床成因论：基底—盖层—岩浆岩及控矿构造体系》（上卷）之第二章“入字型构造及其控矿作用（上篇）”]

第一节　控矿张性入字型构造及其控矿作用（个旧锡矿）

一、概述

入字型构造的分类，在实践层面自地质力学培训班口口相传的并非“第一类入字型构造”“第二类入字型构造”，而替之以“张性入字型构造”“压性入字型构造”。这两类入字型构造对地壳运动（主干断裂两侧相对运动）方向的判断是确切的，其构造地质学意义是重要的。

压性、张性是对立统一的，但其构造所反映的应变强度却不对等。压性分支构造可以划分多个强度等级，如舒缓褶皱—全形褶皱—倒转褶皱、断裂—深大断裂—断裂带糜棱岩—断裂带新生矿物及定向排列—构造带地壳重熔①等。其控矿作用涉及锑汞、铅锌、铁—多金属低、中、高温热液矿床乃至钒钛磁铁矿、铜镍矿、铂矿“岩浆矿床”等上卷所列传统观念所谓多种矿床成因类型和绝大多数矿种。张性分支断裂却没有可划分的强度等级，至多是长、短和宽、窄的量变。按分支断裂划分第一类入字型构造的规模等级，令人困惑并且很困难。古老的“裂谷”一词在板块构造说之后重新兴起后，“伸展环境”成了时髦，像斜贯湖南全省、高级别的锡矿山北北东向西部断裂，并且有锡矿山那样典型的入字型构造搭配，仍然要否定其新华夏系构造体系主压结构面性质，认为是伸展环境下的“走滑断层”。相对而言，第二类入字型构造划分出小、中、大和巨型，例证多得多，可信度高得多。以分支断裂划分第一类入字型构造的规模，其可能性和意义都值得怀疑。我认为，至少其矿床地质学的应用意义有限，对于低丰度元素的成矿作用而言，我敢断定毫无意义（高丰度的元素组分，如硅——石英、水晶，如钙——方解石，是可以形成脉状矿的）。

“第一类即所谓张性入字型构造，第二类即所谓压性入字型构造”[1]132，一旦去除“所谓”二字，将很容易流传起来，因为和理论界不同，实践层面更喜欢直白概念，李四光先生原创的第一类、第二类分类[2]将有被取代淹没之虞。现在笔者正式提出“控矿张性

① 笔者认为“地壳重融”更符合自然现象和地质作用，主要取“融”字既可液化又可软化义，次取其可动和融合义。

入字型构造”一词，建立“控矿压性入字型构造体系”和“控矿张性入字型构造体系”，统称控矿入字型构造。笔者的“控矿张性入字型构造体系”，立足于李四光先生的原创的基础上，即它仍然属第二类入字型构造，只不过属于亚类型而已，与过去的第一类为所谓张性入字型构造的概念完全不同。控矿张性入字型构造的含义是“以张性结构面为主显现的控矿压性入字型构造”，这一点必须特别指明。因此，上卷所论之入字型构造，在本书中即称“控矿压性入字型构造”，以相对应。

中卷提出入字型构造“可供选择的定义”[3]121 内容没有错，但在文字表达上尚可提炼。入字型构造的定义宜为：“扭裂的扭动盘受阻滞时，受阻滞部位的前后所受构造应力不同，在扭动盘一侧出现不同力学性质、夹角为锐角的派生分支构造，共同组成形似‘入’字的构造型式，故名。当扭动盘后部受阻滞时，自未受阻滞部位起，派生出张性分支断裂，与扭裂以理论夹角 60° 锐角斜接，此即为第一类入字型构造；当扭动盘前部受阻滞时，自受阻滞部位起，派生出压性分支构造，与扭裂以理论夹角 30° 锐角斜接，此即为第二类入字型构造。当处于特定边界条件——同构造期重熔岩浆体增温温度场时，压性分支构造以其应变构造系的张扭性、张性结构面替之，此时应划分出亚类型：控矿张性入字型构造，以与不具备该特定边界条件的控矿压性入字型构造亚类型相区别。”

派生过程如斯，派生的分支构造当然绝不穿切主干断裂，靠近主干断裂强烈发育，远离则减弱消失，此即为分支构造两个最显著的构造特征；派生过程如斯，入字型构造的主干断裂必定同时被改造：在控矿压性入字型构造中对分支构造容忍性退让，在控矿张性入字型构造中对分支构造迁就性跟进。其他尚包括在构造应力持续作用过程中形成不同的应变构造体系等。此定义着重阐明入字型构造的成生机制及基本特征。由于控矿入字型构造的成生是一个持续应变的过程，低序次构造形迹的成生，将随边界条件的不同而有所变化，并反过来对导致成生它的高序次构造形迹有所改造，不可能描述全部特征（参见上卷控矿入字型构造之四大特征[1]133，不赘述）。地质力学所称“虽然第一类的入字型构造不都是小型的”[2]98 与我提出的“控矿张性入字型构造”完全不同。李先生所称第一类入字型构造属初次构造，一般不存在持续作用过程及由于持续作用出现的诸多变化，它只有构造地质学意义——分支断裂与主干断裂所夹锐角尖指向本盘的扭动方向。

需要对上述定义强调的有四。一是主干断裂指扭裂（或称“以扭为主的压扭性断裂”，原因是高级别的扭裂很难真实存在，一般兼有挤压，为避免咬文嚼字、无谓争执，作此附带说明）。二是采用“扭动盘”而非“主动盘”属留有余地的说法，因为主动盘、被动盘在实践中很不容易分辨，这种不容易分辨，很可能反映的是区域性扭裂两盘本来就是相互扭动的，在这一段此盘为主动盘，在另一段彼盘为主动盘。例如从锡矿山入字型构造地段看，可以认为西部断裂带之东盘为主动盘，向北东方向扭动，但从其他地段看，就可以相反。三是第一类入字型构造的分支构造必定是断裂，第二类入字型构造的分支构造则只能称为“压性构造”，它可以是断裂，也可以是褶皱或其他压性构造形迹，我将在新增的“特定入字型构造控矿”章（该章原拟作为“入字型构造及其控矿作用”章收官的一节）公布此特殊实例且指明对某种经济价值极高的矿床类型成因的启示意义。四是地质力学关于第一类入字型构造主干断裂与张裂以锐角相交的说法，因为没有实例，所以很容易与第二类入字型构造等同起来，以为同为 30°，应予明确，避免误解。因为按应变椭球分析，张性分支断裂与压性分支构造应当垂直。即此锐角不等同于彼锐角。此前在我收集到的资料中，尚无矿区构造呈现典型的第一类入字型构造，没有张性分支构造与主干断裂之间夹角关系的实例，只有某些迹象表明分支张裂与主干断裂不为 30° 锐角。此项将在本章予以明确并公布实例。

控矿压性入字型构造在扭应力持续作用下，压聚形成还原环境矿产为主的矿床。它可以造成地壳重熔，但是重熔岩浆一般沿压性分支构造发育，或者岩浆体被成矿构造切割显现出成岩与成矿两阶段之间有间断；当出现同构造期重熔岩浆体面型增温温度场边界条件时，上述压性分支构造主要以张扭性、张性构造形迹体现，且仍主要沿压性分支构造轨迹排布、发育，形成控矿张性入字型构造，产出以氧化环境矿产为主的矿床。存在同构造期岩浆面型增温温度场条件，就是张性入字型构造要求的特定边界条件。在这种条件下，压性分支构造由其应变构造系的张性、张扭性断裂体现，在持续作用下形成控矿张性入字型构造，则可充填氧化环境矿产为主的矿床，在压性构造中沿其派生张性、张扭性构造应力方向形成氧化环境矿产，同时出现氧化环境矿产与还原环境矿产矿化。不论是压聚还是充填，在构造上的意义都是“构造应力集中释放”的体现。

“同构造期重熔岩浆体面型增温温度场”强调的是“同构造期”和“面型增温温度场”两个边界条件。构造应力场本来就有相伴随的温度提升，构造应力在制造构造应变的同时转化为热能。例如，与形成锡矿山锑矿的入字型构造对应的是相对应低温热液温度场，能使灰岩产生锡矿山复背斜褶皱这样的柔性形变而不产生由于褶皱引起的破裂；与白家嘴子入字型构造对应的是所谓“岩浆矿床”所需的温度场，能使古老的、成岩作用充分因而具有物理机械性质高强度的基底，在大范围受到构造应力作用的前提下，沿压性分支断裂局部重熔至出现超基性岩带等。

形成控矿张性入字型构造所需的同构造期概念比较窄，不仅海西期、燕山期之类地壳运动大旋回不能用，燕山晚期某阶段也不能用。必须是控矿张性入字型构造形成时重熔岩浆体增温温度场犹存或结束未久之时间段。这个时间段可以短到无法记地质年代，也可以是 20~30 Ma。靠地质遗迹分辨增温温度场的有无是非常困难的，一般说来由构造作用造成重熔岩浆体增温温度场维持时间愈长，亦即构造作用的持续时间也愈长。认识面型增温温度场必须辅以实例说明：①沿主干扭裂或分支断裂发育的岩浆体，如白家嘴子入字型构造[1]187 沿分支断裂、攀枝花入字型构造[1]209 沿主干扭裂和分支断裂、红石砬子入字型构造[1]206 沿分支断裂、力马河入字型构造[1]200 沿分支断裂（两个大透镜状闪长岩体为前构造期岩体，非同构造期），都不属面型的限定；②像显著被断裂切割的湖南七宝山岩株体[1]164、马厂箐冷风箐花岗斑岩体[1]228，说明岩株体已经冷凝，成矿期未延续重熔岩浆之高温温度场，尽管岩浆体有浅色变种，但仍不属于面型的限定；③甲生盘入字型构造[1]181 海西期花岗岩属于前构造期不属于同构造期的限定；④不排除同构造期岩浆体边缘先冷凝、先成矿、出现断裂，而岩浆体总体上仍处于增高温度场。

我的研究证明，这种控矿张性入字型构造同样存在构造规模的差别，涉及的矿种和传统的矿床成因类型并不单调，与控矿压性入字型构造恰相对应，彼此当然组成对立统一的矛盾体。不按分支构造性质划分的控矿张性入字型构造，构造的规模等级尤其重要，大规模的控矿张性入字型构造可以营造出真正意义的矿田，有成生联系的构造和矿化范围大达上千平方千米，令人叹为观止！此不是简单的数量问题，其中包含质的底蕴，因为其所反映的是造成了大范围地壳重熔的构造应力场。

个旧锡石硫化物多金属矿矿田就是控矿张性入字型构造控矿的典型例证。认真研究该矿田的构造，有助于查明其成矿控制作用，并可由此及彼，为研究中国钨矿的控矿构造和成矿作用提供极为重要的启示，最终回答李四光先生所称赣南含钨石英脉及其所充填的裂隙所表现的“力学性质（压性、张性或扭性）一般颇为复杂，迄今还未经过全面的详细的调查研究”[2]52这个很重要的基本问题，并将再列举 3 个矿床实例，用事实总结出压性、压扭性构造控制还原环境（硫化物矿床、磁铁矿）矿床，控矿张性、张扭性构造控制氧化环境（氧化物）矿床为主的更为普遍和有更重要实用价值的结论。

必须提到的是，本卷主要采用 20 世纪 80 年代勘查部门单位的资料[4]，兼采用能收集到的后续勘查资料。原因之一是这些老资料已经构建了矿田的地质构造总貌，相对于所谓的新资料更完整、更可靠。原因之二是所谓的新资料或缺乏素材，或根本就没有可用的素材。个旧锡矿田单砂锡矿就有 7 个大型和 1 个中型矿床，“世界锡都”规模之大可见一斑。也因此本节资料陈述的文字占很大比例。还需说明的是，有些资料并非支撑我论点的论据，例如对个旧杂岩体矿物成分、化学成分的研究等，纯粹是这些资料因找资料不容易顺便摘录的（也有为“地幔柱”“下地壳”“上地幔”“火山作用成矿”成岩成矿论者挑战“备胎”之意）。再有是某些新资料未与老资料等同对待，引用网上资料，则直接在正文中说明。

本节第二至八小节主要是概括和厘清前人的资料，第九小节起才是笔者的论述。但前七节中也有如将前人长期援用的“五子山复背斜”厘清为“卡老松背斜”这样重要的素材概念更正；对矿田地质情况概括中的某些改变也不小，即使熟悉情况，读来也不至于无所得。

二、个旧成矿区范围与矿床（点）概貌

个旧锡石硫化物多金属成矿区北起普雄、鸡街，南至红河，东起大屯海，西大致以建水—元阳公路为界，面积为 2 140 km²，探明 15 种有色、稀有金属矿产储量（万吨）：锡 182，铜 152，铅 308，锌 53，钨 14，银 0.24（及铋、铟等），其他尚有硫、砷、萤石 3 种化工原料及铁、锰 2 种黑色金属伴生，矿产储量总计 720 万吨[4]（原著如此。这里可能是按金属量计算矿种的总量。将按矿石量与按金属量累计储量是不正确的。这里指的是金属量储量的可能性是存在的）。个旧锡矿田自南向北，有卡房、老厂、双竹、高松、松树脚及马拉格 6 大矿床，湾子街、黄茅山、竹林、期北山、松树脚、卡房、牛屎坡 7 个大型砂锡矿和马拉格中型砂锡矿床，砂锡矿储量为 72.6 万吨[5]456（此项出自 2001 年，据称储量在 1956 年已提交）。

对个旧锡矿的地质调查始于 19 世纪末，系统地质勘查始于 20 世纪 50 年代初[4]9。个旧成矿区大体以个旧断裂为界分为东西两区。

（一）东成矿区

该矿区包括个旧断裂以东及个旧断裂以西的牛屎坡矿床，即前人所称个旧锡矿田。鉴于牛屎坡矿床与个旧断裂以东的矿床在构造上具有成生联系，故笔者沿用前人的划分。

1. 五子山带

五子山带按与花岗岩的相对位置可划分为如下 3 类。

（1）内带——铍钨矿带[4]194

中细粒黑云母花岗岩小岩体的顶部或附近围岩中普遍有铍钨矿化，包括白沙冲铍矿（1#）（图 1-1 矿点编号，下同）、老厂铍矿（2#）、新山钨矿（3#）。铍以绿柱石、似晶石赋存于岩体上部内接触带的伟晶岩脉中，规模不大。

（2）中带——铜锡矿带

该带距花岗岩一定距离，与卡老松背斜（原“五子山复背斜”个旧断裂田心附近—白沙冲断裂之间的一段，个旧断裂南田心附近—卡房—老厂—松树脚背斜，以下简称“卡老松背斜”。田心位于个旧断裂东侧、白龙断裂正南 3.4 km 处，图 1-50）密切相关。前人称五子山复背斜西南段穿过个旧断裂，南“与红河断裂反接”，北东段越过（鸡街—蒙自）地堑，复现为大黑山背斜，“与五子山背斜首尾相连”“长约 40 公里”[4]41 等，与实际资料不符，也与个旧断裂东西两侧构造格局大不相同的基本特征相悖，本卷特重新命名定义之，详见构造节。此带包括马拉格（4#）、尹家洞（5#）、松树脚（6#）、高峰山（7#）、湾子街（8#）、竹林（9#）、新山（10#）、金光坡（11#）等铜锡矿床，为个旧锡矿田最主要的锡铜矿床。

（3）外带——锡铅（锌）矿带

该带距花岗岩较远，包括水塘寨铅锡矿（12#）、白泥洞铅锡矿（13#）、狗街子铅矿（21#）。在外带中，似有 3 条东西向的铅矿带横插锡铜矿带中，由北而南为老阴山（15#）—元宝山（16#）铅锡矿带、喂牛塘（17#）—蒙（前人蒙、壕并用）子庙（18#）铅锡矿带、龙树脚（19#）铅锡矿带[4]194。

此系前人重视与花岗岩相关关系的分带并不正确。但不妨碍陈述矿化分布的事实。

2. 牛屎坡区

该区包括白虎山（22#）铍矿、牛屎坡（23#）锡矿、青龙山（24#）锡矿、牛坝垅（25#）锡矿、仙人洞（26#）铅矿、密岩山（27#）锡矿[4]195。在牛屎坡南有新寨铅矿（20#）。

（二）西成矿区

1. 龙岔河区

（1）花岗岩内外接触带锡铅带

该带均为小型锡石硫化物型矿床，主要有贾石龙（28#）、六方寨（29#）、竹菁坡（30#）、大者茶（31#）、陡岩（32#）及云掌寨（33#）。这些矿床一般伴生少量铅，缺铍、钨、铜，与东区不同。

（2）花岗岩接触外带铅带

锡矿带之外带铅矿，有孟宗（35#）、他白（36#）、清水沟（37#）、崇安司（38#）、回元（39#）等。个别伴生锡，如水塘铅锡矿（34#）。

2. 白云山区

该区包括戈白（40#）锆铌矿、白云山（41#）稀土矿、石洞坝（42#）稀土矿等，碳酸盐岩中铅矿有普雄（43#）铅矿、宝山寨（46#）铅锡矿、花木脑（44#）铅矿、新寨（45#）铅矿、渣腊（48#）铅矿等。

矿化分布资料翔实清楚[4]195，其中分区的不尽合理不做改动。

（三）个旧成矿区锡储量分布

探明储量的基本面貌，是西区相对东区微不足道；卡房矿段铜矿化最强烈最集中；老厂矿段锡矿最集中，老卡矿床（图 1–1 中湾子街—竹林—卡房地段）拥有个旧锡矿田绝大部分的储量，牛屎坡拥有略多砂锡矿储量。

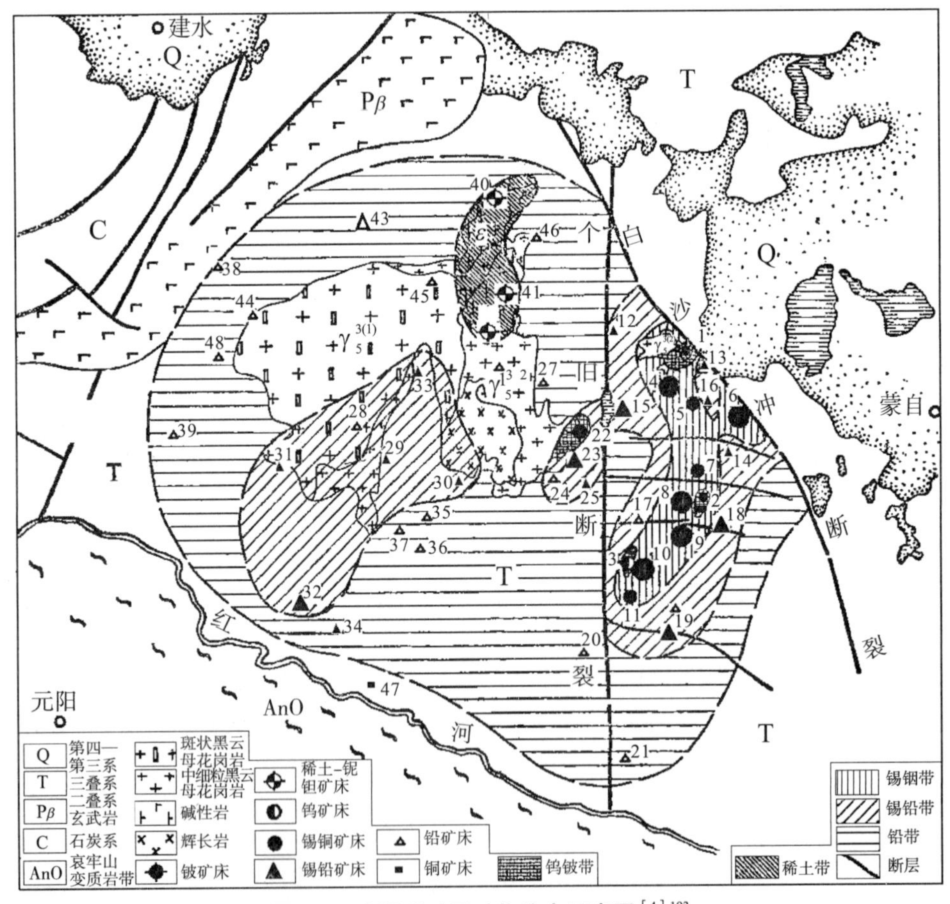

图 1–1　个旧成矿区矿化分布示意图[4]193

至 1984 年，个旧成矿区储量老厂矿段约占 1/2，卡房矿段和马松矿段约各占 1/5，各矿段储量分布如图 1–2 所示。前人提出了“按不同岩体”统计的矿产储量，并认为岩体的氟含量与成矿相关，兼标示氟含量（图 1–2，附岩体各地段锡、氟含量，所示矿化亚类型图例）。

前人按岩体时代、深度、不同部位标示探明储量比例，如图 1–3 所示。

图 1–3 所示原生矿产储量比例系据 1984 年《个旧锡矿地质》列述资料，30 多年来探明储量应有增加，如增加了高松矿田驼峰山块段[6]。

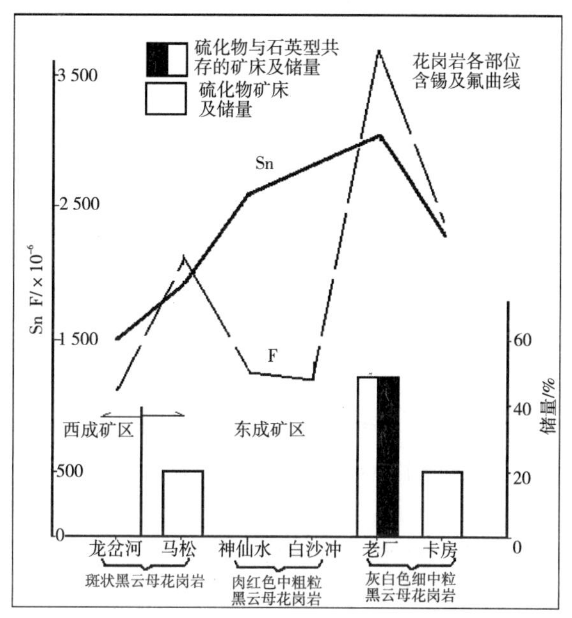

图 1–2　个旧成矿区花岗岩各岩体段锡矿储量比例图[4]215

注：原图名为“各花岗岩体产矿情况与锡、氟含量关系图”。

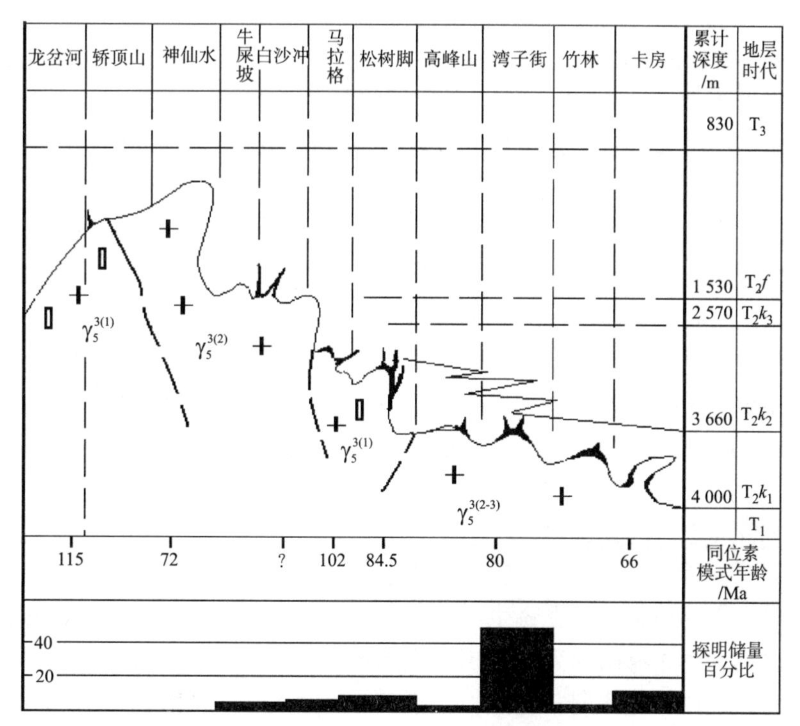

图 1–3　个旧锡成矿区花岗岩体不同部位矿段探明储量比例示意图[4]220

注：原图名为“个旧矿区花岗岩侵入深度示意图”。

三、区域地质概况

从个旧成矿区所跨建水幅（F48–01，贾沙镇所在幅）、昭通幅（F48–02，个旧市所在幅）及元阳幅（F48–07）、金平幅（F48–08，卡房镇所在幅）4 个 1∶20 万图幅看，南面两幅基底为前奥陶系哀牢山群—前寒武系屏边群，盖层为前奥陶系—前寒武系之上至三叠系中统之下的准地台相沉积；北面两幅基底为前震旦系昆阳群，盖层为震旦系—三叠系中统。这样，个旧锡矿田的大地构造位置应处于扬子准地台与华南准地台的接壤区。其南邻金沙江—红河深断裂带。该区被称为右江褶断区："构成一个由泥盆系至三叠系的大型坳陷地区"[7]131。现在看，原来划属亚一级大地构造单元南华准地台是正确的，只不过基底和盖层地层的相关情况调查更清楚了。其基底为前寒武纪屏边群—前奥陶纪哀牢山群，而非前震旦纪沉积。其盖层主要是泥盆系中上统及之上的准地台相沉积，奥陶—志留纪及二叠纪末有地层缺失。"称海西—印支坳陷带"之类是不正确的。它可称"后加里东准地台"，寓意泥盆纪至二叠纪时期为准地台，但三叠纪直至晚三叠世早期仍然连续沉积，与华南准地台有所区别。

从矿床地质学角度看，在空间上，个旧锡矿田当属东南亚锡矿带，应与缅甸西部—泰国—马来西亚—印度尼西亚的锡矿分布区联系起来思考锡矿的形成（马来西亚、印度尼西亚、泰国储量居世界前三位[8]183）。这是世界上最重要的锡成矿区。从时间上看，世界锡矿集中于中生代。据称，区内锡矿化与晚二叠世—白垩纪中期含锡花岗岩空间关系密切[8]185，其岩基成矿说不足为训，但只要改换成地壳重熔的理念，就有可取之处了（二叠纪的矿床约占 17%，仅次于侏罗—白垩纪矿床储量的约 60%。个旧锡矿田的地质条件有理由设想地壳重熔地层包括二叠系）。

从地质力学角度看，该区处于红河深断裂带与个旧断裂南端部分交会部位；从板块构造说角度看，该区属于欧亚板块与印度洋板块接壤地带，北西西向的红河断裂带应为板块碰撞带，属构造应力强烈释放地区。

在基底出露零星、盖层分布广泛的背景下，个旧锡矿田邻近区域只出露 4 个花岗岩类岩体：见之于侏罗系中的峨山二长花岗岩体，见之于白垩系中的个旧花岗岩体、文山市西的薄竹山二长花岗岩体和马关东的老君山花岗岩体，它们都与锡矿成矿密切相关。个旧锡石硫化物矿床以三叠系中统碳酸盐岩为主要矿化层位；文山薄竹山区、马关老君山区以寒武系中上统碳酸盐岩为主要矿化层位。白云岩、白云质灰岩为矿化层位的主要岩性[4]18,[9]。

四、个旧成矿区地质特征

个旧成矿区出露地层全为上古生界盖层，最古老的二叠系上统峨眉山玄武岩出露于西北角，二叠系上统龙潭组煤系局部出露于南部。成矿区主部全部为三叠系各组段，产状舒缓。在东区，地层总体向北缓倾斜，褶皱（尤其是单个低级褶皱）的构造意义一般不值得强调，构造应力场的总体格局表现为弛张，与如白家嘴子铜镍矿床、攀枝花钒钛磁铁矿床等紧密挤压的压性断裂、直立岩层带等总体表现完全不同；西区构造线北东向发育一系列北东向反钟向压扭性断裂，三叠系地层反复出露，总体上大致显示为以三叠系中统上部—上统为槽的贾沙复向斜（图 1–4）。

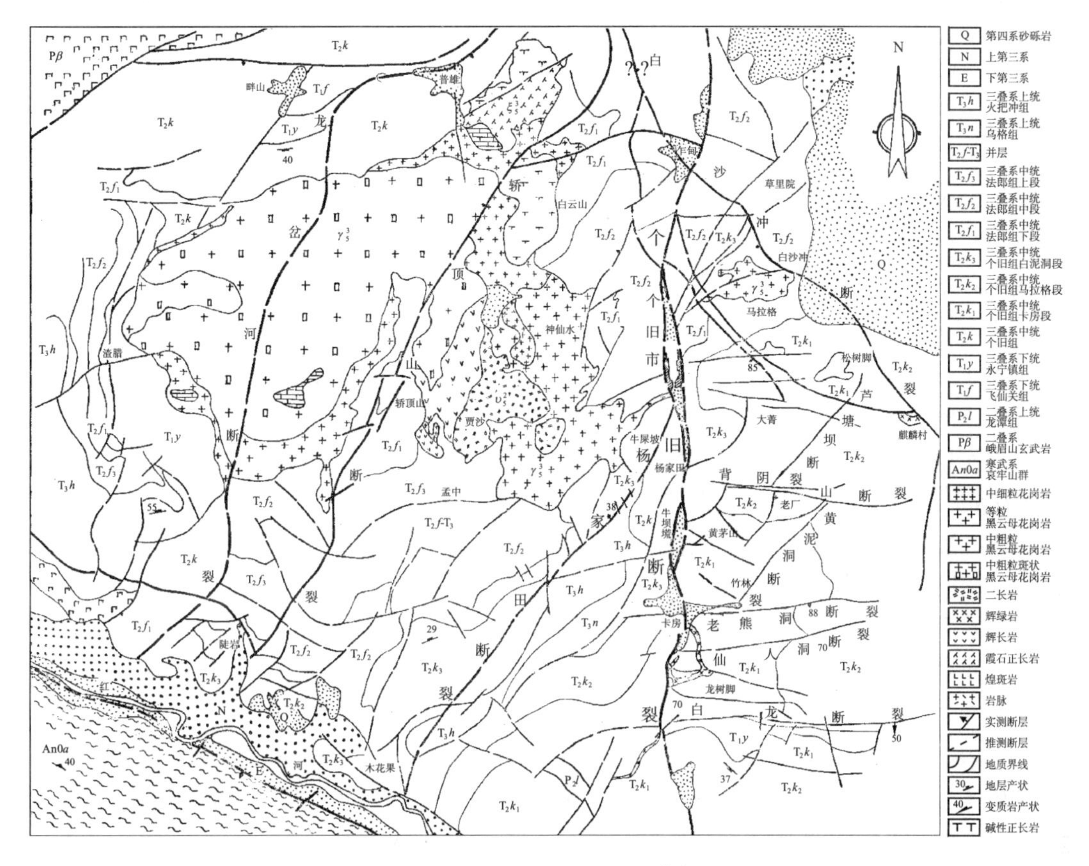

图 1–4　个旧成矿区地质图[4]35

（一）地层

矿田未见基底。出露地层为二叠—三叠系盖层及第三系、第四系。三叠系中统碳酸盐岩为主要矿化层位，二叠系仅在局部出露；下第三系渐新—始新统开始出现灰岩砾岩和褐铁矿块，上第三系中新统含褐煤；第四系更新统下部始产砂锡矿。

1. 二叠系

上统峨眉山玄武岩分布于北西角；上统龙潭组（P_2l）煤系碎屑岩，厚大于 332 m。仅分布于南部，出露面积约 3 km²。

2. 三叠系

三叠系几乎覆盖整个个旧成矿区，个旧锡矿田尤盛，仅另有第四系。

（1）下统

分布于成矿区西部和南东部局部。下部飞仙关组（T_1f）长石砂岩、砂岩、页岩、钙质泥岩与下伏龙潭组假整合接触，厚 389 m。上部永宁镇组（T_1y）泥质灰岩夹泥岩、粉砂岩，厚 457 m。

（2）中统

包括下部个旧组和上部法郎组①，个旧组是主要的赋矿围岩层。

下部个旧组（T_2k）碳酸盐岩，占矿田面积 60%以上，细分为 13 层[4]34，由下向上，下段卡房段 6 层，中段马拉格段 4 层，上段白泥洞段 3 层，总厚度 1 442~4 200 m。

①个旧组下段卡房段（T_2k_1），厚 1 016~2 239 m。

第 1 层（$T_2k_1^1$）：中厚层状灰岩，厚 40~60 m（卡房矿段该层厚大于 800 m，为该矿段层间型矿体下含矿层[4]170）。

第 2 层（$T_2k_1^2$）：灰岩、白云质灰岩互层，厚 37~130 m（卡房矿段该层厚 50~130 m，为该矿段层间型矿体中含矿层[4]170）。为老厂矿段层间似层状、条状矿体的上（主）含矿层[4]128。

第 3 层（$T_2k_1^3$）：薄层夹中厚层泥质灰岩，69~205 m（卡房矿段该层厚 110~170 m，为该矿段层间型矿体上含矿层[4]170，前人称上、中、下含矿层为Ⅰ、Ⅱ、Ⅲ含矿层，下同）。

第 4 层（$T_2k_1^4$）：中厚层灰岩与灰质白云岩互层，厚 62~180 m[4]170。为老厂矿段层间似层状、条状矿体的中含矿层[4]128。

第 5 层（$T_2k_1^5$）：中厚层灰岩，厚 336~701 m（$T_2k_1^{5-2}$ 细晶大理岩、$T_2k_1^{5-1}$ 大理岩为松树脚矿段层间似层状、条状矿体的中、下含矿层[4]167）。

第 6 层（$T_2k_1^6$）：中厚层白云质灰岩、灰质白云岩与灰岩互层，具纹理及条带状构造，厚度差异甚大，厚 12~448 m。老厂、高峰山、卢塘坝等地可以分为 5~6 个亚层（$T_2k_1^{6-2}$、$T_2k_1^{6-4}$ 和 $T_2k_1^{6-6}$ 为老厂矿段层间矿的主含矿层），而老厂龙树坡一带互层变为单一的灰质白云岩。$T_2k_1^6$ 上部和下部的灰质白云岩白云质大理岩互层为松树脚矿段层间似层状、条状矿体的上含矿层[4]167，为老厂矿段层间似层状、条状矿体的下含矿层[4]128。

②个旧组中段马拉格段（T_2k_2）：厚 265~1 389 m。

第 7 层（$T_2k_2^1$）：厚层状白云岩，厚 21~342 m。

第 8 层（$T_2k_2^2$）：中厚层白云岩与白云质灰岩互层，厚 91~256 m（马拉格矿段层间矿下含矿层，前人又指下含矿层在 $T_2k_2^3$—$T_2k_2^2$ 分界面附近）。

第 9 层（$T_2k_2^3$）：中厚至厚层白云岩，厚 132~558 m，厚层灰质白云岩，夹白云岩和灰岩透镜体，常具纹理构造，厚 132 m（马拉格矿段层间矿中含矿层，前人又指中含矿层在 $T_2k_2^3$—$T_2k_2^4$ 分界面附近）。

第 10 层（$T_2k_2^4$）：中厚层灰质白云质灰岩、白云质灰岩与灰岩互层，厚 21~233 m。马拉格矿段为灰岩、灰质白云岩和白云岩互层，常具纹理构造、角砾构造，厚 20~120 m（马拉格矿段层间型矿上含矿层，前人又指为 $T_2k_2^4$—$T_2k_2^1$ 分界面附近）。

③个旧组上段白泥洞段（T_2k_3）：厚＞1＞61~＞269 m。

第 11 层（$T_2k_3^1$）：中至厚层灰岩，厚 29~115 m。

第 12 层（$T_2k_3^2$）：中厚层灰岩与灰质白云岩互层，厚 42~64 m。

第 13 层（$T_2k_3^3$）：中厚至厚层灰岩，厚＞90 m。

① 不同参考文献的图中图例对个旧组碳酸盐岩不同层的岩石分类的名称的叫法与本书中的不完全一致，本书尊重原书叫法，图例未修改。

④上部法郎组（T_2f）碎屑岩夹泥灰岩、火山岩，厚 2 303 m。

（3）上统

下部鸟格组（T_3n）碎屑岩，厚 285 m。上部火把冲组（T_3h）碎屑岩夹煤层，厚 207~911 m。

3. 下第三系（E）

渐新—始新统木花果组，零星分布于矿田及周围山间断陷盆地，以及红河谷中。下段砾岩层，砾石由灰岩组成，胶结物为红色铁质及钙质物，中夹鱼骨化石甚多，可含褐铁矿块。中段为灰色至黄色易碎的砂页岩。上部黏土层。厚 250~530 m。本组与下伏老地层不整合接触。

4. 上第三系（N）

中新统小龙潭组砾岩、黏土岩夹煤层及泥灰岩，厚 400~600 m，见于外围开远、蒙自盆地，与下伏地层不整合接触；上新统河头组砂质黏土底部沙砾层，出露于卡房盆地，厚＞ 50 m，与下伏地层不整合接触。

5. 第四系（Q）

更新统下部牛屎坡组主要为山地残积、堆积物，也有盆地洪积、冲积物，是砂锡矿、砂铅矿含矿层。在正地形或负地形上都有不同类型的沉积物。一是地垒山地残积、堆积层：分布于矿区东部各矿段及西部牛屎坡、牛坝垅、普雄等地，上部为棕黄色黏土，中部为红褐色、黄色黏土，下部为棕灰色黏土。本层含有褐铁矿块、锰结核、石英碎块及大理岩、灰岩、白云岩等岩石碎块；下部含量较多，局部夹锰土及高岭土层。“不整合于老地层之上”。厚度一般为 0~40 m，喀斯特漏斗中厚可达 60~100 m。本层在原生矿矿床周围，有残积、锡、铅砂矿床，矿石含泥量高，锡石颗粒度不均匀，品位较富，矿床规模可达中大型。二是山间断陷盆地洪积—冲积层：分布于个旧、卡房、田心、乍甸、鸡街、大屯、白沙冲及古山等大小山间断陷盆地中[4]38，为棕黄色、灰白色、红褐色黏土、砂质黏土、细沙层，夹较多砾石。砾石成分为碳酸盐岩类岩石、花岗岩、褐铁矿、石英等。下部发育有泥炭层，有砂锡矿赋存，多为洪积—冲积成因。砂锡矿区有别于前类型的特征是具有一定的分选性，锡石颗粒细而均匀，品位一般较低，含泥量小，规模较大（如大屯、白沙冲一带）。

更新统另有洞穴堆积，分布于喀斯特溶洞中，一般为灰岩、白云岩碎块及黏土，胶结物为铁泥质及钙质。可有大量脊椎动物如东方剑齿象、马、中国鬣狗、水鹿等十余种牙齿化石，厚 0~10 m。

全新统在山地为棕红色、黄色黏土及人工堆积物，包括历代采、选、冶炼遗留的废石、尾砂、炉渣等；在山间盆地为现代湖泊软泥沉积，河流沿岸为沙砾层，山麓地带为砾石、黄色黏土层，厚 0~10 m[4]39。

个旧锡矿田主要含矿层个旧组有 3 个特征：一是 13 个分层中，第 6 层（$T_2k_1^6$）有一定标志性，由北部马拉格矿段至南部大黑山—围塘均可对比[4]37。二是地层厚度大，厚度变化也大，越靠近岩体，地层厚度变化也越大，例如个旧组（T_2k）总厚度为 1 442~4 200 m，相差 3 倍。其中，下段卡房段（T_2k_1）厚 1 016~2 239 m，相差 2 倍；中段马拉格段（T_2k_3）厚 265~1 389 m，相差 5 倍；上段白泥洞段（T_2k_3）厚＞ 161~ ＞ 269 m，厚薄相差也显著。

三是 $T_2k_1^6$ 在矿田中南部老厂与竹林、卡房厚度悬殊，在竹林为 2~4 m，卡房为 28 m，老厂则厚达 206~426 m [4]37，差别是在蒙子庙断裂两侧变化的 [4]37（图 1–5）。

值得注意的是，图 1–5 中各地段地层柱欠综合性，如马拉格地段有第 3~13 层（$T_2k_1^3$~$T_2k_3^3$），地层柱未予体现完全；另一个是紧邻的竹林与老厂第 6 层 $T_2k_1^6$ 差别巨大，应有构造原因。

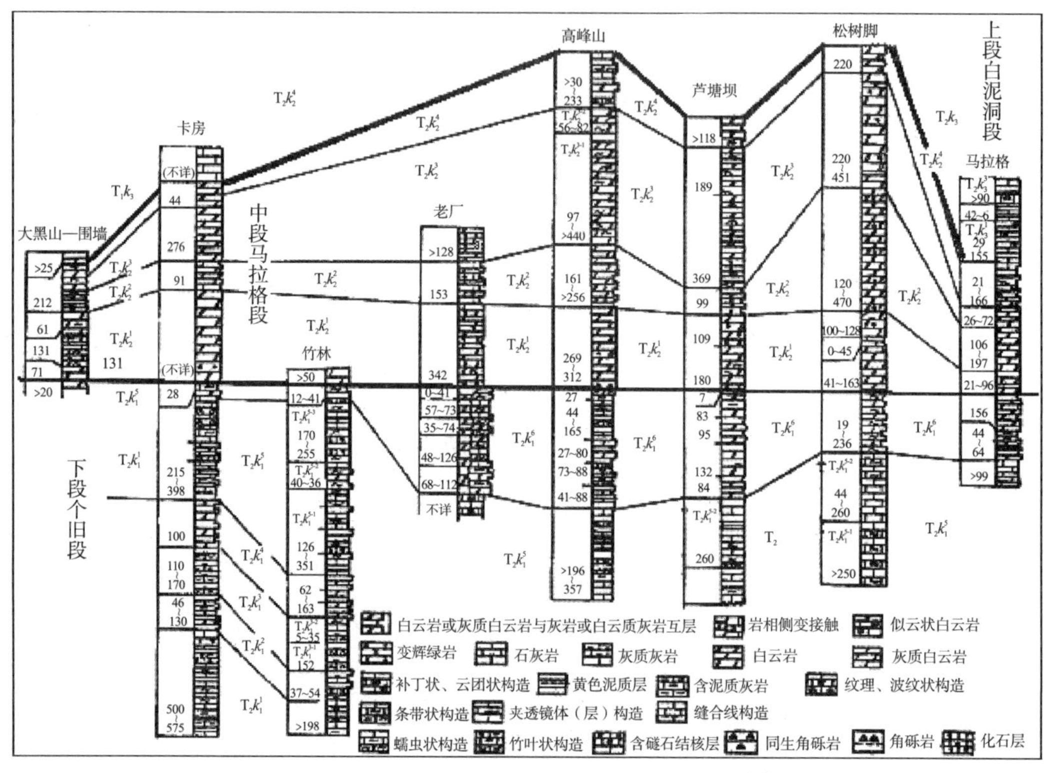

图 1–5 个旧锡矿田个旧组综合地层柱状对比图 [4]37

（二）岩浆岩

个旧锡矿岩浆岩体岩石类型包括酸性（花岗岩）、基性、碱性岩，前人称“个旧岩浆岩杂岩体” [4]50，按同位素年龄划分出燕山早、晚两个侵入期。杂岩体在西成矿区出露面积为 320 km²，东西两叶形似肺状，西叶长轴北东向，北窄南宽，主体为龙岔河岩体；东叶近南北向，总体较狭长，亦北窄南宽，有花岗岩、二长花岗岩、辉长岩—二长岩和霞石正长岩、正长岩，不同岩性彼此毗连，以交代、蚀变带相互过渡，向东隐伏，“可能与东成矿区岩体相连” [4]50，其南部外缘有一些花岗岩小露头。

在东成矿区，杂岩体沿北北东向卡老松背斜侵入，主要是黑云母花岗岩，多隐伏于地下 100~1 000 m 深部（面积约 200 km²），只有北段白沙冲、北炮台和南段新山 3 处小面积出露（图 1–6）。

此外，有辉绿岩、煌斑岩脉状产出，多零星出露，老卡矿床南西辉绿岩床顺层产出，范围较大，且与矿化（主要是铜矿）相关。

它们的不同部分被命名为不同岩体。

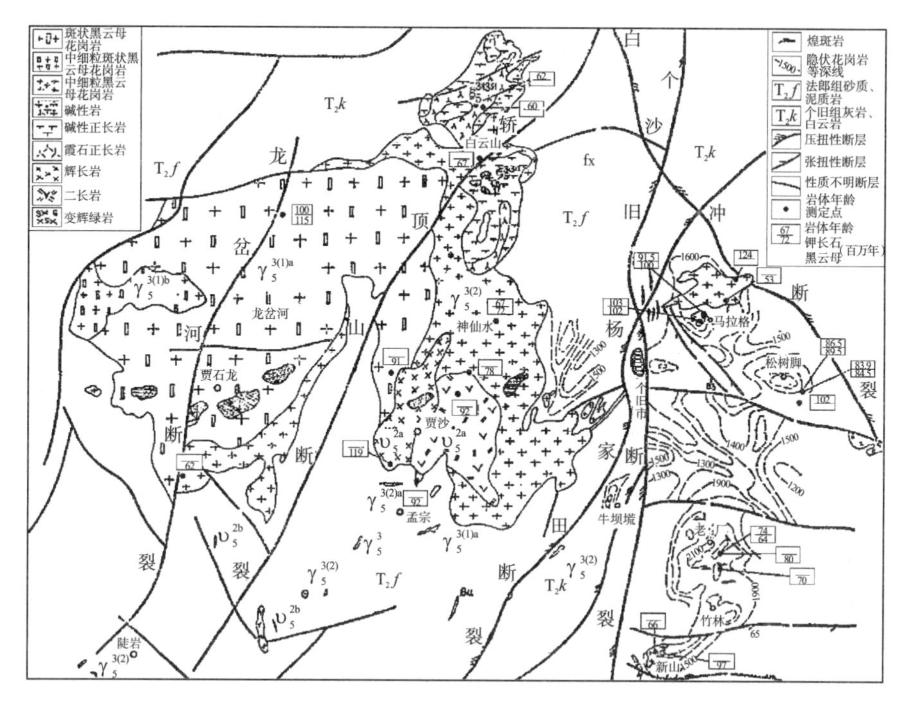

图 1-6 个旧成矿区岩浆岩图

1. 酸性岩

酸性岩为花岗岩，按结构可分为斑状黑云母花岗岩和“黑云母花岗岩”（按：后者应为“粒状黑云母花岗岩”）两类。属似斑状结构的，有龙岔河岩体及马（拉格）松（树脚）岩体，其同位素年龄为 83.5~115 Ma，相当于白垩纪中期，前人称属燕山晚期一阶段[4]51；属粒状结构的，有老（厂）卡（房）岩体、白沙冲岩体及神仙水岩体，其同位素年龄为 62~80 Ma，相当于白垩纪晚期至老第三纪古新世，前人称属燕山晚期二阶段[4]51。岩石的基本化学特征为：富硅，含 SiO_2（73%~75%）；铝过饱和，Al/（K + Na + Ca）> 1.1；含碱质，K_2O（4.9%~5.6%），Na_2O（3.1%~3.5%），K_2O/Na_2O = 1.06~1.83，碱度系数（$K_2O + Na_2O$）/Al_2O_3 = 0.56~0.68，属富碱富钾花岗岩。岩体含（单位：10^{-6}）锡 10~25，铜 10~31，锌 67~619，氟 1 450~5 750。包裹体均一温度（℃）：锆石 925~1 056，石英 800~1 160。包裹体溶液多为钠、钾过饱和溶液，KCl + NaCl 总盐度 77%，pH = 5.98~6.55，Eh = 0.38~0.39。矿化邻近的花岗岩包裹体 CO_2、NaCl 相对富集[10]139。

（1）龙岔河岩体

龙岔河岩体分布于龙岔河一带，肺形杂岩体之西叶，岩性为似斑状黑云母花岗岩，出露区长轴北东东向约 60°，长 20 km，面积为 200 km²。其北、西、南与三叠系接触，东面与辉长岩、碱性岩和粒状花岗岩接触，主要矿物含量为：钾长石 33%；斜长石 31%；石英 26%；黑云母 8%；似斑晶含量 15%~20%，可多达 30%，以微斜长石为主，斑径一般为（2~3）cm×（1~1.5） cm（自形程度较差），可大达 6~10 cm（自形）[4]60。似基质粒度不一，可分为中粗粒及中细粒两类，后者仅零星出露，呈东西向线状分布，两者化学成分基本相同，矿物特征和结构有差异，关系不清[4]61。与戴里平均值比较[11]，铁 1.08（1.98）（前者为含量后者为戴里平均值，下同）减少，亚铁 2.60（1.67）增加，总量 3.68（3.65）变化不大。锰 0.04（0.12）减少。镁 0.62（1.15）、钙 1.96（2.19）减少。钠 0.62（1.15）减少、钾 1.96（2.19）略增加，钾钠总量 2.58（3.34）减少。另有粒状花岗岩呈狭长条状绕斑状花岗岩分布，一般接近粒状花岗岩时斑状花岗岩的斑晶变小并逐渐消失，两者间无明显界线。较大的钾长石斑晶中可见较多细粒石英、黑云母及自形斜长石包体。它们局部富集呈条带状，岩体南部具明显的定向排列，方向为北东 50°，倾角近直立。中粗粒结构为主，中细粒为次，多捕虏体。捕虏体大，可达数米，外形极不规则，主要为粉砂质泥岩变质形成的角岩，捕虏体边缘花岗岩粒度变细。岩体边缘相很不发育，由岩体中心至边缘，主要矿物光性特征呈现规律变化，黑云母折光率增高、含铁量增高，斜长石逐渐出现发育的环带结构，钾长石由微斜长石过渡为正长石。同位素年龄测定结果为 115 Ma、92 Ma、91 Ma（黑云母）和 100 Ma（钾长石）[4]62（被标注为斑状花岗岩、在长岭岗石洞坝采集的 G6311 号样品黑云母同位素年龄值为 68 Ma）。

（2）马松岩体

马松岩体分布于矿田北部，主体隐伏于 100 m 至 500~600 m 深部，总体呈北西向分布，已控制范围（1 500 m 标高以上）为 15 km^2，与个旧组中上部（T_2k_2~T_2k_3）第 5（$T_2k_1^5$）~9（$T_2k_2^3$）层接触，仅北炮台出露 0.065 km^2，出露形态不规则。岩体上隆部分北东以白沙冲断裂为界，向南西紧邻小凹塘断裂，北西与白沙冲岩体相邻，它们在深部相连接，连接方式未查明。岩体南侧接触面以近 40°~60° 角倾斜，北接触面倾角为 20°~40°，总体走向北北西。岩体顶面（1 800 m 标高以上部分）平缓，与上覆褶皱构造荷叶坝穹隆大体吻合，顶面标高 2 000 m 等高线线性特征呈近东西向，次级脊突 2 100~2 140 m 等高线呈北西 315°，两者夹角 45°（图 1–29）。马松岩体岩性与龙岔河岩体近似，亦似斑状结构，似斑晶以条纹长石为主，含量为 10%~20%，自形晶，普遍包裹黑云母，部分包裹斜长石、石英。被包裹矿物定向排列。条纹长石似斑晶可嵌入暗色捕虏体及后期贯入的中细粒黑云母花岗岩中。矿物含量：钾长石 32%~36%，斜长石 26%，石英 31%，黑云母 5%~8%。松树脚钾长石含量略低而黑云母含量略高。钾长石与斜长石之比：马拉格段为 1.4，松树脚段为 1.25。斜长石环带结构，内核 $An = 32$~37，外环 $An = 26$~29，属更—中长石。与戴里平均值比较，化学成分 $SiO_2$72.00（69.21）增加，$Al_2O_3$13.00（14.41）减少。铁 0.37（1.98）减少、亚铁 2.60（1.67）增加，总量 2.97（1.67）增加。锰 0.03（0.12）减少。钙 1.61（2.19）、镁 0.49（1.15）都减少。钠 3.36（1.15）尤其是钾 4.93（2.19）显著增加。同位素年龄为 83.5~103 Ma，如表 1–1 所列。

表 1–1 马松岩体斑状黑云母花岗岩同位素年龄测定结果表[4]65

采样地点	同位素年龄（样品矿物 /Ma）		分析单位
	黑云母	钾长石	
北炮台	100.0	91.5	中国科学院地质研究所
北炮台	102.0	103.0	成都地质学院
松树脚	89.5	86.5	全苏地球物理所
松树脚	84.5	83.5	
松树脚 1720 坑 Z–8	—	102.0	成都地质学院

岩体有少量捕虏体，具浑圆外形，直径一般为几～几十厘米，局部则出露宽达百米，为花岗闪长岩质混染岩及黑云母长英角岩，原岩岩性已难辨明[4]64。

在松树脚地段与岩体接触层位略低，为个旧组下段上部地层，在马拉格地段为个旧组中、上段地层，围岩广泛大理岩化、强烈矽卡岩化。后期脉岩较龙岔河岩体发育，有伟晶岩、长石岩、石英脉、电气石脉、方解石脉等。岩体边部长石斑晶和黑云母逐渐减少，岩体接触带附近常有厚 0.1~3 m 呈不规则状分布的斜长岩，与花岗岩渐变过渡，这种斜长岩在其他矿段亦常见。

（3）神仙水岩体

岩体东为三叠系，西侧北段为龙岔河岩体，南段为贾沙岩体，北东侧为白云山碱性岩。呈长轴北北西向 355° 方向窄长状，长 21 km、宽 2~5 km 的岩带，面积约为 50 km²。东西接触带广泛发育各种角岩、大理岩和矽卡岩，变质带宽近 1 km，岩体南部出现暗色捕虏体。岩体以浅肉红色中粗粒黑云母花岗岩为主，主要矿物及含量：微斜条纹长石 43%，占长石总量的 3/5，粒径约 8 mm，常包裹斜长石和石英；斜长石 29%，牌号中心部位为 $An = 21$，边部为 $An = 10$~12；石英 24%，不规则粒状集合体；黑云母 3%；可有约＜1%的白云母，由交代黑云母、斜长石形成[4]68。与戴里平均值比较，$SiO_2$73.27（69.21）增加；$Al_2O_3$13.91（14.41）减少；铁 0.82（1.98）、亚铁 1.34（1.67）减少，总量略减少 2.12（2.32）；锰 0.03（0.12）减少；钙 1.61（2.19）、镁 0.49（1.15）都减少；钠 3.36（1.15）、钾 4.93（2.19）显著增加。

岩体东南边缘有细晶质花岗岩，与主体界线清晰、不规则，呈岩枝、岩脉产出，可伴有稀有金属矿化（如白虎山含绿柱石花岗岩型铍矿床）。细晶质花岗岩常向伟晶岩过渡，并有电气石，局部有萤石。岩体南部见捕虏体，靠近捕虏体花岗岩暗色矿物增多并出现钾长石斑晶。岩体接触变质晕角岩、大理岩带宽达近 1 km。岩体钾氩同位素年龄为 62~78 Ma（4 个样，岩石名称为“斑状黑云母花岗岩”[4]68）。细晶质花岗岩常伴有矿化，可形成工业矿化（如白虎山含绿柱石花岗岩型铍矿床）。细晶质花岗岩常重结晶向花岗伟晶岩过渡，并有电气石共生，局部有萤石。

（4）白沙冲岩体

分布于卡老松背斜北段西翼，小凹塘断裂与白沙冲断裂之间，马拉格北面，似椭圆形，出露面积为 6.25 km²， 东西向长 4 km，边缘形态复杂，各部分岩性变化不大，为浅肉红色中粗粒黑云母花岗岩，边缘粒度稍细，接触围岩为中三叠统个旧组第 12 层（$T_2k_3^2$），层位最高。矿物含量：微斜条纹长石 38%，斜长石 27%，石英 30%，黑云母 3%。与戴里平均值比较，硅 74.65（69.21）高、铝 13.04（14.41）低，铁 0.38（1.98）低、亚铁 1.02（1.67）低，钛 0.04（0.41）、锰 0.03（0.12）低，钙 1.15（2.19）、镁 0.24（1.15）低，钾 4.23（2.19）、钠 4.00（1.15）高。与马松岩体化学成分有差别，马松岩体 SiO_2、Na_2O 偏低，Al_2O_3、CaO、K_2O 增高，但是与戴里平均值比较却有更多的相似性（表 1–4）。白沙冲岩体同位素年龄样品 2 个，因“不够可靠”[4]71 而未列出年龄值（但图 1–6 有标示，钾长石钾氩法年龄值为 124 Ma，黑云母钾氩法年龄值为 58 Ma），前人称其侵入期应属燕山晚期第二阶段[4]51。在岩体南部边缘，有晚期浅色细晶质花岗岩呈脉状、枝状（岩舌）产出。

（5）老卡岩体

老卡岩体分布于老厂—卡房矿床，前人或称老厂岩体，或分称老卡岩体老厂段、老卡岩体竹林段、老卡岩体新山段[4]69。老卡岩体北段隐伏于矿田中南部，绝大部分隐伏于老厂—卡房地表下 200~1 000 m 深部，1 500 m 标高以上总面积近 40 km²。岩体与个旧组第 1 至第 5 层接触，岩体顶面的大部分与上覆地层总体上协调（图 1–7），核部平缓开阔。以岩体两侧界面分别向北西、南东倾斜，似显示沿卡老松背斜轴部隆起，总体为明显的北东 30° 轴向。岩体北东侧边界走向则为北西 300° （北西段）~320° （南东段），界面相当平直，界面倾角尤其陡。

岩体顶面形态同样表现出鲜明的线性特征。首先是有西、中、东 3 条次级隆起，轴向北东 30° ，增强了岩体总体轴向的线性特征（图 1–7）。次级隆起上另有小突起，与其间的槽谷构成明显的凹凸起伏。自北西向南东，小突起依次有（标高，m）：西突起兰蛇洞（1975）和菊花山（2000）—拱王山（2050）及其东侧的断裂，脊向北东 25° ，在西次级隆起上；中突起晒鱼坝（2175）—05 突起（2200）及其北西侧的断裂，脊向 60° ，在中次级隆起上；东突起 4033（2200）—1021 突起（2175），脊向 50° ，在中次级隆起上。中、东突起近于雁列。此外，在 4033（2200）—1021 东次级隆起之南东，中竹林、竹叶山地段岩体亦呈北东向。

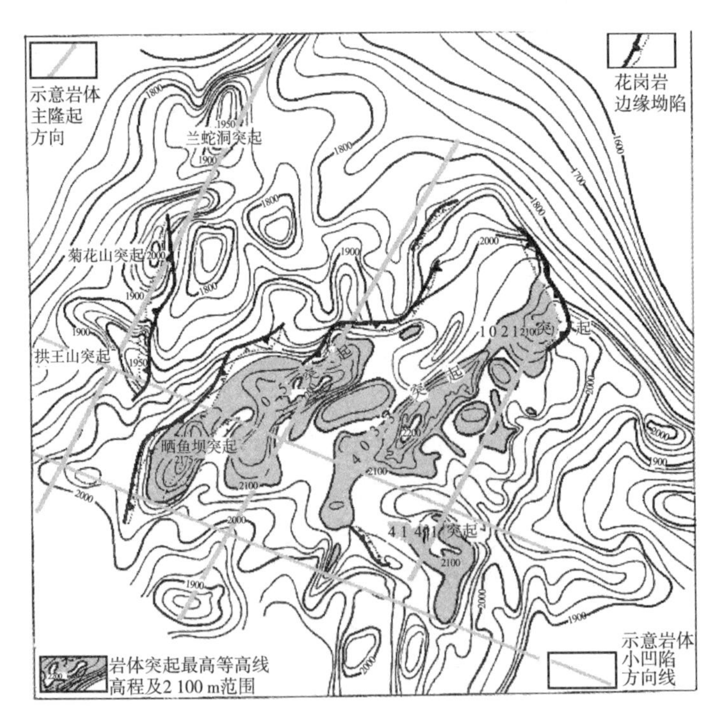

图 1–7 老卡岩体北段顶面等高线图[4]132

沿北西向反映出两组线性，其一为岩体北东端陡倾斜的北西段边界，走向 340° ，它与老卡岩体总体方向大体垂直；岩体北东端陡倾斜的南东段边界，走向 320° ，与南东侧近于雁列的突起大体垂直。其二为 4141 隆起至晒鱼坝突起及沟谷组成的线性。如果将 2 100 m 标高以上范围的南西向边缘连接起来，那么也能够看到这种线性，其走向为

295°，同样与晒鱼坝 –05 突起带恰好垂直。

老卡岩体隆起表现出 3 个层次的顶面形态特征：其一为岩体上隆总体轴向北东线性；其二为有西、东、中 3 个次级隆起，这些隆起与其间的凹陷增强了岩体总体轴向的线性特征；其三是更低级的小突起组成的脊，有更清晰的线性特征，轴向偏东 20° 最显著的如晒鱼坝 –05 突起、4033–1021 突起。前二者与岩体北东边界北西段走向的 300° 垂直，后者与岩体北东边界南东段走向的 320° 垂直。

老卡岩体北段的岩相有 5 种：灰白色中粒黑云母花岗岩、淡色中粒花岗岩、淡色细粒花岗岩、含斑黑云母花岗岩、斜长岩。黑云母花岗岩为主体；岩体表面普遍为淡色中粒花岗岩，菊花山—兰蛇洞突起北西侧和 1021 突起南东侧尤发育；含斑黑云母花岗岩主要分布于 4033–1021 突起的南东侧洼陷带；斜长岩透镜状，零星散布计 14 处，沿晒鱼坝 –05 突起一线比较密集（占 14 处中的 8 处，其他是与兰蛇洞突起之间 2 处、沿 4033–1021 突起 4 处）。黑云母花岗岩与斜长岩可相变，见于 1021 突起南东（蒙子二字部位）直接相变——两侧为斜长岩，之间为黑云母花岗岩、蒙子庙断裂西段北侧，可见两端为斜长岩，之间有黑云母花岗岩。在化学成分上，主要表现在氧化铁、钙、钠、钾上。铁、钛减少，钙增加、钠减少和钾增加。主要表现为硅 74.11（73.30）–74.72（下划线为其淡色相，下同）高，铝 12.81（12.33）–13.01 低，铁 0.79（2.58）–0.43 低，亚铁 1.28（1.28）–0.46 在淡色相低，钛 0.04（0.11）–0.03 低，钙 0.90（0.46）–0.89 高，钾 5.04（4.20）–5.09、钠 3.49（4.55）–3.76 低，钠—钾 8.53（8.75）–8.85 总量的变化不大。

脉岩主要有长英岩、煌斑岩，彼此可转换，大多沿东西向分布，最主要分布在蒙子庙断裂带，其内长英岩脉向东段变为煌斑岩脉；其次沿黄泥垌、坳头山断裂北东向分布，北西向产出的有 05 突起北西及 4033 突起南东，全部为长英岩脉（图 1–8）。另外有伟花岗晶岩、花岗斑岩、微晶花岗岩、细晶岩脉、石英脉及碳酸盐脉等。

主体相黑云母花岗岩矿物含量：钾长石 40.6%、斜长石 20.5%（$An = 0\sim23$）、石英 32.8%、黑云母 3.6% 等，含少量白云母，副矿物有锆石、磷灰石、独居石、电气石、萤石，以锆石为主，另有极少量褐帘石、锡石、金红石、锐钛矿、烧绿石、黑钨矿、磷钇矿等。

淡色花岗岩几乎不含暗色矿物，矿物含量：石英 42%；斜长石 28%（$An = 0\sim13$）；微斜长石 24%；无色云母 0~3%，被称为“白岗岩”，认为“可能是钾长石化、钠长石化，尤其是云母的褪色等蚀变的产物”[4]74。斜长岩几乎全由斜长石组成，其上下盘可见块状石英的富集带。

老卡岩体同位素年龄测定值为 64~80 Ma[4]77，如表 1–2 所列。

表 1–2　老卡岩体同位素年龄测定结果表[4]78

采样地点及样号	岩石名称	同位素年龄 /Ma		分析单位
		黑云母	长石	
新山	细中粒含斑黑云母花岗岩	67		全苏地球物理所、冶金工业部地质研究所
新山白沙坡，年 –19	细中粒黑云母花岗岩	66		
新山 4200 坑，年 –10	细中粒含斑黑云母花岗岩	30		
老厂湾子街，年 15–1	中粒含斑黑云母花岗岩	64		

续表

采样地点及样号	岩石名称	同位素年龄 /Ma		分析单位
		黑云母	长石	
老厂湾子街，年 5-2	中粒含斑黑云母花岗岩		74	
老厂湾子街，年 -16		60		
老厂湾子街，年 -18	云斜煌斑岩	70		

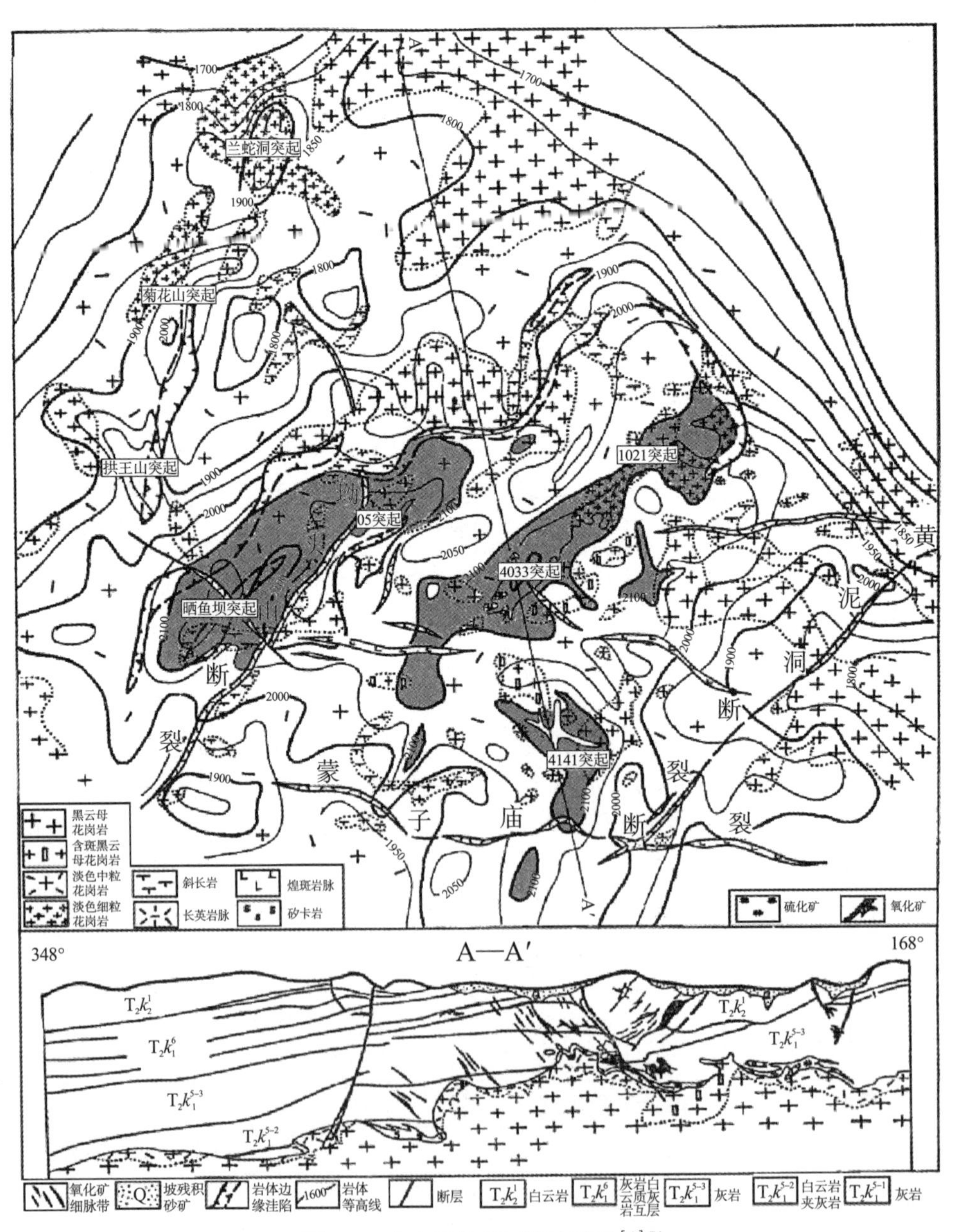

图 1-8　老卡岩体老厂段地质图[4] 76

岩体南段中竹林、竹叶山背斜部位总体轴向约北东20°，尤显北东东向线性(图1–6)。更南有新山岩体，出露面积0.3 km²，轴向北东约30°，脊突在背斜轴部突入上层位，在顺层产出的变辉绿岩床之上再顺层小幅扩张呈塔松式或蘑菇状，舌状超复、多层超复，形态复杂。

个旧杂岩体化学成分分析结果如表1–3所列。

表1–3　个旧成矿区岩浆岩岩石化学成分表[4]85

种类及名称		化学成分/%													
		SiO_2	TiO_2	Al_2O_3	Fe_2O_3	FeO	MnO	MgO	CaO	Na_2O	K_2O	P_2O_5	H_2O	其他	总量
贾沙辉长岩		45.34	1.29	14.65	4.34	6.45	0.30	5.63	12.24	2.39	3.81	1.08	—	2.21	99.73
贾沙二长岩		54.80	0.87	17.01	2.42	4.73	0.11	2.50	5.98	3.39	5.64	0.59	—	—	98.08
卡房辉绿岩		42.00	2.70	13.72	2.86	10.57	0.10	11.57	7.20	1.87	1.97	0.39	5.60	0.042	100.59
麒麟山辉绿岩		42.84	2.73	13.81	6.62	8.78	0.20	8.97	9.09	1.60	1.58	0449	3.41	—	100.07
卡房变辉绿岩		42.58	3.03	13.34	0.72	10.54	0.09	13.68	7.12	1.53	3.25	0.40	3.00	—	99.28
龙岔河岩体		67.32	0.46	15.31	1.06	2.60	0.04	0.62	1.96	3.05	5.57	0.20	0.55~3.51	1.86~4.28	100.59
马松岩体		72.00	0.25	13.90	0.37	1.97	0.03	0.49	1.61	3.36	4.93	0.13	0~0.85		99.50
白沙冲岩体		74.22	0.08	13.34	0.30	1.57	0.05	0.31	0.92	3.98	4.53	0.39	5.60		100.59
神仙水岩体		73.27	0.11	13.91	0.82	1.34	0.03	0.16	0.36	3.44	5.37	0.04			98.85
老卡岩体	平均	74.11	0.06	12.81	0.79	1.28	0.05	0.22	0.90	3.49	5.04	0.01			98.76
	竹林	74.40	0.032	13.03	0.44	1.15	0.06	0.25	0.86	3.57	5.09	0.01			
	新山	73.44	0.06	12.00	1.16	1.88	0.11	0.27	1.82	2.92	5.08				
	老厂	74.16	0.07	12.90	0.82	1.21	0.04	0.20	0.90	3.57	5.02	0.01	5.60		
霞石正长岩		58.18	0.20	19.66	2.60	1.95	0.1	0.36	2.06	5.81	7.57	0.31			98.84
碱性正长岩		57.80	0.285	20.26	3.52	1.31	0.26	0.19	1.40	6.23	7.90	0.085			99.14

表 1–4　个旧锡成矿区花岗岩各岩体（段）岩石化学分析平均含量比较表

化学成分	燕山晚期				
	一阶段		二阶段		
	似斑状黑云母花岗岩（戴里花岗岩值）/%		中粗粒黑云母花岗岩 /%		细中粒黑云母花岗岩 /%
	龙岔河岩体 12*[4]63	马松岩体 25[4]65	神仙水岩体 10[4]70	白沙冲岩体 1[4]72	老卡岩体总体[4]79（戴里花岗岩值）– 淡色 16[4]81
SiO_2	67.32（69.21）	**72.00**	**73.27**	**74.65**	**74.11**（73.30）**–74.72**
Al_2O_3	15.31（14.41）	13.00	13.91	13.04	12.81（12.33）–13.01
Fe_2O_3	**1.08**（**1.98**）	**0.37**	**0.82**	**0.38**	**0.79**（**2.58**）**–0.43**
FeO	2.60（1.67）	1.97	1.34	1.02	1.28（1.28）**–0.46**
TiO_2	0.46（0.41）	0.25	0.11	0.04	0.04（0.11）–0.03
MnO	**0.04**（**0.12**）	**0.03**	0.03	0.03	0.05（0.02）–0.02
MgO	**0.62**（**1.15**）	**0.49**	0.16	0.24	0.22（0.26）–0.17
CaO	1.96（2.19）	1.61	0.36	**1.15**	**0.90**（**0.46**）**-0.89**
Na_2O	**0.62**（**1.15**）	3.36	**3.14**	**4.00**	**3.49**（**4.55**）**-3.76**
K_2O	**1.96**（**2.19**）	4.93	**5.37**	**4.23**	**5.04**（**4.20**）**-5.09**
P_5O_2	0.20（0.30）	0.13	0.04	0.01	0.01（0.05）– 空缺

注：*12 表示样品数。

与戴里平均值相比较，个旧杂岩体化学成分的总特征是铁锰普遍减少：三价铁显著减少，硅显著增加，锰减少 1/4~1/3（表 1–4 中整行用粗体字表示）；同是似斑状黑云母花岗岩，龙岔河岩体与马松岩体有差别（表 1–4 中用粗体字表示在龙岔河及马松岩体栏）：马松岩体较之龙岔河岩体硅高、铝低、铁钛低，镁、钙也低，但钾钠高得多。

个旧杂岩体花岗岩成矿元素浓度高，与维诺格拉多夫计算值比较，铅高出 0.9~1.6 倍，锂高出 0.75~5.5 倍，铌高出 0.55~2.05 倍，钍高出 0.33~2.4 倍，铀高出 2.4~8.4 倍[4]90。尤其是含锡浓度高出花岗岩平均含量的 3.3[4]86~13[4]134 倍，其中，老卡岩体高出 13 倍[4]134，马松岩体北炮台高出 3.3 倍[4]150，龙岔河岩体、神仙水岩体和白沙冲岩体分别高出 3.3、7 和 7.6 倍[4]86。氟含量与成矿关系尤为密切，与成矿有关的花岗岩氟含量（1×10^{-6}）都大于 2 000，其中老卡岩体 2 450~3 750，老厂段尤甚，为 3 750；马松岩体其次，为 2 040~2 260[4]215；龙岔河岩体、神仙水岩体和白沙冲岩体分别为 1 160、1 250 和 1 150[4]86。锡与萤石储量之比：松树脚矿段为 9.7，老厂矿段为 13.5，卡房矿段为 31.6[4]216，前人认为“岩体中氟含量高对锡的成矿起到极为重要的影响”[4]215。

前人认为，似斑状和粒状两类花岗岩成矿类型和规模不同，又呈现演化系列性质的变化。“与早期偏基性的斑状黑云母花岗岩有关的矿床，为以锡为主的多金属硫化物矿床，如松树脚矿床，矿床类型单一，仅形成锡石—硫化物型矿床（包括矽卡岩型矿床），锡储量约占矿区探明储量的 1/5，伴生组分有铜、铅、锌、钨、铋等；与晚期偏酸性的粒状花岗岩有关的矿床类型多、规模大。如老厂矿段既有大量锡石—硫化物型矿床，同时也发育锡石—石英型矿床，锡储量占矿区探明储量的 1/2。伴生组分除铜、铅、锌、钨、铋外，还有大量铍和少量的铌、钽、锂、铷、铯等矿化。至于最晚阶段的富钠细晶质花岗岩，则仅形成一些小型云英岩型锡矿床，但铍、铌、钽等元素较富。”[4]216 前人并认为“可以看出个旧花岗岩由老到新，存在着由偏基性向偏酸性到富钠的演化系列，矿床类型也有规律地随之由锡石—硫化物矿床转变到锡石—硫化物矿床和锡石—石英矿床共存，以致最后形成锡石—石英型矿床加稀有金属矿化的演化序列”[4]217。

“个旧矿区约 70% 的锡储量与粒状花岗岩有关”，前人认为“因为它是本区花岗岩浆演化晚期产物，成矿物质充足，挥发性浓度高，聚集条件好，而且粒状花岗岩多沿袭斑状花岗岩开解的通道上升，减少了沉积围岩对岩浆成分的影响”[4]217。

由西区至东区，由东区北段至南段，由龙岔河岩体至马松岩体、神仙水岩体、白沙冲岩体、老卡岩体，岩石的矿物成分、化学成分、微量元素确实存在“演化系列”性质的变化，现归纳为表 1–5~ 表 1–7 供比较、鉴别。

表 1–5　个旧花岗岩主要造岩矿物平均含量表[4]88

侵入阶段及岩石名称	岩体名称	石英/%	长石/%						黑云母/%
			钾长石	斜长石		斜长石牌号 An	钾长石/长石总量		
①斑状黑云母花岗岩	龙岔河岩体	26	33	31	28.5	24~39	51.5	53.3	5
	马松岩体	31	32~36	26		26~37	55.1		5~8
②中粗粒黑云母花岗岩	神仙水岩体	24	43	29	28	10~21	60	59.2	3
	白沙冲岩体	30	38	27		0~12	58.4		3
③细中粒黑云母花岗岩	老卡岩体	32.8	40.6	20.5		0~23	66.5		3.6

注：①“燕山晚期第一阶段”；②“燕山晚期第二阶段”；③“燕山中晚期第二阶段”。

表 1-6 个旧锡成矿区花岗岩各岩体主要造岩矿物含量变化比较表[4]88

侵入阶段与岩石名称		岩体名称	石英/%	斜长石牌号 An	（钾长石/长石总量）/%	钾长石/%	斜长石/%	黑云母/%	稀土组成，总量/（$\times 10^{-6}$）[8]216	特征副矿物；含围岩捕虏体情况	包裹体测温/℃
①似斑状黑云母花岗岩		龙岔河岩体	26.0	24~39	51.5	33	31	8	以铈族稀土为主，350~6 050	褐帘石、榍石、磁铁矿、磷灰石；捕虏体普遍	800（马拉格均一法）
		马松岩体	31.0	26~37	55.1	32~36	26	5~8			
②粒状黑云母花岗岩	中粗粒	神仙水岩体	24.0	10~21	60.0	43	29	3	以钇族稀土为主，180~290	磷钇矿、独居石、电气石、锡石、萤石；很少或没有捕虏体	615~655（老厂爆裂法）
		白沙冲岩体	30.0	0~12	58.4	38	27	3			
	细中粒	老卡岩体	32.8	0~23	66.5	40	20.5	< 4			

注：①燕山晚期一阶段；②燕山晚期二阶段。

表 1-7 个旧锡成矿区花岗岩各岩体微量元素含量比较表[4]86

岩体名称	微量元素/（$\times 10^{-6}$）											
	Sn	Cu	Pb	W	Be	Li	Ta	Nb	Zr	Th	U	F
龙岔河岩体	10	20		< 8	4	70	2	31	287	61	12	1 160
马松岩体	10/15**	18/11	41/—	< 8/ < 8	9/9	135/77	5/6	35/35	167/159	46/48	22/29	1 760/2 040
神仙水岩体	21	6		< 12	9	191	6	60	193	47	24	1 250
白沙冲岩体	24	12	52	< 8	11	162	8	61	76	32	33	1 167
老卡岩体	20	13	44	10	7	201	13	40	104	36	31	2 300
老卡岩体中的白岗岩 *	13	32	33	179	29	58	21	—	44	17	26	3 750

注：* 平均值，原表称为老厂坑下和新山坑下灰白色中粒黑云母花岗岩和淡色花岗岩平均值[4]87；**10/15 代表马拉格岩体 / 松树脚岩体含量。

上述 3 个表列述的最重要的是矿物、化合物和成矿元素增减都呈递变性，由龙岔河岩体至马松岩体、神仙水岩体、白沙岩体、老卡岩体，它们的变化，一是矿物成分石英递增 126%，钾长石递增 121%，钾长石 / 长石总量递增 129%，斜长石递减 151%，斜长石由中长石变成钠长石，牌号递减。二是化学成分 SiO_2 含量递增 110%，而 Al_2O_3（–120%）、Fe_2O_3（–137%）与 FeO（–203%）、CaO（–218%）、Mg（–258%）均递减，且都相当规律。三是 Sn、Cu、W、Be、Ta、Nb、U、F 递增，Zr、Th 减少，其含量变化表现了一定的继承性。Li 属于递增类，但在老卡岩体中的白岗岩中，含量急剧减少，低于龙岔河岩体。此外，捕虏体的多少、大小、原岩可辨认程度也存在渐进式变化。这些都有助于说明前人“花岗岩演化系列”[4]88 说的正确性。

钾钠总量始终在 8.29%~8.81%之间，高于花岗岩之平均值，从龙岔河岩体的 8.62%到老卡岩体的 8.53%，不是系统增高、减少之类的变化，而是始终波动于中国花岗岩的 7.82%[11]之上。

还有一些现象，如龙岔河岩体东南边缘，有被中粗粒花岗岩环绕的似斑状花岗岩，被环绕部位的似斑状花岗岩斑晶变小并逐渐消失，两者之间未见明显接触界线[4]61；马松岩体边部和深部长石斑晶和黑云母逐渐减少，近似粒状花岗岩[4]62；马扒井深部的卡房岩体发现有类似马拉格北炮台的斑状黑云母花岗岩，都能够说明各处“花岗岩体”普遍存在岩相变化的过渡性质。

前人还制作了表 1–8，比较斑状花岗岩与粒状花岗岩的异同。

表 1–8 个旧锡成矿区两类花岗岩特征对比表[4]216

项目		斑状黑云母花岗岩	粒状花岗岩
形成时期		燕山中晚期	燕山晚期
同位素年龄 /Ma		84~115	64~80
结构		似斑状	等粒、花岗结构
黑云母含量 /%		5~8	3~3.6
钾长石 / 长石总量 /%		53	59~66
斜长石牌号		24~39	0~23，多数 0~12
特征副矿物		褐帘石、榍石、磁铁矿、磷灰石	磷钇矿、独居石、电气石、锡石、萤石
成岩温度（包裹体测温）/℃		800（马拉格均一法）	615~655（老厂爆裂法）
含围岩捕虏体情况		普遍	没有或很少
组分含量变化 /%	SiO_2	67.32~72.00	73.27~74.22
	Fe_2O_3+FeO	2.27~3.68	1.87~2.16
	MgO	0.49~0.62	0.22~0.31
	CaO	1.61~1.96	0.36~0.92
	TiO_2	0.25~0.46	0.06~0.11
	P_2O_5	0.13~0.20	0.01~0.05

续表

项目		斑状黑云母花岗岩	粒状花岗岩
微量元素含量 /（×10^{-6}）	Sn	10~15	20~25
	Be	4~9	7~11
	Li	140~270	281~402
	Nb	63~70	80~122
	Ta	3~11	13~27
稀土总量 /%		0.035~0.605	0.018~0.029
稀土组成		以铈族稀土为主	以钇族稀土为主

前人对长石斑晶的颜色有研究。

北炮台岩体 6 个样品的长石斑晶化学分析结果（3 个肉红色、3 个灰白色）的平均值如表 1–9 所列[4]65。肉红色长石斑晶较之灰白色长石斑晶在成分上的差别主要是：MgO 之比为 0.15/0.01，为 15 倍，这是相差最大的化学成分；Fe^{3+}、Fe^{2+} 之比分别为 813 倍、222 倍（Fe^{3+} 高为红色）；镁铝榴石为暗血红色至玫瑰红色[12]63，Mg 高可能促使成红色；CaO、Na_2O 比值分别为 1.12/2.38、0.59/3.09，可能说明后者有更多的乳白色的钠长石，这种认识可备一说。

表 1–9　北炮台岩体不同颜色长石斑晶平均化学成分表[4]65

北炮台岩体	肉红色长石斑晶 /%	灰白色长石斑晶 /%
SiO_2	62.84	63.54
Al_2O_3	17.29	17.68
Fe_2O_3	2.44	2.22
FeO	0.003	0.010
TiO_2	0.013	0.018
MnO	0.010	0.022
MgO	0.15	0.01
CaO	1.12	0.59
Na_2O	2.38	3.09
K_2O	12.62	12.13
P_5O_2	0.009	0.009

注：原表为单个样品分析结果表。

2. 基性岩

（1）贾沙辉长岩体

贾沙辉长岩体由辉长岩—二长岩组成，在贾沙附近出露 30 km²，南西侧与三叠系中统法郎组砂页岩及泥质灰岩接触，其余均被后期花岗岩包围，边缘并有许多中粒花岗岩贯入，甚至将基性岩切割成角砾状，形成网状或角砾状混合岩带。辉长岩遭受强烈的同化混染，变成二长辉长岩、二长岩、正长岩等一系列过渡岩石。岩体中部保存辉长岩原始特征，主要矿物为透辉石（占 55%）和拉长石（占 20%~45%），次要矿物有黑云母、普通角闪石和次透辉石。二长岩类由辉长岩受花岗岩同化混染作用形成，构成贾沙岩体的主要岩石，主要矿物有斜长石（$An=35\sim15.5$）、钾长石、黑云母、辉石、角闪石[4]52。暗色矿物含量占 20%~50%。较之辉长岩平均值，贾沙岩体钙、碱质总量、铁钛偏高（主要是钾，超出 1 倍以上，钠略偏低），硅、铝及镁偏低（表 1–10）。岩体钾氩同位素年龄为 119 Ma（黑云母）、132 Ma（辉石）。

表 1–10　个旧锡成矿区基性岩岩石化学成分平均值比较表[4]54

化学成分	燕山早期贾沙岩体		燕山早期
	辉长岩 /（戴里平均值）	二长岩 /（戴里石英辉长岩平均值）	变辉绿岩 /（戴里平均值）*[4]59
SiO_2	45.34/（48.24）	54.8/（54.39）	42.00~44.18/（50.48）
TiO_2	1.29/（0.97）	0.87/（1.29）	2.4~3.30/（1.45）
Al_2O_3	14.65/（17.88）	17.01/（16.72）	12.70~13.82/（15.34）
Fe_2O_3	4.34/（3.16）	2.42/（2.49）	0.18~6.62/（3.84）
FeO	6.45/（5.95）	4.78/（7.15）	8.44~12.59/（7.78）
MnO	0.39/（0.13）	0.11/（0.20）	0.09~0.20/（—）
MgO	5.63/（7.51）	2.50/（4.15）	8.97~15.83/（5.79）
CaO	12.24/（10.99）	5.98/（6.68）	6.10~9.09/（8.94）
Na_2O	2.39/（2.55）	3.39/（3.15）	0.90~2.10/（3.07）
K_2O	3.81/（0.89）	5.64/（1.58）	1.58~3.65/（0.97）
P_5O_2	1.08/（0.28）	0.59/（0.35）	0.32~0.49/（0.25）

注：* 变辉绿岩戴里平均值录自文献［4］第 59 页，无数据。“变辉绿岩化学成分及查氏数值特征表”被称为“世界平均值（戴里）”。

（2）辉绿岩

辉绿岩成岩床或岩脉多处产出，主要分布于卡房和松树脚一带。前人称“分布较广泛，以卡房所见之规模最大，此外在松树脚麒麟山、水塘寨、木花果、寿田、它白、他其、新寨等地均有零星出露”，认为“各类基性岩（辉长岩、辉绿岩等）在成因上可能属同期同源岩浆产物”，辉绿岩“赋存层位较稳定，有时呈多层产出。岩床厚度取决于所在的构造部位，如在背斜轴部及断裂构造附近厚度增大……无显著的喷发岩特征……但是岩体分布范围较广，局部发育杏仁构造，个别地方还发现凝灰质物质，似乎又具有某些喷发的特征”。[4]90

卡房辉绿岩床长 3 km，一般厚 20~50 m，面积大于 15 km^2[4]51，出露于矿段西部芭蕉箐，大部分隐伏于卡房矿区西部、老厂矿区西南部梳杆坡至母鸡山并延伸至个旧断裂以西，顺层与个旧组第 1 层（$T_2k_1^1$）接触，延伸稳定，多层产出。已知面积为 10 km^2。在松树脚出露于麒麟山一带，产出于个旧组第 4 层（$T_2k_1^4$）。

卡房矿段有变辉绿岩型铜矿体。卡房辉绿岩原岩为橄榄辉绿岩，受变质作用主要形成 3 种岩石类型，按照与花岗岩的空间关系，由远及近依次是阳起石变辉绿岩、金云母化变辉绿岩、金云母阳起石岩（或阳起石金云母岩）和金云母岩，它们之间渐变过渡，难以划界。金云母化变辉绿岩和阳起石变辉绿岩分布最广，金云母阳起石岩（或阳起石金云母岩）和金云母岩紧邻花岗岩。

其他各处辉绿岩大体产出于法郎组上部和下部两个层位。

3. 碱性岩

白云山碱性岩体主要有碱性正长岩及霞石正长岩，呈近南北向窄长分布，长约 13 km，宽约 3 km，面积约 40 km²，两者之间有肉红色中细粒花岗岩，三者连续过渡[4]78。碱性正长岩褐灰色，中—粗粒，主要由正长石（占 95%~97%）组成，次要矿物有钠长石、黑云母、钠铁闪石、霓石等。正长石板状半自形晶；霞石正长岩岩相复杂，南段有霓辉方钠石正长岩、含黑榴石方钠霞石正长岩，北段有含黑榴石辉石正长岩、方钠霞石正长岩、方钠霓霞正长岩共 5 个岩相带[4]82。碱性岩出现最晚，钾氩同位素年龄为 59.5~62 Ma[4]51（3 个样），前人称“应属燕山旋回的尾声”。但穿插于其中的金云母脉的铀—钍—铅同位素年龄为 76~90 Ma（2 个样）[4]82。如表 1–11 所列。

此外，老厂矿段有煌斑岩，其钾氩同位素年龄为 70 Ma。

表 1–11　个旧杂岩体成岩时代表[4]51

<table>
<tr><th colspan="3">岩石种类</th><th>所在岩体</th><th>同位素年龄值 /Ma</th><th colspan="3">地壳运动 /Ma</th></tr>
<tr><td>碱性</td><td colspan="2">霞石正长岩</td><td>白云山岩体</td><td>59.5~62</td><td rowspan="9">燕山旋回</td><td rowspan="6">晚期</td><td>第三阶段</td></tr>
<tr><td rowspan="5">酸性</td><td rowspan="3">粒状</td><td rowspan="5">黑云母花岗岩</td><td>老卡岩体</td><td rowspan="3">62~80</td><td rowspan="3">60
第二阶段</td></tr>
<tr><td>白沙冲岩体</td></tr>
<tr><td>神仙水岩体</td></tr>
<tr><td rowspan="2">斑状</td><td>马松岩体</td><td rowspan="2">83.5~115</td><td rowspan="2">100
第一阶段</td></tr>
<tr><td>龙岔河岩体</td></tr>
<tr><td rowspan="3">基性</td><td colspan="2" rowspan="2">辉绿岩</td><td>松树脚麒麟山岩体</td><td rowspan="2"></td><td rowspan="3">早期</td><td rowspan="3">137

195</td></tr>
<tr><td>卡房芭蕉箐岩体</td></tr>
<tr><td colspan="2">辉长岩</td><td>贾沙岩体</td><td>?</td></tr>
</table>

（三）构造

成矿区构造结构面众多，为尽量采用原图和避免描述、论述混叙，以求清楚地呈述素材，先按前人“个旧矿区构造体系划分简表”所列 75 个图示的编号构造，保留其力学性质划分供参考，去除其构造体系划分，改按构造走向分组列述。未图示的 22 个构造从略，主要构造另做补充描述，1984 年后的某些新资料在论及时陈述。如图 1–9 及表 1–12 所示[4]40。

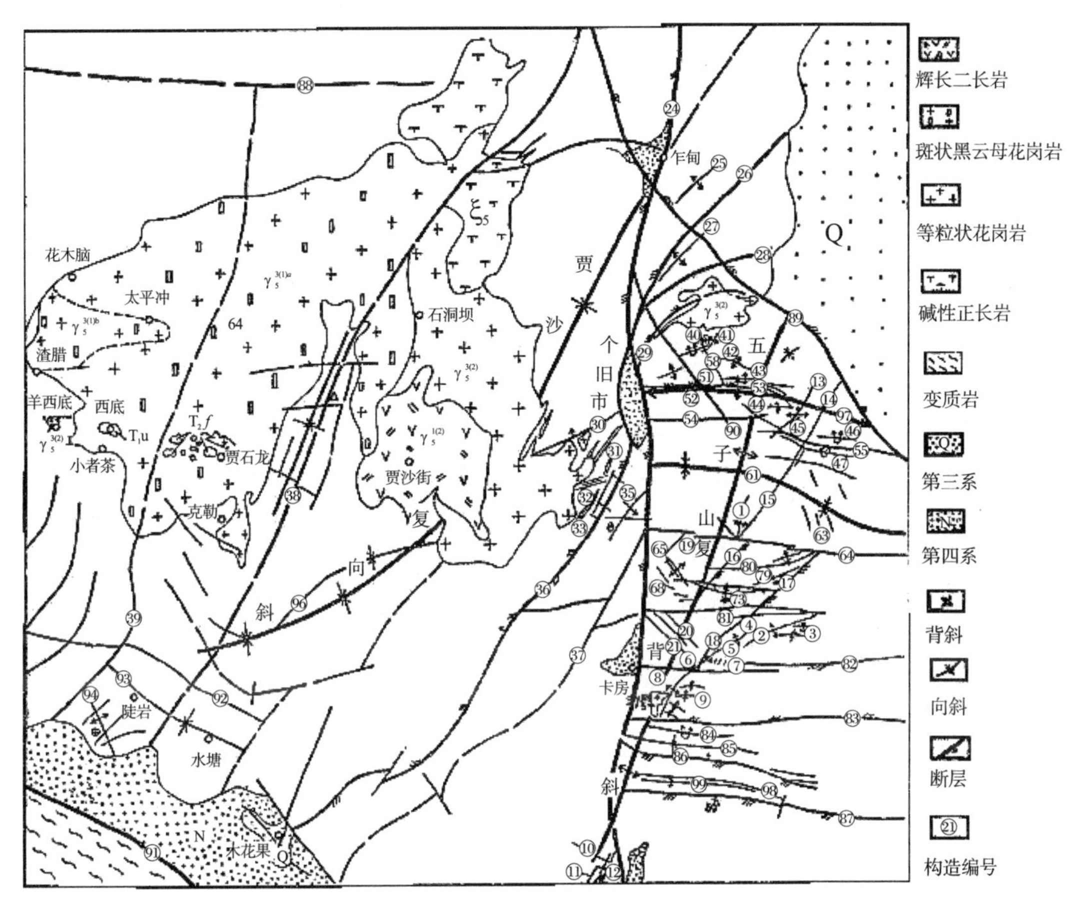

图 1-9　个旧锡多金属成矿区地质构造纲要图[4]40

表 1-12　个旧锡多金属成矿区构造特征简表[4]42-44

组别	类型	编号	构造名称	走向或轴向 /(°)	倾向、倾角 /(°)	力学性质	备注
北东组	褶皱	①	高峰山背斜	20	向 NE 倾没		老厂、松树脚之间
		②	竹叶山背斜	60			卡房
		④	竹林背斜	40(按图)			原表称走向 50
		⑤	中竹林背斜	40(按图)			卡房，原表称 EW
		⑥	前坡山弧形背斜	NE-EW			卡房
		⑦	前坡山弧形背斜挠曲				卡房
		⑧	新山背斜	35			卡房
		㉕	坡背背斜	40			马拉格北
		㉗	老虎山向斜	40			马拉格北
		㉟	牛坝垅断褶带	30			牛屎坡
		⑲	黄泥硐挠曲带	NE60			原表无角度
		㊻	孟宗向斜	30~40			西区

续表

组别	类型	编号	构造名称	走向或轴向/(°)	倾向、倾角/(°)	力学性质	备注
北东组	穹隆	㊵	北炮台穹隆	NE			马拉格
		㊶	七间向斜	NE			马拉格
	断裂及裂隙带 破碎带	⑪	银厂坡断裂	NE45	SN80	张扭	南边缘
		⑫	南大坡断裂	NE60	NE60	压扭	南边缘
		⑬	小长岭断裂	NE45~60	NW55	张扭	松树脚
		⑭	长闹堂断裂	NE20~40	SE65~85	压扭	松树脚
		⑮	卢塘坝断裂	NE40	NW67~80	压扭	老厂
		⑯	坳头山断裂	NE40	NW78	压扭	老厂
		⑰	黄泥硐断裂	NE45	NW80	压扭	老厂
		⑱	068 断裂			压扭	卡房
		⑲	兰蛇洞断裂				老厂
		㉖	松树寨断裂	15~30	SE60	压扭	马拉格北
		㉘	草里院断裂	20~78	NW65~75	压扭	马拉格北
		㉙	营盘山断裂	65~89	NE75	压扭	马拉格西侧
		㉚	牛屎坡仙人洞断裂	60	NW70~85	张扭	牛屎坡
		㉛	红土坡岩脉带	6	NW		牛屎坡
		㉜	白虎山—洋式草房裂隙带				牛屎坡
		㉝	大凹塘—青龙山破碎带				牛屎坡
		㊱	杨家田断裂带	20~40	NW20~60	压扭	牛屎坡
		㊲	火把冲断裂带	30	?	?	牛屎坡
		㊳	轿顶山断裂带	30	NW	张扭	西区
		㊴	龙岔河断裂带	10~20	?		西区
		⑳	梅雨冲断裂	NEE	NNE45~75	张扭	老厂
东西组	褶皱	㊹	莲花山背斜	EW			松树脚
		㊻	6 号背斜	EW			松树脚
		㊼	单东背斜				
		㊸	湾子街背斜				老厂
		㊽	鸡心脑背斜	EW			原称 NWW
		㊺	猪头山向斜	EW			卡房向东倾伏
		㊾	大花山背斜	EW			卡房向东倾伏
	断裂	㊿	元老断裂	EW	S75~85	压扭	马拉格
		52	老阴山 9 号多字型构造	EW		张扭	马拉格

续表

组别	类型	编号	构造名称	走向或轴向/（°）	倾向、倾角/（°）	力学性质	备注
东西组	断裂	㊼53	元老山似帚状构造	EW		张扭	马拉格
		54	象山断裂	EW			马拉格
		55	个松断裂	NWW70~80		压扭	松树脚
		64	背阴山断裂	NWW280	SW65~83	张扭	老厂
		81	喂牛塘—蒙子庙断裂	EW	S或N65~80		原称压（张）扭
		82	老熊洞断裂	EW	S88		卡房
		83	仙人洞断裂	EW	S70	压扭	卡房
		86	龙树脚断裂	NWW	NE70	压扭	龙树脚
		87	白龙断裂	EW	S50	压扭	卡房
		98	大花山断裂	EW		压扭	卡房
		88	普雄—李海寨断裂	EW	S（？）	压性	西区
北西组	褶皱	③	竹叶山背斜挠曲带				卡房
		⑨	新山背斜挠曲带				卡房
		⑩	山北坡断裂~	NW55	SE75	张扭	个旧断裂南端
		68	35号断裂带				老厂
		42	照壁山背斜	NW			马拉格
		43	尹家洞背斜（穹隆[4]151, 153）	EW			图上走向北西西
		45	荷叶坝穹隆	NW280			松树脚
		61	大菁向斜	NWW			老厂、松树脚之间，又称大菁—阿西寨向斜[4]45
		62	阿西寨向斜	NWW			
		65	黄茅山背斜	NW			老厂
		93	陡岩—水塘向斜	NW300			西区
		94	陡岩背斜	NW320			西区
	断裂	⑳	长宝洞断裂	NW			卡房
		66	黄茅山背斜	NW	NW40~85		
		㉑	黑蚂井断裂	NW70	SW84	张扭	卡房
		56	医院断裂	NW	NE75		马拉格图标58号
		63	阿西寨向斜南翼断裂组	NW			老厂、松树脚之间
		89	白沙冲断裂	NW315	NW60	压扭	北东边缘
		90	大、小凹塘断裂	NW325	SW70（85）	张扭	马—松矿区

续表

组别	类型	编号	构造名称	走向或轴向 /（°）	倾向、倾角 /（°）	力学性质	备注
南北组	断裂	⑼	红河断裂	NW300		压扭	外围区域性断裂
		⑽	老虎山断裂	NW300	SW34	压扭	西区
		㉔	个旧断裂北段	10	NE~NW60~88	压扭	区域性断裂，纵贯个旧成矿区
			个旧断裂中段	0	E	张扭	
			个旧断裂南段	?	?	?	

注：图 1–9 标示向南倾斜的 88 号普雄—李海寨断裂文字描述为“向北倾斜，北盘向南逆冲”[4]46（判断：图是正确的）。

另有：驼峰山背斜位于驼峰山矿段中南部，轴向北北东向，向北倾伏，两翼开阔，轴部平缓。东翼倾角 5° ~10°，西翼 25° ~40°，背斜核部见层间擦痕，局部充填黏土及氧化矿。背斜向下逐渐平缓消失[13]403；高阿断裂[13]404 走向 280° ~290°，长约 1.5 km，倾向南西，倾角 75° ~88°，局部反倾，下延至 1950 中段，矿化角砾岩带宽 2 m。角砾为灰质白云岩和少量方解石，砾径为 0.2~0.3 cm，铁质胶结，断面擦痕明显，可判断为逆断层，北盘上升。挤压现象明显，磨圆度较好，角砾具铁锰矿化、赤铁矿化，是重要的成矿断裂，带内局部锡品位为 0.100%；大菁—南山断裂走向为北东 65° ~75°，倾向北西（局部反倾），倾角 75° ~85°。断裂长 4 km，宽 1~15 m，斜深超过 1 500 m，矿化强烈，断裂带局部含矿；1 号、2 号断裂为大菁南山断裂的次级隐伏断裂，分别位于大菁南山断裂的北、南两侧，其产状、断裂性质以及含矿性与大菁南山断裂基本一致，只是长度较短，均只发育至高阿断裂[13]404。

1. 构造背景

区域构造以区域性断裂构造为主，褶皱构造舒缓。

（1）南北向断裂

区域性个旧断裂 ㉔ 为川滇南北向构造的东支，走向南北，自北经开远延入并纵贯个旧成矿区，区内长＞ 40 km。个旧成矿区内其宽为 10~300 m，北段走向北北东，倾向西，局部东倾；中段在老阴山块段倾向西，倾角为 80° ，在象山断裂 ㊹ 以北倾角为 70°，老厂矿段与之平行的“半坡庙断裂”倾向西，倾角为 79° [4]131，可供判断个旧断裂产状的参考，中段西盘向南扭动；“南段卡房至田心（卡房南 9.2 km）一带，没有北段那样强烈而清楚的破裂面”[4]46。

沿断裂分布乍甸、个旧市、卡房、田心 4 个小型第三系窄长盆地，其中个旧市断陷盆地最长，卡房断陷盆地短（卡房盆地内有上第三系河头组[4]38），田心盆地在图 1–9 上呈尖角朝南端的窄三角形，个旧市—卡房盆地相应部位的个旧断裂反复弯曲，依次对应于图 1–9 所示大菁、黄茅山及老熊洞 ㊷—仙人洞断裂 ㊸ 之间。

个旧断裂与康滇地轴南北向构造相连，是中国西南部最重要的南北向构造带，并且是该构造带的南段端头部分。

（2）北东向断裂

北西部与峨眉山玄武岩之间的北东向断裂为个旧成矿区的西边界，该北东向构造带也具有区域规模。

（3）北西向断裂

区域性红河深断裂带[4]256为个旧成矿区南边界，走向 295°，长超过 700 km，倾向南西，倾角缓，发育有一系列北西向压性和压扭性断裂和褶皱，深断裂南侧为前寒武纪变质岩哀牢山群，变质岩产状与深断裂平行、倾向相反。这些构造穿切三叠纪前各时代地层[4]24。“红河深断裂”是“一个巨型歹字形构造”（青藏滇缅歹字形构造）中部的东支[2]77,[14]229，或被列为中国主要深断裂（金沙江—红河深断裂带，岩石圈断裂，部分地段属超岩石圈断裂），红河段部分显剪性[14]148，构成大地构造单元的分界，被认为属欧亚板块与大洋洲板块的次级缝合线。

2. 成矿区构造

成矿区构造按走向分组，按构造规模分级。

成矿区一级构造分布广，构成个旧成矿区构造骨架，长度一般超过 20 km，本书将全部描述。成矿区二级构造一般长超过 10 km，主要有东西向白龙、仙人洞、老熊洞、背阴山、个松 5 大断裂，北西向的小、大凹塘断裂。它们控制成岩，晚期制约成矿，应为各个矿床的构造边界。本书按现有资料全部描述。阿西寨花岗岩槽谷本卷列为二级构造，纯属按其规模纳入，并无矿床边界之控制作用。成矿区三级及以下构造长度不超过 7 km，一般为 3~5 km，其重要分布特征为产出于两条东西向成矿区二级断裂之间，即一般为矿床内之构造。成矿区三级以下构造按上述分级档次类推。成矿区三级及以下构造将在矿床各论部分阐述。

（1）北东向构造

①一级卡老松背斜。

卡老松背斜是笔者纠正前人“五子山复背斜”新建立的概念。

前人轴向 20°~30° 的“五子山复背斜”这一概念需要进一步的论证。原五子山复背斜，由南向北由只有新山背斜（仙人洞断裂㉝—老熊洞断裂㉜区段，以下简称“仙老区段”）—竹林背斜④（老熊洞断裂—背阴山断裂㉞区段，以下简称“老背区段南段”）—老厂岩体隆起（老背区段北段）—?（背阴山断裂—个松断裂㉟区段，以下简称“背个区段”）背阴山断裂北侧高峰山鼻状背斜①和个松断裂北侧有南北向的鼻状花岗岩隆起及马松背斜（个松断裂—白沙冲断裂㊴区段，以下简称“个白区段”。马松背斜是笔者命名的构造，它有非常完整的北西翼，在图 1–29 和图 1–34 上有显著的标志层呈北东向 70°，向东至松树脚迅速转变为向东并急剧转向南东，轴部在小松树脚锡矿部位。从马拉格—松树脚矿床部位看，可以认为其轴向为 60°~70°，此项可参考图 1–29 小松树脚锡矿部位的北东东轴向。马松背斜属笔者新建立的卡老松背斜的北东端。原五子山复背斜所涉及的构造形迹的构造级别和构造形式不同，差异甚大，彼此不相衔接（如竹林背斜与老厂岩体在隆起位置上有很大的错移，背斜与花岗岩隆起构造形式也不相同。并且也非所有背斜核部都有花岗岩隆起）。背个区段的阿西寨花岗岩槽谷与老厂岩体的隆起在构造性质上根本对立。马松背斜倒是一个在构造级别上与五子山复背斜概念能够匹配的褶皱构造，但方位相差太大。所有这些，都与建立五子山复背斜观念的地质事实有矛盾。前人还称五子山复背斜南端穿切个旧断裂、“与红河断裂反接”应属错误（这很容易检验），向北东延至白沙冲断裂以北，长约 40 km[4]41（前人称与红河断裂反接和复现于大黑山背斜，长度远不止 40 km），都与实际资料不符（前人称其“轴部宽而平，两翼倾斜在 20° 左右。轴部出露有二叠系龙潭组煤系和下三叠系、中三叠系的砂页岩和灰岩、白云岩，翼部为中三叠统个旧组地层和法郎组砂页岩和灰岩，背斜南西段与红河断裂反接，北东段受鸡街—蒙自北西向地堑破坏、淹没；越过地堑在大庄复现的大黑山背斜，与五子山复背斜首尾相连”应属对矿田以外构造的描述，“背斜上发育有次级北东向压扭断裂和北西向张扭性断裂及近东西向张性断裂”[4]41，则所列断裂在个旧锡矿田内。“背斜核部大部分为燕山期花岗岩侵入”及“复背斜上，横跨一系列属于东西向构造体系的褶皱、断裂，把背斜分割为几段，使之更为复杂”亦系矿田内之现象）。因此，五子山复背斜这个概念尚需讨论。

个旧锡矿田褶皱构造很不发育。细究个旧锡矿田地层的分布，倒是存在一个残缺的北北东向的、由卡房矿段延向马松矿床的背斜。

这个背斜的南段（白龙断裂—老熊洞断裂区段，以下简称“白老区段”）地层是由西向东变新，由个旧组下段变为中段，属背斜的南东翼。中南段（老背区段）是南西面为个旧组下段，北东面为个旧组中段，属背斜轴部且略现南东翼。中段（背个区段）西侧出现个旧组上段，属背斜轴部并开始显现北西翼，主体基本上都是个旧组中段，南东翼范围宽阔。北段（个白区段）主体则是向北西依次出现个旧组下、中、上 3 段，乃至个旧组的上覆地层法郎组，有相当完整的北西翼，其南东翼被白沙冲断裂切割所剩无几，表现为地层倾向南东，岩性段层位变新（由 $T_2k_1^1$ 变为 $T_2k_1^2$）。这个背斜尽管残缺，但却真实存在——中南段保留南东翼，北段保留北西翼，毋庸置疑。

该背斜总体轴向北东约 30°（前人的矿田图件彼此存在差异，比较之下，图 1–48 个旧锡矿田砂锡矿分布地质地貌略图显得较为精确。从该图的砂锡矿分布带可以看到其总体轴向，即由仙人洞断裂西端鸡心脑穹隆向北东至小松树脚砂锡矿。即使是大比例尺的矿床地质图如图 1–13 卡房矿段地质图，将个旧断裂标示为近南北向也是严重的差错。图 1–48 所示的“断层侵蚀谷”地貌形态显示的方向为北东 20°），南段要注意鸡心脑穹隆第一岩性段 $T_2k_1^1$ 出露范围最大且西侧有 $T_2k_1^2$，显然属背斜轴部（其南大花山背斜处的背斜轴部的个旧组 $T_2k_1^1$ 之西并未出现 $T_2k_1^2$，其轴部显然更偏西）。中北段为老厂矿段地质图（图 1–19）的南西角延向马松背斜轴，其方位为北东 50°。鉴于此背斜只有南北两段两翼倾角稍大，背斜轴的位置可以确定，因此中段尤其是背个区段是很难定位的。为简便起见，不妨将此背斜的轴简单表示为轴向北东 30°，即由鸡心脑穹隆延向马松背斜轴（小松树脚锡矿部位。鸡心脑穹隆以南的轴向应当更偏北，很可能只有北东 10°～15°）。该背斜枢纽有显著起伏，显示为南北两段高，中段显著沉伏的马鞍状，当然在白龙断裂—仙人洞断裂区段（以下简称“白仙区段”）的猪头山向斜 ㊽ 部位也有显著下凹。

该背斜与五子山复背斜轴向相似，位置也相近，内涵却截然不同，特改名为卡老松背斜。论证建立了卡老松背斜，原五子山复背斜就应予废弃。参见图 1–10。

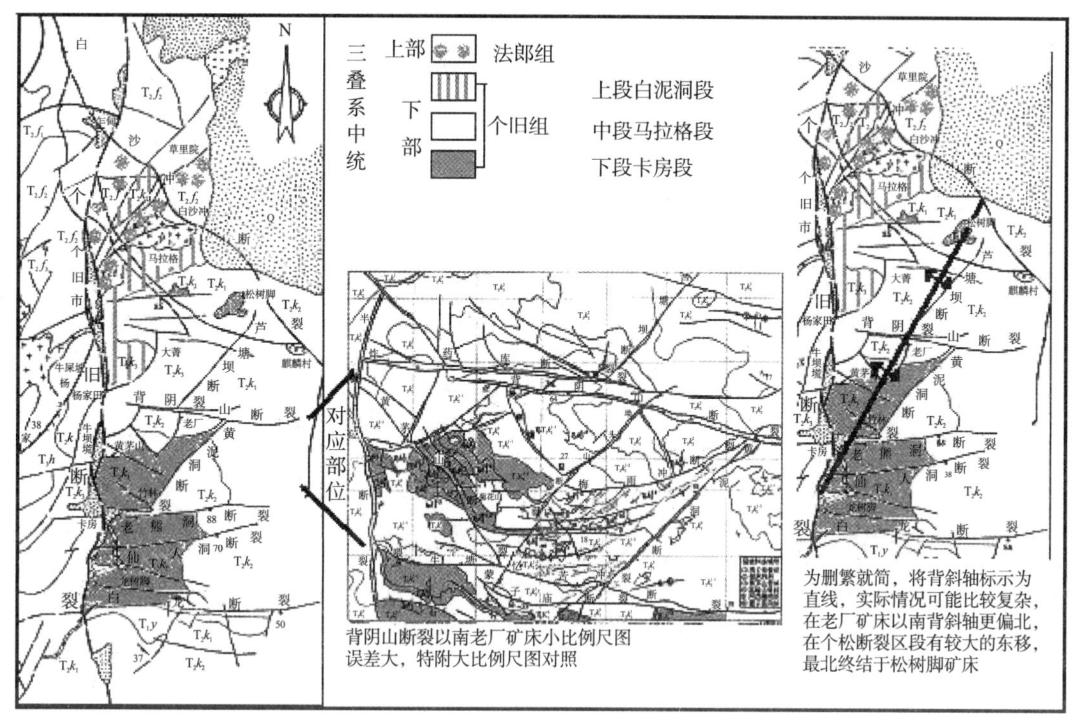

图 1–10　卡老松背斜划分图

②一级贾沙复向斜。

一级贾沙复向斜 ⑨ 图 1-9 已标出，未编号，其轴向北东 30°，槽部（贾沙街西侧）最新地层，北段神仙水西为法郎组上段，南段为法郎组—三叠系上统，中段被岩浆体分隔（不必拘泥这些平缓的地层将南段向斜轴标示为北东东向弧形。那是次级的孟宗向斜 ㊻（如果联系到图 1–45 地势水系图，相当于孟宗向斜的部位标高 2 000~2 500 m，在个旧成矿区第二高地部位多保留了一些新地层也就并不奇怪了），个旧断裂以西构造线总体上为北东向相当清楚。复向斜两翼开阔，地层平缓，两翼最老地层为三叠系下统飞仙关组碎屑岩和中统卡房段。其东翼有杨家田断裂，西翼有轿顶山断裂、龙岔河断裂，断裂走向与褶皱轴向近于平行。贾沙复向斜等北东向构造规模次于个旧断裂，但都与个旧断裂相关，均列入成矿区的一级构造。

个旧成矿区褶皱的总体特征是舒缓。个旧杂岩体西区部分大体沿轿顶山断裂两侧发育呈肺叶态，东区花岗岩则有随褶皱起伏之势。

③一级龙岔河穹窿。

这是只分布在龙岔河断裂 ㊴ 西盘、被龙岔河断裂破坏了的残留穹窿构造。在龙岔河岩体南北都有三叠系下统永宁镇组（T_1y），而永宁镇组是个旧成矿区少有的“老地层”。如果地层划分没有错，龙岔河断裂东侧至贾沙复向斜轴部就变成向南缓倾斜的单斜构造格局了。在龙岔河穹窿西侧的渣腊，尚存在一个北东—北北东向的不对称渣腊背斜，背斜轴向北延向畔山，向南往渣腊正南延伸，轴向北段背斜东翼也可被视为贾沙复向斜西翼，倾角缓，西翼显著变陡，只有杨家田断裂与个旧断裂之间存在相当倾角且走向同样稳定的单斜构造，渣腊背斜规模与卡老松背斜相当，却与整个成矿区的褶皱舒缓特征差别甚大，它反映沿渣腊背斜轴延伸的畔山—渣腊断裂规模相当大，在构造格局上的影响相当大。

作为一级构造，可将渣腊背斜视为龙岔河穹隆的一部分，它在一定程度上反映了龙岔河岩体与龙岔河穹窿之间的相关关系。

④一级杨家田断裂㊱。

该断裂北起牛屎坡段个旧断裂，南止于沿红河断裂带发育的上第三系，走向北东30°，倾向北西，倾角20°~40°，长24 km，上盘个旧组覆于法郎组之上，断裂带含大量断层泥[4]41。在靠近个旧断裂长16 km地段，低级北北西向扭裂发育，其北、南均有近东西向的断裂（牛屎坡段仙人洞断裂及牛坝塃南的未命名断裂），显示构造发育趋强烈，与个旧断裂相关，因此列为成矿区一级断裂。该断裂标注倾角38°，与断裂及其南侧地层都相当窄且平直相矛盾，可能只代表北段浅部，断裂总体倾角应当较陡。在杨家田断裂南东有走向与之平行的火把冲断裂带。

⑤一级杨家田向斜。

该向斜在图1–9中未标出，为笔者厘定、命名。杨家田向斜位于杨家田断裂略偏北西，为北东向窄长分布的、以三叠系上统火把冲组为槽的向斜构造，长与杨家田断裂相若。向斜东翼为乌格组并为火把冲断裂切割，西翼被杨家田断裂切割后分布有三叠系中统白泥洞段。

⑥一级龙岔河断裂㊴。

该断裂走向北东，斜贯成矿区，龙岔河谷两侧陡峭叠垒，多碳酸泉。

⑦ 轿顶山一级断裂㊳。

该断裂走向北东30°，倾向北西，斜贯成矿区北西部。

（2）北西组断裂

①一级白沙冲断裂⑧⑨。

个旧成矿区北部经白沙冲向南西延伸至屏边的北西向断裂带，总体走向320°（前人描述为北60°西，与图1–4示总体走向不符），倾向南西（或北东），倾角为60°，长超过20 km，断面平直光滑，舒缓波状，两侧岩石破碎，片理发育。该断裂为个旧锡矿田北边界，具多期活动特征。前人称“该断裂为蒙自盆地与松树脚地垒的分界”[4]45，地质图标示与个旧断裂相交，彼此不错移。对于二者的关系，前人未描述。

②二级大、小凹塘断裂⑨⓪。

该断裂走向北西325°，长约10 km，北西与个旧断裂锐角相交，南东与个松断裂首尾相接，倾向北东或南西，倾角均为70°。前人称为张扭性断裂[4]44。大、小凹塘断裂与前人称为“北10°~30°西断裂”[4]151组的南天门、豺狗洞、倒石堆、龙沟断裂等的走向与图1–34马拉格矿段地质图所示相同，取值325°最相宜。

（3）北西西向构造

二级北西西向构造仅大菁—阿西寨向斜并阿西寨花岗岩槽谷⑥①。大菁—阿西寨向斜轴部为个旧组11~13层（$T_2k_3^1$~$T_2k_3^3$），两翼渐次出现个旧组中、下部地层（T_2k_2、T_2k_1），两翼倾角15°~20°，北翼近个松断裂变陡[4]45。前人认为该向斜与卡老松背斜横跨，向斜下伏花岗岩，称“埋藏较深”。图1–9表明，花岗岩顶面出现鲜明的北西西向阿西寨槽谷，所反映的是成岩期的构造现象，属于北西向构造的反映，并与岩体上覆地层大菁—

阿西寨二级向斜存在有机联系，笔者在此将之一并列为二级构造。该花岗岩槽谷位于背阴山断裂与个松断裂之间，走向北西 330°，长超过 8 km，与卡老松背斜直交。花岗岩槽谷顶面最低标高为 1 000 m 等高线（在背阴山断裂与个松断裂之间，花岗岩顶面等高线最高不到 1 500 m），与老卡岩体、马松岩体顶面超过 2 000 m 相差悬殊。

值得提出的是，个旧锡矿田接触带矿床分布图（图 1–51）将该地段花岗岩顶面最低等高线标为 2 000 m，成为个松断裂和背阴山断裂之间花岗岩顶面的最高等高线，没有人发觉、质疑，反被广泛引用。笔者认为该地段花岗岩出现北西向峰脊，有悖对立统一的哲学原理，与本书上卷白家嘴子铜镍矿床“F17 远段（南盘）看似上抬不符合规律”的一段分析类似，白家嘴子矿床Ⅱ矿段递次沉伏长度近 3 km，而个旧锡矿田自卡房矿段向北递次上抬，经仙人洞断裂及老熊洞断裂已经两次，上抬地段长度更近 9 km，应当走向反面，出现一个沉伏的地段；也与花岗岩在一系列属开扭的东西向断裂部位沉伏，在背斜轴部隆起的事实和规律相悖，特别是经查询个旧矿山资深地质人士云南省国土资源厅高工张资江先生，证实该地段花岗岩应为槽谷。

（4）东西向构造

前人称“区内分布有一组走向东西的构造，大都是很重要的控矿构造”。“构造形迹深部比浅部清楚，东区比西区发育”[4]207，——《中国矿床》称：“东西向断裂，如元老、个松、背阴山、蒙子庙、老熊洞、仙人洞等断裂，切深较大，对成岩有所控制，深部花岗岩相应出现低洼深谷”[6]137。东西向构造由南向北分别有：

①二级白龙断裂 ⑻。

该断裂为个旧锡矿田南部最大的东西向断裂，倾向南，倾角为 40°~50°[4]45，断裂带宽 200~300 m，西端起于个旧断裂[4]169，长超过 15 km，南盘下统永宁镇组（还有龙潭组煤系[4]45）向北逆冲于中统个旧组之上，北盘有轴向与之平行的大花山背斜，压性结构面宏观特征明显。该断裂被一系列北东向约 45° 的小断裂错断，与后述老熊洞断裂、仙人洞断裂同样，显示扭性结构面特征，扭动方向以反钟向错断为主。二级白龙断裂与二级仙人洞断裂的间距为 3.4 km。

②二级仙人洞断裂 ⑻。

该断裂位于卡房矿段中部，走向东西，倾向南，倾角为 70°[4]45，长超过 10 km，断面平整光滑，多水平擦痕，两侧岩石片理化，前人称顺钟向扭动，水平断距为 250~500 m，垂直断距为 50~100 m。沿断裂有北东向约 45° 的一组小断裂穿切。沿断裂有矽卡岩细脉和褐铁矿细脉，断裂中未见矿化[4]169。二级仙人洞断裂与白龙洞断裂间距为 2.9 km，与二级老熊洞断裂的间距，按个旧成矿区东部接触带矿段分布图为 1.5 km。

③二级老熊洞断裂 ⑻。

该断裂位于老厂矿段南部，走向 280°，倾向南，倾角为 88°，西端起于个旧断裂，长 10 km，沿断裂有北东向约 45° 的一组小断裂穿切，这些小断裂前人没有予以单独描述[4]169。老熊洞断裂与仙人洞断裂之间发育一系列次级北东向构造，如新山背斜及其轴部的新山岩体。二级老熊洞断裂与二级背阴山断裂的间距为 6 km。

前人统一描述老熊洞断裂、仙人洞断裂、白龙断裂及龙树脚断裂、大花山断裂的特征：一是走向近东西向，倾向南，长度超过 10 km；二是均为压扭性，水平扭动痕迹清楚，下盘（北盘）向东滑动，上盘向西滑动，垂直断距小于水平断距；三是具多期活动，早期是主要活动期，属压扭性质，晚期活动多属扭性或张扭性质，早期活动有利成矿，晚期活动多破坏矿体；四是主断裂呈挤压闭合状态，很少有大矿体，唯龙树脚断裂在断裂面弯曲和与层面相交接部位赋存有大矿体；五是具等距性，约每 2 km 出现一条[4]171。

这个描述大抵为突出“等距性”特征。前人将规模较小的三级龙树脚（方位也略有差别）、大花山断裂与 3 条二级断裂并列是不正确的，这两条三级断裂平面上都有所谓“S”形弯曲，与二级断裂的平直且长超过 10 km 的基本特征有差别。

④二级背阴山断裂 ⑭。

该断裂位于老厂矿段北缘，走向 280°，倾向南，倾角为 65°~83°，前人称属张扭性断裂。西端止于个旧断裂之前，向东延伸颇远，长 12 km，断裂带中未见矿化，详见典型矿床老厂矿段[4]129 节。二级背阴山断裂与二级个松断裂的间距为 5.6 km。

⑤二级个松断裂 ⑮。

该断裂走向 290°，倾向北东，倾角为 70°~80°[4]43，长超过 5.5 km[4]124，南侧紧邻单东背斜，北侧紧邻 6 号背斜且彼此近于平行（前人图 1–51 个旧锡矿田接触带矿体分布图标示的个松断裂有误，应当为象山断裂）。沿断裂带和旁侧平行裂隙常充填脉状矿体[4]164。个松断裂走向延长并未查明，垂直断距应当相当大，花岗岩顶面高差在该断裂南北两侧相差甚大，尤其是个松断裂与小、大凹塘断裂首尾相接，大、小凹塘断裂南西侧花岗岩体同样大幅度下落，本书列入成矿区二级构造。个松断裂与矿田最大的岩溶强烈发育区重合（图 1–48）。二级个松断裂与白沙冲断裂间距大约为 4 km。

（四）围岩蚀变

围岩蚀变计有 14 种（含矽卡岩化两亚种）。

1. 矽卡岩化

个旧锡矿田矽卡岩化可分为接触带矽卡岩和接触外带矽卡岩两类，主要岩石类型有透辉石矽卡岩（原岩为白云质灰岩、灰质白云岩，下同）、次透辉石—钙铁辉石矽卡岩（灰岩）、钙铝石榴石矽卡岩（花岗岩、灰岩及泥质灰岩）、钙铁石榴石矽卡岩（灰岩及泥质灰岩）、符山石矽卡岩（泥质灰岩）、方柱石矽卡岩（花岗岩内接触带）、镁橄榄石矽卡岩及粒硅镁石矽卡岩（均为白云岩）。前人观察到的矽卡岩带可分为 7 带（松树脚矿段 2095 坑道），由岩体向围岩分别为：①斑状黑云母花岗岩；②石英—辉石—长石岩；③辉石—方柱石岩；④辉石—石榴石矽卡岩；（以上为花岗岩内接触带分带）⑤辉石矽卡岩；⑥含硫化物的（石英）—阳起石岩；⑦大理岩化灰岩。（以上为外接触带分带）[4]182

老厂、卡房、马拉格等矿段矽卡岩分带的综合剖面为 8 个带：黑云母花岗岩→二长岩或正长岩→斜长石岩或方柱石→钙铝石榴石矽卡岩→透辉石矽卡岩→透闪石阳起石矽卡岩→硫化矿→大理岩或白云岩[4]182。这些带可能缺失，但分带顺序很少颠倒[4]189。

接触带矽卡岩直接产出于花岗岩类（花岗岩、花岗斑岩、细晶岩等）接触带。接触带矽卡岩一般厚 5~20 m，岩体顶部或边部凹槽和凹陷[4]181 部位及与围岩呈不整合部位，接触面复杂部位矽卡岩厚度较大。松树脚地段最厚（达百余米），矽卡岩化范围也更宽。接触面平直，形态简单，矽卡岩则薄。接触带矽卡岩与成矿关系密切，以透辉石、次透辉石—

石榴子石类矽卡岩分布最广。

接触带矽卡岩并非在岩体的所有接触带都发育，它们的发育部位一般在岩体的南东侧，其次在北西侧。马拉格、松树脚矿段在南东侧，老厂、卡房矿段以南东侧为主，其次在北西侧。

接触外带矽卡岩为沿碳酸盐岩层间裂隙和断裂、节理发育的似层状、条状、管状、脉状、网脉状矽卡岩，距岩体可远达四五百米，矽卡岩形态复杂，规模较小。接触外带细脉、网脉状矽卡岩往往具带状构造，矿物组分简单[4]181。

白钨矿与次透辉石、透辉石、钙铝石榴子石及萤石、方解石，辉钼矿与萤石化斜长岩、方柱石矽卡岩及钙铝石榴子石矽卡岩，磁黄铁矿、黄铜矿等与阳起石化矽卡岩、绿色金云母化矽卡岩，锡石、毒砂与金云母—石英萤石化矽卡岩，黄铁矿与绿泥石化矽卡岩，磁铁矿化与粒硅镁石，铍矿化与符山石矽卡岩，空间关系密切[4]184。接触外带矽卡岩矿化产出于矽卡岩的顶底板[4]186。

透闪石、符山石、石榴子石化主要见于西区泥质灰岩与花岗岩接触部位[4]188。

基性岩、碱性岩接触带矽卡岩化不发育。

2. 钾长石化

个旧花岗岩的钾长石化有两种：一种是斑状花岗岩钾长石斑晶的重结晶和再生作用，次生钾长石斑晶对斜长石、石英和黑云母都有一定的交代和溶蚀作用，主要是成岩蚀变。这种钾长石化以龙岔河岩体及马松岩体最为强烈，老卡岩体的钾长石斑晶也属此类。另一种是脉状钾长石脉，有时可能为具有简单伟晶岩性质的钾长石石英脉，由具有强烈自变质的粗大微斜长石组成，对原生钾长石和斜长石有交代作用，局部也造成暗色矿物的消失和岩石的褪色，通常分布于岩体边缘或花岗岩节理中，形成钾长石岩。这种钾长石化以马松岩体和老卡岩体较为发育，龙岔河、神仙水、白沙冲岩体不太发育。

“成矿岩体都有较强烈的钾长石化，不成矿的岩体钾长石化微弱”[4]186。

3. 钠长石化

钠长石化表现为4种形式：一是显微粒状钠长石交代钾长石，沿钾长石边缘或双晶结合面有细小自形的钠长石丛生；二是以细粒钠长石细脉贯入为主，同时造成斜长石的净边和钾长石的蠕状结构；三是细粒自形的钠长石几乎全部交代原生斜长石，并部分交代石英和钾长石，造成个旧成矿区细晶质花岗岩的特殊结构类型；四是显晶质钠长石岩脉的贯入和交代作用，钠长石岩脉沿岩体边部或裂隙侵入，并交代围岩，粗大的钠长石颗粒自裂隙中发育，直接交代整个岩石，一般先交代斜长石，然后交代钾长石和石英。[4]187

龙岔河岩体以第二种形式为主，第一种形式偶可见及。神仙水、白沙冲岩体以第一种形式为主。晚期侵入的细晶质花岗岩的钠长石化则以第三种形式为主。老卡岩体、马松岩体和牛屎坡岩体则4种形式的钠长石化都可见及，以第一种、第四种形式最为发育。

4. 石英电气石化

该形式在粒状花岗岩中较为发育，斑状花岗岩中很少出现。神仙水、白沙冲岩体粒状花岗岩中常分布很多电英岩浸染体，呈放射状、串珠状，周围花岗岩则有褪色现象，伴有钠长石化和云英岩化。老卡岩体中石英电气石化最为发育，浸染形成很多电气石和石英电气石脉，周围云英岩化更强烈，伴生萤石、锡石、白钨矿、黑钨矿、绿柱石。

5. 萤石化

该形式在粒状花岗岩中发育广泛而强烈，常交代斜长石成为其“晶核”，或细脉状分布，或与电气石、石英相伴。萤石与金云母、金属硫化物相伴时成为矿体。萤石与锡石关系密切。在碳酸盐岩中，萤石成脉状产出，可单独开采；沿断裂带分布时，可作为寻找隐伏矿体的指示矿物[4]187。

6. 云英岩化

云英岩化常伴随锡、钨、铌、钽矿化等，但都未形成工业矿体。云英岩化多出现在花岗岩顶部，牛屎坡、老厂、竹林等地的花岗岩常见含锡石的云英岩化岩石。

7. 绢云母—白云母化

该形式矿脉边缘交代花岗岩中的斜长石，黑云母褪色，交代钾长石中的斜长石条纹，使白云母呈树枝状分布于钾长石中。层间矿体边缘也可绢云母化，此时矿体含锡品位往往较富。

8. 绿泥石化

该形式常叠加在绢云母、黑云母上，常与黄铁矿相伴[4]187。

9. 碳酸盐化

花岗岩中的碳酸盐化，方解石呈蠕虫状分布于斜长石残体中，可发生在矽卡岩中，此时围岩颜色变浅[4]188。

10. 铁锰矿化

该形式产出于碳酸盐岩中，以白云质岩石最为明显，多出现褐铁矿、赤铁矿、针铁矿、水针铁矿、锰土等。蚀变分布范围窄，一般在矿体周围比较明显，常成为寻找含锡铅细脉带矿体，锡铅层间矿体及含锡白云岩型矿体的标志。

11. 赤铁矿、褐铁矿化

该形式呈细脉状或浸染状分布于碳酸盐岩层中，强烈时常有细脉状或浸染状锡石伴生，有时可形成工业矿体。褐铁矿分布在矿体周围，原矿可能为黄铁矿类硫化物氧化形成，多带褐色，与锡矿化有关[4]188。铁锰矿化一般颜色较浅，多带黑色，与铅锌矿化关系密切。

12. 硅化

该形式分布零散，仅马拉格地段较广泛，沿第 2 层 $T_2k_1^2$ 顶部灰质白云岩东西向分布成带，长约 5 km，与锡铅矿化带延伸位置重合[4]188。

13. 角岩化

该形式分布范围小，西区泥质岩石热变质可形成堇青石角岩[4]188。

14. 大理岩化

该形式分布普遍，按灰岩与花岗岩的距离可分为粗晶大理岩，距离 60~160 m；中晶大理岩，距离 160~400 m；细晶大理岩，距离 400~600 m。白云岩大理岩化不及灰岩明显，距离花岗岩 250~350 m 才出现明显褪色和重结晶现象。根据出现大范围细晶大理岩预测深部 400~600 m 存在隐伏花岗岩体，一般情况下是比较可靠的。前人资料显示，神仙水岩体、马松岩体大理岩化发育，特别制作相关图件，其中牛屎坡矿床围岩蚀变图大理岩化规模最大、分带最显著；在地层描述中，老厂矿段底部层位个旧组第 5 层及第 6 层的

5~6 亚层有大理岩，累计厚度为 442 m。卡房矿段则并未提及大理岩。参见图 1–11 松树脚矿段大理岩化分带图。

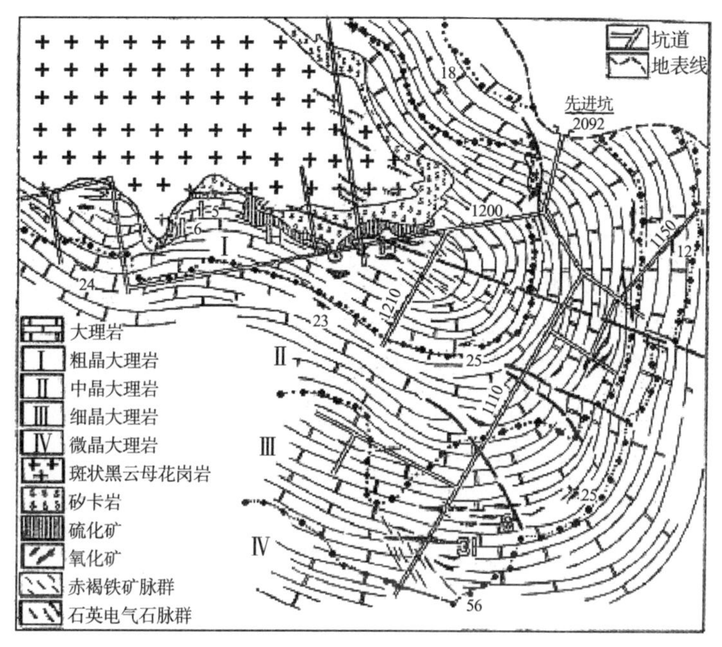

图 1–11　松树脚矿段大理岩化分带图（2 095 m 中段地质图）

五、个旧锡矿田典型矿床

个旧锡矿田典型矿床可分为原生矿床与砂锡矿床两大类。典型原生矿床由南到北有卡房矿段、老厂矿段、松树脚矿段和马拉格矿段。另有高松块段由于新资料收集不完整，因此不能列为典型矿床参与讨论。

（一）原生矿

1. 卡房矿段

卡房矿段位于个旧市南，个旧锡矿田南段，面积约 30 km²，包括新山锡钨铜块段、鸡心脑锡铜块段和龙树脚锡铅块段，为大型锡、钨矿和中型铜铅矿，伴生铋、硫、砷等有益组分。至 1984 年矿段南部勘探尚未结束[4]168。矿段北侧为竹林锡铜块段，南侧为新寨铅锌块段。卡房矿段砂锡矿分布范围超过原生矿范围约 1/3，其 403 块段砂矿为大型锡、铜、钨残积砂矿床[4]177。

（1）地层

出露地层为个旧组第 1~7 层（$T_2k_1^1$~$T_2k_2^1$）。第 1~3 层（$T_2k_1^1$、$T_2k_1^2$、$T_2k_1^3$）为层间矿体的下含矿层、中含矿层、上含矿层[4]170。紧靠岩体的层位为第 1 层。第 1 层下部以深灰色薄至中厚层含泥质灰岩为主，夹灰岩，具竹叶状构造，泥质高者风化后酷似黄色页岩；中、上部以灰色、灰白色灰岩为主，局部具黑色与灰色相间构造的条带状构造。第 1 层（$T_2k_1^1$）厚度大于 800 m，底界未出露[4]168。本层夹辉绿岩床，其内产变辉绿岩铜矿[4]177，厚 50~130 m。第 2 层（$T_2k_1^2$）为灰色、浅灰色灰岩夹白云质灰岩，它们在上、中、下部组成 3 个互层带，互层稳定，是锡矿的主要赋存层位[4]170。第 3 层（$T_2k_1^3$）为深灰色含碳质灰岩、泥质灰岩，下部碳质灰岩和泥质灰岩互层，上部为灰岩，厚 110~170 m。

（2）岩浆岩

出露的新山岩体面积为 0.32 km²[4]171，沿新山弧形背斜向北东越过老熊洞断裂与竹林背斜连接，在剖面上呈蘑菇状，岩体顶部呈岩盖状向外伸出，下部收缩成颈状，再往下又扩大，颈部内凹，为洼陷区，环绕岩体成洼陷带，其中赋存铜、锡矿[4]175。新山岩体主体相为中—细粒黑云母花岗岩，局部似斑状结构，边缘相为中—细粒淡色花岗岩，主体相和边缘相之间有过渡相，3 个相带呈同心环带状分布，化学成分类似，边缘相略偏碱性。岩体北宽南窄，剖面上接触面西陡东缓，呈下窄上宽的锥状岩体，但顶部穿透个旧组第 1 层之后，在第 1~2 层中向东西两侧膨大成顶盖，似蘑菇状[4]171。蘑菇状岩体的颈部另有变辉绿岩床沿个旧组第 1 层分布，在邻近新山岩体的一定范围（一般在 2 000 m）内产出铜矿体并伴生锡、钨、铋、金（图 1–12）。[4]172

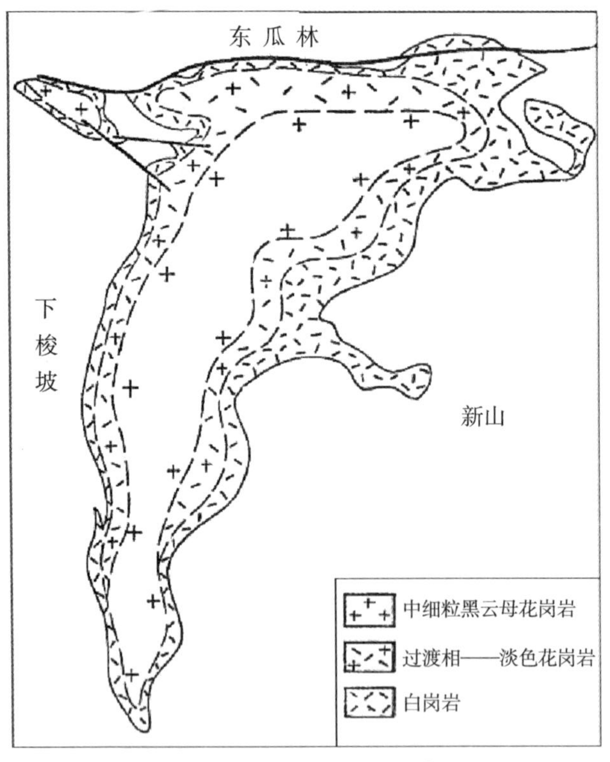

图 1–12 新山岩体地质略图[4]172

（3）构造

矿区构造以断裂为主，且以东西向断裂为主。成矿区的二级断裂老熊洞断裂、仙人洞断裂、白龙断裂的共同特点：一是走向近东西，图 1–13 示倾向南，长度超过 10 km；二是均为扭性断裂，水平扭动痕迹清楚，北盘向东滑动为主，垂直断距小于水平断距；三是多期活动，前人认为早期属压扭性，晚期反钟向扭动属张扭性，早期活动有利成矿，晚期活动多破坏矿体[4]170；四是断裂带一般不存在矿体。

①三级大花山断裂。

该断裂位于白龙断裂北侧，走向近东西，倾向不明，长约 4.5 km，南邻大花山背斜，东西两端略呈北西西向偏转。西段穿切背斜北翼；中段走向东西，与背斜轴重合；东段走向北西西向，有并入白龙断裂之势[4]169。

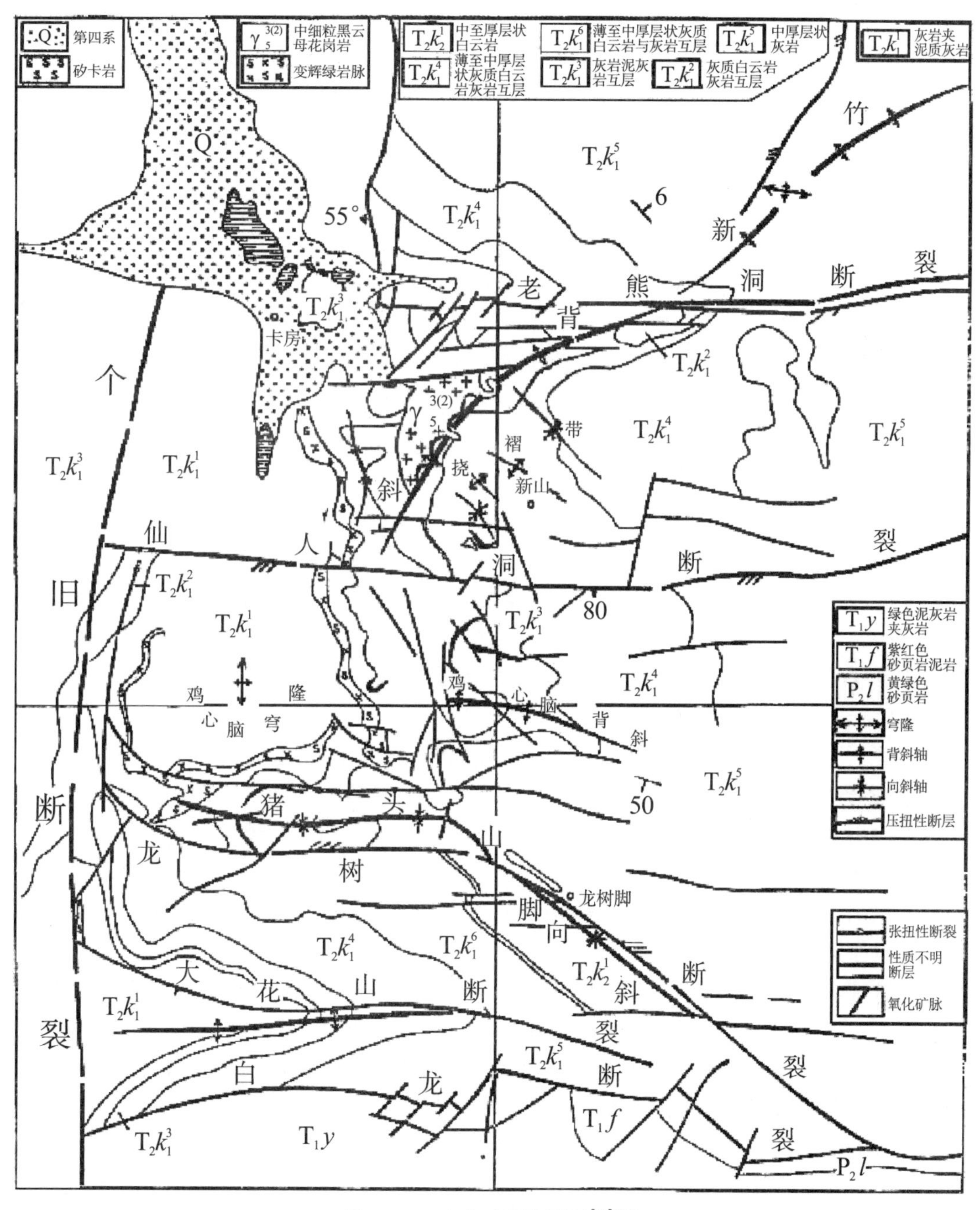

图 1–13 卡房矿段地质图[4]169

②三级龙树脚断裂。

龙树脚断裂长 6 km，延深 600 m 以上未消失，东段倾向北，倾角为 50° ~80° ，破碎带宽 0.5~30 m，整体呈现“S”形扭曲。西段走向北西，向南倾斜，断面平整，断裂带窄，“具压扭特征”[4]45，有明显的扁豆体和十分紧密的构造角砾岩；中段东西向，近直立或具波状弯曲[4]177，断裂带宽 10~30 m，前人称具先压后扭特征[4]45；东段复为北西走向，倾向北东[4]177，断面平整，前人称显压扭性[4]45。断裂北盘小断裂发育，形似帚状构造，深部工程予以揭露，剖面上也显似旋扭特征。沿断裂有强烈的铅锡矿化，尤其在中段至东段走向转折的扭裂面发育部位，矿化最为集中[4]45。断裂北盘（上盘）向上“逆冲”并顺钟向扭动，水平断距超过 2 000 m。断裂垂直断距约 300 m，断裂带宽 2~40 m。沿走向和沿倾向舒缓波状和断裂带宽度不一，岩石破碎程度不等，断裂带两侧多平行断裂。断裂带有规模较大的脉状含锡铅锌矿体，局部矿体被后期错断，断距不大，有水平擦痕[4]177。（参考卡房矿田中对老熊洞断裂、龙树脚断裂等的综合描述段[4]171）

③褶皱主要有三级。

猪头山向斜、大花山背斜及更低级的鸡心脑穹隆、鸡心脑背斜、豺狗山背斜、龙头寨背斜等，它们多是短轴背斜，长 3~4 km，长宽比相差不大，除鸡心脑背斜南翼较陡外，一般两翼平缓，背斜轴部和翼部常常是层间矿体的赋存有利部位[4]171。大花山背斜轴向东西，向东倾伏，东端被龙树脚断裂切断，核部为个旧组第 1 层（$T_2k_1^1$），翼部最新地层为个旧组第 7 层（$T_2k_2^1$），出露于东段倾伏部位，两翼对称（图 1-13）。前人将鸡心脑穹隆作为鸡心脑背斜的西端，并认为其属于倾伏部位，不符合实际。笔者将前人的鸡心脑背斜划分为两部分：西端为南北向的穹隆，称鸡心脑穹隆；中东段为向东倾伏的北西西向背斜，称鸡心脑背斜。前人将猪头山向斜划为东西向向斜也不符合实际，猪头山向斜轴应当沿最新地层延伸，而该地段最新地层个旧组第 7 层（$T_2k_2^1$）已经处于龙树脚断裂之南，所以猪头山向斜轴应当斜穿龙树脚断裂，沿龙树脚断裂南西侧延伸。笔者对卡房矿段地质图（图 1-13）的“鸡心脑背斜”问题做了修改[4]169。

④竹叶山—新山背斜。

该背斜由 3 个低级背斜组成。北东段竹叶山背斜，轴向北东 60°[4]47，长约 2 km，向北东倾没，南侧多挠曲，向南与竹林背斜连接。竹林背斜轴向北东 40°，中部由几个近东西向挠曲组成（中竹林穹隆），向南西被老熊洞断裂切割，越过老熊洞断裂继续向南西，为新山背斜[4]169。新山背斜轴向北东，北段为 40°~50°，南段为 20°，略呈向北西突出的弧形转折，北西翼陡，南东翼较缓，两翼不对称，南东翼多挠曲，称新山挠曲带。挠曲带轴向北西[4]47。

前人标示的新山挠曲带与实际材料有矛盾，其文字描述[4]170 为马趴井背斜、白沙坡背斜、烂山挠曲带，没有命名向斜。各图则标示不同：竹林—新山弧形构造示意图（图 1-14）、卡房矿段地质图（图 1-13）中间两个北西向背斜，两侧两个向斜；个旧锡多金属成矿区地质构造纲要图（图 1-9）标示背斜向斜相间产出，称为新山挠曲带，编号⑨；卡房矿段矽卡岩型和变辉绿岩型矿体分布图（图 1-15）标示为背斜，两个（玄麻冲断裂东段南侧有背斜[4]176）背斜之间的马趴井部位为向斜。按照地层分布关系及本书以地质力学原则分析构造演化判断，图 1-13 及图 1-14 标示中间两个北西向背斜，两侧两个向斜，应当是正确的。

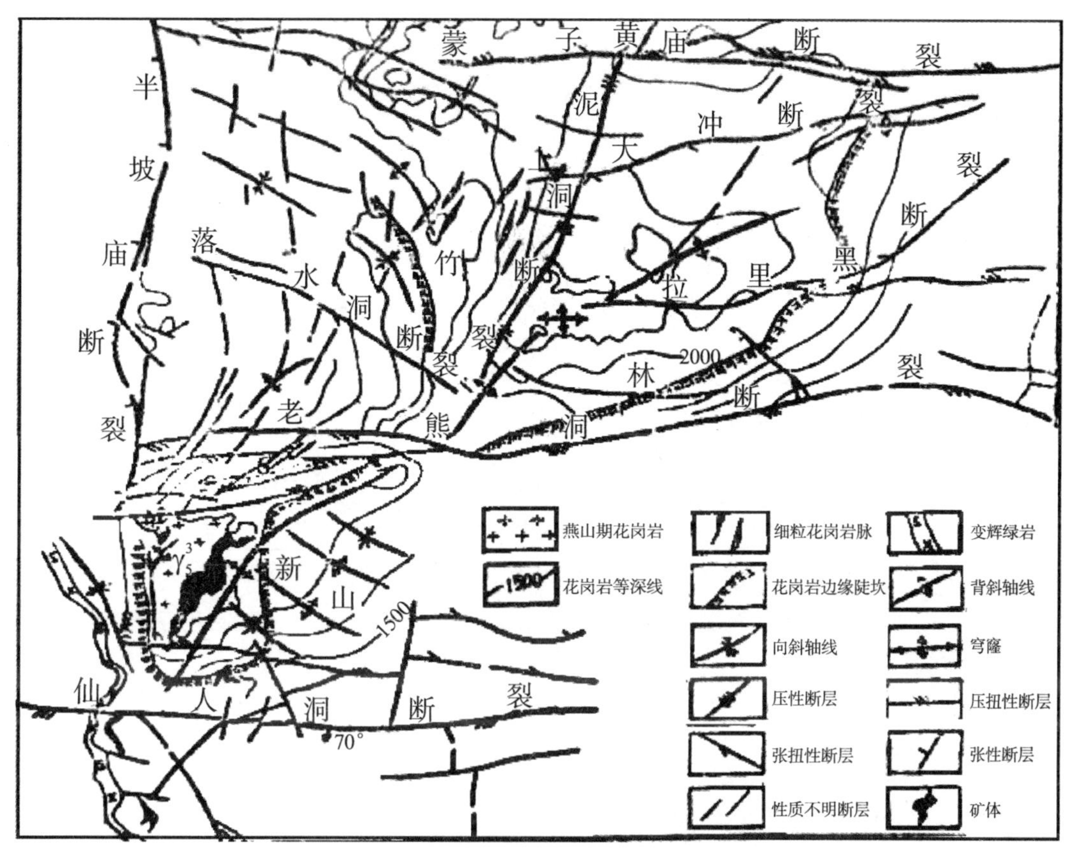

图 1-14　竹林—新山弧形构造示意图[4]47

（4）矿床地质特征

卡房矿段是以锡、钨、铜、铅（锌）为主的矿段。“锡的成矿作用由氧化物期延续到硫化物期至碳酸盐期结束”，“主要成矿期是硫化物期”。接触带矽卡岩中以钨矿为主，白钨矿呈细脉浸染状交代矽卡岩，构成大型钨矿[4]172；产出于花岗岩至围岩中的脉状体，有绿柱石—长石脉、石英—黑钨矿脉状层间透镜体、兰电气石脉及含锂云母脉一般有钨（铍、锂）矿[4]173，其中电气石细脉带和黑钨矿—石英脉矿体中有少量锡石[4]172；产出于花岗岩至围岩中、与硫化物共生的[4]173锡铜矿体多充填交代矽卡岩[4]172，呈接触带透镜状、囊状、层间透镜体脉状和层间透镜状长条状脉状体；铅（锡及银、镉）矿体以方铅矿方解石脉和方铅矿铁锰方解石脉产出于碳酸盐岩围岩中（图 1-15）。[4]172

卡房矿段原生锡矿可分为5种类型，即石英脉型锡石—黑钨矿，矽卡岩型锡、钨、铜矿，变辉绿岩型铜矿，层间氧化矿，含锡白云岩。[4]174

①石英脉型锡石—黑钨矿体。

该类型矿体产出于新山花岗岩上部新山弧形背斜中段的碳酸盐岩中，矿脉充填在背斜轴部和翼部层间剥离和节理中。矿脉厚度不等，数厘米至1米多，已采钨矿达中型规模。矿石矿物主要是黑钨矿、绿柱石及少量锡石和白钨矿，脉石矿物主要是石英、电气石、长石、云母、萤石及少量黄玉。矿石含铌、钽、钪等稀散元素[4]174。

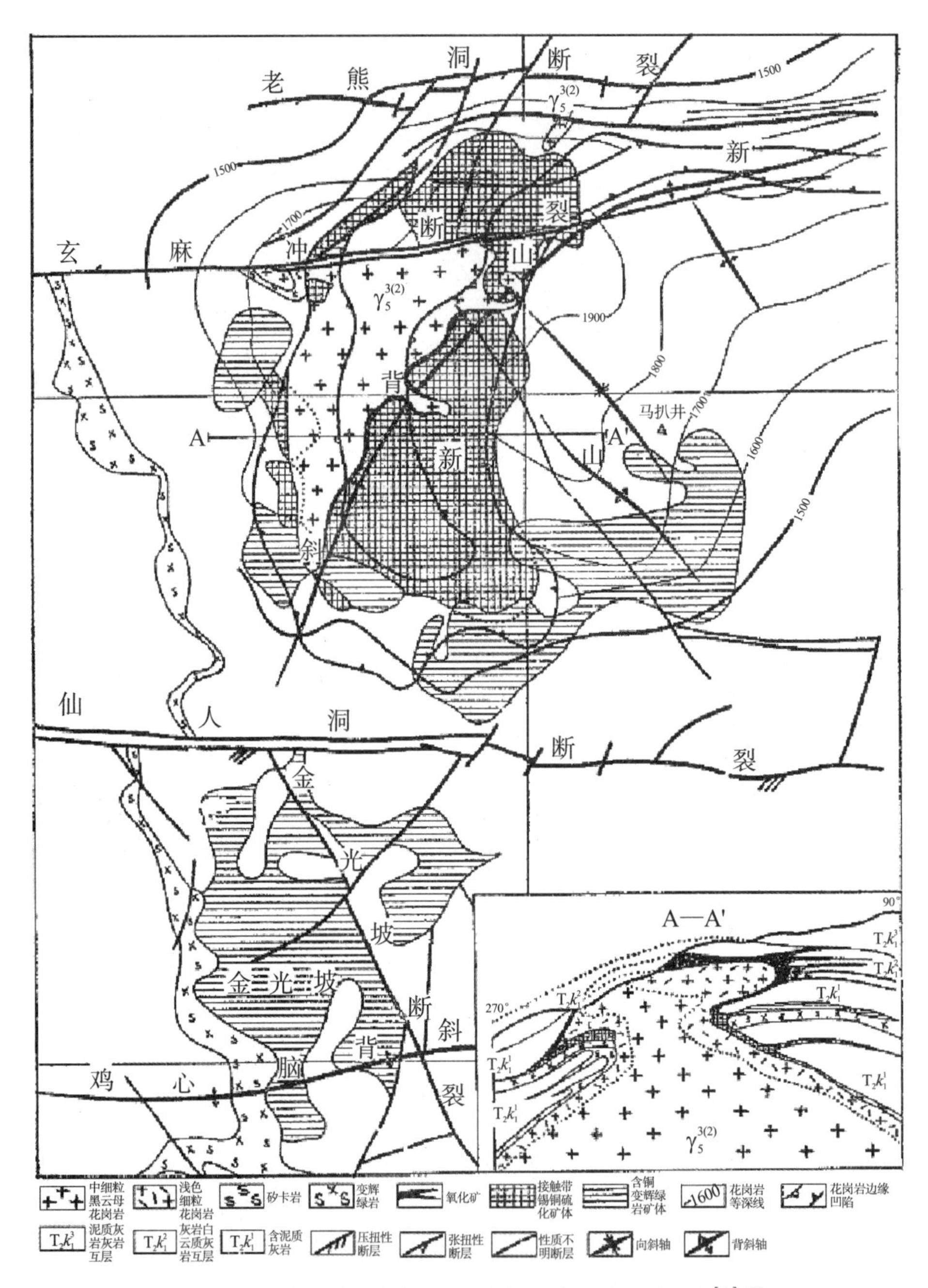

图 1–15　卡房矿段矽卡岩型和变辉绿岩型矿体分布图[4]176

②接触带矽卡岩型锡—钨—铜矿体。

该类型矿体产出于新山花岗岩接触带上，以铜钨矿为主，伴生锡，矽卡岩发育，分带性不明显，岩体顶部和四周都有矽卡岩，最厚达 60 m。矿体的形态和产出部位与新山岩体的形态密切相关，蘑菇状新山岩体顶盖下洼陷区，环绕洼陷区赋存铜、锡矿[4]175。主要矿石矿物为磁黄铁矿、黄铁矿、毒砂、黄铜矿、白钨矿、锡石等，脉石矿物为石英、方解石和矽卡岩矿物[4]174。矿体的形态和产出部位与新山岩体的形态密切相关，蘑菇状新山岩体顶盖下洼陷区，环绕洼陷区成洼陷带，洼陷带赋存铜、锡矿。矿体产状随产出部位变化，岩体顶部多呈透镜状，西侧洼陷带形态较规则，其中矿体呈条状顺洼陷带延伸，单矿体长 225~550 m，厚 3~5 m，最厚可达 40 余米。东部洼陷带多岩枝，矿体较复杂，呈多层次的条状、似层状，矿体长 100~400 m，厚 4~8 m（图 1-16）。[4]175

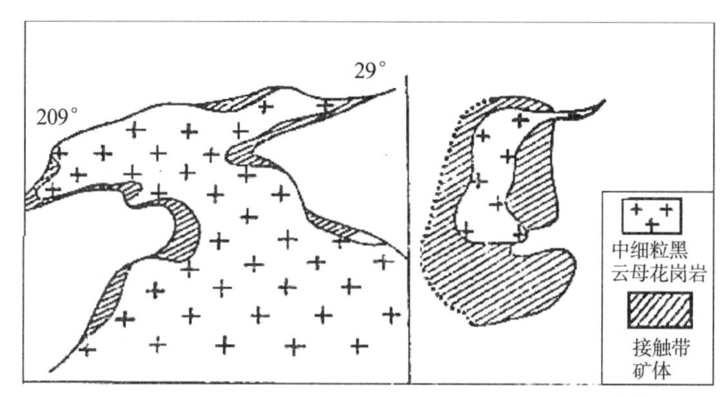

图 1-16 新山岩体接触带矿体平（右）剖（左）面图[4]218

③变辉绿岩铜（锡）矿体。

卡房变辉绿岩在个旧组第 1 层（$T_2k_1^{\ 1}$）灰岩中的偏上部（局部具有黑色与灰色相间的条带构造）顺层产出成岩床，厚 20~50 m，最薄 5 m，最厚 130 m，中夹一层 1~5 m 厚的大理岩。产出部位在蘑菇状新山岩体颈部，矿化由新山岩体向外逐渐减弱，一般不超过 2 000 m 范围内能形成矿体，构成中、小型规模。铜矿化沿变辉绿岩与大理岩界面发育，一般岩床顶接触面矿体稳定，形成似层状、透镜状矿体，在底接触面和其下的大理岩夹层中矿化减弱，矿体变化大。矿石主要为致密状和浸染状硫化矿，近地表部分已氧化。矿石矿物主要有磁黄铁矿、黄铁矿、黄铜矿、毒砂和少量白钨矿、辉铋矿、辉钼矿和锡石，含微量金，为个旧锡矿田发现的唯一含金的矿石[4]177。

④层间氧化矿体。

该类型矿体可分为缓倾斜锡—铜型、锡—铅型矿体和脉状锡铅矿体两类。

A. 缓倾斜锡—铜型、锡—铅型矿体。该类型矿体分布范围广，新山岩体东侧和东南侧的鸡心脑—金光坡均有出露，层次多、矿层薄、规模小，含锡品位变化大，局部出现富矿囊。靠近新山岩体富铜，远离新山岩体富铅。矿体形态变化大，主要为不规则似层状，透镜状、串珠状和囊状（图 1-17）[4]177。缓倾斜层间矿主要分布在两个含矿层位，上部含矿层包括 $T_2k_1^{\ 3}$ 和 $T_2k_1^{\ 4}$ 底部，总厚度为 110~135 m，中部含矿层为 $T_2k_1^{\ 2}$ 层内的白云质灰岩和石灰岩互层。矿体规模不大，长仅百余米，宽数十米，个别似层状矿体规模较大[4]177（此说与图 1-17 不符，平面图和剖面图都说明下部含矿层分布范围大、矿体厚度大）。

B. 脉状锡—铅矿体。该类型矿体主要赋存在龙树脚断裂中。龙树脚断裂带矿体产状有 3 种[4]177：断裂带中段陡倾斜部位，矿体呈复杂脉状、透镜状断续产出，规模不大；东段走向转为北西西部位，断裂带稳定，矿体富厚，延深稳定，呈简单脉状体，向下分枝成帚状；在北盘个旧组第 2 层白云岩和灰岩互层部位，矿体向北铺开成似层状矿体[4]180。矿石多氧化，很少见到原生硫化矿，大都为红色、紫红色土状或半土状氧化矿和矿脉两壁的矿化岩石。主要矿物为赤铁矿、褐铁矿、针铁矿、铅铁矾、白铅矿、锡石、水锌矿，

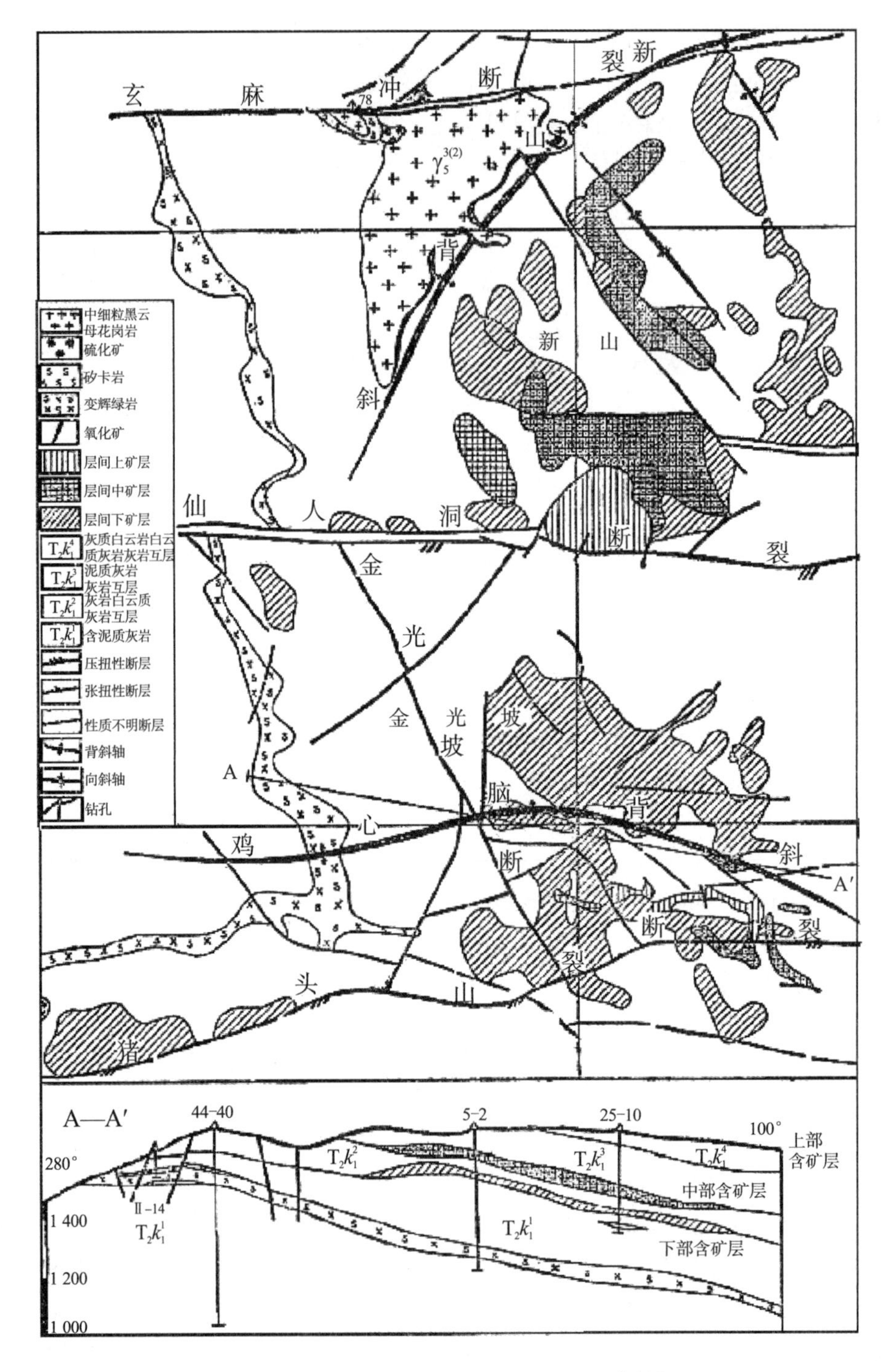

图 1–17　卡房矿段层间氧化矿体分布图[4]178

局部残存方铅矿、黄铁矿物以及大量铁质黏土和锰土。铅、锡储量比为 7∶1，已探明储量达中型规模，伴生锌、银、镉、铟可综合利用。断裂带下延深，下部矿体锡含量有增高趋势，并发现铜矿化，深部可能隐伏锡—铜型矿体和成矿岩体（图 1–18）。

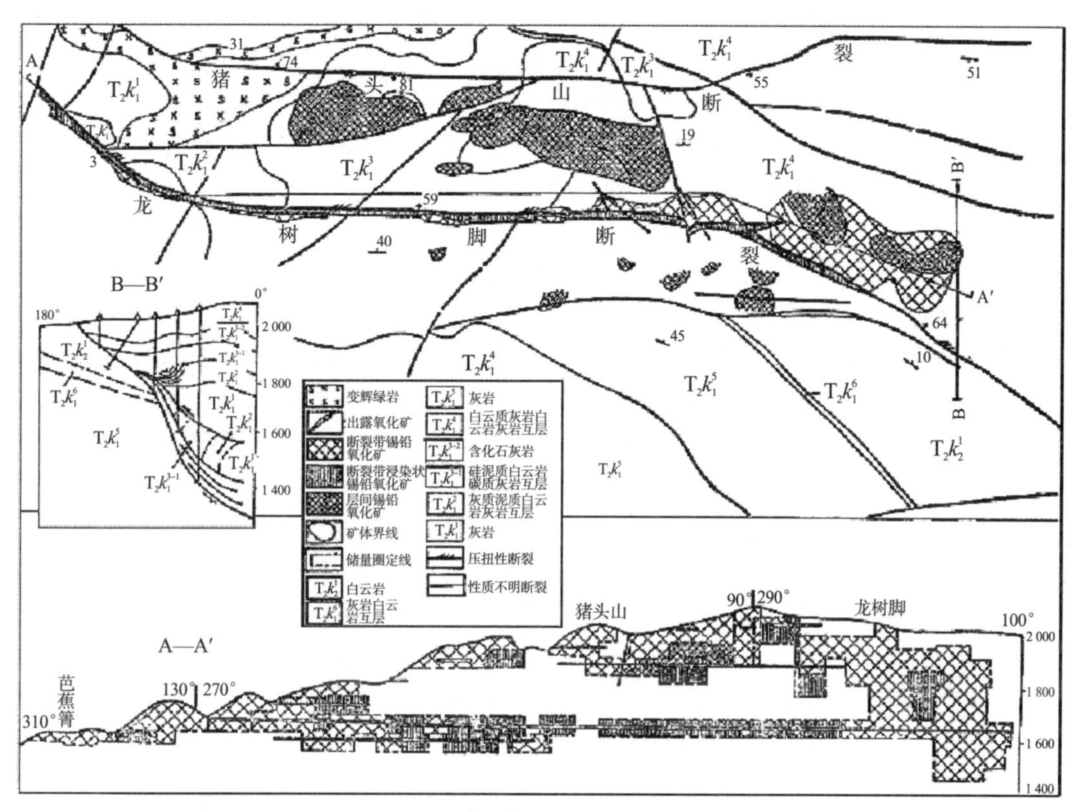

图 1–18　龙树脚锡铅锌块段地质图[4]179

⑤含锡白云岩。

该类型矿体多为细脉浸染型和网脉状矿石，顺层间构造发育呈缓倾斜似层状矿体，或受断裂控制呈脉状矿体。矿石矿物为褐铁矿、赤铁矿、白铅矿、锡石，脉石矿物为大量白云岩和少量石英、矽卡岩矿物，与层间氧化矿体相似。矿体规模不大，似层状矿体长、宽可达数百米，但品位低，所占储量比重小。

卡房矿段也有电气石脉细脉带和网脉状矿体，但规模小，不具工业价值[4]180。

以上尽量沿用前人描述的矿床地质资料。

按原图 1–13，卡房矿段的主要矿化特征是：有 3 个块段，分别为新山锡钨铜块段、鸡心脑锡铜块段和龙树脚锡铅块段。

新山块段矽卡岩钨铜矿体、黑钨矿—石英脉矿体、变辉绿岩型铜（伴生锡）矿体和层间锡矿体，均围绕新山岩体及最邻近的个旧组 1~3 层分布。矽卡岩矿体（伴生锡、铋、钼、铍）环绕蘑菇状新山岩体的颈部产出，其平面投影范围超过岩体面积的两倍，白钨矿呈细脉浸染状交代矽卡岩，构成大型钨矿。黑钨矿—石英矿脉（伴生锡）充填在新山背斜轴部和翼部层间剥离和节理中，钨矿达中型规模[4]174。层间锡矿体（近岩体伴生铜、远离岩体伴生铅）主要在下含矿层、中含矿层；变辉绿岩型铜矿（伴生锡、钨、铋）同样主要产出于个旧组第 1 层（$T_2k_1^1$）。

鸡心脑块段主要是层间锡矿体，主要赋存在中含矿层。

龙树脚块段主要是沿龙树脚断裂陡倾斜的脉状锡铅矿体，龙树脚断裂北侧（上盘）

邻近产出层间矿体，产出于围岩中，从图 1–17 分析，层间矿体主要层位为第 2 层，即其他两个块段的中含矿层。

2. 老厂矿段

老厂矿段地质图所示为个松断裂—喂牛塘—蒙子庙断裂之间，面积为 40 km²（图 1–19，原称“老厂矿田地质图”），探明储量占总储量的 40%，是个旧锡矿田规模最大的矿段，其中锡矿储量占 50%。矿种多、矿化类型复杂，北段湾子街、黄茅山等块段矿化最为富集。“矿田”的划定南部未包括老熊洞断裂。前人称其描述为“矿田北段约 20 平方公里范围内的地质矿床情况”[4]127。

图 1–19 所示老熊洞断裂和背阴山断裂之间南北长 6.1 km、东西宽 6 km 范围满布老窿，从砂锡矿分布看，已经表现为一个完整的矿化单元。该范围地表砂锡矿（不包括洪冲积砂矿，下同）分布范围超过原生矿出露范围的约一倍。老厂的主要砂矿属坡积—洪积型，规模巨大[4]118。

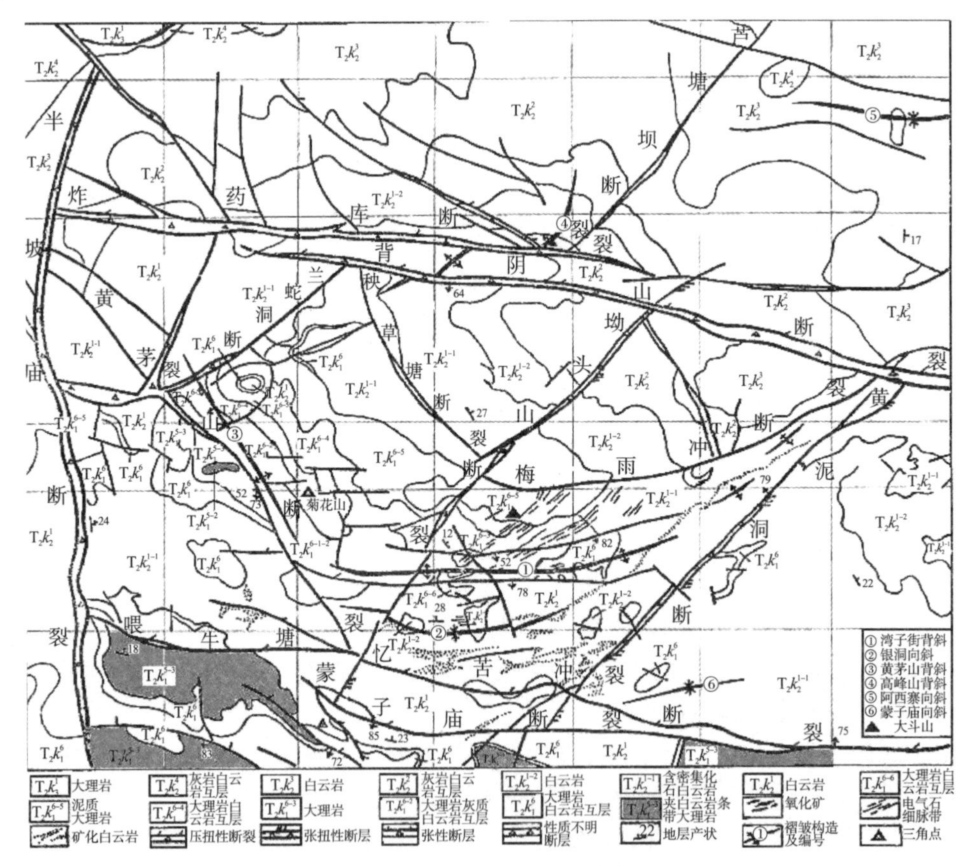

图 1–19　老厂矿段地质图[4]129

（1）地层

该矿段出露地层为个旧组第 5~11 层（$T_2k_1^5$~$T_2k_3^1$）碳酸盐岩。其中第 5、6、7 层（$T_2k_1^5$、$T_2k_1^6$、$T_2k_2^1$）为层间矿体的下、中、上含矿层。图 1–25 显示紧靠岩体的层位为第 5 层。地层的总体分布，是较老的地层第 5、6 层分布在南西部，蒙子庙断裂以南，部分分布在黄泥硐断裂以西南及黄茅山背斜轴部；较新的第 8、9 层（$T_2k_2^2$、$T_2k_2^3$）分布在北东部背阴山断裂与坳头山断裂交接部位。下含矿层 $T_2k_1^5$ 为薄层状灰岩与泥质灰岩，顶部夹数十厘米厚的灰质白云岩，下部灰岩中含有不规则的似云状白云岩团块。厚度不稳定，一般为 50 ~ 60 m。中含矿层 $T_2k_1^6$ 可分为 5 个小层（缺失 $T_2k_1^{6-1}$），白云质含量自下而上递减：$T_2k_1^{6-2}$ 为中厚层灰质白云岩中厚层及厚层大理岩互层，厚 68~112 m；$T_2k_1^{6-3}$ 为中厚层灰岩夹灰质白云岩小透镜体 1~3 层，厚 48~126 m；$T_2k_1^{6-4}$ 为厚层中厚层灰质白云岩中厚层厚层灰岩互层，厚 35~74 m；$T_2k_1^{6-5}$ 为薄层状灰岩泥质灰岩，顶部有数十厘米厚的灰质白云岩，下部灰岩中有不规则的似云状白云岩团块，厚 57~73 m；$T_2k_1^{6-6}$ 为中厚层薄层灰岩中厚层白云质灰岩互层，厚 0~41 m。上含矿层厚层及中厚层状白云岩及灰质白云岩，厚 342 m。$T_2k_1^{6-2}$、$T_2k_1^{6-4}$、$T_2k_1^{6-6}$ 灰岩—白云岩互层层位矿体氧化强烈（“是层间氧化矿体的含矿层”[4]128）。

地层条件最值得注意的有二：一是个旧组第 5、6 层（$T_2k_1^5$、$T_2k_1^6$）厚度大，分别划分为 3 个、6 个亚层，与卡房矿段第 6 层（$T_2k_1^6$）总厚度仅 28 m 大不相同；二是（$T_2k_1^5$）顶板（$T_2k_1^{6-1}$）缺失。

（2）岩浆岩

见个旧成矿区岩浆岩老卡岩体部分，不赘述。

（3）构造

老厂矿段构造以断裂构造为主，褶皱舒缓，此二者按方位描述。另有裂隙带。

①东西向组断裂。

A. 二级背阴山断裂。位于老厂矿段北缘，北西邻近有与之平行的炸药库断裂，走向 280°，倾向南，倾角为 65° ~83°，前人认为属张扭性断裂。断层角砾岩带宽 20~160 m，角砾大小悬殊，棱角分明，胶结松散，顺钟向扭动，水平断距约 800 m，垂直断距为 50~350 m，西端止于个旧断裂之前，向东延伸颇远，长 12 km，断裂带中未见矿化[4]129。

B. 三级喂牛塘忆苦冲—蒙子庙断裂。被划定为老厂矿段南缘的一组断裂。喂牛塘断裂长约 1.5 km，总体走向为 278°，西端与忆苦冲断裂小角度连接，南倾 67°（图 1–23）。忆苦冲断裂长 4.5 km，总体走向为 280°，中段南倾 76°，下部有长英岩脉充填，东段北倾 75°[4]129，下部有煌斑岩脉充填[4]130。东端与蒙子庙断裂小角度连接，前人认为属张扭性断裂。蒙子庙断裂在忆苦冲断裂南侧，长大于 4.6 km，两者邻近并近于平行，走向亦近东西，图 1–23 所示西段南倾 85°，略向南弧形突出。延深大于 300 m，断裂带宽 100 m，北盘东移，水平断距大于 500 m，铅矿化普遍强烈。蒙子庙断裂为个旧锡矿田 3 条东西向断裂中赋存铅锌矿体的断裂之一（另有龙树脚断裂、元老断裂[4]225。据图 1–53 个旧锡矿田原生金属矿带分布图标示，象山断裂尚赋存铅锌矿。该图标示为个松断裂有误——编号 54 断裂应为象山断裂[4]43）。喂牛塘忆苦冲—蒙子庙断裂的共同特征是东段北倾、中西段南倾（前人称忆苦冲断裂走向北 65° ~82° 西，倾向北东，倾角 59° ~80°，长约 1 500 m，由两条斜列的断层组成[4]131）。

②北东向组断裂。

三级断裂有黄泥硐断裂、坳头山断裂及兰蛇洞断裂。

A. 黄泥硐断裂⑰。走向北东 40°，地表倾向北西，倾角为 65° ~88°，向下倾向南东，倾角为 65°，长 4 500 m，延深 200~400 m，宽 3~60 m，水平断距大于 240 m，垂直断距为 10~90 m。前人称为压扭性断裂[4]130。

B. 坳头山断裂⑯。走向北东 40°，倾向北西，倾角为 50°~78°，长约 2 500 m，延深 200~400 m，宽 4~60 m，垂直断距为 2~15 m。前人称为压扭性断裂[4]130。

C. 兰蛇洞断裂⑲。走向北东 40°~50°，倾向南东，倾角为 65°，长约 1 000 m。前人认为可能属压扭性断裂[4]130。兰蛇洞断裂两端被切割，规模受限制，之所以被列为三级断裂，系其两侧地层产状迥然不同，反映出其构造影响并不小。

前人认为北东向断裂属于五子山复背斜的次级压扭性结构面，称“它们走向稳定，延续性好，断裂面常成舒缓波状，断裂带有结构紧密的糜棱岩，两盘岩石具片理化，局部有铁泥质。并常见滑动擦痕及平直擦面，沿断裂赤铁矿化、褐铁矿化显著。北东组断裂明显控制火成岩突起的细部形态，以及部分花岗岩脉的产出和锡矿化带展布，沿黄泥硐断裂常有富锡矿体产出，尤其常见条状矿体赋存其间”[4]130。

D. 三级芦塘坝断裂。走向北东 40°，倾向北西，倾角为 67°~80°[4]42，产出于背阴山一个松断裂之间，长约 6 km。该断裂被划在老厂矿段地质图（图 1-19）内，如果懂得正确划分矿床范围，那么该断裂应当并不属于老厂矿段。

此外，有黄泥硐挠曲带位于黄泥硐断裂北段西侧，由 3 条北东 60° 背斜挠曲带组成，级别甚低。

③北西向组断裂、褶皱。

北西向组有三级黄茅山断裂、黄茅山背斜。

A. 黄茅山断裂。产出于炸药库—背阴山断裂之间，走向北西 315°~325°，倾向南西，倾角为 50°~70°，长约 2.8 km，上盘向北西滑动，滑向与走向夹角为 74°，断距约 200 m。前人称为张扭性断裂[4]130。

B. 黄茅山背斜。位于矿区西部，走向北西 300°，斜切黄茅山断裂，向北西倾没，两翼对称[4]128。前人描述“北东翼出露最老地层为 $T_2k_1^{5-3}$，南西翼出露最老地层为 $T_2k_1^{6-5}$[4]128”，应当理解为与黄茅山断裂斜交。黄茅山背斜南东段有菊花山横向裙边式挠曲带[4]129。“在黄茅山背斜与湾子街背斜连接的弧形转折部位有白虎山似穹隆挠曲，该挠曲在地表不甚清晰，至深部 2 250 m 似穹隆挠曲形态便明显可见了”[4]128。

北西组的低级构造主要有以下几种。

A. 秧草塘断裂。仅见于前人“老厂矿田北段层间氧化矿床分布图”（图 1-23）[4]139 中，走向北西 320°，与两侧个旧组第 7 层地层平行，两端为北东向断裂切割，长约 1 km。

B. 小中山断裂。走向北西 320°~328°，倾向北东，长约 1.4 km。前人认为可能为张扭性断裂[4]130。

C. 和平坑断裂。走向北西 305°~325°，倾向南西，地表砂矿掩盖，坑道中较清楚，似控制火成岩形态[4]130。

D. 东井后山断裂带。走向北西 320°~328°，倾向北东，倾角为 65°，长约 1.6 km，延深情况不明。前人认为属张扭性断裂[4]130。

E. 大黑山断裂。走向北西 295°，倾向南西，倾角为 62°~87°，长约千米。前人认为属张扭性断裂[4]130。

另有平顶山断裂、前坡山断裂，构造纲要图（图 1-9）[4]40 未予以标示，描述为北西西向，向南西陡倾斜，前人认为属张性断裂。

北西组低级断裂延深短，远不及北东组完整，此组断裂普遍矿化，常有氧化矿充填，和铜矿化带的关系似乎尤其密切，但有时也切错矿体[4]131。另有岩脉充填，局部控制花岗岩体表面形态。

北西组构造的一个重要特征是集中分布于矿区的北西部。小中山断裂、和平坑断裂、东井后山断裂、大黑山断裂等在矿段地质图上未标示。

④近南北组断裂。

该组断裂地表仅见西侧的半坡庙断裂，倾向西，倾角为 79°，长约 500 m，沿断裂无矿化。

此外，在湾子街块段坑下揭露，走向北西 340° 至近南北，倾向东或西，倾角为 56°~80°，亦为张性断裂。本组断裂规模小，长数百米至千余米，对矿体常有破坏作用。前人称为张扭性断裂或认为可能属张扭性断裂[4]131。

⑤北东东向组断裂（此组结构面由北向南逐渐由北东东向转变为近东西向）。

A. 梅雨冲断裂。由 1~3 条断裂组成，走向北东 70°，倾向北，倾角为 45°~75°，长 2 km，延深 200~600 m，断面呈波状，上下较陡，中部较缓，角砾带宽 1~20 m。前人称“早期为一压扭性断裂，后期又发生张扭性活动”[4]129。

B. 湾子街断裂。走向东西至北东向 68°，倾向南，倾角为 60°~82°，长 1 600 m，延深 400 m 以上。前人称“早期为一压扭性断裂，后期局部发生张扭性活动”[4]129。

C. 龙树坡断裂。由 2~3 条断裂组成，走向东西至北东向 80°，倾向南，倾角为 46°~74°，延长约 2 000 m，延深 400~600 m，南盘东移，垂直断距约 200 m。前人称“为压扭性断裂，但后期有张扭性活动”[4]129。

D. 银洞断裂。由 2~3 条断裂组成，走向北西 295° 至东西，倾向北，倾角为 40°~80°，长约 1 500 m，延深 260~500 m，南盘东移，垂直断距为 7~70 m[4]130。

E. 湾子街背斜。位于矿区中部，总体轴向北东 85°，向南突出，两翼略显不对称，北翼较南翼缓（按：以两翼倾角论，应为轴面北倾）。前人又称轴面南倾，倾角约 70°[4]128。

F. 银洞向斜。位于湾子街背斜南侧，轴向北东 85°，轴面北倾，倾角 70°~80°[4]128。

北东东向组略向南东突出，前人认为属弧形构造的东半部，与北西部的北西向组构造共同组成弧形构造[4]128。

⑥裂隙带。

老厂矿区节理裂隙发育，往往控制矿体形态变化，与电气石型细脉带矿体、含锡白云岩矿体、氧化铁型层间矿体关系极为密切[4]131。前人称：

A. 张性裂隙带。分布于湾子街背斜近轴部，走向北 50° 东，沿裂隙有褐铁矿细脉、绢云母、方解石细脉及次生的水锌矿、菱锌矿细脉；裂隙带内铁锰矿化显著，局部构成锡、铅、锌工业矿床。

B. 张扭性裂隙带。分布于湾子街背斜的北西翼，走向北 40°~60° 东，向南东倾斜，倾角为 35°~80°，走向稳定且延伸性较好。具有明显的多次复活现象。充填有矽卡岩、电气石、硫化矿、长石、含锂云母带等，构成了陡倾斜的细脉带锡型矿床。

C. 羽毛状裂隙。分布在近东西向断层和火成岩脉的旁侧，一般由一组大致平行主断层的剪切裂隙和一组斜交主断层的张性裂隙组成。沿裂隙有褐铁矿、赤铁矿、绢云母、铁方解石充填。围岩铁锰矿化现象显著，局部构成褐铁矿型网脉状锡、铅、锌型矿床。分布于火成岩脉旁侧的羽毛状裂隙，有矽卡岩、电气石、褐铁矿、赤铁矿、长石、石英充填，构成细脉带锡型矿床。

D. 层内张扭性、压扭性裂隙带。前者分布于似穹隆状挠曲顶部，受一定层位控制，常呈侧幕状排列。后者分布于似穹隆挠曲的倾没部位和背斜的翼部，受一定层位（多与含白云质纹理的大理岩层有关）控制，大致平行层理的层间剪切裂隙。沿层内张性、剪性裂隙，有电气石、矽卡岩、褐铁矿、赤铁矿充填，构成缓倾斜细脉带锡型矿床。此外，花岗岩接触带的滑动破碎构造也是接触带的一种含矿构造[4]131。

上述描述只有 B 带能够依靠矿区地质图正确分辨，A 带的位置明确。D 带所称似穹隆挠曲，可能指“黄茅山背斜与湾子街背斜交接部位的似穹隆挠曲，黄茅山背斜翼部裙边式挠曲以及断裂旁侧的挠曲”[4]137。

（4）矿床地质

老厂矿段主要产出锡石—硫化物矿体，锡石—石英型矿体具有一定规模。主要产出类型有层间氧化矿体及矽卡岩硫化物矿体，其次有细脉带矿体、含锡白云岩矿体。

①矽卡岩硫化物矿体[4]136。

该类矿体包括接触带、接触外带矽卡岩硫化物矿体。此类矿体矿种多、范围广，埋藏于地面约 300 m 之下，为老厂矿段规模最大的一个类型矿体，储量占矿段原生锡矿的 59%[4]136。矽卡岩型钨矿和矽卡岩硫化物型锡铜矿矿体一般规模大，形态简单。

老厂矿段接触带矽卡岩硫化物矿体的分布与岩体形态有关，特征有四：一是最密集的矿体带出现在东突起带的南东侧，与之相连接的北东侧陡缓转换带也是矿化最强烈的地带；二是老卡岩体最高的中突起带南东侧并非最密集的矿体带，此部位反而只有线性特征最强（矿化带窄长）的断续矿体带，但中突起带的北西侧开始出现矿化，并且出现了在北西侧部位矿化范围相对最大的矿体；三是在西突起带的 3 个矿体不再分布在南东侧而是北西侧；四是总体上看，岩体南东侧的矿化强烈程度远甚于北西侧，并且与南东侧相邻近的、岩体陡缓交界部位的北东侧也出现连续性特征显著的矿体（图 1-20）。

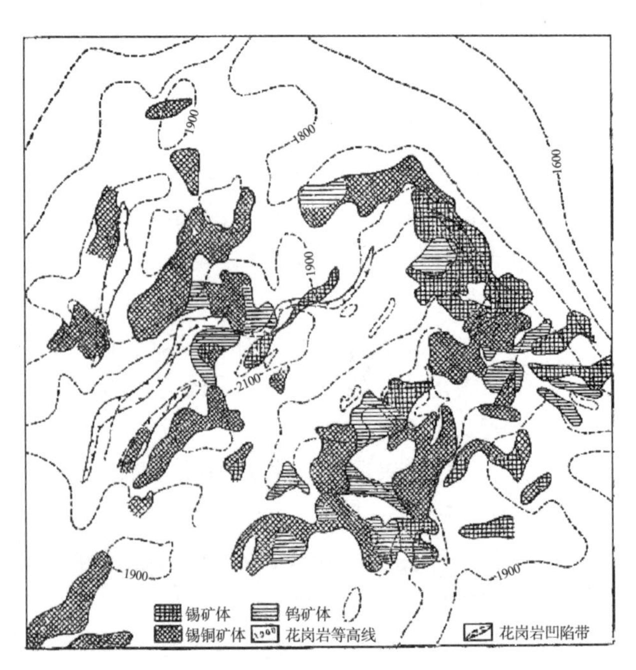

图 1-20　老厂矿段接触带矽卡岩硫化物矿体分布图[4]137

前人称“各种矿化大致有一定的方向性，如锡矿化明显呈北东向，铜的矿化则除呈北东向外，还向北西向伸展，钨矿化强度远不如锡、铜，且似有南北向展布的趋势，此外3种矿化的峰值近似等距排布，与岩体形态、表层断裂构造相对应”（图1–21）[4]136。

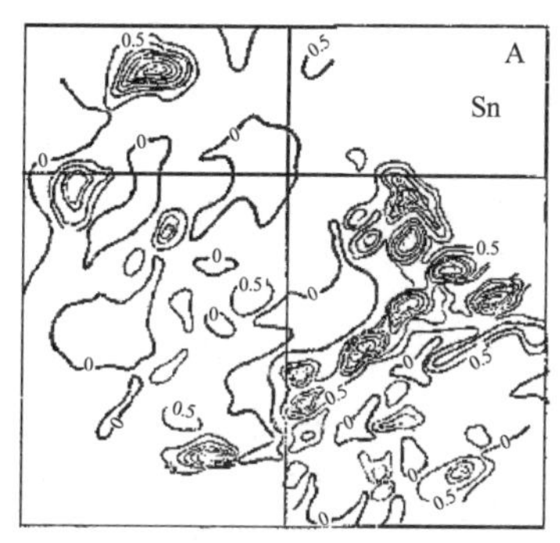

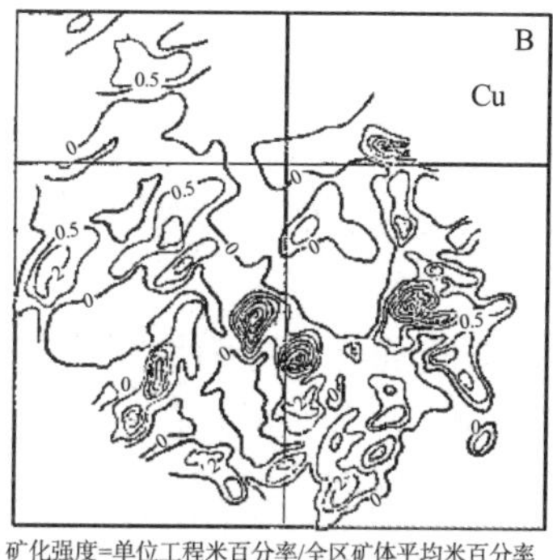

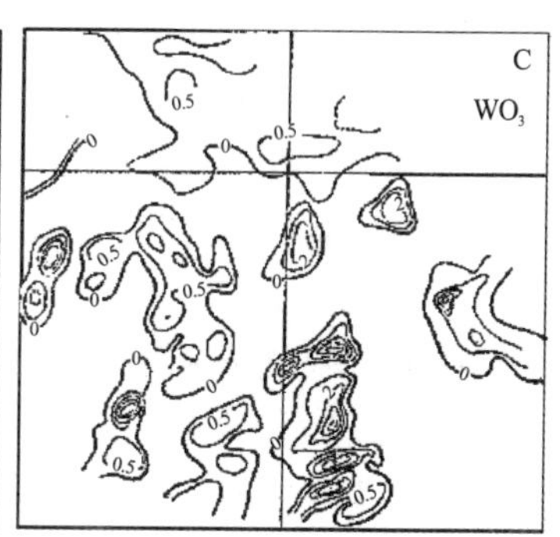

矿化强度=单位工程米百分率/全区矿体平均米百分率

图1–21　老厂矿段接触带矿体锡、铜、钨矿化等值线图

矽卡岩硫化物矿体产状也受岩体形态控制，可分为透镜状、洼兜状、柱状、脉状、似层状5类[4]136，从接触带逐渐伸向围岩。

A. 透镜状矿体。依附于接触带，赋存于岩体表面盆状、槽状凹陷中，随岩体形态起伏变化，一般形态简单，但在接触带陡缓交替部位矿体变厚，或在接触带与成矿断裂、有利层位交接部位矿体形态变复杂。透镜状矿体是矽卡岩硫化物矿体类型中的主要产出形态，矿体规模较大。

B. 洼兜状矿体。产出于花岗岩舌或岩枝的俯侧，一般产出于花岗岩小突起南东侧，矿体较厚大（图1–22）。

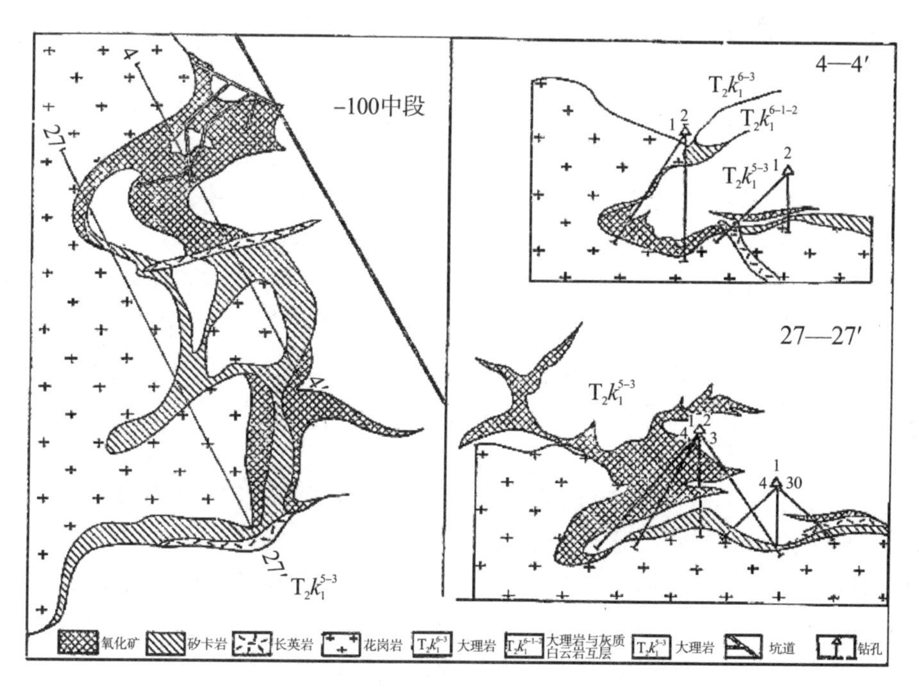

图1–22　老厂矿段洼兜状矿体平（右）剖（左）面图[4]138

C. 柱状矿体。受两组交叉断裂与花岗岩突起交接部位控制，矿体沿断裂交叉部位呈柱状、管状，向下与接触带矿体、向上与脉状矿体相连，形态简单，矿化连续性好，规模中等。

D. 脉状矿体。沿接触带适宜构造部位上延而成，常与层间矿体相连，岩脉发育处则依附于岩脉上下盘，以下盘为好。矿体矿化强烈，规模中等，形态简单，连续性好。脉状矿体多东西向，有明显的侧伏现象[4]136。

E. 似层状矿体。受有利层位与花岗岩之截交部位控制，形态较简单，矿化连续性差，夹石多。

矽卡岩硫化物矿体的矿石按矿化强度可分为致密块状硫化矿与硫化矿浸染的矽卡岩两类[4]136。矿石矿物主要有磁黄铁矿、毒砂、黄铜矿、黄铁矿、铁闪锌矿、锡石及白钨矿等，脉石矿物为透辉石、钙铝石榴石、斜长石、萤石、金云母、石英、绿泥石等。锡铜含量互为消长，经常伴生铋、铟、镓。个别矿体有铅矿化叠加。部分矽卡岩硫化矿体已氧化，氧化矿石主要由褐铁矿、水针铁矿、赤铁矿、铁染黏土组成，含少量绢云母、水金云母、白云母方解石、石英等，有用矿物有锡石、砷钙铜矿、孔雀石、砖红铜矿铜矾、砷铅矿、白铅矿、铅铁矾、水白铅矿等。靠近硫化矿常见水绿矾、臭葱石及次生黄铁矿等[4]137。

②层间氧化矿体。

该类型矿体产出于外接触带的锡石硫化物多金属矿体，占矿段原生锡矿储量的13.3%[4]137，其总的特点是分布面积大，厚度小，有益组分含量变化大，矿石均氧化，形态产状复杂，矿化连续性差。它们绝大部分赋存于$T_2k_1^5$顶板$T_2k_1^{6-1}$缺失的邻近层位，大理岩和灰质白云岩互层、岩性交替频繁的$T_2k_1^{6-2}$、$T_2k_1^{6-4}$、$T_2k_1^{6-6}$三小层矿化最强。黄茅山区段第5层（$T_2k_1^5$）顶板以下20~40 m也是一个有利矿化层位。层间氧化矿体矿化层位多，呈多层状叠置产出。

次级挠曲构造是控制矿体的主要构造。黄茅山背斜与湾子街背斜交接部位的似穹隆挠曲，黄茅山背斜翼部裙边式挠曲以及断裂旁侧的挠曲，往往直接控制矿体产出[4]137。矿体也受断裂控制，沿北东组和东西组断裂，矿化富集成带。沿北东组的黄泥硐、坳头山等断裂带，赤、褐铁矿化显著，局部充填脉状矿体，矿体含锡高，深部见淡色花岗岩脉充填，是北东组矿体带的特征；沿北东东组的“梅雨冲、湾子街、龙树坡、银洞、蒙子庙等断裂中矿化也强烈，部分并充填有煌斑岩脉，但后期又有活动、局部破坏了矿体”[4]138。矿体除含锡外，尚富铅。层间滑动在背斜、向斜、似穹隆挠曲中极为发育。层间滑动构造多分布在大理岩与灰质白云岩界面间。在大理岩中形成层间破碎带，在灰质白云岩中矿化形成层间片理带，层间挠曲多分布于挠曲倾没端部，层内裂隙常受一定层位控制呈侧幕状[4]138。

层间氧化矿产出于第5层（$T_2k_1^5$，白云岩）底部，第6层（$T_2k_1^6$，白云质灰岩灰岩互层）、第7层（$T_2k_2^1$，白云岩灰岩互层）之间的层间矿体（图1–23）。

按层间氧化矿赋存情况和形态特点，层间氧化矿可分为脉状、似层状及条状矿体。

A. 层间脉状矿体。主要分布于近东西向断裂带中，特别是断裂发生弯曲，羽状裂隙发育，或有岩脉充填以及旁侧背斜状挠曲等部位矿化较强。矿体一般长100~250 m，含锡品位上贫下富，铅品位则下贫上富，层间脉复合型矿体多分布在背斜倾没端部，受断裂、有利层位、层间剥离构造几组构造交接部位控制，矿体膨大成矿结，矿体一般长80~266 m，厚 1~30 m。小型脉状矿体分布于羽状裂隙带中[4]139。

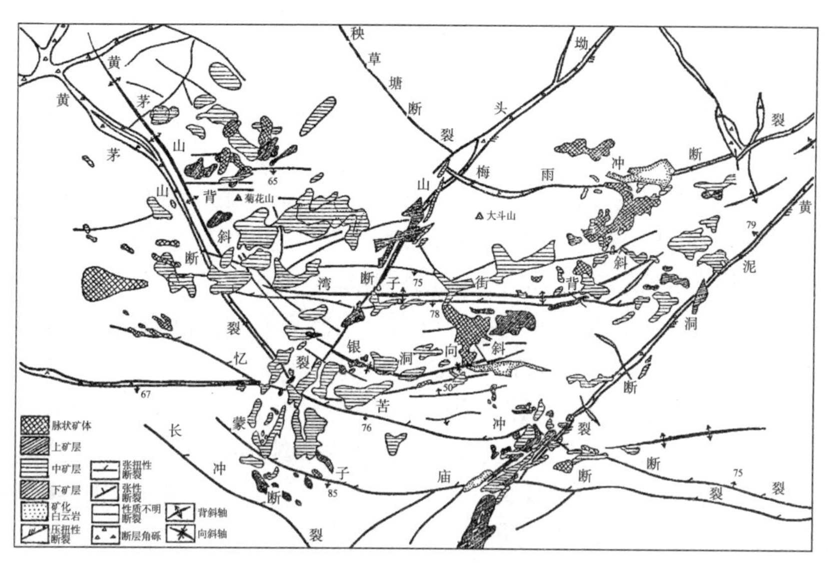

图 1-23　老厂矿段层间氧化矿体分布图[4]139

B. 层间似层状矿体。主要赋存于个旧组第 6 层（$T_2k_1^6$）3 个含矿层的界面间，分别为 $T_2k_1^6$ 的 2、4、6 分层（$T_2k_1^{6-2}$、$T_2k_1^{6-4}$、$T_2k_1^{6-6}$），受层间滑动、层间破碎带控制，形态简单，在与断裂交接部位，矿体厚度膨大，形态较简单。厚度与品位常呈正比关系，含锡品位一般较高。复杂的似层状矿体往往分布于挠曲中，由层内裂隙矿化复杂化，往往在几组裂隙交接部位形成矿结，矿体产状不稳定，形态极为复杂，厚度品位变化都很大[4]139。

C. 层间条状矿体。主要分布于断裂夹持带，受层间滑动及层间破碎带控制。矿体长轴与北东向断裂大致平行，矿体沿断裂及有利层位交接部位侧向延伸很长，宽度很小，形态不稳定，一般顶板规则，底板往往沿层内裂隙群发展形成须根状复杂状态。矿体与近东西向断裂交接部位膨大。矿体含锡品位高，矿化连续性好[4]139（图 1-24）。

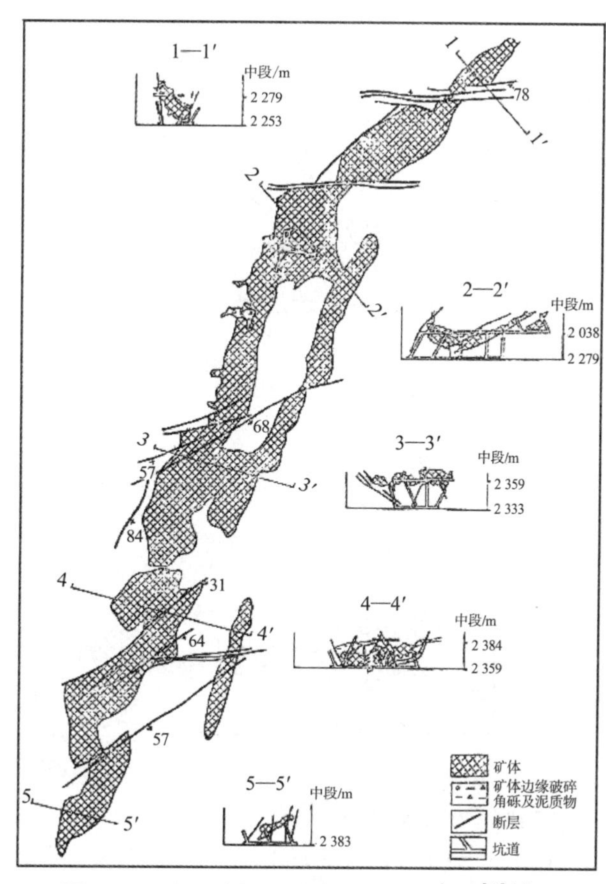

图 1-24　老厂矿段 79 号条状矿体形态图[4]140

层间氧化矿石主要由赤铁矿、褐铁矿、水针铁矿、针铁矿、锡石以及臭葱石、孔雀石、砷钙铜矿、铅矾、白铅矿、铅铁矾、砷铅矿、锰土等矿物组成，还有氧化残余的毒砂、黄铁矿、黄铜矿、方铅矿及铁闪锌矿。脉状和层状矿体往往以锡或锡铅为主。条状矿体多富锡矿，局部含铜也较高。

③细脉带矿体。

该类型矿体是由大量电气石—石英脉、电气石—长石—矽卡岩脉、电气石—矽卡岩—氧化矿脉、电气石—含锂云母脉等群集而成的矿体带，它们无明显的边界[4]141，属气成—高温热液成因的石英电气石脉及锡石—硫化物叠加型矿化形成的矿床。细脉规模不等，长数十厘米至 200 m，脉幅数毫米至数十厘米。细脉充填在大理岩或白云岩的裂隙中，受构造和有利层位控制。矿体分布于老厂矿段中部，规模较大，图 1–25 示东起黄泥硐断裂，西至坳头山断裂，南北介于梅雨冲断裂和龙树坡断裂之间。矿化面积约 1.2 km²。密集的细脉带形成两条北东向的矿带，北部的 18 号矿带赋存于 05 突起和 4033 突起之间，规模较大[4]141，形态较完整，矿化连续性较好，自地表至接触带延深达 300 m，出现多个规模不等的工业矿块，大斗山至咕噜山一带部分还遭风化，富集形成残积型砂矿床。南部 17 号细脉带产出于 4033~1021 花岗岩突起之南东侧，长约 1.1 km，矿化连续性差，仅分布于花岗岩接触带向上百余米范围内，包括 13 个工业矿块，一般规模较小[4]142。

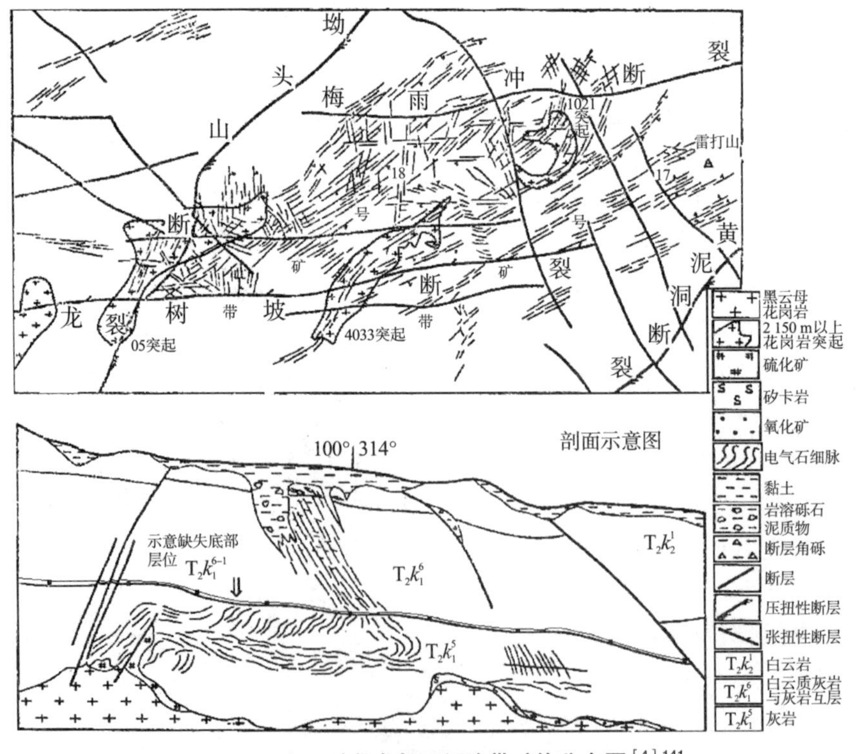

图 1–25 老厂矿段电气石细脉带矿体分布图[4]141

细脉带矿体以锡矿化为主，伴生铍、钨、硼、锂、铷、铯、铌、钽及稀土等。矿块平均品位：Sn 0.42%，BeO 0.13%，WO_3 0.11%[4]142，细脉带矿体矿化与脉幅呈正相关[4]145。细脉带矿体分布范围广，规模大，在老厂矿段中占原生锡矿储量的 24.8%[4]142，埋藏浅者可露采。细脉是构成细脉带型矿化的基本单元，随构造部位、围岩性质的不同和与花岗岩体的距离远近不同，脉体的幅度与产出频率、形态类型、矿物组合、伴生有益组分，甚至脉体与细脉带的组合形式均有差异（表 1–13）。

表 1–13 老厂矿段细脉带矿体脉幅与含锡品位对比表[4]145

脉幅 /cm	含锡品位 /%	脉幅 /cm	含锡品位 /%
≤ 2.5	0.24	＞ 10~20	1.18
＞ 2.5~5	0.35	＞ 20	1.01
＞ 5~10	0.74		

按矿物组合不同，细脉带矿体可分为 4 类：a. 电气石—石英细脉，分布于细脉带矿体的根部及花岗岩突起的顶部。锡、钨、铍等矿化均微弱，局部有富集[4]195。b. 电气石—长石—矽卡岩细脉，多分布于细脉带矿体的下部，近花岗岩接触带的大理岩中。主要为铍矿化，伴生锡、钨。c. 电气石—矽卡岩—硫化物细脉，主要分布于矿体的中部，锡矿化最强，伴生钨、铍、铜等。矽卡岩和硫化物矿物均氧化，矽卡岩矿物主要有透辉石及石榴石，氧化后形成针铁矿、褐铁矿、黏土矿物等。d. 电气石—含锂云母细脉，主要分布于矿体的上部，锡、铍、钨矿化减弱，伴生钨、铍、铜等[4]142。

细脉带矿体按细脉形态可分为 10 类。a. 平直脉，多分布于矿体上部，脉壁平整、细脉平行成带分布，含脉率 3~16 条 / 米，脉幅 0.1~1 cm，分布于白云岩、大理岩互层部位，陡倾斜；b. 穿层透镜状大脉，含脉率 1~5 条 / 米，脉幅 5~40 cm，分布于大理岩中，沿走向、倾向有分支复合、尖灭再现现象；c. 菱形大脉，含脉率 1~5 条 / 米，脉幅 5~10 cm，分布于大理岩中；d. “X” 形大脉，由大脉交叉组成，含脉率 1~5 条 / 米，脉幅 5~20 cm，多分布于白色大理岩中，为两组陡倾斜复合裂隙脉；e. 格子状大脉，大脉交叉组成型，含脉率 1~5 条 / 米，脉幅 5~40 cm，分布于大理岩中，为缓倾斜和陡倾斜裂隙交叉组成；f. 似 “S” 或反 “S” 形脉，包括细脉、大脉两类，脉幅 5~20 cm 及 1~5 cm，主要分布于白色中厚层大理岩或夹薄层岩石中，为缓倾斜与缓倾斜相联系的裂隙脉[4]142；g. 层间透镜状大脉，含脉率 1~8 条 / 米，脉幅 5~50 cm，有时可达 1 m 余，多分布于薄层状、纹理状大理岩中，为缓倾斜裂隙脉；h. 层间平板状大脉，含脉率 2~10 条 / 米，脉幅 2~8 cm，主要分布于薄层状大理岩中的层间裂隙中；i. 层间齿状大脉，含脉率 1~3 条 / 米，脉幅 5~30 cm，分布于大理岩中，为层内交错裂隙与层间整合裂隙交切组成的裂隙脉；j. 褶曲状脉，多为大脉型，脉幅 3~50 cm，多分布于大理岩灰质白云岩互层部位[4]143（图 1–26）。

按细脉与细脉带矿体的产状关系，细脉带矿体可分为陡倾斜协调式细脉带、陡倾斜不协调式细脉带及缓倾斜细脉带 3 类。a. 陡倾斜协调式细脉带矿体与细脉产状基本协调一致，均走向北东向 30° ~50° ，倾向南东，倾角为 50° ~70° ，主要由平直脉组成，含部分菱形脉。分布于湾子街背斜北翼，主要矿体长 415 m，平均宽 52 m，延深约 350 m，由西向东侧伏，侧伏角约 30° ，向下与 1021、1401、4033 等花岗岩小突起相连接。b. 陡倾斜不协调式细脉带矿体大部分细脉与矿体走向和倾向均不一致，呈锐角或直角相交。分布于老厂弧形构造的近弧顶部，沿北东走向坳头山断裂两侧分布，主要由 “X” 脉、格子状脉、反“S”形脉组成。矿体走向北东 20° ~30°，倾向北西，倾角为 75° ~85°。c. 缓倾斜细脉带矿体由透镜状脉、菱形脉、层间透镜状脉、层间平板状脉及反“S”形脉、齿状脉、褶曲脉等组成，总体上呈复杂的似层状产出，规模大，长 550 m，宽 450 m，厚数米至数十米。缓倾斜细脉带矿体分布在陡倾斜细脉带的协调式与不协调式矿体之间，其自身也有协调式与不协调式两类组合形式[4]144。

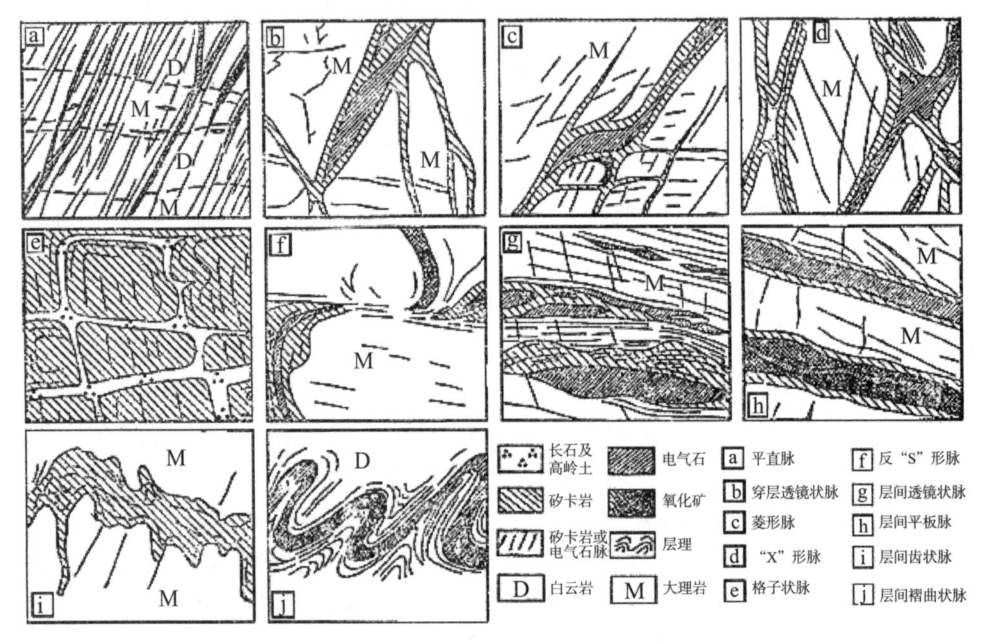

图 1-26 老厂矿段细脉带矿体形态图[4]143

细脉带矿体的矿石类型可分为残积氧化矿石、细脉带氧化矿石、原生矿石 3 类。a. 残积氧化矿石占矿体总量的 4.3%，矿脉密集、夹石多、呈土状，可分为红型、黑型两类。红型矿石由赤铁矿、绢云母、锰土、软锰矿、高岭土、长石、兰电气石等组成，含锡品位高。黑型矿石主要由软锰矿、锰土、黏土、黑灰色电气石、绢云母等组成，含锡品位低。b. 细脉带氧化矿石分布最广泛，占矿体总量的 90.5%，矿脉绝大部分氧化成疏松的土状、粒状结构，但周围未风化，机械破碎后矿脉与围岩分选性尚好。主要由电气石、风化矽卡岩（透辉石、符山石、石榴石）、赤铁矿、褐铁矿、高岭土、含锂云母、白云母、锡石等组成，含少量萤石、石英、绿柱石、绢云母、阳起石、绿帘石、角闪石、方解石、黑钨矿、白钨矿、孔雀石等，局部有微量似晶石、黄玉、锆石、金红石、辉钼矿等和大量的灰岩、白云岩碎块。c. 细脉带原生矿石分布于矿体下部，约占矿体总量的 5.2%，矿石块状、粒状、浸染状，与围岩结合紧密，机械破碎后分选性差。主要由电气石、石榴石、透辉石、长石、石英、萤石、磁黄铁矿、毒砂、黄铁矿、黄铜矿、锡石等组成，局部含少量阳起石、绿柱石、黑钨矿、白钨矿、方解石、辉钼矿、白云母等，以及石灰岩、白云岩块[4]144。

细脉带矿体以锡矿化为主，矿化强度与裂隙发育程度、脉型及种类，以及围岩性质均有密切关系，一般在大理岩中分布广泛；与矽卡岩化和后期硫化物叠加有联系。伴生有益组分以铍最重要，伴生铍矿规模可达大型。前人认为细脉带矿体受缓倾斜张扭性、扭性裂隙破碎带和缓倾斜张性、张扭性及压扭性裂隙破碎带控制[4]144。

电气石细脉带型矿化由下而上分垂直分带为 4[4]196，锡的分布有上、下贫，中间富的规律（图 1–27）[4]196。a. 黑电气石石英脉（弱铍钨矿化）带，分布于细脉带矿化根部和花岗岩突起顶部，标高 2 150 m，次要矿物绢云母、萤石、绿泥石、方解石、锡石，在花岗岩中云英岩化内及大理岩矽卡岩化带内，锡、铜、钨、铍矿化微弱，基本上是无矿带。b. 黑电气石—绿柱石—长石脉带（铍、钨矿化带），分布于细脉带中部标高 2 150~2 200 m，以黑电气石、正长石为主，富含绿柱石，穿插于大理岩中，主要为铍矿化，锡、钨矿化渐强。c. 兰电气石—矽卡岩—氧化矿脉带（锡、钨、铍矿化带），标高 2 200~2 350 m，以兰电气石、锡石为主，次有白钨矿、黑钨矿、石英、绿柱石、含锂云母等，脉侧有石榴子石、透辉石及赤、褐铁矿（原为硫化矿物），主要为锡矿带，锡品位可达 1%~1.9%，伴有钨、铍矿化。d. 兰电气石—含锂云母脉带（锡、钨、铍、锂及铷、铯矿化带），2 350 m~ 地表（大斗山一带超过 2 500 m），以兰电气石和含锂云母为主，次为萤石、锡石、白钨矿、绿柱石、绢云母、黄铁矿、黄铜矿、方解石等。锂、铷、铯矿化弱，不具工业价值，铜含量也很低[4]196。

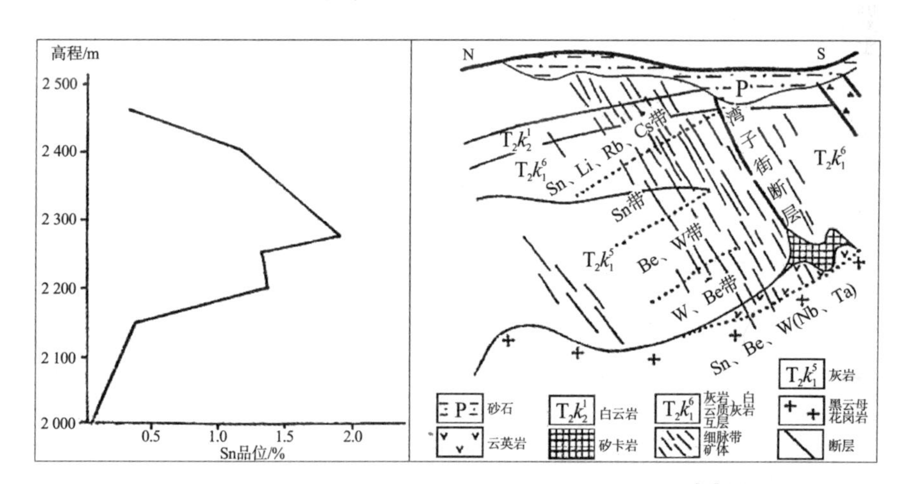

图 1–27　老厂矿段细脉带矿体成矿元素垂直分带图[4]196

④含锡白云岩矿体。

该类型矿体由大量褐铁矿—赤铁矿脉、绢云母脉（局部有长石脉）、含锰方解石脉、铁锰细脉在白云岩中成群交织产出，发育在白云岩中。矿体一般沿断裂带发育，走向延长较长（图 1–18），宽度窄、矿化弱，仅局部形成低品位矿体，前人称受东西向断裂带及其派生的羽状裂隙控制，在挠曲带和断裂交接叠加部位矿化较强[4]145。细脉极小，长数厘米至数米，脉幅数毫米。锡储量占 2.7%。

3. 松树脚矿段

前人将松树脚矿段与马拉格矿段分列，事实上两个矿段有相当大范围的重叠，构造上也具有同一性，应当共同组成马拉格—松树脚矿床。参见图 1–28。

松树脚矿段位于矿田北部东段，地势最高，西与马拉格矿段接壤地带标高 2 500 m 以上（尹家洞南东主峰莲花山海拔 2 758 m），岩溶强烈发育。构造上属马松背斜的核部及南东翼。马松背斜轴向北东 70° ，轴长约 5 km，翼展北西宽 15 km 以上。前人划分“松树脚矿田”，北东以白沙冲断裂、南部以芦塘坝断裂北段、北西角以白沙冲岩体为边界，面积应为 61 km²（图 1–29）。

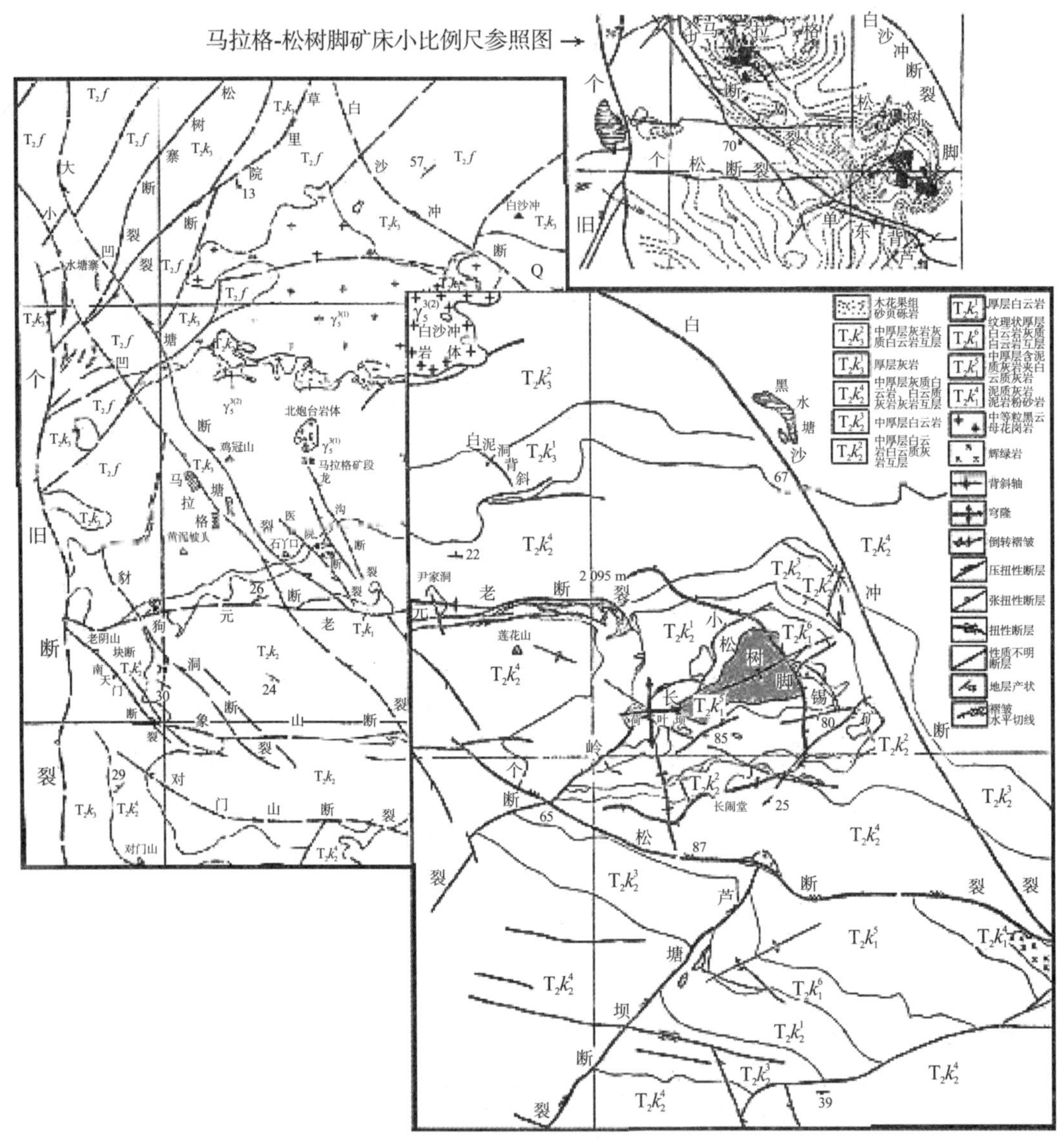

图 1–28 马拉格矿段与松树脚矿段拼合图

（1）地层

该矿段出露地层有第四系、下第三系渐新—始新统木花果组及三叠系。三叠系中统个旧组下段卡房段（T_2k_1）、中段马拉格段（T_2k_2）及上段白泥洞段［包括个旧组第 4~12 层（$T_2k_1^4$~ $T_2k_3^2$）］。第 5 层下部（$T_2k_1^{5-1}$）、中部（$T_2k_1^{5-2}$）及第 6 层（$T_2k_1^6$）分别为松树脚矿段层间锡铅矿体的下、中、上含矿层[4]167。图 1–29 所示紧靠岩体的层位即为第 5 层（$T_2k_1^5$）。$T_2k_1^{5-1}$ 中厚层大理岩强烈大理岩化，层理不发育，或为隐层理，顶部具缝合线构造和条带状构造，普遍含泥质条纹，节理不发育，岩层较完整，厚约 500 m；$T_2k_1^{5-2}$ 中厚层状细晶大理岩，局部结晶粗大，夹方解石小囊块，层理发育，出露在荷叶坝穹隆核部，厚 18~44 m；$T_2k_1^6$ 为白云质灰岩灰岩互层，变质后为细晶大理岩，中厚层状，层理发育，岩石致密性脆，厚度变化大，一般为 22~61 m，最厚 236 m [4] 162。

（2）岩浆岩

该矿段地表无岩浆岩，在矿段南东的麒麟山有辉绿岩脉出露。在荷叶坝穹隆地下 400 m 深部隐伏有斑状黑云母花岗岩，属马松岩体的一部分。在荷叶坝穹隆核部的岩体，北接触面倾角为 20° ~40°，南接触面倾角为 40° ~60°，顶部平缓、略向南倾斜。岩体形态与荷叶坝穹隆大体相似，有清晰的东西向长轴和略显沿北西向 315° 微部线性特征，两者夹角为 45°（图 1-31）。参见个旧成矿区地质特征马松岩体部分，不赘述。

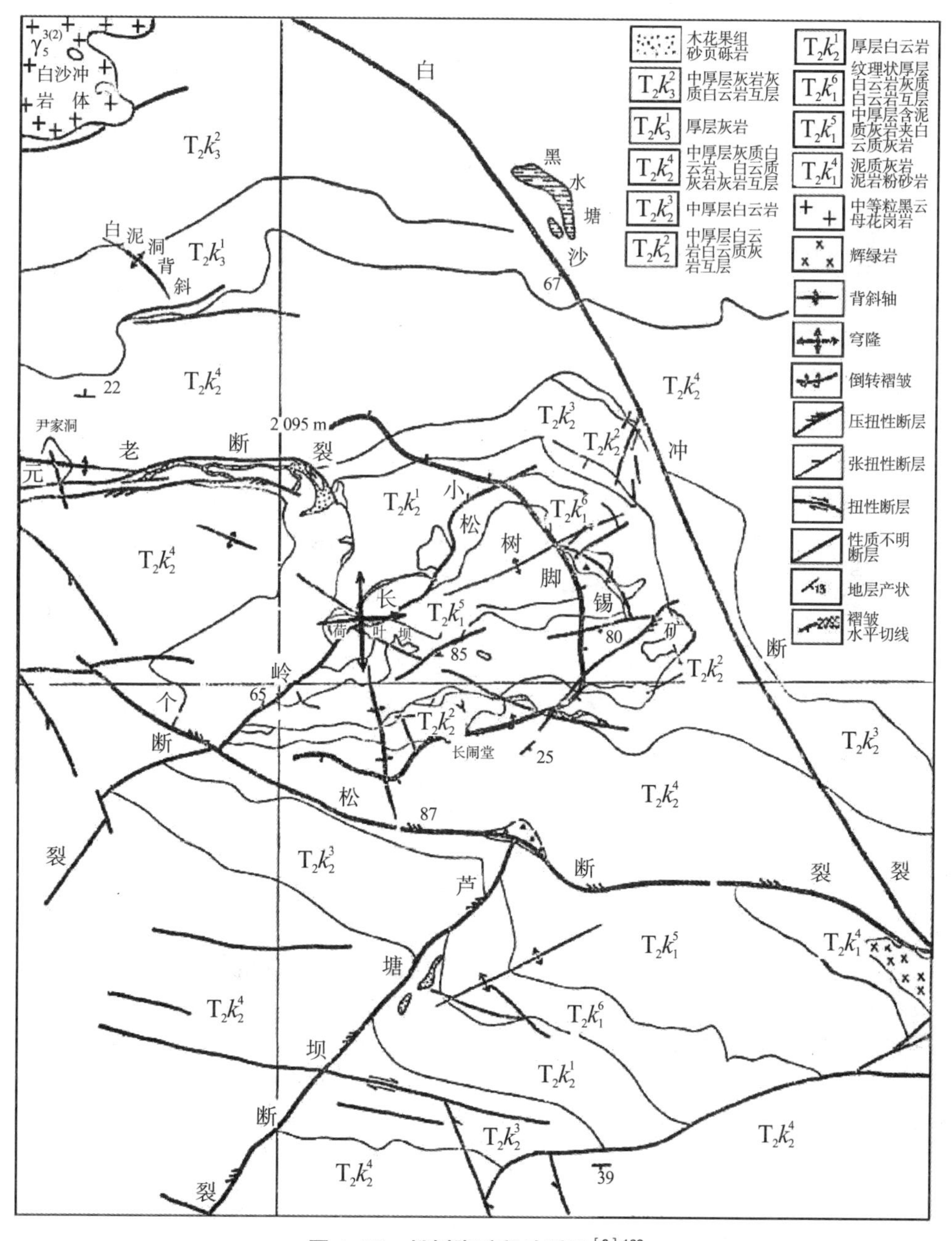

图 1-29　松树脚矿段地质图 [8] 163

（3）构造

马松背斜间夹于白沙冲断裂与个松断裂之间，核部为个旧组第 5 层（$T_2k_1^5$），位于小长岭断裂一带。北翼最新地层为个旧组第 12 层（$T_2k_3^2$），地层倾角一般为 20°；南翼不完整，出露最新地层为个旧组第 10 层 $T_2k_2^4$，深部倒转[4]45。

①低级别的褶皱。

A. 荷叶坝穹隆。位于荷叶坝、岭岗山一带，短轴穹隆，轴向北北西，核部地层为 $T_2k_1^{5-2}$，北翼缓倾斜，倾角为 20°~40°，南翼陡倾斜，倾角为 40°~60°，再向南甚至有倒转现象，为不对称的穹隆构造。

B. 东南部挠曲。位于荷叶坝穹隆南东翼部，挠曲由北西—南东至北东—南西向扇状排列，挠曲强度不一，不同层面发育层间剥离，前人称"常为矿液充填"。

C. 黄泥冲背斜。北东轴向，规模小，仅影响到 $T_2k_1^6$ 与 $T_2k_2^1$ 层间[4]164。

②断裂。

全部实录前人描述、论述混述及选择性描述资料[4]164 如下，供参考：

"成矿前断裂构造有 3 组：（1）北 20°~40° 西组，如车家硐断裂、百虎山断裂、冒棚断裂，走向长度 1 000~3 000 m，倾角陡达 80° 向下延伸至花岗岩接触带。断裂带宽 1~2 m，局部常有矿液充填，形成陡倾斜的脉状矿体。（2）北 45°~60° 东组，如小长岭断裂、岩子头断裂及长闹堂断裂等，走向长度 800~3 000 m，倾向南东，倾角 60°~80°，属压扭性断裂。沿断裂普遍有矿化，局部地段充填有矿体。（3）东西组，如个松断裂，位于荷叶坝穹隆南部倒转翼上，走向长约数千米，倾斜陡，倾向不稳定，属压扭性质。沿断裂带和平行裂隙中常充填脉状矿体，东段有基性岩脉贯入。"

"成矿后的断裂也有两组，一组为北 45° 西组，另一组为 70°~80° 西，一般断距不大，均为 20~30 m。"

③褶皱。

主要是马松背斜，松树脚矿段处于马松背斜核部。

卡房段（T_2k_1）灰岩，在马松背斜北翼倾角一般为 20°~30°，由北翼窄长带状、相当于标志层的 $T_2k_3^1$（见于马拉格矿段地质图。在松树脚矿段地质图上显著标示的标志层为 $T_2k_2^4$），显示马松背斜北翼走向为北东东向 70°，马拉格矿段也只有马松背斜北翼。在松树脚矿段，以荷叶坝穹窿—小松树脚锡矿部位为核部，马松背斜出现短小的南东翼，其最新地层为 $T_2k_2^4$，向南东以 25° 缓倾斜。松树脚矿段（前人称面积 2.4 km²[4]162 有误，马拉格、松树脚两个矿段地质图范围有重叠，合计面积应为 61 km²）。图 1–29 中图例"褶皱水平切线"（2095）说明马松背斜轴线近于东西向。白沙冲岩体、北炮台岩体均产出于马松背斜之北西翼。

松树脚矿段构造的总体特征为由岩体等高线图体现出来的长轴北西向的下伏马松岩体带，及其北东—南西两侧的北西向断裂组，以及上覆地层体现出来的北东东轴向的短轴的马松背斜。另有东西向元老断裂、象山断裂自个旧断裂延向马松岩体带。

（4）矿段地质特征

矿段可分为矽卡岩型锡铜矿体、层间锡铅氧化矿体和含锡白云岩矿体 3 种类型矿体。矽卡岩型矿体产出于花岗岩接触带，层间氧化矿体产出于接触外带碳酸盐岩中，含锡白云岩集中在近地表部位。它们都集中分布在岩体亦即荷叶坝穹隆的南东翼部，氧化带深达 400 m 左右。前人认为其分布特征是以穹隆顶部为中心，向南东方向呈扇形分布（图 1–30）。从地质力学角度看，应与上隆岩体作为特定边界条件关系更为密切。

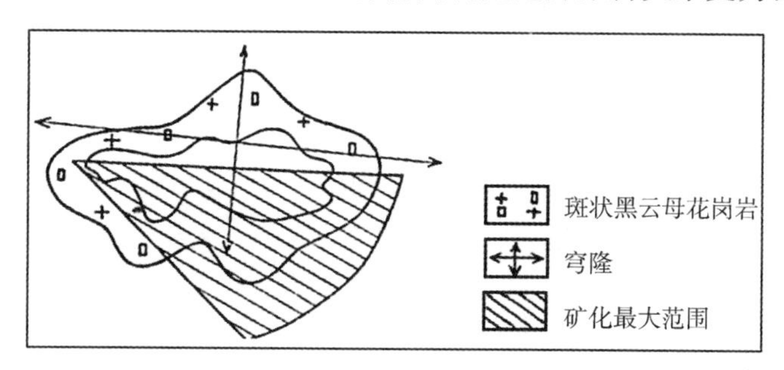

图 1–30　松树脚矿段矿化与岩体及上覆荷叶坝穹隆分布关系图[4]224

①矽卡岩型锡铜矿体。

该类矿体主要产出于松树脚岩体最发育的南接触带矽卡岩内，占矿段储量的 66%。沿接触带产出透镜状、脉状矽卡岩体，厚度变化大，一般为 5~20 m，局部厚达百余米。矽卡岩在岩体顶部和北接触带薄，在南部和东南部厚，在岩体东南部的下凹部分也厚。矽卡岩尚保留围岩的结构和残留体。岩石致密块状，主要矽卡岩矿物为透辉石、方柱石、钙铝石榴石，金属矿物有磁黄铁矿、黄铜矿、毒砂、铁闪锌矿、黄铁矿、磁铁矿、锡石、白钨矿、辉钼矿等。

在矽卡岩比较厚大的部分，可见分带现象（详见㈣围岩蚀变的矽卡岩化）。硫化矿多与透辉石、阳起石、透闪石矽卡岩共生，透辉石蚀变为角闪石，再变为阳起石→透闪石→绿泥石，使矽卡岩矿物变复杂。通常只有复杂矽卡岩成矿好，简单矽卡岩中极少有矿体产出。前人认为其中的原因是阳起石、透辉石矽卡岩的孔隙度比辉石—方柱石透辉石矽卡岩和辉石—石榴石矽卡岩高一倍多，而前者的金属硫化物比后者高十余倍[4]165。

矿体形态多为不规则透镜状和似层状，大小不等，一般长 200~500 m 不等，倾斜深 100~200 m，最深可达 400~500 m，厚度一般为 2~4 m，最厚可达 20 m。储量集中在 3 个大矿体上[4]165（前人未指明大矿体编号，从图 1–31 看，可能是 1–2 号、1–3 号和 1–7 号），每个矿体形态仍然是复杂的。矿体产出于矽卡岩与围岩的接触带上，不富集在花岗岩与矽卡岩的界面上。

矽卡岩型锡铜矿体埋藏较深，氧化程度低，基本上仍然是硫化物矿石。主要矿石矿物为磁黄铁矿（占 55%）、辉石（占 24%），其次为方解石、萤石、石英（共占 16%），少量矿物为黄铜矿、铁闪锌矿、锡石、铁的氢氧化物、云母、符山石、白钨矿、黑钨矿等。矿石含锡、铜、锌、钨及微量的铟、铋、银等，锡、铟比较稳定，向深部铜含量略有增加（图 1–31、图 1–32）。

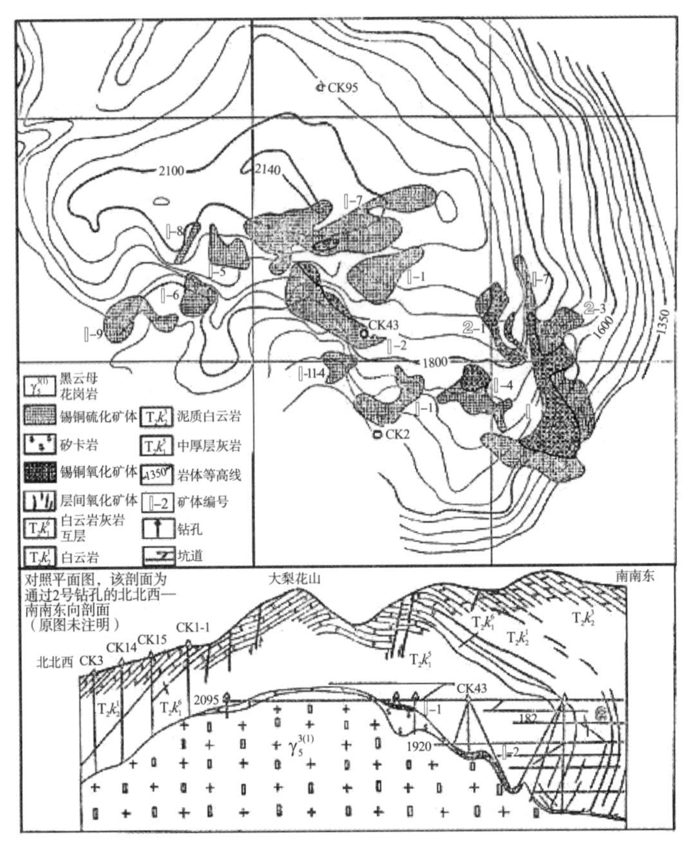

图 1–31 松树脚矿段接触带矿体分布图 [4] 166

（注意Ⅰ–1号矿体产出部位）

Ⅰ–1 号矿体有相当精确的开采资料（图 1–32），将结合图 1–31 进行构造分析。

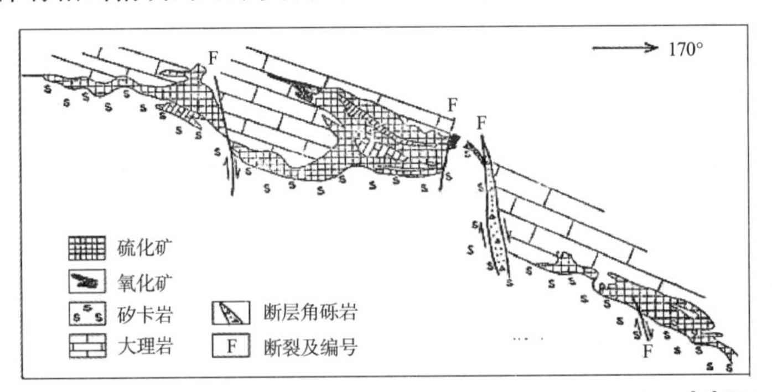

图 1–32 松树脚矿段接触带Ⅰ–1 号矿体形态图（据开采资料 [4] 167 **）**

②层间锡铅氧化矿体 [4] 167。

A. 层间条状、似层状锡铅矿体。矿体顺层缓倾斜产出于碳酸盐岩中，矿石为锡石硫化物矿经强烈氧化形成，主要矿物含量为：褐铁矿 71.8%，方解石脉石 24.6%，石英 2.3%，少量矿物为萤石、锡石、黄铁矿、毒砂、砷硫铅矿、白铅矿、孔雀石等，普遍含铟。

B. 层间似层状、条状矿体。主要分布在荷叶坝穹隆南东翼，矿体形态复杂，以条状矿体规模较大，锡铅品位亦较高，并含铟。条状矿体走向长度小，为 20~50 m，最长 100 m，厚度为 1~20 m，但沿倾斜延深却较稳定，可达 300~500 m，最长 1 500 m，以缓倾斜为主。矿体在平面上呈条带状，前人认为受荷叶坝穹隆挠褶和裂隙带控制，挠曲之曲率半径大于 200 m 则不易成矿，倾伏挠曲较水平挠曲成矿好。受南东部挠曲及 3 个层位控制：上含矿层个旧组第 6 层 $T_2k_1^6$ 的上部和下部含灰质白云岩与白云质大理岩互层，互层中有主要的层间条状矿体（占储量的 58%），此层顶板为 $T_2k_2^1$（具纹理及条带状构造的厚层状白云岩）；中含矿层个旧组第 5 层偏上部 $T_2k_1^{5-2}$ 大理岩（占储量的 38%），此层顶板为 $T_2k_1^{5-3}$ 波纹状、竹叶状、豹皮状构造发育的灰岩；下含矿层个旧组第 5 层 $T_2k_1^{5-1}$ 上部的大理岩（占储量的 4%）。（图 1–33）

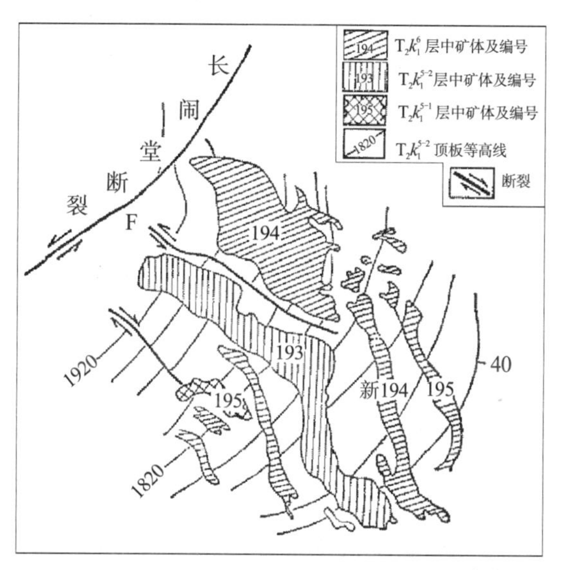

图 1–33　松树脚矿段层间条状矿体分布图 [4] 168

C. 层间脉状锡铅矿体。与层间条状、似层状锡铅矿体矿石矿物成分和有用金属相近，"同属高—中温热液矿床" [4] 168。与条状矿体的缓倾斜为主不同，以陡倾斜脉状矿体为主，集中分布于荷叶坝穹隆的南东翼倒转部分，矿体 34 条，组成近东西向的矿带，由地表断续延深至花岗岩接触带，垂直距离达 1 300 m，单矿体走向长约 200 m，最长达 700 m，厚 0.2~2 m，沿倾斜长度几十米至 700 m。

③含锡白云岩矿体。

该类矿体规模很小，零星分布在距离花岗岩较远处，多分布于荷叶坝穹隆顶部和北翼，含锡褐铁矿呈细脉状充填交代白云岩，或者呈较大的脉体（脉幅 10~30 cm）充填在岩石节理裂隙中。前人认为受北东和北西向断裂和裂隙带控制。矿石为矿化白云岩或矿化大理岩，矿石矿物简单，主要为锡石、褐铁矿和大量岩块，含锡品位为 0.44%~0.8%，铅、锌、铜含量均低。

4. 马拉格矿段

马拉格矿段位于松树脚矿段之西偏北，矿段西以个旧断裂为界，东偏南缘有主峰莲花山，北至水塘寨—白沙冲断裂一带，南至对门山断裂，面积为 50 km²。

（1）地层

该矿段出露地层有第四系坡残积，三叠系中统个旧组、法郎组。个旧组出露第 3~13

层（$T_2k_1^3$~$T_2k_3^3$）。第 8~9 层（$T_2k_2^2$~$T_2k_2^3$）之间、第 9~10 层（$T_2k_2^3$~$T_2k_2^4$）之间、第 10~11 层（$T_2k_2^4$~$T_2k_3^1$）之间分别为马拉格矿段层间矿体的下、中、上含矿层[4]146。含矿层底板第 7 层（$T_2k_2^1$）为中厚层至厚层灰质白云岩，厚 20~80 m，底部泥质增高，顶部有一层厚 4~6 m 的角砾状灰岩。各含矿层岩性：$T_2k_2^2$，厚层状白云岩，厚 91~256 m；$T_2k_2^3$，厚层灰质白云岩夹白云岩和灰岩透镜体，具纹理构造，厚 132 m；$T_2k_2^4$，灰岩、灰质白云岩和白云岩互层，常具纹理构造、角砾状构造，岩性不稳定，厚 20~120 m。含矿层顶板 $T_2k_3^1$，中厚至厚层灰岩夹不规则白云岩，岩性水平侧向变化大，层位不稳定，最大厚度为 150 余米。

（2）岩浆岩

中粗粒黑云母花岗岩白沙冲岩体之外，马松岩体在北炮台出露斑状黑云母花岗岩，面积为 0.065 km²，向下扩大[4]148。岩石灰白色、似斑状结构。斑晶以微斜长石为主、自形、多卡式双晶，斑径为 0.5~3 cm，含量为 10%~20%。斑晶呈环带状构造，普遍包裹黑云母、斜长石、石英。斑晶有灰白色和肉红色两种，肉红色长石斑晶除含 CaO、MgO 略低，Na_2O 略高外，其余组分并无显著差别。基质中粒状，矿物含量：石英 31%，条纹长石 32%~36%，斜长石 26%，黑云母 5%~8%，副矿物主要有磷灰石、磁铁矿、锆石、榍石、褐帘石及少量萤石。

北炮台岩体较之白沙冲岩体岩石化学成分有明显差别，主要是 SiO_2、Na_2O 偏低，其含量分别为：71.61% 与 74.41% 和 3.35% 与 3.99%；CaF_2、Al_2O_3、CaO、K_2O、TiO_2、Fe_2O_3+FeO 含量增高，其含量分别为：0.07% 与未检出（“—”）、14.02% 与 13.21%、1.59% 与 1.02%、5.01% 与 4.40%、0.26% 与 0.06%、2.49% 与 1.66%（表 1–14）。

表 1–14 北炮台岩体与白沙冲岩体岩石化学组分比较表[4]149

组分		SiO_2/%	Al_2O_3/%	K_2O/%	Na_2O/%	TiO_2/%	Fe_2O_3/%	FeO/%
白沙冲	B–1	74.22	13.34	4.53	3.98	0.08	0.30	1.57
	B–2	74.65	13.04	4.23	4.00	0.04	0.38	1.02
北炮台	P	71.61	14.02	5.01	3.35	0.26	0.36	2.13
组分		MnO/%	CaO/%	P_5O_2/%	CaF_2/%	MgO/%	烧失量 /%	合计 /%
白沙冲	B–1	0.05	0.92	0.0	—	0.31	0.74	100.09
	B–2	0.03	1.15	0.0	—	0.24	1.16	99.95
北炮台	P	0.04	1.59	0.14	0.07	0.48	0.55	99.61

注：B–1 中粗粒黑云母花岗岩 9 个样，B–2 斑状细晶质花岗岩 7 个样，P 黑云母花岗岩 18 个样。

北炮台岩体成矿元素含量偏高，如表 1–15 所列。

表 1–15 北炮台岩体成矿元素含量表[4]150

Sn/（$\times10^{-6}$）	Cu/（$\times10^{-6}$）	Pb/（$\times10^{-6}$）	Nb/（$\times10^{-6}$）	Ta/（$\times10^{-6}$）	Be/（$\times10^{-6}$）	Zr/（$\times10^{-6}$）
10	18	41	33	4.0	10	163
Li/（$\times10^{-6}$）	Cl/（$\times10^{-6}$）	Th/（$\times10^{-6}$）	U/（$\times10^{-6}$）	F/（$\times10^{-6}$）	TR_2O_3/%	
121	300	50	20	1400	0.0322	

岩体中常见少量暗色包裹体，岩性属花岗闪长质混染岩石、黑云母长英质角岩[4]149。

（3）构造

①断裂。

在前人划分的马拉格矿田范围内，元老断裂以北部分为马松背斜北西翼，属缓倾斜的单斜构造，翼角一般为 20° ~30°，走向北东 70°；以南部分大体上属北西向断裂发育区，该区除大小凹塘断裂外，自西向东还有一系列低级断裂：南天门断裂（图 1–40 老阴山块段锡铅型矿体分布图所示为走向 322°，南西倾向，倾角为 80°）、豺狗洞断裂（图 1–40 老阴山块段锡铅型矿体分布图所示为走向 322°，南西倾向，倾角为 79°）、医院断裂（图 1–34 马拉格矿段地质图所示为走向 330° ，北东倾向，倾角为 75° ）、倒石崖断裂（图 1–34 马拉格矿段地质图所示为走向 330° ，南西倾向，倾角为 80° ）、龙沟断裂等，长 1~3 km。它们与二级大小凹塘断裂一样，都有北西向断距大、南东向断距小的特征[4]150。

除个松断裂外，东西向断裂主要有元老断裂和象山断裂。

元老断裂与“马松穹隆长轴重合”，长约 5 km，断裂面上部向北倾斜，下部向南倾斜。前人认为“有两次构造活动，早期为挤压性质，后期发生水平扭动，断面上保存有大量水平擦痕，指示北盘向东滑动”。断裂向南延伸至元宝山后，分支为若干条小断裂，并向南东方向偏转撒开成帚状构造。沿断裂破碎带有矿化活动，局部可构成工业矿体[4]151（按：在脉状铅锌矿体分带节称，元老断裂中段的尹家洞块段，在标高 2 500 m 处为锡矿体，2 200 m 处铜达到工业要求，形成锡铜矿体，1 900 m 以下主要出现铜矿体[4]197）；称马拉格老阴山 9 号矿体“6 个矿体，都是充填在元老断裂旁侧的张扭性羽毛状层间裂隙中”[4]208。

关于象山断裂的描述仅限于构造纲要图及附表，被称为压扭性断裂，属“东西向复杂构造带”[4]43（横跨在五子山复背斜轴部马松穹隆）上的断裂。在其原生金属带状分布图上，沿象山断裂—个松断裂标示为“铅锡矿带”[4]200，褶皱构造前人认为有“长轴北西向”的“马松穹隆”，两翼岩层倾角中等，一般为 20° ~30° 。尹家洞穹隆，由尹家洞向东延伸至元宝山，“是马松穹隆隆起较高部分”（出露地层为卡房段底部 T_2k_1 灰岩）。穹隆长轴方向上，有一纵向压扭性元老断裂—老阴山断裂，将穹隆分割为南北两部分，南盘相对下降，北盘相对上升[4]150。

“马松穹隆”是一个错误概念，不存在一个长轴北西向的“马松穹隆”，此概念与北东东向 70° 的标志层直接冲突，也与元老断裂“与马松穹隆长轴重合”[4]151 自相矛盾，可能是将马松岩体上隆带视为马松穹隆了。笔者将马拉格矿段的褶皱构造改为次级的马松短轴背斜，以松树脚矿段荷叶坝穹隆为轴，$T_2k_1^4$ 标志层为其北西翼典型标志，南东翼止于白沙冲断裂和个松断裂。

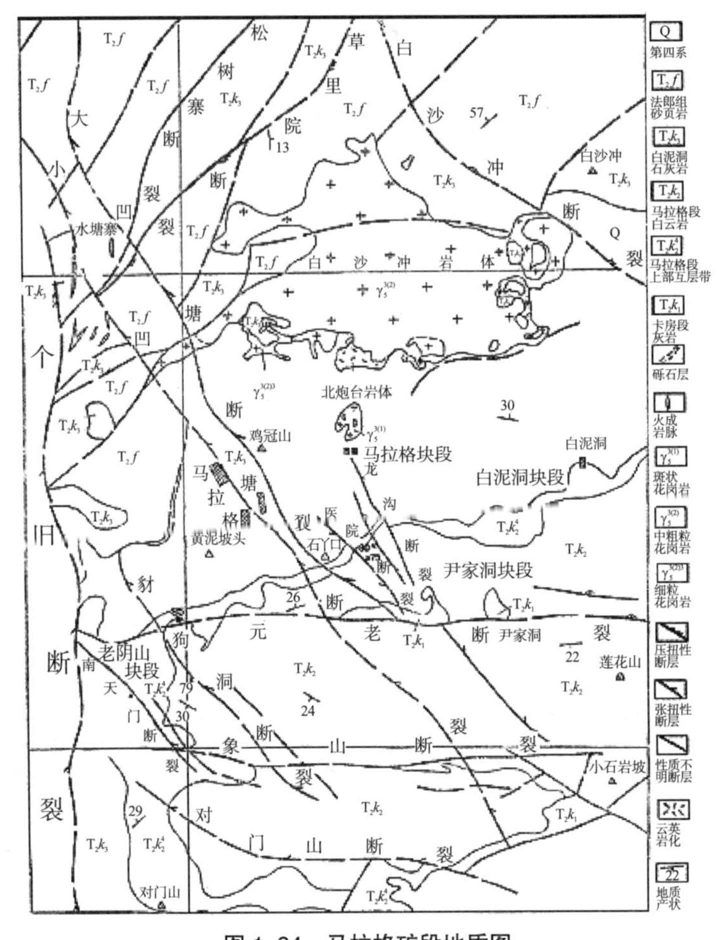

图 1–34　马拉格矿段地质图

注：水塘寨块段及元宝山矿化段位置不明；原图比例尺相当小，白沙冲岩体东西长 4 km，图上只有约 3.2 cm。

②褶皱。

A. 马松短轴背斜。

褶皱构造有马松短轴背斜，其轴向北东东向 70°，北翼翼展宽阔，沿轴向长度短。其相当于标志层性质的 $T_2k_3^1$（见于图 1–34 马拉格矿段地质图[4]147，在图 1–29 松树脚矿段地质图上标示为 $T_2k_2^4$，厚度小、相当平直）走向为 70°。马松背斜轴长约 8 km，两端止于白沙冲断裂和个旧断裂。翼展北西向宽 15 km 以上。马拉格矿段处于马松背斜北翼。近东西向元（宝山）老（阴山）断裂向东止于荷叶坝穹隆，南盘相对下降，北盘相对上升[4]150。白沙冲岩体、北炮台岩体均产出于短轴背斜之北翼。马拉格矿段仅老阴山块段分布于元老断裂以南。

B. 低级褶皱。

低级褶皱尚有北炮台背斜、七间向斜及尹家洞穹隆、马拉格—白泥洞挠曲带。a. 北炮台背斜㊵。轴向北东东，向东逐渐偏转为北西 340°，延伸至照壁山后消失[4]150（图

1–36）。b. 七间向斜㊶。位于北炮台背斜南侧，两者轴向近乎平行，延伸至龙沟后消失。c.“尹家洞穹隆”。是“马松穹隆”中央隆起最高的部分，由尹家洞延伸至元宝山。应当说，是沿元老断裂北盘的尹家洞—元宝山一带，出露了马拉格矿段最老的地层 T_2k_1。d. 马拉格—白泥洞挠曲带。位于马拉格村—白泥洞 5 km 范围内，地层轻微挠曲，有一系列波状小褶曲，它们具有的共同特征为：一是褶曲强度向下减弱，在上含矿层 $T_2k_3{}^1$~$T_2k_2{}^4$ 褶曲强烈，曲率半径为 60~80 m，中含矿层 $T_2k_2{}^4$~$T_2k_2{}^3$ 的曲率半径为 120~200 m，下含矿层 $T_2k_2{}^3$~$T_2k_2{}^2$ 的曲率半径增大至 200 m 以上，在剖面上呈现脱顶现象；二是褶曲脊尖谷平，枢纽北倾，倾角与地层一致，为 20°~30°；三是挠曲带中多层间扭动构造面。

C. 老阴山挠曲带。

老阴山块段分布一组轴向近东西、向南西倾伏的小背斜、向斜，前人称构成马松穹隆西部“裙边式”褶皱[4]150（图 1–40）。

D. 白泥洞背斜⑱。

该背斜轴向 340°~330°，向北西倾伏，西翼与北炮台—照壁山背斜相接。背斜上发育 3 组裂隙，一组为 340°~330°，倾向北东，倾角为 60°~70°；第二组走向近东西，倾向北，倾角为 70°~80°；第三组走向北东 60°~70°，倾向北西或南东，倾角为 50°~80°。这些裂隙是白泥洞块段的主要控矿构造[4]159。

前人称“马拉格矿田内断裂发育，大、小断裂计有 150 余条。主要断裂有十余条，分别属于歹字型构造体系、水塘寨似帚状构造和马松穹隆（南岭纬向构造体系）上的次级压性断裂和剪切断裂组。在成矿前和成矿后都有活动。展布在矿田北西侧的一组北东向断裂属于水塘寨似帚状构造，斜切马松穹隆的白沙冲断裂和大小凹塘断裂属于歹字型构造体系”[4]150。

（4）矿床地质特征

马拉格矿段包括 5 个块段，1 个矿化段[4]14：a. 水塘寨块段，位于白沙冲岩体北西侧，以层间锡铅矿化为主，小型规模。b. 老阴山块段，位于矿段西端，“受马松穹隆两端穹隆式挠曲和元老断裂控制”，以层间锡铅矿为主。c. 马拉格块段，是马拉格矿段的主矿段，位于北炮台岩体以南，岩体接触带矽卡岩型矿化至外带层间型矿化完整的块段，以锡铜矿为主，深部为铜矿，中部为锡铜矿，上部为锡铅矿。地表有残积砂锡矿，其分布范围略大于原生矿。d. 白泥洞块段，位于马拉格块段以东，以层间锡铅矿为主。e. 尹家洞块段，位于尹家洞穹隆轴部，以层间锡铜矿为主，有接触带矽卡岩矿体。f. 元宝山矿化段，位于元老断裂东段，前人称为“帚状分支断裂控制的锡铅矿化”，地表矿化弱，尚未发现工业矿体。

马拉格矿段按矿体类型可分为矽卡岩型、层间型两类。

①矽卡岩型铜锡矿体。

接触带矽卡岩型铜锡矿体主要产出于马拉格块段，尹家洞块段也有产出。

铜锡硫化物矿体呈透镜状，绕北炮台岩体南东缘放射状分布，透镜体长轴大致与接触带垂直，相当规律地产出于北炮台岩体的南南东侧，矿体最厚 30 m，一般为 3~5 m，走向长 20~100 m（图 1–35）。矿化主要分布于阳起石矽卡岩带中，除浸染状散布外，主要是沿北东向和北西向两组裂隙充填。

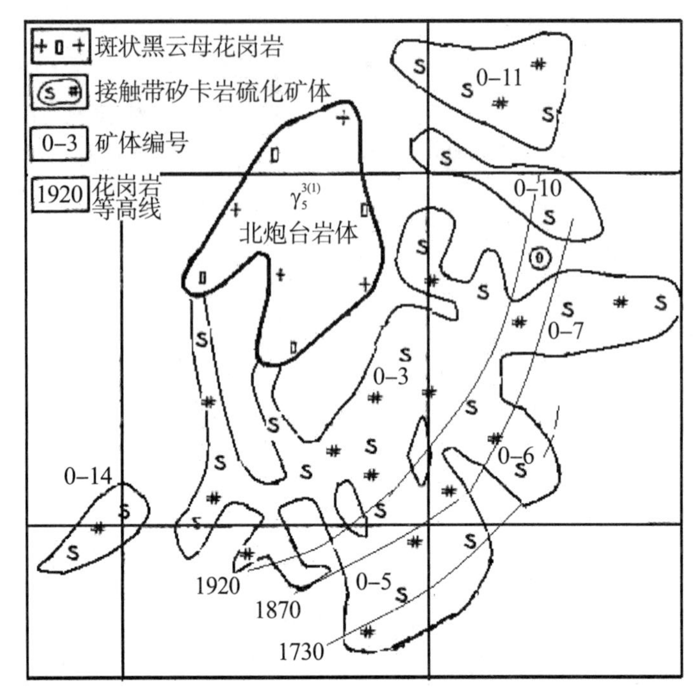

图 1–35 马拉格块段矽卡岩型锡铜矿体分布图[4]152

马拉格块段北炮台岩体组成矽卡岩的矿物以透辉石为主，其次为石榴子石、透闪石、方柱石、符山石、绿泥石、阳起石、磁铁矿。热液硫化矿物呈浸染状、脉状分布于矽卡岩中，主要为磁黄铁矿、黄铜矿，其次为黄铁矿、辉铋矿、白钨矿、方铅矿、闪锌矿、锡石、毒砂。矿石锡品位较低，愈向深部锡品位愈低[4]151。

岩脉边部可有矽卡岩型铜锡矿体。尹家洞块段矽卡岩型铜锡矿体产出于沿断裂发育的花岗斑岩脉上、下盘，长 20~60 m，厚 2~10 m，延深长达数十米至百余米，形态复杂，膨缩变化很大，矿石品位向深部锡下降，铜上升，伴生的钨、铋品位也增高，局部可达工业要求。尹家洞块段矿体小，但锡、铜品位较富。花岗斑岩脉走向北东 50°，规模小（图 1–36）[4]153。

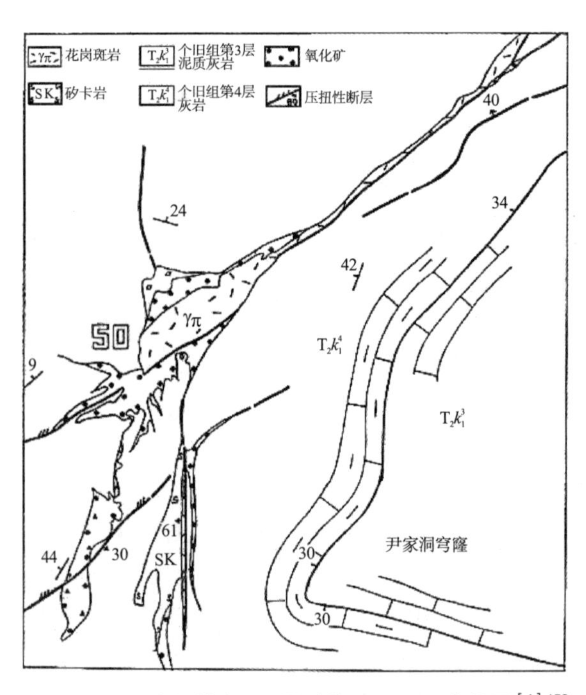

图 1–36 尹家洞块段 50 号矿体 2 000 m 中段图[4]153

②层间氧化矿体。

该类矿体属锡石—硫化物矿体，产出于岩体接触外带碳酸盐岩中，马拉格块段各块段均有产出，集中分布区在“马拉格穹隆翼部挠曲带中，其次沿穹隆轴部也有产出”[4]153（应当即北炮台岩体南东侧部位，图 1–37）。

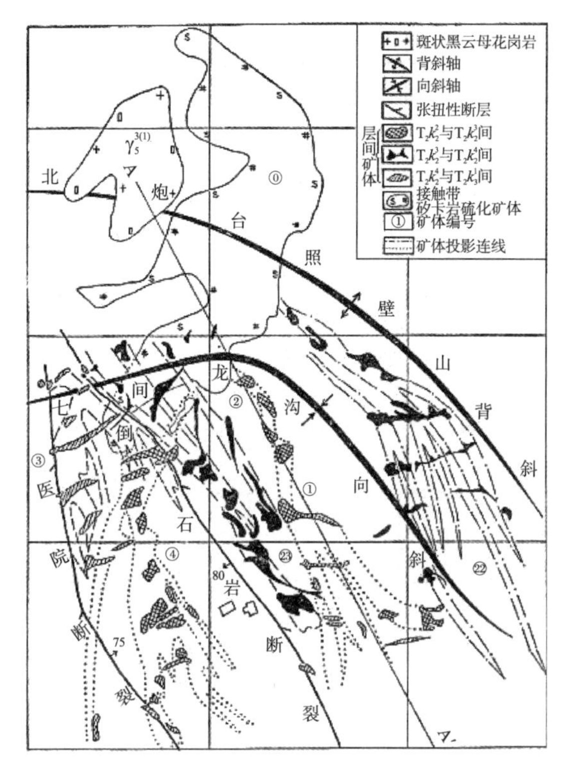

图 1–37　马拉格块段矽卡岩型锡铜矿体及层间矿体水平投影图[4] 157

层间氧化矿体产出于 3 个含矿层位。上含矿层常有赤铁矿、褐铁矿化，下盘岩石比较完整，产出透镜状、似层状和脉状矿体，主要矿体如 3 号西矿体、3 号东矿体。中含矿层附近分界面延伸性好，产出矿体脉状、不规则似层状、突出的管状矿体，如 22 号矿群。下含矿层产出脉状、似层状和管状矿体，主要有 4、8、9、1 号矿群等[4] 148（图 1–37）。

前人认为，层间矿体与“层理度”“裂隙度”关系密切，在普遍厚大岩层的背景下，每米超过 2 层层理，每平方米超过 10~15 条裂隙的层位，就是矿化层位。3 个含矿层的共同特点是层理和裂隙都相对密集[4] 148。

马拉格块段层间氧化矿体可划分为锡铜型、锡铅型和锡铟型 3 类，不同部位产出不同类型的矿体[4] 154。

A. 锡铜型层间氧化矿体。

矿石氧化很深，主要由褐铁矿、赤铁矿组成，其次有磁铁矿、锡石、孔雀石、矽孔雀石、蓝铜矿、辉铋矿、白钨矿、水锌矿、异极矿萤石及少量矽卡岩矿物，原生矿石物质组分已难查明。

矿体形态极其复杂，有管状、似层状、脉状、囊状等。矿体多较小，一百多个矿体中，锡金属量上万吨的仅 5 个（都是管状矿体）。管状矿体锡、铜品位高，在马拉格块段占有重要地位。管状矿体横断面似等轴状，截面积数十平方米，倾斜长度可达 500 m，最长 1 500 m，主要受交叉断裂、交叉裂隙、断裂与有利层位交会部位及帚状构造旋涡等构造因素控制，有利交叉裂隙与有利层位复合往往形成大型管状矿体。在上、中、下含矿层位上，矿体沿北西 330° ~340° 及北东 50° ~60° 两组裂隙发育[4]155，按一定间距出现[4]155。中含矿层 22 号管状矿体在同一中段上，向北东方向分出若干个矿结，每个矿结向北西倾斜方向延伸很长，逐渐汇集（图 1–38）[4]155。前人列出的 10 种管状矿体控矿构造类型分别是：背斜轴部层间剥离、向斜轴部、裂隙交会部位、层面与裂隙交会部位、两组裂隙交会部位、断裂与层间断裂大角度交接部位、断裂与层理交会部位、两组构造交叉部位、旋转构造砥柱部位及洞穴充填之管状矿体。

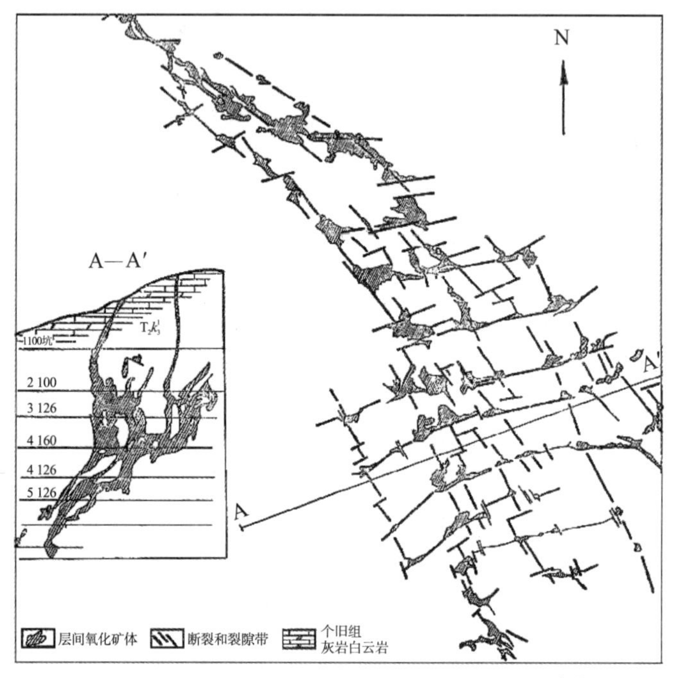

图 1–38　马拉格块段 22 号管状矿体中段联系图[4]155

探明储量：管状矿体 51.4%，脉状矿体 36.7%，似层状及透镜体 3.9%，不规则状矿体 7.8%[4]156。脉状矿体多分布于块段上部，管状和似层状矿体分布在中部较大区间，不规则状矿体多分布在下部[4]156（图 1–38）。马拉格块段管状、脉状矿体大都向北炮台岩体倾斜，以岩体为中心向外呈放射状分布，下部铜高锡低，中部锡高铜低，上部铜贫而富铅锌（图 1–43）。矿物测温资料表明，锡铜矿体锡石形成温度为 345~420 ℃，靠近岩体高，远离岩体低（表 1–16）。

表 1–16　马拉格块段层间锡铜型氧化矿矿物温度测定表

样　品	取样位置		测定矿物	爆裂温度 /℃
	矿体号	标高 /m		
MT–11	81–8	1 870	锡石	420
MT–11	81–8	1 870	黄铜矿	400
MT–11	81–8	1 870	磁黄铁矿	380
MT–10	58–3	1 895	锡石	345

B. 锡铅型层间氧化矿体。

马拉格块段氧化程度高，原生硫化矿物已不能识别，矿石主要矿物为赤铁矿、褐铁矿、针铁矿、方铅矿、白铅矿、矽锌矿、含铁方解石，次要矿物有臭葱石、砷铅矿、闪锌矿、铅铁矾、锡石和锰土。除有用组分锡、铅、锌之外，含少量银（约 80 g/t）[4]157。

马拉格块段的锡铅型矿体集中分布于前人所称"北炮台—尹家洞北西向锡铜型矿带"的东西两侧，西侧为老阴山块段，东侧为白泥洞块段[4]158。矿体以似脉状、条状为主，不规则脉状其次。似脉状矿体长 60~130 m，厚 6~20 m；条状矿体多沿层分布，长数十米，厚度小，倾斜延深长，可达 500 m。矿体距岩体远，相对产出于锡铜型层间矿体的上部或外侧，成矿温度也较锡铜型层间矿体低：锡石 300~320 ℃、方铅矿 280~285 ℃[4]157。

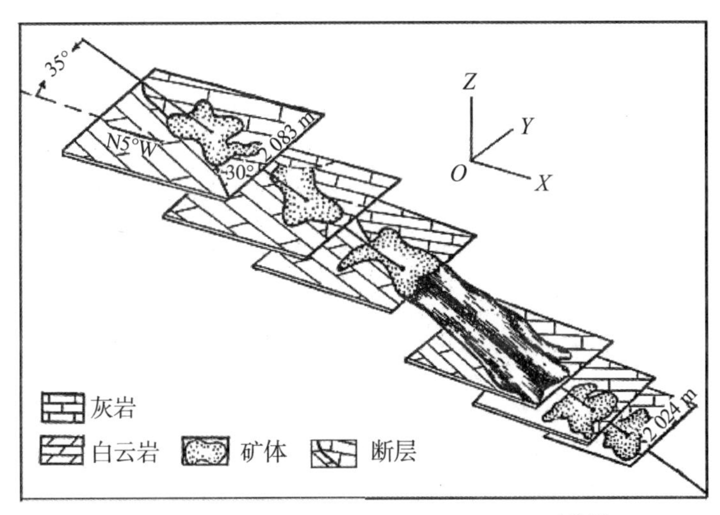

图 1–39　马拉格块段 4 号管状矿体形态图[4]156

C. 老阴山块段。

该块段位于马拉格矿段南西，豺狗洞断裂两侧与个旧断裂之间。该块段有一系列向西倾没的近东西向褶皱构成的褶皱带，褶皱北翼较陡，南翼较缓。与之平行的元老断裂之南、老阴山背斜北翼产出其最主要的Ⅰ矿带 1 号和 9 号矿体群[4]159，该矿体群矿体呈雁行式排列，总体东西走向，单矿体走向北东东 75°~85°，矿体彼此重合段大于或等于单独伸出段。图 1–41 所示Ⅰ矿带中段矿体达 16 条之多，产出层位相当于马拉格块段上含矿层（第 11 层 $T_2k_3^1$）。9 号矿体群包含 6 个矿体，矿体走向北东 35°，向北西倾斜，由南向北依次向南西斜列，每 20 m 左右间隔出现一个矿体[4]208。剖面上矿体西低东高，矿体群西（下）部锡高，东（上）部铅高，如西部 1 号矿体群含锡 1%~2%，东部 9 号矿体群锡降至 0.32%，而铅达 8.72%。Ⅱ矿带产出于老阴山背斜南翼，Ⅲ矿带产出于老阴山向斜南翼即石房背斜北翼，Ⅳ矿带产出于石房背斜南翼。在东西向纵剖面上，矿体也由东向西、由高到低依次下降。前人称为多字型等间距构造控矿现象，较多地出现在扭性断裂旁侧，在东西向铅矿体群中尤为普遍[4]209。（图 1–40）

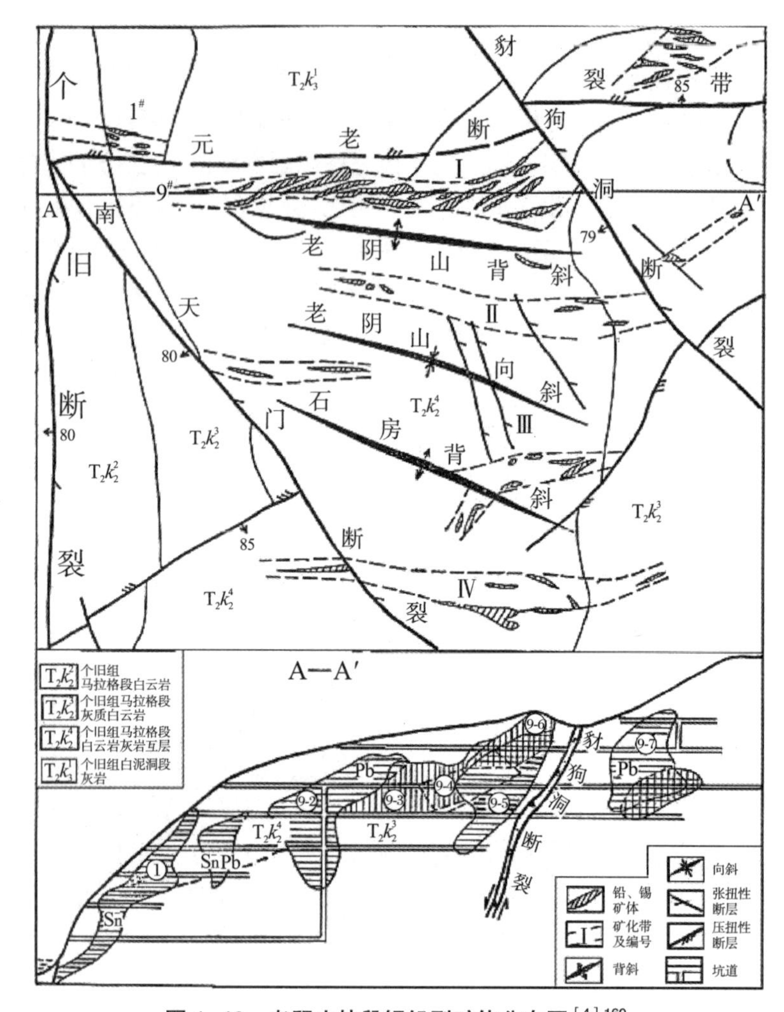

图 1–40 老阴山块段锡铅型矿体分布图[4]160

D. 白泥洞块段。

白泥洞块段矿体在白泥洞背斜上沿上、中、下含矿层及其上 3 组裂隙（340° ~330° 组，倾向北东，倾角为 60° ~70°；走向近东西组，倾向北，倾角为 70° ~80°；走向北东 60° ~70° 组，倾向北西或南东，倾角为 50° ~80°）矿化，矿体多为不规则条状，走向北东，倾向北西，倾角与地层一致（图 1–41），氧化深度达 400 余米。87 号矿体沿穹隆轴部（轴向 340° ~330°）纵向断裂发育，高品位的锡矿石呈北东方向等间距斜列[4]210（图 1–42）。矿石多氧化为土状或半土状，由褐铁矿、赤铁矿组成，其次为方铅矿、白铅矿、砷铅矿、孔雀石，以及少量磁铁矿、磁黄铁矿和黄铁矿等。矿体上部铅高但规模小，在矿体下部锡有增高趋势，出现铜矿化。

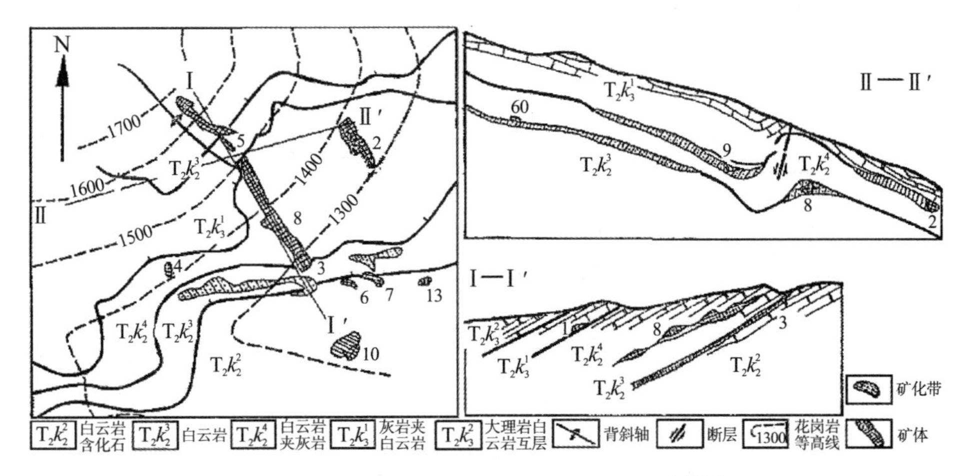

图 1–41　白泥洞块段锡铅型矿体地质图[4]161

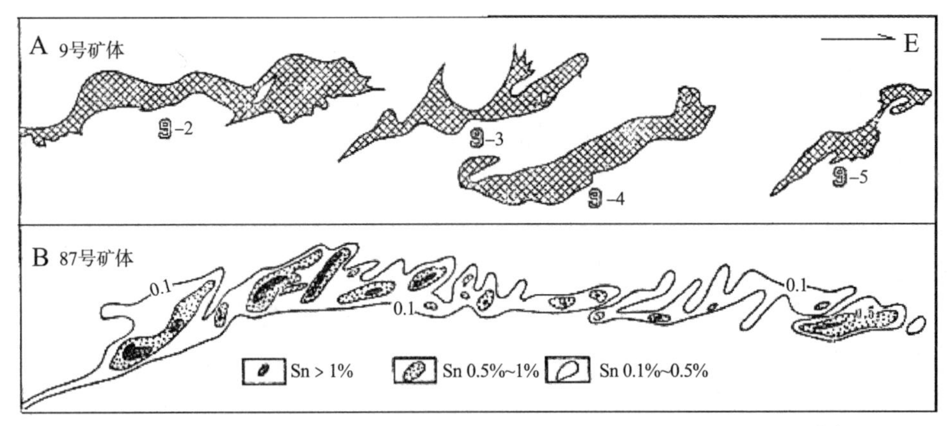

图 1–42　老阴山块段 9 号矿体形态及尹家洞 87 号矿体锡品位等值线图[4]210

E. 锡铟型层间氧化矿体。

铟在马拉格块段分布比较广泛，尤其在中部天马山一带的锡铅型层间氧化矿体中，有一部分含铟较高的锡、铟矿产出[4]159。矿石主要矿物为褐铁矿、赤铁矿、水赤铁矿，其次为异极矿、水锌矿、菱锌矿、锡石、方铅矿，少量矿物有水铟石、孔雀石、铜蓝，脉石矿物为方解石、锰土、黏土等，矿石含铟量可达 0.26%（赤铁矿含铟 0.1% 即可作为铟矿石单独开采[15]198），铟主要赋存于褐铁矿、赤铁矿和黏土中，氧化锌、方铅矿几乎不含铟。原生矿石中铁闪锌矿、黄铜矿、黝铜矿中均含铟，氧化后为铁的氧化物和氢氧化物吸附，成为个旧锡矿田特有的锡铟氧化矿石[4]160。锡铟型矿体多呈不规则脉状和透镜状，规模小，形态复杂，距地表浅，开采方便[4]160。

上述特征说明，马拉格块段矿化的元素分带非常清晰，从矽卡岩型锡铜矿体至层间型不同组分类型的矿体，包括主要伴生组分，都表现出清晰的矿化分带（图 1–43）。

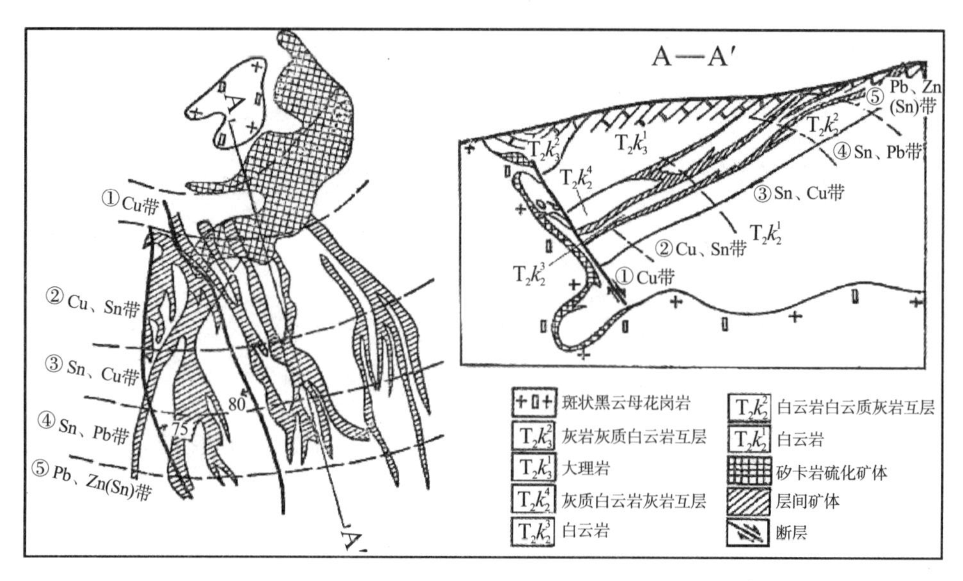

图 1–43 马拉格块段矿化分带图[4]197

前人描述的矿化分带是以岩体为中心，向南东 2 000 m[4]197 范围内（按：可能包括地表锰异常。另一处为“一般不超过 1 000 m”[4]161，此说符合马拉格矿段实际），分为 5 个矿化分带，各带渐变过渡，靠近岩体为铜带，向上向南东依次为铜锡带、锡（铜）带、锡铅带、铅锌（锡）带。a. 岩体接触带及部分层间矿体，矿物组合为磁黄铁矿、黄铜矿、毒砂、白钨矿、辉铋矿等，矿化以铜为主，宽 150~300 m；b. 铜锡带，层间管状、条状矿体，下接接触带矿体，矿物组合主要为磁黄铁矿、黄铜矿、辉铋矿、锡石，铜品位较高，宽 400 m；c. 锡（铜）带，矿物组合与 b 带同，锡最富集，铜相对减弱，宽 200~250 m；d. 锡、铅带，矿物组合以黄铁矿、磁黄铁矿、锡石为主，出现方铅矿、闪锌矿，宽 250 m；e. 铅锌（锡）带，仅含微量铜，含锡也显著降低，铅锌则最大富集，d 带之上至靠近地表数十米之下[4]197。铅锌带之上尚存在一个锰的异常晕。

表现在铅直方向则是（以 22 号矿体连续垂直延深 600 m 为例）地表下 75 m 范围内为 e 带，铅锌最富，锡铜均贫；d 带地表下 75~250 m，锡显著增高；c 带地表下 250~375 m，锡最大富集，铅锌含量微，铜相对增高；b 带地表下 375~500 m，铜剧增而锡相对减少；a 带 500 m 以下，铜为主，铜最大富集，锡显著降低几近痕量。“在松树脚、老厂都有类似的原生分带规律”（图 1–44）[4]198。

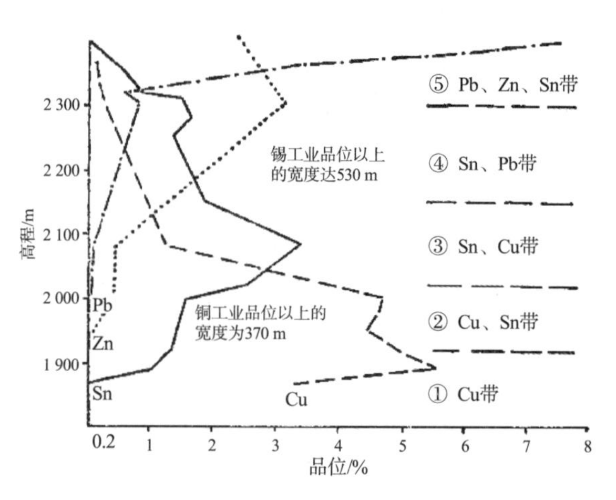

图 1–44 马拉格块段 22 号矿体矿化分带图[4]198

（二）砂锡矿

1. 地势地貌与气候

矿田处于珠江流域与红河流域的分

水岭高地，北东部莲花山主峰海拔 2 758 m[4]107，矿田主要部分标高 1 300~2 600 m[4]117，马拉格—松树脚—老厂主要矿段地段标高超过 2 500 m，远高于区域侵蚀基准面蒙自盆地（1 300 m）。分水岭在老厂与新山之间，红河流域侵蚀基准面更低（图 1–45）。区域气候为南亚热带高原季风气候，具温湿条件，年平均气温为 16.1 ℃，年日照 2 222 h，年降雨量 926.8 mm，蒸发量 1 935.4 mm。5—10 月气温高时为雨季，11 月—次年 4 月为旱季，旱季降雨量仅占年降雨量的 5%~11%。个旧杂岩体顶面（相对碳酸盐岩为隔水层）起伏大，高低可相差千米。岩体之上是可溶性良好的碳酸盐岩，为喀斯特地貌。

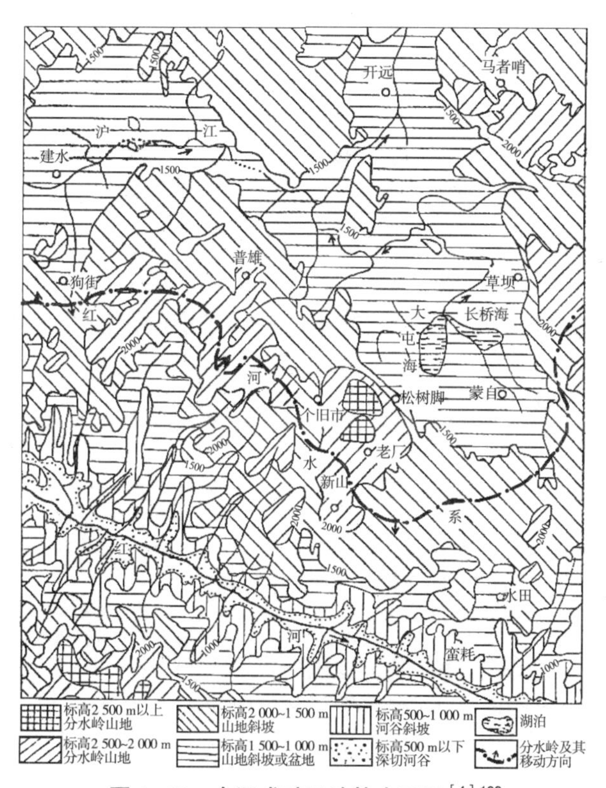

图 1–45　个旧成矿区地势水系图[4]108

2. 砂矿地层层序

个旧砂锡矿地层可分为 4 层，各层特征如表 1–17 所列。

表 1–17　个旧矿田砂锡矿床地层简表[4]120

地层	岩性	厚度 /m	锡品位 /%
A. 人工堆积层	尾矿、泥浆及贫矿石，一般不成层，结构松散，含 10%~20% 或以上锰结核、赤铁矿、石英、方解石及大理岩、白云岩碎块，块度不一	0~40	0.1~0.5，最高 10 以上
B. 棕红色黏土层	棕红、黄褐、灰绿疏松黏土，黏性较弱，含 3%~20% 锰结核（粒径 1~10 mm）及 1%~5% 褐铁矿块（粒径 1~20 cm），并含石英、方解石及大理岩碎块（块度不一，棱角状、次棱角状）。洪冲积砂矿中含砂质黏土	1~20	0.04~0.2

续表

地层	岩性	厚度 /m	锡品位 /%
C. 黄色黏土层	黄、棕及灰绿色致密黏土，黏性强，夹 5%~10% 锰结核（粒径 2~5 mm）及 1%~5% 褐铁矿块。古山及田心洪冲积砂矿中含花岗岩及大理岩碎块	5~40	0.02~0.05，老厂 0.05~0.3
D. 棕褐、黑色黏土层	褐、棕褐或黑色致密黏土，颜色随锰含量变化，湿度大、黏性强、有滑感，夹大量锰土、锰结核、褐铁矿及碳酸盐岩碎块。古山及田心洪冲积砂矿缺此层，替之以花岗岩、大理岩砾石层，厚 3~4 m，砾径 1~20 cm，滚圆—半滚圆状，与黏土混杂	1~10	0.1~0.3

上述完整剖面很少出现，多缺其中的一层或两层。坡积—洪积型砂锡矿多以 A、C 层为主，洪冲积缺 D 层，前人认为所缺 D 层为砾石层所代替[4]120。D 层可能为冰碛层，混杂黏土的滚圆—半滚圆状砾石应为冰碛砾石。

表 1–17 按前人资料抄摘，表中 B、C、D 层描述的洪冲积砂矿层位对比不当，洪冲积对于残坡积应当为切割关系。从个旧锡矿田砂锡矿地层剖面看，冲洪积之上不再有残坡积砂锡矿。

个旧砂锡矿有相当部分为历年土法采选原生矿遗留的尾砂、贫矿石、泥浆，即人工堆积层，其含锡量较高，尤以粗粒尾砂为甚，一般为 1%，细尾砂含锡 0.2%~0.3%。在老厂矿区，人工堆积占砂锡矿相当大的比例[4]120。人工堆积始自汉代，迄今已有约两千年开发史，1887 年起，先后有法国人、美国人直接开矿，自 1890 年至 1949 年，59 年间采出金属锡 33.900 7 万吨[4]9，据此可知尾砂数量之庞大。

3. 砂矿沉积类型

个旧锡矿田砂锡矿可划分为残积、坡积—洪积、洪积—冲积、溶洞堆积及人工堆积型 5 类，以坡积—洪积类型最为重要[4]117。各类型砂矿分布参见图 1–48。

个旧砂锡矿较少以单独的残积、坡积、洪积型存在，而是互相过渡地成片产出。单一洪冲积砂矿只在个旧谷地卡房、田心有小片出露。尚未发现有工业意义的洪冲积砂锡矿体[10]160。图 1–46 所示残积矿体主要产出于卡房白沙坡及以南，其北老厂则残积矿体小，大量分布坡洪积砂矿；北段残积矿体主要分布在马拉格偏西部和松树脚偏南部，矿体规模显著变小。坡洪积矿体规模则相反，马拉格段矿体规模小，而松树脚段矿体规模显著变大[4]118。

个旧砂锡矿矿石主要为各种不同颜色的黏土层，含泥量高，混合矿石含泥量高，分选差，砂砾成分滚圆度低并有大量的人工堆积[4]120。含泥量一般在 70%~90% 之间，牛屎坡平均为 89%，最高；马拉格、田心为 82%，次之；老厂各段平均为 71%~75%，又次；卡房新山及卡房大沟最低，为 65%。砂锡矿粒度细，0.06~0.20 mm 占 67%~93%，最小仅 0.02 mm，泥浆中可小至 0.002 5 mm，0.5 mm 以上者仅占约一成，多呈集合体出现，最大的约 2 mm。砂锡矿矿物计 30 多种，各矿段变化不大。锡石为棕红、棕黄及棕褐色粒状、柱状单体，或与氢氧化铁成集合体，常被石英、绿泥石、电气石、黄玉等包裹，粒度愈细小，单体锡石含量比例愈高。砂锡矿石含 16 种伴生组分，各具一定规模，含铅高是一大特征，铅含量平均可达 1.66%，老厂 39 个块度平均含铅 1.1%~3.2% 者占 26 个，铅大

部分富集在锰结核中。（表 1–18）

表 1–18　个旧砂锡矿铅矿物相分析表[4]121

地　段	白铅矿 /%	砷酸铅矿组 /%	方铅矿 /%	硫酸铅、氧化铅中铅 /%	铅铁矾及其他铅 /%
黄茅山	12.64	2.87	20.11	—	64.38
松树脚	7.04	15.49	—	—	76.05
湾子街	6.25	19.33	0	—	76.25
牛屎坡	14.42	22.11	1.00	—	60.58
龙树脚、鸡心脑	—	29.09	—	50.72	22.23

注：样品名称均为混合砂矿。

（1）残积砂矿

矿体基本上分布在原生矿体露头及其附近，原地残积或稍有位移。残积砂矿极少单独构成矿床（块段），一般为矿块的次要组成部分。唯卡房 403 矿块为单一残积成因。残积砂矿的物质成分视原生矿体的性质而定，如老厂、松树脚、马拉格等地段的砂矿均为氧化矿脉、矿化大理岩（白云岩）或电气石细脉带的风化产物。牛屎坡红土坡一带为矿化花岗岩、花岗斑岩、氧化矿脉、大理岩中的矿化层及电气石网脉群的风化产物。卡房白沙坡及金光坡一带为含矿矽卡岩的风化产物。403 块段的砂矿为层间矿体的风化产物，其上部一般呈机械扩散晕，下部则为氧化成土状的矽卡岩，部分尚保存原岩结构，砂矿层厚 10~71 m，主要由黄褐色、棕色、紫色及黑色的黏土（风化矽卡岩）组成，其中有 5%~10% 的矽卡岩块（块度 1~5 mm）及 5%~10% 的褐铁矿与磁铁矿块（块度 1~5 mm）。此外，含有少量的大理岩、石英、电气石碎块及锰结核。砂矿品位稳定，含锡 0.13%、铜 0.7%、WO_3 0.13%。锡石粒度较粗，钨矿物以白钨矿为主，含少量黑钨矿。铜矿物以矽孔雀石、孔雀石为主[4]117。403 矿块地层与地面大致平行，层间矿体、矿化体风化后得到富集，成为唯一单一残积成因的大型锡、铜、钨型矿床。（图 1–46）

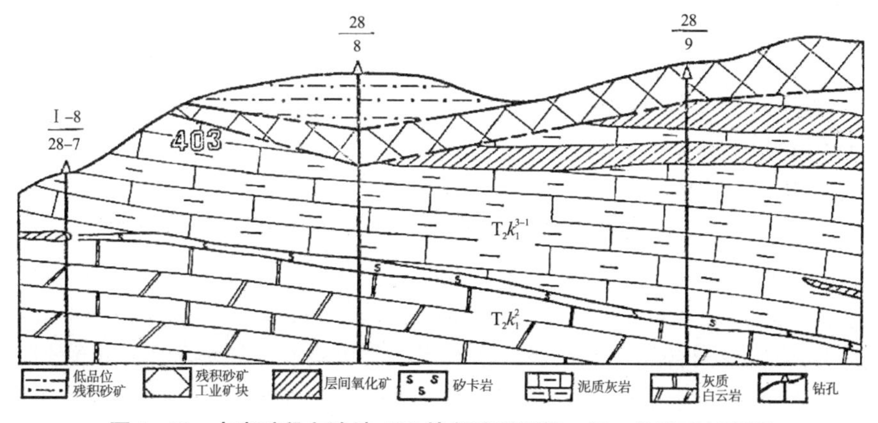

图 1–46　卡房矿段白沙坡 403 块段残积型锡、铜、钨砂矿剖面图

（2）坡积—洪积砂矿

“距原生矿（或矿化带）较近，一般在 1 km 以内，经季节性山洪搬运，可堆积于开

阔的谷地、盲谷、凹地及侵蚀阶地或缓坡上，砂矿平面上呈等轴状或不规则状，厚度较大（5~30 m，个别达 80 m）[4]117，常形成巨大的砂锡矿床，如老厂的主要砂矿及牛屎坡砂锡矿床。此类砂矿品位变化较小，锡品位一般为 0.1%~0.3%，矿层在平面上具一定方向的富集中心，一般距原生矿较远的及矿块边缘部分品位较低。矿石以褐、黄色黏土为主，分选性差”[4]119。“由于坡积、洪积二者多半互相连片过渡，其间并无严格的区分界线，故合并阐述[10]161”。“坡积—洪积”在地质作用中罕见，它代表个旧锡矿田本质属性，笔者地质生涯闻所未闻。

（3）洪积—冲积砂矿

个旧锡矿田地表无常年性河流，流水以山洪为主，没有典型的冲积砂矿。山洪暴发时搬运至沟谷，表现为单纯的洪积成因，如老熊洞冲等地的砂矿。有些再经山洪泉水及小溪流（常年性水溪）搬运至断裂谷、盲谷盆地中，如卡房田心砂矿及个旧谷地的砂矿。较大的构造盆地（第四纪湖泊）边缘也可形成有工业意义的砂矿床，如大屯盆地西南边缘（冲积扇）至广街一带的砂矿。冲积—洪积砂矿平面上呈长条状及不规则状，厚度一般为2~15 m，最厚40 m左右，表现出较明显的分选性，沉积层由下向上一般可分为砾石层、砂质黏土层及沙砾。规模一般中小型，个别大型[4]119。

（4）溶洞堆积砂矿

老厂、马拉格、松树脚、卡房均有分布。卡房大沟第二阶地溶洞堆积有砂砾石及泥质物，含褐铁矿、石英、锡石、孔雀石等，有时可见辰砂。马拉格的一些溶洞深可达三四百米，上部一些空隙往往通达地表，形成洞穴掩蔽砂矿（俗称“白沙垅”），含锡品位可达 0.2%~0.5%，甚至 1%~3%，但规模很小，金属储量一般仅几吨至几十吨[4]119。如图 1–46 所示。

前人认为个旧锡矿田砂锡矿有 3 个特点：一是主要由黏土层组成，含泥量高，达 70%~90%，分选程度差，沙砾滚圆度低，有大量人工堆积（前人采选原生矿的尾矿）并成为砂锡矿富矿的重要组成部分。二是矿石组成成分变化不大，矿物种类多，含有酸性可溶物约 53%，强磁性矿物 36%，电磁性矿物 11%。主要矿物有黏土类矿物（包括高岭土、绿泥石、绢云母）、褐铁矿、磁铁矿、磁黄铁矿、黄铁矿、赤铁矿、锡石、软锰矿、石英、电气石、长石、石榴石、角闪石、透闪石、锰结核、方柱石、锆石、金红石、白云母、方解石、萤石、孔雀石、辉石、白铅矿、砷酸铅矿、磷酸铅矿、铅矾、菱锌矿、异极矿、白钨矿、黑钨矿、绿柱石等 30 多种。三是含有 16 种伴生有益组分，以铅最丰富，大部分在锰结核中，利用困难[4]121。

4. 大型矿床——牛屎坡砂锡矿床

牛屎坡矿床位于个旧断裂西侧，个旧湖南侧，神仙水岩体东缘，有岩溶侵蚀构造地形，为个旧锡矿田第二大砂锡矿[10]163。出露地层主要为三叠系中统个旧组白泥洞段 T_2k_3、法郎组 T_2f、三叠系上统 T_3[4]191；岩浆岩即神仙水中粗粒黑云母花岗岩，中心部位为矽卡岩化细粒花岗岩；围岩为 T_2k_3 灰岩，杨家田断裂以南及牛屎坡仙人洞断裂以北两段为 T_2f 页岩和泥质灰岩。灰岩区大理岩化强烈，粒度分级清楚，在神仙水岩体东侧，由西而东依次分布长轴北东向的粗晶—中晶—细晶—微晶大理岩带，与杨家田断裂平行，与神仙水岩体南北向边界则有约 30° 的夹角（图 1–48），图示其他蚀变为钾长石化、赤褐铁矿化、电气石化、矽卡岩化、铍矿化、钠长石化、云英岩化。北段密岩山 T_2f_2 的变质带由内向外为符山石、石榴石角岩、堇青石角岩、透辉石角岩、方柱石、透闪石化大理岩和千枚岩（图 1–47）[4] 191。残留的原生矿有含铍、锡、铅矿[4] 208，含锡云英岩型锡矿体[4] 122，电气石石英细脉带矿体[4] 126。

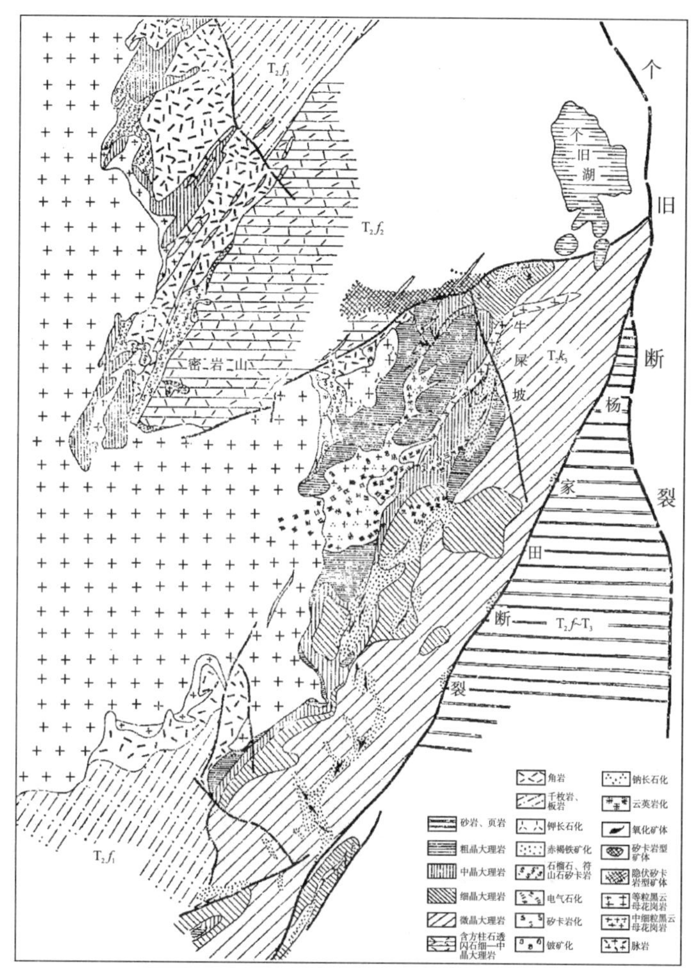

图 1–47　牛屎坡锡矿床围岩蚀变图[4] 191

构造主要为断裂，即北东 30°（倾向北西，倾角为 70°～85°）的杨家田断裂，北东东 60°（倾向北西，倾角为 20°～60°）的牛屎坡仙人洞断裂及矿区南部未命名的北东东向断裂。地层大体与杨家田断裂平行。杨家田断裂含矿性不好[4] 207。

有隐伏矽卡岩型矿体分布于牛屎坡仙人洞断裂中段北侧，走向近东西。赤褐铁矿化带有氧化矿体，它们沿细晶—微晶大理岩带分布，总体走向为北东 30°，有北西 330° 分支，这些分支可等间距出现。

牛屎坡为规模巨大的坡积—洪积型砂矿，有残积砂锡矿、坡洪积砂锡矿两类矿体。前者分布于细粒花岗岩（在牛屎坡锡矿床围岩蚀变图上标示为矽卡岩化花岗岩）周围，大体呈三角形态，北东 45°，长约 3 km，南西端最宽约 1.9 km，向北东变窄、变尖。后者主要分布在前者的南侧和北东侧，南侧者长 5.7 km，最宽约 3 km，北东侧者仅宽约 0.5 km（图 1–48），是主要类型的矿体。附近尚未找到原生矿床。牛屎坡砂锡矿矿床中心地带锡品位高，向外变贫。地表较富，向下 0~6 m 为棕黄、棕红色致密黏土，含锡 0.05%~0.20%，10~20 m 为黑褐色致密黏土，含大量锰结核并含高岭石、赤（褐）铁矿、硬锰矿碎块，含锡低于 0.20%[10]164。出露的花岗斑岩含锡 0.01%~0.1%[10]163，砂锡矿粒度细小，在 0.2 mm 以下，小于 0.06 mm 粒级的含量占 35.30%[4]121。

图 1–48 个旧锡矿田砂锡矿分布地质地貌略图[4]118

六、个旧锡矿田矿化总体特征

（一）个旧成矿区矿产分布和个旧锡矿田主要矿化类型分布

个旧锡矿田砂锡矿广泛分布，原生矿矿化类型多样，接触带矽卡岩型及层间矿体型矿体普遍，五大典型矿床排布有序，矿化特征相似，现分别以下列 5 张图展示其总体面貌（图 1–49~ 图 1–53）。

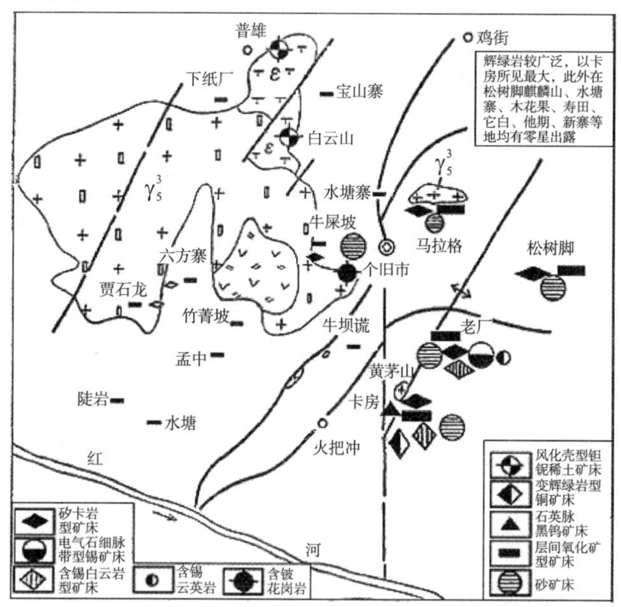

图 1–49　个旧成矿区矿化类型分布图 [4] 116

图 1–49 反映出个旧杂岩体分布于个旧断裂带与红河断裂带交会部位，围绕个旧杂岩体出现一系列稀有—有色金属矿床。稀有—有色金属矿床并非与变辉绿岩空间关系

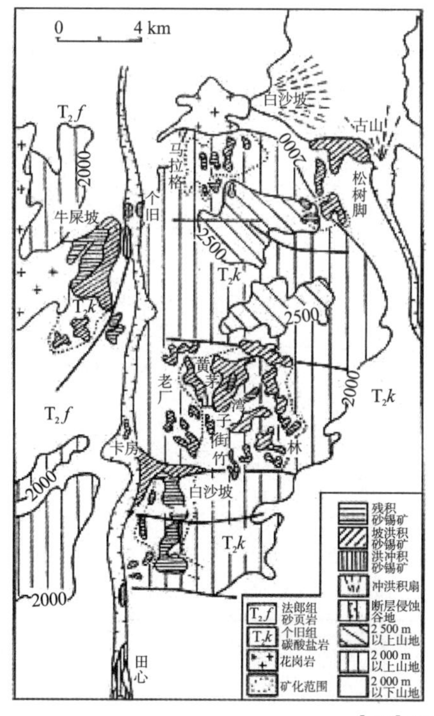

图 1–50　个旧锡矿田砂锡矿分布图 [10] 161

注：《中国矿床发现史（综合卷）》[5] 载有湾子街、黄茅山、竹林、期北山、松树脚、卡房、牛屎坡 7 个大型砂锡矿。

密切（因为无法标示出辉绿岩的分布范围，图中特别录附前人对辉绿岩分布范围的描述[4]56，以便从分布范围角度比较矿化与辉绿岩之间的关系）。

图 1-50 标示由大气圈的稳定矿物锡石构成的砂矿空间分布，反映出砂锡矿基本上是原地和半原地的，进入河谷的洪冲积砂矿规模甚小。“坡洪积”一词耐人寻味，其中大有学问，一般的属于均变期的地质作用不可能形成坡洪积的。

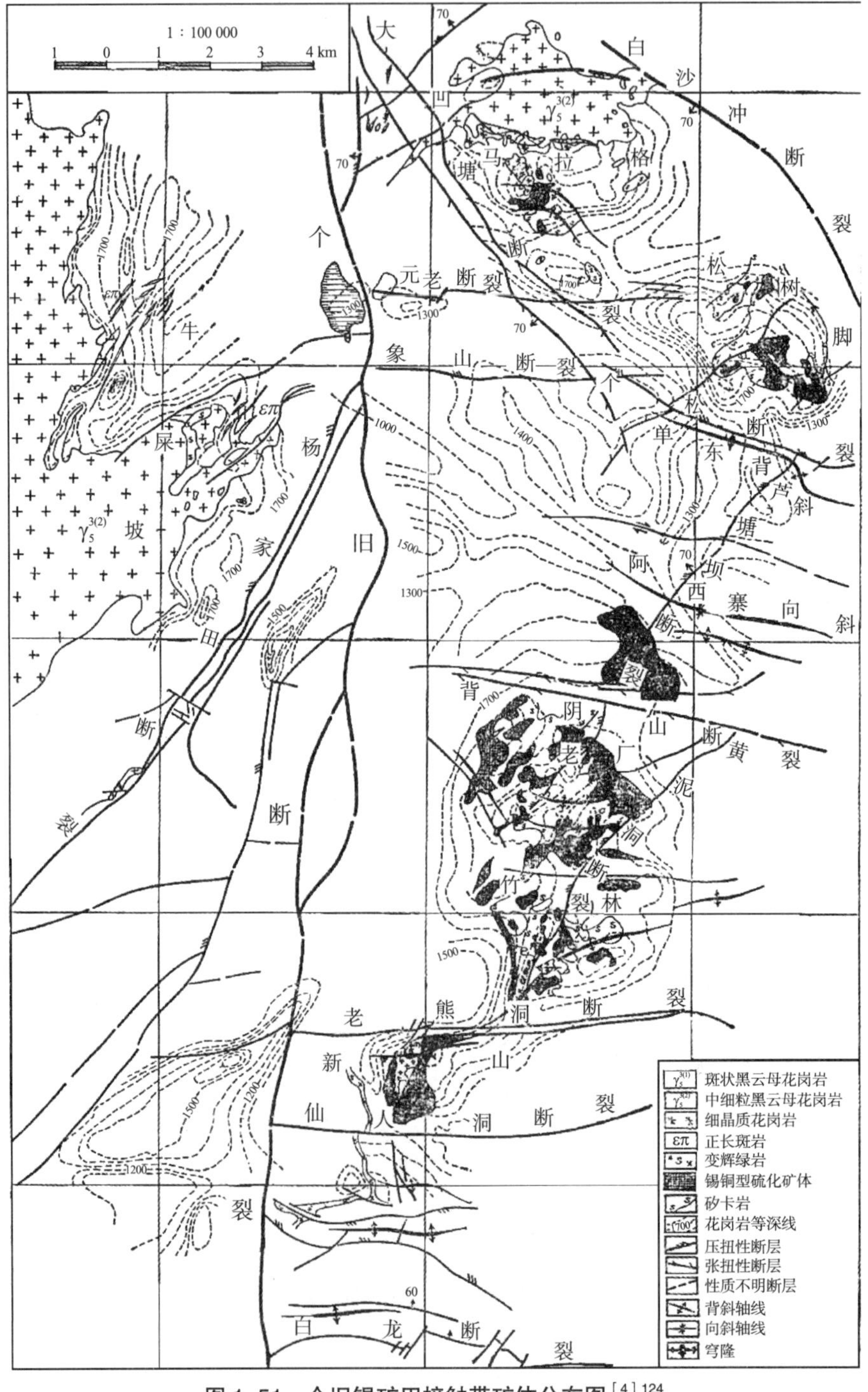

图 1-51 个旧锡矿田接触带矿体分布图[4]124

图 1–51 反映接触带矿体主要沿岩浆体南东面、北西面产出，在岩体顶面也沿脊突南东面、北西面产出。在个白区段则只沿岩体的南东面产出。

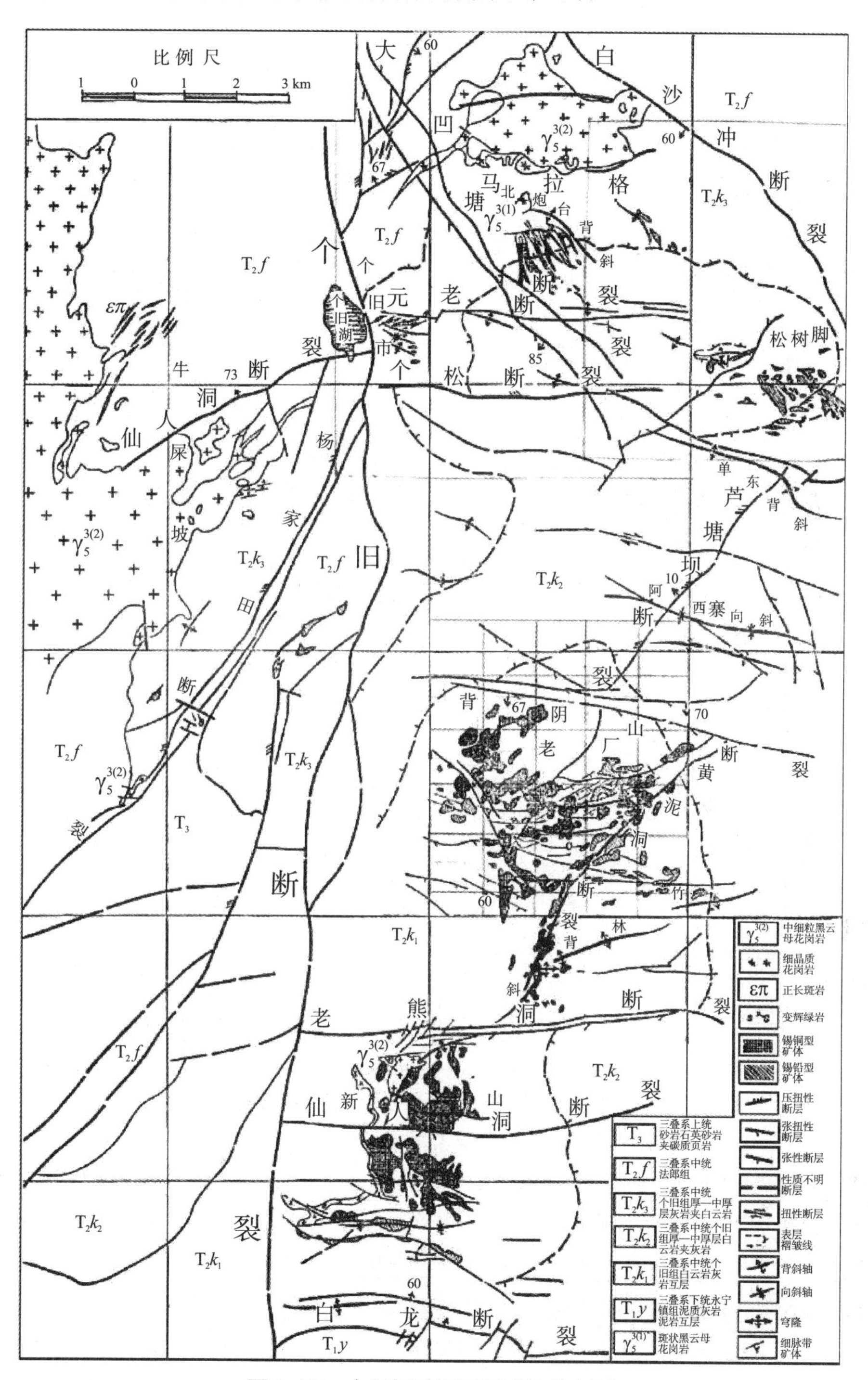

图 1–52　个旧锡矿田层间矿体分布图

图 1–52 反映出自龙树脚断裂向北，层间矿体有锡铜型逐渐减少、锡铅型矿体逐渐增多的趋势。但最北部个白区段在岩体出露地表的情况下，仍可发育层间型锡铜型矿体。

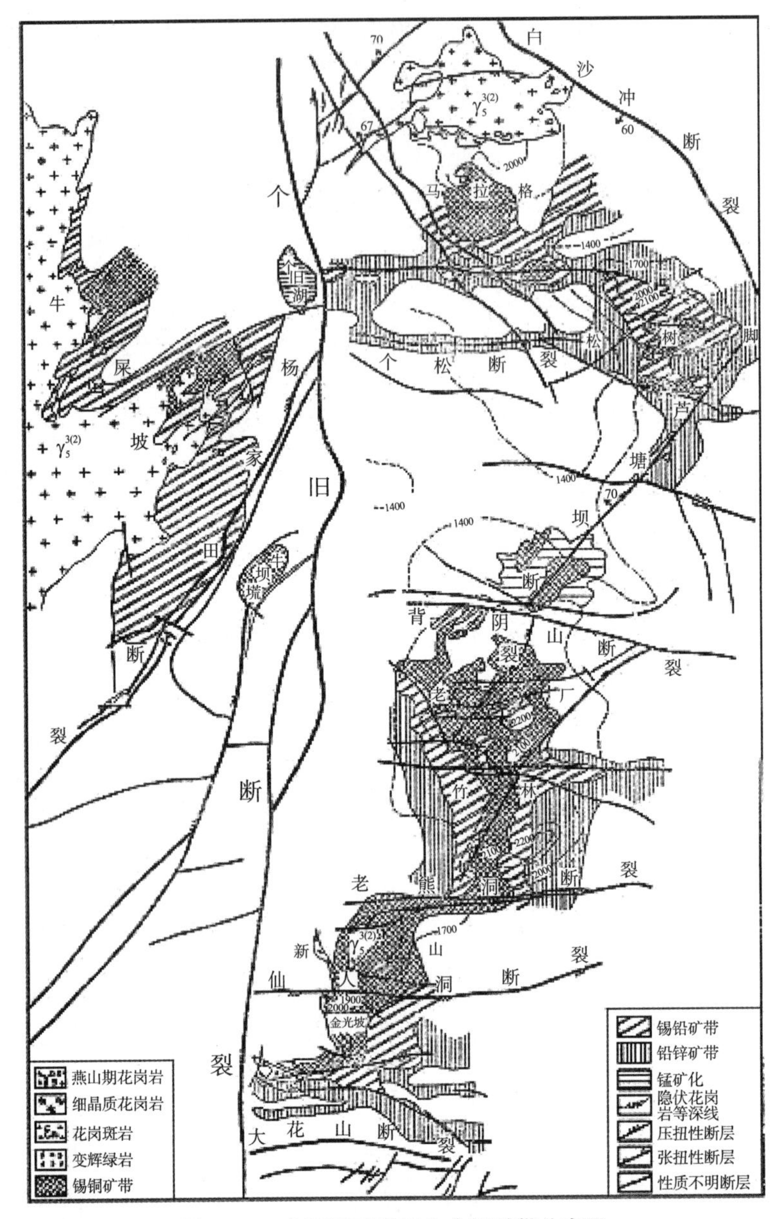

图 1–53　个旧锡矿田原生金属矿带分布图

注：原图名为“个旧矿区东部原生金属带状分布图”。

图 1–53 反映出原生金属矿化分带。白仙区段自龙树脚断裂以北至仙人洞断裂，表现为南北向矿化分带——南为铅锌矿化带、北为锡铜—锡铅带。靠近仙人洞断裂略显近东西向分带——由东而西为铅锌带—锡铅带—锡铜带。老背区段为东西向分带，由中间的锡铜带向两侧变为锡铅带—铅锌带，以锡铜带为主。背个区段图上素材少，尚不足以划分矿化分带。上覆地层最厚大的区段出现了锰矿化带。个白区段比较复杂，略显沿北东南西与东西向混合分带特征——沿马松岩体两侧北东南西分带，中间为锡铜—锡铅带，两侧为铅锌带，以及沿象山断裂—个松断裂的东西向铅锌带状分布特征。牛屎坡区段则大体表现为以牛屎坡仙人洞断裂为中心带，向北西—南东分带的特征——中心带为锡铜

带、两侧为锡铅带。

上述矿化分带概貌有助于构造与矿化关系的分析。

（二）个旧锡矿田的矿物

个旧锡矿田有砂矿和原生矿两大类，已发现矿物有 15 类、146 种[4]94。

①自然元素：自然铜、自然铋、自然硫。

②硫化物：黄锡矿、黄铜矿、辉铜矿、斑铜矿、铜蓝、方铅矿、铁闪锌矿、闪锌矿、辉钼矿、黄铁矿、磁黄铁矿、毒砂、辰砂、辉铋矿、硫铋铅矿、辉锑锡铅矿。

③氧化物及氢氧化物：锡石、木锡、金红石、铌铁金红石、磁铁矿、赤铁矿、镜铁矿、水赤铁矿、针铁矿、水针铁矿、褐铁矿、钛铁矿、白钛石、锐钛矿、板钛矿、水铟石、钨华、钼华、赤铜矿、偏锰酸矿、锰土、羟铍石、水镁锡矿。

④硅酸盐类：石英、黑云母、白云母、绢云母、铁叶云母（含锂云母）、金云母、钾长石、天河石、斜长石、锆英石、榍石、褐帘石、电气石、黄玉、符山石、透辉石、次透辉石、钙铁辉石、钙铝石榴石、钙铁石榴石、斧石、方柱石、红柱石、堇青石、透闪石、阳起石、绿泥石、绿帘石、角闪石、粒硅镁石、钠闪石、霓辉石、霞石、钙霞石、黝方石、黑榴石、方钠石、方沸石、水铝英石、水白云母、叶蜡石、高岭石、蛋白石、滑石、日光榴石、锌日光榴石、似晶石、绿柱石、镁橄榄石、铁橄榄石、镁铁橄榄石、纤维蛇纹石、硅灰石、硅孔雀石、硅锌矿、异极矿。

⑤硫酸盐类：铅矾、铅铁矾、胆矾、水胆矾、水绿矾、黄砷铁矾、石膏、重晶石。

⑥砷酸盐类：砷钙铜矿、砷酸铅矿、橄榄铜矿、砷钙镁矿、砷铜铅矿、水砷锌矿、砷铅矾、臭葱石。

⑦碳酸盐类：孔雀石、绿铜锌矿、蓝铜矿、白铅矿、水白铅矿、水锌矿、菱锌矿、菱铁矿、泡铋矿、氟碳铈矿、碳酸镁镍矿、方解石、白云石。

⑧钨酸盐类：白钨矿、黑钨矿、钨酸铅矿。

⑨铌钽酸盐类：铌铁矿、烧绿石、黑稀金矿、铌钇矿。

⑩磷酸盐类：磷灰石、独居石、磷钇矿。

⑪ 钼酸盐类：彩钼铅矿。

⑫ 钒酸盐类：砷钒铅矿。

⑬ 氟化物类：萤石。

⑭ 放射性类：沥青铀矿、方钍石。

⑮ 硼酸盐类：硼钙锡矿。[4]94

已查明含锡矿物 6 种：锡石、黄锡矿、硼钙锡矿、辉锑锡铅矿、水镁锡矿和木锡矿。锡石是当前唯一可提炼金属锡的工业矿物[4]99。

（三）原生矿石的构造

个旧锡矿田矿石常见的构造有 14 种[4]106。

①块状构造。金属矿物相当完全地交代了矽卡岩或围岩形成致密块状的矿石，主要产出在接触带矽卡岩矿体中，其次为脉状矿体。

②稠密浸染状构造。金属硫化物沿矽卡岩或沉积岩层理及细微裂隙交代而成。

③稀疏浸染状构造。金属硫化物不均匀交代矽卡岩或沉积岩形成。

④条带状构造。矿化沿矽卡岩或围岩的层理、片理选择性交代形成。当被交代的岩石具有网格状的裂隙或受挤压后，也可形成复杂的条带状构造。

⑤脉状构造。金属硫化物和脉石矿物成脉状充填（交代）矽卡岩或沉积岩的裂隙。

⑥斑点构造。金属硫化物充填或交代变辉绿岩的杏仁孔中（仅见于卡房矿段）。

⑦网脉状构造。金属硫化物或电气石—长石，绿柱石—长石，赤、褐铁矿及方解石等成网脉状充填在灰岩、白云岩裂隙破碎带中。

⑧皮壳状构造。金属硫化物矿石在风化作用下形成。

⑨多孔状构造。硫化矿石在外生条件下经风化淋滤、部分组分被淋失而成。

⑩土状构造。金属硫化矿石和强烈矿化的岩石经强烈风化后形成的红色、褐红色土状矿石。这类矿石多含铁的氢氧化物，是重要的矿石构造类型。

⑪ 骨骼状构造。金属硫化矿石经强烈风化后，多数易溶物质淋失，残存的硅质、褐铁矿和异极矿等组成骨骼状构造。

⑫ 肾状构造。金属硫化矿石经强烈风化后形成的一种胶状构造。

⑬ 晶洞构造。少量伟晶岩脉、石英脉和少数浅部矿脉中偶见，大多是外生作用下金属硫化矿物经风化淋失形成空洞，内有表生矿物（如硅锌矿、方解石）成晶簇状产出。

⑭ 同心圆状构造。金属硫化矿石经强烈风化后呈胶体沉积成环状同心圆状构造。

（四）原生矿石的结构[4]106

常见的原生矿石有 11 种。

①自形晶粒状结构。金属硫化物、金属矿物如毒砂、黄铁矿及锡石等呈自形晶粒状分布。

②半自形、他形晶粒状结构。由两种或两种以上的矿物晶粒组成，先结晶的矿物自形程度高，后结晶的矿物成他形晶粒。某些矿物如磁黄铁矿、黄铜矿、方铅矿、白钨矿、磁铁矿常呈此结构。

③放射状结构。细长晶体呈放射状排列，如柱状锡石呈放射状产出于云英岩或硫化矿石中。外生作用下，孔雀石、针铁矿也可形成放射状结构。

④乳浊状结构。铁闪锌矿及黄铜矿硫化矿石中常见。有时铁闪锌矿在黄铜矿中呈美丽的雏晶状（晶芽）出现。

⑤反应边结构。先生成的矿物被后期矿物包裹交代，如黄铜矿、磁黄铁矿、铁闪锌矿等交代早期锡石，并在其边缘形成黄锡矿的反应边。

⑥残余结构。为很普遍的交代溶蚀结构，如早期的毒砂被后期的磁黄铁矿、黄铜矿交代成不规则的外形。

⑦交代脉状结构。沿早期晶出矿物的裂隙充填、交代后生成的矿物，如磁黄铁矿呈脉状交代黄铜矿。

⑧填隙结构。晚期矿物沿早期矿物的裂隙充填、交代而成。

⑨似包含结构。巨大的晶体中不规则分布着其他矿物细小晶粒，如自形晶毒砂被半

自形晶的黄铁矿包裹。

⑩胶状结构。表生条件下胶体溶液再结晶形成，如磁黄铁矿风化产生胶状黄铁矿。

⑪ 压碎结构。硬脆矿物受力作用后发生的机械破碎。

晶体内部双晶结构和环带状结构为结晶矿物中的常见结构。

（五）储量分布

截至 1984 年，原生矿与砂矿的比例及原生矿中各类型矿化的比例，如表 1–19 所列。锡、铜主要在矽卡岩硫化物矿体中，铅锌主要产出于层间矿体中；与在风化壳条件下稳定的锡、铅矿物比较，锡、铅砂矿竟然分别占超过一半和接近一半。

表 1–19　个旧矿田原生矿与砂矿及原生矿各类型所占储量比例表

原生矿矿化类型	原生矿体 /%							砂矿 /%
	锡石硫化物型		细脉带型	含锡白云岩型	变辉绿岩型铜矿	小计	占总储量	占总储量
	矽卡岩型	层间型						
铜	74.0	17.0	0.2	0.1	8.7	100	86.9	13.1
锡	46.4	32.2	12.1	9.1	0.2	100	48.1	51.9
锌	25.1	56.0	0	18.9	0	100	100	0
铅	1.7	74.8	0	23.5	0	100	57.5	42.5
伴生组分	55.8	42.8	1.3	0.1	0	100	82.8	17.2

（六）矿化与花岗岩体空间关系

前人着重对个旧锡矿田原生矿矿化分带性进行了总结，靠近花岗岩体为锡铜矿体带，由岩体向外依次为锡铅矿体带和铅锌矿体带。

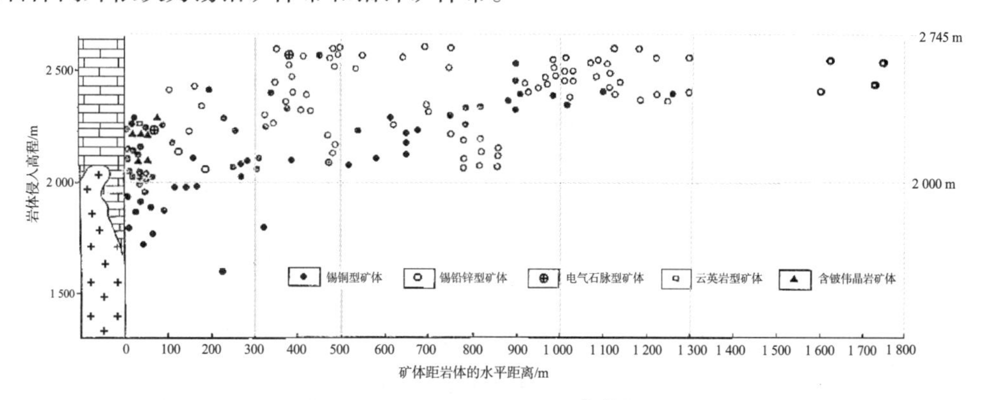

图 1–54　个旧矿田矿体与成矿岩体的距离统计图 [4] 201（按图计数为 159 个矿体）

前人认为“伟晶岩型硼矿床和电气石—石英—黑钨矿等气成—高温热液型矿床距岩体很近，一般在百米左右。以毒砂、磁黄铁矿和黄铜矿、锡石组合的锡、铜型高温热液型矿床集中出现在距成矿岩体 300 m 以内，延续到 1 000 m。中温锡石、方铅矿、闪锌矿组合的锡、铅、锌型矿床最远可延伸到 1 800~2 000 m。此类型矿床在图 1–54 中出现有两个密集区，一个在距岩体 300~500 m 范围内，一个出现在 1 000~1 800 m 间”[4]199。上述规律中，含铍伟晶岩型、云英岩型、电气石脉型矿体距岩体百米左右具有唯一性。总的说来，矿化宽度超过 1 700 m，矿体密集区约为 1 300 m；矿化深度超过 1 000 m，矿体密集区在 1 800~2 600 m 标高之间，矿化深度达 800 m。深部矿化宽度窄、矿体数少，浅部矿化宽度宽、矿体数多。可惜图 1–54 未显示矿体规模。

与花岗岩距离越近的矿化元素分带，最突出的应当是前人以制作图件表现的老厂矿段细脉带矿体[4]196、马拉格矿段矿化分带图的层间矿体分带（图 1–43）[4]197、老阴山块段脉状铅锌矿体及喂牛塘 71 号矿体[4]199（下富锡、上富铅），笔者未录制后者，其图表现的是自 2 300~2 450 m 仅 150 m 范围内，锡由 3%~5% 波动下降至趋于 0，铅由约 1.3% 上升至 6%~7%（可能为次生富集的氧化铅）。

（七）富矿石的分布规律

前人总结的富矿石分布规律有以下 4 条：

①充填型高于交代型矿石，如锡，充填型矿石品位一般高一倍或更多，并常有“闹堂”；交代型“含锡白云岩型”极少“闹堂”。已发现的充填型条状矿体、管状矿体均为富矿，如马拉格 1、4、22 号管状矿体，松树脚 193、194 条状矿体，黄茅山 77–2 条状矿体，老厂湾子街 79–9、11 号条状矿体，卡房Ⅱ–8、Ⅱ–10 两个条状矿体都是富矿体。它们的共同特点是都属充填型的矿体[4]225。

②花岗岩体呈蘑菇状时，蘑菇盖下常有富铜、富锡矿，或者是花岗岩舌状体下面也富集锡、铜或次生的富铜矿，如卡房新山。

③富铅矿多集中在东西构造带，元老山断裂、喂牛塘—蒙子庙断裂和龙树脚断裂控制了 3 条富铅锌矿带，富锡矿呈鸡窝状或脉状出现在铅矿体的一侧，锡品位可高达 10% 以上。

④锡石—磁黄铁矿矿石中锡矿化最为广泛，形成大量锡矿体，是最重要的矿石建造，但富矿不多。锡石—毒砂矿石锡矿化规模较小，但常形成富矿。铜以锡石—黄铜矿—铁闪锌矿矿石形成大量锡铜矿体，可产生一些富矿。铅出现在铜锡矿体外侧，或受东西向断裂控制，后者富矿率较高[4]225。

（八）前人对矿床成因的认识与相关素材

前人对矿床成因的认识不一。《个旧锡矿地质》[4]认为燕山晚期黑云母花岗岩是成矿母岩，原生矿矿化经历 4 个阶段：硅酸盐阶段、氧化物阶段、硫化物阶段及碳酸盐阶段[4]95。21 世纪有了很时髦和很复杂的矿床成因，裂谷、深海“烟囱”—热水沉积、海底火山喷发在个旧锡矿田都找到了[16]，但所做的是将变辉绿岩论证为玄武岩。

1. 对锡石的研究

各阶段都有锡矿化，以硫化物阶段最强烈，不同阶段的锡石有不同的表型特征[4]99，自氧化物阶段至碳酸盐阶段，锡石粒度变细、晶形由双锥体变为柱体，并且柱体越来越长，晶体内部环带结构变为条带状结构，多色性由明显到不明显，颜色由深到浅，光泽由强到弱（表 1–20）。

表 1–20　个旧锡矿田成矿阶段锡石物理特征表[4]100

阶段	类型	粒度 /mm	结晶习性	晶柱（长/宽）	环带构造	多色性	双晶	颜色	光泽	矿床实例
氧化物阶段	锡石云英岩	0.1~1	双锥	0.8 ：1	发育	极明显	少	黑、棕	强金属光泽	老厂 1021 岩体、牛屎坡含铍花岗岩
	锡石电气石脉	0.1~5，最大	短柱双锥	1.5 ：1	发育	明显	少	棕	强金属光泽	老厂 18 号细脉带、牛屎坡细脉带
硫化物阶段	矽卡岩硫化物	0.1~0.5	短柱单锥	2 ：1	不发育	不明显	多	棕、棕黄	金属光泽	老厂 2~5 号矿体、马拉格 1 号矿体
	层间及脉状氧化矿	0.03~0.2	长柱单锥	3 ：1	不发育	不明显	多	棕黄、棕	金刚光泽	龙树脚 11 号矿体、老阴山 9 号矿体、松树脚 193 号矿体
碳酸盐阶段	含锡白云岩	0.06~0.5	短柱单、双锥	2 ：1，高温比值小	不发育	不明显	少	黄	弱金刚光泽	尹家洞 87 号矿体

个旧锡矿田锡石的化学成分研究（表 1–21、表 1–22）表明，单矿物锡石中尚含有铁、锰、钛、钙、镁、铝、硅、钨等杂质及铟、锗、镓、铌、钽、钪等稀有分散元素。锡石含 SnO_2 98.201%~99.66%（20 个样品），一般浅色锡石杂质少、纯度高。黑色的锡石含铁、锰、钛高，氧化物阶段锡石中铁、锰、铌、钽、锆等含量高，云英岩型锡石中含铌、钽最高；硫化物阶段锡石中铟、镓、锑、钒等含量高。锡石中铟的含量与成矿岩体的远近也有密切关系[4]102。

表 1–21　个旧锡矿田不同类型矿体锡石中铌钽含量[4]101（各数据均一个样）

成矿阶段	矿化类型	产出地段	Nb_2O_5/%	Ta_2O_5/%
氧化物阶段	云英岩	牛屎坡	0.661 0	0.835 0[4]103
	电气石脉	牛屎坡	0.035 0	0.012 4
		牛屎坡	0.059 3	0.060 2
		老厂	0.018 2	0.003 8
		黄茅山	0.011 0	0.003 4
硫化物阶段	矽卡岩硫化矿	老厂	0.009 2	0.001 6
		竹林	0	0.001 0
		马拉格	0	0.002 2
	层间脉状氧化矿	龙树脚	0	0.001 0
		黄茅山	痕	痕
碳酸盐阶段	方解石脉	白泥洞	0	0.001 4

注：铌、钽只有牛屎坡高，其紧贴花岗岩的云英岩化含铌、钽显著高。

表 1–21 值得注意的是，云英岩中铌、钽含量远远高于电气石脉（和矽卡岩硫化物矿）。

表 1–22 个旧锡矿田锡石中的微量元素含量[4]103

成矿阶段		微量元素 /%									
		Nb_2O_5	Ta_2O_5	Sc(1)	In	Ge	Ga	ZrO_2	TiO_2	Fe_2O_3	MnO
氧化物阶段	锡石云英岩	0.661 0 (1)	0.835 0 (1)								
	锡石电气石	0.031 0 (4)	0.022 9 (4)	0~0.1	0.008 0* (4)	0.003 0* (4)	0.002 0* (1)		0.030 0 (2)	0.169 0 (2)	0.012 0 (2)
硫化物阶段	矽卡岩硫化矿	0.003 1 (3)	0.001 6 (3)	0~0.01	0.001 8 (22)	0.008 0* (8)	0.002 9 (8)	0.150 0 (1)	0.080 0 (3)	0.185 0 (4)	0.009 0 (4)
	层间及脉状氧化矿		0.000 5 (2)	痕	0.011 2 (10)			0.120 0 (2)	0.060 0 (4)	0.065 0 (4)	0.011 0 (4)
碳酸盐阶段	含锡白云岩		0.001 4	0	0.001 2* (1)	0.000 3* (1)	0.002 7* (1)				

注：括号内表示样品个数，* 为光谱分析。

2. 对矿石类型的研究

原生锡矿石可分为 4 大类，即硫化矿、氧化矿、细脉带矿（可考虑称锡石—硅酸盐细脉带矿石）和含锡白云岩（可考虑称碳酸盐锡矿石）。

（1）锡石—硫化物矿石

该类矿石中金属矿物主要为磁黄铁矿（含量在 50% 以上），其次为黄铜矿、黄铁矿、方铅矿、铁闪锌矿、毒砂、锡石及少许白钨矿、自然铋、辉铋矿、辉钼矿、锆石、金红石、萤石、石英、方解石等。产出于矽卡岩中，还有数量不等的石榴石、透辉石、符山石、普通角闪石、方柱石、硅灰石、透闪石、正长石、斜长石、绿帘石、绿泥石等（表 1–23）。

表 1–23 个旧锡矿田锡石—硫化矿石矿物含量表

矿物	含量 /%		矿物	含量 /%	
	老厂 2，5 号矿体	松树脚 1–1 号矿体		老厂 2，5 号矿体	松树脚 1–1 号矿体
磁黄铁矿	52.00	55.00	黑钨矿	—	少量
黄铁矿	13.75	0.25	辉石	12.90	24.50
黄铜矿	0.90	1.64	符山石	7.05	5.60
锡石	0.15	0.13	萤石	2.03	—
闪锌矿	—	1.33	蛇纹石	0.60	2.40
褐铁矿	3.80	—	石英	0.58	—
白铁矿	3.08	—	角闪石	0.54	—
毒砂	0.90	—	绿泥石	0.40	0.13
菱铁矿	0.25	—	方解石	0.38	8.00
氢氧化铁	—	0.30	绿帘石	0.30	—
辉钼矿	少量	—	云母	0.26	0.23
白钨矿	—	少量	石榴石	少量	—

按照矿物组分或有益组分含量，矿石还可分为磁黄铁矿硫化矿、黄铜矿—毒砂硫化矿、方铅矿—铁闪锌矿硫化矿 3 种。前者最多，后两者数量很少。前者含少量黄铜矿时有白钨矿，锡含量不高，锡石与云母紧密共生。当金属矿物减少时，可出现磁黄铁矿与萤石、云母组成条带状构造，锡石含量增高，粒度也增大。脉石矿物为金云母和萤石。次者以黄铜矿、毒砂为主，两者含量不固定，常以一种为主，其次为锡石、白钨矿、黄铁矿。毒砂中有粒度极细小的自然铋。脉石矿物以云母、萤石、石英为主。后者以铁闪锌矿为主，伴生较多方铅矿和少量磁黄铁矿、黄铜矿。锡矿化弱。脉石矿物含量不多，有萤石和绿泥石。

表 1–24　个旧锡矿田锡石—硫化矿石化学成分表

组分	含量 /%		组分	含量 /%	
	老厂 2，5 号矿体	松树脚 1–1 号矿体		老厂 2，5 号矿体	松树脚 1–1 号矿体
SiO_2	3.600	15.410	Pb	0.064	0.018
Al_2O_3	1.500	2.160	Zn	0.035	0.815
CaO	2.540	9.500	WO	0.061	0.170
MgO	1.400	12.130	MO_3	0.003	0.003
CaF_2	4.150	9.950	Bi	—	0.035
K_2O、Na_2O	0.665	—	Co	—	0.018
S	29.430	18.420	Ga	0.002 68	—
As	0.665	0.013	In	—	0
Fe	46.390	31.300	Mn	0	0.130
Sn	0.200	1.107	Sb	—	0
Cu	0.610	0.470	Au、Ag	—	0.011 g/t

对比表 1–23、表 1–24，锡以非锡石形式存在于其他矿物中，松树脚 1–1 号矿体尤其如此。

（2）锡石—氧化物矿石

该类矿石中褐铁矿、赤铁矿占有最大数量，其他主要是针铁矿、水针铁矿和黏土矿物。可含较多的砷铅矿、铅铁矾、白铅矿、锡石、砷铜铅矿、砷钙铜矿和孔雀石。次要矿物有臭葱石、菱铁矿、硅孔雀石、方解石、石英、水金云母、萤石、铁电气石、绿泥石、石榴石、透闪石、辉石。少量矿物有水白铅矿、铅矾、钼铅矿、铜矾铅锌矿、长石、石膏、黄钾铁矾、高岭土等。一般以褐铁矿为主的氧化矿石含锡较低，土状赤铁矿矿石含锡较高[4]104。

（3）锡石—细脉带矿石

该类矿石由矽卡岩矿物、电气石、硫化物等矿脉重叠组成，矿脉之间有大量石灰岩、白云岩使矿石贫化。矿物组分很复杂，主要有电气石、符山石、石榴石、锡石、褐铁矿、赤铁矿、含锂云母、兰电气石，次要矿物有绿柱石、长石、黑钨矿、白钨矿、透辉石、角闪石、阳起石、绢云母、白云母、绿帘石、萤石、方解石、孔雀石、高岭土，少量矿物有似晶石、黄玉、锆石、金红石、辉钼矿、黑云母等。矿石中的矽卡岩矿物、硫化物大部分强烈氧化，呈疏松状。化学成分上主要表现为 CaO、SiO_2 及 Mn 高。如表 1–25、表 1–26 所列。

表 1–25 个旧锡矿田锡石—细脉带矿石矿物组分含量表[4]105

矿物	含量 /%		矿物	含量 /%	
	老厂 1	老厂 2		老厂 1	老厂 2
方解石	91.30	83.20	石榴石	0.10	—
电气石	3.10	7.50	萤石	0.10	少
云母	2.00	4.50	氢氧化锰	—	0.26
氢氧化铁	1.50	1.20	黄铁矿	少	—
石英长石	0.70	1.20	黄铜矿	少	少
黏土	0.30	0.68	磁铁矿	少	—
绿泥石	0.20	—	白铅矿	—	少
锡石	0.20	0.47	硅灰石	0.20	0.15
符山石	0.20	0.60			

表 1–26 个旧锡矿田锡石—细脉带矿石多元素含量表[4]105

组分	含量 /%		组分	含量 /%	
	老厂 1	老厂 2		老厂 1	老厂 2
CaO	47.210	42.390	Cu	0.090	0.100
SiO_2	4.920	6.810	Pb	0.089	0.026
Al_2O_3	3.770	4.880	Zn	0.150	0.180
MgO	1.610	4.530	BeO	0.018	0.020
Fe	1.730	1.960	Ga	0.000 41	0.000 57
Mn	4.100	4.720	Ge	0.000 8	0.000 4
Na_2O	0.105	0.228	Ag	8.300 g/t	12.040 g/t
As	0.170	0.230	Au	0.005 g/t	0.06 g/t
S	0.045	0.061	Cr	0.002	0.002
Sn	0.160	0.240	灼失		

（4）含锡白云岩矿石[4]105

该类矿石矿物成分简单，主要为锡石、褐铁矿和大量白云岩块，次要矿物有赤铁矿、绢云母。锡品位低，锡石主要分布在褐铁矿、赤铁矿和绢云母细脉中，少部分锡石呈浸染状分布在白云岩中。

3. 矿石的次生氧化作用

个旧锡矿田氧化带极为发育，形成大量含锡石的氧化矿石，成为矿田的明显地质特征。

各矿段的氧化深度不一，在卡房为30~400 m，老厂为200~700 m，松树脚为200~600 m，马拉格为300~700 m。氧化深度一般都延深至花岗岩的顶面附近。相反，次生硫化富集带不发育，仅在卡房新山Ⅰ-14号铜矿体形成了次生硫化富集带，铜含量平均达18%（个别矿块为41.19%），高出原生矿约10倍。辉铜矿为主要铜矿物。

个旧锡矿田表生矿物有40多种，以铁的氧化物、氢氧化物为主，其次为碳酸盐、硅酸盐、砷酸盐和硫化物，钼酸盐和钒酸盐很少（表1-27）。

表1-27　个旧锡矿田表生矿物列表[4]109

类别	主要矿物	次要矿物	稀少矿物
氧化物和氢氧化物	水针铁矿、针铁矿、水赤铁矿、赤铁矿、褐铁矿	镜铁矿、锰土、偏锰酸矿、赤铜矿、钼华、钨华	水锢石
碳酸盐	孔雀石、兰铜矿、白铅矿、水白铅矿	水锌矿、菱锌矿、泡铋矿	绿铜锌矿、球铋矿
硅酸盐	异极矿、硅锌矿、硅孔雀石		锌日光榴石
砷酸盐	砷钙铜矿、臭葱石、砷铅矿		水砷锌矿、砷钙镁石
硫酸盐	铅矾、铅铁矾	黄钾铁矾、石膏、胆矾、水胆矾、水绿矾	
硫化物	白铁矿、β-辉铜矿、胶黄铁矿	铜兰、斑铜矿	
钼酸盐		彩钼铅矿	
钒酸盐			砷钒铅矿、铜钒铅锌矿

4. 各类测试

马拉格斑状黑云母花岗岩石英原生包裹体均一温度大于800 ℃，老厂1021突起弱云英岩化花岗岩爆裂温度为630 ℃、320 ℃两组；老厂4033突起中细粒黑云母花岗岩及蚀变花岗岩爆裂温度为615 ℃、440 ℃及310 ℃。故马松岩体形成温度较高，为大于800 ℃；老卡岩体形成温度较低，为615~655 ℃[4]226。随斑状黑云母花岗岩到粒状花岗岩的岩相变化，成岩温度递次下降。

脉岩形成温度：伟晶岩411 ℃，云英岩348 ℃，斜长岩358 ℃，绿柱石长石脉335 ℃[4]226。（表1-28，据前人个旧矿区气液包裹体特征及温度测定结果表摘录）

表1-28　个旧锡矿田岩体测温结果表[4]227

样号	岩体	岩石名称	测试矿物	温度/℃		* 表中已明确为次生包体
				均一温度	爆裂温度	
L51[4]229	北炮台	斑状黑云母花岗岩	石英	＞800	*380~398	* 平均390 ℃

续表

样号	岩体	岩石名称	测试矿物	温度/℃		* 表中已明确为次生包体
				均一温度	爆裂温度	
L1 [4] 227	老厂 4033	中粒黑云母花岗岩	石英		*615~440	
L5 [4] 227	老厂 4033	蚀变花岗岩	石英		*615~310	
L9 [4] 227	老厂 1021	弱云英岩化花岗岩	石英	*296~405	*630~320	* 平均 347 ℃
L27 [4] 228	老厂 05	蚀变花岗岩	石英		655~360	
L10 [4] 227	老厂 1021	云英岩	石英	348		316~396 ℃
L12 [4] 227	老厂	金云母绿泥石矽卡岩	石英	425		
L2 [4] 227	老厂	萤石化斜长岩	萤石	358		326~390 ℃
L22 [4] 228	老厂	绿柱石长石脉	绿柱石石英	335		
L61 [4] 230	牛屎坡	长石斑岩	石英		*550~325	正文中称花岗岩脉
L65 [4] 230	牛屎坡	伟晶岩及花岗岩	绿柱石	411		绿柱石浸染状

测试单位：中国科学院地球化学研究所。下画横线者为湖南冶金地质研究所测定。

注：440 ℃、325 ℃、320 ℃及 310 ℃数据，文中称为次生包体；均一法结果未经压力校正。

早期矽卡岩形成温度有 425~426 ℃一组（均一温度），“晚期矽卡岩及硫化物的均一温度为 275~388 ℃（爆裂温度，包括锡石），老厂平均为 355 ℃（27 个数据平均值），马拉格为 350 ℃（11 个数据平均值），竹林 275 ℃（2 个数据平均值），说明个旧矿区的锡石硫化物型块段（铜型、锡铜型）应属高温热液矿床” [4] 226，“铅锌为主的矿床中（如老阴山、白泥洞、龙树脚、老厂），其中锡石有两组温度值，温度较高的一组在 300~375 ℃之间，较低的一组在 275~290 ℃之间，因此，前人将此类型矿床暂划为高—中温热液型矿床。含锡白云岩型矿床与锡、铅、锌型矿床类似，其中锡石的形成温度也较高（290~305 ℃），但结合伴生的方铅矿、黄铁矿等金属硫化物来看，前人暂列入中温热液型矿床” [4] 226。

前人测定石英、萤石（共 20 个）及方解石、绿柱石、透辉石、阳起石包裹体 29 个，包裹体很小，盐度不易测定。包裹体的粒径一般为 1~5 μm，部分较大，最大为 10~25 μm，多为透辉石、阳起石或方解石。包裹体以液体包裹体为主，气体包裹体较少，其中可含 CO_2 [4] 227。

前人 [4] 硫同位素采样部位分散且样品数量未达到要求（东西区计 8 处，8 种矿物，总计仅 105 个样品，没有达到一组样品须 30 个的基本要求）。基本情况是：与老卡岩体——等粒黑云母花岗岩有关的矿体（卡房、竹林、老厂），众数在 0 值两侧（–1~+4），一般变化于 –2~＋8.3（$\delta^{34}S$‰，下同）之间；与马松岩体——斑状黑云母花岗岩有关的矿体，

变化于 -2.2~ + 9.4 之间（样品数太少，众值不分明）；与神仙水岩体有关的矿体为 +1.2~ + 23.4（牛屎坡）；龙岔河岩体在 -1.4~ + 12.7 之间（32 个样品）（图 1-55）。前人据此称“个旧矿区的成矿物质基本上是来源于地壳深部花岗岩浆及有关的气化热液作用形成的锡—多金属型矿床。部分可能来自被上升岩浆同化的沉积岩中”[4]233 没有说服力。

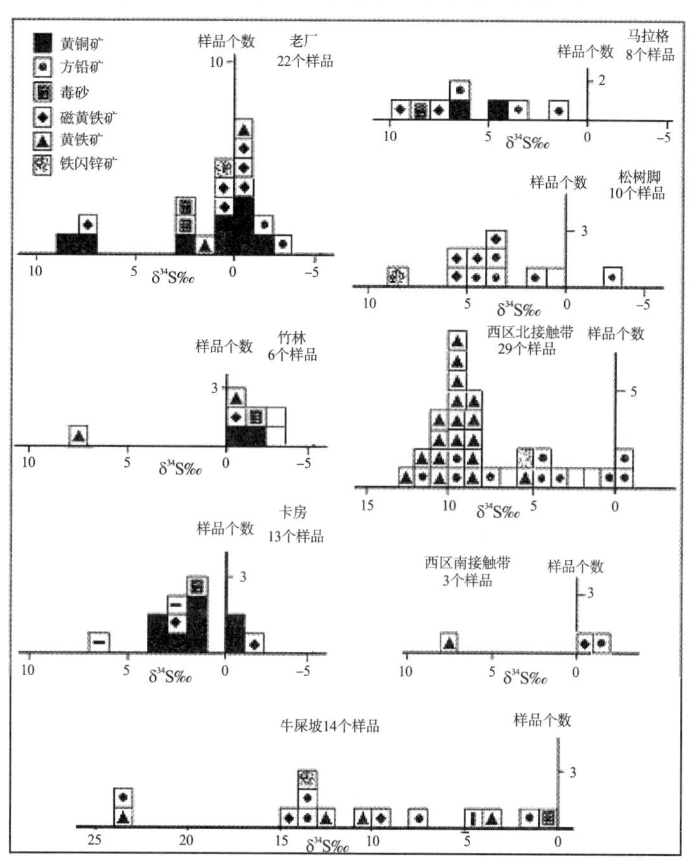

图 1-55 个旧锡矿田各矿床、矿段及外围地段硫同位素直方图

铅同位素样品仅 2 个，称“个旧矿石中异常铅较高”云云。蒙子庙及龙树脚的 Pb^{206}/Pb^{204}、Pb^{207}/Pb^{204}、Pb^{208}/Pb^{204} 分别为 18.55、15.62、39.46 及 18.67、15.80、40.29。按 Pb^{206}/Pb^{204} 比值获得年龄值（R.F.C 法——拉塞尔—法夸尔—卡明法，Russell-Fafauhar-Cumining 模型法，它假定铅矿石的成矿物质来源于地球表面充分混合均一了的岩石）分别为 146 Ma、76 Ma。

前人还对地层不同层位、不同岩性采集样品做光谱分析，以“多数地层锡、铜、铅的含量均超过了同类岩石的平均含量”为据，认为地层“能够为上升岩浆提供一些成矿物质”[4]239。

前人[4]称个旧锡矿属于地壳深部花岗岩浆及有关的气化热液作用形成的矿床，成矿物质主要来自地壳深部的深熔花岗岩浆外[4]238，尚有部分来自深部围岩同化混染而加入外来的铅所形成的[4]239。

岩矿石、矿物的同位素、包裹体测试资料未充分收集。笔者不认为从缺乏地质研究基础的样品中能够分析出有用的信息。

七、矿产勘查总结的控矿条件及矿床分布规律

以下摘录前人按构造、火成岩、围岩、成矿的控制作用及矿床空间分布规律展开的论述[4]203。

（一）构造控制

矿田“位于几个古隆起之间的坳陷区”，长期下沉，三叠纪下沉幅度最大；“位于几个大型巨型和大型构造体系的复合部位，也是几条大型钨、锡成矿带的复合部位”；矿区南侧“红河深大断裂”长期活动；个旧坳陷区“东、南、西三面为隆起区”。认为是云南山字型构造、青藏歹字型构造、南岭纬向构造及川滇经向构造四大构造体系的复合部位，前者是主要构造体系。“北东向构造与东西向构造，以及北西向构造复合格局，是主要的控岩控矿构造”。认为 3 条北东向构造五子山复背斜、杨家田断裂、轿顶山断裂控岩控矿；等距出现的 3 条东西向“构造控矿带”：矿区北侧普雄断裂带控制西区岩体北界，中带马拉格—贾石龙褶皱断裂带有成矿构造马松穹隆、元老断裂、个松断裂、老厂弧形构造、牛屎坡仙人洞断裂、孟宗向斜、渣腊断裂等，南带龙树脚褶皱断裂带有控矿构造龙树脚断裂、猪头山向斜和一些东西向小断裂。认为北西向控矿构造不发育，只有白沙冲断裂和红河断裂属之。认为矿床分布有等距性，“此乃构造控矿的一种规律”，除称矿床存在等距性外，将雁行排列的矿体作为典型例证。认为背斜构造对成矿的控制有马拉格式、湾子街式、松树脚式、尹家洞式、老阴山式、18 号式、5 号矿体式、新山式 8 种，并制作构造模式图（图 1–56）。但称“并非任何一个控矿背斜中都能见到，矿床类型出现的多寡，要视其他地质条件的具体情况及背斜的发育情况而定”。

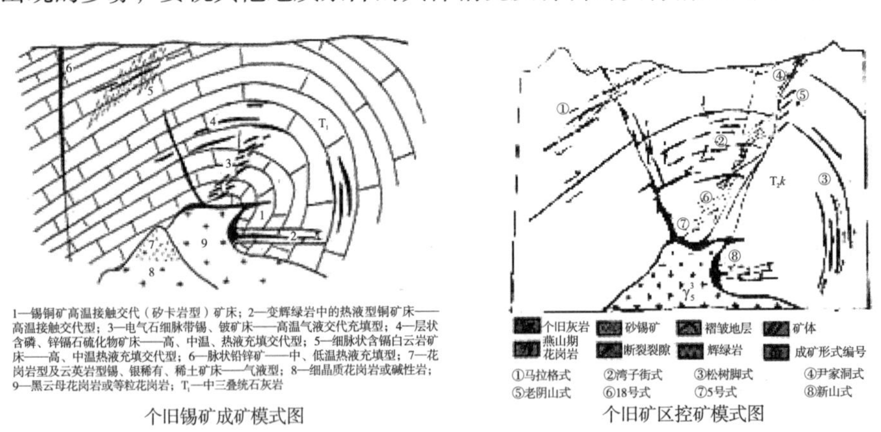

图 1–56 个旧锡矿田的构造模式图[17]211

图 1–56 顺便将个旧锡矿的控矿构造模式图与成矿构造模式图比较，借以了解地学界概念的转换过程，控矿模式怎样转换为成矿模式。

（二）火成岩对成矿的控制

认为锡—多金属成矿与燕山期火成岩有密切的成因联系：一是空间分布上有一致性；二是时间上有一致性，矿床略晚于花岗岩的形成；三是金属元素围绕花岗岩体呈带状分

布；四是不同岩浆体与不同类型的矿床有关；五是某些成矿元素在地球化学特征上的一致性；六是硫同位素组成表明成矿物质来源与岩浆活动有密切关系[4]212。与成矿有关的花岗岩特征被总结为：一是多期侵入的复式岩体；二是其锡、氟、含量高，富钾；三是不同花岗岩的成矿特点不同。（表 1–29、表 1–30）

表 1–29　个旧锡矿田不同火成岩体附近探明的原生矿床储量比例表[4]213

地点	岩石名称	储量比例 /%			
		Sn	Cu	Pb	Zn
贾沙岩体	辉长岩	0	0	0	0
卡房	辉绿岩	0.2	8.7	0	0
马松岩体	斑状花岗岩	31.0	17.2		
神仙水岩体	中粗粒花岗岩	0.2	0.1	0.6	0.2
老卡岩体	中粒、细中粒花岗岩	68.6	73.0	71.4	84.8
白云山岩体	碱性岩	0	0	0	0
合计		100.0	100.0	100.0	100.0

表 1–30　个旧锡矿田两类花岗岩特征表[4]213

项目		斑状黑云母花岗岩	粒状花岗岩
形成时期		燕山中晚期	燕山晚期
同位素年龄 /Ma		84~115	64~80
结构		似斑状	等粒、花岗结构
黑云母含量 /%		5~8	3~3.6
钾长石 / 长石总量 /%		53	59~66
斜长石牌号（*An*）		24~39	0~23，多数 0~12
特征副矿物		褐帘石、榍石、磁铁矿、磷灰石	磷铱矿独居石电气石锡石萤石
成岩温度（包裹体测温）/℃		800（马拉格均一法）	615~655（老厂爆裂法）
含围岩捕虏体情况		普遍	没有或很少
组分含量变化 /%	SiO_2	67.32~72.00	73.27~74.22
	$Fe_2O_3 + FeO$	2.27~3.68	1.87~2.16
	MgO	0.49~0.62	0.22~0.31
	CaO	1.61~1.96	0.36~0.92
	TiO_2	0.25~0.62	0.06~0.11
	P_2O_5	0.13~0.20	0.01~0.05
微量元素含量/（$\times 10^{-6}$）	Sn	10~15	20~25
	Be	4~9	7~11
	Li	140~270	381~402

续表

项目		斑状黑云母花岗岩	粒状花岗岩
微量元素含量/($\times 10^{-6}$)	Nb	63~70	80~122
	Ta	3~11	13~27
稀土总量/%		0.035 0~0.060 5	0.018 0~0.029 0
稀土组成		以铈族稀土为主	以钇族稀土为主

鉴于中卷所阐述的原因（矿区内地层岩石成矿元素含量高是普遍规律，与成矿物质来源问题不相干[3]57），“个旧含矿花岗岩中成矿元素含量及与国内外其他地方含锡花岗岩比较表”[4]213“个旧不同侵入期的岩体锡含量曲线图”[4]214“花岗岩中黑云母含锡量表”及相关内容从略。

1. 两类花岗岩都可以形成工业锡矿

矿床类型和规模不尽相同。与早期为偏碱性的斑状黑云母花岗岩有关的矿床，为以锡为主的多金属硫化物型矿床，其矿床类型单一，仅形成锡石—硫化物型矿床（包括矽卡岩型矿床），锡储量约占探明储量的 1/5，伴生组分有铜、铅、锌、钨、铋等，如马松岩段。与偏酸性的粒状花岗岩有关的矿床类型多、规模大。如老厂矿段既有大量的锡石硫化物型矿床，也发育锡石—石英型矿床，锡矿储量约占探明储量的 1/2。伴生组分除铜、铅、锌、钨、铋外，还有大量铍和少量铌、钽、锂、铷、铯等矿化。最晚阶段的富钠细晶质花岗岩，仅形成小型云英岩型锡矿床，铍、铌、钽等元素较富。可见个旧花岗岩由老到新，存在着由偏碱性向偏酸性到富钠的演化，矿床类型随之由锡石硫化物型矿床转变到锡石硫化物型矿床和锡石石英型矿床共存，且最后出现锡石石英型矿床加稀有金属矿化演化系列[4]217。

2. 小侵入体与成矿的关系

前人所称个旧的小岩体有两种：一是内带小岩体紧邻西区大花岗岩体周围，半环状分布，为面积小于 0.1 km² 的岩枝、岩脉状，岩性有细中粒花岗岩、细晶岩、花岗斑岩，也有基性岩脉。二是外带小岩体，距大岩体较远，为 5~10 km，面积较大，为 5~40 km²，呈岩株产出，顶部呈多峰式的突起，每个突起面积多在 1~10 km²，除出露地表一二外，其余均隐伏，由黑云母花岗岩组成。内带小岩体所占储量比例很小，矿化类型主要是锡、铍、稀土及锡铅型。外带小岩体集中了 90% 以上的锡、铜、铅、锌、钨等储量。“小岩体可能是与西区同源不同阶段的侵入体”[4]217。“面积在 100 平方公里以上的大岩体成矿差，面积在几十平方公里的较小侵入体成矿好或较好。面积很小的岩体，例如那些岩枝、岩脉则不如岩株，甚至很差。但也有例外，如同属岩株型的白沙冲岩体成矿又较差。大岩体的某些突起或呈岩枝状伸出的部位及有晚期小侵入体贯入的地段，也可能成矿好”[4]217。

3. 岩浆体的形态及其与围岩的接触形式对成矿的控制

前人认为正接触带矽卡岩型矿床明显受 4 种形态特点控制。一是锥状侵入体，北炮台和松树脚岩体属之，平面上大致似椭圆状，剖面上上尖下大如椎体，深部略有凹陷。接触带锡铜型矿床及层间型矿床集中产出在岩体的东南侧或南侧。二是截锥式侵入体，剖面形态截锥状，但顶部不平坦，呈多峰式波状起伏，形成若干沿一定方向延长的脊状突起，岩体侧部倾斜较陡，深部有洼陷，平面上略似等轴状。锡、铜、钨、铍矿化集中在截锥顶部。接触带型矿床通常富集在岩体顶部的盆、槽中和深部洼陷构造中。上部碳酸盐岩中也有大量层间似层状、条状、脉状矿体产出，其空间分布水平投影范围大致与接触带型矿床相吻合，地表还有砂锡矿分布。三者上下叠层产出，形成“三层楼”。老厂湾子街为典型，矿化强度及广度均最大。三是蘑菇状侵入体，岩体上部沿着碳酸盐岩类围岩层面扩伸为伞盖状，中间受变辉绿岩控制收缩为茎状，在剖面上形似“蘑菇”。在蘑菇盖上面有接触带铜锡型矿床，蘑菇盖下围绕茎富存有富厚铜矿体。层间矿体多集中产出在岩体的东南侧。四是脉状侵入体，矿化常发育在单一岩脉或成群岩脉上下盘或脉群间的围岩中。矿体小而复杂，但矿石锡铜铅品位往往很高。

岩体与围岩的接触形式对成矿的控制。岩体与围岩的接触形式、上部围岩的破碎程度也对成矿有主要的控制作用。包括：a. 整合式接触。接触带与围岩产状基本一致，接触带倾斜度较小，形成的矽卡岩体形态比较规则，多呈似层状、透镜状、条状。上部围岩较完整时，矽卡岩体厚度大，可达几十至百多米。矿体多位于接触带矽卡岩的外带与围岩交接面附近（软硬界面附近），此时外接触带层间矿体一般发育较差，岩体内后期岩脉也较少。上部围岩破碎时，岩枝、岩脉较多，蚀变带宽，矽卡岩型矿床和层间型矿床均较脉状发育。b. 不整合接触。沉积岩层向侵入岩倾斜，如围岩破碎、断裂发育不利于形成富厚的矽卡岩型矿床，对层间成矿有利。c. 超覆式接触。侵入体部分超覆于围岩上，或在多处插入围岩呈复杂的接触形式，对成矿有利。

总体认为岩体接触带陡缓变化部位，岩体顶部盆、槽洼陷处，岩脉、岩枝与主岩体交接处，成矿前与成矿期的构造与岩体交会处，以及有利的围岩与岩体接触带，都是有利成矿部位。

岩浆体深度与成矿的关系：认为岩浆体深度不同的花岗岩的成矿性不同，过深过浅都不利于成矿。在承认判断岩体侵入深度是困难的前提下，“用恢复上部覆盖地层厚度大致进行推算，编制了岩体侵入深度示意图”[4]219（参见图 1–3 个旧锡成矿区花岗岩体不同部位矿段探明储量比例示意图）。

（三）围岩对成矿的控制

认为围岩性质与成矿部位的存在关系：矿化集中在个旧组碳酸盐岩中，上部法郎组泥质灰岩和碎屑岩仅有一些小矿。个旧组碳酸盐岩按化学成分可分为 4 类：a. 钙质碳酸盐岩石，岩石含 $MgO < 5\%$，$SiO_2 < 5\%$，$Al_2O_3 < 2\%$，气体成分很少，如石灰岩、含白云质灰岩等。b. 镁质碳酸盐岩石，$MgO > 15\%$，SiO_2、$Al_2O_3 < 1\%$，如白云岩、含灰质白云岩等。c. 钙镁质碳酸盐岩石，含 $MgO_5 \approx 15\%$，SiO_2、Al_2O_3 等其他成分含量低，如灰质白云岩、白云质灰岩等。d. 硅铝质碳酸盐岩石，MgO、CaO 含量不固定，SiO_2、Al_2O_3 显著增高，一般 $MgO < 5\%$，$SiO_2 > 8\%$，$Al_2O_3 > 3\%$，岩石多泥质条带，如泥质灰岩、含碳泥质灰岩、钙质页岩等。认为有地层中有 19 个“成矿有利部位”，14 个在 T_2k_1 中。“虽然花岗岩与法郎组、火把冲组地层间有很长的侵入接触带，但其间很少成矿”。“下三叠统永宁镇组成矿也不好”[4]221。T_2k_1 中所占储量比，锡约占 90%，铜约占 96%，铅约占 44%。认为“碳酸盐岩石中钙质及钙镁质碳酸盐岩石对锡和铜的富集有利。硅铝质特殊意义类岩石有利于铜的富集，而镁质高的白云岩最有利于铅的富集”。同时又称“不同层位不同岩性碳酸盐围岩成矿的好坏时，还应注意其他地质因素的影响……如老厂、卡房、松树脚等三个主要矿田，花岗岩顶面都只侵入到 T_2k_1 层位，因此大部分储量集中在该层中也就不奇怪了。反之马拉格矿田花岗岩顶部已侵入到 T_2k_2 层位（白云岩为主），而该矿田大多数锡铜铅矿储量都集中于 T_2k_2 中。由此可见，钙质或镁质碳酸盐都是锡矿成矿的有利围岩”[4]221。

认为不同围岩对矿床类型也有一定影响，如 71 个接触带型矿床中，97% 产出于花岗岩与 T_2k_1 地层的接触带上，即与钙高镁低的岩石相关。其中与灰岩、灰质白云岩、白云质灰岩或泥质灰岩接触时，形成厚大的透辉石、钙铝石榴石型矽卡岩、矽卡岩型锡铜矿床，与白云岩、灰质白云岩等含镁高的岩石接触时矽卡岩不发育，与泥质灰岩接触时多形成符山石型矽卡岩和小型铜矿床。

层间氧化型矿床多分布在不同岩性组成的互层中。在老厂和卡房以 $T_2k_1^{6-2}$、$T_2k_1^{6-4}$、$T_2k_1^{6-6}$ 互层为主的主要含矿层，马拉格的主要含矿层则是上部的 $T_2k_2^3$ 和 $T_2k_2^4$ 两个互层带。一般互层层次越多，矿化强度或矿化度越大，其中尤以白云质灰岩、灰质白云岩组成的互层含矿性最好，老厂的 $T_2k_1^6$ 和卡房的 $T_2k_1^2$ 中都集中了大量的层间矿。在厚大岩层内有薄层的部位、岩性发生突变的部位以及原始沉积的弱构造面（如缝合线、角砾岩层等），在构造应力作用下也极易产生层间滑动、层间破碎，成为层间型矿床分布的场所[8]221。特别显著的是马拉格 $T_2k_2^3$ 与 $T_2k_2^4$ 两层的分界面，在构造变形中沿层滑动产生断续延伸几公里的构造角砾岩，而成为矿液运移的通道，控制了大部分层间矿。认为岩石孔隙度影响层间矿的发育，层间矿产出部位其岩石的孔隙度达到 2%~4%，矿化弱的部位则小于 2%[4]222。

认为围岩性质对矿体和火成岩形态有影响，称脆性岩石如白云岩、含灰质白云岩等所控制的矿体多为脉状、管状和细脉浸染状；塑性岩石如泥质薄层灰岩、竹叶状灰岩等，所控制的矿体多系串珠状、透镜状或复杂多层状；“负荷性岩石”如灰岩、含白云质灰岩等，“能把定向压力沿层面传递至一定距离”，其层间剥离和层间滑动的规模较大，延深较长，其中充填的矿体多为条状和似层状矿体。“在灰岩中发生的裂隙延伸性比白云岩中的好，老厂细脉带型矿床中的矿脉，当其通过白云岩时，含脉率高，但矿脉细；在大理岩中的矿脉，脉幅大，矿化强度也大”[4]222。

“围岩对火成岩侵入接触面形态有一定的控制作用。当岩体与上三叠统砂页岩接触时，接触面规整，而与碳酸盐岩接触时，接触面形态复杂，变化大，或沿互层带呈锯齿状接触。硅、铝质碳酸盐岩石和基性火成岩（辉绿岩）对岩浆侵入有很大的屏蔽和阻挡作用，形成蘑菇状、舌状等超覆式接触带”[4]222。

（四）矿床空间分布规律

前人称基本规律有三：一是“找矿的一个重要前提是确定‘成矿中心’”。成矿中心的含义是“成矿物质来源的中心”。认为“矿床常常以一小花岗岩体为中心，环绕岩体成群分布，或以岩体为成矿源地，矿体向一个方向展布”[4]222。成矿中心有单一和多中心两类。

前者如马拉格北炮台岩体，“数十条规模不等的矿体向南东呈扇面式展布，扇面交角约为70°，半径长约1 800 m”。由岩体向外，“金属元素有明显的水平分带”（图1–57）。

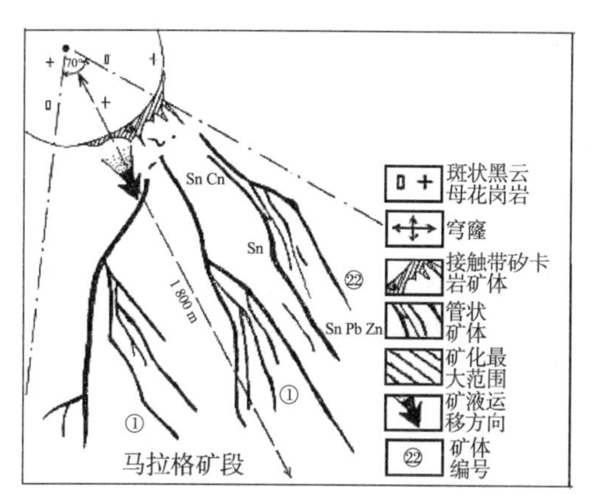

图1–57　马拉格块段成矿中心示意图[4]223

二是“‘上为背斜（穹隆）、下有岩株突起’是最有利的成矿构造、岩浆组合型式”。“个旧矿田的八个独立矿田（段）是受这种构造岩浆式控制的”[4]222（图1–58）。

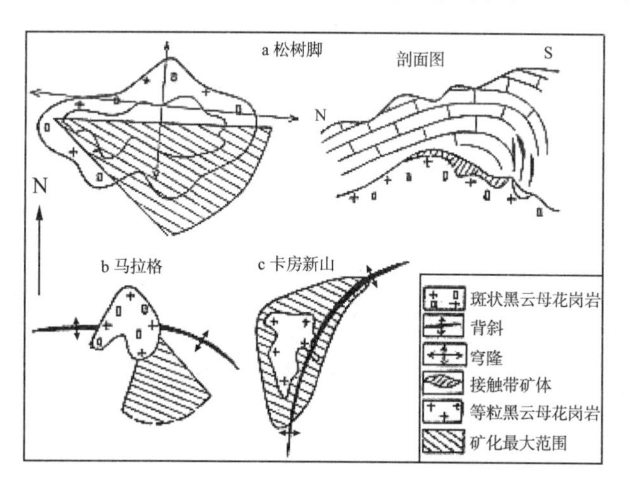

图1–58　有利成矿的构造岩浆组合型式示意图[4]224

三是“‘断层加互层’‘断层扎根’部位是矿化富集的场所”。“全区已知的缓倾斜层间矿体中有70.2%是分布在互层岩层中”。“这种含矿层位在个旧组地层中共有19层，由于各个矿田出露的地层的层位不同，含矿层位也不同”[4]224。

八、矿产勘查与研究工作回顾

至1987年对个旧锡矿田30年的地质勘查，找矿勘探经历了砂矿、层间矿、接触带矿、多金属矿和凹陷带矿5次大发展。找层间矿逐渐摸索接触带矿，之后发展至找多金属矿（龙树脚、蒙子庙、老阴山的断裂带脉状铅锌多金属矿）。20世纪60年代后期至70年代，由新山岩体蘑菇状突起下部凹陷接触带富集成矿的规律和找矿经验入手，又在几个地段（如双竹地段）获得类似锡铜型矿床（凹陷带矿），实现了第5次大发展。前人总结的矿化规律是[6]：a.“上有背斜穹隆、下有岩株突起”是矿体群集的最佳构式。b. 围绕岩体突起金属分带明显，由内向外环布着铜钨带、锡带、铅带等，称找矿的前提是确定“成矿中心”。c. 矿床分类多呈“上有砂矿，中有层间矿，下有接触带矿”的上下对应、多层重叠的“楼台”关系或“根、枝、叶”关系。找到其中之一，其他两类往往可以预测。d. 层间氧化矿体受断层、互层、层间构造等因素控制，矿体成群成带产出。e. 接触带硫化矿在断层、岩脉和容矿层与花岗岩交会部位，以及岩体表面形态复杂部位往往较富集。f. 东西向、北东向断裂带是铅锌锡多金属型矿床富集的主要场所。g. 按大理岩化强烈程度预测岩体埋藏深度，寻找接触带矿体。并且提出氟含量高低是评价含锡花岗岩体的重要标志[4]215；辉绿岩是形成洼陷带锡铜型矿床的重要条件；物探电测深预测隐伏突起，化探原生晕圈矿化带，地质与物化探密切配合找矿效果好。利用上述规律，在老厂外围高峰山地段找到了埋深千米左右的大型锡铜型矿床，在芦塘坝找到了埋深六七百米的层间锡铅型矿床；20 世纪 80 年代后期开展了找金银贵金属的路子（如卡房和双竹地区）。

应当说，1984 年冶金工业部西南冶金地质勘探公司出版的 39 万字《个旧锡矿地质》[4]，为讨论个旧矿床的控矿因素提供了系统的和比较翔实的素材，但所总结的经验需要上升为理性认识。

历时 35 年矿产勘查尚未结束的矿产地是极其可贵和稀少的。矿产勘查历程证明，所有这些经验都是地质队工程技术人员实践摸索出来的。

研究个旧锡矿的论著很多。个旧锡矿矿床地质研究理论的最新成果，是国家“十五”科技攻关项目、云南省科技出版基金资助，科学出版社 2008 年出版，由裴荣富院士作序的 25.6 万字《个旧锡铜多金属矿床地质研究》[16]，该专著摘录了“1948 年瑞典‘信天翁’考察船在红海（21° 10′ N，31° 09′ E）水深 1 937 m 发现了水温和盐度的异常，揭开了人类认识海底热水作用的序幕。20 世纪 60 年代中期，美英德考察船不仅证实了瑞典人的发现，而且发现了多金属软泥，标志着海底喷流成矿作用的开端。1978 年美法墨西哥在东太平洋脊 21° N 首次发现了海底热水硫化物；翌年，美国发现正在喷发的温度高达 350 ℃的热液流体析出硫化物微粒，形成了所谓“黑烟囱”；至 1993 年底，洋壳不到 1% 的表面上共发现了 139 处海底喷流成矿点（翟裕生，1997）。其中红海 ATlanTis Ⅱ深渊已达到大型矿床的规模。该专著称个旧锡矿田为裂谷背景—火山沉积—喷流沉积—花岗岩叠加改造的矿床，“成矿作用的时空演化大致是：a. 海西期裂谷形成了石炭—二叠纪碱基性、中酸性双峰式火山岩套，可能提供了部分矿质来源。b. 印支早期形成了层状、似层状整合型矿体和矿源层。c. 印支中期间断地发生了多次火山喷流成矿作用。d. 燕山晚期：燕山中晚期强烈的构造运动，伴随大规模花岗岩体侵入。花岗岩岩浆不仅本身带来了部分成矿物质，而且更重要的是花岗岩作用的巨大动力和热力对前期层状、似层状矿体或矿化层进行了改造。花岗岩体上侵包裹同化了部分碱性基性火山岩及其中的成矿物质，形成了叠加成矿热液，在花岗岩体与碳酸盐岩接触带形成了不规则状、透镜状矽卡岩型硫化矿体，在上覆地层断裂中形成了大脉状及网脉状矿体。综上所述，个旧超大型锡多金属矿床的成矿模式大致可概括为‘裂谷环境—火山沉积—喷流热水沉积—花岗岩叠加改造’”。专著称应用火山成矿、喷流成矿、层控矿床等现代成矿论理…… 论证了“变辉绿岩”为海相碱性基性火山岩，形成于大陆裂谷环境，对个旧锡多金属矿床有重要作用；论证了 3 个成矿系列、8 个矿床成因类型、“两楼一梯”的矿床结构模式，以及“裂谷背景—火山沉积—喷流沉积—花岗岩叠加改造”的成矿模式等成矿理论。并称“在上述新提出的成矿理论的指导下，获得了找矿的重大突破”。

九、个旧锡矿田控矿构造分析

现有资料已经显示出个旧成矿区的地层、岩石、构造和矿化是有机联系在一起的整体。地层属同一套无须说，岩体为同一个“个旧杂岩体”（前人个别命名不同地段的岩体，不过是重熔岩浆在不同产出条件下、不同冷凝时期的岩浆体），地层与岩体又构成了构造上的特定边界介质条件。认识中、大型矿床云集的“个旧锡矿田”的构造是有机联系在一起的，应属显而易见。换言之，个旧锡矿田的所有构造形迹包括矿体都不会无缘无故出现，践行地质力学的任务，就是要阐明它们要出现在那里的道理，认识它们之间的有机联系。整个图 1–1 范围的构造应当也是有机联系在一起的——其稀土带—锡铅带北北东向排布，代表压性结构面方向，靠近个旧断裂的是稀土带，远离个旧断裂的是锡铅带，反映的是温度场由高温向低温变化；龙岔河岩体窄长带部分代表的是张性结构面方向，岩体西部肥大的长轴代表的是开扭的方向，说明深部地壳重熔在浅部沿张裂张性、张扭性结构面侵位，它们与个旧断裂反钟向扭动共同构成入字型构造，向北北东向同样终止于白沙冲断裂。当然，这显得太宏观、太粗犷，需要进一步地质调查研究和更多实例佐证，在此不作定论，但仍然很值得重视。

（一）控矿构造体系的划分

前人所称“个旧矿区”[4]42 2 140 km² 范围，当以“个旧成矿区”名之；其中，中、大型矿床云集的牛屎坡及以东范围，才宜称为“个旧锡矿田”，因为它们受控于两个构造体系。又因为这两个构造体系互有成生联系，也可以因此合并处理，暂无必要借此另起炉灶，新建立一种构造型式。

个旧锡矿田的这两个入字型构造都以个旧断裂为主干断裂，一个由杨家田断裂组成分支构造，构成个旧—杨家田断裂入字型构造（以下简称“个杨入字型构造”。这是仅就局部杨家田断裂与个旧断裂之间的关系而言，不代表个旧断裂西侧的全部构造体系）；另一个由卡老松背斜组成分支构造。鉴于这两个控矿入字型构造的成生联系囊括了所有矿床，由此个旧成矿区东区及西区的牛屎坡矿区共同组成个旧锡矿田。矿田者，大矿区之谓也（这与煤田中的井田不相同，井田是工业概念。一个大型煤矿区可以有若干个由竖井或斜井提升矿石的开采井田。这是笔者的用法，因为业界对于这些普通概念并不深究，并无含义确切的规定）。当然，也可以将由个杨入字型构造控制的牛屎坡矿床划分为一个矿区，将由个卡入字型构造控制的卡房、老厂、高峰、松树脚、马拉格矿段划为另一个矿区分别命名，其结果是援用已久的“个旧锡矿”被分割取代，这是不符合规范要求，将造成混乱的。

1. 个杨入字型构造

前人将杨家田断裂定性为“压（扭）”性[4]42 是正确的，首先其主要宏观特征是与地层平行，并且这些平行地层是个旧成矿区中倾角最陡的；其次是其上有穿切杨家田断裂的一组北西向小断裂，这组小断裂为与之同序次的纵扭（压扭），级别低而已。地质力学的一个重要贡献是揭示了某些构造之间的切割关系并非成生的先后关系。这一点，笔者早已指出，并在列举的矿床实例的几乎每一例都有证据充分佐证。杨家田断裂产出于个旧断裂西侧，与个旧断裂呈约 30° 锐角相交，构成“入”字型，这符合李四光先生第二类入字型构造的特征。如果将杨家田断裂定为一级断裂，牛屎坡仙人洞断裂则为二级开扭。后者与杨家田断裂上的一组北西向小断裂合扭彼此近于垂直，共同组成一对扭裂。这是特殊的入字型构造，开扭不出现在远段压性分支构造上，竟然出现在比合点更近处，直接与主干断裂交接。据此可判定个旧断裂为反钟向扭动的断裂，这与前人所称扭动方向（“西盘向南扭动”[4]46）一致；杨家田断裂和牛屎坡仙人洞断裂较之个旧断裂规模差别显著，只分布在西侧，绝不穿切个旧断裂，靠近个旧断裂强烈发育，远离则减弱，显示出近强远弱的构造特征，属分支构造毋庸置疑；各结构面彼此协调、和谐，反映出构造应力场的统一性（与毗邻的个卡入字型构造同样协调、和谐。此项将与个卡入字型构造一并阐明）。个杨入字型构造的 4 大特征比较清晰，与上卷 13 个矿床实例显示的控矿入字型构造特征尚有诸多相似之处。

个旧锡矿田总体构造特征的差别在开扭发育，褶皱舒缓，张性、张扭性结构面的发育程度远胜于压性结构面，整个个旧锡矿田找不到第二条像杨家田断裂那样比较典型、强烈的高级别压性结构面。同属碳酸盐岩分布区，根本不存在像锡矿山矿床的锡矿山复背斜再加轴面断裂那样典型、强烈的压性结构面。但最重要的差别，是牛屎坡锡矿与原概念的“合点”无关，而与二级开扭牛屎坡仙人洞断裂相关联，这是十分特别的。杨家田断裂之所以为压性，牛屎坡仙人洞断裂之所以为开扭，与它们所处的边界条件，即与下伏花岗岩杂岩体的距离相关联。从个旧成矿区岩浆岩图（图 1–6）看，作为断裂，杨家田断裂下的隐伏岩体可能是最深的，受重熔岩浆增温场边界条件的影响较小。

必须指出的是，指出个杨入字型构造着重点在指明杨家田断裂与个旧断裂之间的成生联系而已。在个旧断裂西侧，至少有 3 条北东东向的二级开扭与个旧断裂有成生联系，牛屎坡仙人洞断裂仅是其中之一。这 3 条二级开扭有规律地产出于沿个旧断裂发育的断陷盆地西侧，另两条未命名。只要认识应变构造系中的各种构造成分可以因为边界条件的不同彼此取代，就不难认识个旧断裂西侧的二级开扭都在一致地反映个旧断裂的反钟向扭动。换言之，是个旧断裂的反钟向扭动造成了其西侧的 3 条二级开扭。受资料限制，本卷无法陈述另两条二级开扭的构造特征，只能在个旧锡矿田两个入字型构造的协调、和谐性中阐明个旧断裂两侧构造的相关关系时一并说明。个旧断裂两侧可以将牛屎坡仙人洞断裂视为个杨入字型构造的组成部分，也可以单独与个旧断裂组成控矿张性入字型构造。鉴于它们之间相距甚近且有大型砂锡矿床，暂将二者视为一体，待寻觅到更多实例时再定。在合点更近处出现开扭是个杨入字型构造的特殊性，白家嘴子入字型构造合点Ⅰ矿段更近处先出现一个Ⅲ矿段[1]187 也属于特殊性。普遍性是由一个个特殊性组成的。

2. 个卡入字型构造

个卡入字型构造是以个旧断裂为主干断裂、卡老松背斜为分支构造组成的入字型构造。

划定高级别的卡老松背斜意义有三。首先在于作为个旧断裂以东的一级构造，与个旧断裂锐角相交共同组成构造体系，这就是个卡入字型构造。它说明个旧断裂及以东有一个主要的构造体系，有助于分辨个旧锡矿田的构造形迹。其次在它反映了卡老松背斜所受到的挤压应力，来源于区域性的、沿个旧断裂的反钟向仰冲扭应力，能够有力佐证矿田受到了由南东向北西的仰冲挤压应力的判断。最后是能够反映出卡老松背斜与二级东西向断裂之间密不可分的关系，这种关系不是前人所称的横跨[10]137,[4]41，而是卡老松背斜的另类表现形式。

个卡入字型构造有以下特征：

①卡老松背斜与个旧断裂以30° 锐角相交，二级东西向断裂为其更发育的开扭，这两者共同组成分支构造，长达23 km。由这两种构造成分组成的分支构造都绝不穿切个旧断裂，较之个旧断裂又大小悬殊。它们与个旧断裂共同组成个卡入字型构造。

②由合点向远端，卡老松背斜表现出由强到弱的构造特征：二级东西向开扭，由白仙区段向北东至白沙冲断裂终止，矿化（包括构造）种类逐渐减少，开扭间距逐渐变宽——白龙断裂—仙人洞断裂区段（以下简称“北仙区段”），2.1 km；背个区段，5.5 km；老背区段，6.3 km；个白区段，6.5 km。同样显示出构造上的近强远弱特征。当然，个卡入字型构造更可能没有“合点”，而替之以“合段”，这一点需要更多资料积累才可定论。

③由合段向远段，由卡房矿床至马松矿床，矿化强度逐渐减弱，矿化类型及矿产储量都显著减少，同样显示出近强远弱的矿化特征。

④个卡入字型构造的各种构造形迹彼此协调、和谐，个旧断裂表现出“容忍性退让”（解释详后）的特征，共同反映形成个卡入字型构造之构造应力场的统一性。个卡入字型构造与个旧断裂西侧的地质构造分属有机联系在一起的两个构造体系。

需要指出的是，卡老松背斜在形态上很不典型，与锡矿山复背斜及其次级背斜差别相当大。换言之，个旧锡矿田的入字型构造体系中的构造形迹比较散漫，并不严格遵循某种轨迹。但却必定遵循应变构造系的应变规律，按固定的方位成生固定性质的构造形迹。这一点，有助于认识和分析卡老松背斜边缘，特别是内侧的构造形迹。

个卡入字型构造与上卷13个及未辑入上卷的湖南禾青入字型构造矿床实例显示的控矿压性入字型构造差别甚大，需做进一步说明与分析。

①分支构造卡老松背斜舒缓，压性结构面特征并不显著，其应变构造系的开扭则强烈发育，显示出成生于强大的反钟向仰冲构造应力场中，主要以张扭性结构面释放构造应力。在入字型构造应当出现压性分支构造的部位，卡老松背斜褶皱却相当舒缓，并且整个个旧锡矿田地层倾角普遍较缓，地层界线取压性结构面北北东方向延伸的极少（卡房、老厂矿段甚至完全没有延伸较长的北北东向地层界线），与同为碳酸盐岩介质的锡矿山入字型构造的分支构造锡矿山复背斜及次级“背斜加一刀”压性结构面有鲜明的走向差别。在前述共14个压性入字型构造的矿床实例中，分支构造的压性结构面都不这样微弱。个旧锡矿只有“上为背斜（穹隆）、下有岩株突起”[4]223“横跨五子山复背斜的一系列矿区级东西向断裂，如元老、个松、背阴山、蒙子庙、老熊洞、仙人洞等断裂，切深较大，对成岩有所控制，深部花岗岩相应出现低洼深谷”[10]137（按：事实上蒙子庙断裂并无低洼深谷，应为成岩期后断裂，不在对成岩有控制作用断裂之列）的一般性分布特征。

按照地质力学原理和笔者命名的应变构造系的概念，应变椭球中的压性、张性、扭性构造在一定边界条件下可以彼此替代。个旧锡矿田东西向二级开扭就是北北东向压性构造的另类表现，换言之，它有助于从另一个角度佐证卡老松背斜的存在，成为沿卡老松一线存在压性构造的证据。当然，懂得应变构造系的道理，就懂得压性构造应力不一定要求以压性结构面来体现。

作为卡老松背斜的替代表现，白龙、仙人洞、老熊洞、背阴山、个松 5 大二级开扭是强烈的和显著的，这种由一组强烈的和显著的开扭替代微弱压性结构面成为分支构造，成为与控矿压性入字型构造在构造形态上的重大差别，它反映在个卡入字型构造应力场中，强大以开扭应变集中释放。构造应力场的这种差别还决定了构造应变不限于这一种表现，个卡入字型构造中各结构面的这些差别将逐一专节阐明，以论证个旧锡矿田的两个入字型构造不再属于控矿压性入字型构造。本书因此称个卡入字型构造为控矿张性入字型构造。当然，也可以将沿个旧断裂东侧伸出的近东西向断裂，如元老断裂和象山断裂，作为二级开扭，与个旧断裂单独组成控矿张性入字型构造。

② 5 大二级开扭存在相当明显的 5 大特征，能够表明它们在成因上属于相同性质的结构面。一是有共同的产状特征，且都“构造形迹深部比浅部清楚”[4]207。不仅走向类同，而且包括倾向总体向南（白龙断裂图示北倾[4]124–125 如果不属于绘图错误，可能属于浅部产状）。值得注意的是，地质图标示的二级开扭倾角都在中、东段，其西段是否反向向南倾斜，不都有文字或图件资料说明。笔者认为西段很可能向南倾斜。二是有共同的水平扭动特征，垂直断距一般小于水平断距，如背阴山断裂水平断距约为 800 m，垂直断距为 50~350 m[4]129；仙人洞断裂水平断距为 250~500 m，为垂直断距的 5 倍[4]45；老熊洞断裂顺钟向扭动幅度应当最大，可惜未有具体数据说明。三是断裂本身虽不含矿，但有显著的控岩作用，它们之下花岗岩都有下凹表现。老厂岩体北东端边界为北西向，属于二级开扭顺钟向扭动时派生的张性结构面方向，在这个方向上，岩体也不向上突起，反而陡倾斜沉伏（个松断裂北倾且含矿，将专节论述其产生原因）。四是由合点向开端，它们逐渐东移远离个旧断裂，偏离的趋势与卡老松背斜相协调。白龙、仙人洞、老熊洞断裂西端紧靠个旧断裂，自背阴山断裂起至个松断裂，可以清楚地看到前者远离约 2 km，后者远离近 8 km。五是开扭远盘递次上抬，上抬过度又走向反面，出现沉伏。最明显的开扭远盘上抬出现在仙老区段、老背区段及个白区段。走向反面的是白仙区段和背个区段，这使得矿田 5 大区段有 3 个上抬、2 个沉伏。“整个岩体由北向南阶梯状递降”[10]137 的说法，没有概括其间夹有上抬，没有阐明它们遵循对立统一规律，属于有机联系的、实质属于同一个构造应力场的特征。

③个卡入字型构造控矿矿床氧化带极为发育。在上卷涉及的 13 个控矿压性入字型构造中，白家嘴子矿床靠近张裂 F8 的 Ⅰ 、Ⅲ矿段氧化带深达 100~200 m[18]323（“该矿床 1、3 号矿区矿床氧化带，具有我国西北地区大陆干旱地区硫化矿床氧化带典型特征。地表氧化带的分布范围与其下原生带矿田的大小基本一致。沿氧化深度一般 10~40 m，构造破碎部位可深达百米[19]225”），属控矿压性入字型构造氧化带沿张裂发育的个例。控矿张性入字型构造则不然，个旧锡矿田层间氧化矿类型[4]是重要的矿化类型，各主要矿床均有产出（老厂矿段接触带锡石—硫化物型矿床之外均为层间氧化型矿床[4]137，

大面积分布，所占储量为13%；马拉格矿段层间氧化型矿床[4]153分铜锡型[4]154、锡铅型[4]156、锡铟型[4]159；松树脚矿段层间氧化型矿床分条状、似层状—条状[4]167；卡房矿段层间氧化矿[4]177可分为缓倾斜锡铜型、锡铅型和陡倾斜脉状锡铅型两类。这些普遍性都说明它的重要性），进一步显现出张性结构面与矿床氧化带发育的相关联性质。

④存在同构造期面型重熔岩浆增温温度场是个卡入字型构造最重要的边界条件。笔者论述的14个控矿压性入字型构造都不存在这种条件。白家嘴子、红石砬矿床岩浆岩沿分支构造发育，攀枝花、七宝山、马厂菁矿床岩浆岩分布于主干断裂与分支断裂之间，力马河、甲生盘矿床的面型岩浆岩在成矿期前已经存在，它们都不存在像个旧锡矿田这样的个旧杂岩体，既与成矿同期，特别是又面型分布。这不能称“地质背景条件”，因为它并非成矿期前已经存在的“背景”。如果习惯于按背景条件演绎思辨，那么可以设想存在一个与“构造应力场”相对应的增温温度场背景条件。为什么5大开扭“构造形迹深部比浅部清楚”？这应当正是面型重熔岩浆增温温度场深部比浅部增温梯度更大，因而深部的构造形迹更显著所致。

前人有任意处理素材的问题，同一地质界线在不同图件上有不同表示。如杨家田断裂在岩浆岩图上被处理为在个旧湖以北交接，且穿切个旧断裂斜贯整个图幅；又如其“个旧矿区地质图”（本卷修改为“个旧成矿区地质图”，图1–4）根本未标示出蒙子庙—忆苦冲断裂；再如沿个旧断裂的小断陷盆地形态各图有诸多差别等，不胜枚举。

必须指出的是，卡老松背斜脊轴不是一条清晰的线，而是一条比较宽阔的带，个卡入字型构造分支断裂与主干断裂相交也就不是一个“点”，而是靠近卡房的一个范围（合段）。

尽管个卡入字型构造比较复杂，但是在“各种构造成分协调、和谐，体现构造应力场的统一性”特征上仍然表现得相当清晰，并且与个杨入字型构造协调、和谐。它们虽然分属两个构造体系，彼此似不相干，但是从构造应力场而言又浑然一体。这一点将专节论述。

（二）重要结构面力学性质分析

矿田之重要结构面指东西向二级开扭和北西向构造两种高级别的构造。其力学性质分析必须联系与之相关联的因素进行，范围上必须涉及两条二级开扭所夹的区段。

1. 东西向二级开扭性质分析

东西向二级开扭是成岩期顺钟向扭动、成岩期后反向扭动的张扭性断裂，是个旧锡矿田最显著也最重要的构造形迹。东西向二级开扭的力学性质又是确立个卡入字型构造中最难认识而又最重要的，因为一旦认识清楚，入字型构造的控矿作用就随之明确并且清晰，即刻可认识到东西向二级开扭是个卡入字型构造5大矿床的构造边界，两条东西向二级开扭之间的区段，即为一个矿床（马拉格、松树脚划分为两个矿床是很不正确的，称矿区、矿田更不正确。只能是同一矿床中的两个矿段）。按本卷划分，应以仙老断裂与老背断裂两个上抬区段的同一性，将老厂矿段和卡房矿段合并称老卡矿床。当然，不合并所造成的缺陷比将马、松两个矿段分开要小，因为原分划在客观上强调了东西向构造的作用。按东西向二级开扭为边界划分矿床，评价和进一步找矿的思路即刻清晰了起来。

网上资料《个旧锡矿—地质》认识到个松断裂是高峰块段与松树脚—马拉格矿段构造边界是一个重要的进步。

开扭系笔者创建的名词，源自地质力学的棋盘格式构造，它没有专节讨论著名的新华夏系构造体系，而是在棋盘格式构造节中论及。它认为“就中国东部来说，假定内陆方面相对向南，太平洋方面相对向北发生了扭动，在这种形势下，必然出现走向北东的挤压线和走向北西的张裂线。在岩层在长期压力作用下显示高度塑性的条件下，最初发生的走向北东的挤压线，就可能逐渐转变而成为走向北北东的挤压线，同时跟着发生的扭裂面中的一组也转变了方向，甚至改变了性质（由扭性而变为压性），新的张裂面——走向西北西的断层——也不免发生。在古老褶皱已经僵化了的褶皱转变的现象，可能不甚显著。但在这样的地区，后来出现两组扭断面排列的方位，仍有可能反映后来主压应力的作用面不是走向北东，而是走向北北东。用塑性板状物质特别是泥巴做模拟实验也可以获得类似的结果。因此，可以说前述塑性形变的假定是值得注意的”[2]91。地质力学这个论点有两方面需要提供进一步的证据：一个是“内陆方面相对向南，太平洋方面相对向北发生了扭动”；另一个是“在岩层在长期压力作用下显示高度塑性的条件下，最初发生的走向北东的挤压线，就可能逐渐转变而成为走向北北东的挤压线”，这种变化的可能性需要进一步论证[3]87。在柔性形变中褶皱轴线改变方位并不困难，而要以平移的形式改变压性结构面的方位简直不可能（棋盘格式构造只能是断裂）。地质力学给予新华夏系构造体系各构造成分的名称，为北北东向新华夏系主压结构面、北东东向泰山式横扭和北北西向大义山式纵扭 3 项，并认为在构造应力持续作用下，后两者由扭裂分别转变为张扭和压扭。

在此，必须首先阐明个旧锡矿的这个最主要构造形迹的性质。个旧锡矿的开扭，并非如泰山式构造那样，初次构造为扭裂，二次构造才转变为压扭，而是初次构造即为张扭。或者委婉些说，个旧锡矿田的开扭，初次扭裂构造瞬间转变为二次开扭构造（当然，也可能与个旧锡矿存在面型增温温度场边界条件有关）。在某些边界条件下，可以整个矿区基本上不产生开扭，如德兴银山铜铅锌矿床只有砥柱屏蔽区后缘弛张带可能存在开张性结构面，整个矿区都是压性、压扭性结构面[1]；白家嘴子矿区完全没有开扭。这一点，即在同构造期增温温度场边界条件下以开扭等张性结构面释放挤压应力的正确的思辨演绎，尤其可以从矿床构造分析中得到佐证，个旧锡矿田只有极少数地段存在级别较低的压性结构面。

在由南至北西向白沙冲断裂以南 5 大开扭所夹的 5 大区段中，包含 3 个上抬区段和 2 个沉伏区段，上抬区段反映的是反钟向仰冲构造应力的正向应变，沉伏区段反映的是反钟向仰冲的负向应变，它们都是挤压应力场的产物，只不过仰冲造成的上抬不可能一再持续，早晚要走向反面沉伏而已。为方便论述，将上抬区段称为紧张区段，将沉伏区段称为弛张区段，弛张区段与紧张区段不可分割，共同组成卡老松背斜和个卡入字型构造。对局部而言，弛张又相对于紧张表现出更为显著的开张性质。以下按东西向二级开扭所挟的区段分别论述相关构造。可以这样说，东西向二级开扭所挟区段构造论述清楚了，个旧锡矿田的构造基本就清楚了。

唯一的“存在问题”是东西向二级开扭方位与理论值有明显差别。按卡老松背斜为北东 30° 计，其应变构造系开扭方位应为北东 70° ，即与新华夏系泰山式方位相同。现在却为近东西向甚至如个松断裂方位为 110° 左右[采用其较大比例尺“矿田地质图”资料，虽不够宏观，但比其“个旧矿区地质图”（图 1–4 个旧成矿区地质图）、“个旧矿区东部接触带矿床分布图”“个旧矿区东部层间矿床分布图”等的约 120° 可信度高得多]，与理论值相差 40° 。对于这一问题，笔者的解释是构造体系构造应力持续作用的结果，包括由南向北 5 大开扭愈来愈离开理论值［按其“老厂矿田地质图”（图 1–19 老厂矿段地质图）背阴山断裂约为 100° ，其“卡房矿田地质图”（图 1–13 卡房矿段地质图）的老熊洞断裂、仙人洞断裂、白龙断裂约为 90° ］，即这些开扭东段倾向北，且断裂西段可能南倾，其走向必定偏南东。在笔者看来，此项可不算存在问题。

（1）仙老区段

该区段新山岩体已经出露，沉积岩覆盖较薄，边界条件比较简单，岩体上覆地层的构造比较清晰、明朗。前人未陈述老熊洞断裂水平和垂直断距并指出其扭动幅度远大于仙人洞断裂（最大水平断距为 500 m）之特点，但读图可读出其顺钟向扭动幅度之大（最“笨”的读图法是读该区段岩浆岩图或接触带矿床分布图中“花岗岩等深线”的歪斜程度）。该区段可以视为遭受北缘向东、南缘向西扭动最强烈的和之后反向扭动特征最明显的区段。

必须指出的是，仙老区段构造应变的边界条件有 3 个。其一是个卡入字型构造最靠近合段、承受构造应力最强烈的上抬区段。其二是上覆地层为向南东倾斜的单斜构造（卡老松背斜南段的南东翼）。其三是地层属个旧组底部一、二、三层，其第三层为泥质灰岩夹钙质泥岩及碳质灰岩，与其上下相对较纯的碳酸盐岩岩性有较大差别，属相对的隔水层，在成岩、成矿中起遮挡层及在风化作用中起保护层的作用。

仙老区段的构造可做以下分析：

首先是老熊洞断裂与卡房小断陷盆地和一组北东向小断裂属一套应变构造系，共同反映老熊洞断裂的顺钟向扭动的开扭力学性质，卡房盆地为其横（开）扭，一组北东向小断裂为其纵扭。当卡房盆地过分发育时，邻近地段必然受到向北牵引的构造应力，北东向小断裂因此应运而生（或反过来说，它们互为因果）。北东向小断裂的出现，也应当能够说明二级东西向扭裂瞬间就具有开张性质。矿段地质图显示北东向小断裂最东端与卡房盆地最南支端头的连线也呈北东向（属巧合抑或是必然，在地质事实上就是这样地呈现出来了）。这种感性认识之所以可以提出，是因为有地质力学所运用的应变椭球理论支持。仙人洞断裂带上也有北东向小断裂，它同样属于在卡老松背斜南东翼单斜构造边界条件下的纵扭，不过不够发育而已。

其次是仙老区段持续顺钟向扭动，派生出轴向北东—北东东向的新山背斜压性结构面。新山背斜北西突出略呈弧形，由持续顺钟向扭动造成。该区段顺钟向持续扭动期亦即新山岩体上隆期。在同构造期岩浆体的上覆地层作为被增温的介质，构造应变以张性结构面为主之时，重熔岩浆所受到的构造应力仍然属强大的挤压应力，其结果是新山岩体以底辟构造的形式穿破变辉绿岩层上突，终止于个旧组卡房段第三层（$T_2k_1^3$）钙质泥岩下，钙质泥岩起到了成岩成矿遮挡层之作用。新山背斜与新山岩体遂成第二序次的压性构造。

最后是在新山背斜向北西突出呈弧形导致产生新山挠曲带雏形，也造成新山背斜轴面的向南东倾斜之后，仙老区段反钟向扭动并上抬，在新山背斜南东翼派生出北西向褶皱，新山挠曲带形成。新山挠曲带是出现以新山岩体、新山背斜为边界条件之后的再派生构造，新山挠曲带马趴井背斜等褶皱轴向北西，与新山背斜直交，是在新山岩体成岩期后，仙老断裂反钟向扭动并上抬的结果。从新山挠曲带主要发育于新山背斜南东翼的南侧看，仙人洞断裂在反钟向扭动期的扭动幅度较老熊洞断裂为大。这一点在讨论白仙区段构造时还将提到。鉴于仙人洞断裂北盘上抬，新山背斜南东翼倾角只能缓，不可能陡（成为褶皱轴面倾向南东的不对称背斜）；新山挠曲带背斜显著、之间的向斜不显著也就成为构造应变的必然选择，因为向上应变自由度高，向下凹则遭受下伏地层的抵抗。这与锡矿山复背斜中次级背斜发育向斜不发育的道理相同（图 1–59）。图 1–59 中向东的箭头上侧标示向北东的小箭头，示意东西向二级开扭初次构造即具有开张性。

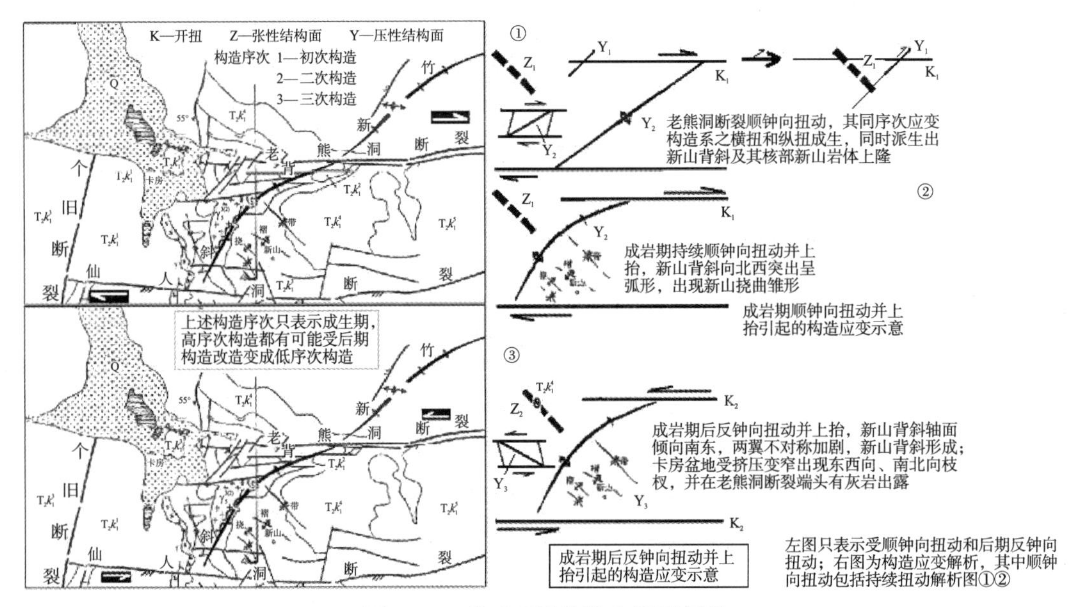

图 1–59　仙老区段构造分析示意图

上述分析阐明了仙老区段 3 个序次构造形迹的成生。

仙老区段的构造特征，为开扭构造应力作用的强度提供了可大体定量的生动的例证。它能够说明，开扭早期的构造应力极为强大，而之后的反向扭动构造应力相对而言是微弱的。在列举了水平断距的开扭中，都是北盘东移、错断距离上百米，而反向扭动的断距完全不足以弥补、远不能使之达到归位的程度。要证明其反钟向扭动，很难从二级开扭本身找到证据，只能依靠其派生构造，新山挠曲带内的层间矿体就是反钟向扭动派生的构造体。新山背斜与新山岩体空间关系密切，构造关系和谐。岩体在顺钟向扭动的持续作用过程中，而不是在仙老断裂开始出现时上隆，可以作为卡老松背斜（含 5 大开扭）在同构造期增温温度场的增温期成生的佐证。

所谓高序次构造都有可能被后期构造改造变成低序次构造，如卡房盆地成生期为初次构造，老熊洞断裂反钟向扭动期则被改造成为二次构造；新山挠曲带成生时，二次构造新山背斜当然要受到改造（如轴面倾角进一步变缓，新山挠曲带应是新山背斜的组成部分等），它因此也可算第三序次构造。初次构造卡老松背斜并非完整的背斜，其上添加了各式各样的低级构造，从这个意义上说，它也就成了第三序次的构造。这里所称的序次，其实是指最初出现的次序。这与锡矿山矿床西部断裂带原本是区域性深大断裂，其派生的锡矿山复背斜成生时，它本身也被改造而降低了构造序次的道理相同。这一点地质力学从未提到，笔者尽管最初就曾指出（容忍性退让[1]143），至此才完成完整的理性认识——对于控矿压性入字型构造而言，主干断裂必须“容忍性退让”；对控矿张性入字型构造而言，主干断裂必须“迁就性跟进”。概括起来，是在持续构造应变中，高序次构造形迹派生出低序次构造形迹过程中自身也必须有相应的应变。概括起来说，对主干断裂而言，必定要产生“附和性改造”。

（2）老背区段

老背区段花岗岩体隐伏深达 200~1 000 m，岩体上覆地层至少厚 200 m 且厚薄不一，就成为一种重要的边界条件，矿床构造因此显得比较复杂，更需要强调划分成岩期构造和成岩期后构造，并且成岩期后构造应变是造成矿床上覆地层构造复杂的根本原因。这是其一。其二是老背区段是南北向距离最宽（6 km）的区段，按照构造应变等距性和地表构造应变总是大于深部的规律，之间显得太宽，需要有力学性质相当的东西向扭裂补充释放部分张扭应力，三级蒙子庙断裂即为由此产生的横扭。前人“老厂矿田地质图”（图 1–19）[4]129、“老卡岩体老厂段地质图”（图 1–8）[4]76 均以蒙子庙断裂为南边界，“老厂岩体北段隐伏岩体等高线图”（图 1–7）[4]132 的范围同样以蒙子庙断裂为南边界，前人“老厂岩体”“老厂岩体北段”两个范围概念发生了混淆。前人之所以概念混淆、矿段南界确定错误，包含了未认识到蒙子庙断裂在成岩成矿中不过起补充作用而已（是老背区段横扭应变在岩体上覆地层中的补充）。换言之，老背断裂可以造成老厂岩体的隆起所需要的构造应力释放，但是不足以完全造成岩体上覆地层构造应变所需要的构造应力释放，需要补充应变。蒙子庙断裂得以在不对岩体造成显著应变的前提下，只对上覆地层、对成矿产生显著作用，以致前人以蒙子庙断裂为“矿田”南边界，这不是正确的划分，乃至于蒙子庙—忆苦冲断裂至老阴山断裂之间的地质矿产情况未得以系统描述。

从图 1–31（前人称“松树脚矿田接触带矿床分布图”[4]166）可以清楚看到，花岗岩隆起与马松背斜是协调的，花岗岩隆起于背斜核部，彼此协调，呈“整合接触”，仅仅是背斜南东翼在花岗岩体顶面高程之下的部分出现倒转，地层层理与岩体界面直交（见个白区段节）。松树脚矿段花岗岩与上覆沉积岩的接触关系，可以视为分支构造远段花岗岩与上覆沉积岩的接触关系的真实例证，可以作为两者接触关系的初始状态，即“上为背斜（穹隆）、下有岩株突起[4]223”描述的典型代表。但是，老卡岩体与上覆沉积岩则并无这样典型的接触关系，它显示出花岗岩体成岩之后，构造应力的持续作用延续了较长时期，上覆地层或者已经不再保留完整的背斜形态，或者是上覆地层太厚大，根本不显现背斜构造，完全由东西向二级开扭及其派生构造取代。

老厂矿段上覆地层的构造形迹反映的是成岩期后构造应力较长时期的持续作用。

①老厂矿段成岩期构造分析。

老厂矿段成岩期构造首先从岩体形态特征入手予以分析。

老卡岩体顶面等高线图反映岩体的表面特征，前人已经认识到“岩体总体形态为一截锥状，锥台上有若干北东向的脊状小突起，其间又隐现出北西向的隆起”[4]46，正如本书前述老卡岩体表面特征所称，岩体总体走向 30° 反映的是卡老松背斜压性构造的方向，岩体在压性结构面方向隆起；北东向隆起的北东边界为北西走向，反映的是张性结构面，表现为岩体在北西方向凹陷。这样，前人所谓“其间又隐现出北西向的‘隆起’”，应当描述为“其间又隐现出北西向的‘凹陷’”。凹陷与隆起是对立统一的，描述为隆起并非错误，之所以应当强调凹陷，是北西向代表的是张性结构面的方向，张性结构面不能造成花岗岩体隆起，因而可更清楚地理解这个地质现象的本质属性。这些隐现的北西向凹陷，反映的是与卡老松背斜相垂直的基本特性。岩体沿压性结构面隆起，则应当沿张性结构面凹陷，这才是正确思辨下的合理演绎；岩体北东侧边界走向则为北西 300°（北西段）~320°（南东段），界面相当平直，倾角陡，北西段反映的是与老卡岩体总体隆起相垂直的边界，南东段反映的是与雁列隆起长轴 50° 相垂直的方向，其倾角尤其陡。它们在空间上不一定对应得完美无缺。这个特征进一步证明，沿张性结构面，岩体不是隆起，而是下陷。这是十分值得重视的事实，这个事实与“岩脉沿张性断裂上侵”的传统观念完全相反。地质力学认为新华夏系泰山式断裂属于压扭性结构面，认定有岩脉充填的大义山式断裂属于张扭性结构面，也并不认识这一对扭裂的性质和不能理解岩体竟然是沿压性结构面熔融上隆。对个旧锡矿田资料的这个论证，在上卷诸如白家嘴子铜镍矿床、力马河铜镍矿床、攀枝花钒钛磁铁矿床、红石砬铂矿床等例证的基础上，应当说将这个问题论证得十分充分因而十分有力了。当然，岩浆岩也可以沿张性结构面侵位，广东大东山岩体西段呈北西向，岩体长轴不分明，边界都与沉积地层直交，与其东段东西向窄长长轴恰相对应，前者应当是沿张裂侵位[1]55，后者则显然代表沿压性结构面方位上隆。

岩体顶面的微部形态特征反映的是成岩期构造的持续作用。成岩期有前后两期构造。

首先是出现晒鱼坝 –05 突起，和在其东侧出现与之雁列的 4033 突起（标高 2 200 m）—1021 突起（标高 2 175 m），轴向 50°，它说明成岩期构造应力存在后期作用，这种作用表现为压性结构面方向向东偏转了约 20°。鉴于这种偏转仅仅发生在老卡岩体中部，结构面属于低级构造，其产生原因只能归结为老背断裂的顺钟向持续扭动。也就是说，岩体沿个卡入字型构造的卡老松背斜中的老卡岩体隆起之后，在老背断裂顺钟向扭动构造应力场作用下，尚未固结部分的花岗岩，顺老背断裂顺钟向持续扭动构造应力方向产生了偏转 20° 的次级雁列小突起（注意持续作用时此处重熔岩浆仍未固结。从重熔岩浆的角度说，应当反过来，正因为构造应力的存在，岩浆才不能固结）。这与新山背斜、新山岩体经历两次应变是一致的。由此更可以认为，老卡岩体成岩期至少经历 3 次构造活动，第一次是个旧杂岩体总体熔融隆起；第二次是老卡岩体沿北东 30° 方向隆起，老卡岩体隆起的同时沿北西向隐现凹陷；第三次是局部偏转为北东 50° 雁列小突起隆起。若个旧杂岩体熔融上隆不予计算，则它们成岩期都遭受先后两期持续的构造活动。

从接触带矿体大多数产出于老卡岩体南东侧，南东侧矿体最密集带在 4033 突起南东，次密集带在晒鱼坝突起南东（这与图 1–31 中矿体与岩体的相关关系相一致）看，接触带矿体应为成岩期构造持续作用时形成，它反映的是上覆地层对下伏岩体的反钟向挤压（具体体现为上覆地层北西向向岩体挤压。这与图 1–32 所反映的构造应力情况相一致）。

值得注意的是，老卡岩体沿北东 30° 方向隆起，代表的正是卡老松背斜的方位。从图 1-60 上可以看出，原图 1-9（原图名为“个旧矿区构造纲要图”）标示的五子山复背斜方位与由老厂岩体形态反映出来的构造特征不相符。

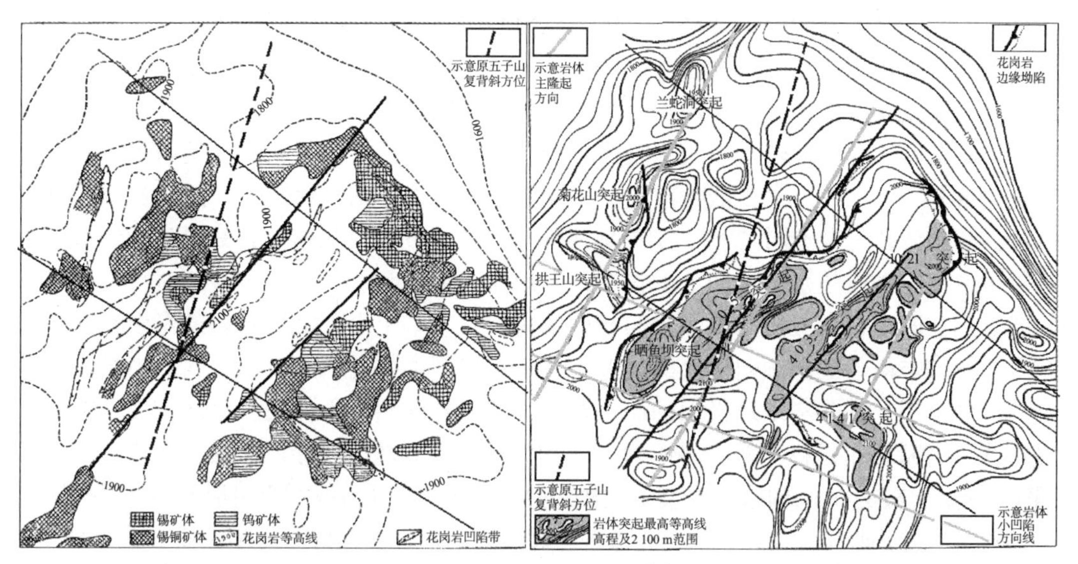

图 1-60　老厂矿段接触带矽卡岩硫化物矿体分布[4]137 与老厂岩体形态关系图

②老厂矿段成岩期后构造分析。

老厂矿段成岩期后构造着重在岩体上覆地层的构造分析（图 1-61）。

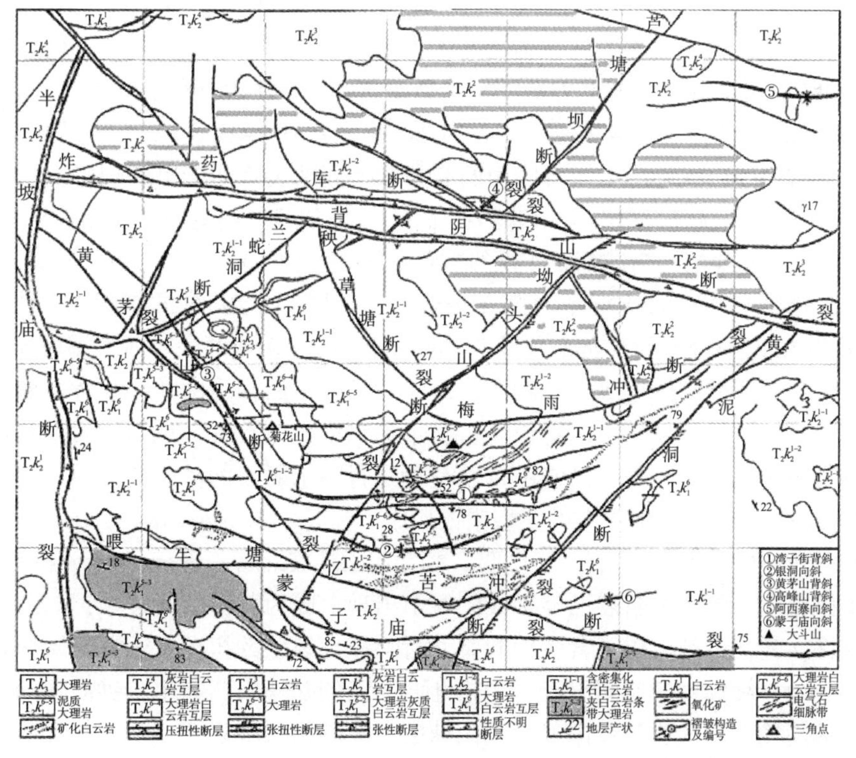

图 1-61　突显最老和最新地层后的老厂矿段地质图[4]129

老厂矿段上覆地层舒缓，可以认为没有典型意义高级别的褶皱构造，即褶皱轴并不代表挤压结构面的那种褶皱。略可显现的褶皱构造，是以背阴山断裂南缘为槽、北翼被切割的二级倾伏向斜构造，可称之为背阴山断裂南向斜，其北相应出现背阴山断裂北背斜，它们的轴向与背阴山断裂平行，翼部倾角平缓，都向东倾伏。此亦为背阴山断裂曾顺钟向扭动并南盘上抬的证据。下沉的北（下）盘背斜相当紧密、上抬的南（上）盘向斜极为舒缓是其重要特点。认识到这个特点，就能够理解为什么背阴山断裂南向斜南西翼那样的开阔，并为理解随扭裂出现的“褶皱构造”特征提供了实例。这与上抬的上盘一般为背斜、下沉的下盘一般为向斜大不相同（如与锡矿山复背斜每一条分支断裂东侧上抬盘都是背斜完全不同[1]135，那是派生压应力造成的褶皱构造），只要认识到背阴山断裂最主要的性质是水平方向上的扭裂，其南盘的上抬和北盘的下沉就相对次要得多，并能看到在断裂扭动方向与地层倾向相同的情况下，必定出现类似背斜的牵引，以及在断裂的扭动方向与地层倾向相反的情况下，必定出现类似向斜的牵引。它们不过是对地层的一种牵引，并非本来意义上的压性结构面背斜和向斜，不代表压性结构面。在此，要将背阴山断裂北背斜、南向斜作为一款珍贵标本的特别标注存留。因为它能够有力证明个旧锡矿田这样的同构造期增温温度场边界条件下，竟可出现由牵引形成的褶皱构造，这种褶皱构造并非压性构造，并不能体现与之平行的断裂的结构面力学性质（详见大菁—阿西寨向斜、猪头山向斜分析部分），这既对分析个旧锡矿田的具体构造有价值，又具有学术价值。

老厂矿段最老的地层第5层（$T_2k_1^{5-3}$）分布于南缘，最新地层（$T_2k_2^4$~$T_2k_2^3$）分布于北缘。如果将上覆地层只分为3大层（南部灰色层、中部白色层和北部横线层，图1–61），那么老厂矿段背阴山断裂以南的褶皱构造基本上都属于背阴山断裂南向斜的南西翼，存留了地层总体上向北缓倾斜的态势；背阴山断裂南向斜最新地层分布于东段，为个旧组第9层（$T_2k_2^3$），向西依次为第8~6层（$T_2k_2^2$~$T_2k_2^{1-1}$），在图1–19南缘个旧组第5~6层反复出露，说明从老厂矿段局部看，背阴山断裂与蒙子庙断裂之间的范围仍可视为背阴山断裂南向斜的南翼，仅仅是三级黄茅山背斜在中部上隆，使该向斜南西翼变得稍显复杂而已。在这个范围内的其他褶皱构造都属于低级构造（图1–62）。

高峰山背斜（图1–61上标示为④）被认为轴向北东向20°向北东倾没[4]42，高峰山鼻状背斜部位的锡铜型硫化矿体被描绘为延向北北西，且东西两段矿体南端边界都平直，依理而论，此锡铜型矿体与成岩期的背阴山断裂相关。而背阴山断裂北背斜属成岩期构造，这样演绎的结果就是高峰山背斜与接触带锡铜型矿体有关，也是成岩期构造。这一段论证不是多余的，它关系到高峰山背斜是否是背阴山断裂的派生构造。“在老厂外围高峰山地段找到了埋深千米左右的大型锡铜矿床（标高400~1 760 m）。在芦塘坝找到了埋深六七百米的层间锡铅矿床”[6]说明，在背阴山断裂北背斜形成早期，作为背个区段的开扭（详后），芦塘坝断裂已经（或同时）出现，成为背阴山断裂顺钟向持续扭动期的边界条件，其结果是阻碍了背阴山断裂北背斜核部地层的扭动，而翼部层位相对于核部层位仍必须持续顺钟向层间滑动，包括北西西向的驼峰山断裂也顺钟向扭动，于是就成生了包括高峰山鼻状背斜在内的背阴山断裂北背斜倾伏端变阔、翘起端反而变窄的形态（这当然也与处于卡老松背斜的核部有关，导致背阴山断裂北背斜向东西两端倾伏）。

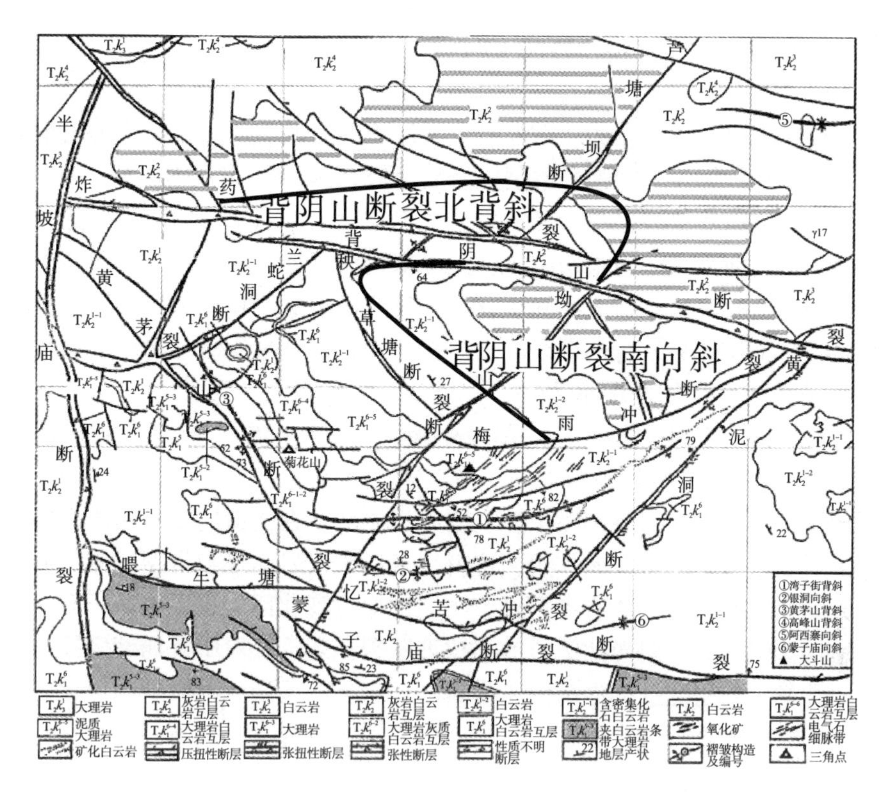

图 1–62 背阴山断裂南向斜、北背斜标示图

此种构造形态的意义，只要与背阴山断裂南向斜相比较就可认识清楚。背阴山断裂南向斜翼部显著撒开而显得开阔。这同时说明，背阴山断裂北背斜因为背个区段的沉伏必定狭窄，背阴山断裂南向斜因为老背区段上抬必定宽阔。在高峰山背斜西侧出现的“驼峰山背斜轴迹北北东向，向北倾伏，两翼开阔，东翼 5° ~10°，西翼 25° ~40°，核部见擦痕，有层间滑动特点，局部充填 2~5 cm 黏土和氧化矿，褶皱向下逐渐平缓消失”[13]403，足可见驼峰山背斜与层间滑动的密切关系。①“芦塘坝断裂在 1950 中段被揭露断裂带宽 10~30 m，为张性断裂，断裂带内充填有灰白色块状白云岩，砾径 2~50 cm 土黄色黏土胶结，Sn 0.102%，Cu 0.019%，Pb 0. 199%”[13]403。该资料认为 200 m × 100 m 勘探网过小，或在这一段内“芦塘坝断裂带成矿不好”，披露了芦塘坝断裂非压性断裂而显示有张性

① 驼峰山块段范围北起马吃水断裂，南至炸药库断裂，西起莲花山断裂，东至芦塘坝断裂[13]403。驼峰山 21 号主矿体主要分布在大菁南山断裂与高阿断裂、大菁南山断裂及大菁南山 1 号断裂的夹持带内，由南西向北东方向延展。矿体主要赋存在 1 950~2 100 m 标高之间，最长 300 m，延深 10~45 m，厚 0.2~8 m，品位变化大[13]405。

构造特征，应作为厘定芦塘坝断裂为张扭性开扭的印证。[①]

老背区段构造分析值得注意的有三。一是上覆地层的构造形态应变与下伏岩体形态并不相干，反映不出下伏岩体的北东向隆起及间夹的北西向凹陷，反映不出下伏岩体顶面3列多字型排列的脊突。上覆地层的构造诸如坳头山断裂、黄泥硐断裂、秧草塘断裂、梅雨冲断裂、黄茅山背斜等也都不影响岩体的形态。风流山块段的矿脉构造特征资料未能收集完整（抑或前人未能注重研究），此局部之成岩期后构造难以尽述并予以分析。二是存在整层地层缺失并且造成层间氧化矿体发育的现象。在整个个旧锡矿田，老厂矿段是层间氧化矿型矿体最发育的矿段。占矿段原生锡矿储量13.3%的层间氧化矿体，绝大部分赋存于$T_2k_1^{6-1}$缺失的邻近层位——$T_2k_1^{6-2}$、$T_2k_1^{6-4}$、$T_2k_1^{6-6}$三小层。三是在老厂与竹林（及竹林以南的卡房）之间$T_2k_1^6$厚度变化巨大（图1–5），这说明蒙子庙—忆苦冲断裂对上覆地层的构造应变影响极大。

上覆地层与下伏岩体形态不相干，说明它们之间存在构造应变，在成岩期和成岩期后存在构造应变就必定出现成矿作用，这就是老厂矿段岩体接触带型矿体与层间氧化矿体都最发育的原因所在；$T_2k_1^6$在老厂和卡房之间厚度变化巨大，说明蒙子庙—忆苦冲断裂对上覆地层影响显著。向南陡倾斜的龙树坡断裂在老厂矿段中有局部区段性影响，它之南脉体向北倾，它之北脉体向南倾（换言之，它是一系列向南倾斜的氧化矿脉状带的最南边界部位的主构造）。这三点也可以作为说明为什么沿老厂岩体成矿作用特别强烈、占储量比最大的理由（表1–29）。

A. 坳头山断裂等北东向三级断裂的成生与演化。

上覆地层的构造，最突出的是北东向的三级坳头山断裂、黄泥硐断裂和兰蛇洞断裂，以及北西向的三级黄茅山背斜（断裂）和低级秧草塘断裂。

坳头山断裂、黄泥硐断裂出现在岩体东缘的变坡度带，两者在岩体内反映为有长英岩脉穿切，未造成岩体的显著断开。它们显然属于成岩期后构造。

坳头山、黄泥硐、兰蛇洞断裂是二级东西向老背断裂顺钟向扭动所派生的横扭，沿这种扭裂产生诸如片理、糜棱岩化等特征。老背断裂反钟向扭动时，它们首先转变为张裂，出现厚大、厚度变化剧烈的破碎带，随后随老背断裂持续反钟向扭动而扭动，也可再度

---

① 资料链接。风流山块段位于老卡岩体西边的老厂矿段南部。深部发现了较多的隐伏“叠生花岗岩”体。这些在花岗岩基础上发展起来的蚀变花岗岩株体“对锡、铜、钨多金属矿产的富集形成了有利条件”[13]182。风流山块段内部的蚀变花岗岩型锡铜钨多金属型矿床，包括以交代为主的浸染型锡铜钨多金属矿体和以充填型为主的脉型锡铜钨多金属矿体两种类型。浸染型锡铜钨多金属矿脉沿断裂交代花岗岩保存了原岩组构，与黑云母花岗岩常呈渐变过渡关系。常见浸染型锡铜钨多金属矿脉与黑云母花岗岩交替产出；脉型锡铜钨多金属矿脉成矿物质产出于花岗岩原生节理裂隙中。矿脉与花岗岩界线截然。有时矿脉两侧有轻微的交代作用特征。区内脉状锡铜钨多金属矿脉较发育，大致以平行并的方式产出[13]183。矿体以矿化体带产出，矿脉近东西向走向，倾向南，倾角为70°~85°，与花岗岩接触界面大致垂直。不能以单脉计算储量。在断裂带附近形成的“大岩墙、大岩株岩体”中矿脉较发育，脉宽0.2~7.0 m，超过1 m的矿脉数1~2条/10 m，且延深较远，延深100~300 m。而在没有断裂带存在的“盆槽叠生”岩体中矿脉相对较稀薄，延深30~150m。花岗岩体内锡铜钨多金属矿是近年来新发现的矿床，属新类型及深部找矿新发现。自2005年以来，在黄茅山断裂、兰蛇洞断裂等附近探获大量蚀变花岗岩含矿床和多处矿点，找到了锡铜多金属矿11.5万吨（锡+铜金属量）[13]185。风流山块段1 800~1 850 m，70个钻孔中有37个在1 500~1 850 m揭露到矿体及矿点。竹叶山2 000 m中段在花岗岩内蚀变带中，新发现和揭露到具有工业意义的锡铜矿体，形态、产状和赋存形式等与1 800 m中段揭露和控制的矿体特征基本一致[13]186。

发育片理化、糜棱岩化。它们的倾向，初次构造原应与老背断裂协调倾向南东，但在持续反钟向扭动作用下，可改变为倾向北西。老厂矿段最东侧（上覆地层最厚大）的黄泥硐断裂深部保存了其初次构造的倾向，浅部则反转为倾向北西，就是证据。黄泥硐—坳头山断裂持续反钟向扭动还可派生如梅雨冲断裂等这种北东东向压性结构面（要注意岩体内完全不存在上覆地层清晰反映出来的这些北东东向线性构造，图 1–63）。鉴于蒙子庙断裂为老背断裂在成岩期补充性质的构造，图 1–63 中以“老熊洞断裂（蒙子庙断裂）”表示，蒙子庙—忆苦冲断裂的作用显著。

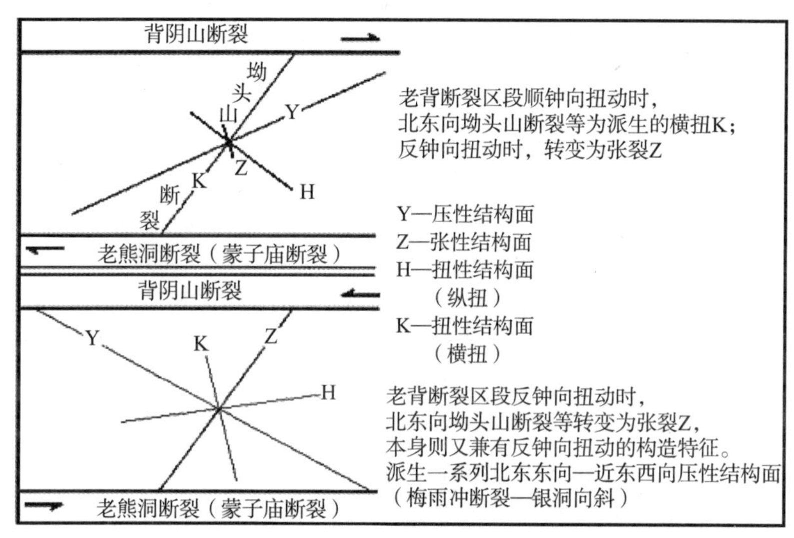

图 1–63　老厂矿段坳头山等三级北东向断裂生成解析图

坳头山等北东向断裂不是压性结构面的证据有二。其一是破碎带厚度大且变化大；其二是方位太偏北，不构成与二级开扭呈约 30° 的锐角关系。梅雨冲断裂的方位倒是比较相当，但构造级别太低，尤其重要的是其产出部位有规律地限于坳头山—黄泥硐断裂之间，很难与二级开扭直接产生成生联系。之所以要指出老厂矿段三级北东向断裂并非前人所称“为五子山复背斜轴部的一组次级压扭性结构面”[4]130，最主要的证据就是它们只分布在老背区段，空间分布上只与老背断裂紧密联系，并不专与卡老松背斜相联系。地质体的分布特征是研究其成因最重要的特征，必须首先考虑。其次是所谓的存在比较明显的挤压结构面特征应属于扭裂兼后期改造特征。卡老松背斜的压性结构面特征在老厂矿段其实是难以辨别的——“老厂背斜”尚且很牵强，其上方位相近的压性结构面倒是很发育，也于理不合。第三是存在方位上的差别，“五子山复背斜”走向更偏北（从图 1–9 上量的为 19°）。

坳头山断裂等一系列北东向横扭之所以有片理化、糜棱岩，是因为被前人描述为舒缓波状形态并称压扭性结构面不无道理，应当说，片理化和糜棱岩化是扭裂的重要特征，所称的舒缓波状则并不明显。这些特征可以认为主要是成岩期后曾随二级开扭一同反钟向扭动受到了改造，改变了扭裂应有的平直形态。它们之间出现的派生北东东向构造如梅雨冲断裂等，也说明它们最后遭受了强劲（注意，此强劲是相对于构造级别而言的）的反钟向扭应力。

黄泥硐断裂与坳头山断裂之间出现 8 条北东东向低级褶皱、断裂压性构造，被前人视为“老厂弧形构造”的东翼[4]43（黄茅山断裂及黄茅山背斜为西翼），这是不正确的。这些北东东向构造与黄泥硐—坳头山断裂的空间关系极为紧密，属后者的派生构造，它们能够指明前者最后为反钟向扭裂（详见北东东向构造分析节）。黄茅山断裂及黄茅山背斜是老背断裂直接派生的构造（详见北西向黄茅山断裂成生与演化分析节），与梅雨冲断裂等北东东向压性构造序次不同（亦即成生先后不同），所受到的构造应力和应变过程不同，不能够等同看待、联系起来凑成“弧形构造”，这必须强调。

这里涉及的“老厂电气石细脉带矿床[4]141”，被后续研究称为“大斗山式矿床”，称“细脉带矿床是指由大量含锡石的矿脉组合而形成的矿床”；称“受构造、围岩性质及花岗岩体的控制，单脉宽数毫米至数十厘米，大者 1~2 m，长数十厘米至 200 m。密集的矿脉形成了呈北东向展布的两条大致平行的矿带。南部的 17 号矿带为 1 200 m × 100 m（长 × 宽，下同）北部的 18# 矿带为 1 900 m × 400 m，矿化大多从深 300 多米的花岗岩接触带一直延伸到地表。连续性较差的矿化仅分布在花岗岩接触带向上百余米的范围内[20]307”。①

大斗山式脉状矿体的构造性质，笔者取其宏观分布特征（产出于北东向的坳头山断裂、黄泥硐断裂和北东东向的梅树冲断裂、龙树坡断裂等所夹持的菱形地带中[20]307，包括老厂岩体上的几个小突起等边界条件），认定大斗山式脉状矿体为梅雨冲断裂等北东东向断裂反钟向扭动时派生的纵扭，成生时期最晚（注意，此说与所谓的气成热液期为岩浆期后热液最早阶段的成矿期根本对立），构造应力温度场已经下降，属于碳酸盐岩，早已不再能塑性形变，并且由于促使构造应变的北东东向（或称近东西向）的一组断裂构造级别低，也不能使之以规模较大的断裂构造来释放构造应力，只能选择以裂隙带的形式出现，表现为脆性的裂隙形式应变。

结论是大斗山式脉状矿体为梅雨冲断裂等北东东向一组断裂反钟向扭动派生的最低级别也是最低序次的纵扭和横扭。

值得注意的是，一个是电气石细脉带—矿化白云岩型矿化与黄泥硐断裂和蒙子庙—忆苦冲断裂的空间关系密切，尤其是矿化白云岩，简直是与黄泥硐断裂和蒙子庙—忆苦冲断裂如影随形。这既比较好地说明蒙子庙—忆苦冲断裂属上覆地层的断裂，也比较好地说明蒙子庙—忆苦冲断裂反钟向扭动时，在坳头山断裂以西主要表现为形成黄茅山背斜（包括层间氧化矿），在坳头山断裂以东则表现为形成梅雨冲断裂等一系列压性结构面。另一个是为什么梅雨冲断裂等的方位会由北向南逐渐由北东东向转变为近东西向。这很可能是下伏岩体形态的缘故，在老厂岩体最高岭脊以西，反钟向扭动所造成的构造应变相对较小，持续时间较短，成矿作用主要是层间氧化矿；在老厂岩体最高岭脊以东（上覆地层也较厚）构造应变则显著得多，持续时间显得较长，矿化种类和强度都是老厂岩体以西区段不能媲美的。

比较起来，老厂区段较之仙老区段反钟向扭动所造成的构造应变复杂得多。这可能

① 大斗山式矿床矿化面积为 1.2 km^2，产出于北东向的坳头山断裂、黄泥硐断裂和北东东向的梅树冲断裂、龙树坡断裂等所夹持的菱形地带中[20]307。细脉带矿床是指由大量含锡石的矿脉组合而形成的矿床，受构造、围岩性质及花岗岩体的控制，单脉宽数毫米至数十厘米，大者 1~2 m，长数十厘米至 200 m。

是两者构造应变的边界条件差别比较大的缘故。①

坳头山等横扭的出现说明一个极有趣的现象，即个卡入字型构造发育一组五大开扭，五大开扭派生的构造仍然是开扭，在个旧断裂带以东竟然找不到一条较高级别的合扭（纵扭）。高级别构造中只有个旧断裂带以西杨家田断裂属比较典型的压性断裂。

B. 梅雨冲断裂等北东东向压性结构面的成生与演化。

梅雨冲断裂等 8 条北东东向构造的成生，可能是边界条件的原因而显得不能单纯考虑其旁侧的高级构造，而需要考虑黄泥硐断裂与蒙子庙—忆苦冲断裂反钟向的联合作用。前人所称“老厂弧形构造”虽不成立，但由梅雨冲断裂等 8 条构造形迹由东段的北东东向到中—西段的近东西向、电气石细脉带分布特征来看，特别是矿化白云岩，它自忆苦冲断裂西端起，沿忆苦冲断裂向东，在湾子街背斜及之南呈东西向，并且发育得最好，湾子街背斜东端转向北东东至北东向，确实反映出了弧形构造的形态特征。从梅雨冲断裂北东段呈北东东向方位及旁侧之平行小型褶皱看，应属于随坳头山—黄泥硐断裂反钟

---

① 资料链接。

1984 年后的某些新资料：

1. 老厂矿床西部新出现风流山块段并成为 2016 年矿山集中开采的地段。

“风流山矿段接触带矽卡岩硫化物矿床是目前矿山的集中开采区。风流山矿段位于老厂矿田西部北段，北至背阴山—炸药库断裂，南至喂牛塘断裂，东至黄茅山断裂，西至个旧断裂的交会部位。有接触带矽卡岩硫化物矿床和花岗岩内蚀变带锡铜多金属矿床两类产出矿化。接触带矽卡岩硫化物矿床是目前矿山集中开采区。花岗岩内蚀变带锡铜多金属矿床是新的矿床类型，地质研究程度低[21]71”。

2. 通过对铅、硫同位素研究，提出矿床成因假说，透露“海底喷流成因”已经问世。

称“个旧超大型锡多金属矿床不是单纯的花岗岩成因的矿床，也不是单纯的海底喷流成因矿床，而是同生沉积与岩浆热液叠加、改造的复合成因矿床[22]19”；“部分铅源于上地幔与印支期的热水沉积作用密切相关”。通过对个旧超大型锡多金属矿床的铅、硫同位素地球化学特征的系统研究，揭示矿床成矿物质具有多来源的特点，矿床的形成是多种成矿作用叠加的结果，具有多来源、多期次成矿的特点，经历了中三叠世的海底热水沉积作用和燕山晚期岩浆热液的叠加改造作用。个旧超大型锡多金属矿床应为同生沉积与岩浆热液叠加、改造的复合作用形成的矿床[2]17。铅同位素地球化学特征表明铅属于多源铅，部分铅源于上地幔与印支期的热水沉积作用密切相关，另有部分铅源于燕山期花岗岩岩浆热液作用，同时地层铅也提供了部分铅。硫同位素地球化学特征表明，硫部分源于热水沉积期间深部岩浆房和海水硫酸盐，燕山期大规模的岩浆活动，岩浆热液后期叠加、改造成矿作用，也给该矿床提供了大量的深源硫。

3. 通过同位素研究认为“辉钼矿的 Re 含量显示有地壳和地幔的共同参与”。

认为通过同位素研究显示个旧卡房夕卡岩型铜（锡）矿床与云南的都龙锡锌矿床、白牛厂银多金属矿床和广西大厂锡多金属矿床、王社铜钨矿床的成矿年龄接近，表明这些矿床的形成受控于相同的地质动力学背景，同为华南中生代晚期大规模成矿作用的产物[23]1938；对卡房矽卡岩型矿床中 5 件辉钼矿样品进行了成矿时代的测定，获得辉钼矿同位素模式年龄为（82.95 ± 1.16~83.54 ± 1.31）Ma，等时线年龄为（83. 4 ± 2.1）Ma。该年龄和老卡岩体的 LA–ICP–MS 锆石 U–Pb 年龄（85 ± 0.85）Ma 相吻合，表明成岩和成矿关系密切。辉钼矿的 Re 含量显示有地壳和地幔的共同参与。该 Re–Os 年龄测定结果显示个旧卡房矽卡岩型铜（锡）矿床与云南都龙锡锌矿床、云南白牛厂银多金属矿床、广西大厂锡多金属矿床以及广西王社铜钨矿床的成矿年龄接近，表明这些矿床的形成受控于相同的地质动力学背景，同为华南中生代晚期大规模成矿作用的产物。

4. 老厂矿床及高松矿段地下水属红河水系[24]320。

该资料主要是明确了地下水分水岭的具体位置（地下水分水岭西起马吃水，经市传染病院，从白沙冲和大屯—蒙自盆地南缘通过。向北偏移近 20 km，导致老厂、高松矿田地理位置虽处于南盘江流域，其地下水却属红河水系[24]320）。

5. 背个区段找矿有新发现。

a. 驼峰山矿段共圈定出 3 个综合异常区，分别在大菁南断裂与马吃水断裂交叉处以及大菁南断裂与高峰山断裂的交叉处附近的 1 号和 3 号异常区，最具找矿前景[25]468。b. 老厂东共圈出 3 个综合异常区，都是沿北东向展布，与断裂及下面的隐伏花岗岩、玄武岩有关，1 号和 3 号异常为接触带硫化矿体，2 号异常为层间氧化矿[25]469。c. 大菁东、阿西寨。大菁东面积为 4 km²，阿西寨面积为 9 km²[25]469。

向扭动派生的压性结构面（这里当然还有因为黄泥硐断裂浅部反向造成的挤压因素，图 1–64）。

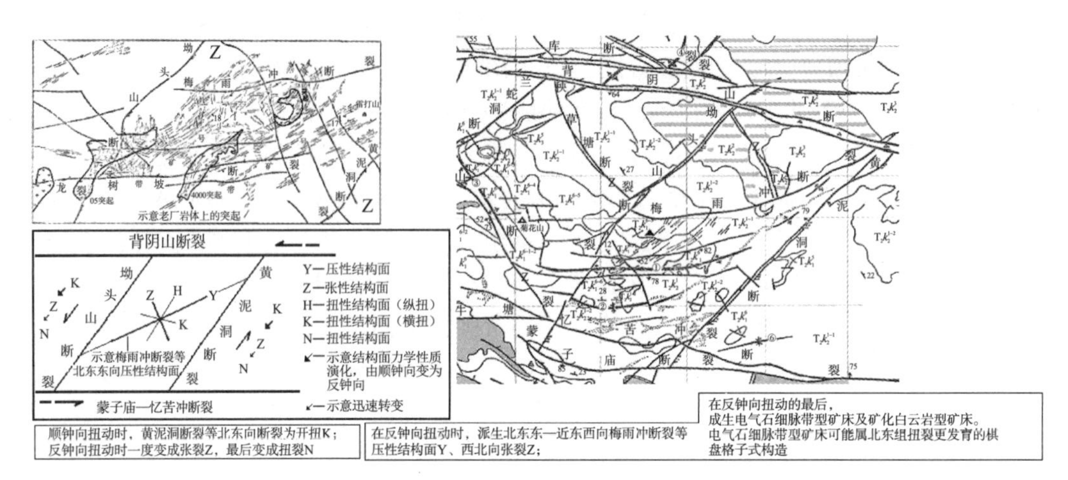

图 1–64　梅雨冲断裂等北东东向结构面成生解析图

蒙子庙—亿苦冲断裂对上覆地层的作用不容小觑。如个旧组第 6 层（$T_2k_1^6$）在矿田中南部老厂与竹林、卡房厚度悬殊，在竹林为 2~4 m，卡房为 28 m，老厂则厚达 206~426 m[4]37，而差别看起来是在蒙子庙断裂两侧变化的[4]37（图 1–5），超过了全成矿区各矿段地层厚度的变化。见表 1–31。蒙子庙—亿苦冲断裂作为主要是对上覆地层产生作用的断裂，与黄泥硐断裂一道，相对于坳头山断裂反钟向扭动，使得其间的梅雨冲断裂等呈北东东向—近东西向，相应地有北西向的张裂（包括图 1–25 中南东角低级别的北西向张裂）。

表 1–31　个旧组各分层厚度厚薄比（厚 / 薄）

个旧组	分层	厚度 /m	厚薄比	备注
白泥洞段	⑬ $T_2k_3^3$	＞90		
	⑫ $T_2k_3^2$	42~64	1.50	
	⑪ $T_2k_3^1$	29~115	3.97	
马拉格段	⑩ $T_2k_2^4$	21~233	11.10	马拉格矿段层间矿上含矿层，前人又指为 $T_2k_2^4$~$T_2k_3^1$ 分界面附近
	⑨ $T_2k_2^3$	132~558	4.20	马拉格矿段层间矿中含矿层，前人又指为 $T_2k_2^3$~$T_2k_2^4$ 分界面附近
	⑧ $T_2k_2^2$	91~256	2.80	马拉格矿段层间矿下含矿层，前人又指为 $T_2k_2^3$~$T_2k_2^2$ 分界面附近
	⑦ $T_2k_2^1$	21~342	16.30	
卡房段	⑥ $T_2k_1^6$	12~448	37.30	松树脚矿段层间似层状、条状矿体的上含矿层[4]167，为老厂矿段层间似层状、条状矿体的下含矿层[4]128
	⑤ $T_2k_1^5$	336~701	2.10	松树脚矿段层间似层状、条状矿体的中、下含矿层[4]167

续表

个旧组	分层	厚度 /m	厚薄比	备注
卡房段	④ $T_2k_1^4$	62~180	2.90	老厂矿段层间似层状、条状矿体的中含矿层[4]128
	③ $T_2k_1^3$	69~205	3.00	卡房矿段该层厚 110~170 m，为层间型矿体上含矿层[4]170
	② $T_2k_1^2$	37~130	3.50	薄层夹中厚层泥质灰岩卡房矿段该层厚 110~170 m，为层间型矿体上含矿层
	① $T_2k_1^1$	500~575		卡房矿段该层厚大于 800 m，为层间型矿体下含矿层

坳头山—黄泥硐断裂之间尚有两条比较明显的北西向断裂（未命名），系其同序次的张裂，它们与梅雨冲断裂等压性结构面直交，同属低级构造，同属坳头山—黄泥硐断裂的派生低序次构造。其他尚有一批更低级别的北西向张裂（图 1–25）。

这 8 条压性构造中最显著的是梅雨冲断裂。但如果仔细读图 1–8，可发现产出于岩体 4141 和 4033 突起之间低凹带北边缘的断裂（应当是龙树坡断裂）构造级别相当高，起局部构造分区的作用（它之南构造形迹都倾向北，它之北构造形迹都倾向南）。4141 和 4033 突起之间的低凹带，对照起来应当就是银洞向斜的产出部位。前人资料涉及此 8 条褶皱、断裂是否穿切坳头山断裂的素材问题。从图 1–19 看，梅雨冲断裂不穿切坳头山断裂，绝大部分电气石细脉带也只出现在坳头山断裂以东，黄泥硐挠曲带同样也只分布在坳头山断裂以东，银洞向斜标示为被坳头山断裂切割、断开，西段留下尾段等，但这些褶皱、断裂中的另一部分，如湾子街背斜及其南北两侧的断裂，被标示为穿切坳头山断裂。这是个相矛盾的现象（后续研究的“老厂矿田湾子街矿段地质略图”[22]307 表明，湾子街断裂北侧的龙树坡断裂不穿切坳头山断裂，但其“个旧老厂细脉带型矿床平面地质略图”[22]308 又是顺钟向穿切坳头山断裂的，同样矛盾，不再附）。这 8 条褶皱、断裂是否穿切坳头山断裂，涉及它们的成生联系，是一个重要的实际材料问题。

从“大斗山式矿床矿化面积 1.2 km²，产出于北东向的坳头山断裂、黄泥硐断裂和北东东向的梅雨冲断裂、龙树坡断裂等所夹持的菱形地带中”[22]307 的描述中可以看到细脉带型矿床产出部位的宏观特征，以及老厂岩体地质图相当于龙树坡断裂部位的煌斑岩脉是不穿切坳头山断裂的，从这两方面看，应当认定梅雨冲断裂等北东东向压性构造不穿切坳头山断裂，认定这些北东东向压性构造是坳头山断裂和黄泥硐断裂派生的压性结构面。（图 1–65 A—A′）。

C. 北西向黄茅山断裂成生与演化。

北西向三级黄茅山断裂是老背断裂顺钟向扭动时派生的张性断裂（前人称“张扭性断裂”[4]130），在成岩期已经产生。在成岩期后，老背断裂反向扭动，黄茅山断裂的力学性质有演化为压性结构面的倾向。这个演化可以通过黄茅山背斜的产生来判定。从背斜核部个旧组第 5~6 层（$T_2k_1^5$~$T_2k_1^6$）的出露情况看，黄茅山背斜轴向为北西西向，斜穿（斜接）黄茅山断裂（前人标示黄茅山背斜与黄茅山断裂平行不符合事实。相反，要重视它们之间的斜交关系。它有助于说明，扭裂派生的压性结构面与扭裂派生的张性结构面夹

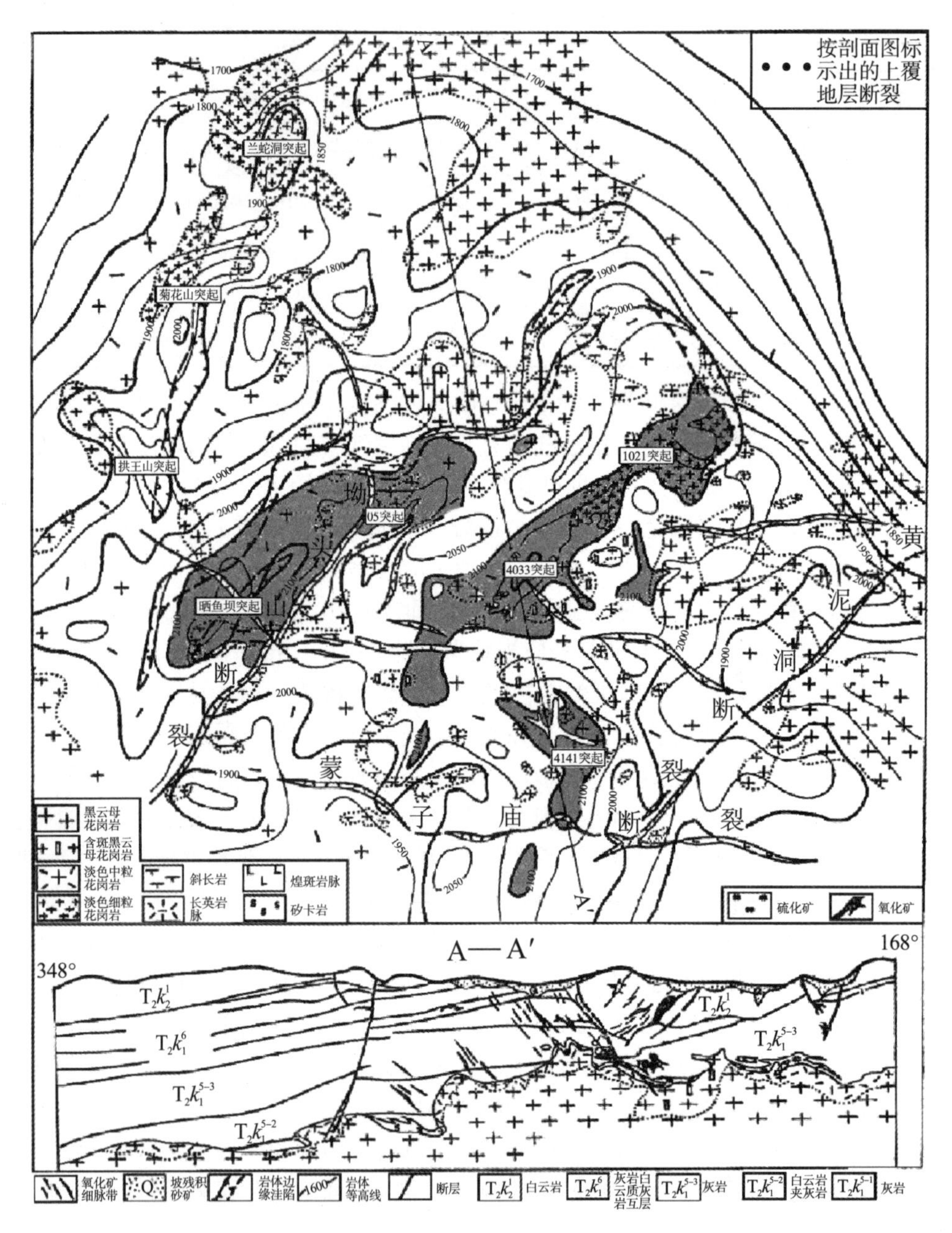

图 1–65 老厂矿段龙树坡断裂对岩体和上覆地层影响图[4] 76

角不相同），与老背断裂的夹角约为 30°，只有黄茅山断裂北东侧才与黄茅山断裂近于平行，而之所以近于平行，是黄茅山断裂已经存在，成为黄茅山背斜形成时的边界条件的结果。黄茅山断裂与老背断裂夹角的理论值应当为 60°，黄茅山背斜与老背断裂夹角的理论值应当为 30°，现地质图的显示，后者还大体上符合理论值，而前者已经明显小于理论值了。黄茅山断裂倾向南西与背阴山断裂协调，但其倾角（50° ~70°）显然偏缓，此偏缓应视为受老背断裂反钟向扭动改造的结果（黄茅山背斜两翼对称的描述[4] 128 值得怀疑，其南西翼地层出露宽度明显偏大，显示出较北东翼缓，应视为轴面倾向南西的不对称背斜。黄茅山背斜轴的位置标示也不准确）。如图 1–66 所示，图中未就黄茅山背斜成生对黄茅山断裂应略有的改造予以表示。

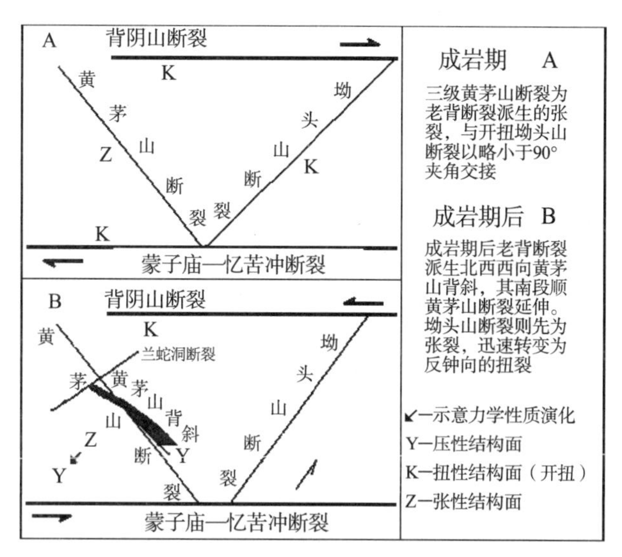

图 1–66　黄茅山断裂、黄茅山背斜成生与力学性质演化示意图

黄泥硐断裂之所以浅部倾向北西、深部倾向南东，正是老背断裂由顺钟向变为反钟向扭动的结果（这里体现了构造应力场的统一性和有成生联系结构面之间的和谐。老背断裂南倾顺钟向扭动，其派生的黄泥硐断裂当然应当南东倾；老背断裂反钟向扭动，则使黄泥硐断裂浅部反向倾斜，并非老背断裂派生出与之不协调的倾向）。坳头山断裂产出于岩体最高突起线部位，其倾向完全向北西，应当说明反向扭动影响的深度在 2 100 m 标高左右（亦即影响深度约 300 m）。黄泥硐断裂深部倾向南东应当属于初始倾向。至于兰蛇洞断裂何以完全倾向南东，则可能与其地处岩体北西侧的边界条件有关（造成岩体北西侧地层大幅度下落、下落幅度超过反钟向扭动幅度）。这个现象提出了一个其实是最基本的问题，即构造应力的作用究竟是以怎样的方式作用于地壳的？是深部向浅部作用，还是浅部向深部作用？从宏观上说完全不存在问题，就是构造应变旁侧的构造应力使成，旁侧可以是构造应变的垂直方向，也可以是斜向。具体起来，例如在个旧锡矿田这样的边界条件下，反钟向仰冲究竟是下伏岩体向上覆地层作用，还是上覆地层向下伏岩体作用？从应变的强烈程度看，浅部应变大大超过深部，浅部构造应力强于深部，似乎说明构造应力应当是由浅部向深部作用，深部构造应变消失了，构造应力当然也就消失了（准确说是构造应力不足以造成构造应变了）。从个旧锡矿田的下有岩体、上有地层两大边界介质条件的情况看，所谓反钟向仰冲，可以理解为下伏岩体向上覆地层反钟向仰冲。而所谓的俯冲则可理解为是上覆地层对下伏岩体的俯冲。在构造应力持续作用下，背阴山断裂开扭反向扭动则是由浅部向深部作用，因为横扭已经存在。

通过上述分析，可以发现在老厂岩体最高突起线以南东的坳头山—黄泥硐断裂，力学性质经历 3 次变化，初次作为老背断裂派生的横扭产生，再次构造成为张裂（准确说是从顺钟向扭动到反钟向扭动的衔接过程中出现过相当于引张的构造应力），最后迅速随老背断裂一起反钟向扭动，成为能够派生梅雨冲断裂等低级压性结构面的反钟向扭性断裂。它的张性结构面的特征，从前人提供的资料中反映出来的，主要是断裂带宽度变化大，如黄泥硐断裂宽 3~60 m，坳头山断裂带宽 4~60 m。前人称它们为“压扭性断裂”，事出有因，因为它们最后反钟向扭动派生梅雨冲断裂等压性结构面的同时，将使自身出现某些与压扭性结构面相似的扭裂特征，并且最后得以较好保存。

老厂矿段构造分析至此，5 大二级开扭由顺钟向扭动转变为反钟向扭动，有了 2 个区段、涉及 3 条东西向二级开扭的典型例证，论证已经比较充分了。区段内的低级构造的成生联系也得到了阐明。

（3）个白区段

个白区段处于个卡入字型构造远段属末端而具有一定的特殊性，它以东西向二级开扭个松断裂和北西向一级白沙冲断裂为边界。它与前两个上抬区段有较大的差别，可以概括为 8 个鲜明的构造特征：一是相对背个区段的沉伏，是又一个上抬区段；二是出现高级别的北西向断裂——二级大、小凹塘断裂，并伴随北西向的一组断裂，尤其是还以出现北西向的一级白沙冲断裂作为卡老松背斜的终结；三是作为卡老松背斜末段的马松背斜轴向大偏转约 40°，呈北东东向；四是马松背斜两翼构造特征大不相同，西翼舒缓、东翼局踏且深部倒转；五是二级开扭个松断裂走向变为北西西向、倾向北，且又演变出具有典型压性构造的特征（旁侧或有地层倒转，或被称为“岩层陡立挠曲带”，图 1–74）；六是如果认识到矿体就是构造体，也就能够看出个白区段所受到的构造应力，在成岩期接触带矽卡岩型矿体和成岩期后层间矿体矿化方向发生过顺钟向约 40° 的偏转；七是在北炮台岩体南东侧出现马拉格矿段，在隐伏马松岩体南东侧出现松树脚矿段，进一步佐证在空间关系上的所谓“小花岗岩体”“成矿中心”[4]222 说；八是出现了东西向的二级元老断裂—象山断裂。这 8 个特征是有机联系在一起的，该区段的构造分析着重分析这 8 个特征。

①再次上抬。

个白区段与背个区段的下伏岩体顶、底面标高分别为 2 100 m（隐伏的马松岩体整数标高值。北炮台岩体、白沙冲岩体出露地表）、1 500 m 和 1 500 m、1 000 m，至少相差 600 m，但这并不是它们之间上抬和沉伏幅度的证据，而是上抬区段受到了更大强度的构造应力，重熔岩浆体有更大幅度的熔融上隆。应当说，区域性反钟向仰冲构造应力经过背个区段的相对沉伏、构造应力相对弛张之后，再次促使个白区段上抬。从上覆地层层位变化看，背个区段的沉伏和个白区段的上抬幅度有限。要认识这个问题，关键在于要认识背个区段的相对沉伏，以及由大菁花岗岩槽谷—大菁向斜所反映的该区段的构造应力的弛张。马松岩体与老厂岩体的顶面标高是大致相当的——高程等值线都超过 2 100 m。北炮台岩体出露标高超过 2 300 m（图 1–44）。这个上抬使得马拉格、松树脚矿段矿体出露形成砂矿并较早被发现，也预示沉伏的背个区段矿体将较晚被发现，因为后者仍然是卡老松背斜分支构造中的一个区段，而分支构造是控制岩体和矿体的。

②出现发育的北西向断裂。

北西向断裂极为发育是马松矿床最突出的特征，是个卡入字型构造末段最值得注意的现象。首先它们是显著的，构成了一组北西向断裂，其中有级别最高的大、小凹塘断裂；

其次是它们的断距都小，即使在马拉格矿段地质图上，也几乎不错移地质界线；第三是它们的断距都有向北东加大、向南东变小的特征，显示应变发端于北西方向；第四是它们都出现在马拉格—松树脚岩体带的南西侧，显示马松岩体已经成为其难以切割的边界条件，因此它们都应属成岩期后断裂；第五是它们与个旧断裂有呈约 40° 锐角的夹角，大、小凹塘断裂以南西的断裂直接与个旧断裂交接，是否有与个旧断裂相关联的因素需要调查，但至少个旧断裂作为边界条件的作用是无可怀疑的。按上述特征分析，它们的基本力学性质应当属张裂，有一定的扭性，扭动的方向应当主要是顺钟向的，与白沙冲断裂的扭动方向相一致。这与前人“北东盘向南扭动”的观察和判断是一致的。

马松矿床区段的这一组北西向断裂，与其他区段的北西向断裂比较，构造部位不同，构造级别、发育程度不同，释放构造应力的性质和作用也完全不同。它们的出现，与个卡入字型构造的终结有关，也就是与白沙冲断裂有关。换言之，是白沙冲断裂的出现，成为卡老松背斜的，或者说是个卡入字型构造的终结的根本原因。这一点，将在白沙冲断裂节讨论。

③发生显著的向东偏转。

这与上述北西向断裂发育造成马松矿床顺钟向扭动是同一件事。作为卡老松背斜的末段，其标志层的走向及小长岭部位的核部轴向都有清晰的反映，卡老松背斜的轴向由总体上的北东 30° 大幅度偏转为马松背斜的北东约 70° ，偏转幅度约 40° 。在松树脚矿段，其标志层甚至偏转为近东西向—北西西向。当然，这里说的是整体与局部的关系。构造形迹上的这种偏转与矿化方向上的变化联系起来，将有助于对个旧锡矿田矿化特征和成矿作用的认识和理解。

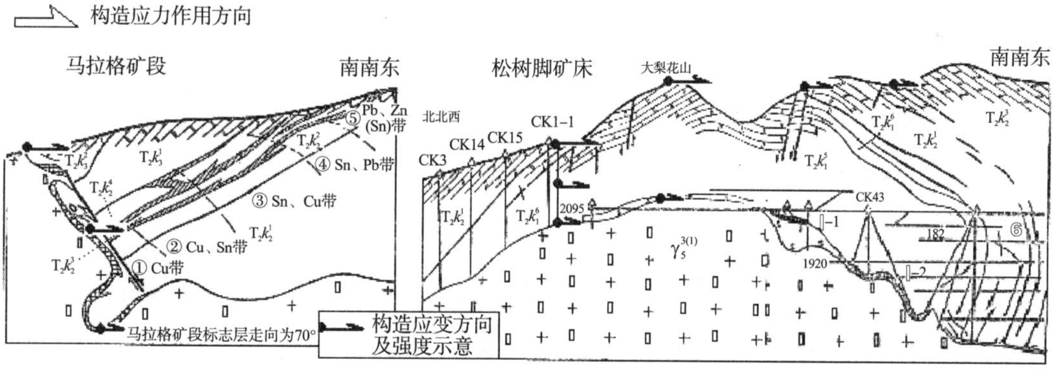

图 1-67　马松背斜向南东错移作用及影响范围示意图[4]166

注：注意岩体顶面的高程。

图 1-67 表现的是由北西向南东的构造应力，着重反映的是个卡入字型构造终了部位的反作用力，即向南东俯冲的扭应力。这比较好地解释了为什么背斜南东翼之倒转部位出现在岩体顶面之下，为什么层间矿体主要出现在岩体顶面以南东侧。

④马松背斜两翼特征大不相同。

如果只看剖面图，可能认为马松背斜两翼对称，仅东翼深部出现地层倒转，没有太多值得分析之处。但平面图显示出靠近白沙冲断裂部位（或称白沙冲断裂带范围），不同边界介质有大不相同的表现。白沙冲岩体表现为边界比较曲折、岩相有较剧烈的变化；由沉积岩层为主的背斜核部（如小松树脚砂锡矿部位），则表现为有穹窿、挠曲带，地层界线反复曲折，显得相当局蹐，与其北西翼能够罕见地标示出标志层，并且有相当稳定的北东东走向，显得相当舒缓、流畅大不相同。尤其有趣的是，马松背斜东翼深部出现倒转的标高，与松树脚岩体顶面标高相当，在 2 095 m 中段之下。此事实可理解为白沙冲断裂的顺钟向扭动，在其有限范围内（白沙冲断裂带范围），表现出产生了来自北西的挤压应力，同样浅部应变显著大于深部，与反钟向仰冲完全相反，属顺钟向俯冲的构造应力。

⑤二级开扭个松断裂被改造。

个松断裂东段（白沙冲断裂带范围）同样受到强烈挤压，成为东西向二级开扭中唯一压性特征最显著的断裂。个松断裂受到挤压的表现有五：一是走向显著转变为北西西向而不是近东西向。二是不再向南倾斜，转而倾向北（前人称“倾斜陡，倾向不稳定[4]164”，应当属于浅部现象，其总体倾向必定向北陡倾斜），此应为白沙冲断裂顺钟向俯冲使之受到相应挤压的表现。三是其两侧出现倒转背斜，表现出压性结构面的典型特征，倒转褶皱轴面同样北倾而不是南倾（这是判断断裂倾向的重要佐证）。上述三项有因果关系，其实属于同一件事的不同表现形式。四是由此又引起其南侧大菁向斜东段轴向呈北西西向。从现有资料看，白沙冲断裂带影响范围至少到达大菁向斜。五是其本身、其旁侧平行断裂裂隙为赋矿构造，而这是其他二级开扭都没有的。

⑥与岩体相对的方位关系，接触带矿体与层间矿体存在显著差别。

如果认识到矿体即构造体，则可从接触带矿体与层间矿体与岩体相对的方位差别分辨出构造应力指向由南东偏转至南南东。因为对于岩体而言，矽卡岩矿化处于岩体的 110° 方向，层间矿体选择 150° 方向矿化，它们两者的交角恰好与第 3 项一样也是 40° 。换言之，成岩期成矿在整个矿田统一的，都是在岩体的南东侧；成岩期后的层间矿体，在有岩体出露的卡房矿段新山块段也在南东侧，只有马松矿床发生了变化，层间矿体产出于南南东侧。

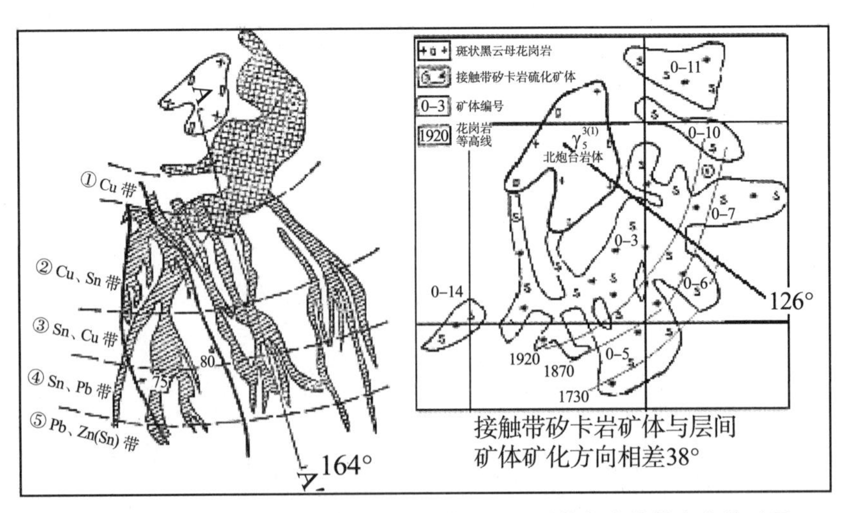

图 1–68　马拉格矿段接触带矽卡岩矿体、层间矿体与岩体的方位关系图

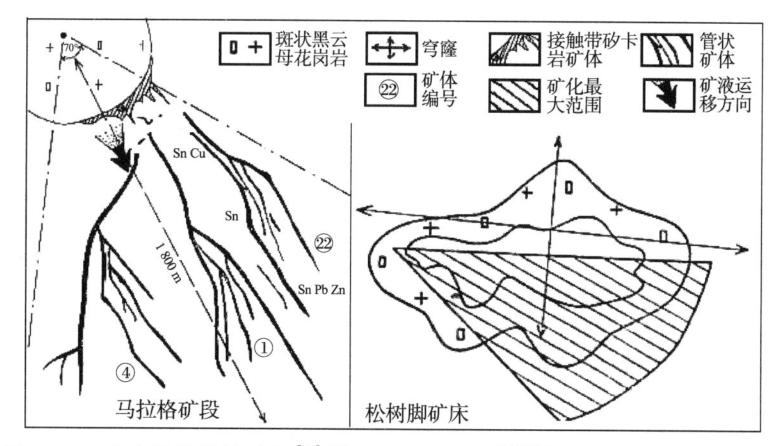

图 1-69　前人的马拉格矿段[4]223与松树脚矿段[4]224的“成矿中心”示意图

从马拉格矿段与松树脚矿段岩体与矿体的关系（图 1-68~ 图 1-70）可以看到，接触带矿体与层间矿体矿化方向有显著差别。

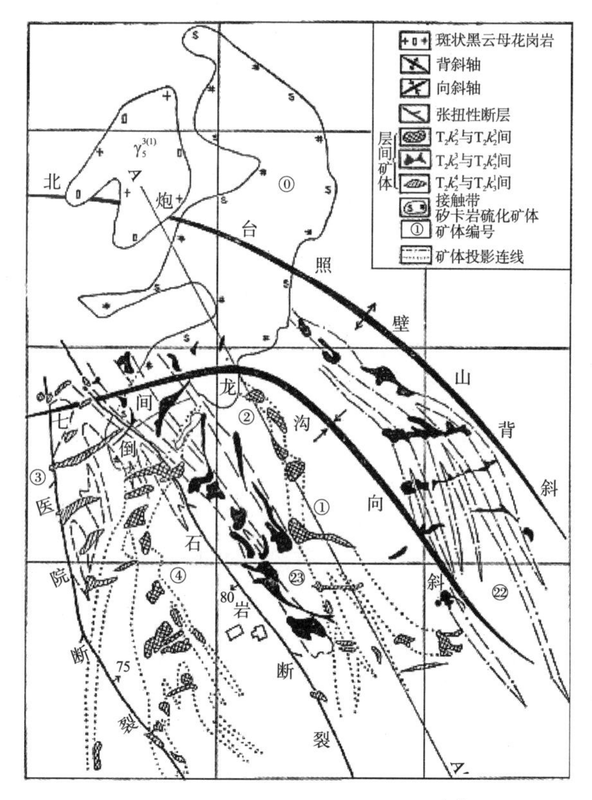

图 1-70　马拉格块段水平投影图[4]157

由图 1-70 可以看到，接触带矽卡岩矿体和层间矿体与北炮台岩体的方位关系显著不同。前者与老厂矿段类似，矿化部位都在岩体（或岩体突出部位）的南东侧[4]137（约126°），后者则大幅度和显著偏移为南南东向（约 162°）。接触带矽卡岩矿体形成早于层间矿体，可视为成岩期成矿，层间矿体则可视为成岩期后成矿。那么个白区段的成矿，在成岩期和成岩期后期所受到的构造应力作用方向是发生过偏转的论点就无可争辩地成立了。这里又引出十分有趣的问题，即白沙冲断裂为与个旧断裂同序次的合扭，但又形成于个卡入字型构造成生之后，这个自相矛盾的现象只能说明，一个构造体系（或称一个大型矿床）的形成需要几千万年的长时间。

⑦最宜建立小花岗“岩体成矿中心说”的地段。

认识到重熔岩浆体是构造的产物，成矿与岩浆体在空间上存在密切关系当然就涉及构造。以北炮台岩体为据，是最宜建立小花岗“岩体成矿中心说”的地段。前人对马拉格矿段铜、锡的“矿化分带”称“是以岩体为中心，向南东水平距离约 2 000 m[4]197 范围内”（另称“岩株突起的外围”“构成一个独立的矿段”的“矿化范围距成矿岩体一般不超过一千米”[4]161），此说乃前人对马拉格矿段实际资料的概括，在空间分布上是确实存在的事实。“成矿中心是指物质来源中心”[4]222 的含义，包容些说，也并不错。可惜的是此乃岩浆侵入观念下岩基成矿说的固守，与地壳重熔岩浆说的大前提截然不同（要认识到成矿元素、组分是来自被重熔的基底或盖层。立足于这一点上，成矿物质来源于重熔岩浆体也就不算大错。比较适当的说法是组成岩浆体的造岩矿物容纳不了有色稀有金属组分，只能任凭其自行选择归宿）。要接受的是成矿与花岗岩体在空间关系上相依存的说法，要反对的是侵入岩浆观念下的岩浆成矿万能论。岩体与矿体的空间关系，至少可以说明个旧锡矿田的构造应力能够使岩体外 2 000 m 的地段仍然有超过一般认为的“低温热液成矿”所需要的温度场（50~200 ℃）。按高温热液矿床温度场为 300~500 ℃计，其温度梯度的变化极为舒缓，与一般中小型矿床由高温到低温的梯度变化范围不过三五百米大不相同。

⑧另出现东西向元老断裂和象山断裂。

另出现东西向的元老断裂和象山断裂是一件值得重视的事件。它们的走向与白龙断裂、仙人洞断裂、老熊洞断裂相一致，也与个旧断裂西侧的牛屎坡、仙人洞断裂等 3 条近东西向的断裂相一致，却与北西西向的个松断裂、背阴山断裂、蒙子庙断裂稍有差别；它们的扭动方向与所有的二级开扭相一致，深部甚至也一致倾向南，浅部与个松断裂一样倾向北；它们在图面上与大小凹塘等一组北西向断裂没有切割关系，并且共有不穿切马松岩体的特征（延伸最远的元老断裂向东只到达马松岩体西部边缘，图 1–51）；它们本身不属于成矿断裂，说明其构造序次之高，但可派生出成矿构造，如元老断裂南侧老阴山块段雁行排列的 9 号矿体群。

元老断裂和象山断裂最重要的特征是不出现在卡老松背斜核部，也未到达核部，而是相反，发自个旧断裂向东靠近卡老松背斜核部减弱消失。这说明它们与个旧断裂直接相关，是个卡入字型构造之外的，但仍然属于个旧反钟向扭动构造应力场的产物。这一点，在结合个旧断裂西侧构造分析之后可以得到圆满解释。

在这样的构造应力场中，马拉格块段矿体出现两种典型的张性结构面特征形态，即矽卡岩矿体和靠近岩体的层间矿体形态，以及呈侧幕状排列形态的张性结构面。

马拉格块段矽卡岩型锡铜矿体绝大多数矿体长轴都向北西指向北炮台岩体，向南东则略呈撒开的趋势，应当视为张性结构面的典型形态特征（所有在岩体南东侧的矿体，尽管延伸短，但是全部表现为清晰的北西向轴向）。这就是张性结构面走向与挤压应力作用方向一致的典型例证。这也说明，向南东的挤压构造应力似乎可以以深部刚性岩体与浅部相对柔性的地层之间的挤压作用表现出来。而处于岩体侧（南西）面的0–14、0–1（及0–1与0–3之间的）矿体，标高又在1 920 m之上，即处于矿体群的最高处，可解释为岩体侧面的近处产生的张裂，这就像被尖刺挂破的衣服裂口与挂破时的作用力相垂直的道理一样，这几个矿体的走向与其他矿体不相同，0–14为北东走向，0–1为近南北向（及0–1与0–3之间的，图1–68）。在岩体北东侧面，也在1 920 m标高之上的0–11矿体，则略呈近东西向。当然，此乃枝节，可暂忽略，留作素材，待找到同类证据时再予确认。马拉格块段层间矿体沿张性结构面发育的分布图，极为生动地表现了当岩体向南东面地层挤压时，层间矿体犹如所谓“枯树”，向下、向靠近岩体的部位收敛、张裂增粗，向上、向远离岩体的方向则张裂散开、变细。这也是一种与挤压应力方向平行的张裂，虽有其独特的表现形式，但仍可视为与矽卡岩矿体形态特征同类。以上两类矿体都属于一种由挤压应力应变形成的张性构造形迹。

老阴山块段9号矿体群矿体是第二种形式的张性结构面形态。

图1–40上标示了东西向Ⅰ矿带的16个矿体[4]160（前人称9号矿体6个矿体[4]208），矿体走向北东35°，倾向北西，雁行式斜列，每间距20 m左右出现一个矿体，为十分规律的多字形构造体，前人称“都是充填在元老断裂旁侧的张扭性层间裂隙中”[4]208，张扭性应纠正为张性，它有助于判定成岩期后东西向断裂的反钟向扭动。

马拉格矿段张性裂隙控矿还有尹家洞块段87号矿体为例证。该矿体的品位等值线—高品位体等值线的雁行排列，与背阴山块段9号矿体者如出一辙，仅仅是87号矿体总体走向为北西向，构造级别更低而已，所反映的反钟向扭动是一致的。在构造上，它们反映其两侧岩层的扭动方向，矿体作为构造体，其形态特征也是张性结构面的典型形态，不可将其认定为张扭性（图1–40中的9号矿体为全貌，图1–71才惟妙惟肖地表示出了张裂的形态特征）。

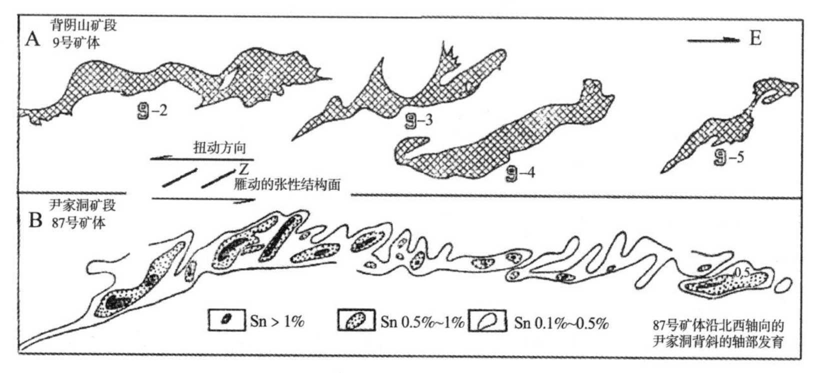

图1–71　个白区段代表典型张性结构面多字形构造矿体解析图

（4）背个区段与白仙区段

背个区段与白仙区段都是上抬区段之间的沉伏区段，其构造需要对照分析。

这两个区段的地质研究程度不同。背个区段未见有按13层划分个旧组的地质图件，地表地质研究程度未达到其他矿段的水平，倒是下伏岩体顶面等高线勾绘完全，显示出1984年前勘查程度已经相当高。白仙区段则只有上覆地层的构造，龙树脚断裂以南未涉及岩体。该地段应当施工过千米钻，很可能未见到花岗岩体。尽管如此，将两区段的地质图件比较，仍可见到它们之间的相似性（图 1–72）。

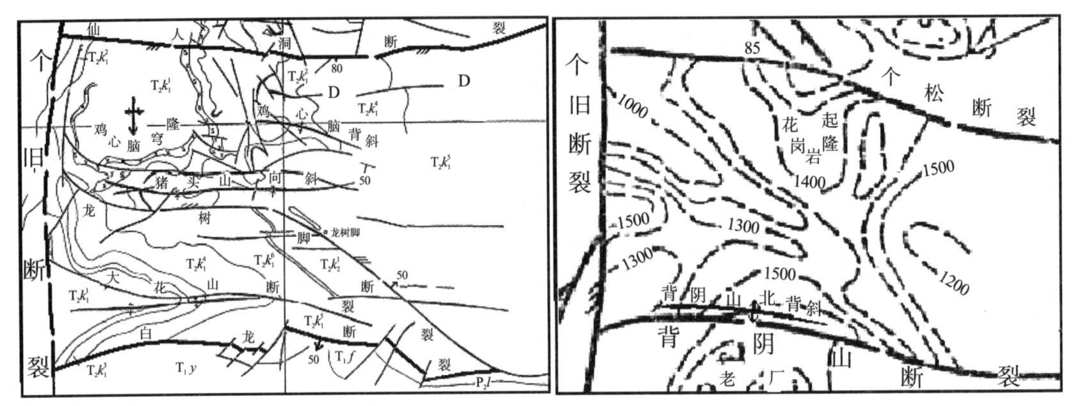

图 1–72 白仙区段与背个区段地质构造对比图

为简便起见，先以表格形式对比之（表 1–32）。

表 1–32 背个区段与白仙区段构造相似性对应比较表

区段	北部	中部	南部
白仙区段	长轴南北向鸡心脑穹窿	东西向猪头山向斜—槽部龙树脚断裂	东西向大花山背斜—轴部大花山断裂
背个区段	长轴南北向花岗岩隆起 *	北西西向大菁向斜—花岗岩槽谷 #	东西向背阴山断裂北背斜

注：* 图 1–72 中只有一条等值线标注标高，按一般规律认定为隆起应当不错；# 新资料称大菁—阿西寨花岗岩凹槽西高东低，邻近北西西向的麒麟山断裂。这与 1984 年的资料不同[26]16。此外，卡房矿段地质图猪头向斜向东穿过其北未命名、编号的断裂；轴向东端略显向北偏，与倾向南南西、倾角 50° 的地层产状冲突。这两条都是不合理的。应当说，猪头山向斜轴向东端有向南东弯曲之势。

①白仙区段。

白仙区段最重要的是对龙树脚断裂的构造分析，因为该断裂既是成矿构造，尤其是它将其两侧分割为性质迥异的南北两地段。南段是轴向东西的大花山背斜，相当简单。北段最完整的构造是轴向南北的鸡心脑穹窿，构造相对复杂而与南段大相径庭。这是一个十分有趣的现象，它说明龙树脚断裂是造成南北迥异的原因，这不妨从与之相关联的南北两地段构造分析入手。

北段鸡心脑穹窿所反映的是仙人洞断裂南盘反钟向向西扭动受到了抵制（西盘个旧断裂不退让、不应变），按个旧断裂的走向形成其显现南北向长轴、两侧伴有平行断裂之特征，属典型的压性构造。其南缘边界平直使穹窿南段略显得肥大，北段反而窄长。这又不正常，因为其应有的形态特征是越向南顺钟向扭动幅度越大，穹窿应当指向南西并变窄。较好的解释是受到了鸡心脑穹窿之南已经存在的某种边界条件——以东西向断裂为南盘的抵制。而北段反而窄长也由同样的原因造成：既然南面有由抵制产生的非正常形态的因素，构造应力就只能反过来选择在靠近仙人洞断裂的部位释放构造应力，其结果是紧邻仙人洞断裂的部位出现了东西向的、反钟向扭动的低级断裂（未命名，本卷命名为D断裂）。因此，D断裂的反钟向扭动与鸡心脑穹窿北段的变窄就有机联系在一起，也与它们之间要出现与鸡心脑穹窿规模相当的、北北西向的断裂联系在一起了。

以上构造形迹的特征归结起来，显示出仙人洞断裂南盘顺钟向扭应力越靠近仙人洞断裂受到的应力越强，这种应力变成了由东向西的挤压应力。试想，当龙树脚断裂原为北西西向（并未弯曲）的断裂，该地段因此有规整的东宽西窄环境，仙人洞断裂的顺钟向扭应力在该地段有如钱塘潮般由东向西推挤，在变窄到一定程度时当然要选择在相对软弱的地带释放，D断裂的出现说明仙人洞断裂南缘一线就成了这种地带而出现了更显著的应变。又因为在西段已经产生鸡心脑穹窿及其两侧的平行断裂，在其东侧，仙人洞断裂与龙树脚断裂的变窄部位形成北西西向的鸡心脑背斜也算是适当的应变方式。也因此应该对前人认为仙人洞断裂断距超过老熊洞断裂的说法予以质疑。应当说，仙人洞断裂的水平断距总体上是比较小的，西段鸡心脑穹窿部位尤其小。

上述这些都有助于说明，北段构造形迹是在先有龙树脚断裂的条件下形成的。这是借助已有的构造形迹推断龙树脚断裂的序次，说明龙树脚断裂是造成白仙区段南北两地段构造迥然不同的原因。

北段南缘猪头山向斜之所以成立，完全是因为其南北两侧都是背斜，都有较老地层。向斜的所有地层界线都不与向斜轴平行，它很不像形态学角度的向斜。这必须指出，不能误以为它是压性结构面。向斜轴北侧未命名、未编号的同级别东西向断裂也只能是张裂。

南段构造相当简单。老厂矿段已经说到由扭裂引起的牵引褶皱与由挤压应力引起的褶皱构造的区别，背阴山断裂北背斜需要的边界条件是地层倾向与扭动方向相同的单斜构造，背阴山断裂南向斜需要的是地层倾向与扭动方向相反的单斜构造。比较起来，白龙断裂北盘属卡老松背斜的南东偏翼部，大花山背斜于是显著向东倾伏；背阴山断裂北背斜位处卡老松背斜的轴部，其枢纽则有相当长一段处于平卧状态，之后才向东倾伏，它向西也有倾伏之势。两端都倾伏有助于佐证它处于卡老松背斜核部。大花山背斜向东出现如此明显的倾伏，与其在卡老松背斜所处的部位是相对应的，即已经是卡老松背斜的南东侧偏翼部。

南段是个旧锡矿田中构造形迹最简单的地段，仅大花山背斜及其轴部大花山断裂，其成因也极为简单，即在地层向南东倾斜的边界条件下，受到白龙断裂的顺钟向向东之牵引，与如背阴山断裂北背斜的成生有相同的机制。大花山背斜与背阴山断裂北背斜形态上差别显著应由边界条件差别引起。后者为扭裂的牵引作用形成，几乎不需要另行解释。

大花山背斜是在个旧锡矿田罕见的标准背斜，它之所以形态完整、南北两翼对称分布，是因为白龙断裂是南盘上抬幅度最大（乃至南盘露出二叠系龙潭煤系）的二级开扭，还因为另有其西侧个旧断裂西盘未相应形变（未向东跟进出现弯曲或小断陷盆地，与背阴山断裂北背斜西侧有张性的半坡断裂大不相同），以及北侧有北西西向的龙树脚断裂边界条件。换言之，大花山背斜部位原来向南东倾斜的单斜构造又处于南盘仰冲与北东侧受到龙树脚断裂限制的三角地带，此时要其向东扭动，只能以倾伏背斜（以地层拱起）的形变来释放构造应力。如果能够理解原来主体为近背斜核部的、向南东倾斜的单斜构造，在北有仙人洞断裂、南西有龙树脚断裂的边界条件下，以鸡心脑穹窿等上述一系列的应变来释放向西的扭应力，在此处向东的扭应力造成大花山背斜的成生就不难理解了。大花山背斜因此不是压性构造，仍然是由白龙断裂顺钟向开扭水平方向的牵引造成的、形态上与倾伏背斜无二致的“背斜”。它与白龙断裂相平行也就可以理解了。这种背斜的核部，尤其是靠近个旧断裂的部位，应当存在脱顶构造或者层间出现辉绿岩之类相当于充填物的层状体（当然，也可能由大量的低级别的张性结构面，如细小而成群的方解石脉之类取代。这个推断完全以个旧断裂西盘不应变，没有向东迁就性跟进为前提）。如图 1–73 所示。

概括上述分析，就是大花山背斜不是传统意义上的背斜，而是水平方向扭动引发的牵引褶皱，不代表压性结构面。它的成生有助于说明龙树脚断裂为初次构造。但是，初次构造成生经历了一个过程，先是北西西向张裂，随后演化为西段被鸡心脑穹窿向南推挤转变为东西向（西端北西西向也与鸡心脑穹窿相协调），东段被向西的扭应力推挤转变为向北中缓倾斜（在走向上则表现为更偏北西）。

不要以图 1–18 龙树脚锡铅锌块段地质图中 B—B′ 剖面为据，认为龙树脚断裂北盘仰冲上抬幅度很大（B—B′ 剖面 $T_2k_1^{2}$ 之下地质界线的连接是不正确的），此认识是片面的、错误的（这当然也与工作程度有关）。龙树脚断裂两侧都有个旧组第 1 层，大部分地段都出露第 1~5 层，仅仅是大花山背斜倾伏角较陡，倾伏端出现了最新的第 7 层（$T_2k_2^{1}$）而已。龙树脚断裂主要是有水平方向上的扭动。

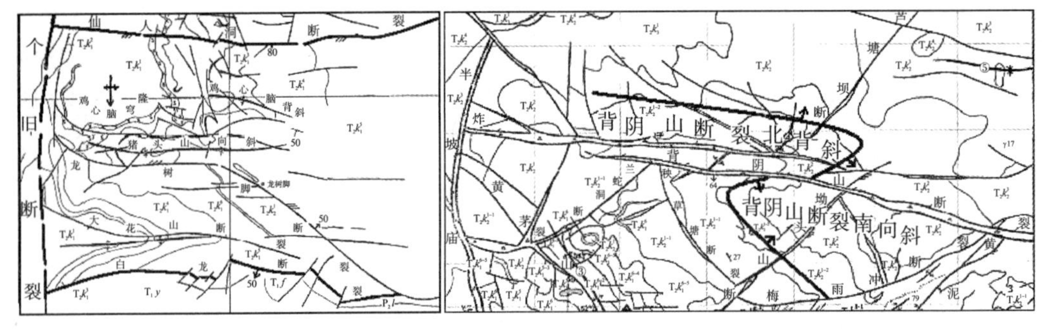

图 1–73　大花山背斜与背阴山断裂北背斜边界条件—形态特征对比图

但最根本的是，按地质力学理论分析，龙树脚断裂虽然不过是三级断裂，但是却与卡老松背斜相垂直，属初次构造，是卡老松背斜不同形式的表现，换言之，龙树脚断裂就是卡老松背斜在弛张环境下的表现，是张裂，但体现的最初仍然是释放南南东—北北西向挤压应力，替代的是北北东向压性构造。它的长度只能与卡老松背斜的宽度相对应，并且向两端都应当减弱消失。它原不会有 S 形弯曲，也不应当有矿化。S 形弯曲和矿化都是后续应力对龙树脚断裂改造的结果。而为什么卡老松背斜在白仙区段要以北西西向张裂的形式来体现，则是因为白仙区段处于沉伏区段相对弛张的边界条件下。在全区以 5 大开扭区段分割的上抬区段内，都以花岗岩隆起或兼有上覆地层的背斜来体现，在沉伏区段则以花岗岩槽谷和（或）“向斜”、张裂来体现，白仙区段如此，背个区段也如此。此乃大自然的造化，非常符合大自然对立统一的规律。

怎样看待白仙区段反钟向扭动？这是认识该区段构造应变的要害。白仙区段反钟向扭动主要体现在仙人洞断裂与龙树脚断裂之间，并且由龙树脚断裂受到强烈改造释放构造应力。龙树脚断裂东段方位明显偏向北西，应当属于受改造的表现，仅仅是这种改造需要的构造应力不强（只需要浅部改变倾向，由直立变为倾向北）。龙树脚断裂与白龙断裂之间是否可以因此不再出现反钟向扭动、不出现构造应变，还需要调查。

②背个区段。

与老背区段不同，个白区段处于相对弛张状态，地球重力场将制约上覆地层的构造形变，即下伏花岗岩的顶面形态将影响上覆地层的构造形变。

背个区段最显著也最重要的构造特征，是阿西寨花岗岩槽谷和其上的大菁—阿西寨“向斜”两个一级构造。其次是北北东向的二级芦塘坝断裂。这两个高级构造是 1984 年已经标出、后续资料又予以证实和充实的两个可靠素材。“个旧矿区高峰矿田地质构造纲要图”[27]是一张没有地层代号的地质图件（图例只有地层产状、地层陡立挠曲带、断裂产状、背斜、向斜及提交报告范围共 6 个），总貌近于示意图（这种图是否代表地勘行业的发展趋势，令人忧虑。当然，在此区段，地层基本上属于个旧组中段马拉格段，后人没有继续在地层研究上下功夫，要分辨就十分困难了）。

此图之断裂，北东向的除芦塘坝断裂外，另外东有麒阿西断裂、西有莲花山断裂；北西西向的构造由南向北有高阿断裂、马吃水断裂、麒麟山断裂，还有 5 条北北西向低级断裂，均分布于麒麟山断裂南侧。另外有方位相近的北西西向的驼峰断裂和大菁东断裂。本构造分析只能兼用此种“新资料”了。该图标示的构造特征描述如表 1–33 所列：

表 1–33　背个区段构造特征表

构造	名称	长 /km	产状（走向—倾向倾角）	前人描述	备注
东西向组	象山断裂	＞ 5.2*	东西—北倾 80°		北缘西段
	个松断裂	＞ 12.0*	东西—北倾 70° ~86°；反钟向扭动	70° ~90°，延深＞ 800 m	北缘
	炸药库断裂	＞ 10.0*	275° —南倾 75° ~83°		南缘
	背阴山断裂	＞ 8.5*	280° —南倾 80° ~81°		南缘
	松南岩层陡立挠曲带	5.5	近东西向	岩层陡立倾角 65° ~90°	
北东向组	麒阿西断裂	6.0	50° —北西倾 76° ~80°；反钟向扭动	延深＞ 500 m，多期活动	中东部，北穿切岩层陡立挠曲带
	芦塘坝断裂	6.8	40° —北西倾 80° ~76°	走向 35° ~40°；含矿带	中部偏东，北止于岩层陡立挠曲带
	莲花山断裂	6.0	50° —北西倾 70°；反钟向扭动	走向 30° ~45°，8 km	西侧，与西侧岩层陡立挠曲带平行
	高峰山背斜	1.0	形态复杂的短轴背斜	控制高峰山矿体的产出	
	驼峰山背斜	3.5	12°	轴面东倾	

续表

构造	名称	长 /km	产状（走向—倾向倾角）	前人描述	备注
北西西向组	阿西寨向斜	> 11.8*	西段 285°，东段 305°—翼角 10° ~25°	与“五子山复背斜”直交	图上没有与向斜轴平行的地层产状
	阿西寨花岗岩槽谷	> 10.0	西低东高，最低标高 1 000 m*	西高东低，最低 1 200 m	
	驼峰断裂	2.5	305° —北倾 82°		与背阴山断裂西段斜接
	高阿断裂	5.0	298° —北东倾 83° ~89°		顺钟向扭动
	马吃水断裂	6.0	298° —南西倾 72° ~80°，西段北东倾 77° ~88°		顺钟向扭动
	麒麟山断裂	8.0	298° —北东倾 73° ~86°		顺钟向扭动
	大菁东断裂	3.6	走向 310°	长> 3 km，延深 > 450 m	穿切莲花山断裂与麒麟山断裂相交
北北西向组	观景山断裂	2.5	350° —西倾 15°		
	牧牛坡断裂	3.3	345° —北段东倾 78°，南段西倾 83°		
	尾矿坝断裂	2.5	350° —西倾 72°		
	麒阿断裂	2.5	345° —西倾 75° ~81°		
	阿西寨断裂	3.2	335° —西倾 84°		
	石灰窑断裂	1.8	350° —西倾 88°		宽约 250 m
北西组断裂	黑蚂蚁断裂			前人称该两个断裂为近距离平行断裂，与物探异常位置对应（可能在工作区内，没有更多描述）	
	6108 断裂				

注：前人描述之外的数据由图上量取，其中 * 表示长度，应按参考文献［4］；该资料没有厘定构造的力学性质。

矿体分布标高：高峰山块段 1 400~1 760 m，芦塘坝接触带矿体 1 200 m，埋深 800~1 200 m。

个白区段构造分布特征如图 1–74 所示。

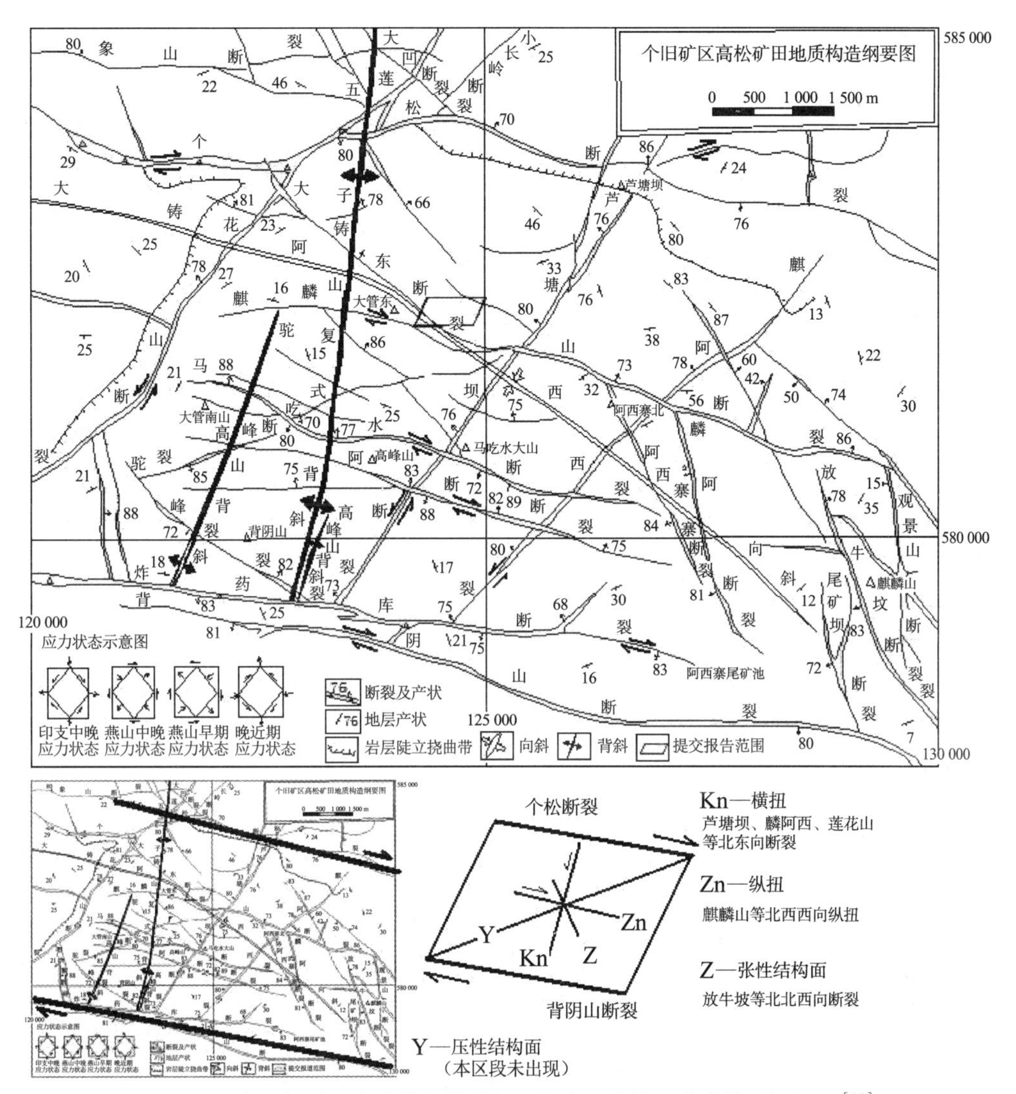

图 1–74　个旧锡矿田高峰块段构造纲要及主要结构面力学性质解析图[27]

A. 怎样看待大箐—阿西寨向斜及其与“五子山复背斜”直交现象。

表 1–12[4]45 称大箐向斜、阿西寨是两个向斜，图 1–9[4]40、文[4]45 以“大箐—阿西寨向斜”描述，不再分两个向斜[27]，只标示一个向斜。这样看来，只有一个一级向斜构造，不排除另有低级别的平行向斜。参考文献[4]45 称槽部为个旧上部地层 T_2k_3，两翼渐次出现个旧组中下部地层 T_2k_2、T_2k_1，槽部新、两翼老，应当说，此向斜构造的建立是有根据的。

但是这个向斜很特殊：一是两翼产状极为平缓，仅 10° ~25° 。二是图面上没有一个地层产状与向斜轴相协调，向斜两翼这些平缓的倾角是否相向倾斜值得怀疑，看起来只是因为向斜槽部地层较新，才被称为向斜构造。这与猪头山向斜地层界线都不与向斜轴平行的特征相同。三是与阿西寨花岗岩槽谷在空间上相吻合。这是必然还是偶然，很值得揣度。上述 3 项都使得将其当作压性构造很牵强。四是所谓的“横跨”不正确。笔者的研究证明，一个矿床就是一个构造体系，锡矿山[1]、八家子、银山[3]矿床尤其已经充分论证全部构造形迹都属于各自的一个构造体系，本卷还将论证个旧锡矿形成于第三纪，与印支期、燕山期不相干，而第三纪之后没有足以改造个旧锡矿区构造形迹的地壳运动。因此，此种横跨只能是同时期的。而同时期的两种压性结构面直交，不符合地质力学，根本在于不符合应变椭球力学原理。因此，只有一种可能，那就是它不属于压性结构面，不是本来意义上的向斜构造，而是随背个区段弛张，下伏花岗岩出现槽谷，上覆地层在地球重力场制约下相应出现的沉陷，所代表的是依附于花岗岩槽谷的张性结构面，是卡老松背斜另一种形式的表现。

借此顺便指出，横跨的原创时间概念值得商榷。用一个词来阐述同时期的和完全不同时期的构造现象，必定造成混乱。就词义而言，横跨者，应当有先后关系，是后来者去“跨”原有者，原来没有构造形迹，用不着“跨”。“横跨”与“直交”“截接”这些未赋予时间概念的词又该怎样区别和应用，也是问题。窃以为，横跨必须是对原有构造的“跨”，必须赋予先后关系的含义。笔者命名的“锡矿山横跨向斜”就是锡矿山入字型构造形成时，锡矿山西部断裂反钟向扭动东侧上抬相应牵引西侧地层造成的横跨向斜[1]145，是对原有的诸多（主要是南北向）褶皱的横跨。

B. 三级北西西向断裂是张扭性断裂。

三级北西西向组断裂高阿断裂、马吃水断裂、麒麟山断裂有 3 个重要特征。一是与背阴山断裂和个松断裂几近平行，扭动方向无一例外为顺钟向，也相一致。二是发育于区段中部，自芦塘坝断裂部位向东西两端都减弱消失，只能是三级构造。三是基本上发育于大箐—阿西寨向斜南翼，只有麒麟山断裂的东段处于北翼。北翼的绝大部分范围无此组断裂。

有此 3 个特征，再结合背个区段的边界条件，就比较容易做出判断。边界条件中最重要的是下伏花岗岩顶面形态，在阿西寨花岗岩槽谷部位地层沉陷成为向斜槽部的同时，南翼地层同样受制于地球重力场下，都受到张应力掣肘，在该区段总体上处于顺钟向扭动，出现北西西向张扭性断裂就很自然。至于何以阿西寨向斜北翼不出现该组断裂，同样需要考虑下伏花岗岩顶面的形态。北翼下伏花岗岩顶面有近南北向的次级隆起—凹陷，这些次级隆起—凹陷妨碍了北西西向张扭性断裂的发育，麒麟山断裂东段恰好从此花岗岩隆起前端（变坡度部位。请参照接触带矿体分布图）穿切，相当清楚地说明下伏花岗岩顶面形态对处于弛张环上覆地层构造形迹的影响。大箐—阿西寨向斜既然由阿西寨花岗岩槽谷引起，当然也可以认为，这 3 条北北西向扭裂大体上产出于阿西寨花岗岩槽谷之上。

至于它们何以在驼峰断裂与高阿断裂之间有较大的间隔，应与高峰山背斜有关（根本上的原因应与下伏岩体有 1 500 m 上隆有关，但由于没有相对应的资料，即高阿断裂是否产出于 1 500 m 等值线北缘，因此只能说到“与高峰山背斜有关”的程度）。

高峰山背斜是背阴山断裂北背斜的次级背斜。前已述及，背阴山断裂北背斜主要是背阴山断裂顺钟向扭动的牵引褶皱，其次级背斜紧贴芦塘坝断裂，说明芦塘坝断裂构成了高峰山背斜的边界条件，即芦塘坝断裂在背阴山断裂北背斜形成过程中已经存在（或同时成生）。此应变的模拟实验非常简单：在前方有障碍的条件下推动一张（或叠）纸，纸一定会在受阻碍部位向上高高拱起，如果限制这种拱起，就一定会破坏拱起的曲率，出现两个拱起。这个实验纸的上方不存在负荷，纸能够高高拱起，与实际情况大有差别。挤满岩石的地壳出现类似的推挤，岩层的拱起幅度有限，只能如同背阴山断裂北背斜那样，拱起得相当低。在拱起相当低的背斜上再添加限制，必定形成次级背斜，这个次级背斜又必定要求集中释放构造应力。这应当是高峰山接触带矿体形成的重要因素。

因此，三级北西西向断裂组是背个区段的、与背阴山断裂性质相同但级别和序次都低的张扭性断裂。它们向两端都减弱消失，有助于说明它们所处的部位相当于卡老松背斜核部。图 1–74 中原五子山复背斜标示部位也毫无局部素材支持，显得十分牵强。而卡老松背斜轴部大致从芦塘坝断裂南部通过，伸向松树脚，至少是通过该图中部，并且某些构造形迹如上述三级北西西向断裂组及大菁—阿西寨向斜等都略显在背斜轴部两侧对称的特征。

与之方位相近的北西西向驼峰断裂则是压扭性结构面（纵扭），它与其他北西西向组断裂方位相近，看似为同组构造，实际上有 4 大差别。一是构造部位不同，那 3 条北西西向断裂靠近阿西寨花岗岩槽谷，它则紧靠背阴山断裂，受控于背阴山断裂北背斜，西侧还有极为发育的石灰窑张性断裂（这一构造部位的差别最重要）。二是没有显著弯曲，相对比较平直。三是方位略偏北，与北东向组断裂正相垂直。四是远离背阴山断裂减弱消失，显示出与背阴山断裂的成生联系。驼峰断裂也属背阴山断裂北背斜的次级构造，是由背阴山断裂北背斜形成过程中成生的顺钟向纵扭。

产出部位在大菁—阿西寨向斜北翼的大菁东断裂初次构造同样属于纵扭，该部位相对于南翼受到较大挤压应力的地段，这与个松断裂后来演化为具有典型的压性构造特征的压扭性断裂有关。它与麒麟山断裂等北西西向张扭同序次，同为其应变构造系组成成分。它在麒麟山断裂顺钟向错断芦塘坝断裂时受到了后期改造，乃至在靠近芦塘坝断裂部位断裂带和上下盘产出矿体，如图 1–74 所示。读此图时要注意的是，大菁东断裂和芦塘坝断裂都不是成矿断裂，麒麟山断裂才是成矿断裂。麒麟山断裂并非整个断裂都成矿，只有在受到边界条件限制的部位才成矿。受到限制时新生的派生构造，如 104、102 断裂是完全的成矿和赋矿构造。在存在芦塘坝断裂带边界的条件下，麒麟山断裂的顺钟向扭动构造应力集中释放，促成沿麒麟山断裂与芦塘坝断裂交叉部位发育层间矿体，新派生的北东东向 102、104 压扭性断裂发育脉状矿体，方位相近的大菁东断裂被改造后也发育脉状矿体（图 1–75）。

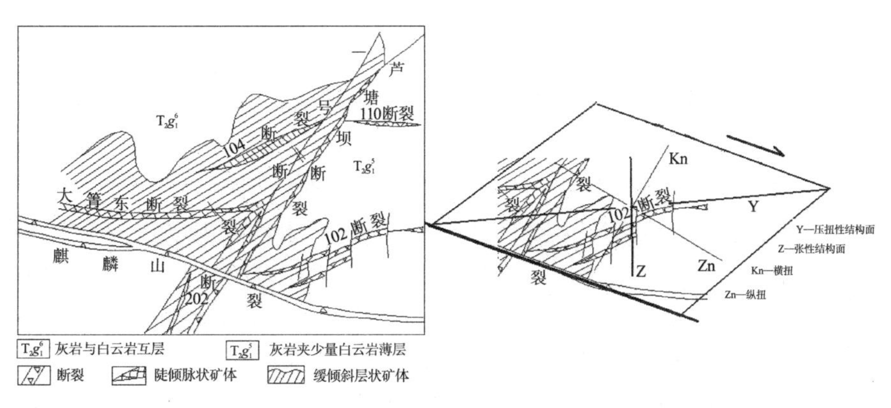

图 1–75　麒麟山断裂的派生压性构造成脉状矿示意图

从图 1–75（原称高峰块段）可以看到，同样是北东东向断裂，102 断裂有相当发育的南北向张裂切割，104 断裂却没有。这说明在此局部，麒麟山断裂的顺钟向扭应力源发于北盘（主动盘），在芦塘坝断裂边界条件下，其西侧受到的主要是挤压应力，其东侧则相对弛张，需要张裂来释放构造应力。受到挤压应力强烈的西侧，层间矿体也显著发育。

C. 芦塘坝等北东向断裂是背个区段顺钟向扭动的派生开扭（图 1–76）。

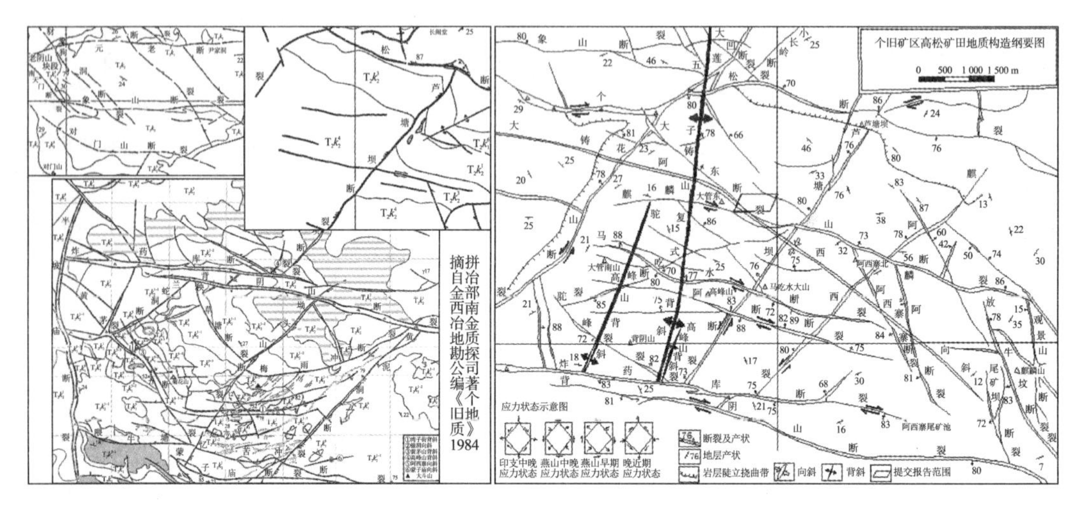

图 1–76 背个区段与老背区段北东向断裂对比图

在图 1–8 老卡岩体老厂段地质图上，芦塘坝断裂与坳头山断裂相平行。在图 1–74 个旧锡矿田高峰块段构造纲要及主要结构面力学性质解析图上，芦塘坝断裂稍偏北。笔者未经实地考察，不能评论它们的精度差别，尽管在感觉上比较相信有地层界线的前者，但是还必须尊重新资料要取代老资料的原则。窃以为即使两者稍有差别，它们的相似性也毋庸置疑。如果再考虑背个区段在北东方向上宽 5 km，老厂矿段在北东方向上宽 3 km，以及花岗岩的上覆地层厚度前者远小于后者的两大差别，在两个区段的北东向断裂方位略有差别也不奇怪。换言之，是这两个区段的北东向断裂的力学性质相同，都是二级开扭派生的三级开扭，都是与二级开扭同时出现的断裂（图 1–74）。

它们在后续构造应变中可能存在差别，某些结构面可能一再活动，另一些结构面则可能不再活动。再活动者，就可能成为成矿构造，如高峰块段中沿芦塘坝断裂就发育层间矿体。当断裂本身被改造再活动时，断裂带中也可产出矿体。

D. 北北西向断裂是张性断裂。

此组断裂有麒麟山断裂东段南侧的 5 条断裂（阿西寨断裂、麒阿断裂、观景山断裂、牧牛坡断裂、尾矿坝断裂）和西南侧石灰窑断裂。前 5 者的产出部位为大菁—阿西寨向斜北翼（阿西寨花岗岩槽谷北侧），它们在顺钟向扭动构造应力场中的弛张区段，处于阿西寨向斜北翼，并且“北翼……陡”[4]45，重力场因素将更为突显，更容易成生北北西向张性结构面。其中的阿西寨断裂、麒阿断裂和观景山断裂还作为张性断裂与麒麟山断裂共同组成“第一类入字型构造”。它们之间约 60° 的锐角关系符合应变椭球理论，才是正确的。这也是笔者见到能够在地质图上标示的首例第一类入字型构造。石灰窑断裂为张裂，在图上标示得相当宽（约 250 m），间夹于顺钟向扭动的炸药库—背阴山断裂和大花山断裂之间，不论按应变椭球理论还是仅凭感性认识，它都是张裂。

E. Y 断裂是压性断裂。

在麒麟山断裂和驼峰断裂之间，有北东向约 70° 标示得细长的断裂，笔者命名为 Y 断裂(已标示在图 1–77 上)。Y 断裂的产出部位与阿西寨等一组北北西向组断裂恰相对应。它们都处于炸药库—背阴山断裂之北、麒麟山断裂以南的顺钟向扭动地带。所谓相对应，指的是阿西寨等断裂产出于阿西寨向斜东段北翼，Y 断裂产出于阿西寨向斜西段南翼。产出于阿西寨向斜西段南翼的 Y 断裂，在弛张区段的重力场因素同样更为突显，使得相应出现压性结构面。Y 断裂因此属压性断裂。Y 断裂旁侧与之斜交的北西向断裂因此属于纵扭，它们共同组成形似“鱼骨天线”式组合，所反映的是该地段处于挤压环境。通俗地说，就是顺下坡推物，物容易裂开；朝上坡推物，不存在裂开的问题，物受到的全部是上推的挤压力。

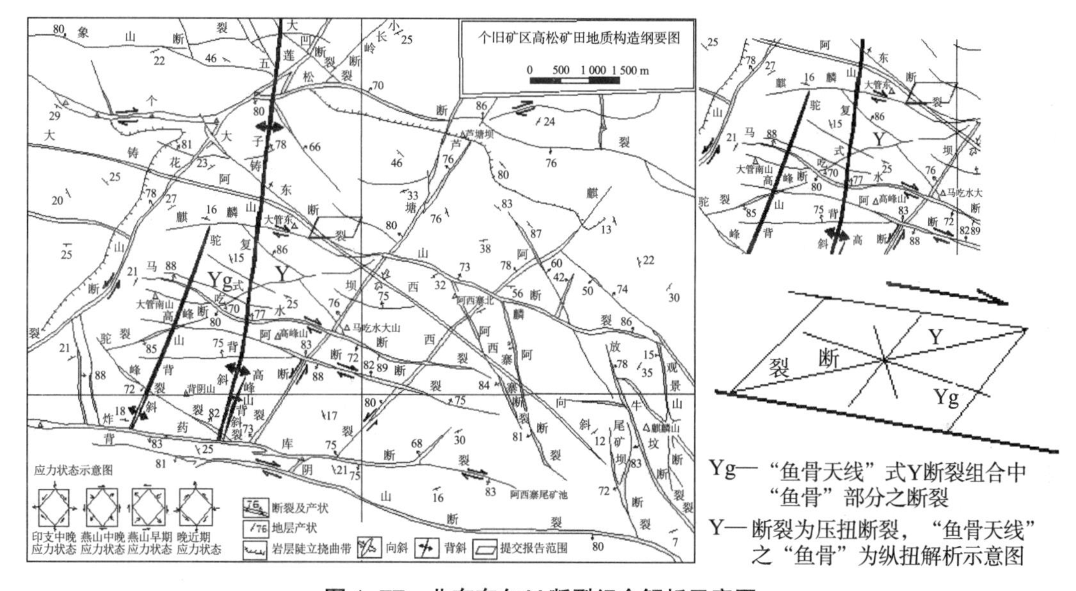

图 1–77　北东东向 Y 断裂组合解析示意图

前人认为大菁—阿西寨向斜“北翼因受个松断裂牵引而变陡” [4]45 是正确的，当属变陡的原因之一。另一个原因是阿西寨花岗岩槽谷在相应部位是突然变陡的，这在接触带矿体分布图上标示得相当清楚。如图 1–78 所示。

在两个沉伏区段，猪头山向斜和大菁—阿西寨向斜可相对应的程度相当高，对应的结论则只能是猪头山向斜也不是传统意义上的向斜构造，它所代表的不是压性结构面，相反代表的是由阿西寨花岗岩槽谷体现的张性结构面。猪头山向斜中地层界线都不与向斜轴平行，被称为“向斜”更多的是因为它处于鸡心脑穹窿与大花山背斜之间，出露地层相对较新。尽管图 1–74 中没有地层的划分（只有地层产状、地层陡立挠曲带两个有关地层的图例），但大量的北西西向构造足以说明，这个沉伏区段的弛张性质和这些北西西向构造的基本面属于张性结构面。只有在靠近白沙冲断裂部位（或称白沙冲断裂带范围内），北西西向结构面才出现压性特征。

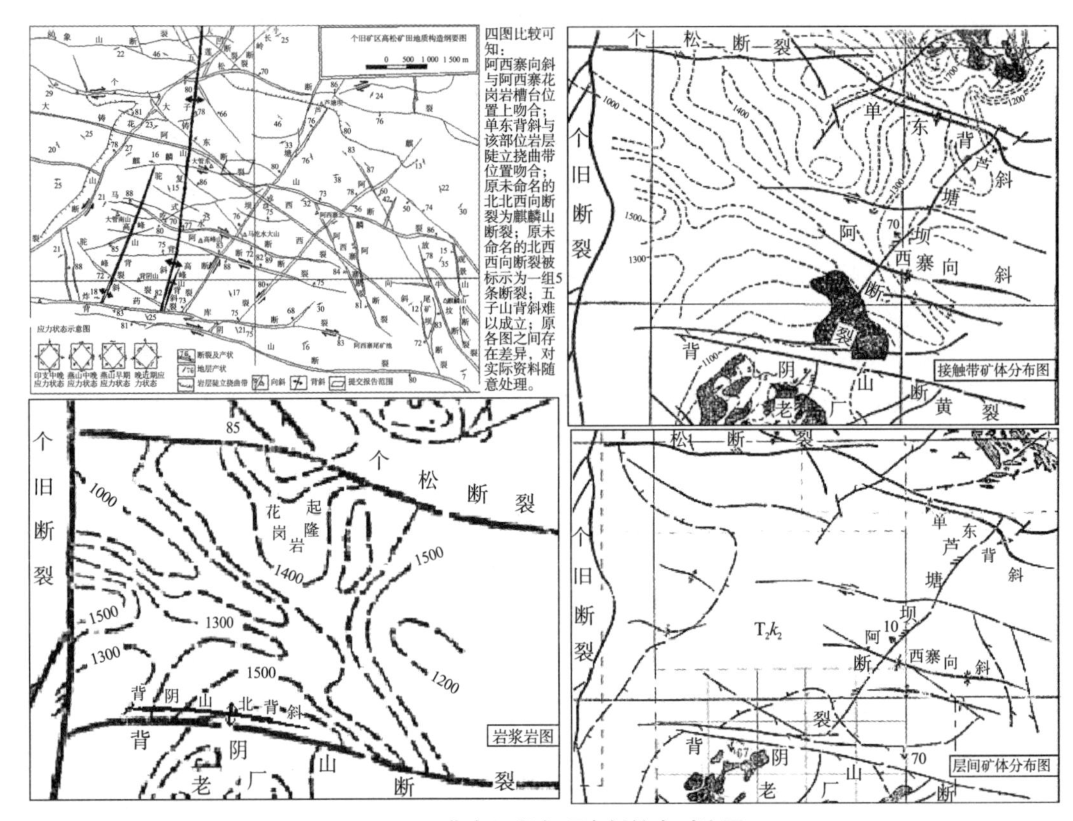

图 1–78 背个区段各项资料综合对比图

存在的问题是背个区段反钟向构造应力作用阶段的构造应变何在，是白沙冲断裂反钟向俯冲终止了应当存在的、个白区段的反钟向构造应变，还是由于岩体上覆地层太厚（该区段地表最高可达 2 500 m 以上，一般在 2 000~2 500 m 之间，岩体顶面最高为 1 500 m。上覆地层厚达千米以上，当称个旧锡矿田上覆地层最厚的区段），反钟向扭动产生的构造应变强度显得较弱？只有两个现象值得注意：一是大菁—阿西寨断裂以北构造结构面较之其南相对稀疏；二是出现了松南岩层陡立挠曲带（图 1–74 图例所称“岩层陡立挠曲带”）。这两个现象怎么解释是一回事，这两个现象的存在则是值得揣摩的。

经过白仙与背个两个沉伏区段的对比，首先可以推断在猪头山向斜之下存在岩体的凹槽，类似阿西寨花岗岩槽谷。同样，猪头山向斜并非向斜，而是下伏岩体的北西向凹槽造成的上覆地层对应的沉陷，徒有向斜之形态。岩体的此凹槽和猪头山向斜都不代表压性结构面，相反属张性构造。这是成岩期主应力造成的高序次应变，即卡老松背斜的另类表现形式。鉴于白仙区段处于卡老松背斜的合段，应当较背个区段沉陷更深。其次是成岩期后白仙区段的顺钟向持续扭动造成的应变，使得上覆地层当然包括猪头山向斜的顺钟向扭动，猪头山向斜遂呈现 S 形弯曲。

2. 北西向构造分析

主要分析北西向构造的白沙冲断裂，兼及其他低级北西向构造。

（1）白沙冲断裂

分析白沙冲断裂，必须认识清楚其 6 大特征。第一要重视它是矿田一级构造，并且属于与区域性个旧断裂有交接关系的重要断裂，只有它有可能涉及两者之间有直接的成生联系。第二要看到它们之间的交角为 40° 锐角（白沙冲断裂为 320°，个旧断裂总体走向按南北向计）。这样的交接关系常常是压扭性断裂与其纵扭的应变构造关系。第三要认识到它们不可能如前人图示的那样“互不侵犯”、没有切割关系。如此高级别的两条断裂不可能彼此相安无事，必须思考为什么它们交接处要出现一个乍甸盆地，这个偶然中有必然，在读图上要有所省悟突破。第四要注意在它们交接部位南北，个旧断裂走向明显向东弯曲，此弯曲不会是无缘无故的。第五个鲜明的事实是卡老松背斜在它北东侧出现了蒙自盆地，这是卡老松背斜被白沙冲断裂切断的明确显示，决不可盲从“越过地堑（按：指蒙自盆地）在大庄复现大黑山背斜，与五子山复背斜首尾相连”[4]41 的说法（当然也不能接受五子山复背斜“与红河断裂带斜接”的说法）。第六个特征也可以概括提升为总体性质，是白沙冲断裂属顺钟向俯冲的断裂，反映的是顺钟向俯冲构造应力，与成生个卡入字型构造的反钟向仰冲构造应力正相反，构造的发展演化完全走向了反面。换言之，也就是白沙冲断裂终结了个卡入字型构造。此乃矿田构造的重大事件。

上述 6 大特征能够说明，白沙冲断裂的性质属个旧断裂应变构造系中的合扭，即它就是个旧断裂的另一种表现形式。它与八家子矿床中的芹菜沟断裂中段的东西向合扭[3]16 性质相同，只有规模和扭动方向的差别。白沙冲断裂并非与个旧断裂相安无事，而是顺钟向切割了个旧断裂，乍甸盆地就是它们切割错移关系的遗迹，白沙冲断裂以南的个旧断裂应当延向乍甸盆地西缘，乍甸盆地的宽度就是白沙冲断裂错断个旧断裂的断距（超过 1 000 m。注意这种错断不代表传统观念中的先后关系）。对于这两条高级别的断裂而言，这个断距不算大（并非构造应力全部以错断个旧断裂的形式释放），其余的构造应力用以牵引个旧断裂使之转弯走向偏东。换言之，白沙冲断裂顺钟向俯冲不仅造成个旧断裂错断，还造成个旧断裂走向略偏东。个旧断裂在大小凹塘断裂之间的地段（各图件地质体在该地段标示不同，准确说是马松北东向岩体带以南西地段）走向偏东，不是偶然的。

白沙冲断裂的顺钟向俯冲还可造成个白区段产生更加远离个旧断裂的倾向，越偏北这种倾向越显著，这就是个旧断裂要在小凹塘断裂部位开始偏转为北北东向的原因（个旧断裂走向偏北东向的根本原因是倾向或者倾角变化，变成了倾向北西或者倾角更缓），也是这一组北西向断裂顺钟向扭动、向南断距变小和属张扭性断裂的原因。要注意在大小凹塘断裂与白沙冲断裂之间存在一个北西向的白沙冲—松树脚岩体带边界条件，北西向断裂包括白沙冲断裂只能选择这个岩体带的南西和北东两侧发育。

对白沙冲断裂的上述分析并非个例。类似的例证是攀枝花矿区北东端的北西向断裂 F11，其远端出现新地层三叠系上统，较之矿床的震旦系地层新得多[1]209。这与个旧锡矿田白沙冲断裂北东盘出现蒙自盆地、第四系广布如出一辙。马松背斜轴大幅度偏东也可与攀枝花矿区对比[1]209（图 1–79）。攀枝花矿床倒马坎以南 3 个矿段矿体走向都是北北东，尖包包、蓝家火山、朱家包包 3 个矿段单个矿段走向为近东西向，总体走向为北东东。攀枝花矿区远段之所以矿带走向偏转更大，又与分隔倒马坎—尖包包两矿段的 F4 过于发育相关联，尖包包 3 个单矿段西侧向北反钟向扭动，但整个攀枝花入字型构造 F11 的远段显著顺钟向扭动，遂使尖包包—蓝家火山—朱家包包 3 矿段发生大幅度东偏。笔者曾以攀枝花矿区构造为例提出“构造应力前拓律”，意指在控矿压性入字型构造中，当构造应力在合段得不到充分释放时（或者是沿分支构造界面太容易释放构造应力时），将更为集中地向远端延拓。事实是清楚的，但当时只有个例，未敢提出，成文后又删除了。现在有了个旧锡矿田的例证，尽管不过仍然只有两个例证，但对两个例证都有理性认识，构造应力前拓律因此完全可以建立。这样说来，控矿入字型构造最佳成矿部位一般在合段，在特定边界条件下，也可以出现在远段。所谓特定边界条件，则是如同攀枝花矿区那样，分支构造恰好与地层界面相一致，太容易造成分支构造发育了，使得构造应力不能在合段得到充分的释放。个旧矿田大小凹塘断裂等一组北西向断裂在攀枝花矿区也有相同的例证，即 F12。F12 与 F11 也是平行的。

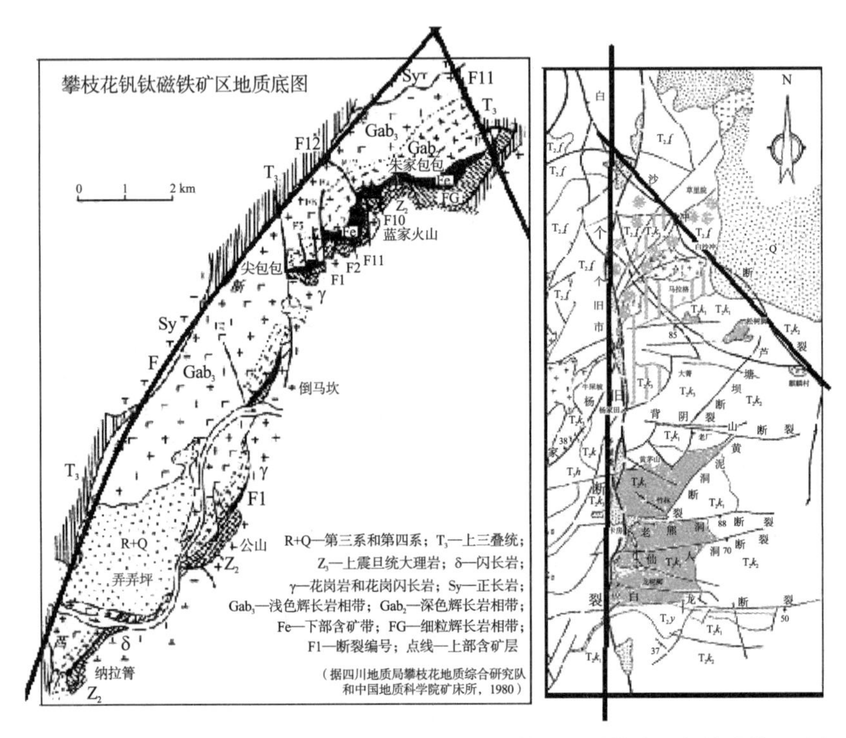

图 1–79　个旧控矿张性入字型构造与攀枝花控矿压性入字型构造远段终结状况分析图

图 1–79 将个旧断裂带处理为南北向直线，是因为它不像攀枝花矿区 F3 那样规整，不便只将北端乍甸一段如实偏向北东。而如果强调了北端的偏转，则它们的相似度更高。

如果真正理解应变构造系的概念，就懂得白沙冲断裂属个旧断裂同序次的纵扭，与切割杨家田断裂的一组北北西向小断裂、八家子矿床芹菜沟断裂中段的近东西向合扭[3]16、白家嘴子矿床的 F16 和 F23 断裂性质相同。为什么白家嘴子矿床深部找矿应当选择在 F16 断裂的两侧，就是因为 F16 的强烈发育等于白家嘴子断裂 Fb 在此部位强烈发育，就是最有利的成矿部位。比较而言，F16 南东盘矿体下延深度将超过北西盘。网传由汤中立院士主持深部钻孔开工仪式，钻孔选择在 F16 北西盘是正确的，但不属最佳选择。

白沙冲断裂北东盘深部是否存在花岗岩体和其埋藏深度没有实际资料，从构造分析角度看，应当判断为至少在 1 000 m 标高之上，不可能存在花岗岩体。换言之，白沙冲断裂北东盘的沉伏幅度要远超过背个区段和白仙区段，因为它们由不同级别的构造引发。

就白沙冲断裂而言，来自南东方向的仰冲的压扭应力，同时可视为来自北西向、相反的俯冲挤压应力上升为构造应变的主导构造应力，即来自南东方向的仰冲压扭挤压应力走向了反面。如果将反钟向仰冲构造应力具体视为下伏岩体对上覆地层的反钟向仰冲，顺钟向俯冲构造应力则可具体视为上覆地层对下伏岩体的顺钟向俯冲。

可惜的是，个旧锡矿田的地质图件各图之间同一构造形迹有相当多的不相符，所反映的是对实际材料的随意处置，尤其看到在时髦的学风影响下，德兴银山铜铅锌矿床被“描述”为有“银山背斜”及其“轴部断裂”云云，使笔者对“新资料”相当不信任。依据这种被随意处置的新资料进行推断，风险极大，笔者的构造分析也必须有所保留。但白沙冲断裂是个旧断裂同序次的合扭并顺钟向切割了个旧断裂、乍甸第四系盆地是它们交接关系遗迹的论点，是有理由坚持的。

（2）其他上抬区段的北西向断裂

仙老区段和老背区段两个上抬区段的北西向断裂级别和发育程度都低，包括由卡房矿段的北西向第四系盆地，到老厂矿段编号的长宝洞断裂⑳、黄茅山㊅—秧草塘断裂、黑蚂井断裂㉑和老熊洞断裂西段北侧的落水洞断裂。这些构造分属两类性质。一类是卡房第四系盆地，属小断陷盆地。前已述及。另一类是北西向断裂，不是产出于二级开扭的东段，毫无例外产出于二级开扭西段近盘侧。这也就成为一种固有的型式，可概称为“控矿张性入字型构造远段开扭近盘内张裂”，专指控矿张性入字型构造分支构造远段开扭靠近合点一盘内侧（远离主干断裂为外侧）出现的张裂，简称“开扭内张裂”。它们在老背区段顺钟向扭动构造应力场作用下，属派生的张裂，即较之卡房第四系盆地序次为低。在后续二级开扭反钟向扭动过程中，它们成为更低序次的派生压性构造体。即在区域性个旧断裂不予计算的情况下，二级开扭为初次构造，长宝洞张裂为二次构造，长宝洞压性结构面为三次构造。黄茅山—秧草塘断裂、黑蚂井断裂亦然。伴有同级别背斜的北西向断裂尤其可说明最终受到了挤压。兼及其成生过程，则为“控矿张性入字型构造远段开扭内张裂→压性结构面”。在构造应力持续作用下开扭内张裂的演化，黄茅洞断裂与黄茅洞背斜的相关关系资料相当完整，可清楚地看到作为张裂的黄茅洞断裂与二级开扭有更大些的夹角，而作为压性结构面的黄茅洞背斜夹角偏小，则斜切黄茅洞断裂。

上述分析说明，同是北西向断裂，它们产出的构造部位不同，成生就不相同，在成生过程中力学性质还是变化的。

如果与白仙区段对比，在开扭内张裂的相当部位出现的是南北向的压性结构面鸡心脑穹窿，更能说明在个卡入字型构造向开端二级开扭逐渐远离主干断裂过程中相应出现的开张构造应力。而鸡心脑穹窿则可命名为控矿张性入字型构造的“近段开扭近盘内侧压性结构面”，简称“开扭内压面”。这个开扭内压面必须在近段并且必须有像个旧断裂这样不退让的边界条件——此乃为慎重起见的加注，既然是入字型构造，则分支构造侧的构造一般是不穿切主干断裂的（笔者对攀枝花矿区的倒马坎 F4 断裂穿切主干断裂是持怀疑态度的，如果属实，当另有其他边界条件）。

（三）个旧锡矿田两个入字型构造的协调、和谐性

曾有教科书称主干断裂两侧都可形成入字型构造[28]，但没有列举例证。地质学是

科学，应当允许依理而论进行思辨和演绎，但是当对一个地质现象并未认识其本质属性（达到知其因果关系的程度），又没有实例时，是不能够想当然，尤其是用以作为教科书的。因为如果对入字型构造的四大特征尚且不认识，演绎就并没有把握。即使认识控矿压性入字型构造，并且达到认识其 4 大特征的程度，却不认识控矿张性入字型构造，就仍然要否定这种说法，因为只要抓住压性入字型构造两侧的分支构造都要求主干断裂容忍性退让这一点（不可能既要向西容忍性退让，又要向东容忍性退让），主干断裂两侧都可以形成入字型构造就已经无法实现，何况还根本没有涉及入字型构造形成机理问题。

个旧锡矿田两个入字型构造的实例提供了典型例证，证明主干断裂两侧可以同时出现入字型构造，并且这两个入字型构造能够相反相成，反映出两个构造体系构造形迹之间的协调、和谐。换言之，只有主干断裂两侧构造形迹协调、和谐，才可能在主干断裂两侧同时形成入字型构造。控矿张性入字型构造主干断裂两侧都迁就性跟进的结果，是沿主干断裂出现一系列小断陷盆地。

个旧锡矿田两个入字型构造的协调、和谐性有四：一是其东个卡入字型构造为控矿张性入字型构造，其西个杨入字型构造在杨家田断裂产生部位就局部而言出现压性入字型构造，相反相成（依理而论，在个杨入字型构造的合点，个旧断裂应当向东突出，以体现其容忍性退让。现各图标示的合点位置不同，难以定论，但有一点可以肯定，那就是个旧断裂在合段必定向西倾斜，以体现其容忍性退让）。二是其西个杨入字型构造恰好出现在其东个卡入字型构造弛张的背个区段，亦即其主干断裂迁就性跟进最强烈的区段，恰好满足个杨入字型构造需要主干断裂做容忍性退让的要求。三是个杨入字型构造虽然有压性的杨家田断裂与个旧断裂构成控矿压性入字型构造，但是毕竟存在相当发育的开扭牛屎坡仙人洞断裂，而开扭要求主干断裂迁就性跟进，显示与典型的控矿压性入字型构造存在差别，牛屎坡矿床也并非与个杨入字型构造的压扭性断裂，而是与开扭牛屎坡仙人洞断裂相关联。换言之，在牛屎坡仙人洞断裂部位也存在使个旧断裂向西位移的要求，这就与个卡入字型构造要求个旧断裂迁就性跟进向东位移相冲突。同样，个旧断裂东侧也有元老断裂和象山断裂两条近东西向二级开扭，也要求个旧断裂迁就性跟进。构造应力场协调、和谐地解决冲突的结果，是个旧断裂出现分支，之间成为个旧断裂带上最大的小断陷盆地——个旧湖，并且地堑盆地最宽的部位就是牛屎坡仙人洞断裂与元老断裂出现的部位。个旧湖应当终止于杨家田断裂与个旧断裂的合点（见图 1–9 个旧锡多金属成矿区地质构造纲要图。但在图 1–6 个旧成矿区岩浆岩图上被处理为在个旧湖之北几千米交接）。当然这是细节，不一定完全吻合，在各图标示不一的情况下，不宜讨论细节，但是个旧湖向南至杨家田断裂部位会急剧变窄毋庸置疑。应当说，沿主干断裂带出现一系列小断陷盆地是主干断裂两侧都出现控矿张性入字型构造的重要特征。四是按图 1–4 个旧成矿区地质图，个旧市最大的断陷盆地北起于小凹塘断裂，南止于背阴山断裂，这正是个卡入字型构造中构造应力最弛张的区段，也是个卡入字型构造要求个旧断裂迁就性跟进最强烈的区段。个旧断裂两侧的两个入字型构造因此还有由合段向开端造成小断陷盆地逐渐发育变宽的特征。个旧锡矿的规模世界罕见，要找到第二个像个旧断裂两侧有两个入字型构造，因而也有由合段向开端小断陷盆地逐渐发育变宽的例证可能很难，但仍不妨将它作为例证存留。

沿此思路读图，个旧断裂西侧还有两条近东西向的二级开扭。一条在牛坝墕字位南，另一条在与老熊洞断裂轴对称的部位（图 1–4 个旧成矿区地质图）。从图 1–4 看（其他图件对小断陷盆地的标示都更显得不可信，图 1–48 个旧锡矿田砂锡矿分布地质地貌略图又将这一串小断陷盆地变成了宽窄均一化的断裂凹地带，称“断层侵蚀谷”了），在牛坝墕东侧有小断陷盆地，在与老熊洞断裂相对称的部位有近东西向未名断裂，其东有卡房盆地。这样看来，个旧断裂两侧控矿张性入字型构造中的小断陷盆地带的宽窄，就有了与二级开扭更细致、具体的因果关系了。上述分析说明，忠实客观填制地质图、准确标示地质界线是多么的重要，而予以随意处置是多么的有害（图 1–80）！

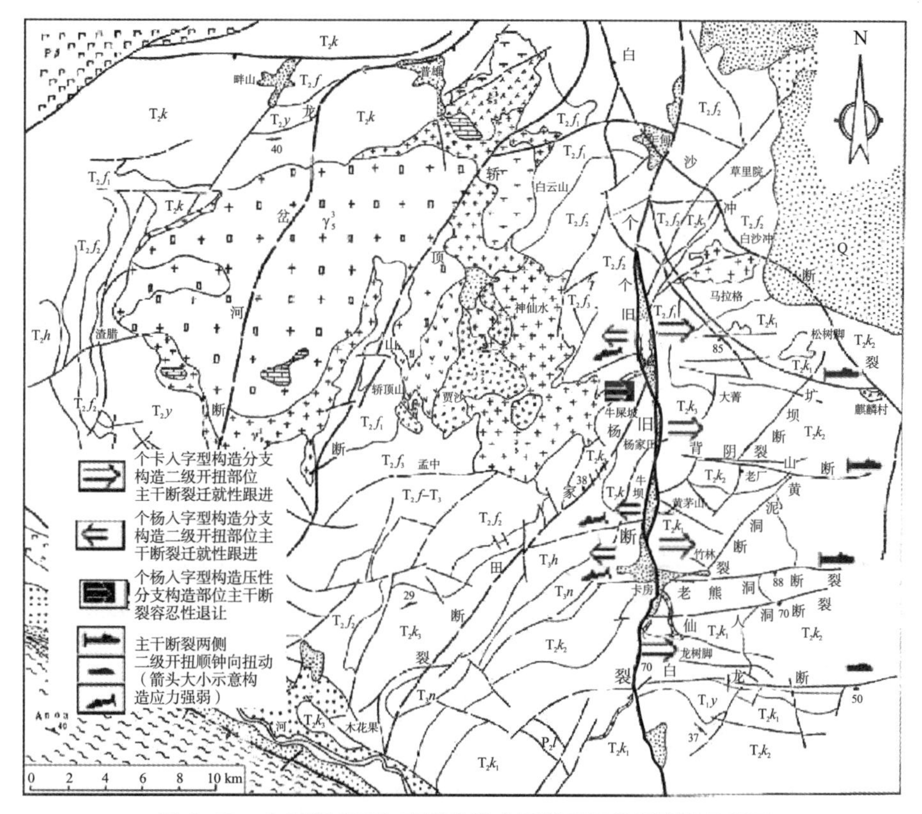

图 1–80　个旧锡矿田入字型构造主干断裂迁就性跟进示意图

上述分析说明，沿个旧断裂带两侧存在两个控矿张性入字型构造，只不过在杨家田断裂部位局部出现入字型构造的压性分支构造。个杨压性入字型构造要求主干断裂的容忍性退让，结果是终结了个旧湖（至少是使个旧湖变窄）。牛坝墕部位之断裂是否存在矿化，应当予以研究。墕者，“开采出来的矿石”也。牛坝墕之矿石，来自已知矿段如近处的老厂矿段，还是来自牛坝墕断裂的派生构造，值得研究。

个卡入字型构造、个杨入字型构造是相当典型的沿水平方向反钟向扭动构造应力场的产物，不能因为仙老区段、老背区段及个白区段 3 个区段上抬，并且被前人强调，就判断个旧断裂反钟向仰冲，简单地认定远段上抬反映的构造应力是仰冲、远段沉陷反映的则属俯冲。当然，在分析局部构造，如分析个白区段与背个区段构造时，必须考虑到它们之间的仰、俯冲关系。

判断个旧两个入字型构造是比较典型的水平方向反钟向扭动的证据有三：一是个旧断裂两侧地层新老变化不大，这是最重要的和最明确的证据。如此巨大的断裂构造，竟然不引起两侧地层有新老变化，只能认定是受水平方向构造应力作用产生的断裂构造，即扭裂。二是个卡入字型构造 3 个区段上抬，另有两个区段沉陷，上抬与沉陷是对立统一存在的。个卡入字型构造体系从近段至远段，地层层位基本上都是个旧组，新老变化不大，图 1–5 表明，从卡房至松树脚，岩体的主体接触层位都是个旧组下段卡房段（T_2k_1），唯较小的北炮台岩体进入个旧组上段白泥洞段（T_2k_3），应当说它们涉及的层位也是相当的。至于其他岩体，都产出于个旧成矿区的西区，西区原本就是个旧杂岩体大面积出露的区域。所以，个旧锡矿田铅直方向上的升降及其引发的构造应变不值得细究。三是个旧成矿区处于欧亚板块与印度—澳大利亚板块缝合线地带，水平方向构造应力是最主要的。这一点涉及更为广泛的问题，笔者在此不做深入讨论。当然，个卡入字型构造还是略有向北西仰冲性质的，这就是地层总体上向北缓倾斜，经历长 23.6 km（由白龙断裂至白沙冲岩体与白沙冲断裂交接部位）之后，它们之间的地层层位差别并不大。稍加比较层间矿含矿层层位即可得出结论（表 1–34）。即总体上稍有仰冲，在上抬区段、沉陷区段之间存在相对强烈的仰、俯冲构造应力场。

表 1–34 个旧锡矿田各矿段层间矿体分布地层层位比较表

矿床矿段	分布地层层位及代号	含矿层层位、代号		
		下矿层	中矿层	上矿层
卡房	第 1~7 层（$T_2k_1^1$~$T_2k_2^1$）	第一含矿层 $T_2k_1^1$	第二含矿层 $T_2k_1^2$（中部含矿层为 $T_2k_1^2$ 层内[4]177）	第三含矿层 $T_2k_1^3$[4]170（上部含矿层为 $T_2k_1^4$ 和 $T_2k_1^3$ 底部[4]177）
老厂	第 5~11 层（$T_2k_1^5$~$T_2k_3^1$）	第 5 层 $T_2k_1^5$	第 6 层 $T_2k_1^6$	第 7 层 $T_2k_2^1$
高峰				
松树脚	第 4~12 层 $T_2k_1^4$~$T_2k_3^2$）	第 5 层下部 $T_2k_1^{5-1}$	第 5 层中部 $T_2k_1^{5-2}$	第 6 层 $T_2k_1^6$[4]167
马拉格	第 3~13 层（$T_2k_1^3$~$T_2k_3^4$）	第 9~8 层之间 $T_2k_2^3$~$T_2k_2^2$	第 9~10 层之间 $T_2k_2^3$~$T_2k_2^4$	第 10~11 层之间 $T_2k_2^4$~$T_2k_3^1$[4]146

上述分析同时说明，前人将个旧成矿区的区域构造划分为云南山字型构造、哀牢山帚状构造（歹字型构造）、南岭纬向复杂构造带、川滇经向构造体系、华夏系、新华夏系、西畴似莲花状构造共 7 个构造体系[4]22，将一个由锡多金属矿化有机联系在一起的成矿区的构造人为复杂化了，这不是实践层面的问题，而是地质学界玄奥价值观和形而上学学风在实践层面的具体体现，总以为越玄奥、越难弄清楚，学问越高深。这直接违背爱因斯坦先生“逻辑上简单的东西，当然不一定是物理上真实的东西，但是，物理上真实的东西一定是逻辑上简单的东西”“物理学家的任务就是要寻找少数越来越普遍的原理来概括越来越广泛的经验事实”[29]26。地层、岩石、变质作用 3 项都比较难达到玄奥的境界（层控矿床理论盛行时，许多被指认为同生特征，如草莓构造等），只能在构造上

做文章。由矿化、地层、岩石有机联系在一起的构造，一定要人为割裂开来，说成是多个构造体系的构造，才能够体现玄奥，这才是学术界欣赏的。在矿化、地层、岩石上如此有机联系在一起的个旧成矿区、个旧锡矿田，在构造上却分属不同的构造体系，在笔者看来是不可理解的。笔者认为，只要深刻理解事物是有机联系的哲学原理，遵循世界统一论哲学观，在具体问题上认识到热液矿床的矿体就是构造体，就能够正确认识所论矿区、矿田甚至成矿区的构造。

十、构造体系的控岩、控矿作用

（一）构造控岩与岩体对构造的影响

个旧杂岩体出现在个旧断裂与红河断裂带的交会部位，应是板块运动构造应力造成地壳重熔的体现，怎样具体解释或可再探讨，它可能涉及地壳重熔原发部位较深，难以从地表或浅部的地质构造特征中做出有说服力的分析，但个旧杂岩体产出部位的这个事实应当理解为区域构造与杂岩体之间存在有机联系。

尽管关于个旧成矿区和矿田的构造控岩作用的重要性，前人最先已予阐述并做了某些论证，但前人着重论述的是岩体对成矿的控制作用，没有摆脱岩基成矿说的束缚。

在个旧锡矿田小范围内的构造控岩，首先是岩体沿卡老松背斜隆起，在二级东西向断裂之下沉伏。构造控岩作用反映最为明显的，主要表现在个卡入字型构造由五大二级东西向断裂分隔的区段，各岩体随区段的紧张或弛张相应表现出的隆起与沉伏。其次是沿与卡老松背斜垂直的张性结构面方向地层的沉陷，出现北西西向的阿西寨花岗岩槽谷—大菁阿西寨向斜及猪头山向斜，包括前人已论述的老卡岩体、马松岩体沿北北东向压性结构面背斜隆起。第三是如老厂矿段成岩期构造分析所述，构造控制老卡岩体的隆起及其顶面的形态特征。第四是更为低级别的构造控岩、控矿，由前人“侵入岩体形态图”（图 1–81）反映的其实是“岩体形态与矿体产出部位示意”。该“岩体形态图”都只标示岩体不标示其他相关联因素，其中的 c 图蘑菇状侵入体形态取自真实的地质剖面，与之相关联最直接的因素是新山背斜和地层中的泥质层，岩体沿新山背斜上隆，突破变

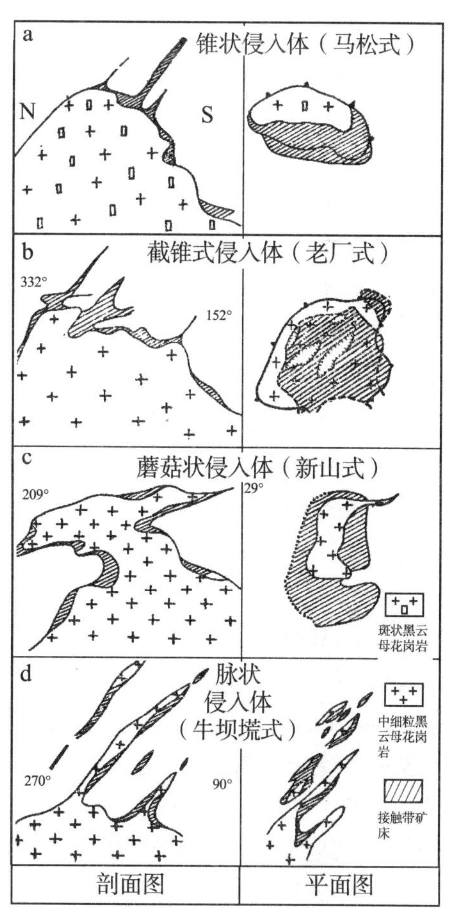

图 1–81 侵入岩体形态图[4]218

辉绿岩层呈底辟构造后屏蔽于泥质层（$T_2k_1^3$，为薄层夹中厚层泥质灰岩，69~205 m，在卡房矿段该层厚 110~170 m，为卡房矿段的层间型矿体上含矿层[4]170）之下。其他 a、b、d 图看起来都带有示意图性质，如 b 图岩支、矿体向南倾斜才是主体，并非如图示的有规律地向南、向东倾斜。所谓的马松式、老厂式涉及的影响因素比较多，牛坝荒式甚至完全没有陈述其矿床地质，属凭空突兀提出来的。而作为一种岩体与矿体之间的相关关系提出的规律性概念，都需要充分陈述矿床地质情况，逐一具体分析，全面地而不是孤立静止片面地看待岩体形态与成矿部位之间的关系，才能够真正阐明其中的规律。

为什么龙岔河岩体要出现在龙岔河穹窿部位，为什么白沙冲岩体出现在卡老松背斜最北部？现在尚不能都做出确切回答。但是，与成矿关系密切的老卡岩体、新山岩体受控于卡老松背斜，岩体顶面小突起等微部形态受控于二级东西向断裂的进一步顺钟向扭动，事实清楚，资料充分，毋庸置疑。

按照构造控岩的思路演绎，必然得出“岩浆体必将对构造产生影响”的结论。前人称“褶皱对于岩体侵入部位和形态变化有很大影响，新山岩体侵入在新山背斜中，岩体隆起的最高部位，与背斜轴部大体相吻合，岩体脊部走向和上复背斜轴向是一致的，由南向北，都由北北东转向北东，甚至岩体东西两侧接触面，也与背斜两翼倾角相近，都是东陡西缓。这种构造—岩浆活动的一致性，应不是一种偶合现象，究竟是岩浆侵入引起了地层形变，还是褶皱构造影响岩体产状，谁主谁从尚不清楚，不过完全可以把构造—岩浆活动视为统一的整体，把上有背斜、下有岩体作为有利的成矿构造，这是与区内实际情况相符合的”[4]175，应当说，已经陈述了构造控岩的事实，只是未能阐明它们之间的因果关系。

炽热的岩浆岩作为一种边界条件，不可能不反过来对控制它的构造作用产生影响，这种影响就是最基本和最普通的受热膨胀作用，毫无玄奥可言。受热膨胀是构造应力使上覆地层以张性结构面、张扭性结构面为主，而压性结构面难以发育的根本原因。至 1984 年的个旧锡矿田资料上，毫无例外地显示出，凡是上覆地层中显著的压性结构面，如杨家田断裂，其下就没有绘制出岩体等高线，也就是勘查没有触及岩体，而绘制出岩体等高线的部位，上覆地层都没有显著的压性结构面。

上有背斜，下有岩体，是岩体受构造应力场中挤压应力隆起，但是只有在如新山背斜部位上覆地层相当薄时，局部有素材支持。从总体上看，上覆地层的背斜构造并不发育，发育的是张扭性、张性结构面；上覆地层出现比较典型的压性结构面，岩浆体下伏反而深。这似乎是两个相互矛盾的现象。其实这两个现象并不矛盾。前者反映的是深部受到的挤压构造应力，深部构造应力使岩浆体重熔向浅部低压区上隆。一旦岩体上隆，上隆部位的围岩受热膨胀，上覆地层就不可能出现典型的压性构造。后者反映的是浅部构造应力场，当深部未受到挤压构造应力时，岩浆体不熔融上隆，岩体不上隆，上覆围岩未受热膨胀，这才有可能出现压性构造。前者反映的是深部构造应力较强的作用，后者反映的是深部构造应力较弱的浅部反应。它不仅不矛盾，反而能够说明，只有区域性的、涉及地壳深部的，当然也是强大的构造应力，才能够成为成岩成矿作用。有了这种构造应力场，地壳浅部的某些构造才可能有矿体赋存。为什么构造应力早期控岩、晚期控矿，道理完全在受温度场的控制，因为所谓高温热液矿床，成矿温度波动在 300~500 ℃附近，成岩温度则高得多。个旧锡矿田获得的资料是：马拉格斑状黑云母花岗岩＞ 800 ℃，老卡岩体为 615~655 ℃，老厂 1021 突起弱云英岩化花岗岩为 630 ℃，老厂 4033 突起中细粒黑云母花岗岩及蚀变花岗岩为 615 ℃[4] 226。这些温度是成岩作用冷凝时的温度，即成岩作用的最低温度，并且未经压力校正。

经过上述分析，最后的结论只能是：个旧成矿区的构造是同岩浆期的构造，个旧成矿区的岩浆是同构造期岩浆。

当整个个旧成矿区处于花岗岩化（更广义的名词应称地壳重熔）高热值的地热场中时，在围岩中的所有构造应变都将受到影响，压性、压扭性应变都将最大限度地被同应变构造系的张性、张扭性结构面取代。这也就是个旧成矿区岩体上覆地层张性、张扭性结构面特别发育的根本原因。卡老松背斜不发育，替之以东西向二级开扭发育，成为个旧锡矿田围岩最显著和最基本的构造特征。杨家田断裂之所以能够成为个旧锡矿田唯一的压性断裂，一方面是杨家田断裂部位距岩体最远，可以认定杨家田断裂部位下伏岩体的深度必定最深。另一方面，则是杨家田断裂东侧对应的是大菁向斜—阿西寨岗岩槽谷，这是个卡入字型构造中最弛张的地段，这种弛张为杨家田断裂的形成提供了重要条件。东西向二级开扭强烈发育又造成两种结果：一是二级开扭成为矿田中起构造分区作用的构造，二是使得其派生构造成为各矿床内最主要的构造成分。这两种结果是一回事，只要它起构造分区作用，不同分区的构造当然都在构造分区内成生，起分区作用的构造当然是其内构造的产生原因。

对于岩浆岩而言，则并不为受热膨胀作用影响，老卡岩体隆起方位仍然是卡老松背斜的北北东向，并有与之垂直的北西向凹陷微部特征相反相成；二级开扭进一步顺钟向扭动，岩体则沿压性结构面方位出现北东向小突起。

个旧成矿区的同岩浆期构造、同构造期岩浆，当然也就成为个旧锡矿田成矿作用的先决条件。

（二）构造控矿作用

在明确了同岩浆期构造、同构造期岩浆，在个旧断裂两侧成生个杨入字型构造和个卡入字型构造两串构造却属互有成生联系的一套构造体系之后，个旧锡矿田构造控矿在宏观层面已经相当清楚了。

1. 构造控制矿区、矿床的划分

矿区和矿床是最普通和最基本的概念，但是其定义却并不明确，在绝大多数情况下，难以明确划定范围，《地质辞典》[30] 21 甚至将矿田、矿区的概念解释错了，矿区被注释为开发矿山的矿区范围（一千个地质勘查行业命名的矿区中，大概只有几个成为工业部门的矿区，并且范围大不相同。这在本书中卷已经阐明[3] 17），个旧锡矿田为明确这些概念提供了又一个实例。个旧矿区范围大，称之为矿田以示区别应予允许。但“矿床”被滥用或错用比比皆是，将矿床的地质类型（成因类型、建造类型或成矿部位类型等）、工业类型、规模类型混杂在一起滥用，矿床与矿段、块段混杂在一起错用，需要改正。笔者已经做了初步划分（有些如马拉格矿段中有马拉格块段、松树脚矿段中有松树脚块段，是否都分清楚了不能断定）。

所谓个旧成矿区，系指与个旧杂岩体空间关系密切的 47 个矿床（点）包括的范围，即前人称面积 2 140 km² 所包括的范围，构造及其所控制的个旧杂岩体是使个旧成矿区各种不同地质体有机联系在一起的根本原因；个旧锡矿田则系指由东西两串紧密相关的、有成生联系的一套控矿入字型构造联系在一起的矿化范围，包括卡房、老厂、高峰、松树脚、马拉格及牛屎坡矿床在内的矿床、矿段分布区。当然，这是一种兼顾前人划分，也符合实际情况的处理办法，没有必要机械地单指个卡入字型构造控矿的五大矿区为个旧锡矿田，将个杨入字型构造控矿的牛屎坡另列为一个矿区。前人将白龙断裂与老熊洞断裂（包括双竹块段）划分为“卡房矿田”，将蒙子庙断裂至个松断裂卢塘坝断裂划分为老厂矿田，将个白区段中松树脚、马拉格划分为两个矿田，都是不正确的（前人文字描述在矿床构造节称，老厂矿田“北界背阴山断裂，南至老熊洞断裂，西邻个旧大断层”[4]128，除矿田需改为矿段之外，又是正确的）。这些表明，前人划分矿区、矿床的范围没有标准。地质学界推崇玄奥的价值观，像矿区、矿田、矿床、矿段范围的划定这样普通的归纳问题，是没有人仔细推敲琢磨的，而其实，如同个旧锡矿，正确划定成矿区、矿田、矿床、矿段、块段，就能即刻形成清醒认识，能够正确指导普查找矿和勘探评价。如图 1–82（该图将原称“高峰矿田”[27]修改为“大菁矿床”，囊括个白区段内各矿段，理由是大菁—阿西寨向斜兼花岗岩槽谷为一级构造且处于背个区段中部，高峰山背斜构造级别低且地处个白区段南沿，高峰山部位产出矿体宜称高峰块段）所示。

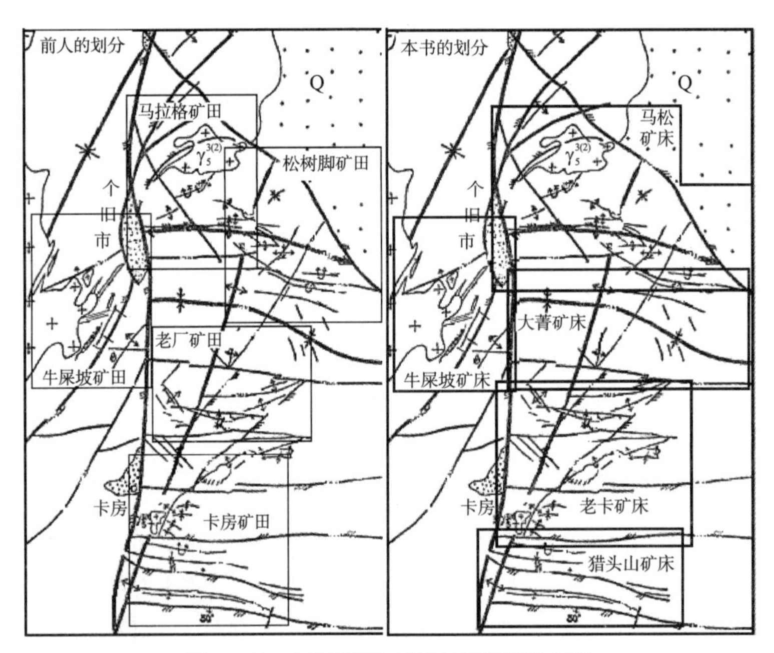

图 1–82 个旧锡矿田各矿床范围划分图

2. 个卡入字型构造的一个控矿规律——外侧矿化强烈

在压性入字型构造 14 个矿床实例中，凡是由分支构造控制范围控矿的矿床，如锡矿山、公馆、七宝山、沃溪等，都是分支构造内侧矿化强烈，外侧相对减弱。张性入字型构造则存在相反的矿化规律，即分支构造的外侧矿化强烈，而内侧相对较弱。老厂矿段接触带矿体是典型的例证，其东突起以南东的矿体集中程度远远大于西突起北西侧矿体集中程度（尽管新发现了风流山块段）；卡房矿段有相似的矿化规律，卡房矿段矽卡岩型和变辉绿岩型矿体分布图清楚显示，对于接触带矽卡岩型和变辉绿岩型锡铜矿体，新山岩体东侧都远胜岩体西侧。即使在沿松树脚断裂带矿化的铅锌矿，矿化强烈程度同样是东段胜于西段；马松矿床尤其典型，矿化集中分布在外（南东）侧。

控矿压性入字型构造在分支构造范围内控矿，矿化之所以内侧胜于外侧，是因为内侧构造应力远大于外侧。控矿张性入字型构造由分支构造范围内控矿，矿化外侧远远胜于内侧，同样是外侧构造应力远胜于内侧，但不像前者那样容易理解。之所以如此，原因应当出在二级开扭初次构造和再次构造边界条件发生了改变。

二级开扭初次构造顺钟向扭动时，岩浆岩尚未凝固，整个个卡入字型构造各构造成分在炽热岩浆岩温度场条件下都能够自然成生。再次构造反钟向扭动时，相当部分的岩浆岩已经凝固，成为一种新的边界条件，这就使构造应力集中释放的部位发生变化。典型的例证是老厂矿段接触带矿体在东突起南东侧密集分布，当背阴山断裂反钟向扭动时，老卡岩体已经凝结的南东侧及北东侧边界都成为构造应力集中释放的部位。又如卡房矿段，当新山岩体随仙老断裂再次构造顺钟向扭动成为北东向并向北西突出的弧形之后，其再次构造反钟向扭动时，新山岩体东侧自然就成为构造应力集中释放的部位，也就是接触带矿体及层间变辉绿岩矿体最发育的部位。

成岩期后构造应变集中在老卡岩体东西两侧脊突的外缘，特别是其南东侧，对于控矿张性入字型构造而言则属于外侧，当岩体存在其他陡缓转换界面，如老卡岩体北东端也存在陡缓转换界面时，也可以形成矿体集中分布带（构造应力集中释放带）。老卡岩体接触带矽卡岩矿体的宏观分布规律表明，岩体小突起可以成为构造应力集中释放的边界条件，但是构造应力集中释放最重要的地段仍然是岩体宏观的陡缓转换界面，东突起带较中突起带标高略低，但东突起带是岩体南东侧最显著的陡缓转换界面。局部的和孤立的突起只可以造成局部的矿化。当然，在卡房矿段，新山岩体属于唯一的岩体，也是唯一的岩体突起，与老厂矿段的情况大不相同，就变成宏观的陡缓转换的边界条件了。

3. 不同元素富集有不同的构造取向

前人对老厂矿段接触带矿体铜、锡、钨元素的“矿化强度”进行研究，极有价值。结果表明，矿床地质学长期困惑的氧化物与硫化物矿化可以共生在一起的原因可以得到进一步理解，它们不仅有酸碱环境及氧化还原电位演化造成变化，反映在次序先后上的原因，尤其还是它们在构造应力场中有各不相同的取向，对于老厂矿段接触带矿体的矿化，铜沿 314° 方向（铜富集方位与背阴山断裂方位夹角为 34°，系其派生压性结构面方位）、锡沿北东 50° 方向、钨沿北西 348° 方向富集。在地质勘查程度已经相当高的个旧锡矿田，老厂矿段隐伏岩体顶面的形态特征、老厂矿段接触带矿体的分布特征都有极高的勘查程度，这个确凿的证据使得有可能查明这 3 种元素富集取向的性质和原因。

首先必须确认的，是线性特征这样清晰的、与岩体顶面形态特征相关程度这样高的富集取向，与上覆地层不相干，与各向同性的花岗岩的岩性不相干，它只能是构造取向。

按照笔者的个旧锡矿田属于控矿张性入字型构造控矿的研究，老背断裂初次构造的顺钟向扭动使老卡岩体总体走向呈北东向，岩体微部凹陷呈北西向；进一步作用使岩体出现小突起，且脊向偏转呈北东略偏东，上述应变都属于成岩期构造。至此，老熊洞断裂与背阴山断裂才真正成为扭裂面，成为一种边界条件。构造应力持续作用则使横扭反向成为反钟向扭动的开扭，之后派生成岩期后的构造应变，而成岩期后构造应变这三者的取向，分别代表压性结构面（铜）、张性结构面（锡）、张扭性结构面（三氧化钨）方向。各结构面的方位与理论方位不大可能十分一致，但它们彼此之间的角度关系应当是相当固定的。此项提供的是，派生的压性结构面为 314°，与主干断裂呈 34° 夹角；派生张性结构面为 50°，与前者呈 86° 夹角；派生开扭为 340° ~348°，与派生压性结构面呈约 30° 夹角（制作过程是先按等值线图确定矿化方位，将背阴山断裂平移靠近等值线图，然后量取它们之间的方位关系）。如图 1–83 所示。

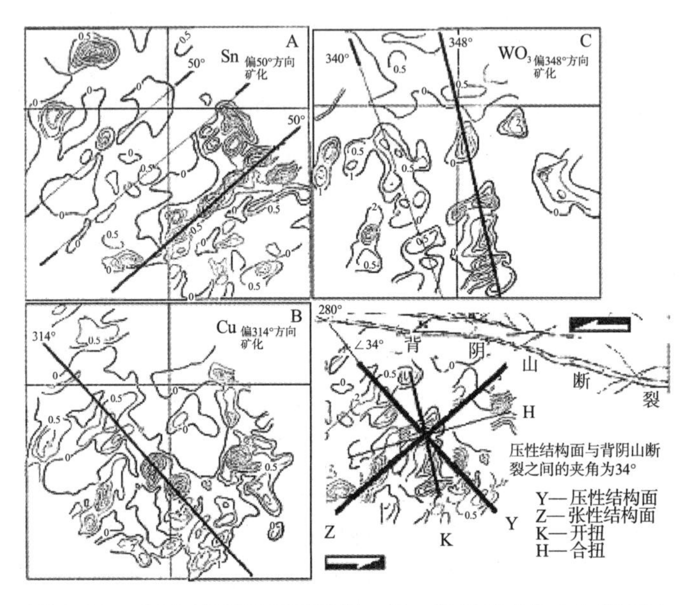

图 1–83 老厂矿段接触带矿体铜、锡、钨元素矿化方向关系图

此素材还说明，接触带矿体不是在二级开扭顺钟向扭动时（成岩期），而是在反钟向扭动时（成矿期）形成的。

4. 张性断裂发育导致风化作用强烈，氧化物极为发育

个旧锡矿田的一个极为突出的矿化特征，是风化作用强烈、氧化带极为发育（马拉格矿段原生带在 1 800 m 以下，之上至 2 500 m 计有 700 m 深的氧化带[4]115）。这个事实，一方面说明矿田张性结构面、张扭性结构面发育的论断是正确的，这些结构面将在成矿后促成溶蚀作用更为强烈发育，使得矿田氧化带面广且深。反过来，另一方面说明，只有张性结构面、张扭性结构面发育，才能够形成以氧化矿物为主的锡多金属矿床。这后一点，为研究氧化物矿床的形成机理提供了极为重要的信息。

5. 成矿期按构造演化阶段划分

前人按矿物种类不同将成矿期划分为硅酸盐阶段（矽卡岩阶段）—氧化物阶段—硫化物阶段—碳酸盐阶段。

在此主要分析氧化物阶段的具体排序。前人将云英岩、脉状矽卡岩、长石绿柱石脉、黑电气石脉、蓝电气石脉、含锂云母萤石脉的出现划分为氧化物成矿阶段，先于硫化物阶段，而这些岩石和脉体主要有以下 3 个特征：一是主要产出于构造演化期和成矿演化期延续最长的老卡矿床，而非所有矿床；二是它们有最为清晰的矿化分带；三是它们的

主要产出区段是老厂矿段的坳头山断裂与黄泥硐断裂之间，以电气石脉为主体的矿脉，根部为老卡岩体的最高小突起。

这 3 个特征首先表明，构造演化期和成矿演化期延续短的区段就不存在此成矿阶段。这似乎不能自圆其说，较早的成矿期应当是各矿段都存在的。其次是矿化分带必须出现在围岩温度梯度场显著的时期，按照本卷指出的温度场演化，在成岩期构造应变以张性结构面、张扭性结构面为主，反映的是围岩普遍属于成矿作用范畴的高温环境，或者说属于温度梯度变化相当小的环境，而这种环境是难以出现良好的矿化分带现象的。从前人制图列述的、应当属于最典型的矿化分带，分别为马拉格矿段、老厂细脉带矿体，包括电气石细脉带锡含量、喂牛塘 71 号矿体锡石—铅含量随标高变化图，还有描述的是老阴山块段 9 号矿群、龙树脚断裂带中矿体，而这些矿体（除论述对象之外）都是在硫化物期（如有铜带、铅带）之后较晚期的产物。第三是按照笔者的构造演化分析，这些以电气石脉为主的矿化体、矿体，是坳头山—黄泥硐断裂晚期反钟向扭动时期，派生的以梅雨冲断裂为代表的北东东向压性结构面的再派生构造体。即低序次构造的控矿，反映了成矿期相对较晚。这样分析的结果，就是按前人所列的岩、脉体划分的成矿期，应当属于比较晚期的成矿阶段，而不属于相当早的时期。那种将伟晶岩阶段、气化热液阶段、高—中—低温热液阶段的划分是不成立的。这一点，笔者将在热液矿床 6 种成矿作用的成因分类中阐明。

6. 矿床被剥蚀的深度问题

从成矿作用角度看，作为所谓高温热液矿床，按照传统观念，个旧锡矿应当是 3~5 km 深部地壳温度压力形成的。200 万年来，现剥蚀厚度已经接近 3~5 km，锡矿才被剥蚀露出地面。这是不可能的。相当于静态的 3~5 km 深部地壳温度压力场，只能解释为是构造应力制造的。个旧锡矿田的事实对于认识矿体是构造体、矿床受构造控制，提供了又一个重要例证。笔者将论证成矿期属白垩纪—老第三纪，自第三纪以来地壳被剥蚀 3~5 km 也完全不可能。

7. 不存在地层岩性的控矿作用

前人将个旧组划分为 13 层，为查明地层的控矿作用打下了稳固的基础。个旧锡矿田各矿区层间矿体的含矿层层位各不相同，卡房矿段为个旧组第 1、2、3 层；老厂矿段为第 6 层中的 3 个小层 $T_2k_1^{6-2}$、$T_2k_1^{6-4}$、$T_2k_1^{6-6}$（还要注意老厂矿段第 6 层远较其南的竹林块段厚，其北卢塘坝、高峰山都比较厚，至竹林块段突然变薄）；松树脚块段为第 5 层下部、中部和第 6 层；马拉格矿段为第 8~9 层、9~10 层、10~11 层，不存在一致的层位（表 1-34）。

卡房矿段下含矿层顶界以下 60~100 m 为辉绿岩床—变辉绿岩铜矿。它们的共同规律有三，一是所谓含矿层都是靠近岩体的层位，与岩体的距离相关。二是含矿层一般有 3 层，反映构造应力场的强度。三是含矿层一般都是层理比较发育的互层层位，只能认为这属于最容易释放构造应力的边界条件。三者综合起来，即层间矿体是构造应力在岩体与围岩之间相互作用的结果。所谓的含矿层，反映的仍是构造，是层间构造而已。

老厂矿段细脉带矿体之所以在第 5 层（$T_2k_1^5$）中特别发育，与其顶板（$T_2k_1^{6-1}$）缺失之边界条件有关。造成顶板缺失的构造应力，使第 5 层细脉带呈现相当显著的顺层发育特征（图 1–25）。由于相关资料收集不够，不做进一步分析。

8. 矽卡岩是岩体接触带再次构造应变的产物

矽卡岩并非岩体所有接触带都出现，且矽卡岩还可以在围岩中沿层间构造发育，上卷七宝山矿床[1]已经指出这个问题。个旧锡矿田的资料进一步说明，矽卡岩是在硅酸盐与碳酸盐两种岩石接触的前提下，经过构造作用才可形成，所有矿段的矽卡岩都毫无例外地发育在添加构造应变的部位，不论是老厂矿段还是卡房等其他矿段，都有表现。构造应力极为强烈的老卡矿床产出于岩体挤压应力强烈的南东侧和北西侧，马松矿床产出于岩体挤压强烈的南东侧，用其剖面做进一步解析。

马松矿床的 1–1 号矿体可以看到成岩成矿的作用过程。个白区段首先由顺钟向扭动促使马松岩体顶面上覆地层强烈地向东扭动，顶面以下地层倒转，形成向东突出近直立的弯曲——柔性形变。此时马松岩体向南东倾斜的接触面恰与顺钟向扭应力派生的纵扭（压扭）方向一致，在其纵扭构造应力作用下，马松岩体从顶面（边界条件）起向南东、向下发育矽卡岩，又以顶面转向下部位最发育（图 1–67）；到持续作用反钟向扭动阶段，上述直立东突弯曲地层层间裂隙发育，以马松岩体顶面以下为最［可见顶面以上第 6 层（$T_2k_1^6$）底部地层略显弯曲］，形成层间矿体。

持续作用反钟向扭动使接触面变成挤压性质，由此在矽卡岩—地层之间出现近水平的硫化矿体和近直立的“正断层”（张扭性脆性形变）。其中较发育的正断层宽阔或经历两次活动。如图 1–84 所示。

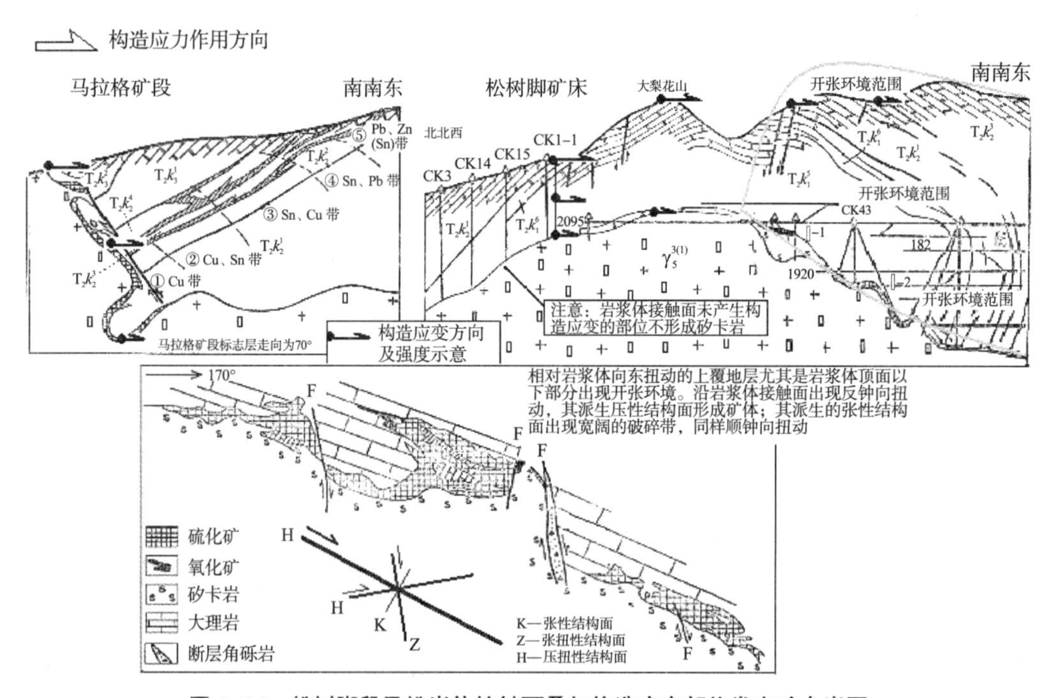

图 1–84　松树脚段马松岩体接触面叠加构造应变部位发育矽卡岩图

（三）构造控岩控矿事实涉及地质力学和矿床学的有关问题

对于一对扭裂，地质力学只提及彼此直交、持续作用下交角的变大和横扭扭动方向反向 3 项。个旧锡矿的事实进一步说明，横扭初始作用的构造应变强度远大于在持续作用下构造应变。个旧锡矿的事实是所有矿区二级东西向断裂构造都保留反钟向扭动的构造应变，包括伴随出现彼此平行的褶皱构造——背阴山北背斜—背阴山南向斜、大花山背斜。它们完全没有受到反向扭动的破坏。换言之，宏观上只看到初始作用的构造应变，只有调查细节，才能发现持续作用下横扭的扭动方向改变引发的构造应变。其中，接近重要界面的边界条件，如花岗岩接触界面，则显得更小，马松矿床图 1–84 下方开采资料剖面反映出只有小型断裂。在远离这类界面，如老卡矿床，则相对稍强，如以梅雨冲断裂为代表的北东东向压性结构面的再派生构造体：在构造应力初始作用阶段，可以有断裂（多为张性、张扭性断裂，只有远离高温温度场时出现压性、压扭性断裂，如杨家田断裂），普遍出现的是柔性形变褶皱，马松矿床图 1–84 剖面上图尤其能够说明，初始作用阶段反钟向扭动造成近直立的向东突出的背斜褶皱，持续作用则只能使之出现层间裂隙。这种事实说明，像个旧锡矿这样的成矿地质条件，构造应变初始阶段造成地壳重熔温度场高，温压条件可以使地层柔性形变，高级别构造与成矿不相干。这就是矿床常常出现在主干断裂旁侧的根本原因。只有后续较低级别的构造形迹与成矿关系密切，也只有温度场下降到三五百摄氏度时才可能成矿，此时构造应变只能是断裂等脆性形变。

（四）关于个旧杂岩体

前人“杂岩体成因的讨论”分基性岩的成因、花岗岩的成因、基性岩与酸性岩的关系、碱性岩的成因 4 部分，分别讨论其成因。这属于孤立静止片面的思想方法。

个旧杂岩体是一个整体。前人命名的多个岩体应当理解为这个整体的不同出露部位。斑状和粒状的两大类花岗岩普遍渐变过渡，矿物、化合物和成矿元素增减呈递变性；捕虏体的多少、大小、原岩可辨认程度存在渐进式变化；龙岔河岩体中粗粒花岗岩与似斑状花岗岩之间未见明显接触界线，马松岩体边部和深部长石斑晶和黑云母逐渐减少，近似粒状花岗岩，马扒井深部的卡房岩体发现有类似马拉格北炮台的斑状黑云母花岗岩等，都能够说明它们存在岩相变化的过渡性质。前述岩石的矿物成分、化学成分、微量元素确实存在“演化系列”性质的变化是正确的；前人称“可以看出个旧花岗岩由老到新，存在着由偏基性向偏酸性到富钠的演化系列，矿床类型也有规律地随之由锡石—硫化物矿床转变到锡石—硫化物矿床和锡石—石英矿床共存，以致最后形成锡石—石英型矿床加稀有金属矿化的演化序列”是正确的。

之所以出现不同岩性和岩相，属于构造演化的结果，最早的构造造成花岗岩化，形成整个大岩体，其岩性、岩相相当于龙岔河岩体、马松岩体，凝结期为 83.5~100 Ma（取钾长石同位素年龄，舍黑云母同位素年龄）；随后的构造，在碱交代作用下，出现岩性、岩相的变化，相当于老卡岩体的主体部分，凝结期为 80 Ma ±；成岩期最后的构造产生进一步的蚀变，相当于老卡岩体最晚凝结的局部（如小突起部分），凝结期为 74 Ma ±。老卡岩体因此应当是它最后凝结、长期演变造成的。个旧杂岩体从花岗岩化开始至最后凝结，经历 30 Ma 以上的长时期。

个旧成矿区的构造表明，造成个旧杂岩体花岗岩化的构造应力最后集中到了个旧锡矿田，使得个旧锡矿田的某些岩体，特别是老卡岩体（如老厂段岩体出现 5 种岩相），在其构造应力场及其温度场环境下，局部最后凝结，钾钠组分充分作用，碱交代极为强烈，铁镁质暗色矿物彻底转移，乃至出现所谓“淡色花岗岩带”“白岗岩”“斜长岩”，当然也使在酸性、碱性环境下都不稳定的石英从花岗岩中转移出来，成为石英脉的物质来源，其他脉体也应当是从老卡岩体在长时期的高温环境下自变质转移出来之后的产物。应当说，老厂岩体在岩性、岩相上的种种变化，都是岩浆体长期不能凝结，在构造应力作用下出现的自变质现象和部分组分的迁移现象。从岩性、岩相角度看，越是颜色浅的岩相，凝结时间越晚；越是自变质完全的矿物，如石英、长石构成独立矿物相带，越是晚期的产物。

而如果按照杂岩体的传统观念，地壳深部一次次侵入各种不同岩性的岩浆体，地壳深部应有尽有，拥有各种不同的岩浆，那是毫无道理的。从岩浆侵入的角度说，也不存在促使岩浆一次次侵入的地质营力。杂岩体的形成当然包含岩浆现象和产物的环境影响，但是主要的还是在构造应力作用下岩浆作用自身的演化。

至于何以另有基性岩、碱性岩，应当是易熔组分形成酸性岩之后，余下组分重熔的产物。限于素材，不予讨论。

（五）构造对自变质作用的控制

构造对自变质作用的控制也是大量的和重要的，从中可以发掘大量有关成矿作用的信息。其中找矿时最值得注意的，是大理岩化的发育程度（它与矿化边界关系密切）。大理岩化最发育的牛屎坡矿床，大理岩化的带状分布平行于杨家田断裂，而与神仙水岩体地表界线斜交，显示热变质作用并非全部由岩浆热引起，断裂构造起到了重要的作用。图 1–11 松树脚矿段大理岩化分带图（2 095 m 中段地质图）中，大理岩化带最发育的部位在背斜轴部，同样说明大理岩化并非全部由岩浆热引起，褶皱构造起到了重要的作用。这两个素材，都说明在大理岩化过程中，构造应力场造成的温度场，即“构造热”起决定作用。如果认识到地壳重熔都是受构造控制的，那么热变质受构造控制更顺理成章。

（六）关于个旧锡矿田构造体系的划分问题

前人将个旧锡矿田 99 条编号构造分别列为 12 个以上的“构造体系、构造级别”，这与指责锡矿山矿区构造属于同一构造体系“无疑是不合适的”的观点有共同点，这些人都认为一个矿区或矿田的构造属于多个构造体系，是很复杂的（“很复杂”中的玄奥才符合地学界的价值观），不应当属于一个构造体系。笔者借此机会，阐明一个没有受到后期构造破坏的矿区或矿田的构造必定属于一个构造体系的道理，这个道理只需要一句话即可阐明：“因为矿区或矿田的矿化是有机联系在一起的”。不是任意一个地区的构造都属于同一个构造体系，由矿化有机联系在一起的矿区或矿田构造，则必定存在有机联系。相反，将由矿化有机联系在一起的矿区或矿田构造分别处理，划分为不同的构造体系，倒是十分奇怪的和毫无道理的。在没有由矿化有机联系在一起的地区，究竟哪些构造属于此构造体系，哪些构造属于彼构造体系，倒十分困难。因此，编制所谓构造体系图，哪怕只是 1∶5 万图幅的小范围，也不可能厘定哪些结构面属于哪一个构造体系，编制出正确的构造体系图来。笔者反对编制区域性构造体系图，道理就在这里。锡矿山矿床未遭后期构造破坏事实清楚，它说明的是成矿后矿区未受构造应变，不存在成矿后构造；在区区不足 40 km² 的矿区范围内，要形成世界级的锑都，不可能容得下残存的成矿前构造，原有构造毫无例外地要被成矿构造体系取代。不存在成矿后构造，又不许成矿前构造存留，结论当然是矿区所有的构造同属一个构造体系。论证个旧锡矿田构造为同一构造体系，道理与锡矿山矿床者相同。当然，首先是符合地质力学提出的“一套构造体系是一定方式的一场构造运动或几次同一方式的构造运动所形成的。而那些多次运动之中，大都总有一次（往往是最后的一次）是造成那一套体系的主要运动”[2]131。

十一、成矿时代

个旧锡矿田的成矿时代，前人[4]以岩浆体的同位素年龄为据，这是循岩基成矿说的必然结果。真正查明了成矿控制因素，个旧锡矿田的成矿时代就极为简单明了，这就是个旧控矿张性入字型构造的成生时代。这就是白垩纪—老第三纪，哪里有什么“海西期裂谷形成了石炭—二叠纪碱基性、中酸性双峰式火山岩套。可能提供了部分矿质来源”[16]？

（一）从地层层序看老第三纪的沉积背景

区域地层层序指明，在三叠纪中统沉积之后，自三叠纪上统直到老第三纪古新世，个旧锡矿田没有沉积，都处于被剥蚀状态。晚三叠世、侏罗纪、白垩纪乃至老第三纪古新世，都曾有大冰期。换言之，自三叠纪中统沉积之后，一次次大冰期造成的海平面下降，使得个旧地区处于被剥蚀状态，即使在间冰期，像白垩纪这样典型的间冰期湿热气候（陆相沉积为红层、有膏盐层膏盐沉积）和地史上最广泛的海侵期之一（白垩纪煤储量占地质时代总储量的 17.9%），海侵都没有到达个旧地区（中国大部分地区也都为陆相）。不是晚三叠世—侏罗纪—白垩纪—老第三纪古新世曾经有过沉积被剥蚀殆尽，而是根本没有沉积。此论点的证据就是始新—渐新世木花果组下部砾石层中砾石为灰岩，胶结物为铁质及钙质物。这些只能是三叠系中统碳酸盐岩及其风化壳残留物，并非侏罗系的碎屑岩（见于建水幅的侏罗系中统蛇店组 / 张河组，才有长石石英岩状砂岩、细砂岩、粉砂岩及页岩[4]12 等砂屑岩）。铁质胶结物则是长时期遭受剥蚀，地壳上只有氧化环境下最稳定的铁质、铝土能得以留存。

白垩纪末发生世界规模的海退[31]293 并且白垩系与老第三系古新统大多为逐渐过渡关系[31]301，个旧成矿区所在的 4 个 1∶20 万区域地质图幅超过 2.5×10^4 km² 范围白垩系缺失，很可能也不存在古新统。这样，渐新—始新统木花果组作为三叠纪中统沉积之后的首次沉积，就特别值得研究。木花果组与下伏三叠系上统火把冲组不整合接触，木花果组“分布于矿区及周围山间断陷盆地，以及红河河谷中”[4]38（可惜的是，未明确指出个旧断裂带之断陷盆地中有木花果组，只有卡房盆地中沉积有上新统河头组是明确无误的。尽管矿产勘探有地质研究和矿产评价双重任务，但地质队普遍不重视地层研究，像要施工钻孔调查个旧湖中地层这样的工作，是绝对不可能做的，只有认识到研究矿床成因必须依靠地质力学，才会重视地质研究，重视个旧断裂带断陷盆地中最老沉积物的时代和岩性），表明个旧锡矿田第四系覆盖之下应当就有木花果组。仅仅是同样低洼的红河河谷，沉积并出露了上、下第三系包括木花果组而已。

（二）从老第三纪渐新—始新统的沉积物看沉积环境

渐新—始新统木花果组沉积的是“上部为黏土层，中部为灰色和黄色易碎的砂页岩，下部为砾石层。砾石由石灰岩组成，胶结物为红色铁质及钙质物……大屯万家寨附近，含有褐铁矿块”。

木花果组沉积显示了一个“海侵”层序。此“海”非海，冰川融水浸漫之谓也，地质学尚无与海水不相干的、由冰川融水浸漫形成沉积层序的专有名词。最初沉积的砾石应当是冰碛砾石，或者说砾石主要是冰碛砾石。砾石间应当有黏土——火山灰（当然有可能包括改造法郎组泥灰岩中的泥质形成）。易碎的砂页岩可以是三叠系个旧地区现存最上部的法郎组（T_2f）碎屑岩改造而成。换一种说法，就是木花果组属间冰期沉积。这些都是对渐新—始新统地层研究相当不充分就做出的判断，但仍然是正确的，因为此判断不完全依靠对地层的研究，有世界各地地层沉积特征及大冰期成因论作为判断的凭借。

木花果组属间冰期沉积的另一个理由是老第三纪是成煤期。我国著名的抚顺煤、油页岩矿产出于始新统上部抚顺组，黑龙江的三姓组、山东的官庄组可含石膏及薄煤层，黄河中下游的垣曲组局部有煤层，湖南衡阳盆地霞流寺组中产盐膏层等。尤其是在红河以南如印度，第三系就是重要的含煤地层，广东茂名的油柑窝组的褐煤—油页岩应当与印度第三系含煤地层有更为密切的关联性。何况世界各地渐新统都有膏、盐和褐煤沉积[31]302。煤、油页岩与膏—盐沉积都是大冰期的产物，这将在第二章论碳帽、第三章论磷帽中阐明。膏盐—煤—磷块岩之间存在有机联系和对立统一关系。在有冰川融水补给的地区形成煤和油页岩，在生物尸骸变质带形成磷块岩，在没有冰川融水补给的地区，某些海盆在炎热气候条件下积水被蒸发干形成膏盐沉积，这些都是浅显的道理，完全不存在来历不明、含混笼统的“气候复杂多变”的问题。木花果组上部黏土层之上应当有褐煤层，看起来该间冰期冰川融水沉积旋回终了也未出现煤沉积环境。

（三）从新第三纪中新统、上新统沉积物的性质判断沉积环境

有了上述沉积层序，新第三纪中新世小龙潭组可以判断为典型的陆相煤系地层，所代表的是间冰期沉积。其底部的砾岩为冰碛砾石，黏土主要为火山灰，中部、上部褐煤为陆相煤系，所富含的动植物化石为淡水生物。由于小龙潭组分布于“矿区邻近的开远、蒙自盆地”[4]38，因此不敢断言这些沉积物就一定来自对个旧锡矿田的剥蚀—侵蚀作用。但可以从其他途径说明已经形成的个旧锡矿田处于被剥蚀环境下。

出现于卡房盆地中的上新统是又一套由粗到细的“海侵层序”。按“到上新世末，……终于引起了大规模的冰川作用”[32]273，它应当是间冰期的沉积，沉积物就来自个旧锡矿田。此时个旧锡矿田尽管已经遭受到剥蚀，但完全没有触及锡多金属矿体。直到第四纪，其沉积物始出现砂锡矿，矿体开始直接遭受剥蚀—侵蚀作用。

（四）从第四纪沉积物判断沉积环境

更新统下部牛屎坡组的“坡残积、部分冲洪积层，产砂锡矿、砂铅矿及砂铜矿，与下伏地层不整合接触”可能说明，牛屎坡组很可能直接不整合于碳酸盐岩地层之上，冰

川融水向喀斯特溶洞排泄，排泄受阻的部分成为冲洪积；更新统上部蒙自组沼泽相必定是不整合于隔水层（中新统含褐煤地层）之上，沉积范围扩大了，唯有隔水层能聚集冰川融水等形成沼泽、沼铁矿和相关沉积物。

（五）从砂锡矿主要沉积类型看成矿时代

个旧锡矿田最主要的砂锡矿类型为“坡洪积砂矿”，这是一个十分奇怪的砂锡矿类型，也是一个奇怪的沉积类型，它反映了特殊的地质作用过程。凭什么坡积会与洪积拉扯在一起？这在地质作用的均变期是不可能的，地质学的相关学科大概还没有列述这种沉积类型。“坡洪积”的厘定又一定是正确的，尽管前人没有予以清楚地描述，但可以推断，其中的砾石粒径太大、有一定的磨圆度，不便计入坡积，或者还有其他洪积的沉积特征。虽然未描述清楚洪积物的特征（笔者认为研究这些砾石的特征可能不仅仅只有块度太大一项），但可以从坡洪积砂矿矿块平面形态居然呈“等轴状”得到某种程度的证明。坡洪积说明，它的形成是处在灾变环境下，这个灾变就是地球发生了大冰期。随后的间冰期洪水不是沿沟谷爆发，而是冰川融化水流漫山遍野向低洼处排泄。坡洪积砂矿块形态多呈“等轴状”，尤其十分精妙，它说明的是冰川融水集中流向个旧锡矿田喀斯特地貌中的落水洞。个旧锡矿田的地下水位又极低，北部水文网主要排泄口在南洞标高为 1 067 m，南部水文网系统主要排泄口绿水河泉更低至标高 157 m[24]320。其地下水位之低，为一般内生金属矿床罕见，除局部由花岗岩凹面保存小范围地下水，如新山块段外，当然也就不可能普遍存在硫化矿床二次富集带。标高大于 2 500 m 的高原（主峰梨花山海拔 2 766.4 m[24]317，与[4]称莲花山标高为 2 758 m 有差别），其侵蚀基准面竟然低上千至两千余米[24]316，不能不说也是一种罕见的水文地质工程地质条件（图 1–45）。

三叠纪之后个旧锡矿田没有沉积侏罗—白垩系。按大冰期成因论，大冰期就是成煤期阐明的因果关系，侏罗—白垩纪都是成煤期。晚三叠世也是成煤期。这些时期的大冰期对个旧地区而言，不过是造成了其长期不能沉积只被剥蚀的环境而已。但晚三叠世及侏罗纪大冰期个旧锡矿尚未形成，其大冰期充其量只能是局部遗留下冰碛。关键是个旧锡矿形成，古新—始新世之后的大冰期直接影响了个旧锡矿田砂锡矿主要类型的产状，冰川融水可能还曾少量地搬运了个旧锡矿田最浅表的矿化，致使低洼的大屯万家寨附近含有褐铁矿块，那应当是个旧锡矿相当浅表（例如松树脚矿段的喀斯特带）的硫化铁矿物被风化迁徙的证据。所以，个旧锡矿的成矿时代只能是白垩纪至古新—始新世。从更新世起的约 200 万年以来，个旧锡矿被剥蚀并且已经可形成大型砂锡矿了。①

（六）怎样看待岩石的同位素年龄

表 1–11 何以燕山早期取值 195 Ma、分明有测试结果的贾沙岩体同位素年龄值要用

---

① 资料链接。晚三叠世是成煤期的，如邻近地区的干海子组碎屑岩夹煤层[4]12，以个旧南向 25 km 火把冲命名的海陆交互相火把冲煤系（广布于滇东南、桂南及桂西地区）。滇中、滇北有陆相的一平浪煤系，川西北有海陆交互相的广元煤系。又如湘赣地区的海陆交互—滨海相安源煤系，鄂西有著名的香溪煤系等。我国晚侏罗世—早白垩世（？）煤系，如黑龙江的鸡西群煤系，我国侏罗系为陆相，普遍含煤层。晚三叠世—早侏罗世分布于闽浙地区的陆相梨山煤系（梨山群）—浙江的陆相乌灶煤系。中侏罗世分布于河北地区陆相的门头沟煤系、辽西的北票煤系、鲁东淄博—潍坊地区的陆相坊子煤系、著名的山西陆相大同煤系、内蒙古阴山地区陆相的石拐煤系。晚侏罗世分布于北京西山等地的陆相的髫髻山组陆相火山岩[32]288、川西北早侏罗世陆相白田坝组含煤层[32]289。

“？”不得而知。燕山旋回自侏罗纪初至白垩纪末是不错的，但一个地区的岩浆体的产出年代还必须就事论事。个旧地区贾沙岩体同位素年龄为 132 Ma，这就是其最古老的年龄值，说明的是个旧地区岩浆体的产出最早在早白垩世。

岩浆岩极为发育的广东省，燕山第五期的同位素年龄取值为 74~90 Ma（燕山晚期），燕山第四期同位素取值 100~135 Ma（燕山早期）[33]4，或燕山第五期取值 55~97 Ma（对应地质时代为晚白垩世），燕山第四期取值 89~137（对应地质时代为早白垩世）[34]394（一个省有两套基础地质，这是广东省地勘行业存在的问题之一。素材都取自相同的 1：20 万区调资料，后者名曰“以 1977 年编制的 1：50 万广东省地质图及其说明书为基础[34]4”，实际则是能改变的尽量改变，且用一家之言概全[33]4，失去了志是“记事的文章”之本意。特别是 1977 至后者资料收集截止的 1982 年间并无重要的，特别是区域性的地质调查。显然，燕山第五期取值 55~97 Ma 不及取值 74~90 Ma 合理）。个旧地区按同位素地质年代划分或与广东省两者比较的结果，也是个旧地区岩浆岩产出自白垩纪，归属燕山期。只有同在白沙冲岩体，出现了酸性岩中最小的 53 Ma 和最大的 124 Ma 两个年龄值，有太大误差，应都不用，或至少后者不用。用一句话概括，那就是由地壳重熔形成的个旧杂岩体同位素年龄所代表的地质时期为白垩纪至老第三纪。

成岩期为白垩纪—属中生代—属印支地壳运动构造旋回，与成岩期为老第三纪—属新生代—属喜马拉雅地壳运动构造旋回。因为一个矿床的成岩期跨越这个大界限，风险很大。但是，宏观大界限也是由众多个例综合提升的。存在决定意识，研究只能据实理论，必须尊重个例提供的事实。

前人按同位素年龄值划分成岩期基本正确是一回事，怎样看待杂岩体不同部位有不同年龄值是另一回事。按岩基成矿说和“侵入岩”观念，是不同时期有不同岩浆体“侵入”。岩浆以侵入的方式成岩，为什么不同时期的岩浆总是在同一个部位“侵入”？这是何种原理？没有解释也没有人质疑，权当岩浆岩的一种特定侵入习性吧。但岩浆岩又并非总有此习性。在更多的地区岩浆体是单纯的，不夹杂不同时期、不同岩性的岩浆体。这个观念不可理解却根深蒂固（不科学地质学就是这样由一个个难以置信的教条堆砌起来的）。笔者已经指出，连侵入岩所需的侵入空间都无法解决的“侵入岩”概念必须抛弃[35]173。地壳重熔观念已经建立并有许多事实可供解释，岩浆的侵入观念却并不退出历史舞台。中国部署的地质志编撰和最新版本的中国地质图都援用“侵入岩”观念。当然，重熔岩浆在理论上同样被引入歧途——幔源型、壳源型重熔岩浆之类即例。

正确运用地壳重熔岩浆的概念，则理念根本不同——地壳重熔由构造应力引发。这首先解决了地壳重熔的地质营力问题；涉及成矿的陆壳重熔的对象是沉积岩；重熔不同排列组合的沉积地层，形成不同种类的岩浆体。一般说来，如太古界的重熔岩浆为基性—超基性岩，元古界重熔岩浆为基性—中基性岩，显生宙重熔岩浆为酸性岩之类；地壳重熔对象相同，不同强度的构造应力场可重熔出不同种类的岩浆体。在强大的构造应力场中的高温度场中，可冷凝固结出基性程度高的岩浆体，较低温度场中则可冷凝固结出酸性程度高的岩浆体。构造应力的强弱与其作用对象存在相关关系，古老的成岩作用充分的陆壳或刚性沉积岩层，有条件产生出最强大的构造应力场；年轻的、成岩作用不充分的陆壳或柔性沉积岩层，不容易甚至不可能造成陆壳重熔（所谓不容易，是指其下伏岩层的物理机械强度未知。大片出露碳酸盐岩的地层区就可以出现岩浆体，如著名的“粤北山字型构造”前弧西翼五点梅花复背斜南西侧、阳山县水口镇至清远浸潭镇之间大片石炭系碳酸盐岩区就分布有 4~5 个小花岗岩体）。构造应力持续作用促使岩浆不冷凝固结产生一系列自变质作用，或产生一系列岩浆成分差异不大的岩浆体（例如从高温到中—低温铁多金属矿床中岩浆体的浅色变种，或花岗岩与石英斑岩、白岗岩，或石英斑岩及其浅色变种，或花岗岩与白岗岩，或长英质凝灰角砾岩与白色流纹岩等[36]）。在构造应力增强、温度场增高的过程中，重熔岩浆可出现由偏酸性向偏基性过渡，即所谓的偏酸性向偏基性演化岩浆旋回，它说明地壳重熔在向深部发展；构造应力减弱，则可出现由偏基性向偏酸性过渡，也就是地壳重熔的深度在向浅部演化，即所谓的偏基性向偏酸性演化的岩浆旋回。相同构造应力场对相同重熔来源体的两次作用，可形成成分和结构构造有差异的岩浆体，因为过程是不可逆的，因为构造应力再次作用形成岩浆体的环境已经变化了。鉴于鲍文反应系列，地壳重熔岩浆的分异作用，在高温过程中可使偏酸性物质先熔融出来后结晶，偏基性的物质则后重熔先结晶。不论重熔过程对重熔源体的体积是膨胀还是收缩，构造应力场总将制造某些条件，促使重熔岩浆向地压偏低的浅部上侵。

用这样的地壳重熔岩浆观念来看个旧杂岩体的成岩作用，许多现象就都好理解了。

采用另一种标示法（图 1–85），可以看到整个个旧成矿区岩浆体的钾氩法同位素年龄在 53~132 Ma 年龄值者都有分布；西区 60~132 Ma 都有；东区则大多分布于 53~100 Ma 区间（东区 124 Ma 的年龄值如果不采用，则没有超过 103 Ma 的年龄值）。

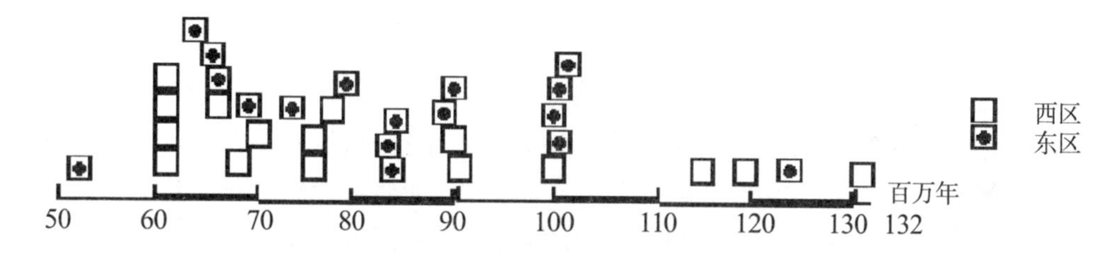

图 1–85　个旧成矿区岩浆体钾氩法同位素年龄值分布概况图

从图 1–6 又可以看到，除白沙冲岩体值得怀疑的 124 Ma 的数据外，偏小的年龄值多邻近个旧断裂带，或者靠近断裂构造分布。属于前者的，西区在白云山至孟宗一带，东区沿个卡入字型构造分布，范围都不超过 12 km；后者比较典型的是如龙岔河断裂贾石龙南中细粒黑云母花岗岩的 62 Ma（该长轴显著的中细粒黑云母花岗岩，不妨视为沿龙岔河断裂与桥顶山断裂派生的，也就是序次偏低的压性结构面对龙岔河岩体再重熔的产物）。

如果说，为什么西区有一个南北向的、年龄值较低又杂有年龄值最高的超基性的贾沙辉长岩体的白云山—孟宗岩浆体带，北段霞石正长岩—碱性正长岩中有 3 个稀土—铌钽型矿床，迄今不能做出适当的构造控矿的解释的话，那么至少可以判断它与个旧断裂带和横贯个旧断裂带的早白垩世冷凝结晶成岩的构造和构造应变的边界条件有关。对于东区（连同牛屎坡矿床），则与个旧锡矿田的两个控矿张性入字型构造相关联。

1. 个旧杂岩体自早白垩世开始出现

区域上与个旧锡矿田有关的 4 个 1：20 万地质图全部缺失侏罗系上统及白垩系（侏

罗系下统冯家河组也只出现在西侧建水幅和南侧元阳幅）表明，自晚侏罗世至晚白垩世，个旧锡矿田处于遭剥蚀的环境下；同时也不排除这种遭剥蚀的环境是由挤压应力造成的，至少是不妨碍假定处于挤压构造应力场中。个旧成矿区西区的一级龙岔河穹窿＋其西侧的背斜，此穹窿构造被随后的构造应力破坏，只能算半个穹窿。这个遭剥蚀的环境在个旧成矿区部位，恰在红河断裂带和个旧断裂带交接部位。如果将这两条断裂视为反钟向扭动形成的压性入字型构造，那么它并不产出于分支构造的合段。这个事实可以解释为两条断裂引起较深部位（应是元古界—古生界等先三叠纪沉积物所处的部位，与下地壳、上地幔、地幔柱之类不相干）陆壳的重熔，即元古界—古生界等先三叠纪沉积物的重熔。或代表地壳重熔的高温过程，促使只有高温环境才能重熔的如元古界冷凝成辉长岩；或是重熔岩浆分异使辉长岩后重熔、先冷凝结晶，龙岔河—白沙冲—马松岩体的某些部分酸性岩体先重熔、后冷凝。资料有限不细究。总之，应当得出的结论，是红河断裂带和个旧断裂带在早白垩世已经反钟向扭动，构造应力造成了燕山期的花岗岩类和超基性岩类的结晶成岩。认为以贾沙和龙岔河—白沙冲（或包括马松岩体的某些部分）岩体为代表岩体是先后重熔、先后冷凝结晶成岩的。应当说，个旧成矿区同位素年龄值大于 100 Ma 的岩浆体基本上都可以视为早白垩世产出的（贾沙岩体的两个年龄值和龙岔河—白沙冲—马松岩体的某些部分年龄值相当于早白垩世，按熔点高的基性岩增温时后重熔、冷凝时先结晶，熔点低的酸性岩增温时先重熔、冷凝时后结晶的原理，不妨将贾沙岩体的 119 Ma 和 132 Ma 与酸性岩的 90~100 Ma 都视为早白垩世冷凝结晶成岩的产物）。不排除残留的构造应力迫使局部地段岩浆缓慢冷凝成岩，有较小的同位素年龄值（80~90 Ma，甚至是 60~80 Ma）。

2. 个旧杂岩体在晚白垩世有过再次重熔

贾沙岩体及龙岔河—白沙冲（或包括马松的某些部分）岩体的成岩，横亘于东西两区，成了后期构造应变的边界条件，或者就成为构造应力向浅部发展时个旧断裂带难以顺利反钟向扭动，因而成为个旧控矿张性入字型构造产生原因现今可以作为的证据。在构造应力向浅部发展的持续作用下，产生个杨入字型构造和个卡入字型构造。

按照构造应变强度的变化规律，在个卡入字型构造，地壳重熔在合段开始向远段发展，在白沙冲断裂产生后，马松岩体主体已经冷凝结晶成岩，再回过头来，最后使老厂岩体冷凝结晶成岩。这个时间段大致是 70~90 Ma，这就是燕山晚期；更晚则在 53~70 Ma，这相当于喜马拉雅期，对应地层时代为古新世—渐新世。换言之，与个旧的两个入字型构造相关联的岩浆体，在晚白垩世至老第三纪成岩。总体上说，个旧成矿区成岩成矿期在白垩纪—老第三纪，个旧锡矿田的成岩成矿期在晚白垩世—老第三纪。

之所以只给予表 1–11 所列年龄值和成岩期的归属是“基本正确的”有保留的评价，除其观念上属“岩基成矿说”有本质差别外，具体的是“侵入时代”（早、晚期和晚期的第一、第二、第三阶段）和划分 9 个“岩体”。一个杂岩体多处出露，以及构造应力持续作用使地壳重熔岩浆有不同的冷凝结晶成岩时代，这才是看待个旧杂岩体的正确观念。笔者在矿床地质的陈述部分没有逐个修改前人命名的“岩体”，正确的说法应为杂岩体的“出露段”或“岩段”。

从地质构造条件看，红河断裂带穿切并控制着上第三系的分布，个旧断裂带上的卡房盆地中沉积有上新统河头组（其下是否有古新—渐新统待查明），在其构造交接部位出现的岩浆体，既有燕山期的，也有喜马拉雅构造运动期的，是可以自圆其说的。

3. 地壳重熔形成个旧杂岩体在早白垩世—晚白垩世—老第三纪是连续进行的

如果以 10 Ma 为间隔，那么从图 1–85 可以看到，自 53~132 Ma 没有一个 10 Ma 间没有数据。尤其是从构造角度说，构造应变应当是连续的。控矿构造体系持续作用是成矿构造的前提，只有持续构造应变才能成为低丰度元素组分的成矿构造。这一点，笔者早已阐述[1]147。应当说，个旧杂岩体的产生过程也是个旧成矿区构造体系的产生过程。

早白垩世何以红河断裂带与个旧断裂带就产生反钟向扭动，只能认为是原有的南北向构造带成了重要的边界条件。

图 1–4 个旧成矿区地质图或个旧及邻区地质简图（未辑入）都不能很好说明个旧断裂带的宏大规模。中国地质图则十分显赫地标明，以红河断裂带为骨干的北西向构造带和以康滇地轴为最知名的南北向构造带恰在个旧地区交接。

不易找到中国地质图的地质队员，可从本书上卷[1]207 看到该南北向构造带的气派。那属于该南北向构造带的北端，个旧断裂带则属南端；康滇地轴虽然是槽台学说按沉积建造划分的大地构造单元，但从地质力学角度看，它构成了扬子准地台的西部边界。作为前震旦纪结晶岩系和浅变质岩组成的南北向线性隆起带，也可以视康滇地轴为大区域性有分隔作用的边界条件。它以东为北东向构造线（如四川中坳陷区和其西的八面山褶皱带等[7]3——叫什么名称不重要，懂得它们分别是陆相中生界构造盆地和主要由下古生界组成的北东向褶皱带即可，不要纠缠于后来有了什么新名称），它以西为北西向构造线（如横断山脉所代表的北西向构造）。在怎样看待岩石的同位素年龄的最后，再补充构造与岩浆体之间的有机联系。

4. 个旧杂岩体在老第三纪最终冷凝结晶成岩

个旧杂岩体最早在 132 Ma 已经有冷凝结晶成岩的部分，这就是贾沙岩体。最晚冷凝结晶成岩的部分，从总体上看，应在老卡矿床区段。从表 1–2 老卡岩体同位素年龄测定结果表上可以看到，67 Ma、66 Ma、30 Ma、64 Ma、74 Ma、80 Ma、70 Ma（70 Ma 为老卡岩体中煌斑岩之数据）这 7 个年龄值有 3 个在 67 Ma 之下（67 Ma 正是老第三纪开始的地质年代。30 Ma 数据姑且弃置，不妨将其视为构造应变时的花岗岩中新生的黑云母，而非岩浆体冷凝时的黑云母，或者就是误差）。

5. 构造上的连续作用与地壳重熔产出连续冷凝结晶成岩的个旧杂岩体的相关性

构造作用与地壳重熔都属连续作用过程，在时间上反映得相当清楚。从岩浆体的演化角度看，由贾沙岩体到粒状花岗岩（老卡岩体）或斑状花岗岩（马松岩体），由超基性岩到酸性程度相当高的花岗岩类，反映的是构造作用由深部构造应变向浅部构造应变演化。个旧杂岩体因此可以视为陆壳重熔由深部向浅部演化的典型例证。

6. 成岩成矿期

很难划定统一的成岩作用期与成矿作用期，道理很简单，构造应变是连续的，地壳重熔因此也是连续的。在构造应力持续作用期，紧随每一个成岩作用冷凝结晶成岩之后，都将有成矿作用。但是，60~80 Ma，也就是紧随老卡岩体和马松岩体的成岩作用过程之后，是个旧锡矿田的主要成矿期（图 1–3）。从构造作用的演化看，个卡入字型构造的形成过程应当是地壳重熔从老卡矿床区段（近段）开始，向马松矿床区段（远段）发展，白沙冲断裂出现后，构造应力完全释放，马松岩体冷凝结晶成岩。再回过头来，老卡矿床区段岩浆体冷凝结晶成岩，老卡矿床因此有很早重熔、最后冷凝结晶成岩的岩体段，因此也是维持熔融状态时间最长、自变质作用最强烈的岩体区段，并且也是所谓的“高温气成热液型矿床”电气石石英脉型矿脉发育的区段。笔者对细脉型矿床的理解是，到了始新—渐新世晚期，古新世冰期冰川融化，冰川融水下渗到黄泥硐断裂—坳头山断裂反钟向扭动，其间以梅雨冲断裂—龙树坡断裂应变对应的 $18^{\#}$、$17^{\#}$ 裂隙带，与地壳重熔岩浆造岩矿物无法接纳的成矿物质共同组成细脉带型矿床。

必须特别指出的是，使用同位素地质年龄需要权衡取舍。广东省在取得 300 多个同位素年龄数据时讨论了“同位素地质年龄问题”[33]175，首先就列出采样时的地质研究程度问题（采样位置不清、所代表的岩体甚至岩性不清。按：这类样品在岩浆岩分布图上另用图例表示，可见不在少数）；认识到对不同时代和不同岩石的可靠程度不同（如古老的变质岩云母样品只能代表变质作用年龄、锆石年龄值相对比较稳定但又有原岩残留的和变质新锆石的分辨问题。“正常的侵入岩”中，黑云母与锆石数据比较接近，而钾长石和全岩的数据偏新，为 6%~36%）；认识到必须结合地质依据来考虑数据应用；认识到必须考虑样品的新鲜程度、蚀变作用及动力变质作用的影响，如强钠长石化岩石较正常岩石年龄值偏老、糜棱岩化岩石年龄值偏新、云母样品不新鲜年龄值会偏低等。再加上同位素年代学本身存在的问题和测试过程中的误差，就确实存在怎样看待同位素年龄数据的问题。广东的经验与个旧锡矿有关联的有二：一是钾长石年龄值偏新，黑云母年龄值相对更可靠些；二是强钠长石化岩石年龄值偏老。根据前者，个旧锡矿田可以更重视黑云母的年龄值；根据后者，个旧锡矿田可以认为强烈蚀变的新山岩体—老卡岩体年龄值被加大了，有理由因此认为它们晚至老第三纪，也就是 60 Ma 之后才冷凝结晶成岩，再稍后成矿。当然，按照个旧锡矿田的地质特征，可以认为可能是紧随每一次成岩作用有过成矿作用（更确切些说是每一次成矿作用之前有过成岩作用）。例如，普雄铅矿（$43^{\#}$）等几个邻近龙岔河岩体或岩体内的铅矿，就可能与造成同位素年龄值为 100 Ma 龙岔河岩体的构造作用相关联，早白垩世即有成矿作用。

十二、个旧锡矿田找矿远景

个旧锡矿田找矿远景的问题，从宏观角度可以判断为“可以在 1984 年计算的锡储量的基础上翻番”。做出这种判断的方法极为简单，那就是依据砂锡矿储量占矿田总储量的 51.9%。理由是矿体并非第四纪早期就开始被剥蚀，按被剥蚀的时间因素考虑不可能被剥蚀掉一半多。或以矿化深度为据，被剥蚀的深度不可能与现存留的矿化深度相当。上述两项都不认为被剥蚀的矿体等于现存的矿体。当然，这种说法很粗糙，有漏洞。

矿田更新统下部的牛屎坡组始出现砂锡矿，说明更新世开始一段时期后才剥蚀到锡矿化体。更新统上部的蒙自组除不整合于小龙潭组煤系地层之上，似乎层位较低外，从其地层的岩性看，与牛屎坡组都是上部黏土层、下部砂砾—砾石层（其山间断陷盆地洪积—冲积层类型下部有泥炭层发育），两者并无大差别，很可能是同期不同环境的产物；

沉积于隔水层煤系地层之上者当然是沼泽相，水动力条件不允许砂锡—砂铅矿进入沼泽地而已，蒙自组底部的砂砾、砾石层应当含冰碛砾石，其中部灰白色黏土夹沼铁矿说明更新世中晚期才开始剥蚀硫化物矿化。蒙自组、牛屎坡组属于更新世的何时期没有确切资料，即使属早更新世，按一般通用的冰期划分是根据阿尔卑斯山区研究的结果，也不过始于100万年前[32]279。以气候期论，最极端的例证是北欧的更新世开始于1.2万年[31]344，按笔者理解，那是因为更新世的大部分时期为大陆冰川所覆盖（北欧和北美的北部，许多地方完全看不到风化壳[32]283——没有沉积，怎样计算更新世的开始年龄呢）。在个旧所在的高原地区，也有相当长时期处于山岳冰川覆盖期，冰川融化后始有沉积，它也不可能开始得太早。从地层看，蒙自组是不整合于上第三系中新统小龙潭组之上、并非连续沉积的，与上新世是有沉积间断的。这样说来，即使将牛屎坡组开始沉积的时期在北欧的基础上翻十倍，算它12万年，也不可能剥蚀掉个旧原生锡矿的一半。

倒不完全是因为个旧锡矿田砂锡矿尚未进入冲积层就认为剥蚀深度有限，还是有些锡石进入了冲积层。砂锡矿未进入冲积层的主要原因，是幼年期喀斯特地貌中的落水洞成了大气降水和冰川融水的主排泄路径。个旧锡矿田迄今没有常年流水的河流也出于这个原因。尤其是砂锡矿的分布规律，是残积砂矿在矿体露头附近，残坡积砂矿在较低处围绕残积砂矿（当然，某些等轴状残积砂矿矿块下部落水洞周边应当存在坡积砂矿），这两种砂锡矿构成了砂锡矿的主体。砂锡矿的如此总貌，用不着矿床地质学，熟练掌握普通地质学就可断定，原生锡矿遭受剥蚀极为有限。

考虑个旧锡矿被剥蚀的深度，最先可以以矿体与成矿岩体的距离统计图为据，获得大致的感性认识。

该实际资料是：矿体距成矿岩体的水平最远距离为1 750 m；矿化深度至少是2 000~2 600 m标高，计600 m（如果用去掉最高、最低两个值的办法，则为1 728~2 590 m标高，累计将达862 m）。现被剥蚀的顶面标高大致为2 745 m（图1–54）。

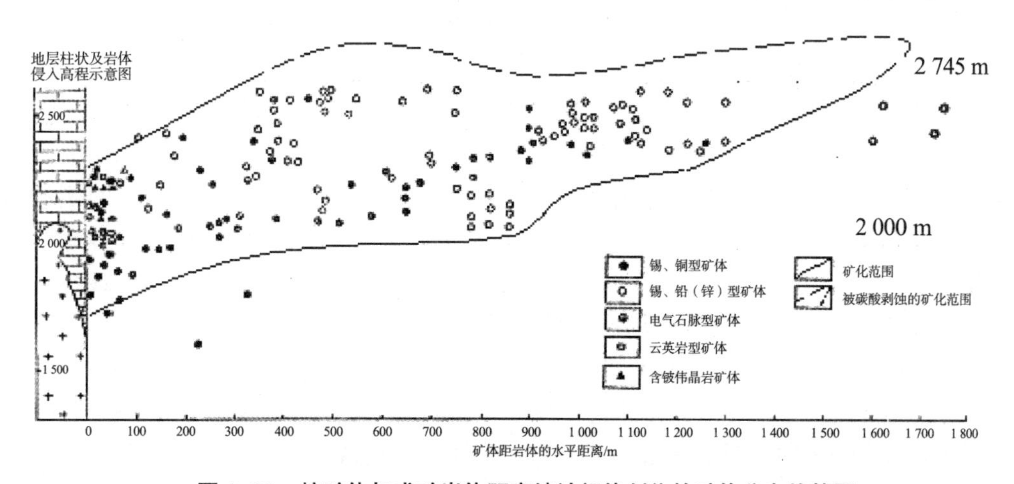

图1–86　按矿体与成矿岩体距离统计规律制作的矿体分布趋势图

图1–86反映的是矿体与成矿岩体之间在分布范围上的一种比较直观的趋势，用以估量地表之上被剥蚀的厚度。此法很粗糙，人为因素大，但不失为一种思路。此法显示出在距离成矿岩体500~800 m部位，矿体向上延伸可能到达现剥蚀面之上150 m的高度（或

者比 1 750 m 更远处有更高的矿化标高，但其矿化强度可能很弱、无足轻重了）。换言之，是矿体被剥蚀的最大高度为 150 m，矿体被剥蚀的平均高度按 50 m 计。

矿田剥蚀深度有限最主要的论据是个旧锡矿田矿化蚀变带保存基本完整，如图 1–87 所示。

判断矿体被剥蚀的深度不大的直接证据是矿化的原生分带保存基本完整，应当视为矿化分带外带的铅锌带保存基本完整。从老厂矿段细脉带型矿床的矿化特征——“锡的分布有上、下贫，中间富的规律”[4]196 看，也可以认为被剥蚀的深度极小，达不到 50 m 的深度（矿化带保存也基本完整）；尤其是蚀变带尚保存基本完整最说明问题。笔者曾有论文《为碳酸盐化翻案》[37]241，主旨就是对相当一部分资料、文献称碳酸盐化与成矿无关予以驳斥。前人已经认识到碳酸盐化的“这种脱色现象可用来圈定热液活动范围，指示含矿溶液活动的空间”[4]188，只可惜未陈述碳酸盐化的空间分布特征。如果地表或浅部即矿化带的上部尚有比较完整的碳酸盐化带，那更能够说明矿体被剥蚀的深度有限。

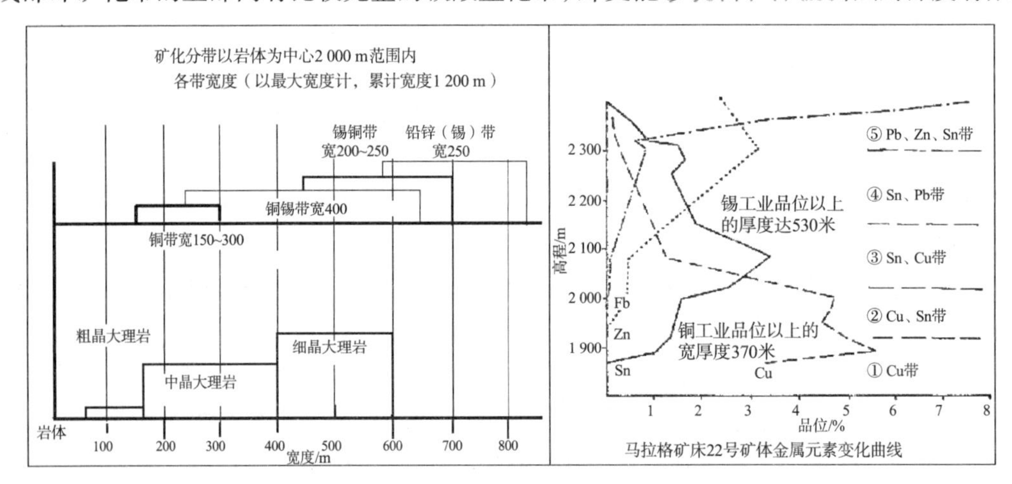

图 1–87 个旧锡矿田矿化蚀变带宽度与高度图示

被剥蚀的深度的总体匡算如下：

不能用始新—渐新统、中新统、上新统的厚度来考虑个旧地区被剥蚀的深度，因为个旧锡矿田被剥蚀的是碳酸盐岩，碳酸盐岩被剥蚀的常态形式是溶蚀作用，冰期中被剥蚀的形式以刨蚀作用为主。溶蚀作用至多可使后续堆积物富钙，如 1∶20 万个旧幅下第三系、上第三系中出钙质泥岩、泥灰岩之类[4]12。冰川作用最显著的遗迹当数冰碛砾石，这应当就是木花果组的灰岩底砾岩。按笔者对地质现象的认识和对地质作用的理解，个旧地区被剥蚀的深度主要包括两部分：一部分是矿体的剥蚀深度，前已述及；另一部分是矿体上覆围岩的剥蚀深度。上覆地层的剥蚀深度并不等于木花果组等的沉积物的厚度。三叠系碳酸盐岩被剥蚀的结果是被水流溶蚀带走了，只有其中的不溶物可能成为后续堆积物。壮年期或老年期喀斯特地貌，三五百米甚至更高的碳酸盐岩山系化为乌有，“凭空消失”了。例如，甲天下的桂林山水（含距漓江较远的喀斯特山系），按被剥蚀的体积计算，可以认为第四纪 200 万年以来剥蚀掉了 1/5~1/4，折算成被剥蚀的厚度为约 100 m。按此类推，6 000 万年以来应当被剥蚀掉 3 000 m。

个旧地区气温、降雨量等诸多涉及喀斯特地貌发育的条件都不能与桂林山水相比，即不可能按桂林山水的剥蚀速率来考虑。但是，个旧地区属高原区，又有红河河谷这样低的侵蚀基准面。这是另一种促使剥蚀强烈的作用。只能说考虑剥蚀作用的强烈程度，着眼于气候条件，桂林山水属最强烈类；着眼于高山低谷，个旧地区属最强烈—次强烈类。对于每万年在什么条件下将剥蚀地壳多少米这样的基础性问题，当然不容易研究，问题在地质学界是不屑且耻于研究和不敢研究（害怕实践检验）的，如果崇尚物理学，就能够通过实验证明以不存在的科学精神认识到那才是获得真理的必由之路，决不靠“公认”来决定是非取舍，至少对老第三纪以来的堆积物，在有条件的地区，是可能获得经验数据的。这里可作为数学地质学研究课题：壮年期喀斯特地貌如桂林山水（当然有年均降雨量、年均气温条件等），第四纪以来被剥蚀掉的体积是多少，折算成被剥蚀的厚度是多少。在本讨论范围内，上覆围岩的剥蚀深度主要是提供一个思考空间而已，它与找矿远景问题的干系不算大。当然也还是有底线的，那就是不能够超过卡房矿段被剥蚀掉的碳酸盐岩的厚度。

个旧锡矿田（卡房矿段）被剥蚀掉的碳酸盐岩地层厚度是马拉格段以上的厚度，为＞1 732~＞4 190 m。这里又出现新问题，就是不能够承认上述数值是真实的原生沉积成岩厚度，即不能够相信紧随华南准地台地壳活动最稳定的二叠纪之后的三叠纪，在35 Ma中能沉积如此厚大的浅海相碳酸盐岩（个旧三叠系的总厚度值为＞3 329~＞7 077 m），也不能承认在个旧锡矿田范围内其厚度变化能如此之大（个旧组卡房段第6层厚度为12~448 m，相差37倍，还相差无限大倍——如“与全区对比缺 $T_2k_1^{6-1}$ 层[4]127”，如个旧组综合地层柱状对比图有两处为0~41 m、0~45 m[4]37）。它应当比地槽相岩相变化稳定得多，如此大的厚度就不可能属地台相。在中国南方，最典型的地台相沉积当数二叠系如栖霞阶等，几乎整个华南准地台都可以对比，并且厚度相当薄。因此，结论只能是“个旧锡矿田三叠系的厚度是被挤压加厚了的；也有经构造应力作用使地层缺失了的。这个被挤压加厚和使地层缺失的时期主要在白垩纪至始新—渐新世”，即个旧控矿张性入字型构造成生期。不能够认为个旧锡矿田被剥蚀掉了的碳酸盐＞4 190 m，为原有的沉积成岩厚度。经历个旧入字型构造成生那样强大的构造应力，像碳酸盐岩这样的柔性岩层，还能维持沉积成岩的原始厚度，那真是咄咄怪事。还有一个必须考虑的因素是喀斯特地貌条件的影响。个旧地区属于幼年期喀斯特地貌，地下水面的深度低于地表上千米。由于成矿温度的原因，特别是经历过几个大冰期和冰川融水的降温，矿体距地面的深度至少也是上千米。这样综合考虑的结果，是个旧锡矿田在始新—渐新世之后，被剥蚀的深度宜取值＞2 000 m。其中，矿化体被剥蚀的深度平均为50 m。

这里的矿体被剥蚀的深度比例不能简单地视为被剥蚀储量的比例，认定被剥蚀的储量也只有1/12。此50 m深度中，必须包含以下因素予以折算①：一是矿化强度向下减弱消失折算为被剥蚀的深度100 m，二是古人将原生矿转变为砂矿折算为50 m，三是达不到工业品位的原生矿化转变为工业砂矿折算为50 m，四是牛屎坡矿床只有砂矿没有原生矿折算为50 m，五是其他未知因素折算为50 m，累计折算为300 m。这样匡算的结果，就是在个旧锡矿田的锡矿储量可以在1984年探明储量的基础上翻番。

① 马拉格段、白泥洞段＋法郎组最小1 230 m，最大2 943 m，乌格组285 m，火把冲组207~911 m。采用2 200 m。

这样来预测是有根据的，但是这样来预测又是十分笼统因而极为粗糙的，距提出找矿靶区则相差更远。对矿床成因一无所知，却称能指导找矿实践[16]，纯属无稽之谈。如果对矿床地质情况尚一知半解，则更荒唐。全面掌握矿床地质情况是找矿预测的基础。而真正全面掌握矿床地质情况又尚存的地质人员，笔者估计不会超过 20 人。《个旧锡矿地质》的撰写人多垂垂老矣，因为不在岗，也决不会因为有利于找矿被“三顾茅庐”。具体的找矿远景区段的确定，必须尽解《个旧锡矿地质》尚未揭开的迷惑和详尽占有此后 30 多年来后续勘查的新资料，才能展开。

参考文献

[1] 杨树庄 . BCMT 杨氏矿床成因论：基底—盖层—岩浆岩及控矿构造体系 (上卷) [M] . 广州：暨南大学出版社，2011.

[2] 李四光 . 地质力学概论 [M] . 北京：科学出版社，1999.

[3] 杨树庄 . BCMT 杨氏矿床成因论：基底—盖层—岩浆岩及控矿构造体系 (中卷) [M] . 广州：暨南大学出版社，2016.

[4] 冶金工业部西南冶金地质勘探公司 . 个旧锡矿地质 [M] . 北京：冶金工业出版社，1984.

[5] 《中国矿床发现史 (综合卷)》编委会 . 中国矿床发现史 (综合卷) [M] . 北京：地质出版社，2001.

[6] 彭程电，程蜀喜 . 论云南个旧锡矿找矿勘探的几次大发展 [M] // 郭文魁 . 锡矿地质讨论会论文集 . 北京：地质出版社，1987.

[7] 地质科学研究院 .1 ：300 万《中华人民共和国大地构造图》 [A] .1960.

[8] 地质科学研究院情报所 . 国外矿产资源参考资料 [M] . 北京：地质科学研究院，1971.

[9] 史清琴 . 滇东南锡石硫化物矿床的成矿规律 [J] . 云南地质，1984(2)：159–164.

[10] 《中国矿床》编委会 . 中国矿床 (中) [M] . 北京：地质出版社，1994.

[11] 黎彤，饶纪龙 . 中国岩浆岩的平均化学成分 [J] . 地质学报，1963(3)：271–280.

[12] 地质辞典编纂委员会 . 地质辞典 (二) [M] . 北京：地质出版社，1981.

[13] 王锋 . 云南个旧锡矿田驼峰山矿段地质特征及成矿规律 [J] . 云南地质，2015，34(3)：403–407.

[14] 地质辞典编纂委员会 . 地质辞典 (一)：下册 [M] . 北京：地质出版社，1983.

[15] 全国矿产储量委员会办公室 . 矿产工业要求参考手册 (修订版) [M] . 北京：地质出版社，1987.

[16] 秦德先，黎应书 . 个旧锡铜多金属矿床地质研究 [M] . 北京：科学出版社，2008.

[17] 陈毓川，朱裕生 . 中国矿床成矿模式 [M] . 北京：地质出版社，1993.

[18] 陕甘宁青四省 (区) 基性、超基性岩及有关矿产资料汇编 [A] . 西安：西北地质科学研究所，1974.

[19] 《中国矿床》编委会 . 中国矿床 (上册) [M] . 北京：地质出版社，1989.

[20] 李遥 . 个旧锡矿风流山矿段成矿规律及找矿远景 [J] . 云南地质，2016，35(2)：182–187.

[21] 谈树成，秦德先，范柱国，等 . 个旧锡矿细脉带型矿床地质特征及找矿方向研究：以老厂矿田大斗山式矿床为例 [J] . 矿产与地质，2003，17(增刊)：307–311.

[22] 丁钰 . 风流山锡铜多金属矿床地质特征及找矿思路 [J] . 有色金属文摘，2016(1)：71–72.

[23] 武俊德 . 个旧锡矿外围构造地球化学勘查与靶区优选 [J] . 矿产与地质，2003，17(增刊)：467–471.

[24] 李良云 . 个旧锡矿东区地下水水文地质及控制因素 [J] . 云南地质，2002，21(3)：316–321.

［25］杨宗喜，毛景文，陈懋弘，等．云南个旧卡房矽卡岩型铜（锡）矿 Re-Os 年龄及其地质意义［J］．岩石学报，2008，24(8)：1937–1944.

［26］武俊德．个旧锡矿高松矿田成矿预测［D］．昆明：昆明理工大学，2003.

［27］百度文库．个旧锡矿—地质［EB/OL］.

［28］长春地质学院地质力学教研室．地质力学［M］．北京：地质出版社，1979.

［29］范德清，魏宏森．现代科学技术史［M］．北京：清华大学出版社，1988.

［30］地质辞典编纂委员会．地质辞典（四）［M］．北京：地质出版社，1986.

［31］地质辞典编纂委员会．地质辞典（三）［M］．北京：地质出版社，1979.

［32］北京地质学院地史教研室．地史学教程［M］．北京：中国工业出版社，1961.

［33］南颐．广东省岩浆岩［M］．广东省地质局区域地质调查队，1977.

［34］广东省地质矿产局．广东省区域地质志［M］．北京：地质出版社，1988.

［35］杨树庄．他山之石，可以攻玉：“第二届全国成矿理论与找矿方法学术讨论会”述评［J］．地质论评，2005(2)：173，180，218.

［36］杨树庄．一个蚀变矿化必然系列：铁多金属矿床中的碱交代［J］．广东地质，1993，8(1)：57–63.

［37］杨树庄．为碳酸盐化翻案：论铅锌矿成矿中碳酸盐化的作用与地位［A］．第三届全国矿床会议论文，1988 论文摘要 .

第二节 控矿张性入字型构造及其控矿作用（新疆萨尔托海铬铁矿床）

矿床位于克拉玛依市北约 50 km 处，天山—内蒙古—兴安岭海西褶皱带西段，西准格尔达拉布特超基性岩带内。岩带长约 200 km，北东—南西向延伸，宽 4~5 km，包括十几个岩块，按耐火材料用矿产工业指标评价为矿石储量 229 万吨的中型铬铁矿床[1]389。

前人称“萨尔托海蛇绿岩块分布在区域性的扎伊尔复向斜轴部附近”[2]576。达拉布特超基性岩带系沿达拉布特深断裂北西侧（以下简称“深断裂”）分布（图 1–88）。

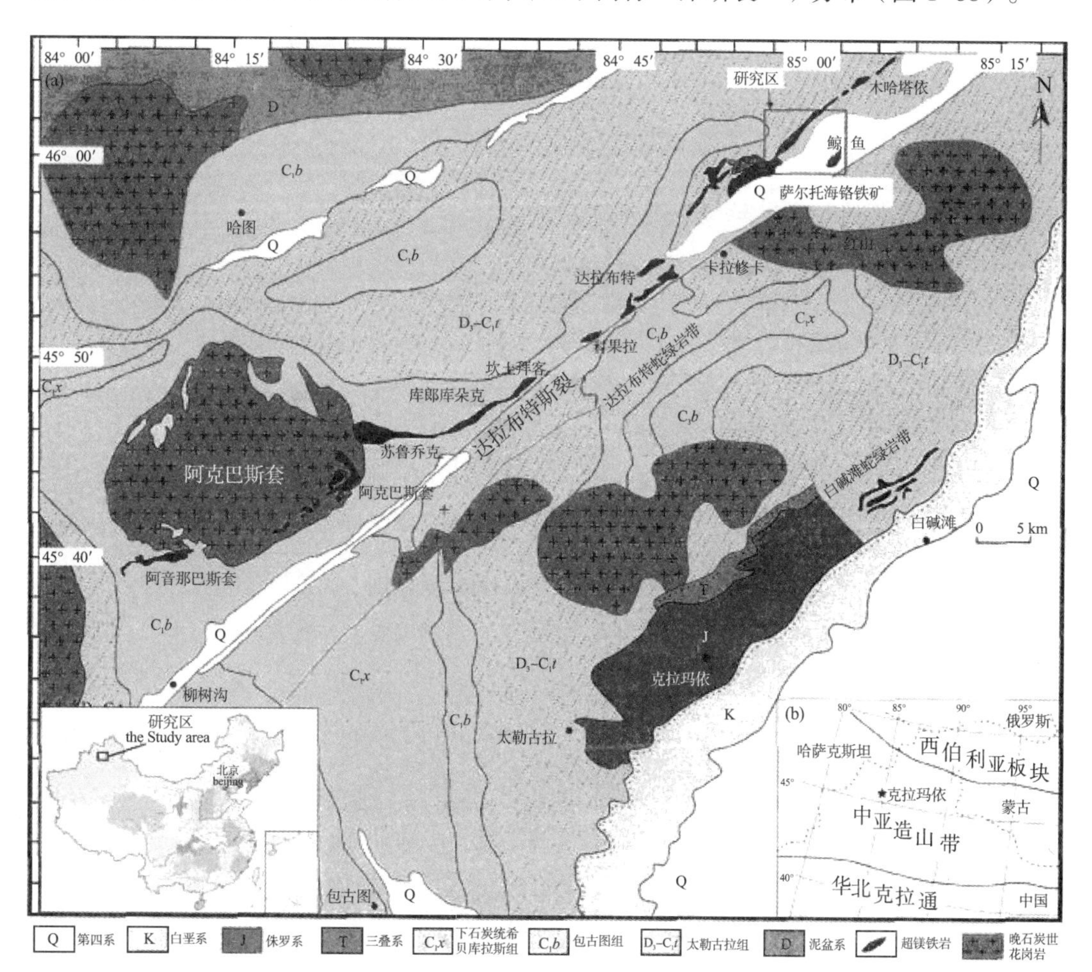

图 1–88 萨尔托铬铁矿床区域地质图[3]

注：据“达拉布特蛇绿岩带地质简图”。

深断裂通过矿区，走向北东 45°，长达 260 km[4]（斜贯图幅，图幅内长约 180 km）。另有总体走向北东约 60° 的萨尔托海—阿克巴斯套断裂（以下简称“分支断裂”。图 1–89），与深断裂以 10° 夹角斜接，不穿切深断裂。两断裂均倾向北西，总体倾角陡。矿区即位于两断裂交接部位长约 6 km 的三角地段，两断裂之间的超基性岩中产出矿体。深断裂下盘（南东盘）为泥盆—石炭系碎屑沉积岩，支断裂上盘（北西盘）为凝灰质碎屑沉积岩层。

矿区及邻近地段内，超基性岩向南西沿深断裂和沿支断裂延伸，延伸远段与之相连接的是“基性火山岩”。基性火山岩还发育于支断裂上盘（北西盘），邻近支断裂呈带状分布，靠近两断裂交接部位略宽，远离则变窄，“变质橄榄岩”“辉长岩”“中、基性火山岩”三者总体上显示透镜体状（图 1–89、图 1–103）。

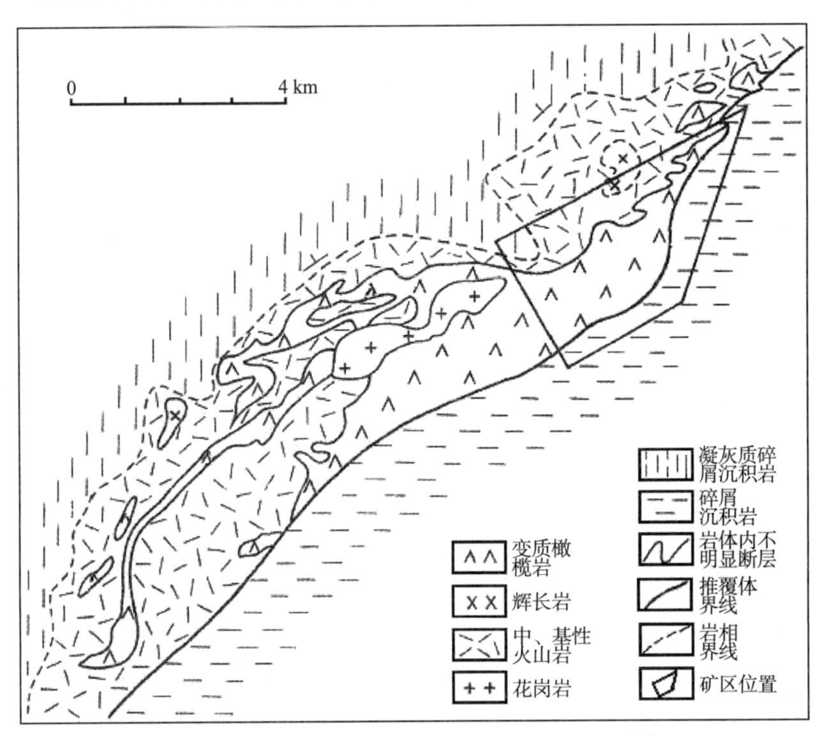

图 1–89　萨尔托海铬铁矿区及外围地质构造图[2]576

上述简单描述，即勾画出主干断裂与支断裂交接部位控岩控矿的轮廓。

一、地层

深断裂下盘为泥盆—石炭系碎屑岩，包括薄层砂岩、粉砂岩和沙砾岩。达拉布特蛇绿岩壳层硅质岩中所含的放射虫，其时代为中泥盆世。薄层灰岩或透镜体产于早中泥盆世化石[5]。“其中既发现有早石炭世也发现有中泥盆世动物化石”[2]576。

萨尔托海矿床岩相及矿群分布图（图 1–90）标示的地层产状[2]577，沿深断裂的倾向，北段约为 285°，倾角为 74°，南段倾向西；沿支断裂的倾向，北段约为 300°，倾角为 62°，南段约为 325°，未标示倾角。地层的全部 4 个产状均与其所邻近断裂相协调。

从图 1–88 看，区域地层由老到新分别为泥盆系、泥盆—石炭系太勒古拉组、石炭系包古图组、下石炭统希贝库拉斯组、三叠系、侏罗系、白垩系及第四系。最老地层为泥盆系，出露于深断裂北西盘哈图以北距矿床约 11 km 外，最新地层白垩系—侏罗系在深断裂南东盘 30 km 外呈窄长带状，仍与深断裂大体平行。

二、岩浆岩

矿区岩浆岩包括超基性岩与酸性岩。超基性岩可分为“变质橄榄岩”和辉长岩，酸性岩为花岗岩。

（一）分布特征

超基性岩在两条断裂之间呈长透镜体状，连续分布长 11.8 km。超基性岩以图 1–89 标示的“变质橄榄岩”计，分别沿深断裂和支断裂延伸较长。在沿深断裂延伸尖灭后，尾段又离开深断裂向西伸出约 0.8 km；沿支断裂则呈脉状延伸，可分为南北两支，北支总计延伸长 15.4 km（自深断裂与支断裂交接点起算，下同），南东支总计延伸长 10.7 km；两者尖灭端都如收缩鸡爪状东凸向西收缩。超基性岩体总长 22.5 km，地表宽 0.1~1.6 km，面积为 19.4 km²，总体延伸方向为 52°，以两断裂为边界，倾向北西，倾角为 30°~60°[6]25，与两断裂产状协调，“平面形态形似向北东翱翔的孔雀”[1]389。

岩石的总体分布特征，是超基性岩中“变质橄榄岩”被限定在两条断裂之间，辉长岩在变质橄榄岩外缘（北西侧）断续出现，“基性火山岩”则在北东端、北西侧和南西段 3 个方面环绕超基性岩。超基性岩在深断裂外弯（Ⅺ线剖面部位，向南东突出）部位最宽为 1.6 km；沿支断裂则呈脉状、透镜体状，延伸最长。

基性火山岩总的说来北东端窄，南西段最宽，及至南西端则又收拢变窄。其中北东端在矿区附近又相当宽（达 2.5 km）。南西段沿主干断裂与支断裂发育的“变质橄榄岩”之间的均为基性火山岩，核心（图 1–89“矿区位置”）部位出现呈逗点状、长径达 1 km 的辉长岩。沿支断裂其余部位，也有 3 块辉长岩散布于超基性岩外围，呈透镜体状，其长轴均为北东向。从总体上看，自深断裂与支断裂交接部位起，交接部位内部为超基性岩，外缘均为基性火山岩，在超基性岩与基性火山岩之间可出现辉长岩透镜体，这些透镜体长轴一般与超基性岩—基性火山岩长轴平行。基性火山岩—超基性岩岩相总面积为 60~80 km²。第四系分布广泛，露头不甚良好[2]576。

基性火山岩北西侧为“凝灰质碎屑沉积岩”，它们两者之间在图上以虚线（图 1–89 中被称为“岩相界线”[2]576）分隔，产状只标示于后者一侧。凝灰质碎屑沉积岩产状与支断裂协调，均倾向北西，北段倾角为 62°，南段未标示倾角。

超基性岩—基性火山岩厚度可达数千米，其中夹杂硅质岩、泥质岩和火山碎屑岩[2]577。

花岗岩呈扁豆状，长 3.6 km，宽约 0.7 km，平行产出于前述透镜状与复脉状变质橄榄岩体分支部位[2]576，形态完整（图 1–89）。

（二）岩性岩相特征

超基性岩主要属铝过饱和—正常系列岩石，镁 / 铁 7.5%~9.5%（300 个样品），属镁质超基性岩[2]578。图 1–89 称所谓“变质橄榄岩”主要由斜辉辉橄岩、纯橄岩、二辉橄榄岩、斜辉橄榄岩及其蚀变岩组成，“最大保存厚度”约为 2 000 m（以化学成分论，镁铁质—超镁铁质岩的总面积约为 60 km²，其中超镁铁质岩占比不足 1/3[2]576）。超基性岩可平分为两个相带，邻近支断裂一侧为纯橄岩—斜辉辉橄岩相带，邻近深断裂一侧为斜辉辉橄岩—斜辉橄榄岩相带，均强烈变质。前者是矿体产出的相带，22 矿群及规范[6]列举的矿例 4 号矿群即产出于该相带。

纯橄岩中副矿物靠近矿体与远离矿体的铬尖晶石含量有显著差别。近矿者与远矿者分别为 39.10%（变化范围为 34.46%~46.17%）与 54.59%（变化范围为 46.17%~63.00%），如表 1-35 所列。

表 1-35 萨尔托海蛇绿岩的副矿物铬尖晶石化学成分表[2]581

化学成分	远矿纯橄岩（2 个）		近矿纯橄岩（6 个）		斜辉辉橄岩（6 个）		斜辉橄榄岩（4 个）	
	范围 /%	平均值 /%	范围 /%	平均值 /%	范围 /%	平均值 /%	范围 /%	平均值 /%
Cr_2O_3	46.17~63.00	54.59	34.60~46.17	39.10	35.97~48.49	46.82	38.62~46.24	43.77
Al_2O_3	6.58~18.85	12.72	9.82~31.03	22.30	18.82~31.59	23.84	21.28~29.43	24.39
Fe_2O_3	1.98~6.36	4.17	6.32~15.69	11.15	0.55~4.17	2.62	3.13~4.33	3.49
FeO	17.83~30.70	19.27	14.11~22.02	17.62	10.37~17.54	17.54	13.63~14.71	13.99
MgO	6.97~10.55	8.76	6.43~13.83	11.36	10.14~15.77	12.54	13.84~14.66	14.32

（三）岩石类型

岩石类型有斜辉橄榄岩、纯橄岩、橄榄岩、橄长岩及辉长岩。

1. 斜辉辉橄岩

它是组成超镁铁质岩的主要岩石类型，已大部或全部蛇纹石化，橄榄石变成利蛇纹石，斜方辉石变成绢石，绢石含量可达 30%，在铬铁矿矿群发育的地带，绢石含量一般不超过 15%，偶见单斜辉石，副矿物铬尖晶石普遍存在，但含量不超过 3%。岩石具网格构造，并保留少量橄榄石残晶，原生橄榄石粒径约 1~5 mm，绢石粒径为 2~10 mm。副矿物铬尖晶石呈它形晶，有时与单斜辉石呈后成合晶（蠕虫状）结构，绢石常定向排列成叶理[2]577。

2. 纯橄岩

纯橄岩呈脉状、透镜状和不规则状分布在斜辉辉橄岩相中，在矿田或矿群内成群出现，与斜辉辉橄岩一起组成杂岩相。纯橄岩往往组成豆荚状铬铁矿矿体的外壳。有的矿体位于纯橄岩脉体之中。纯橄岩已大部或全部蛇纹石化，具利蛇纹石组成的网络结构，偶尔保留橄榄石残晶。估计原生橄榄石粒径为 4~16 mm。副矿物铬尖晶石多呈细粒自形晶位于橄榄石颗粒间，个别颗粒分布于其中，粒径为 0.5~1.5 mm。出露的纯橄岩仅分布于矿床的南西端及主干断裂北东段上盘（图 1-91）。

3.橄榄岩

橄榄岩的外表和矿物都与斜辉辉橄岩相似，只是绢石含量可达 30%~45%，绢石颗粒粗大，直径可达 10 mm，绢石多为它形晶，有时含有橄榄石包体，副矿物铬尖晶石为它形晶或与其他矿物呈后成合晶结构。

“橄榄岩、纯橄岩和斜辉辉橄岩中新鲜橄榄石的扭折带发育”[2]577。

在斜辉辉橄岩相中有时见规模不大的二辉橄榄岩透镜体，前人认为“曾作为原始地幔局部熔化的残留体”[2]577，橄榄岩主要在萨尔托海超镁铁质岩相的南西部呈长轴与主干断裂平行的透镜体状出现，靠近主干断裂（北东段）也有小透镜体状出露（图1-91）。

4. 脉岩类

脉岩多与豆荚状铬铁矿矿群相伴，主要分布在8、6和22矿群一带，并穿切铬铁矿矿体。在岩性上主要有两种：一种为橄长岩类，另一种为辉长岩类。橄长岩脉已遭到强烈的蚀变作用，斜长石已被葡萄石、水石榴石、黝帘石、符山石等交代，橄榄石被蛇纹石和绿泥石代替。橄长岩中橄榄石约占60%，斜长石约占40%。

辉长岩岩脉主要由单斜辉石和斜长石组成，辉石已蚀变为透闪石和阳起石类，斜长石已遭受钠黝帘石化，岩石尚保留辉长结构。

5. 滑石菱镁岩—石英菱镁岩

它们是斜辉辉橄岩的蚀变岩石，分布于萨尔托海蛇绿岩的变质橄榄岩相的下部（南部或接触带的内侧），厚度为100~200 m。组成该岩石的矿物为：滑石、菱镁矿、石英、绿泥石和少量的黄铜矿、磁黄铁矿、黄铁矿、毒砂和自然金等。

6. 中、基性熔岩（应为前述“基性火山岩”）

中、基性熔岩主要分布在萨尔托海蛇绿岩块的上部层位，其岩性主要为玄武岩、细碧岩和辉绿岩，细碧岩流和玄武岩流呈较大面积出现，玄武岩流中往往见有少量辉绿岩墙或岩床。萨尔托海蛇绿岩的基性熔岩的枕状构造极少见，组成矿物为单斜辉石、斜长石等，岩石有绿泥石化、绢云母化、绿帘石化、钠长石化和碳酸盐化现象，但玄武岩和辉绿岩结构清晰。

（四）矿物特征

萨尔托海蛇绿岩的各种岩石遭到不同程度的热液蚀变作用，但保留少量原生矿物残晶，电子探针分析结果为：纯橄岩中橄榄石的 *Fo* 为91.4%~92.2%（5件样品）；斜辉辉橄岩和二辉橄榄岩中斜方辉石的 *En* 为82.15%~91.58%，*Wo* 为0.66%~8.71%（7件样品）；单斜辉石的 *En* 为41.31%~61.38%，*Wo* 为24.45%~53.56%，*Fs* 为3.1%~8.6%（20件样品）；铬铁矿矿体中包体矿物橄榄石的 *Fo* 为92.4%~96.48%（3件样品），斜方辉石的 *En* 为93.9%~94.2%（2件样品）。可见铬铁矿矿体中包体矿物相对富含镁。

玄武岩经受了较强的蚀变作用。细碧岩中单斜辉石的含铁量略高，$Fs \approx 21\%$，$En \approx 39\%$，$Wo \approx 40\%$；它的斜长石为钠长石，*A*n=86%~98%[2]578。

（五）岩石化学和稀土元素特征

1. 岩石化学特征

选用萨尔托海蛇绿岩的超镁铁质岩近300件样品做岩石化学全分析，计算表明它们主要为铝过饱和和正常系列的岩石，*M*/*F* 值在7.5~9.5之间，属镁质超基性岩。

分布于达拉布特蛇绿岩带的玄武岩类的岩石化学特征表明，其中一部分应划归拉斑玄武岩，而另一部分为钙碱性玄武岩。

微量元素Gr、Ti和Ni表明，大部分玄武岩为岛弧拉斑玄武岩，少部分为洋底玄武岩。

2. 稀土元素特征

萨尔托海蛇绿岩的各种超镁铁质岩中，橄长岩（脉）的稀土元素含量最高，二辉橄榄岩次之，斜辉辉橄岩、纯橄岩和铬铁矿矿石的含量最低。斜辉辉橄岩、纯橄岩和铬铁矿矿石的稀土元素模式为 V 型和 W 型，标准化值在 0.1~1.0 之间；二辉橄榄岩的稀土分配模式曲线比较平缓，橄长岩的标准化值在 1~10 之间。

区内玄武岩中的 Ls 与 Sm，Yb 与 Ce，Nd 与 Ce 具有良好的相关性。REE 平缓型玄武岩对应于低钛的拉斑玄武岩，而 REE 富集型相当于高钛的钙碱性玄武岩。

三、构造

矿区构造主要为断裂，区域性深断裂通过矿区，倾向北西，支断裂与之斜接，夹角在交接部位为 10° ~15° ，夹角尖端指向北东。深断裂在与支断裂交接部位变缓，可缓至在 2~3 个钻孔间距区间近水平态（图 1–90 Ⅲ剖面），被称为“呈阶梯状”[2]577，向南西远离交接部位倾角也相当缓（图 1–90 Ⅺ剖面），远段则陡倾斜（图 1–90 Ⅹ剖面）；支断裂倾角比较稳定，中陡角度（一般为 60° ），同样向北西倾斜。由于倾角变缓而显向南东外弯，因此是深断裂在近段的重要产状特征。邻近深断裂的沉积岩产状与深断裂产状相协调，邻近支断裂的沉积岩产状与支断裂产状相协调，都反映两条断裂的压扭性力学性质特征。

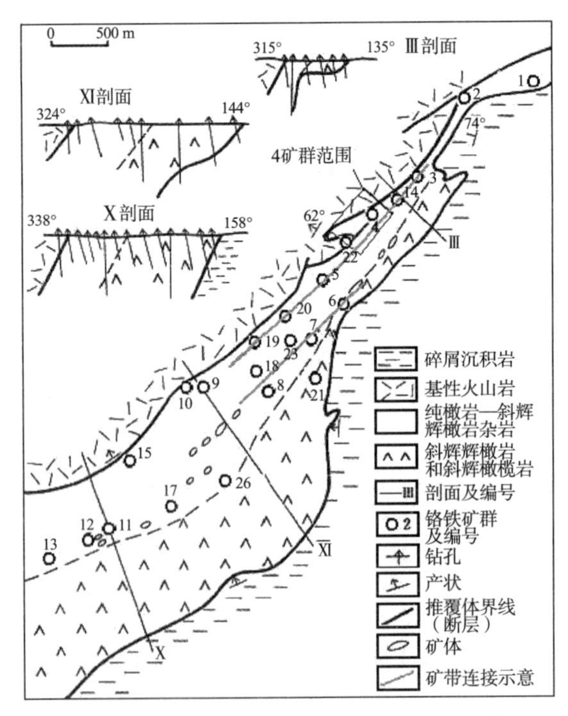

图 1–90　萨尔托海矿床岩相及矿群分布图[2]577

支断裂为矿区一级断裂，其最重要的特征是“变质橄榄岩相与上述火山岩相之间接触带挤压破碎现象明显，也呈断层接触”，《中国矿床》只提供“属于断层”的描述，没有为指明断裂的性质提供更多素材。

四、矿床地质

（一）矿体

1. 矿体分布

铬铁矿体豆荚状成群、成段和成带产出，有编号的矿群 25 个，约 560 个矿体，绝大部分矿体为隐伏矿体（盲矿体约 440 个），厚度大于 0.3 m 的可采矿体有 450 个，主要矿体集中在矿区中东部 4.8 km² 范围内[1]749，在岩相上主要集中在纯橄岩—斜辉辉橄岩杂岩带（图 1–90、图 1–91）[6]36。

矿群可划分为南、北两带。北带自 3 矿群以东起，经 14、4、22、24 矿群延伸到 19 矿群以西一带，长约 2 km，出露宽度为 20~280 m，倾向北西，倾角为 55° ~60°，向下延深 600 m，主体下伏于其北部的玄武岩层之下；南带为 6 矿群以东向西经 25、23、8 矿群和 18 矿群，然后与前一矿带汇合，长约 5 km，宽 100~200 m[2]579，亦倾向北西，倾角为 30° ~60°（图 1–90、图 1–91。矿体的带状特征并不鲜明，文献[6]26 就划分为北、中、南 3 带）。

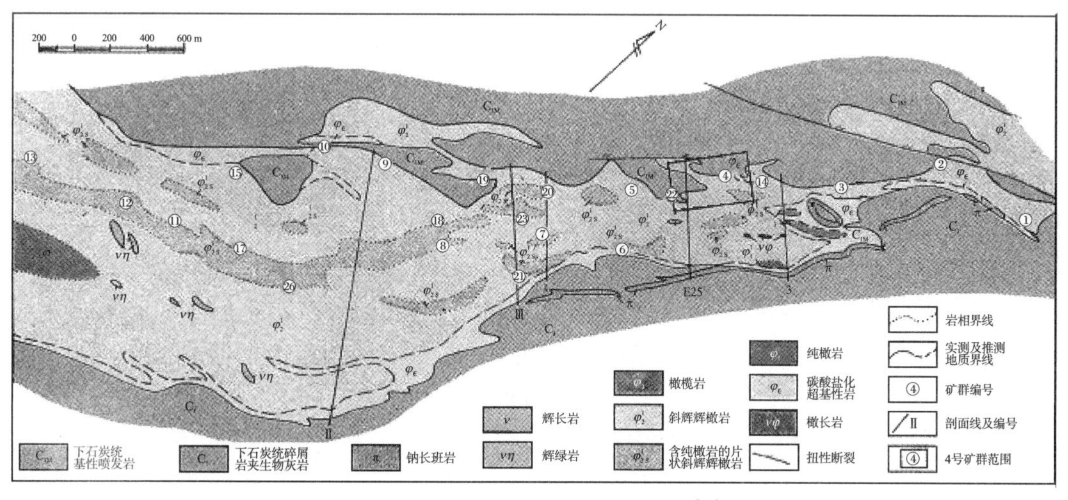

图 1–91　萨尔托海铬铁矿床地质图[6]36

2. 矿体规模产状和排列

矿体的规模较小，长一般为 20~60 m，厚 1~8 m。较大矿体走向延长达 144 m，宽 8~16 m。最大矿体长 160 m，厚 25 m，斜深 108 m[1]749。按走向矿体可分为 30° ~50° 北东组及 54° ~80° 北东东组两组，均倾向北西，倾角为 40° ~80°[2]580。

矿体在横剖面上呈叠瓦状排列，在平面上呈雁行状排列。第 4 矿群 4 个矿体成 3 雁列向北东 25° 方向排列延伸，单个矿体走向为 52°（图 1–92）。矿体形态一般为豆荚状、透镜状和不规则形状，宽度、厚度、矿体大小都变化剧烈，边界不圆滑，可出现枝杈，相邻近的矿体大小突然变化，乃至地质勘探已经比较谨慎圈定的矿体形态、规模仍然大大偏离生产勘探圈定的矿体，参见萨尔托海矿床（4 号矿群）矿体剖面形态图（图 1–96）、萨尔托海矿体（4 号矿群）水平断面形态图（图 1–97）。

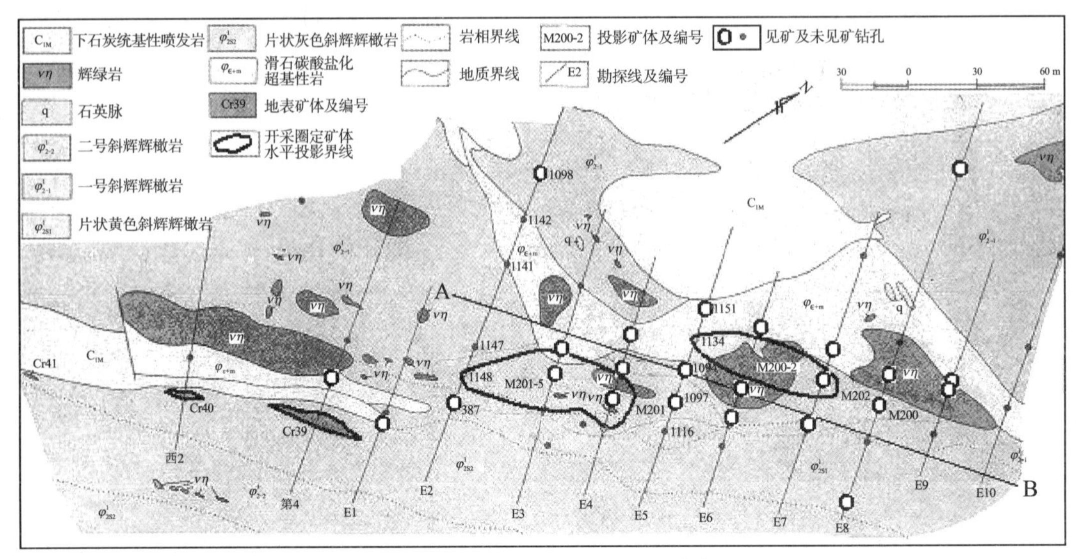

图 1–92 萨尔托海铬铁矿矿床主矿体水平投影图[6]37（按：4 号矿群）

表 1–36 矿体规模及品位、厚度变化系数

矿体号	规模			埋深 /m	厚度变化系数 /%	品位变化系数 /%	占矿床矿量比例 /%
	走向 /m	倾向 /m	厚度 /m				
200–2	56.0	52.0	13.0	60~110	76.56	5.24	66.61
200–5	56.5	38.0	6.8	25~60	10.19	5.83~	21.99

注：该表摘录自文献［6］27，应为第 4 矿群矿体。其占矿床矿量比例应为占 4 矿群矿量比例，可对照矿体立面图[6]41。

表 1–36 可说明矿体沿走向和沿倾向延伸概貌变化不大，最大矿体之延伸长度几乎一致。

矿体产出标高沿北东—南西方向有规律地上升或下降。前人称矿体具“侧伏现象”，“侧伏方向”一般为 214°~281°，“侧伏角”为 0°~50°[2]579。产出标高向北东方向下降的典型例证为 4 号矿群，如图 1–94 所示。产出标高向北东方向上抬的典型例证为 22 号矿群（详后）。

3. 矿体的近矿围岩

矿体围岩主要为纯橄岩和斜辉辉橄岩，少数情况下，铬铁矿体可产在滑石菱镁岩中，个别铬铁矿体与橄长岩和蚀变辉长岩脉相接触。有时一个矿体的一侧为纯橄岩，而另一侧为斜辉辉橄岩[2]580。前人认为含铬铁矿矿体的岩相为斜辉辉橄岩和纯橄岩岩脉组成的“杂岩相”[2]575。在斜辉辉橄岩相中纯橄岩岩脉集中的地带也是铬铁矿矿体群赋存的地带。纯橄岩岩脉与斜辉辉橄岩的接触关系为速变过渡，接触界线比较清楚。在延伸方向上，纯橄岩所占比例为 21%~22%。

纯橄岩岩脉和透镜体一般长 10 余米，宽数米。最大的地表露头位于第 6 矿群以东，其长约为 520 m，宽 35 m，形态为不规则的脉状，长轴走向北东 33°，倾向北西。最大纯橄岩岩脉的长度为 782 m，厚 82 m，倾向延伸 245 m，长轴走向北东 44°，位于第 22 矿群。

在较大的纯橄岩脉中，有时分布有数个矿体，这些矿体的形态和产状与纯橄榄岩岩脉的总体产状或局部产状协调（图 1–95）。

矿体与近矿围岩的接触界线有两种：一种为渐变过渡的，一般为浸染状矿石和近矿围岩接触关系；另一种是截然清晰的，一般为块状矿石和围岩的接触关系。在没有遭到晚期构造作用破坏矿体的周边，普遍存在厚数厘米到数十厘米不等的绿泥石外壳，它是矿石与近矿围岩受热液蚀变的产物。

矿体内部往往出现由铬尖晶石和脉石矿物组成的线状、面状和条带状构造，其产状与矿体的围岩斜辉辉橄岩的叶理产状相吻合。矿体内部矿石的破碎、糜棱岩化现象随处可见。

（二）矿石

矿石主要为块状和稠密浸染状构造，具中、粗粒它形—半自形晶结构。其次是中等浸染状、稀疏浸染状、斑杂状、豆状、网环状和条带状构造的矿石[2]580。

矿石矿物主要为造矿矿物铬尖晶石，另伴有微量的针镍矿、白钛矿等。矿石的脉石矿物主要有绿泥石、蛇纹石，尚有少量滑石、菱镁矿、方解石、针镍矿和异剥辉石等[2]581。矿石的化学成分如表 1–37 所列。

表 1–37　萨尔托海铬铁矿床矿石化学成分表

组分	含量 /%	组分	含量 /%
Cr_2O_3	34.61	NiO	0.24
Al_2O_3	26.41	CaO	0.21
MgO	19.09	SO_3	0.03
FeO	9.63	CoO	0.02
Fe_2O_3	1.07	P	0.02
SiO_2	3.22	Cr_2O_3/（FeO）	2.97

注：该表摘自文献［6］27，未注明是整个矿床的还是 4 号矿群的，正常情况下应当是 4 号矿群的。

矿石属含铬较低的耐火用矿石[2]575，富矿最低的工业品位为 $Cr_2O_3 \geqslant 32\%$，铬 / 铁比值≥ 2.5；贫矿工业品位为 $Cr_2O_3 \geqslant 8\%\sim < 25\%$[6]28（不同矿床可以有不尽相同的工业指标，如贺根山铬铁矿区 3756 矿床规定矿石作耐火材料的工业指标为 $Cr_2O_3 \geqslant 30\%$，$SiO_2 < 10\%$，块度＞ 25 mm[6]11），以块状矿石为主，其次为浸染状矿石，可有豆状矿石。矿石内含有特殊成分的橄榄石和辉石包体、液体包体。矿石的晶体—流体的爆裂温度为 713~726 ℃，其气体包体成分为 H_2O、CO_2、CO、N_2、H_2、CH_4 等[2]582。

（三）造矿矿物铬尖晶石与副矿物铬尖晶石化学成分的变化

萨尔托海矿区内的铬尖晶石包括造矿矿物铬尖晶石和副矿物铬尖晶石两类，其不同化学成分含量的变化范围：Cr_2O_3 为 35%~62%，Al_2O_3 为 7%~35%，TFeO 为 10%~25%，MgO 为 13%~18%（按：所称各组分的变化范围与所列表格数据不同，表 1–38、表 1–39 应以表 1–38 为准）。造矿矿物铬尖晶石化学成分的平均值：Cr_2O_3 为 42.11%，Al_2O_3 为 26.60%，TFeO 为 14.87%，MgO 为 16.42%。在铬尖晶石四组分图解上显示出 Cr_2O_3–Al_2O_3 之间的规律性变化——正消长变化（按：只能称“略显正消长变化”），MgO 的变化范围有限。前人认为这是豆荚状铬铁矿矿体的铬尖晶石的成分变化特点，也是蛇纹岩中铬铁矿矿体的铬尖晶石和副矿物铬尖晶石的成分变化特征[2]581。

四组分投影图可参考大道尔吉铬铁矿床者（图 1–93）：

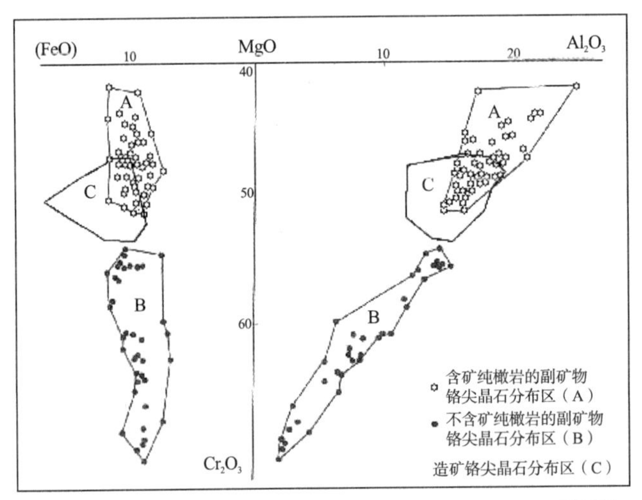

图 1–93　大道尔吉岩块中的铬尖晶石四组分投影图[2]566

“造矿矿物铬尖晶石与副矿物铬尖晶石化学成分很相似（不包括 7 矿群纯橄岩中的副矿物铬尖晶石），但是后者的 Al_2O_3、MgO 含量稍低，而 TFeO 含量稍高”[2]581。此说法很费解，因为副矿物铬尖晶石本身就有斜辉辉橄岩、斜辉橄榄岩及纯橄岩中的近矿、远矿 3 类 4 种不同的副矿物成分的差别。如表 1–39 所列。

表 1–38　萨尔托海矿区造矿矿物铬尖晶石 42 个样品的平均含量（扣除杂质后）[2]582

组分	含量 /%			方差	变化系数
	最小值	最大值	平均值		
Cr_2O_3	37.86	45.62	42.11	2.15	5.11
Al_2O_3	22.95	31.65	26.60	2.05	7.71
TFeO	13.14	20.44	14.87	1.52	10.20
MgO	11.42	19.67	16.42	1.43	8.73

表 1-39　萨尔托海蛇绿岩副矿物的铬尖晶石化学成分

化学成分	远矿纯橄岩（2）		近矿纯橄岩（6）		斜辉辉橄岩（6）		斜辉橄榄岩（4）	
	范围 /%	平均 /%	范围 /%	平均 /%	范围 /%	平均 /%	范围 /%	平均 /%
Cr_2O_3	46.17~63.00	54.59	34.46~46.17	39.10	35.97~48.49	46.82	38.62~46.24	43.77
Al_2O_3	6.58~18.85	12.72	9.82~31.03	22.30	18.82~31.59	23.84	21.28~29.43	24.39
Fe_2O_3	1.98~6.36	4.17	6.32~15.69	11.15	0.55~4.17	2.62	3.13~4.33	3.49
TFeO	17.83~20.70	19.27	14.11~22.02	17.62	10.37~21.35	17.54	13.63~14.71	13.99
MgO	6.97~10.55	8.76	6.43~13.83	11.36	10.14~15.77	12.54	13.84~14.66	14.32

注：括号中的数字为样品数。

按上述两表比较而言，造矿矿物铬尖晶石与斜辉橄榄岩的副矿物铬尖晶石的化学成分最相接近，它们分别是：Cr_2O_3 为 43.77% 与 42.11%，Al_2O_3 为 24.39% 与 26.60%，TFeO 为 13.99% 与 14.87%，MgO 为 14.32% 与 16.42%。如果说“很相似”，只能认为专指造矿矿物铬尖晶石与斜辉橄榄岩的副矿物铬尖晶石。

上述两表显示出纯橄岩的副矿物铬尖晶石，其距离矿体远近部位不同，化学成分存在明显差别。

（四）副矿物铬尖晶石化学成分的变化

“主要矿体的近矿围岩纯橄岩、远矿围岩斜辉辉橄岩等，其副矿物铬尖晶石化学成分的变化范围较大。即同种岩石可含有化学成分相差很大的副矿物铬尖晶石。这一点与其他地区蛇绿岩的各种岩石的副矿物铬尖晶石化学特征一致”。其中的“近矿围岩纯橄岩、远矿围岩斜辉辉橄岩”这一说法与其制作的表不相符，应当以表 1-39 的说法为准。近矿、远矿专指纯橄岩。

“与工业矿体无关的远矿纯橄岩副矿物铬尖晶石，具有 Cr_2O_3 含量最高的特点，其 Cr_2O_3 变化范围与其他副矿物铬尖晶石的不相重合。从副矿物铬尖晶石化学成分和其他地质条件来看，萨尔托海铬铁矿矿区中存在两种不同的纯橄岩。近矿纯橄岩及铬铁矿矿石在形成条件上更接近于区内斜辉辉橄岩和斜辉橄榄岩。”[2] 581。

（五）矿群实例（图 1-94~图 1-98）

4 号矿群矿体几乎全由致密块状矿石组成，仅矿体边缘可有稠密浸染状矿石，平均品位为 34.61%。品位稳定，品位变化系数为 5.24%~5.60%[6] 27。它形—半自形中—粗粒结构，矿体核心部位可有他形伟晶结构。矿石矿物为铬尖晶石，伴有微量针镍矿、白钛矿等，脉石矿物主要为绿泥石，其次为蛇纹石、滑石、碳酸盐和微量水镁石。矿体赋存于褪色的片理化斜辉辉橄岩带中。向北东 25° 方向，4 号矿群矿体由出露地表至沉伏地下，总体沉伏角度为 27°，以矿体底界计，M201 号矿体约为 595 m 标高，M200 号矿体则低至约 555 m，在约 90 m 走向长度内，向北东方向沉伏了约 40 m。如图 1-94 所示。4 号矿群矿体也被称为剖面上呈叠瓦状分布[6]26。

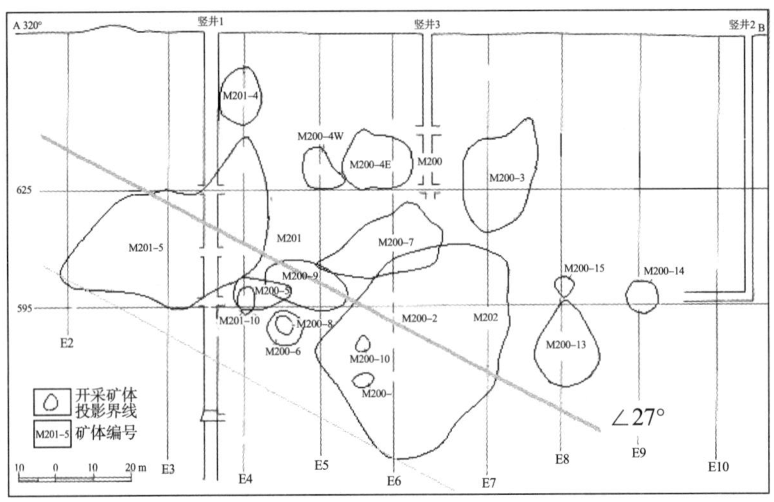

图 1-94 萨尔托海矿床（4 号矿群）矿体 A-B 立面投影图[6]41

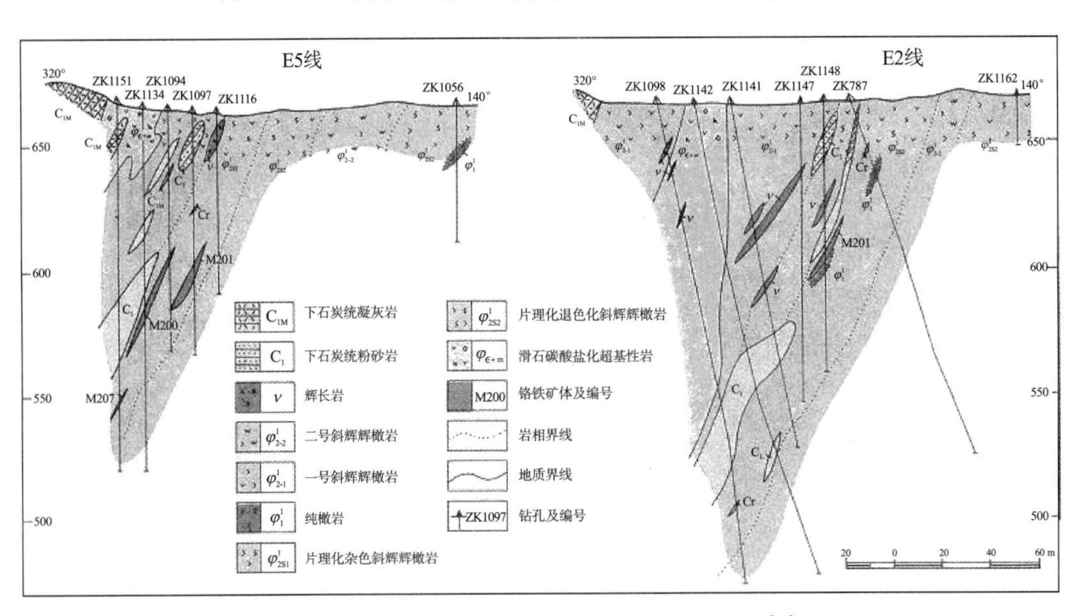

图 1-95 萨尔托海铬铁矿床（4 号矿群）剖面图[6]38

与第 4 矿群向北东沉伏不同，第 22 矿群矿体和橄榄岩的产出标高均向北东方向 48° 40′ 方向抬升，东 27 至东 32 勘探线剖面系列图表明，在走向长度 96 m 内，上抬幅度约 20 m，总体抬升角约为 12°。应当说，矿群矿体沿北东方向上抬和沉伏的情况都存在，向北东上升的规律明确可靠，向北东方向沉伏的幅度虽显著，但其规律性并不显著（也就是靠图 1-94 建立起来的规律还需要更多素材印证）。

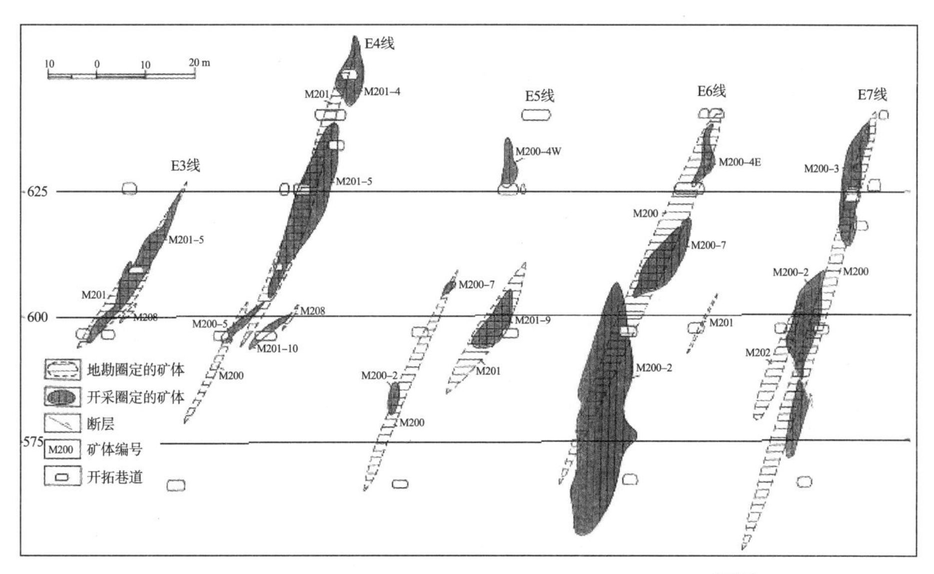

图 1–96　萨尔托海矿床（4 号矿群）矿体剖面形态图[6] 39

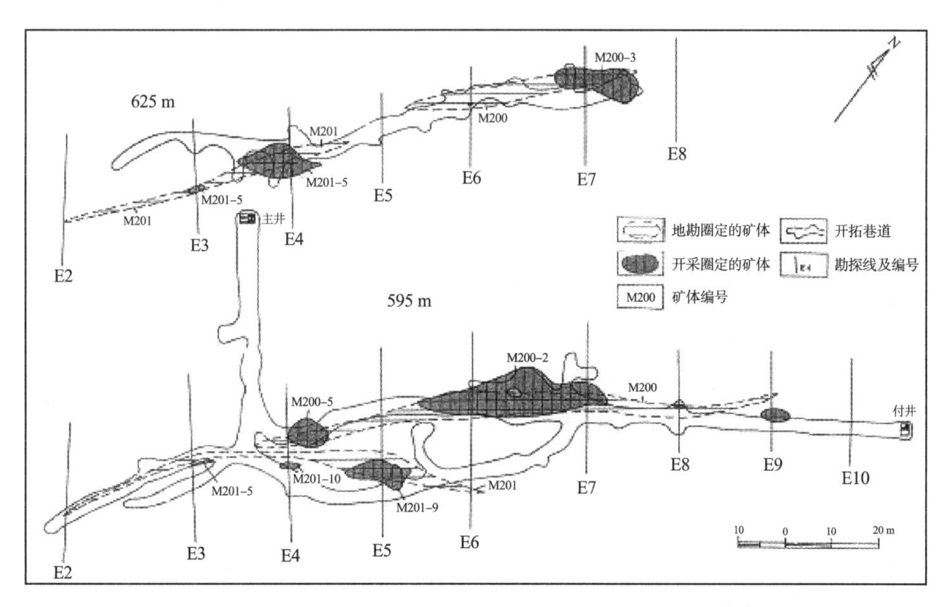

图 1–97　萨尔托海矿体（4 号矿群）水平断面形态图[6] 40

较大的纯橄岩脉中可产出数个矿体，这些矿体产出于纯橄岩脉边部的不同部位，产状、形态受纯橄岩制约，图示矿体倾角一般略缓于纯橄岩脉，底部有矿体近水平产出。

第 22 矿群矿体在剖面上显示的也属“叠瓦状”特征（图 1–98）。

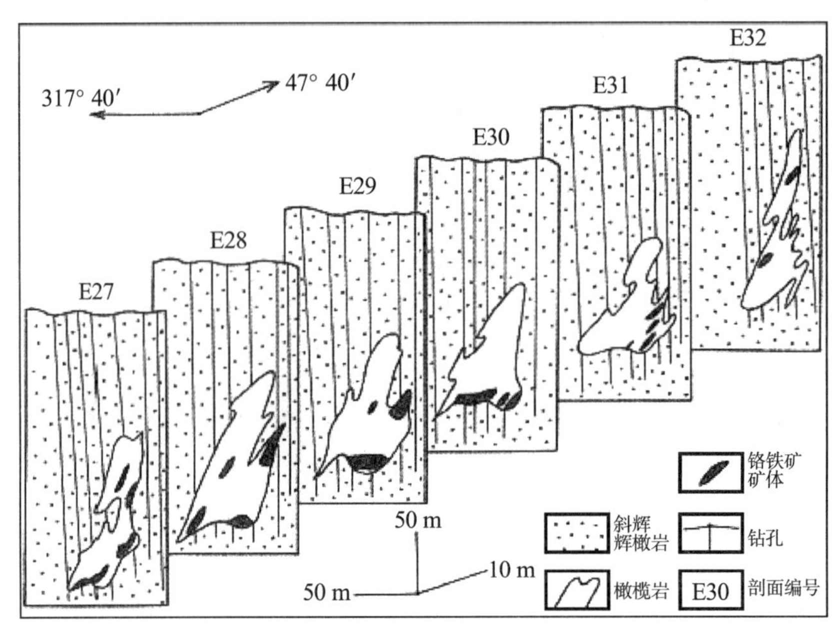

图 1–98 萨尔托海铬铁矿床第 22 矿群东 27 至东 32 勘探线剖面系列图[2]580

五、构造分析

（一）区域性构造分析

矿床所处的地质构造部位，反映的是矿床产出的地质构造背景，直接涉及矿床成因，是必须陈述清楚、准确的，这正是规范要求地质报告必须有区域地质专章和图件的原因。但此项却被理论界鄙弃："像写地质报告那样"陈述地质情况被认为"不像论文"。《中国矿床》[2]就完全予以舍弃。又因为有"萨尔托海蛇绿岩块分布在区域性的扎伊尔复向斜轴部附近"[2]576 的错误论点，本卷更有必要对区域构造进行解析。

首先，达拉布特超基性岩带所在区域，是一个受显著的和单一的北东向区域构造控制的区域，即具有显著北东向构造线之特征。达拉布特深断裂是该区域提纲挈领的深断裂（图 1–99）。其他单一的和显著的北东向构造，自北西向南东向包括 4 个平行构造形迹：a. 哈图断裂；b. 哈图南向斜；c. 达拉布特深断裂；d. 达拉布特深断裂南向斜。全部 4 个构造形迹都向北西倾斜。

其次是达拉布特深断裂自阿克巴斯套以南，其南东盘有北北西走向的包古图向斜。由于没有显示出柳树沟以南西的地质构造，包古图向斜呈北北西走向的原因很可能是包古图向斜以南西有近南北向张性断裂——经查中国地质图得到证实，在南西端部位有南北向断裂，该断裂东侧为石炭系中统，即相对哈图向斜槽部为老的翼部。上述判断证实过程没有见证人，可以不予承认，但逻辑思维得到证实，足以增添构造分析的信心。该判断的根据是在深断裂反钟向扭动的状况下，只有在后部（南西部）反钟向扭动较之前部相对流畅时，才可能对前部形成相对的挤压，出现包古图向斜。当然，这里还必须懂得，包古图向斜北东侧的花岗岩体属于与之有有机联系的构造体，它是作为包古图向斜的边界条件存在的，即它阻碍了深断裂南西盘反钟向扭动；此项又与萨尔托海入字型构造相关联，正因为它有阻碍深断裂南西盘反钟向扭动的作用，也就促使它以北东段部位的扭动，只能由北西盘向南西扭动来释放构造应力，促成了萨尔托海—阿克巴斯套断裂，即分支断裂的强烈发育。达拉布特深断裂南向斜两端的花岗岩体也属达拉布特深断裂南向斜的边界条件，是故达拉布特深断裂南向斜不像哈图南向斜那样舒展，只要注意到包古图向斜北西端东翼靠近达拉布特深断裂有反钟向扭动的小断裂，就不难理解达拉布特深断裂南向斜南西段何以向南偏转。在熟悉地质力学的构造形迹之间存在有机联系之后，做出这种判断和这些分析并不困难。由于这些不属于讨论萨尔托海铬铁矿入字型构造范畴，故无须过多讨论。

最后，从出露地层看，达拉布特深断裂向北西，邻近者为石炭系下统包古图组，稍远为泥盆—石炭系太勒古拉组，近处新、远处老，似乎构成了所谓的“扎伊尔复向斜”的北西翼。但是，作为区域性构造，达拉布特深断裂处于哈图断裂南向斜与达拉布特深断裂南向斜两个向斜之间。这一点，是质疑“区域性的扎伊尔复向斜”最简单和基本的证据。何况达拉布特深断裂南东盘直接接触的地层大多为泥盆—石炭系太勒古拉组，也是达拉布特深断裂带最老的层位。因此，作为区域性构造，达拉布特深断裂只能是处于哈图断裂南向斜与达拉布特深断裂南向斜之间的、被深断裂破坏了的背斜中，并且此背斜被大大压缩，宽度与其南北的两个向斜极不相称。因此，不是“区域性的扎伊尔复向斜”，而是“区域性的扎伊尔背斜”。

正确认识地质现象，认清矿区所在构造部位，才有可能探讨矿床成因，至少有助于理解达拉布特深断裂、萨尔托海—阿克巴斯套断裂及矿带、矿群、矿体何以都走向北东、向北西倾斜。

上述各构造形迹及与其相关联的地质体表现出协调、和谐的相关关系，统一表现为向斜宽、背斜窄，由北东向南西，一条北东向断裂制造一个背斜逆冲于一个宽阔的不对称向斜之上，这个向斜的北西翼同样紧密。当然，这仅限于剖面角度，达拉布特深断裂还有反钟向扭动性质。达拉布特深断裂、萨尔托海—阿克巴斯套断裂就是在这种构造背景下成为主干断裂和分支断裂，共同组成入字型构造的。如图 1–99 所示。

（二）矿区构造分析

依靠地质分布规律事实获取成因信息是矿床地质学乃至地质学的基本研究方法之一。

地质图是反映客观事实的。不论是 1：400 万的中国地质图，还是矿床的区域地质图，都标明了达拉布特蛇绿岩带沿达拉布特深断裂分布的显著特征。很可惜，在《中国矿床》的描述中，竟然找不到“达拉布特深断裂”这个名词，更谈不上“达拉布特蛇绿岩带”与达拉布特深断裂的空间分布相关的陈述。全篇涉及地质构造的，仅有“蛇绿岩块下部层序的变质斜辉辉橄岩与围岩呈断层接触”“变质橄榄岩相与上述火山岩相之间接触带挤压破碎现象明显，也呈断层接触”两处。前者涉及的应当是达拉布特深断裂，后者涉及的是萨尔托海—阿克巴斯套断裂（另图 1–89 有两个涉及断层的图例）。所有陈述与论证都着眼于岩石，编撰者所看到的“铬铁矿矿床的分布规律”，是“中国的铬铁矿矿床

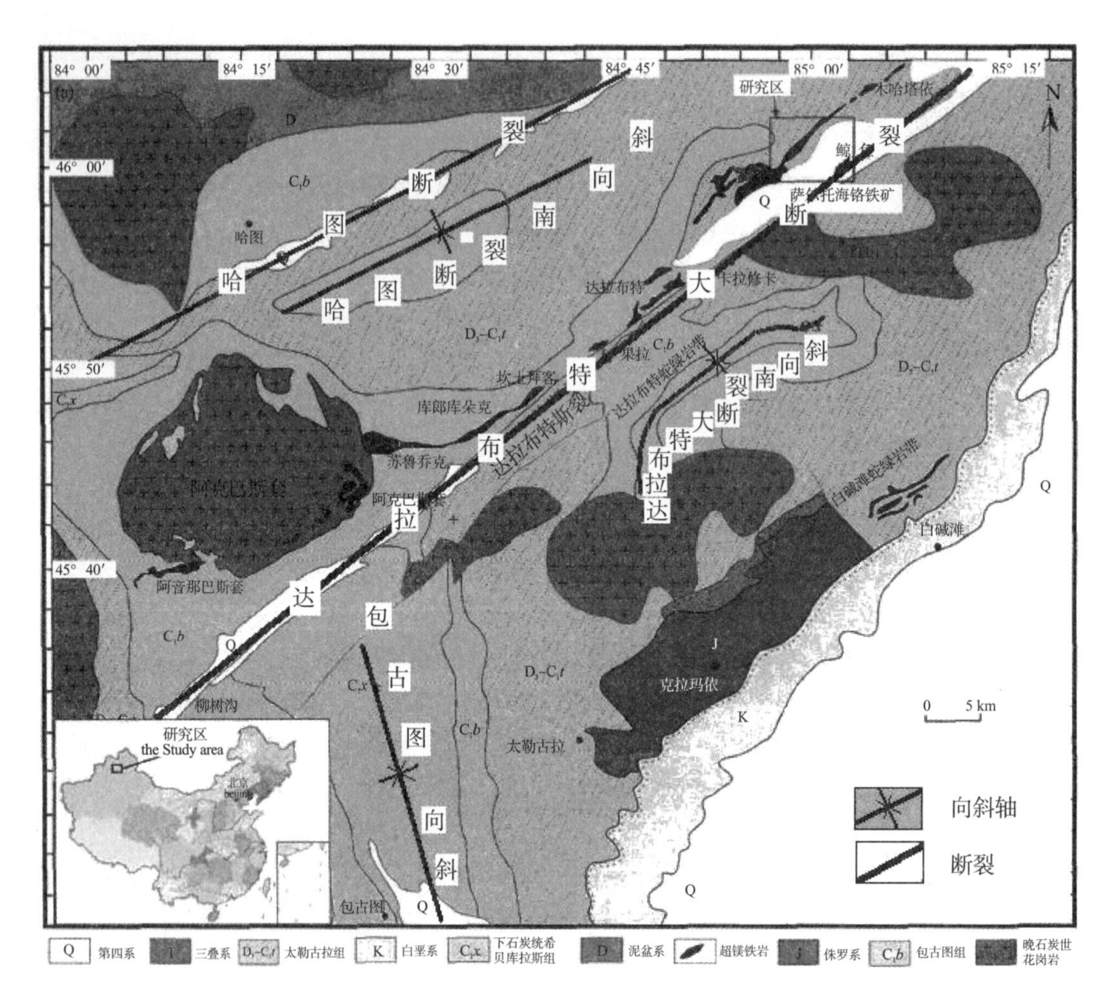

图 1–99 萨尔托海铬铁矿床区域地质构造标示图

产于不同的铁镁质岩、超镁铁质岩建造（组合）中”[2]582，并且有“铬铁矿矿床是典型的岩浆矿床，矿质来源于上地幔的基本观点，已得到了公认”[2]584 的强大后盾。

“中国的铬铁矿矿床产于不同的铁镁质岩、超镁铁质岩建造（组合）中”[2]582 当然也算一种分布规律，但属地质分布规律，而不是相关地质体的空间分布特征。笔者认为，这种地质分布规律有助于说明的应当是铬铁矿存在与超基性岩在岩性上的相关关系，就像铅锌矿与碳酸盐岩、锑汞矿与硅质岩、镍矿与超基性岩存在相关关系一样（如白家嘴子铜镍矿床“一般近岩体一侧镍品位较富，远之变贫，铜品位变化与镍相反，最后变为铜矿石”，紧接着对这种现象的解释是“显示出铜较镍具有较强的迁移能力”[7]223。当然，要称之为“岩浆矿床”，将铜镍矿质来源解释为岩浆，远离岩体成为单一的铜矿体，结论只能是铜“具有较强的迁移能力”了。这种现象可称为“矿化的岩性选择性”，适应于某些种类的矿产。一些矿产矿化的岩性选择性强一些，另一些矿产的矿化的岩性选择性弱一些，还有一些矿产如黄铁矿则不具有这种专属性。铬铁矿不过是矿化的岩性选择性极为强烈而已）。要研究某种地质体的成因，宏观手段是必须从其空间分布规律入手。

在这里，达拉布特超基性岩与达拉布特深断裂的空间分布规律，就相当充分地揭示了超基性岩的产出是达拉布特深断裂的构造地质作用的产物。分明与深断裂空间关系密切，却又称之为“蛇绿岩块下部层序”，被指认为一种地层，应属对国外同样错误研究成果（当然，南非平卧的大岩盘有上下，但仍是岩浆岩）的盲目追随。

按照地质图，蛇绿岩带沿达拉布特深断裂分布这个事实本身，就蕴含萨尔托海铬铁矿床的成因信息；如果再能读懂萨尔托海矿区地质图——“矿田”范围定位在主干断裂和分支断裂的交接部位，矿床成因的研究方向就别无选择，只能是构造。“一部不过200余年的矿床成因分类史却充满了剧烈的‘水’‘火’之争。一个时期，某些矿床被认为是内生的，岩浆热液的，另一个时期，它们却被认为是沉积矿床、外生矿床”[8]500的历史行将结束。倒是一般被学界认为低俗的、相当于操作规程的规范，明白无误地认定“该含矿岩体受达拉布特压性断裂北侧派生的萨尔托海—阿克巴斯套断裂控制”[6]25，不仅认识到与深断裂、具体到萨尔托海—阿克巴斯套断裂有关，尤其难得的是认识到阿克巴斯套断裂是深断裂的派生断裂。这已经属地质力学。区区15页32开本注明“内部资料”的小册子，比中国最高规格的专著《中国矿床》高明得实在太多了。当然，规范之所称，距阐明矿床成因尚相去甚远。这就必须依靠地质力学厘定矿区的构造体系，阐明区域构造、矿区构造、矿体构造之间的有机联系。

上述一段文字又一次论证了“没有地质力学素养，就不能胜任地质调查与矿产勘查”论断的正确，不能胜任地质调查与矿产勘查，还要指望研究者阐明矿床成因，只能是缘木求鱼。

1. 矿区构造具典型的入字型构造特征

①区域性北东45° 达拉布特断裂为主干断裂。矿床处于其一侧，与其另一侧地质构造毫不相干。主干断裂规模较之属于矿区的萨尔托海—阿克巴斯套断裂构造，规模差别显著，主次分明。

②走向东约60 ° 萨尔托海—阿克巴斯套断裂为分支断裂，它与主干断裂锐角相交，两者构成“入”字形态。分支构造靠近主干断裂强烈发育又绝不穿切主干断裂，远离主干断裂则减弱消失，即使被指认为“岩浆矿床”[2]，也仍然承认分支断裂在近段（矿床范围）为“推覆体界线”[2]576，在远段则称为“岩体内不明显断层”[2]576（图1–89），表明构造强度的强弱变化；沿分支断裂分布的岩石类型由超基性变为基性，基性程度降低，由超基性岩出露宽度变窄到鸟爪状尖灭。如果能够认识到岩相的这些变化是构造应力场强弱反映出来的温度场高低，属于构造强烈程度在成岩作用方面的反映，就同样反映了分支断裂近强远弱的构造特征；主干断裂和分支断裂分别为“推覆体界线”和“岩体内不明断层”（图1–89），表明其挤压性质；沉积岩、火山岩的层理走向与断裂走向一致，并且协调变化，同样佐证断裂的挤压特征。

③矿区定位于这个“入”字形态构造内，矿床规模取决于分支构造的规模。图1–89标示的矿区范围鲜明地指出了矿区的定位特征，即区域性深断裂与分支断裂交接部位。矿体（包括矿化）沿分支构造控制的构造裂隙发育，出现南、北两个矿带，北矿带产出主要矿群22号（储量43万吨，另有如4号矿群[6]），远段只有南矿带继续延伸，同样表现出靠近主干断裂强烈，远离则减弱消失的“近强远弱”矿化特征。

④主干断裂和分支断裂共同体现构造应力场的和谐、统一。矿床提供了一个主干断裂和分支断裂倾角都由工程控制的难得例证，主干断裂在所标示出的 3 个剖面都由多个工程控制，其Ⅺ、Ⅹ剖面对分支断裂也有控制。它们都倾向北西，在分支断裂倾角缓的地段，主干断裂倾角亦缓（Ⅲ剖面对主干断裂工程控制极佳，表明其倾角由 35° 可缓至 0°，被称为“呈阶梯状”。对其他较陡的分支断裂倾角的标示，仅 1 个工程控制者，且控制部位深度过浅，不足为据），此属分支构造持续作用对主干断裂的改造，即容忍性退让，与锡矿山矿床主干断裂（西部断裂）容忍性退让倾角由缓变陡情况相同。分支构造形成过程中迫使主干断裂容忍性退让、倾角变缓。

萨尔托海入字型构造属扁长型入字型构造，其长（以超基性岩延伸长度计）为 16.8 km，而最大宽度仅 2.9 km。主干断裂和分支断裂的交角，在矿床部位丈量为 14°，总体上为 10°。大范围的小比例尺图表明两者总体上近乎平行，共同裹挟大透镜体态的“‘变质橄榄岩’、辉长岩、‘中基性火山岩’”，图 1–89 已经可以看到北西侧的“凝灰质碎屑沉积岩”在北东端和南西端都靠近主干断裂，略显其透镜体态。

2. 分支断裂的性状——由一系列同序次开扭组成

萨尔托海铬铁矿区的分支构造与上卷 13 个控矿压性入字型构造存在显著差别。仔细分析图 1–91 萨尔托海铬铁矿床地质图，可以对一条完整的分支断裂的存在提出怀疑，因为超基性岩与北侧基性喷发岩的界线，既非直线，也非弧线，反复弯曲，参差不齐，被图 1–89 萨尔托海铬铁矿区及外围地质构造图标示为“岩体内不明显断层”[2]576，文字描述称“蛇绿岩套的斜辉辉橄岩相直接与基性熔岩相接触，二者之间有挤压错动痕迹”[2]575“变质橄榄岩相与上述火山岩相之间接触带挤压破碎现象明显，也呈断层接触”[2]576，仍可说明存在断层，却根本不具备“矿区一级构造”的应有特征。称深断裂为“推覆体界线（断层）”图例，是明确的和无可置疑的。在素材可信度较图 1–90 高得多的图 1–91 上，分支断裂更没有标示为断裂。相应部位真正标示为断裂的，只在 1、2 号矿群北侧，走向为北东 60° 的矿区二级“扭性断裂”（未编号，即原图已标示出的最东侧走向 60° 之断裂）。该图分支断裂带部位倒是可看到众多北东方向的线性地质体，包括沿分支断裂发育的 90° 左右方向的 9 条断裂和其中所夹 4 对线性地质体，它们与分支断裂以约 25° 角斜交，即 3 号矿群南侧的碳酸盐化超基性岩南边界、长条状的橄榄岩，4 号、22 号矿群附近的和 19 号、9 号矿群附近的基性喷发岩和超基性岩两对线性地质体，15 号矿群基性喷发岩与碳酸盐化超基性岩两对线性地质体。15 号矿群附近的窄长碳酸盐化超基性岩东西两端都呈北东向，中段则大体平行分支断裂。沿分支断裂部位还可以找出一些北东向线性构造来，在不到 4 km 长范围列出 9 条（可能存在 11 条或者更多，这里有一个精度问题），这些线性构造与图 1–91 图例上称已标示的“扭性断裂”平行，已经能够说明问题。在深断裂带北西侧，也可以看到至少 3 条与深断裂锐角交接的线性构造，这就是Ⅱ剖面及其南西的 3 个碳酸盐化超基性岩线性体，它们也呈北东向（鉴于深断裂方位也在变化，准确说是沿与深断裂锐角交接的方向）。深断裂本身也有多处向北东方向突出。再联系萨尔托海铬铁矿区及外围地质构造图上（图 1–89）超基性岩南西末端都呈收缩东突的“鸡爪”特征，说明这些相当规律的现象不属偶然，而有其必然性（受北东向构造控制，鸡爪尖当然要指向南西）。从地质力学角度看，这些北东向的线性构造应当是一系列斜列的同序次的开扭（相当于新华夏系中的泰山式横扭），由它们组成分支断裂；在深断裂上盘，3 个碳酸盐化超基性岩线性体，至少也是横扭发育的表现；在超基性岩末端（南西端），仍然发育同序次的横扭。这些横扭在构造应力持续作用时成为开扭。这里要注意的是，分支断裂在合段的方位为 60°，向南西延伸方位有变化，向北偏转，分布于分支断裂与主干断裂之间的超基性岩也呈透镜体状，最南西段方位几近北东 20°，从合点向远端分支断裂的走向也是有变化的，组成分支断裂的同序次开扭的方位当然也略有摆动，摆动极微小而已。如图 1–100 所示。

还有一个现象是必须指出的，即萨尔托海铬铁矿区北北东向线性构造或者北北东向地质体不发育。现有资料上，规模小的仅有滑石碳酸盐化超基性岩有北北东向 15° 边界（图 1–92、图 1–101）。在萨尔托海矿区，规模较大的北北东向线性构造或线性地质体，反映的是与分支断裂同序次的纵扭，在构造应力持续作用下，它们属于合扭。北北东向线性构造不发育，有力证明矿区压性结构面不发育的基本特征，当然也可成为矿区张性结构面、张扭性结构面发育的佐证。构造应力必须通过构造应变来释放，此应变不发育则可由可替代的彼应变发育来替代。

在个旧锡矿田，是由与分支构造同序次的开扭发育取代分支构造成为极为典型的控矿张性入字型构造，这种控矿张性入字型构造使主干断裂对分支构造产生"迁就性跟进型"容忍性改造；在萨尔托海铬铁矿区，分支断裂由同序次的开扭系列取代，仍然属于张性入字型构造，这就是大自然的造化，也就是地质力学能够揭示构造体系、产生妙趣横生之变化的所在。但是，必须承认，如果单凭《中国矿床》[2] 提供的资料，就有可能将萨尔托海入字型构造归为压性入字型构造了。当然，笔者不会轻易舍弃萨尔托海区域地质图上分支断裂那样弯曲不直和"岩体内不明显断层"的标示里存在的疑问，要继续刨根问底的。

《中国矿床》的"萨尔托海矿床岩相及矿群分布图"，比起《铬铁矿地质勘探规范》（以下简称"规范"）提供的矿区地质图 [6] 36 来，显得十分粗糙，这可以作为矿床地质学中工程技术界与理论界对待素材基本态度的例证。本书特别将两张图都展示出来，供读者评鉴。当然，比不需要素材即可论证的导师好得多。

3. 矿体定位结构面的性质与级别——同序次低级别的横扭

个旧入字型构造分支构造长超过 30 km，萨尔托海入字型构造分支断裂长达 15 km，比较而言，萨尔托海铬铁矿床规模也应当算相当大，不应当仅为中型矿床，是否矿床评价尚未结束，仍然存在相当大的找矿远景？这里有一个矿体定位的结构面性质及其成矿构造级别的问题。

单凭矿体走向有两组，分别为北东 30°~50° 及 54°~80°，均倾向北西，倾角为 40°~80° [2] 580 的简单描述，难以进行有说服力的构造分析。萨尔托海铬铁矿床 4 号矿群水平投影图展示的矿体的产状和形态特征，可以作为构造分析的素材。此图显示两个突出的特征：一个是矿体雁行排列，单个矿体呈 50°~230° 走向斜列（所谓右行雁列），各矿体连线总体方向为 25°；另一个是滑石碳酸盐化超基性岩呈"ㄣ"形态（图中淡色部分，图 1–91 图例），其首尾两端呈近东西向发育。如图 1–101、图 1–102 所示。

这两个特征反映的是同一个构造应力场。在分支断裂反钟向扭动构造应力场中，滑

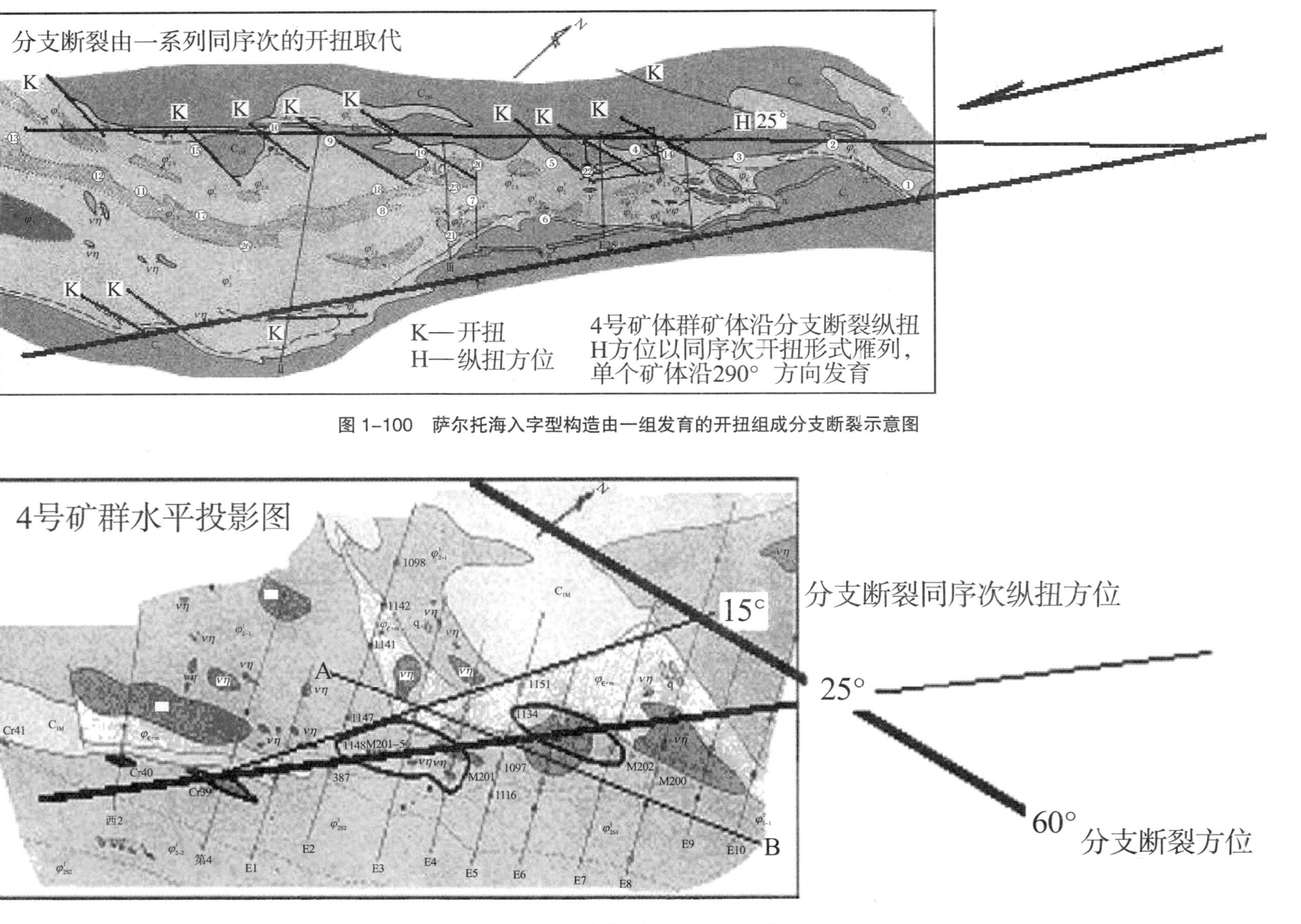

图 1-100 萨尔托海入字型构造由一组发育的开扭组成分支断裂示意图

图 1-101 萨尔托海铬铁矿床 4 号矿群水平投影及构造分析图

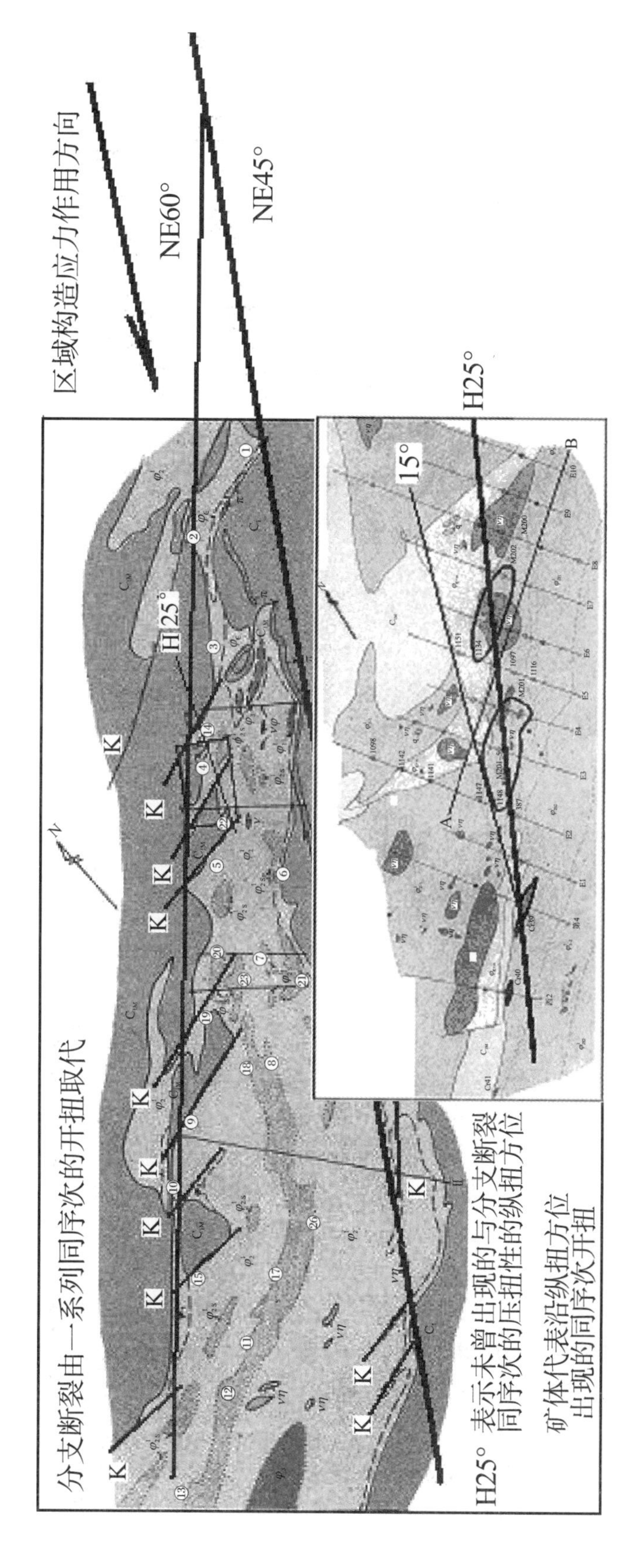

图1-102 萨尔托海铬铁矿床矿体构造序次级别分析图

石碳酸盐化超基性岩首尾近东西向的线性特征，反映的是其应变构造系中的横扭，其中段与之近乎直交的部分为纵扭，即在成岩—蚀变阶段，（滑石碳酸盐化）超基性岩可以沿其横扭和纵扭发育，这是分支断裂早期发育的横扭和纵扭。矿体总体方向北东 25°，反映的是与中段滑石碳酸盐化超基性岩相同的纵扭，它与滑石碳酸盐化超基性岩时分支断裂晚期发育的纵扭的方位大致平行。如果一定要强调它们存在约 10° 的夹角（以与横扭更接近直角为理由，按滑石碳酸盐化超基性岩偏西侧边界计，则该边界呈北东 15° 方向。这可能属于正确的和应当允许的），则应当属于成岩—成矿作用过程中分支断裂产生了约 10° 的偏转（分支构造与主干断裂的理论夹角按 30° 计，在地壳重熔条件下，偏转 10° 是完全可能的）。滑石碳酸盐化超基性岩中段与矿体总体方向究竟属于平行关系，抑或是有 10° 夹角关系，应当怎样做出判断，可以通过更多实例进行分析，笔者倾向于它们应当存在一个小的夹角。它们最先都属于与分支断裂同序次的纵扭，却是毋庸置疑的。

4 号矿群主矿体水平投影图（图 1–92）表明，滑石碳酸盐化超基性岩可沿横扭和纵扭发育，即沿与分支断裂同序次的一对扭裂发育，也即滑石碳酸盐化超基性岩可沿萨尔托海入字型构造的横扭和纵扭二次构造发育（按照分支断裂为二次构造排序，因为分支断裂已经是深断裂的派生断裂。如仅就矿区论，则分支断裂为初次构造）；铬铁矿体总体走向呈北东 25°，这个总体方向代表的是分支断裂同序次的合扭（二次构造）方位，即铬铁矿体雁列的总体走向沿萨尔托海入字型构造的二次合扭发育。单个矿体走向 50°，呈侧幕状排列，代表的是萨尔托海再次构造同序次的横扭。按照上述分析，萨尔托海铬铁矿区主矿体构造序次并不低，为矿区的初次构造，关键是构造级别太低，低到了不便排级的程度。

单个矿体均代表张扭性结构面，所反映的扭动方向同为反钟向，这与萨尔托海入字型构造的扭动构造应力场相协调。图 1–102 分支断裂按 4 号矿群部位北东 60° 绘制。图中还可以看到，分支断裂由雁列横扭组成，雁列横扭彼此并非完全平行，图中偏北东的横扭走向为 90°，偏南西的横扭走向为 95°（按实际走向计。如果按它们与南、北两侧边界的相对方位计，则彼此平行。这更符合理论规律。前面已予论述）。小矿体也并非极为标准的雁列，西 2 线的小矿体的排列就不太标准。这是因为所处不可能完全提供各向同性的边界条件，这种情况的出现并不能否定它们仍然属于相当标准的横扭和相当标准的雁列。如图 1–102 所示。

结合图 1–94（该图兼为探采对比图，勘探时期圈定的矿体大很多，矿体数少很多，未予绘出）还可看出，矿体在平面上表现为小透镜体状，在立面则表现为长轴并不分明的饼状体，可见铬铁矿体的规模之小和形态之复杂。有鉴于此，萨尔托海铬铁矿床第 4 矿群被列为第Ⅴ勘探类型[6]30，且并不能因此说明矿床勘探评价未结束。4 号矿群也并非萨尔托海矿床的最主要的矿群，22 号矿群占矿床储量的近 1/5，规模更大些。“矿床勘探类型”称谓又并不准确，其实质是“矿体勘探类型”，勘探类型的确定取决于矿床主矿体的稳定程度，主次矿体都有的整个矿床是不能按同一勘探类型标准划分勘探程度的。规范选择 4 号矿群，并不代表 4 号矿群能够代表整个萨尔托海矿床。

矿体的所谓侧伏，系指矿体不向倾向下延，而向与倾向有一定夹角的侧向下延，即向倾向之旁侧下延。萨尔托海矿床的矿体这种特征并不显著，不应当称为侧伏，而主要属于矿体沿一定方向上抬或沉伏。仰冲型入字型构造如白家嘴子矿床与俯冲型入字型构造七宝山矿床，分别造成矿带向开端递次沉伏和递次上抬（长距离上抬则走向反面，个旧矿床由南向北连续两次上抬之后是沉伏）。对于萨尔托海矿床而言，在萨尔托海铬铁矿床地质图（图1–91）上，长达近6 km的矿带矿体都出露地表，上抬、沉伏现象都不明显，只能认为萨尔托海入字型构造的构造应力基本在水平层面上反时针向扭动。从区域地质图看，达拉布特深断裂两侧地层层位相当，也说明达拉布特深断裂为水平方向扭动的压扭性深断裂。所谓“推覆”（北西盘上冲），较之水平扭动，显得微不足道。矿体如22矿群向南西略有下降，属于反时针向构造应力沿派生纵扭方位略有向北东仰冲的性质。这与“推覆体界线”的说法是相应的。

（三）萨尔托海入字型构造的类型

萨尔托海铬铁矿床构造属于典型的入字型构造。但与上卷第二章上篇13个控矿压性入字型构造在“控矿构造”形迹上存在显著差别。它与攀枝花入字型构造相似之处有二：一是主干断裂与分支断裂之间均为岩浆岩，二是沿分支断裂侧岩石的基性程度偏高（包括延伸更长）。与攀枝花入字型构造之间的差别有四：一是它的超基性岩没有所谓“层状构造”，攀枝花入字型构造沿分支断裂出现“层状构造”的部位，萨尔托海矿区却替之以一组同序次的横扭。二是攀枝花入字型构造超基性岩只分布于主干断裂与分支断裂之间，基性程度最高的岩相带分布于分支断裂内侧，与外侧寒武系灰岩不存在岩相联系；而萨尔托海的超基性岩与分支断裂外侧的基性火山岩，以及之间尚零星分布的辉长岩共同构成有规律分布的岩相带。三是攀枝花的所谓窄长型入字型构造，曾经赋予了特定含义，即近段属于入字型构造，有近强远弱的构造特征和矿化特征。远段构造和矿化不减弱反增强、变化为压性结构面，成为最主要的构造强烈段和矿化强烈段，属于构造应力顺地层层面释放，已经出现新应变，不再属于入字型构造之特点。萨尔托海矿床却属于真正意义的窄长型入字型构造，其整体呈巨型构造透镜体形态，不仅外侧为基性火山岩，远端也为基性火山岩，在横向和纵向两个方向上都出现有规律的岩相变化，特命名为扁长型入字型构造（图1–103）。四是攀枝花矿床为钒钛磁铁矿床，成矿作用期属于所谓“亚还原环境”，萨尔托海矿床为铬铁矿矿床，成矿作用期属于氧化环境。

就氧化物矿床比较，萨尔托海铬铁矿床与石碌铁矿和个旧锡矿也存在差别，即石碌铁矿有强烈的压性构造——石碌复向斜及轴面断裂（详见第四节），萨尔托海铬铁矿区则几乎不存在压性的或压扭性的结构面。石碌铁矿有铜钴硫化矿体，萨尔托海铬铁矿只在矿石矿物中有少量针镍矿硫化物。

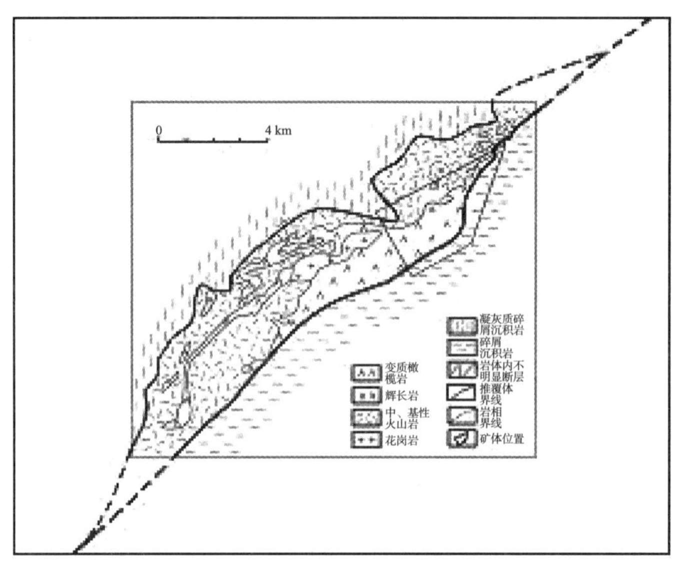

图 1–103　沿达拉布特深断裂分布的超基性岩呈大透镜体状

六、萨尔托海入字型构造控岩控矿现象的启示

（一）超基性岩—基性火山岩—凝灰质碎屑沉积岩三者之间的分布特征，反映的是入字型构造的构造应力场的温度场格局

入字型构造应力场反映温度场格局，在上述所有入字型构造控矿矿床中都有所反映。以地壳重熔形式反映出来的温度场格局，在萨尔托海铬铁矿区得到最清晰的反映。入字型构造造成凝灰质碎屑沉积岩地壳重熔，重熔岩浆按照入字型构造控制的温度场重新凝结，沿分支断裂带的合点、合段及接受容忍性改造的深断裂带成为熔点最高矿物最先晶出的地带，向远段、向外侧依次晶出熔点较低的矿物。按照这样的温度场分带凝结的岩石，当然是温度越高岩石的基性程度越高。在最高温度场地带晶出橄榄岩，较低温度场地带晶出熔点较低的基性火山岩，在它们之间的过渡地段则断续晶出熔点居中的辉长岩。花岗岩的晶出属低温场，属最先还是最后晶出，需要有更多观察和素材，现在只能根据花岗岩体的形态比较完整，靠感性认识推测为最后晶出。王懿圣、王恒升等认为超基性岩对围岩有热侵入变质的特点的观察[9]是正确的，是从实际情况出发的，只有“侵入”二字不准确。在这里有必要指出，不是有凝灰质碎屑岩、中基性火山岩、超基性岩和花岗岩 4 种岩石，而是地壳重熔了凝灰质碎屑岩，或者兼重熔了下古生界之后，由构造应力产生的温度场重新分配、组合了矿物，在最高温带形成了超基性岩，次高温带形成了未构成带的辉长岩，在相对较低的温度场晶出了“中基性火山岩”（在最后，重熔岩浆另晶出花岗岩）。之所以质疑矿区曾经有过中基性火山岩浆喷发过程，不仅是因为中基性火山岩与凝灰质碎屑岩以虚线分隔，还因为所谓的中基性火山岩与超基性岩空间分布关系太密切了。换言之，所谓中基性火山岩不是岩浆的喷发相，而是地壳重熔的低温相带。

萨尔托海入字型构造超基性岩的分布说明，以“变质橄榄岩”为代表的最高温度地带的延伸，沿分支断裂最长，比沿主干断裂延伸长度长近三成（图 1-89）。如果联系到白家嘴子铜镍矿床，地壳重熔形成的超基性岩只沿分支断裂发育，主干裂侧根本不存在超基性岩，就有理由认为，萨尔托海铬铁矿床入字型构造的构造应力场更为强大，它所造成的地壳重熔范围更大，囊括了主干断裂与分支断裂之间的合段地带。沿主干断裂发育的超基性岩经过热传递，本来沿分支断裂为最高温度带，再由分支构造对主干断裂进行改造，使主干断裂也出现较高温度带，其结果正如萨尔托海铬铁矿床超基性岩的分布，沿主干断裂的超基性岩的长度能够达到沿分支断裂长度的超七成（11.8 km/15.4 km=0.77），并且它们的基性程度是有差别的。

从入字型构造控岩的特征，也可以看到上述温度带的分布特征。即靠近分支断裂的岩相带为纯橄岩—斜辉辉橄岩相，靠近主干断裂的则为斜辉辉橄岩和斜辉橄榄岩相，它们反映出了凝结温度场的差别。所谓基性火山岩的分布，也反映出这种规律，即其中能够出现辉长岩的地段主要在分支断裂的远段。另在其合段外侧基性火山岩有最大宽度的地段，可出现逗点状辉长岩，说明合段属于相对的高温度场。如果忽略细节，萨尔托海铬铁矿区岩石相带的分布规律，是在深断裂的北西侧外圈，在入字型构造的合段为超基性岩，超基性岩的北西侧为基性火山岩带环绕，这两个岩相带之间的过渡带可出现不连续的辉长岩带，再外圈为凝灰质碎屑沉积岩环绕，凝灰质碎屑沉积岩及其下地层就是重熔地壳的原岩。“下”到什么程度不可妄测，但可以因为深断裂应有较大深度，不排除深达下古生界，将下古生界基底中的铬聚集起来。最简单的方法是根据这些岩石的化学成分按一定比例组合，这种反演检验是不难进行的。这里需要检验的是，按照超基性岩、基性火山岩、辉长岩和花岗岩的体积比组合样品，它们的化学成分如果与凝灰质碎屑沉积岩相当，则主要是原地重熔岩浆体；如果相差甚大，则需考虑重熔涉及了下古生界。

但是，王懿圣、王恒升等在这个问题上从实际出发的对地质现象的正确认识，被权威专著否定了——萨尔托海的超基性岩和铬铁矿，是“铬铁矿浆和纯橄榄岩浆由深部分熔后沿其上部斜辉辉橄岩的张性薄弱地带贯入，当时的斜辉辉橄岩具有晶粥状塑性流动性质并从上地幔深处向上运移，在横向移动过程中使矿体、纯橄岩岩脉的产状平行于岩相界面及岩石的叶理（Nicolas A，1989）”；“对于含有豆荚状铬铁矿矿床的萨尔托海镁铁质—超镁铁质岩体的成因，长期以来有两种观点：一种认为，萨尔托海岩体的超镁铁质岩相对其围岩具有热侵入接触变质的特点（王恒升等，1983；王懿圣，1982）；另一种认为断层作用使这一完整的蛇绿岩套缺失堆积岩相。正如前已叙述，从萨尔托海镁铁质—超镁铁质岩的岩石化学、地球化学、岩相学和豆荚状铬铁矿矿体特征等综合来看，它属于蛇绿岩套中的成员。如果橄榄岩相与其围岩包括基性熔岩之间，确实存在火成热接触变质，则萨尔托海蛇绿岩套的底部橄榄岩有强烈的岩浆活动现象，并且缺少原始堆积相，是一种发育特殊的砂砾岩杂岩”[2]582。很显然，从实际出发的王恒升等，已经被后人以权威的形式否定，认为萨尔托海超基性岩是“断裂作用使这一完整的蛇绿岩套缺失堆积相，或者就是缺少原始堆积相的特殊的蛇绿岩杂岩”，一个非常简单的体现温度场分布的岩相分布，被使用“蛇绿岩套”“堆积相”“当时的斜辉辉橄岩具有晶粥状塑性流动性质”“特殊的蛇绿岩杂岩”等多重概念，或者用“深部分熔”“薄弱地带贯入”“从上地幔深处向上运移”“横向移动”等假定，强调个别性与特殊性，弄得十分玄奥，都是不正确的并且非常有害的。但矿床地质学在这一领域的发展，正是“以荒谬扼杀正确”，最后搬出来的是“岩石化学、地球化学、岩相学和豆荚状铬铁矿矿体特征等综合来看”的架势。这是推崇玄奥价值观能够使本来可以认识的问题变得无法理解、令人茫然之后，导向不可知论的一个具体例证。

（二）铬铁矿体和纯橄岩是斜辉辉橄岩相中最先晶出的、有机联系在一起的构造体

称蛇绿岩“代表古洋壳和上地幔的一部分”“铬铁矿床是典型的岩浆矿床，矿质来源于上地幔的基本观点，已得到公认”[2]582的观点是不正确的，中国的 12 个铬铁矿床竟然主要产出于莫霍面之下（“铬铁矿床主要位于堆积岩相下部界面以下以及堆积岩相带下部过渡带内”[2]583，而所谓堆积相则被认为代表莫霍面[2]584图）2 km 范围内，而莫霍面在大陆的深度一般为 30~40 km，在西藏高原区深达 60~80 km，如此深部的铬铁矿，是绝对不可能上升达到地壳浅部的。各铬铁矿床部位“地壳和上地幔剖面”的这种绘制法，是从洋人（Собалев.1975）[9]9 那里学来的时髦。这种绘制法最先由什么人创始，实在不值得考证。这是从地质作用角度出发的否定，是最根本的否定。今天的中学生大概已经懂得尘埃和水蒸气不能普遍上升至 10 km 的平流层，我们的地质学家却动辄称成矿物质能上升三四十千米，从地幔上升至地表浅部。内、外地质营力都无法回避的地球重力作用，在矿床地质学家那里被一笔勾销。从天文学角度，“陨石的铬尖晶石均不含 Fe_2O_3，地球上的铬尖晶石均含少量的 Fe_2O_3，说明后者是在氧逸度高的条件下形成”[6]48。注意，这个说法中“地球”是对应于陨石、将陨石视为天体的对等说法，并没有错。但是理解此“地球”二字只能是“地壳”。地幔岩石中的铬尖晶石是否也含有少量 Fe_2O_3，就十分值得怀疑。地壳中铬尖晶石含有少量 Fe_2O_3，理所当然应属于受大气圈的影响。作为地球内圈层的地幔，和作为外圈层的大气圈之间很难存在联系。从这个角度看，只要铬尖晶石中存在 Fe_2O_3，就有理由认为，含这种铬尖晶石的岩浆产出于在大气圈可以影响的范围内。将来即使在地壳中发现了不含 Fe_2O_3 的铬尖晶石的岩石，也只能认为是大气圈缺氧时期形成的古老岩石。不能先“公认”铬铁矿来源于上地幔，铬铁矿含 Fe_2O_3，然后就将含 Fe_2O_3 的铬尖晶石当成“地球上的铬尖晶石”。这就是将主观认识与客观事实混述的非逻辑过程，通俗说，就是描述与论述混述。

在合段，铬铁矿群几乎是分布于整个纯橄岩—斜辉辉橄岩相带内，成为最主要的成矿地带，两个主要矿群 22、4 号矿群都出现在合段。在属于结晶分异聚集成矿的前提下，铬铁矿的这个基本特征说明铬铁矿体属于熔点高、先晶出的构造体。

这是从构造角度做出的判断。

作为佐证，可以列出 3 个。第一个是矿石内含有特殊成分的橄榄石和辉石包体、液体包体[2]582，只有最先晶出的矿物具备这种能力。第二个是铬铁矿体与含纯橄岩的片状斜辉辉橄岩相中的纯橄岩空间关系密切，而橄榄石是最早晶出硅酸盐的矿物。第三个是近矿和远矿的副矿物铬尖晶石中 Cr_2O_3 的含量有显著差别，这个佐证需要做以下补充分析。

矿石中的铬尖晶石与副矿物铬尖晶石化学成分不同，矿石并非由副矿物铬尖晶石聚

集而成[2]585（“与工业矿体无关的远矿纯橄岩的副矿物铬尖晶石，具有 Cr_2O_3 含量最高的特点，其变化范围与其他副矿物铬尖晶石的不相重合”[2]581）。近矿副矿物铬尖晶石中 Cr_2O_3 组分远远低于远矿副矿物铬尖晶石，前人查明的这个特征很能说明问题。近矿部位的副矿物铬尖晶石中 Cr_2O_3 含量最低的原因只能有一个，即铬铁矿体最先晶出，率先攫取了 Cr_2O_3，在余下的岩浆中再晶出副矿物铬尖晶石，其结果是使靠近矿体的部位副矿物铬尖晶石中 Cr_2O_3 含量低，远矿副矿物铬尖晶石没有受到影响，依然按照其结晶习性充分吸收 Cr_2O_3，当然 Cr_2O_3 含量可最高。可惜笔者未收集到近矿与远矿的具体距离数值，不能够对岩浆黏稠度做出某些判断。很显然，如果岩浆像水一般具有极高的流动性，副矿物铬尖晶石中 Cr_2O_3 的含量就不可能有近矿和远矿之分。反过来，如果岩浆已经凝结，那么近矿副矿物铬尖晶石也不可能受铬铁矿体已经晶出的影响使 Cr_2O_3 含量降低。此时的岩浆应当是既未凝结，有一定的释放张性、张扭性构造应力的能力，又能够攫取一定范围内的 Cr_2O_3 的状态。如果推断，那么完全可以推断近矿、远矿的距离差别。但是对这种原本有实际数值的素材不应当去做具体数值确定，相对矿体厚度而言，有“不可能太大、太小”这种定性的概念就可以了。

虽然现有资料未查明各种矿物的种，只能按橄榄石（Mg，Fe）$_2$（SiO_4）、斜方辉石 Mg_2Fe_2（Si_2O_6）$_2$、铬铁矿（Mg，Fe）Cr_2O_3 的一般分子式来考虑铁、镁的相对含量，但仍可清楚地看出，铬铁矿作为含铬、铝、镁、铁的氧化物，它的晶出所消耗的铁、镁远远不及硅酸盐矿物。从岩浆结晶反应系列看，对于地壳重熔的超基性岩岩浆，最先晶出铬铁矿，等于相对余下了更多的铁、镁。这种结果必将使得后来晶出的硅酸盐矿物更富铁、镁，如橄榄石等，因而形成纯橄岩与铬铁矿体空间关系密切、纯橄岩包裹铬铁矿体的普遍现象。在斜辉辉橄岩相中，晶出一个铬铁矿分子，有助于多少橄榄石分子的形成，这种问题就只能请矿物—岩石学家研究清楚矿物的种之后去确定了。矿床地质学应当着重研究的，是思考铬铁矿体与纯橄岩之间有密切的空间关系的原因，切忌孤立、静止、个别（片面）看待它们。

在铬铁矿体得到有与矿体规模相当的氧化环境（横扭）最先晶出之后，改变了氧化环境并使余下的岩浆富镁、铁，纯橄岩或者当时紧邻铬铁矿体的其他超基性岩岩浆体随即晶出。这可能就是铬铁矿体与纯橄岩体规模相近、形影不离的根本原因。也可能是铬铁矿体有纯橄岩外壳，或铬铁矿体大多有基性程度高的围岩外壳的根本原因。很普通的耐火黏土的耐火度都不低于 1 580 ℃，造矿矿物铬尖晶石绝对不可能在“713~726 ℃”晶出，靠“矿浆阶段曾含有挥发组分，因而降低了矿石的结晶温度”是无法予以解释的。铬铁矿体晶出温度高于纯橄岩的道理简单得不可能再简单：因为人类用宝贵的铬铁矿石作耐火材料，而不用纯橄岩来替代。

这样，可以设想存在两种纯橄岩：一种是没有氧化环境的高温带中产出的纯橄岩；另一种是斜辉辉橄岩—斜辉橄榄岩相带中存在横扭（或张裂）的氧化环境下，由于铬铁矿体最先晶出，遗留下更多镁铁质之后形成的，与铬铁矿体规模相近的纯橄岩脉体、透镜体。萨尔托海矿床中只有后者，但是当构造应力场特别强大时，前者将必然出现。图 1–90 中 3 号剖面靠近深断裂有唯一可标示出的纯橄岩（与 5 线剖面最南东端纯橄岩相当），此纯橄岩与铬铁矿不相干，就有理由推定属前者的纯橄岩。

在这里，笔者将铬铁矿体及与之相伴产出的纯橄岩等称为“构造体”，因为没有萨尔托海入字型构造在构造应力场—温度场、在处于地壳重熔过程中就应变出横扭，就没有铬铁矿体；没有铬铁矿体先晶出，就没有镁铁质偏高的如纯橄岩等的形成。从构造角度看，它们是典型的构造体。甚至应当说，除深断裂南东盘的沉积岩外，深断裂与分支断裂之间的所有岩石都属构造体。只不过是还没有能力将诸多岩性、岩相带所代表的构造一一厘定而已。

（三）超基性岩体中的“叶理”“原生流动构造”的定性问题

这是一个与第（二）项启示相关联的问题。

“矿带内纯橄岩岩脉的产状大致与含铬铁矿杂岩相的产状相同”[2]579“矿体内部往往出现由铬尖晶石和脉石矿物组成的线状、面状和条带状构造，其产状与矿体围岩斜辉辉橄岩的叶理相吻合”[2]580“岩体内原生流动构造发育，其产状往往与岩体边界产状一致”[6]26“矿体赋存于褪色的挤压片理化斜辉辉橄岩带中”[6]26，矿床地质图（图 1–91）标示只出现在纯橄岩—斜辉辉橄岩相带内。所有这些称谓所代表的含义是什么，需要研究，因为它与矿化关系密切而显得极为重要。

尽管笔者没有收集到关于它们特征的详细描述和关于它们性质的论证，但只要仔细寻觅，从字里行间（包括图例）仍然可以得到关于它们的 4 个基本特征：其一是这些构造体并不平直，与一般概念里代表压性、压扭性结构面的片理绝不相同。这是最重要的特征。其二是它们只产出于纯橄岩—斜辉辉橄岩相带，在单纯的斜辉辉橄岩相带则并不发育，在规范版本的“矿床矿区地质图”图例上，尤其非常明确地标示了两种斜辉辉橄岩，一是“斜辉辉橄岩”，二是“含纯橄岩的片状斜辉辉橄岩”，而铬铁矿体只出现在后一岩相带。其三是它们由铬尖晶石和脉石矿物组成，与铬铁矿体空间关系密切。其四是它们发育地带的分布，必定邻近断裂构造（指低级别的横扭）。这一点只要认识到铬铁矿体只分布在入字型构造的合段（图 1–89 指明的“矿区位置”），而它们与铬铁矿体的分布关系是密切的，就可以断定。

既然它们与断裂构造密切相关，又排除了属于压性、压扭性结构面的可能性，就只剩下一种可能——它们属于由断裂构造引起的张性、张扭性结构面，与铬铁矿体一样属于张性、张扭性构造体。不是“流动构造”，也不是“挤压片理化”和“含铬铁矿杂岩相的产状”。

“叶理”“原生流动构造”属于由断裂构造引起的张性、张扭性结构面，闻所未闻。但是不要紧，本书将利用不同矿床的实际资料不断予以论证。这些“叶理”“原生流动构造”的形成机理也是可以论证清楚的。

正因为铬铁矿体沿横扭晶出，在化学成分上导致纯橄岩透镜体的形成，在构造上则导致这些所谓“叶理”“原生流动构造”的形成。“叶理”“原生流动构造”与铬铁矿的成矿作用也是有机联系在一起的。

（四）分支断裂由一系列斜列同序次开扭取代却并无矿化的启示

分支断裂由一系列同序次开扭取代，同序次开扭既无断裂显示，也无矿化显示，这是耐人寻味的。可能的解释是，分支断裂出现之时，地壳重熔正在发生，地壳重熔温度场处于升温状态。这当然是正确的，因为入字型构造是导致萨尔托海地壳重熔的原因。在由升温引发最普通的热胀冷缩状态下，张性结构面发育，分支断裂由一系列同序次开扭取代。换言之，分支断裂由一系列斜列同序次开扭取代却并无矿化，反映的是成矿作用前、地壳重熔过程中的现象；铬铁矿—富铁镁超基性岩体则是在重熔岩浆开始冷凝时出现的。它们所处的构造应力场相同，但是形成的先后不同，是故在分支断裂由一系列开扭形成之时，不可能形成矿体。

七、关于达拉布特蛇绿岩形成的年龄

有研究称：a.“达拉布特蛇绿岩带中在木哈塔依蛇绿岩的玄武岩锆石 U–Pb 年龄为 393.9 ± 3.0 Ma 之间，为达拉布特蛇绿岩形成的年龄；萨尔托海辉长岩脉锆石 U–Pb 年龄 359.4 ± 1.0 Ma；达拉布特辉长岩脉锆石 U–Pb 年龄 342.0 ± 2.7 Ma；阿克巴斯套辉长岩脉的锆石 U–Pb 年龄 350.6 ± 2.4 Ma；阿克巴斯套辉石岩脉的锆石 U–Pb 年龄 350.6 ± 4.0 Ma”及“高铝铬铁矿中重矿物发现有金刚石、单质铬、自然铁和单质硅”；b.“这些岩脉于大洋扩张的过程中软流圈地幔部分熔融侵入地幔橄榄岩中形成，表明大洋扩张持续到早石炭世”；c.“提出了萨尔托海深部预富集和浅部改造成矿的成因模式[3]摘要”云云。这是当今矿床地质学研究的代表性成果，不能不介入讨论。

这里从最基本的地质学方法入手，讨论萨尔托海铬铁矿区入字型构造的形成年代。

在大地构造单元上，矿床属阿尔泰褶皱系中的准格尔界山褶皱带。阿尔泰褶皱系为华里西褶皱体系，至 20 世纪 60 年代，尚未发现确切老于奥陶系的地层并有对此项的论证[10]135，并且迄今并未另有发现[4]。

准格尔界山褶皱带“奥陶系到下泥盆统具有海底喷发，形成硅质岩及硬砂岩建造”；出露最老地层为泥盆系，主要为砂砾岩、长石石英岩砂岩、变质凝灰岩、砂岩、碳质页岩、碳酸盐岩等。厚度巨大（新疆区总厚度达 5 000 m）；“二叠系典型的晚期磨拉石建造”说明其最后隆起。“此后，中、新生代沉积全为陆相碎屑岩建造”；“燕山及喜马拉雅运动表现微弱，仅在本褶皱带东南边缘处，由于燕山及喜马拉雅运动的影响，发生断裂”[10]140。

上述资料勾绘出准格尔界山褶皱带大地构造单元的基本面貌。

准格尔界山褶皱带南东与准格尔坳陷区[10]141毗邻，它们的分界线为北东向。准格尔坳陷区覆盖着中、新生代的沉积[10]141，只能是新生代的坳陷区。

“燕山及喜马拉雅运动表现微弱”，是针对整个大地构造单元而言。对于“本褶皱带东南边缘处”，燕山及喜马拉雅运动的影响是强烈的。“发生断裂”“仅在本褶皱带东南边缘处”，指的就应当是达拉布特深断裂和笔者指明的次级哈图断裂。

萨尔托海铬铁矿床区域地质图表明，达拉布特深断裂控制着北至哈图、南至白垩系的北东向带状分布区，亦即“本褶皱带东南边缘处”。换言之，达拉布特深断裂控制着晚至白垩纪地层的分布，其形成的地质年代只能是新生代。加之准格尔界山褶皱带南东毗邻为准格尔坳陷区，后者是明白无误的喜马拉雅运动形成的坳陷区。故无论是读图还是引用前人资料，达拉布特深断裂都是白垩纪之后形成的。

因此，那些宝贵的同位素年龄资料究竟代表的是什么年龄，就必须斟酌。它显然不代表形成年龄。三亿多年与晚泥盆—早石炭世地层年龄相当，泥盆—石炭系又恰好是达拉布特深断裂带压扭应力场、温度场作用过的地质体。这两者之间的有机联系必须考虑。内蒙古甲生盘铅锌硫矿床的铅同位素年龄为 16 亿年，与矿区地层年龄相当。但其与成矿的主干断裂却穿切华里西中期花岗岩，笔者已经论证其应为铅的来源年龄[11]184。

达拉布特深断裂都是白垩纪之后形成的，后到何时不可妄断。考虑到个旧锡矿床形成于老第三纪，在喜马拉雅运动命名地东面曾经产生过极为强大的水平方向的构造应力场，那么在命名地北面出现同样强大的水平方向的构造应力场是完全可能的。

讨论到这里，应当怎样看待萨尔托海铬铁矿床的“大洋扩张”“软流圈地幔部分”“熔融侵入地幔橄榄岩中”“大洋扩张持续到早石炭世”“深部预富集和浅部改造成矿的成因模式”等概念和论点，就可以心中有数了。

参考文献

［1］《中国矿床发现史（综合卷）》编委会．中国矿床发现史（综合卷）［M］．北京：地质出版社，2001.

［2］《中国矿床》编委会．中国矿床（中册）［M］．北京：地质出版社，1994.

［3］田亚洲．新疆萨尔托海蛇绿岩中高铝型铬铁矿成因［D］．北京：中国地质科学院，2015.

［4］中国地质科学院地质研究所．中国地质图（1：400 万）［M］.2 版．北京：地质出版社，2003.

［5］鲍佩声，王希斌，彭根永，等．新疆西准噶尔重点含铬岩体成矿条件及找矿方向的研究［C］// 中国地质科学研究院地质研究所文集 (24). 北京：地质出版社，1992.

［6］全国矿产储量委员会．铬铁矿地质勘探规范［M］．北京：地质出版社，1987.

［7］《中国矿床》编委会．中国矿床（上册）［M］．北京：地质出版社，1989.

［8］涂光炽．涂光炽学术文集［M］．北京：科学出版社，2010.

［9］王恒升，白文吉，王炳熙，等．中国铬铁矿床及成因［M］．北京：科学出版社，1983.

［10］地质科学研究院 .1：300 万《中华人民共和国大地构造图》［A］.1960.

［11］杨树庄．BCMT 杨氏矿床成因论——基底—盖层—岩浆岩及控矿构造体系（上卷）［M］．广州：暨南大学出版社，2011.

第三节 西藏罗布莎铬铁矿床

罗布莎铬铁矿床位于曲松县城南 10 km。矿区中心坐标为东经 92° 18′、北纬 29° 12′。矿区包括近东西向的雅鲁藏布江—象泉河超基性岩带自藏郎曲以东向南东转折部位前的约 8 km 长的一段，面积约为 26 km²，北邻雅鲁藏布江。该矿床为中国最富、最大的铬铁矿床[1]387，储量约为 5 亿吨[2]559。罗布莎矿区只是斜辉橄榄岩带的西段，中段香山卡矿区（普查提交储量 60 万吨）、东段康金拉矿区受工作条件限制，尚未深入评价[1]3879。

一、区域地质概况

雅鲁藏布江—象泉河超基性岩带长 1 500 km，宽大于 30 km[2]556（按：此数据有误。区域地质图图示宽≯ 5 km，文字资料为“香卡山一带最宽达 3.7 公里”[3]556），总体上近东西走向（96°），倾向南，北界中陡、南界陡。

由矿区向至康金拉一段，转折为北西—南东向 317° ~137°，偏转了约 41°。岩带主体为斜辉橄榄岩，在该转折段有长约 260 km、宽约 1 km 的纯橄岩带出现在斜辉橄榄岩带北缘；在矿床西侧则为“辉长岩辉石岩橄榄岩等杂岩”，再西为白垩系。第三系上新统下部中粗砂岩及砂砾岩中普遍含有少量细粒磨圆度较好的超基性岩砾石。岩体与上白垩统为侵入接触关系[3]2。前人称“原生构造裂隙是控制各个矿体的三级构造”[3]9。

雅鲁藏布江—象泉河超基性岩带被称为“其中不乏层序完整的蛇绿岩块，但罗布莎岩块受后期断层破坏，缺失熔岩和岩墙群”[2]556。

罗布莎矿区超基性岩带以南大范围出露三叠系上统。该地层倾向南，倾角中—陡；岩带以北为第三系罗布莎群，再北为大面积的黑云母花岗岩和石英闪长岩。在矿区南东方向康金拉山北之斜辉橄榄岩中也有铬铁矿群分布（图 1–104、图 1–105）。

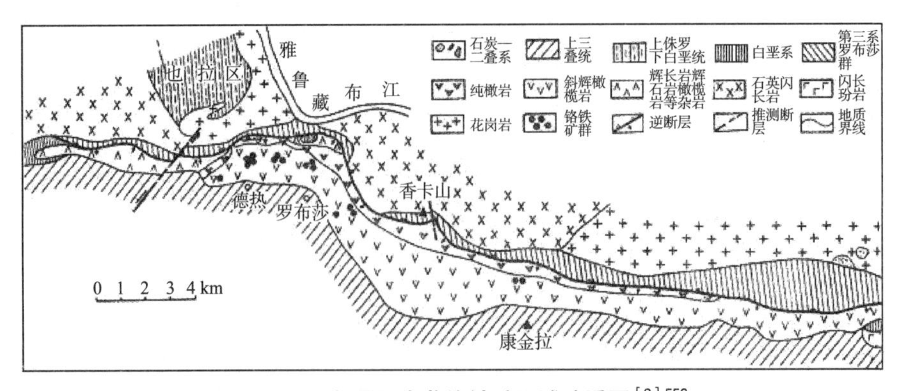

图 1–104 新疆罗布莎铬铁矿区域地质图[2]556

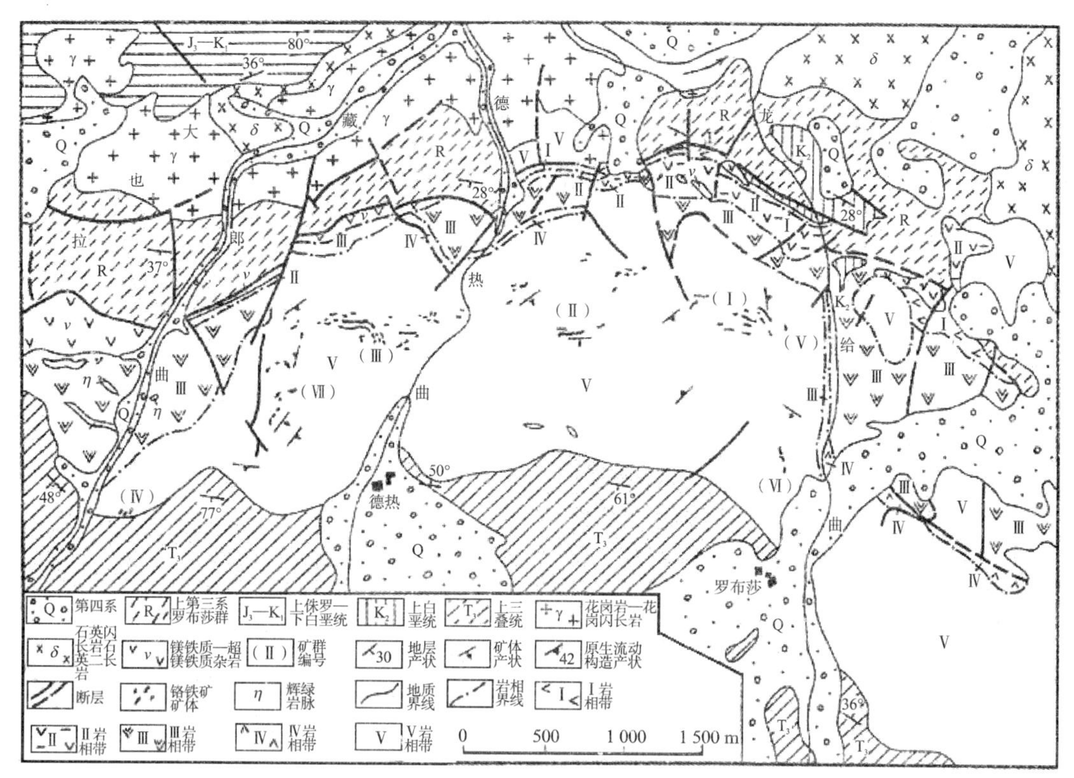

图 1-105 新疆罗布莎铬铁矿区地质图[2] 557

超基性岩带北、南两条边界性质不同，北边界为区域性逆冲断层（以下矿区部分简称“北断裂”，即罗布莎断裂 FLb）。北边界北侧为白垩系下统、第三系。南边界南侧为三叠系上统，属轴向与之平行的大型中生界向斜褶皱区之北翼边界，地层倾向南，倾角陡，超基性岩带被认为属于中—新生代长期活动的“压性及压剪性”的“超岩石圈断裂”、雅鲁藏布江深断裂[4] 149（以下简称“深大断裂”），亦即印度板块与欧亚板块的碰撞带北侧的一个构造应力集中释放的深断裂带。北断裂北侧地层产状缓（28°~37°），可能兼与北断裂仰冲牵引有关。

罗布莎矿区以北有不少于 360 km 宽的东西向断裂密集带，以南亦为鲜明的东西向构造，三叠系上统宽超过 50 km。中国地质图标示南侧向斜槽部地层为白垩系上统，槽部距罗布莎矿床超过 60 km。

二、矿区地质特征

（一）地层

南边界南侧三叠系上统朗杰学群为巨厚的浅变质砂板岩，夹少量结晶灰岩和细碧角斑岩，具复理石建造特点，倾向南，倾角中陡（45°~61°~77°）。矿区北西有上侏罗—下白垩统桑日群石英砂岩[2] 556；白垩系上统泽当群硅质岩为板岩及放射虫硅质岩海相沉积[5] 171；上第三系上新统罗布莎群为杂色砂砾岩陆相沉积，向南缓倾斜；第四系为松散沉积物。

（二）岩石

矿区岩石主要为超基性岩，属雅鲁藏布江—象泉河超基性岩带西段。

1. 含矿岩体岩相特征

矿区超基性岩由北向南被分为 5 个相带，与 FLb 平行。

①Ⅰ相带由强烈片理化、蛇纹石化斜辉辉橄岩及少量纯橄岩透镜体组成，含少量透镜状铬铁矿体。Ⅰ相带很薄，图 1–105 标示只分布于东段 F3 断裂以东。

②Ⅱ相带主要由辉长岩、异剥辉石岩、异剥橄榄岩、少量斜辉辉橄岩及纯橄岩互层组成，即“二辉橄榄岩—辉长岩相带”[6]。一般宽 50~300 m，最宽大于 600 m，“本岩相带具有明显的堆积岩特点，即火成层理发育，层状构造十分清晰。上述岩石呈互层状产出，单层厚数厘米至数十米”[2]556。读图可以看到，除藏郎曲西侧只有Ⅱ岩相带外，其余沿北断裂北北东向延伸乃至龙给曲两侧，上述两相带都紧相连接。按Ⅰ、Ⅱ两岩相带可并称“二辉橄榄岩—辉长岩杂岩相带”[6]规范，更显现它们之间的相关关系。

③Ⅲ相带主要由中粗粒纯橄岩组成，称“纯橄榄岩岩相带”[6]。深部含低品位浸染状矿石矿体。

④Ⅳ相带岩性特征与Ⅱ相带完全相同，在Ⅴ、Ⅲ相带之间断续出露，宽 30~100 m，分别出现在德热曲北段两侧及龙给曲北段东侧，且并非全部与岩体北边界平行，在 F9 东侧可呈北西向。

Ⅰ ~ Ⅳ相带均薄，均分布于岩体北界面（所谓“底界面”）附近约 500 m 范围内。

⑤Ⅴ相带规模最大，主要由含少量单斜辉石的斜辉辉橄岩及少量纯橄岩透镜体组成，宽 500~1 500 m，南与三叠系上统接触，局部地段有少量斜辉橄榄岩及二辉橄榄岩分布，是铬铁矿体主要产出的相带[2]556。该岩相带又称“含纯橄岩异离体的斜辉辉橄岩相带”[6]2，图 1–105 标示有少量与岩性相同的岩石出现在 FLb 以北。在 F10 东侧也有大面积分布，与区域上北西向被称为“斜辉辉橄岩”（图 1–104）连接。

2. 含矿岩体的岩石类型

（1）纯橄岩

纯橄岩主要组成Ⅲ相带，在其他相带中呈规模不等的透镜体产出，有时呈薄壳状直接包裹矿体。岩石中粗粒粒状结构，少量伟晶结构和碎斑结构。橄榄石占 95% 以上，其他为少量铬尖晶石（1%~3%）及微量的锆石、碳硅石、榍石、黄铁矿和磁铁矿等。

（2）斜辉辉橄岩和斜辉橄榄岩

斜辉辉橄岩和斜辉橄榄岩是组成Ⅰ、Ⅴ相带的主要岩石，也是矿区分布最广的含矿岩石。岩石灰绿色—黑绿色，质地坚硬，风化后多为灰褐色—黄褐色。辉石粒径不一，分布不均匀。除含橄榄石、斜方辉石外，还有少量铬尖晶石（1% ±）、单斜辉石（1% ±）及微量锆石、碳硅石、石榴子石、黄铁矿、磁铁矿、榍石、金红石和石墨等[2]557。

规范版本[6]矿区地质图分划为 3 种岩相带，分别命名为二辉辉橄岩—辉长岩杂岩相带、含纯橄岩异离体的斜辉辉橄岩岩相带和纯橄岩岩相带[6]图，另区分出碳酸盐化超基性岩[6]1–5。

（3）含纯橄岩异离体斜辉辉橄岩岩相带

含纯橄岩异离体斜辉辉橄岩岩相带为主要岩相带，大面积分布于矿区主部，其北分布有二三百米宽、被一系列断裂切割的纯橄岩岩相带，再北为一般只有几十米厚、被前述断裂同样切割的二辉辉橄岩—辉长岩相带。橄榄岩呈似板状、透镜状和脉状（与矿体产状相似），分布于其中，自西向东由矿体底板逐渐抬升至矿体顶板，橄榄岩相带消失，矿体也变小、消失（图 1-112）。含辉橄榄岩小且少，见于 E0、E4、E8 剖面。另有蛇纹石化超基性岩，见于 E8 剖面。前人所称异离体与析离体为同义词，一般为结晶岩石中规模在十数厘米至数十米的矿物聚集体，多定向排列，其边缘界线常不清，聚集的矿物一般较周围矿物结晶为早，一般的解释是岩浆结晶分异现象，即析离体为部分早期结晶的矿物的相对集中体，如花岗岩中暗色矿物集中的析离体、橄榄岩中常见铬铁矿析离体、基性岩中的橄榄石析离体[7]135 等。

3. 含矿岩体中的主要造岩矿物及铬尖晶石特征

含矿岩体的主要造岩矿物有橄榄石、斜方辉石、单斜辉石、铬尖晶石 4 种。

（1）橄榄石

纯橄岩中橄榄石粒径为 0.1~5 mm，最大可达 15~50 mm；斜辉辉橄岩中橄榄石粒径为 2~5 mm。两种岩石中的橄榄石均属镁橄榄石。几种橄榄石的分子式，纯橄岩中者为（$Mg_{1.77}$，${Fe^{3+}}_{0.059}$，${Fe^{2+}}_{0.096}$，$Ni_{0.006}$，$Mn_{0.001}Ca_{0.003}$）$_{1.935}$ $Si_{1.013}O_4$，斜辉辉橄岩中者为（$mg_{1.81}$，$Fe_{0.18}$，$Mn_{0.001}$，$Ca_{0.001}$）$_{1.992}Si_1O_4$，铬铁矿中为（$mg_{1.96}Fe_{0.043}Cr_{0.001}Na_{0.001}$）$_{0.999}O_4$。

（2）斜方辉石

斜方辉石是组成斜辉辉橄岩的主要矿物，属顽火辉石，即斜方辉石类质同相系列中最富镁的矿物。一般为半自形晶，少量它形晶和自形晶，粒径为 0.05~6 mm。最主要的特征是被熔蚀成港湾状并被橄榄石充填形成熔蚀残余结构。

（3）单斜辉石

单斜辉石属透辉石，自形—半自形板状，粒径为 0.05~0.5 mm，多为翠绿色，产出于斜方辉石和橄榄石之间。它的光性特征和化学成分都说明它属于透辉石。斜辉辉橄岩中单斜辉石在铬铁矿石中也有产出，并以高 SiO_2、MgO 和低 Al_2O_3、CaO 为特征。单斜辉石的分子式为（$Mg_{0.85}$，$Ca_{1.10}$，$Fe_{0.06}$，$Cr_{0.01}$，$Na_{0.02}$）$_{2.03}$（$Si_{1.86}$，$Al_{0.12}$）$_{1.98}O_6$，在铬铁矿体中为（$Mg_{0.97}$，$Ca_{0.91}$，$Fe_{0.03}$，$Cr_{0.02}$，$Na_{0.02}$）$_{1.95}$（$Si_{2.00}$，$Al_{0.03}$）$_{2.03}O_6$[2]558。

（4）铬尖晶石

铬尖晶石可分为造矿矿物铬尖晶石和副矿物铬尖晶石两种。它们在纯橄岩和斜辉辉橄岩中都有分布，在纯橄岩中含量高（2%左右），粒径为 0.1~0.3 mm，最大达 1 mm，多呈八面体自形晶—半自形晶分布在橄榄石颗粒中或颗粒间。其化学成分分列于表 1-40。由表可以看出，铬尖晶石的 Al_2O_3 和 T（FeO）含量较低而 Cr_2O_3 含量较高；在斜辉辉橄岩中铬尖晶石平均含量略低（1%），粒径粗（0.5~1 mm，最大可达 2 mm），多为它形晶，少量半自形晶，分布于橄榄石及斜方辉石之间。它以 Al_2O_3 含量高而 Cr_2O_3 含量低为特点。

表 1-40　各岩相带副矿物及造矿矿物铬尖晶石的平均成分表[2] 558

岩性		相带	样品数	成分 /%										
				Al_2O_3	Cr_2O_3	Fe_2O_3	FeO	MgO	CaO	TiO_2	SiO_2	CoO	NiO	H_2O^+
副矿物	x	Ⅰ	1	12.48	53.03	2.75	19.64	9.65	0.05	0.06	0.78	0.08	0.08	1.03
	d	Ⅱ	2	15.40	41.36	11.11	20.86	8.44	0.36	0.46	0.21	0.05	0.09	0.65
	x	Ⅴ	13	21.24	46.31	5.57	12.86	11.66	0.13	0.12	0.19	0.05	0.12	0.31
	c	Ⅰ	2	10.97	48.60	9.82	20.42	8.59	0.12	0.28	0.12	0.07	0.08	0.19
		Ⅱ	2	10.48	50.39	8.61	20.03	9.01	0.11	0.31	0.10	0.06	0.08	0.22
		Ⅲ	6	9.35	56.28	5.33	17.51	10.05	0.16	0.23	0.11	0.04	0.09	0.20
		Ⅵ	3	13.16	52.45	5.19	16.76	11.21	0.14	0.16	0.15	0.04	0.09	0.26
		Ⅴ	24	13.40	52.83	5.06	16.69	11.60	0.15	0.15	0.13	0.05	0.10	0.25
造矿矿物		Ⅰ	6	10.66	57.18	4.79	10.06	14.89	0.19	0.19	0.94	0.08	0.096	0.51
		Ⅲ	6	10.85	57.26	4.53	11.75	13.53	0.22	0.22	0.11	0.03	0.10	0.25
		Ⅴ	26	10.82	58.38	4.23	9.38	15.26	0.19	0.19	0.1	0.023	0.17	0.32

注：x—斜辉辉橄岩，d—单辉辉橄岩，c—纯橄岩。

上表说明，铬尖晶石矿物中，Al_2O_3、Cr_2O_3、Fe_2O_3、FeO、MgO 五个组分的变化较大，其他组分变化范围小，规律性变化特征不显著。

表 1-41　各岩相带副矿物铬尖晶石及造矿矿物铬尖晶石主要组分比较表

岩性		相带	（Cr_2O_3+Fe_2O_3+FeO）/%	Cr_2O_3/（Fe_2O_3+FeO）	MgO/FeO	（Fe_2O_3+FeO）/%	（Al_2O_3+Fe_2O_3+FeO）/%
副矿物	x	Ⅰ	75.42	2.36	0.49	22.39	34.87
	d	Ⅱ	73.33	1.29	0.41	31.97	47.37
	x	Ⅴ	64.74	2.51	0.91	18.45	39.69
	平均		71.16	2.05	0.63	24.27	40.64
	c	Ⅰ	78.84	1.61	0.42	30.24	41.21
		Ⅱ	79.03	1.76	0.45	28.64	39.12
		Ⅲ	79.12	2.46	0.57	22.84	32.19
		Ⅵ	74.40	2.39	0.67	21.95	35.11
		Ⅴ	74.58	2.43	0.70	21.75	35.15
	平均		77.19	2.13	0.56	25.08	35.56
造矿矿物	矿石	Ⅰ	72.03	3.85	1.48	14.85	25.51
		Ⅲ	73.54	3.52	1.15	16.30	27.15
		Ⅴ	71.99	2.37	1.63	13.63	24.45
	平均		72.52	3.25	1.42	14.93	25.70

注：x—斜辉辉橄岩，d—单辉辉橄岩，c—纯橄岩。

从表 1–40、表 1–41 中可以看到：a. 造矿矿物铬尖晶石的 Cr_2O_3 含量高于副矿物铬尖晶石，而 Fe_2O_3+FeO 则是纯橄岩中副矿物铬尖晶石远高于造矿矿物铬尖晶石，这样，Cr_2O_3+Fe_2O_3+FeO 的和值反而是造矿矿物铬尖晶石远低于纯橄岩中副矿物铬尖晶石（72.52% 与 77.19%），与基性程度偏低的斜辉辉橄岩—单辉橄榄岩中者比较接近（72.52% 与 71.16%）。b. 造矿矿物铬尖晶石与副矿物铬尖晶石最重要的差别在于 Cr_2O_3/（Fe_2O_3+FeO）及 MgO/FeO 两项，造矿矿物铬尖晶石 MgO/FeO 比值超过副矿物铬尖晶石的两倍，Cr_2O_3/（Fe_2O_3+FeO）也有显著差别，Cr_2O_3 含量较之 Fe_2O_3+FeO 明显高。含有矿体的Ⅴ相带斜辉辉橄岩中 13 个副矿物铬尖晶石样品 Cr_2O_3+Fe_2O_3+FeO 总量（64.74%）显著低于造矿矿物铬尖晶石（72.52%）。c. 造矿矿物铬尖晶石中 MgO 含量普遍高于副矿物铬尖晶石，占铬尖晶石总量的约 3/4。概括说是造矿矿物铬尖晶石较之副矿物铬尖晶石有高铬、高镁、低铁（即使按铬、铁之和比较，也仍然比副矿物铬尖晶石低）的特点。

不同岩性中副矿物铬尖晶石的铁铝总量，纯橄岩低于斜辉辉橄岩和单辉辉橄岩，分别为 35.56% 及 40.64%；造矿矿物铬尖晶石显著低于副矿物铬尖晶石，分别为 25.70% 和 38.09%。Cr_2O_3/（Fe_2O_3+FeO）呈负相关关系。铬与铁含量的这个特征，在副矿物中，特别是在造矿矿物中表现得尤其显著。由于 Cr_2O_3+Fe_2O_3+FeO 所占比例高，因此 Al_2O_3 的含量相应降低。“副矿物铬尖晶石的化学成分随母岩的不同而不同，可分为两类，一类 Cr_2O_3 高、Al_2O_3 低，为铬铁矿或铝铬铁矿，与造矿矿物铬尖晶石一致，主要分布在纯橄岩中；另一类是 Cr_2O_3 略低、Al_2O_3 高，属硬铬尖晶石或铝铬铁矿，主要分布在第Ⅴ岩相带的斜辉辉橄岩内”[2]558。即作为矿体主要母岩的斜辉辉橄岩相，其副矿物铬尖晶石的含铬量（53.03%）低于纯橄岩相（56.28%），含铝量则显著高于纯橄岩相。由表 1–40 还可以看出，Ⅰ相带与Ⅴ相带纯橄岩中的副矿物铬尖晶石平均成分差别是显著的，如铬含量前者为 48.60%，后者为 52.83%。各岩相带副矿物及造矿矿物铬尖晶石的平均成分如表 1–42 所列。

表 1–42　罗布莎铬铁矿床副矿物铬尖晶石和造矿矿物铬尖晶石主要化学成分比较表[2]558

岩性		相带	Cr_2O_3/%	（Fe_2O_3+FeO）/%	铬、铁合计 /%	Cr_2O_3/（Fe_2O_3+FeO）	Cr_2O_3/Al_2O_3
副矿物	x	Ⅰ	53.03	22.39	75.42	2.36	4.25
	d	Ⅱ	41.36	31.97	73.33	1.29	2.69
	x	Ⅴ	46.31	18.43	64.74	2.51	2.18
	c	Ⅰ	48.60	30.24	78.84	1.61	4.43
		Ⅱ	50.39	28.64	78.94	1.76	4.80
		Ⅲ	56.28	22.84	79.12	2.46	6.02
		Ⅵ	52.45	21.95	74.40	2.39	3.99
		Ⅴ	52.83	21.75	74.58	2.43	3.94
造矿矿物	矿石	Ⅰ	57.18	14.85	72.03	3.85	5.36
		Ⅲ	57.26	16.28	73.54	3.52	5.28
		Ⅴ	58.38	13.61	72.99	4.29	5.49

注：x—斜辉辉橄岩，d—单辉辉橄岩，c—纯橄岩。

表中可以看到，铬尖晶石中的铁在造矿矿物中低，而在副矿物中高，可相差一倍多。造矿矿物铬尖晶石的铁、亚铁总量平均值为 14.93%，最高值不超过 16.30%；副矿物铬尖晶石则平均值为 24.78%，最低不低于 18.45%。Cr_2O_3/（Fe_2O_3+FeO）相应表现为：在造矿矿物中平均值为 3.88，最高可达 4.28；在副矿物中平均值为 2.10，最低为 1.29，平均值相差 1.85 倍。“最低铁 / 最高铬”为 0.30，“最低铝 / 最高铬”为 0.5，显然铬 / 铁相差更大、更有意义。

据矿床斜辉辉橄岩中双辉石的平衡温度和压力计算，平衡温度为 800~1 200 ℃，压力为（1.4~4.5）$\times 10^9$ Pa，相当于 40~150 km 深度。

（三）构造

权威资料[2]、新资料[3]都未描述构造。笔者为断裂编号，主要按图 1–106 描述。

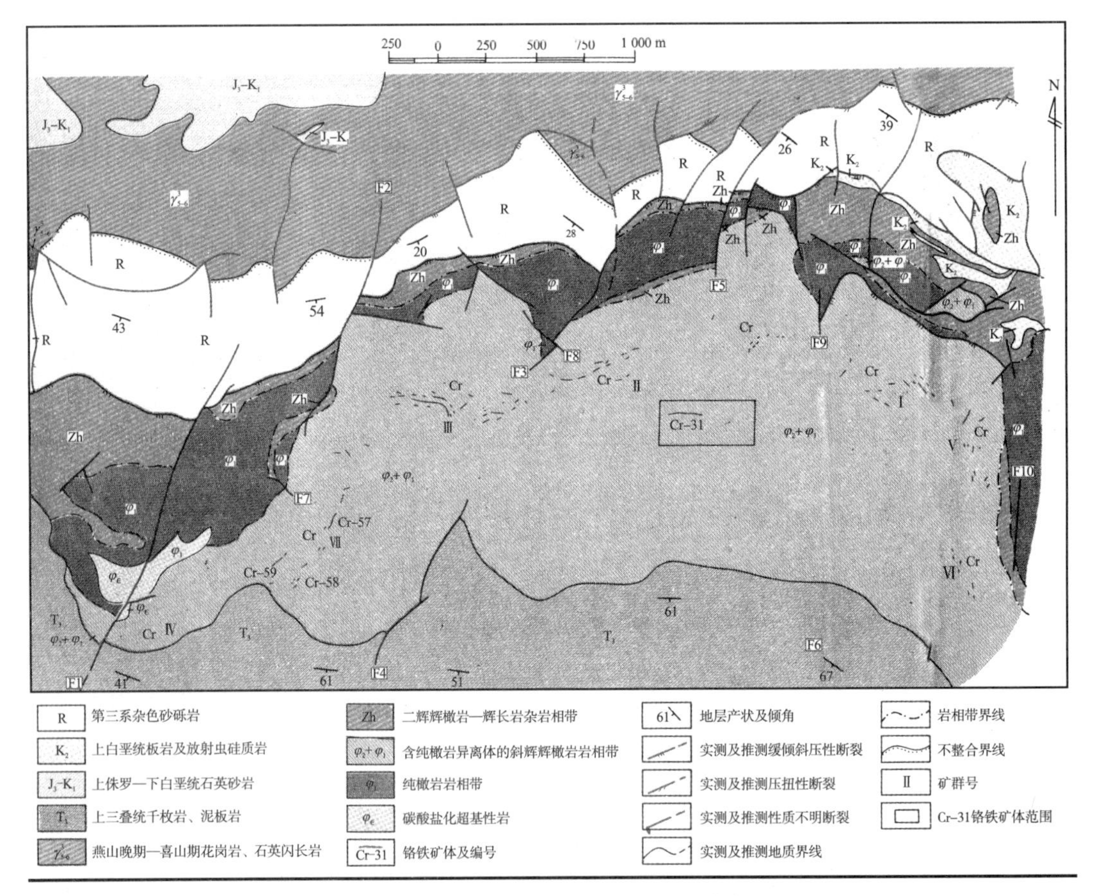

图 1–106 罗布莎铬铁矿区地质图[6]

矿区构造主要表现为断裂构造，其次为片理化和被称为岩浆的“原生流动构造”（以下简称“流动构造”）。

200 多年在非水成即火成的矿床成因传统观念下，矿床地质学的普遍和基本问题是忽视对矿床构造的研究。图 1–105 并未真实反映矿区构造状况，在此先借此展示图 1–106 并为断裂构造分组、编号，在后续陈述中展示其他资料（图 1–118）。

1. 断裂

断裂按方位有北北东组、北西组、南北组共 3 组。

北北东组 F1、F2 、F3、F4、F5 及 F6 为二级断裂，走向 25° ±，其中 F2、F3 略偏东，彼此斜列，东盘下落且顺钟向错移（图上反钟向错移原因详下）。F3~ F4 东盘出现大范围的第四系和上第三系罗布莎群，下落幅度最大。图 1–105 上 F1、F3 未标示为断裂，仅有藏郎曲、德热曲河谷，在超基性岩相对均质介质条件下，如此平直并平行的沟谷完全可以按“逢沟必断”判断为断裂，尤其是图 1–106 清楚反映出沿两条河谷存在断裂。北北东组断裂显著穿切岩相带和岩体南边界，旁侧没有与之平行的结构面，与流动构造直交并切割之。F5 原长度小，仅切割纯橄岩相带，今按与流动构造（图 1–107）的相关关系予以延伸，似可穿切岩体南边界。F5 东盘下落幅度小，反过来也可视为相对 F3~ F4 上抬。

北西组断裂 F7、F8、F9 三级断裂走向为 330° ~440°，相对短小，切割北断裂和岩相带，两侧没有与之平行的构造。F8、F9 之间还有两条北西向断裂，构造形迹相同。

南北组一级断裂仅 F10，处于北断裂由东西向向南东的转折部位，其北段可能处于南北向窄长分布的白垩系西边界，大体沿龙给曲河谷分布，规模相当大，长超过 3.6 km，切割北断裂和岩相带，东盘大幅度上抬，且使三叠系反向向北东向倾斜 36° 。反向倾斜可能为上抬引发的局部牵引。

另在 F2 南段有短小的南北向断裂，与旁侧流动构造直交并切断之。其南段有约 300° 的北西西更短小断裂。

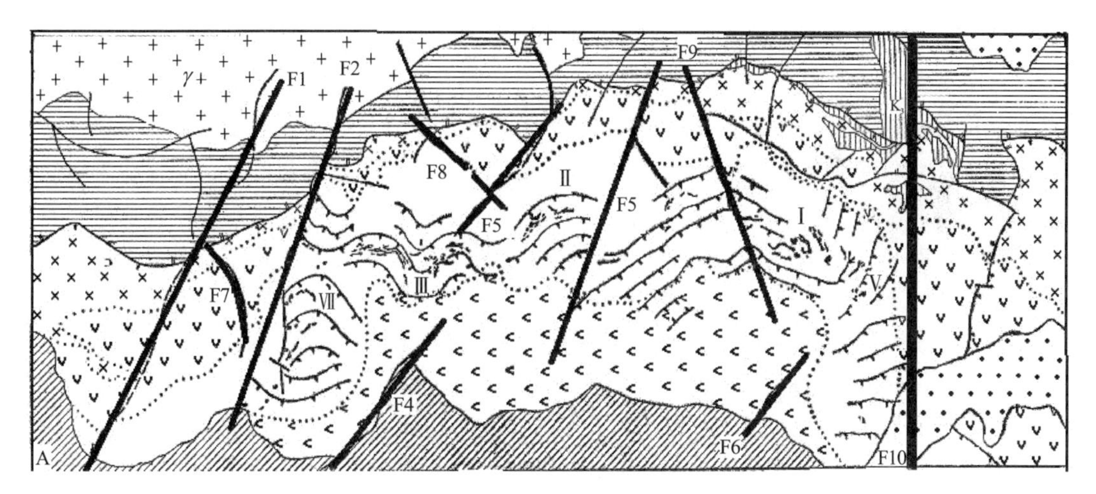

图 1–107 新疆萨尔托海矿区地质构造图（地质图底图资料来源见后）

2. 片理化带

沿北断裂有较多的挤压片理带，使岩石成为糜棱岩和千糜岩。

3. 流动构造

所谓的流动构造均分布于斜辉辉橄岩相带内，略偏南侧，它们在 F2~F5 之间呈正弦曲线弯曲。在 F5 以东则平直，其中 F9 两侧几乎直交，由西侧的北东向转折为北西向。在 F10 西侧，由北向南从近南北向转变为近东西向。

（四）矿床地质特征

1. 矿群及其产出部位

矿区的Ⅰ、Ⅲ、Ⅴ相带中都有铬铁矿矿化体，Ⅰ相带铬铁矿不具工业意义，Ⅲ相带深部有浸染状及细条带状矿化，品位低，工业意义较小。Ⅴ相带斜辉辉橄岩相带是铬铁矿体的主要相带，由东向西赋存Ⅵ、Ⅴ、Ⅰ、Ⅱ、Ⅲ、Ⅶ和Ⅳ 7 个矿群。如表 1–43 所列。

表 1–43 罗布莎矿床各矿群矿石主要组分平均含量表[2]559

矿群	平均含量 /%					Cr_2O_3/FeO
	Cr_2O_3	SiO_2	CoO	S	P	
Ⅵ	47.21	8.83	0.35	0.004	0.000	3.93
Ⅴ	53.06	4.83	0.35	0.004	0.002	4.29
Ⅰ	53.80	4.18	0.38	0.003	0.001	4.45
Ⅱ	52.21	4.46	0.44	0.004	0.002	4.37
Ⅲ	52.46	5.21	0.32	0.000	0.004	4.22
Ⅶ	50.80	5.24	0.51	0.004	0.001	4.28

矿群大多赋存于Ⅴ相带南界面以北 150~300 m 部位，相当于Ⅴ相带的中部，储量占 80%以上。在距离Ⅴ相带南界面以北 500 m 还有第二含矿部位[1]387。

主要含矿地段标高 4 100~4 600 m，矿体规模一般长 20~60 m，延深 10~20 m，厚 1~2 m。长度大于 2 m 的编号矿体有百多个，矿体均倾向南，倾角中等，和岩相带中流面构造产状相协调，形态以似脉状、透镜状为主，厚度变化较大。东西走向的矿体较之北西或北东走向的矿体规模大[1]387。

关于矿体的产出部位，前人有两种说法：一种称矿体“具有成带成群分布特点，按其在岩体中的分布位置可分为上部边缘和中下部两个矿带。

上部边缘矿带：主要由Ⅳ矿群及Ⅶ矿群中的 Cr–58、Cr–69 号等矿体组成，矿体呈小透镜体断续分布，工业意义不大。

中下部矿带：主要由Ⅶ矿群北部矿体和Ⅲ、Ⅱ、Ⅰ、Ⅴ、Ⅵ矿群组成，其分布范围东西长 4.5 km，宽 100~400 m，单个矿体规模，大者沿走向可达数百米，多呈似脉状或透镜状；小者不足 10 m，多为透镜状或不规则状团块脉。矿带总体产状与岩体一致，单个矿体产状多变，可分为四组：第一组走向 70°~100°，倾向南，倾角 35°~55°；第二组走向 120°~150°，倾向南西，倾角 20°~54°；第三组走向近南北，倾向不定，倾角 15°~30°；第四组走向 40°~60°，倾向南东，倾角 27°~47°。其中第一组矿体规模较大”[6]4。

另一种描述称矿群沿“向斜构造”发育，“矿体的产状主要取决于矿体在岩相带中的构造位置。由于罗布莎岩块各岩相带及矿体在成矿和侵位过程中受到挤压，因此在走向及倾向上都发生了褶曲。例如，在Ⅰ~Ⅶ矿群之间为一向北凸出的向斜构造，各岩相带及矿体产状与该向斜吻合。其中Ⅰ～Ⅲ矿群一带的矿体处于向斜轴部，总体向南倾；Ⅴ、Ⅵ矿群处于向斜的东翼，矿体总体产状向南西倾；Ⅶ矿群处于向斜的西翼，矿体总体产状则倾向南东”[2]561。

前者描述质朴简要清晰，但将Ⅴ相带斜辉辉橄岩相单独看待，划分出了两个矿带。如果将超基性岩作为整体，则7个矿群均分布于超基性岩体的中部带。后者对矿体没有描述，在结晶岩石中划分“向斜构造”，将因果关系用于描述已经涉及学风。褶皱构造不仅属于一种特定形态，尤其重要的是反映地层层序排列，向斜构造必须是槽部地层比翼部地层年轻。而如果认识不清楚矿体产出的地质构造部位，矿化的控制因素就无从说起。

2. 矿体

矿床铬铁矿体规模相差较大。最大矿体走向长数百米，延深可达200 m，厚度变化在数米和数十米之间，多数矿体走向长20~60 m，延深10~20 m，厚1~2 m。矿体形态多为似板状、透镜状和脉状。矿床最大的Ⅲ矿群Cr–31主矿体呈似板状，出露长230 m，延深200 m[6]，向南东侧伏，轴向总长325 m，厚数米至数十米，走向北东75°，倾角为50°，矿体沿倾向厚度有变化，但与倾角不存在相关关系。小矿体多为透镜状、扁豆状、团块状、囊状等形态。前人称矿体变陡时厚度增大的说法[2]560不明显。铬铁矿体总是与脉状纯橄岩如影随形，倒比较确切。

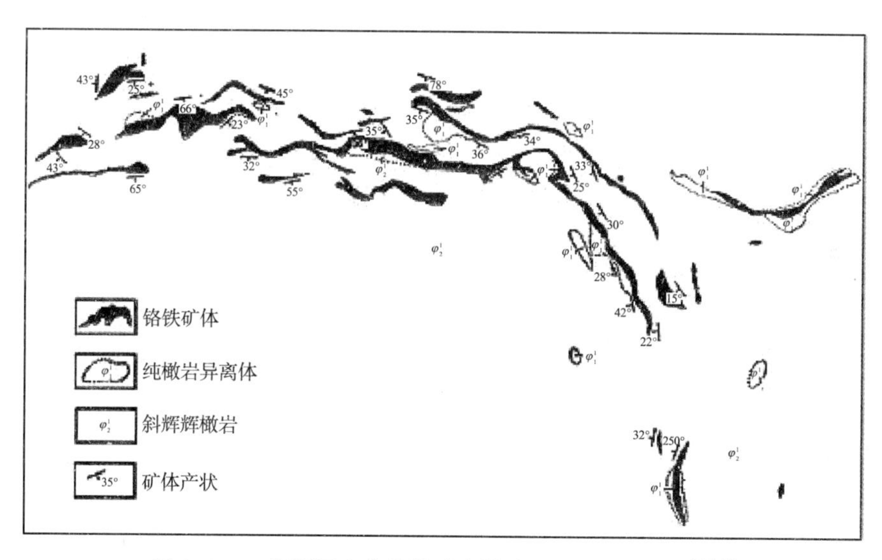

图1–108　新疆罗布莎铬铁矿床Ⅲ矿群矿体地质略图[6]69

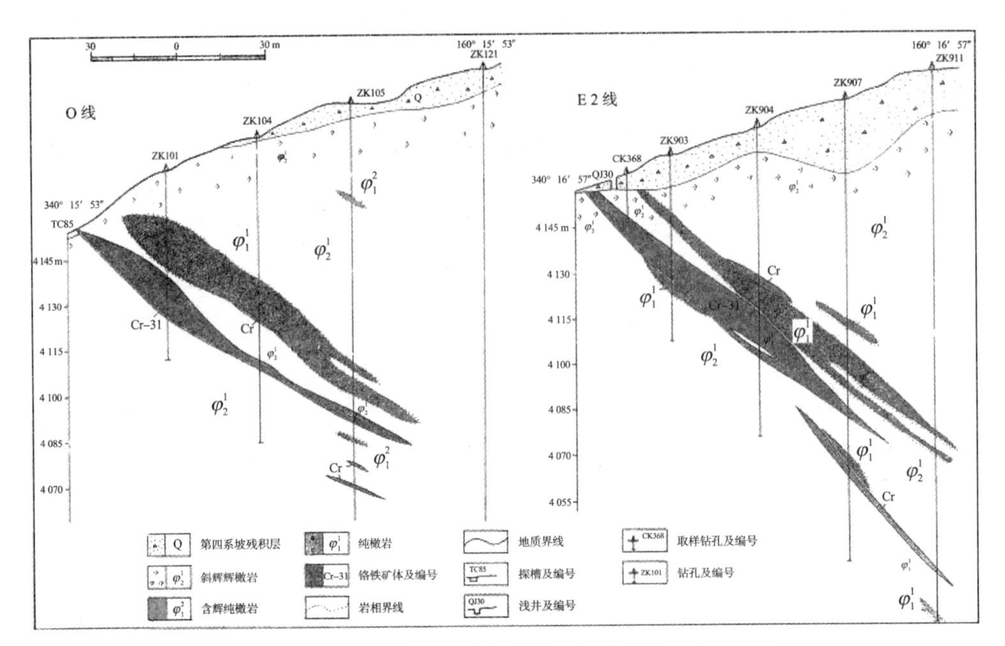

图 1-109 罗布莎铬铁矿床 31 号矿体 0、E2 剖面图

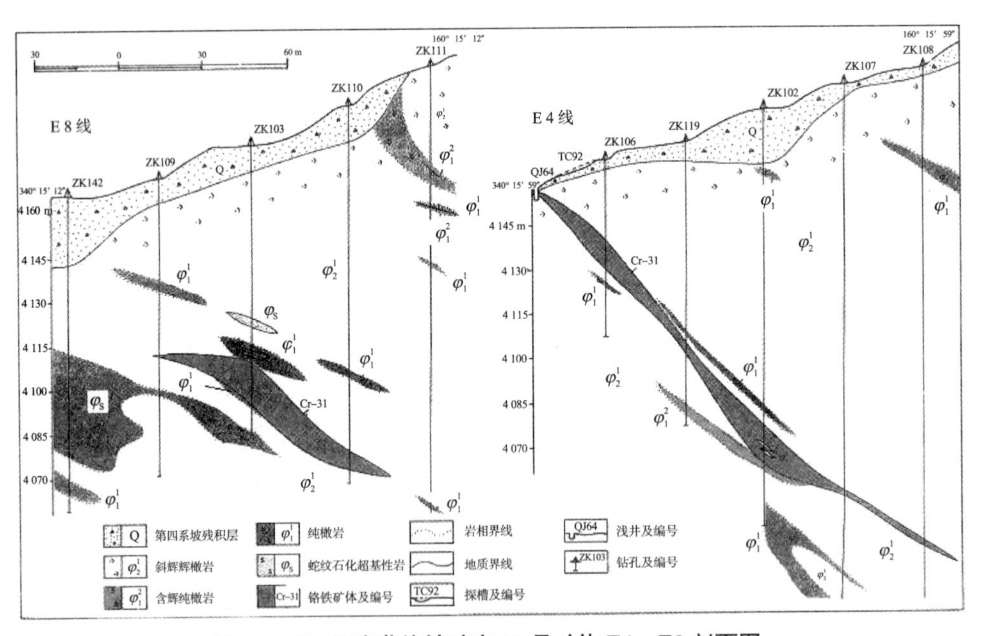

图 1-110 罗布莎铬铁矿床 31 号矿体 E4、E8 剖面图

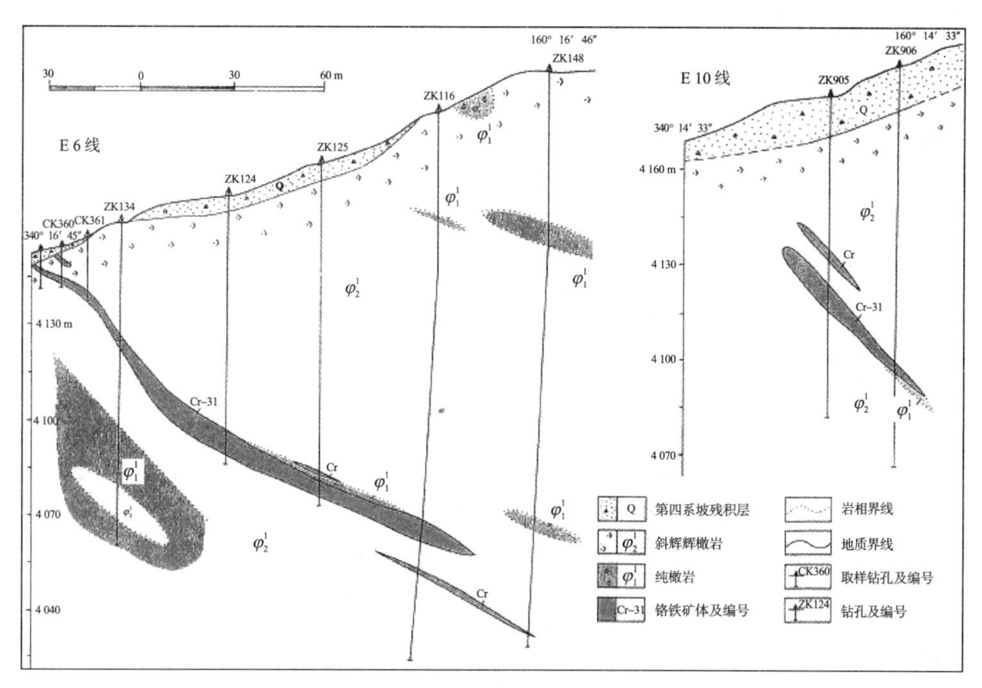

图 1-111 新疆罗布莎铬铁矿床 31 号矿体 E6、E10 剖面图

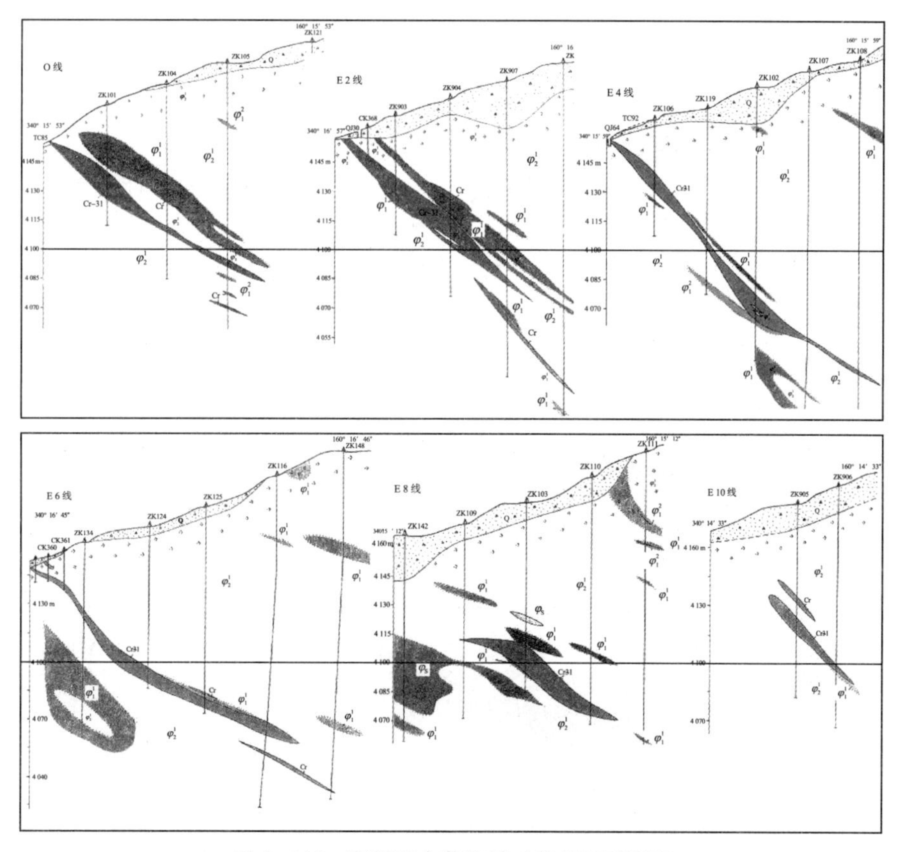

图 1-112 新疆罗布莎铬铁矿床剖面系列图

剖面系列图及水平投影图（图1-108~图1-112）说明，0、4、8剖面有少量含辉橄榄岩，蛇纹石化超基性岩只见于8剖面。0、4、8剖面的共同特征是矿体存在于延深加大部位。自西向东，纯橄岩由矿体上方逐渐变化至矿体下方，厚度增大，当不出现纯橄岩时，10线矿体则在走向方向上近于尖灭。

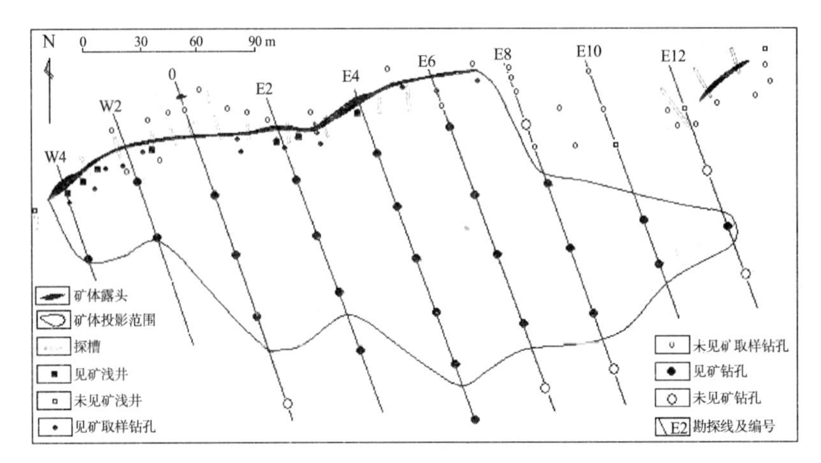

图1-113　新疆罗布莎铬铁矿区31号矿体水平投影图（矿体边界按40 m x 40 m圈定）

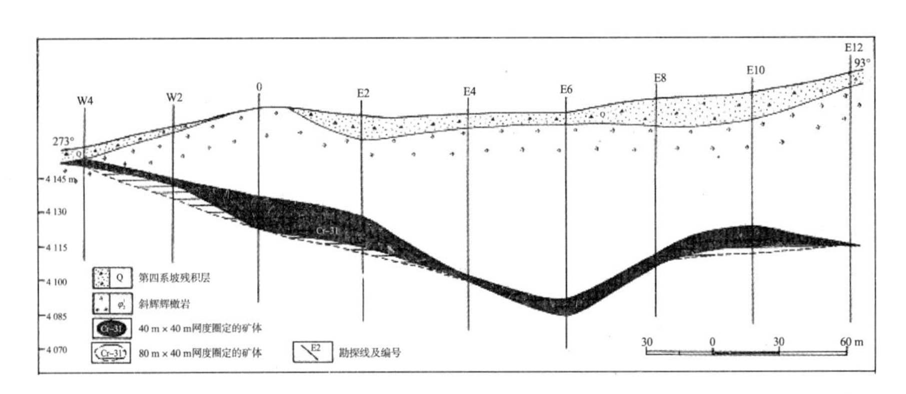

图1-114　新疆罗布莎铬铁矿床31号矿体不同网度剖面对比图

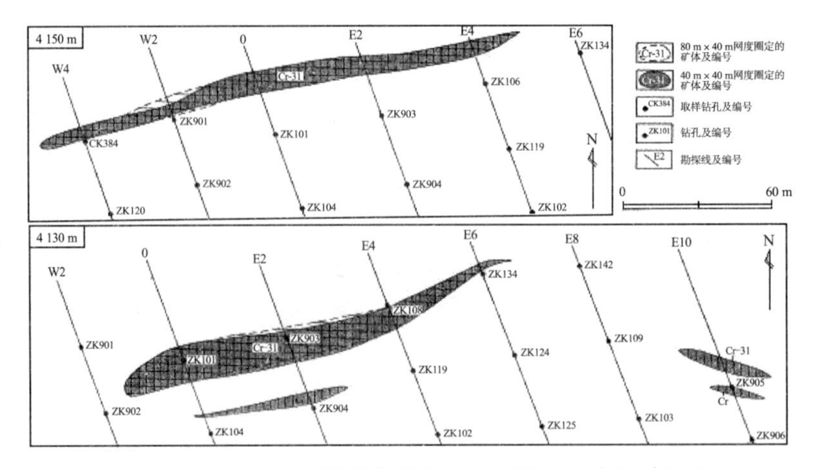

图1-115　新疆罗布莎铬铁矿床31号矿体不同中段对比图

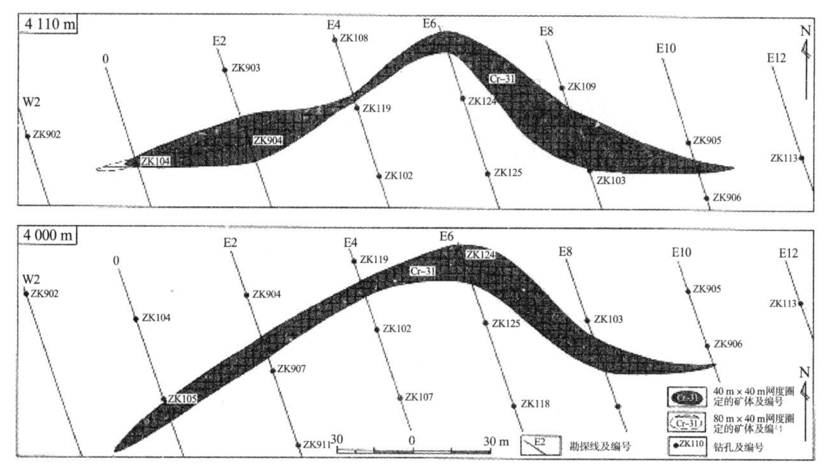

图 1–116　新疆罗布莎铬铁矿床 31 号矿体不同中段形态对比图

笔者尽可能多展示矿区地质图件（图 1–113~ 图 1–116），为的是尽可能从矿床产出的地质条件思考矿床的成因，而不是仅凭超基性岩一个条件。

3. 矿石

（1）矿石的矿物组成

矿石中金属矿物除铬尖晶石外，还有微量的赤铁矿、针镍矿、镍黄铁矿等矿物。脉石矿物为绿泥石、蛇纹石、橄榄石、钙铬榴石、铬绿泥石等十余种[6]实例3。Cr_2O_3 一般在 45% 以上，是中国铬铁矿中质量最好的。矿石中锇、铱、镣、铑达到综合利用要求，但当前尚难利用；矿石中发现了金刚石，颗粒小、含量低，不具工业价值[1]387；此外，还发现极少量的碳铬矿等新矿物[2]562。罗布莎矿床矿石的总平均含量：Cr_2O_3 为 52.63%，Cr_2O_3/FeO 为 4.35，SiO_2 为 4.66%，S 为 0.005%，P 为 0.002%，Cr_2O_3 与 SiO_2 呈反消长关系[2]559。主矿体 31 号矿石品位高于矿床平均值（表 1–44）。

表 1–44　Cr–31 含矿体矿石化学成分表

化学成分	平均值
Cr_2O_3/%	53.690
MgO/%	17.000
TFe/%	13.160
Al_2O_3/%	10.170
SiO_2/%	2.600
CoO/%	0.500
S/%	0.007
P/%	0.005
Cr_2O_3/FeO	4.450

（2）矿石的结构构造

产出于第Ⅴ相带中的工业矿体，由占 95% 以上的块状矿石组成，在大矿体边部有时见有少量豆状、瘤状或浸染状矿石，有时在块状矿石中见有少量浸染状矿石。大矿体附近常见一些“卫星”矿体，其矿石类型和产状与大矿体的基本一致[2]561。产出于纯橄岩相内的浸染状矿体主要由浸染状矿石组成，偶见少量块状及条带状矿石。

（3）矿体的主要构造

①块状构造。组成工业矿体最主要的矿石类型。其中铬尖晶石颗粒较粗大，最大者可达数厘米。它们彼此紧密镶嵌，铬尖晶石含量占 90% 以上。

②浸染状构造。分为稠密浸染状、中等浸染状和稀疏浸染状 3 种。

③豆状构造。豆状构造矿石在Ⅲ矿群的矿体中最多，其他矿群较少。豆状构造矿石主要出现于矿体边部，常与块状矿石渐变过渡。有时浸染状矿石中也存在豆状矿石。豆状矿石中单个豆体的直径为 0.3~1 cm，豆体周围往往有一层蛇纹石或绿泥石壳，壳的厚度一般都小于 1 mm，豆体大于 10 mm 的亦可称为瘤状构造。

此外，还有角砾斑杂状、条带状及团块状等构造类型[2]561。

（4）矿石结构

①它形粗粒—伟晶镶嵌结构。主要出现于块状矿石中。铬尖晶石粒径为 5~50 mm，具它形镶嵌结构[2]561。

②中粗粒自形—半自形镶嵌结构。多出现在稠密浸染状矿石或准块状矿石中。铬尖晶石粒径为 2~5 mm。

③中细粒自形—半自形结构。主要出现在中等—稀疏浸染状矿石中。铬尖晶石粒度较细，一般为 0.2~2 mm，为自形—半自形晶[2]562。

④细粒自形结构。主要出现在稀疏浸染状矿石中，铬尖晶石粒径为 0.1~0.8 mm。以个体自形晶为主，个别出现聚晶。

另外，偶见包含结构、碎裂结构和熔蚀结构等。

（五）近矿围岩特征

矿体与围岩大多截然接触。矿体直接围岩可分为 3 种情形：

①纯橄岩。矿体围岩为纯橄岩薄壳者最多，呈薄壳状包裹矿体，厚度一般不超过 1~2 m，最薄的只有数厘米。纯橄岩蚀变较强。

②斜辉辉橄岩。靠近矿体时辉石含量较低，一般不超过 10%，粒度较细。

③第三种围岩由纯橄岩和斜辉辉橄岩两种岩石组成，分别分布于矿体两侧。有时在矿体的一侧也可同时出现这两种岩石，两者为速变过渡或截然接触[2]561。

纯橄岩与浸染状矿石接触带上，两者多呈渐变过渡。某些大矿体边部或小矿体中的浸染状矿石与纯橄岩亦为过渡关系。由块状矿石组成的矿体与围岩一般为截然的接触关系[2]561。

三、构造分析

（一）区域构造

①分析罗布莎矿床区域构造再沿用槽台学说划分为滇藏地槽褶皱区与喜马拉雅地槽褶皱区的交接部位就不再有找矿前提意义，这个交接部位为深大断裂，两侧的大地构造单元有类似的地质发展历史。

按板块构造说，深大断裂应是欧亚大陆板块与印度板块碰撞带中一个集中的构造应变应力释放带，与两大板块的分隔线邻近、平行。从地质构造看，真正的欧亚大陆板块与印度板块缝合线应当在向南出现三叠系及之下古生界和更古老地层的地带——在珠穆朗玛峰与拉孜之间（以北纬 28° 附近计。浅部只有地层倾角变陡，并无强烈构造形迹，应当说，碰撞是成岩作用完全、物理机械强度高的基底的碰撞）。深大断裂只能是碰撞带中的一个构造应力集中释放地带，它的出现说明两大板块碰撞持续作用过程中应力释放有向北偏移的迹象。

②深大断裂在罗布莎—香卡山—康金拉区段的北西—南东向转折并出现的纯橄岩带，代表的是两大板块碰撞后深大断裂顺钟向扭动和在该地段构造应力的集中释放，造成的地壳重熔新添加了由纯橄岩相带反映出的更高的温度带。换言之，此转折反映出深大断裂经历两期活动——前期的挤压和后期的顺钟向扭动。

深大断裂顺钟向扭动的体现包括：矿区西侧北东向断裂代表的是反钟向扭动的横扭（初次构造），岩带转折为北西—南东向本身反映的是顺钟向扭动同序次的纵扭。此两者近于直交。纵扭还使得超基性岩带北缘出现了纯橄岩相带，区域上的与矿区的橄榄岩相带、斜辉橄榄岩带遂相连接。罗布莎—香卡山—康金拉分属铬铁矿带的西段—中段—东段。1 500 km 长的超基性岩带只在罗布莎—康金拉地段出现铬铁矿带，已经从区域地质角度说明此板块碰撞后存在顺钟向扭动和在纵扭段构造应力集中释放（图 1–117），也从宏观上说明成矿与构造相关，并非所谓“岩浆矿床”，仍是热液矿床，不过是以超基性岩为围岩而已。岩浆矿床是一个错误的古老概念［1907 年林格伦（WaldeMar Lindgren］最早提出金属矿床成因分类，陆续完善，1913 年林格伦出版《金属矿床学》，金

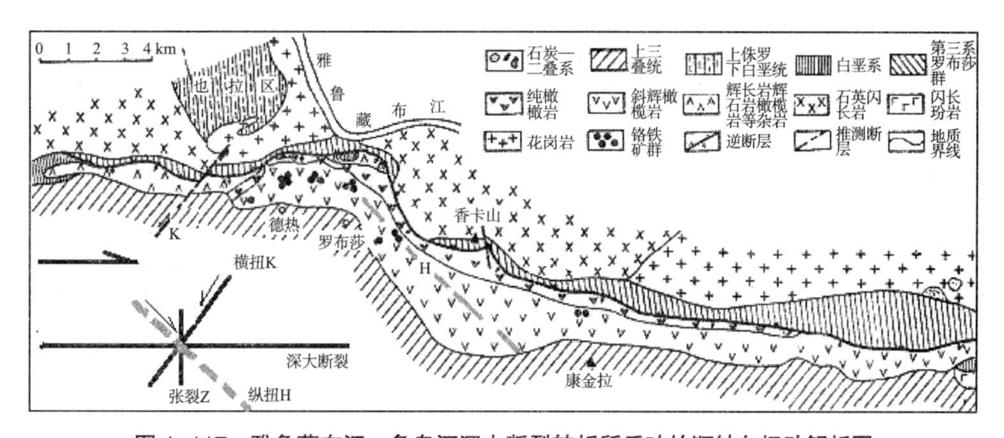

图 1–117　雅鲁藏布江—象泉河深大断裂转折所反映的顺钟向扭动解析图

属矿床分为岩浆分凝矿床、接触变质矿床、伟晶岩脉矿床热液矿床）。某评审专家否定出版最主要的理由是“众所周知，其中的金川镍矿、攀枝花铁矿等是典型的岩浆矿床，跟热液矿床有何关系？”可见传统观念的强大和可怕。

③罗布莎矿及附近地区南倾的深大断裂以三叠系逆掩在罗布莎群之上，上下盘走向平行，代表的是挤压，单从形态上，矿区构造还可以看成是总体向南的单斜构造。但这只代表深大断裂前期的构造活动。前期的时代，即深大断裂切割的最新地层是上第三系末（切割上新统），说明构造是古新世之后的构造，岩体是古新世之后的岩体。

概括起来，深大断裂是欧亚大陆板块与印度板块碰撞过程中的一个构造应力集中释放带，其第一次活动使三叠系逆掩在第三系罗布莎群之上，且形成了以长 1 500 km 为代表的和以挤压应力为主的地壳重熔体——超基性岩带；它的持续作用是在超基性岩带已经出现的边界条件下，主要由岩带北边界（矿区之北断裂）顺钟向压扭应力集中释放，新重熔呈纯橄岩带。罗布莎铬铁矿床就出现在持续作用构造应变的始发端，亦即纯橄岩带的始发端。

（二）矿区构造

区域地质表明，超基性岩带主体斜辉辉橄岩和其北缘纯橄岩进入矿区后，Ⅲ纯橄岩相带两侧分别出现Ⅰ、Ⅱ和Ⅳ相带。空间上Ⅰ、Ⅱ相带密切相关反映的是它们之间的有机联系，都应当属构造岩。Ⅰ相带紧靠北断裂，受构造影响最强烈，乃至出现强烈片理化和蛇纹石化斜辉辉橄岩，留存少量纯橄岩则呈透镜体态。稍远些的Ⅱ相带则呈所谓的“层状构造”——构造强烈带形成基性程度高的橄榄岩，构造相对弱的带则保留纯橄岩。构造和岩相带的相关关系相当清楚，Ⅱ和Ⅳ相带岩性完全相同，反映的是Ⅲ相带南侧也受到强烈构造作用。应属北断裂并未释放完构造应力，更大的构造应力只能在Ⅳ相带南释放，乃至地壳重熔出Ⅴ斜辉辉橄岩相带，成就面型增温温度场和一系列再次构造。

再次构造最发育的是断裂构造。其余有片理化、层状构造和被称为流动构造的张性裂隙。

1. 必须厘清的几个构造、结构面和岩块的层状构造的概念问题

（1）岩体的所谓“褶曲”[2]561

此项被赋予两种概念的 3 种不同名称：褶曲及流动构造或流面构造。

《中国矿床》提出罗布莎岩块褶曲、向斜构造概念，前[2]561已述及。

3 种名称代表的是两种概念，后来的和原生的。两种概念有本质区别，必须澄清。但前人对此没有描述[2]，包括 2011 年相当新的资料[8]，都只称流动构造由铬尖晶石和辉石相间组成——“铬尖晶石和辉石流面构造”[9]1。流面构造和流线构造系指片状矿物、片状体定向排列和针状矿物（具有长轴的矿物）、针状体（具有长轴的岩石体）定向排列所造成的，一般出现在岩体的边缘部位，属原生。流面构造和流动构造两个名词是类似概念。但铬尖晶石属（等轴晶系）和辉石（单斜晶系、斜方晶系）都不属层状硅酸盐矿物，非片状形态，它们与片状、线状矿物定向排列形成的、产出于岩体边缘的流面构造有差别。但这还不是主要的。

严重错误在“褶曲”。其错有两方面：一是违背普通地质学的基本概念。岩浆体内

没有层理、没有上下新老层位关系，而褶曲的前提是必须是层状体且有新有老。《地质辞典》注释向斜：“一种下凹的，其核部由新地层组成的褶曲。判别向斜不能简单根据其形态的下凹或下拗，要根据从核部向两翼地层时代是否由新变老。若地层时代不明，则泛称向形”。二是将岩浆岩等同于沉积岩。既称岩体有岩相带，又称有层状构造，将倾斜岩相带的上下关系当成新老关系，且称（第三岩相带）为“堆积岩的底部成员”。将豆荚状铬铁矿体类型与具层状构造矿体类型等同起来，当属生搬硬套南非布什维尔德矿床的称谓。

此“褶曲”与成矿关系密切，必须讨论。

它有 7 个特点：一是只出现在岩体中部有矿体群的纯橄岩—斜辉辉橄岩相带内。二是与岩相带可以平行，也可以直交。三是明显受构造控制，具体受二级断裂控制。在 F2~F5 之间出现正弦曲线式有规律的弯曲，显示出斜列的、走向略偏东的 F2~F5 的显著控制作用（在 F2~F5 之间存在空间缩短，出现 F3~F4 的斜列。当然，也可以认为是出现斜列的 F3~ F4，流动构造才呈正弦曲线式弯曲，它们互为因果）。之所以出现空间压缩，应与 F2 东盘下落幅度大，而 F5 东盘下落甚微（岩体南边界未大幅度南移。比较而言，相当于西盘相对上抬）直接相关。矿化最强烈的区段出现在其产状变化的 F2~F5 段（分布有Ⅲ、Ⅶ、Ⅱ矿群）。四是 F9~F10 之间流动构造走向出现急剧变化，由北向南依次由 F9 东侧的北西向、F10 西侧的南北向经北东向变为东西向，与岩相带直交，与 F10 关系密切。五是南北向张裂 F10 可使流动构造在南北方向上宽度加大，更显发育。六是 F10 以东不再出现（图 1–118）。七是流动构造在铅直方向上也是弯曲的（图 1–119）。这 7 个特征也表明它绝不是流动构造，而是一种构造形迹。它们受构造控制，笔者厘定为成岩期末，其他岩相带已经冷凝，Ⅴ相带尚未固结成矿期的张性结构面，兼有在构造应力场环境下岩石冷凝收缩的开张成分。

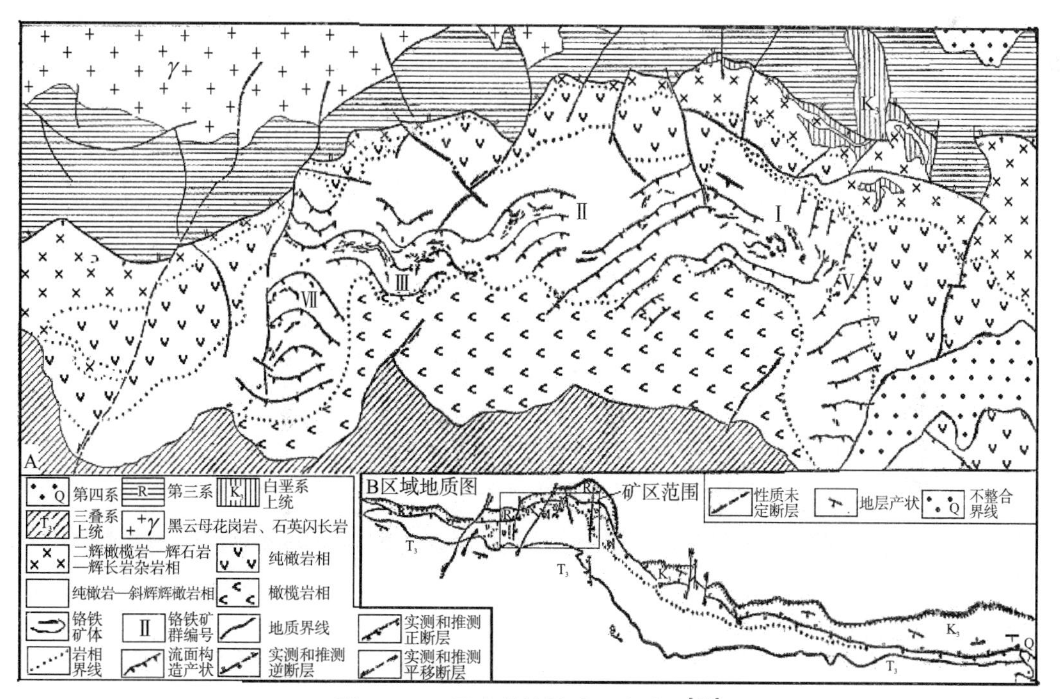

图 1–118　罗布莎铬铁矿区地质图[10]

图 1-118 地质图出自 1981 年前，比较质朴，将所谓流动构造标示出来增加了构造形迹，就是其最有价值之处。

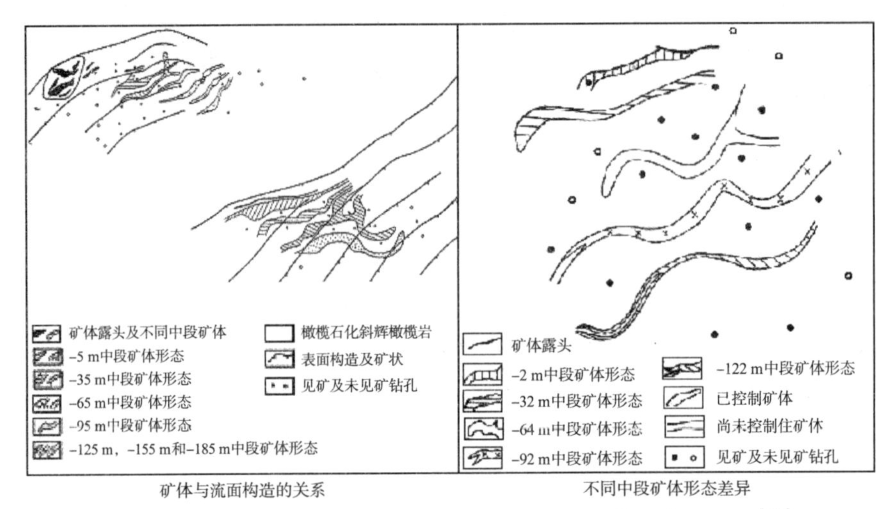

图 1-119　矿体与流动构造密切相关及不同中段矿体形态差异图[10]

（2）关于“堆积岩”[2]556

文献［2］556 称Ⅱ相带具有明显的堆积岩特点应当来自对南非布什维尔德铬铁矿床的研究。褶曲与堆积岩两个概念违背普通地质学、岩石学的基本原理。岩浆岩是“由岩浆在地下或喷出地表后凝结而成的岩石”足以否定这两个概念。岩浆凝结而成的岩石具有层状构造发育，还十分清晰，即使是火山熔岩单层厚也不可能薄至仅数厘米。“火成层理”是对地质现象认识的歪曲，“堆积岩”尤其与熔融体冷凝成因相悖。不认识地质现象，不考虑成矿地质条件与矿体的基本特征，既称岩相带又称火成层理也自相矛盾。

罗布莎铬铁矿区的所谓“原生层状构造”包含两种地质事实。笔者认为其“互层状”事实乃基性程度差异的岩相带，属压扭构造应力场—温度场中结晶分异现象，与攀枝花矿床矿带不同基性程度的超基性岩相间分布相同，即高温带晶出基性程度高的岩相带后，两侧残余岩浆自然晶出基性程度偏低的岩相带。罗布莎矿床的 5 个岩相带都属于在雅鲁藏布江深断裂超基性岩带基础上罗布莎断裂带的产物，偏北部的Ⅲ纯橄岩相在空间上反映的是沿北断裂超基性岩带的高温中心带；中部中粗粒结构块状构造反映的是缓慢从容冷凝结晶条件，靠近岩体南边界温度场降温梯度小，岩相带厚度大。沿北断裂侧温度场降温梯度大，岩相带厚度薄，都体现由构造引起的温度场的控制作用。

2. 断裂构造的力学性质

矿区二、三级断裂构造在空间上与北断裂交织、有机联系在一起，都与北断裂顺钟向扭动有成生联系，属北断裂派生应变构造系的组成部分，在它们形成过程中反过来也改造北断裂，使之被弯曲或被切割。F1~F6 为开扭，其初次构造反钟向扭动，持续作用反向顺钟向扭动，扭动幅度有限，未复原位。F7~F9 与所在部位所有构造形迹直交，为张裂。F10 则为北断裂应变构造系之张裂。

北断裂理应派生的北东东向的分支断裂未出现。换言之，是分支断裂由北北东向开扭和北西向张裂取代，释放部分构造应力。如果一定要表现，则应是对矿区北断裂北东东向、弯曲不直部分的改造，具体表现即为Ⅰ相带的片理化，岩石也被改造为“辉长岩辉石岩橄榄岩等杂岩”（图1–120、图1–121）。

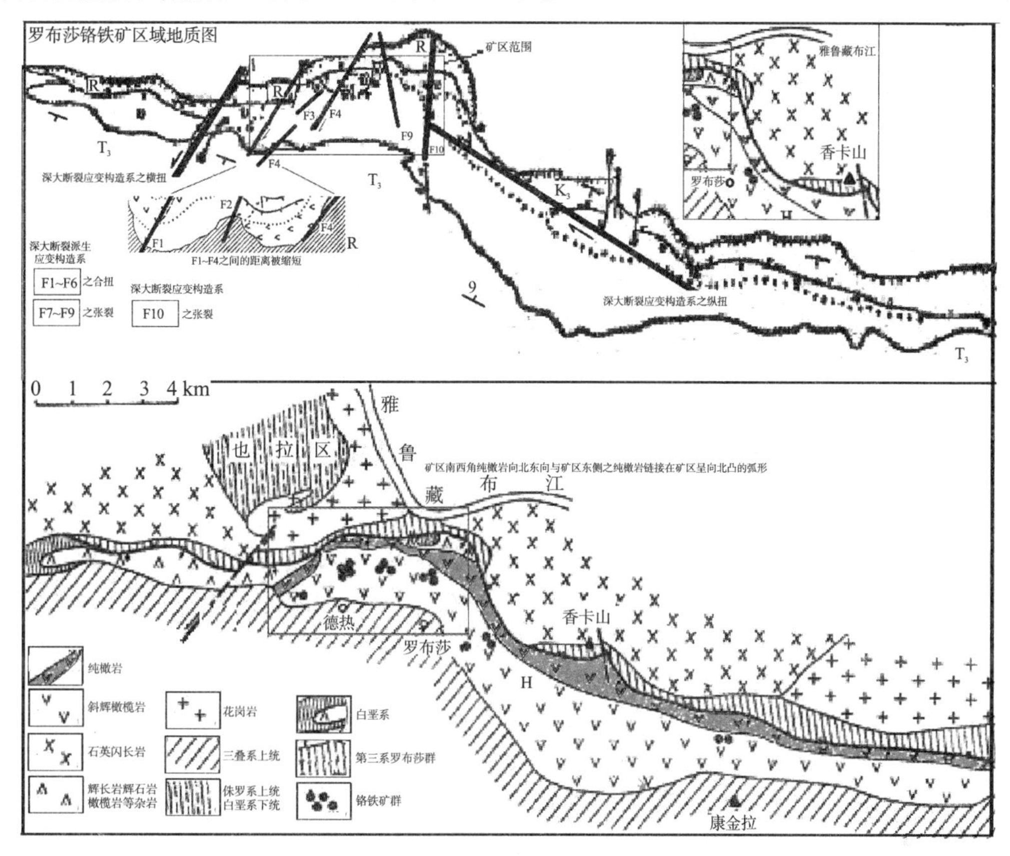

图1–120 罗布莎铬铁矿区域构造（上）、岩相（下）比较解析图

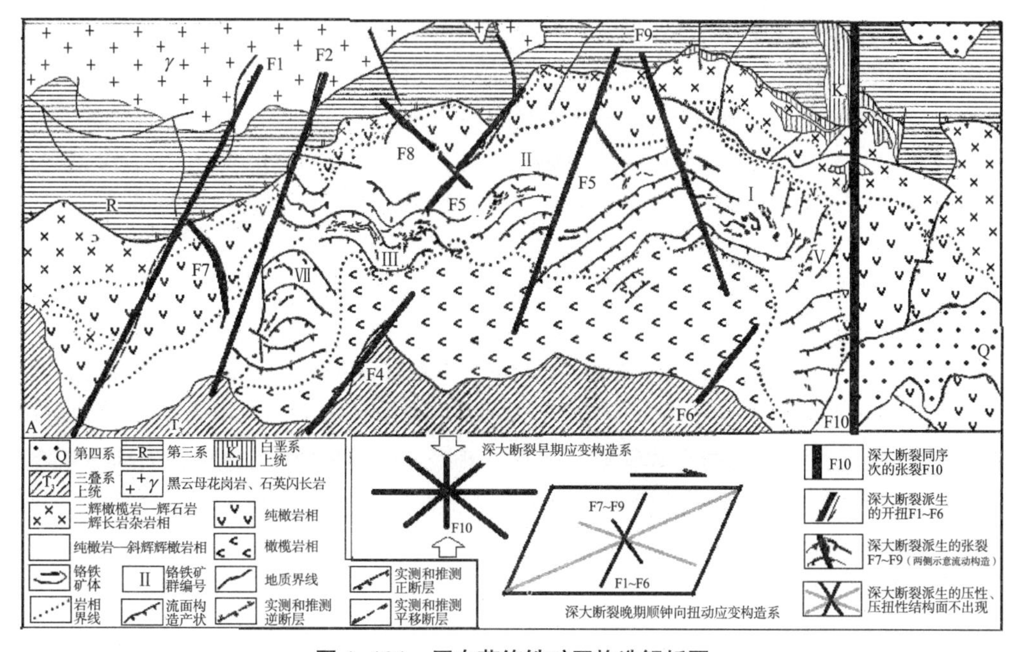

图1–121 罗布莎铬铁矿区构造解析图

从宏观角度看，是被改造的北北东向北断裂与其同序次的北西向纵扭造成了一个向北的凸起，含矿的含纯橄岩异离体斜辉辉橄岩相带为主要岩相带显现曲率更大的凸起。所谓曲率更大，是纯橄岩相带始发于矿区南西角。如果认识到 F1 属北断裂的派生构造，就知道它们的曲率十分相近。

从矿区矿化看，是在有更大曲率斜辉辉橄岩相带出现铬铁矿体群。

如此开扭和张裂都属控矿张性入字型构造的特征，也就是由高温度场造成的弛张边界条件起主导作用，在开扭倾向远段时，上盘递次下落，仅有下落幅度的差异。但是，尽管具有控矿张性入字型构造的构造成分，却未显示出分支构造。而如果将含矿的纯橄岩—斜辉辉橄岩视为分支构造，那么它们构造应力集中释放部位又并不在入字型构造交接部位的内侧。只有岩体的南边界为断裂，此控矿张性入字型构造才能成立。

图 1–120 显示的矿区西侧北北东向断裂与 F1 平行、规模相当，尽管所呈现的构造图像仍然属于顺钟向扭应力场构造形迹排布的特征，但是仍应属横扭，即初次构造。F1 才属开扭，亦即罗布莎构造体系的西边界。罗布莎构造体系不能成为控矿张性入字型构造，理应赋予另一种名称。鉴于尚缺其他实例，先取其有面型同构造期地壳重熔增温温度场和开扭、张裂发育且为氧化物矿床 3 项，暂纳入本章讨论。

该构造体系以 F1 等北北东向开扭与其东由超基性岩带转折为北西—南东向反映的纵扭共同组成。按地质力学分析，矿区西侧的是横扭（初次构造），反钟向扭动；F1 为开扭（再次构造）反钟向扭动后反向为顺钟向扭动。后者与转折后呈北西向的超基性岩所代表的反钟向纵扭持续作用（再次构造）共同构建罗布莎—香卡山—康金拉铬铁矿带。换言之，是喜马拉雅—象泉河深大断裂反钟向扭动持续作用在 F1 和罗布莎—香卡山—康金拉铬铁矿带展开。

离开地质力学分析，则只看到与萨尔托海两矿构造在形态上的显著差异。这种差异反映的实质是前者构造应力持续作用，成岩成矿作用连贯，重熔岩浆一次性冷凝；后者属有间歇持续作用，在初次构造造成的地壳重熔曾停顿使之大部分冷凝之后，构造应力再次作用并改变为扭裂，造成已固结的超基性岩产生脆性形变，矿区出现大量二、三级断裂。含矿的纯橄岩—斜辉辉橄岩相带将凝未凝，未出现的分支断裂的超基性岩带与相当于主干断裂之间的夹角也难以变小。参照萨尔托海矿矿体沿张性、张扭性结构面发育，罗布莎矿 Ⅰ ~ Ⅳ 相带就都不可能是主要的铬铁矿化带，只有岩相相当有所谓流动构造而无片理的 Ⅴ 相带成为铬铁矿带。如果按超基性岩的所谓“堆积相”将超基性岩划分出上部、下部之类的概念，那么罗布莎矿与萨尔托海矿两者的上、下关系正相反，萨尔托海矿矿体靠近岩体“顶部”，罗布莎矿矿体则靠近岩体“底部”（图 1–122）。南非布什维尔德杂岩有其特殊产出条件和区域地质构造条件，含矿岩体规模达 464 km × 153 km，至少有量变引起质变的问题，罗布莎、萨尔托海这样小规模的矿床，不可简单地与之对比。即使同类型、可以对比，将岩浆体说成有上有下有底如同沉积地层，违背普通地质学原理，被视为经典的南非布什维尔德的研究成果仍然是错误的。

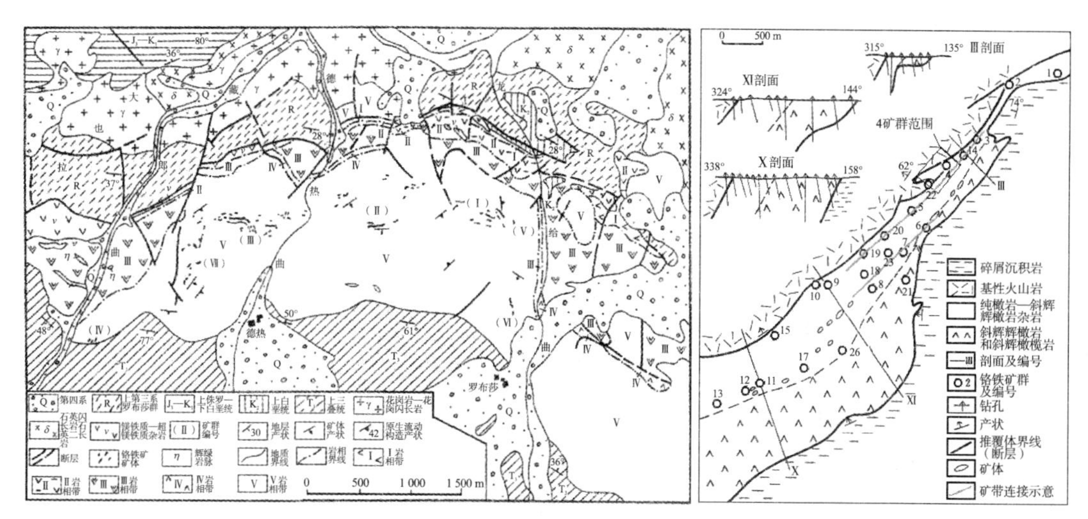

图 1-122 罗布莎矿床与萨尔托海矿床构造与矿带的对比图

（三）罗布莎构造体系中其他构造形迹之间的有机联系

罗布莎矿区构造形迹之间的其他有机联系非常值得注意（图 1-123）。其一是 F2 东侧南段与 F2 斜接的南北向的断裂为 F2 同序次的开扭，它们共同组成李四光先生所称的“第一类入字型构造”，两者夹角较小可能与 F2、F5 之间存在空间上的缩短有关。之所以不能厘定为 F2 派生的压性结构面，主要是它产出于上盘下落的弛张环境且与流动构造直交（没有与之平行的其他界面），其次是该南北向断裂中有走向南东东的短小断裂所代表的与 F2 同序次的张裂。这 3 条大小不同的断裂是有机联系在一起的。其二是 F2~F5 之间出现斜列的 F3、F4，它们可以共同组成“互字型构造型式”，所反映的是 F2 东盘顺钟向扭动同时下落，和东侧 F5 下落甚微引发两者之间区间变窄，也就是 F2 上盘下落受到挤压，F3、F4 只能以斜列方式应变（换言之，F3、F4 斜列方式的应变适应于受到挤压、空间变窄的环境），它们是有机联系在一起的。“互字型构造型式”当然不能凭此一个例证建立，但这建立在理性基础之上，笔者自信将可寻觅到更多实例。其三是 F5 与 F9 张裂之间的流动构造相当平直、不再弯曲，可作为互字型构造型式在空间上存在挤压的佐证，即在不存在空间上挤压的条件下，流动构造可以是平直的，弯曲不是流动构造的固有属性。

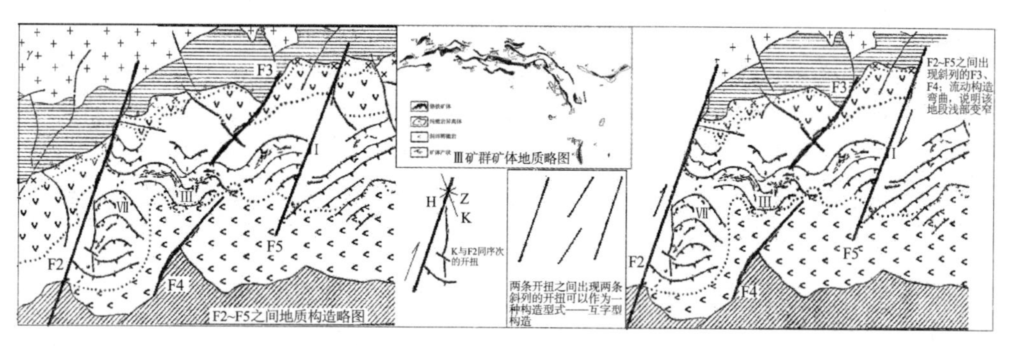

图 1-123 新疆罗布莎铬铁矿区北东向二级构造形迹之间有机联系解析图

四、罗布莎铬铁矿的构造控矿作用

从笔者收集到的有限资料中，仍然能论证矿带定位、矿床定位和矿化强弱分布及矿体属张性、张扭性构造体 3 点。作为普查找矿，最重要的是矿床、矿体定位，前 2 项已经清晰。矿体作为构造体的地质力学性质非常重要，它可以在普查找矿阶段预判矿体的规模，即压性—压扭性构造体矿体规模大，长度大且多兼有向深部侧伏的特点，张扭性构造体矿体规模大为减小，张性构造体最小（限指形成热液矿床的低丰度元素、组分）。

一是罗布莎铬铁矿矿床定位于罗布莎南西角向北北东向约 5 km 地段，与萨尔托海铬铁矿床分布于"（主干断裂与分支断裂）两断裂交接部位 6 km 长三角地段"相似。二是与萨尔托海铬铁矿床铬铁矿带一样，铬铁矿体产出于未出现的分支断裂侧。三是主矿体 31 号定位于相对的近段。与控矿压性入字型构造形成的矿床比较，这一特征大为逊色，但仍然能够体现。四是铬铁矿体在 F10 前，沿未出现的分支断裂发育，被称为"流动构造"的小张裂很难真正产生扭动，一旦偶发扭动，就形成主矿体。由于小张裂两侧多未产生位移，因此规模有限。从产状特征看，铬铁矿体规模小、变化大、形态复杂，沿走向和沿倾向都弯曲不直，就规模而言，绝大多数与沿低级张性结构面发育的构造体相差不大。主矿体 31 号有向南东侧伏特征，为张扭性构造体，反映产生了反钟向扭动。此可与旬阳公馆矿区 4 号主矿体比较做出鉴别，后者代表的是顺钟向扭动形成的矿体——压性构造体（图 1-124，参见上卷以南羊山断裂为主干断裂的控矿压性入字型构造[11]159）。至于何以反钟向扭动，可能受该部位张扭性结构面（所谓流动构造）的弯曲制约。

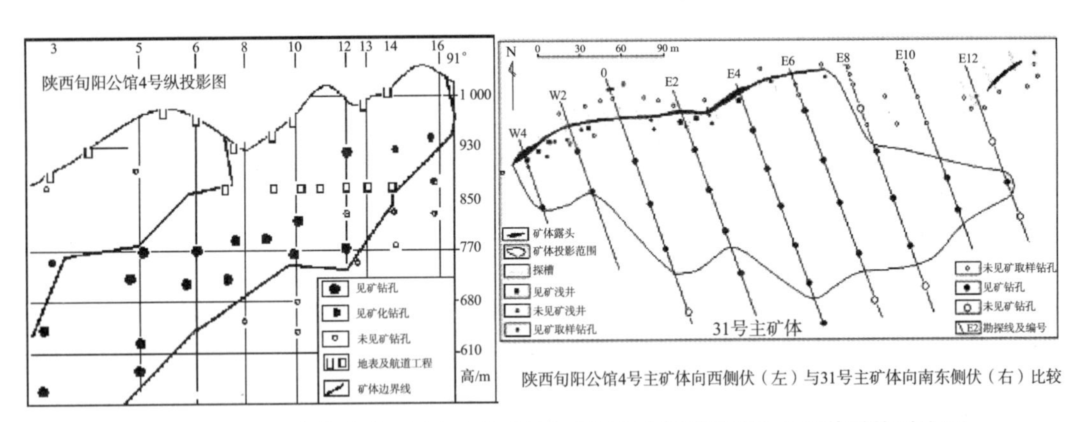

图 1-124　罗布莎Ⅲ矿群 3 号主矿体反钟向扭动与公馆锑矿顺钟向侧伏矿体对比图

构造对岩相带也有控制作用。北断裂弯曲不直，且强烈片理化、蛇纹石化和岩石可呈透镜体应属构造现象，被称为"辉长岩、辉石岩、橄榄岩等杂岩"，应属构造岩。即构造强烈带晶出橄榄岩，次者为辉石岩，再次者为辉长岩，与层状构造发育的Ⅱ、Ⅳ相带形成机理相同。

五、罗布莎构造体系控矿的启示

（一）对成岩温度、压力的解释问题

前人根据所获得的资料计算成岩温度、压力，得出超基性岩成岩“相当 40~150 km 的深度。由此可知橄榄岩来自上地幔，而不是上侵后分异的产物。在某些铬铁矿体中含有高压矿物金刚石，也证明矿床是在上地幔的温压条件下形成的”[2]562。

这种说法说的是这些橄榄岩就是上地幔岩石，上地幔已经出露地表，地球结构各圈层分布，在矿床地质学的“岩浆矿床”领域被否定。此观点与地球基本结构大格局不吻合，难以成立。怎样理解“相当 40~150 km 的深度”？必须符合物理学、化学等基础学科的相关原理，符合地质作用原理。

按杨氏矿床成因论的思路，解释这种温压条件就极为简单和明确。这就是造就雅鲁藏布江—象泉河深大断裂的构造应力场，能够产生具有相当于 40~150 km 的深度的温度与压力，包括能够形成金刚石。面对由强大的构造应力产生的深大断裂视而不见，只考虑地热增温律和静压力，这就是孤立静止片面思想方法的典型表现。

（二）成岩结晶作用中的反应系列问题

怎样认识和理解铬铁矿体普遍有橄榄岩或橄榄岩—斜辉辉橄岩外壳的事实非常重要，这代表的应是它们在冷凝晶出时的相关关系。从被包裹者生成在先、后晶出者在后的一般规律看，与教科书称橄榄石先于尖晶石晶出不同，这里的橄榄石应当在矿石矿物铬尖晶石之后晶出。在化学成分上，斜辉辉橄岩残余岩浆中，铝低、铁相当低的铬铁矿体晶出后，在鲍文反应系列中，尖晶石类矿物是在钙—钠斜长石晶出连续系列和橄榄石→辉石→角闪石→黑云母晶出不连续系列之间连续晶出的矿物族。一般认为，橄榄石因为晶出温度高而先于尖晶石晶出。从萨尔托海—罗布莎矿床的地质矿产事实：a. 铬铁矿体普遍产出于超基性岩的次超基性岩相带——斜辉辉橄岩相带；b. 斜辉辉橄岩相带中铬铁矿体又与纯橄岩透镜体如影随形；c. 中粗粒纯橄岩（Ⅲ）相带深部含低品位浸染状矿石矿体现象；d. 铬铁矿体普遍存在纯橄岩壳分析。这些都应当是在橄榄岩相带形成后，残余岩浆（斜辉辉橄岩浆）铬铁矿尖晶石最早晶出的有力证据。铬铁矿体晶出夺走了更多铝、铁、镁，有利于基性程度略低的橄榄岩—斜辉辉橄岩形成。在要求一定范围的氧化环境具备后［只有具备一定范围的氧化环境，铬铁矿体才能形成。那些不具备产生一定范围氧化环境的岩相带，即使是高温的纯橄岩相带，也不能形成主要的铬铁矿体。现在纯橄岩相（Ⅲ）带主要处于晚期压扭性构造带，总体属于还原环境。在基性程度降低且后冷凝的相带——斜辉辉橄岩相带内，存在更多出现张性或张扭性结构面的可能性，能够提供一定范围的氧化环境］，矿石矿物铬尖晶石镁高矿体最早晶出，随后晶出的才是橄榄石，形成规模形态相当的纯橄岩透镜体。尤其是矿体出现橄榄岩—斜辉辉橄岩外壳的事实，说明矿石矿物铬尖晶石最先晶出。

（三）与萨尔托海矿床矿化特征比较

萨尔托海—罗布莎两个矿区构造存在前述差别，对于矿化存在两个比较明显的对应影响。前者矿区低级断裂构造不发育，副矿物状态的近矿铬尖晶石铬含量远低于远矿铬尖晶石者，成为萨尔托海铬铁矿床的一个重要的矿化特征；矿石全山品位低而稳定。矿区存在大量低级断裂构造的后者，则未指出存在这种特征；矿石全山品位高而稳定性略低于前者（萨尔托海铬铁矿床矿石 4 号矿群平均品位为 34.61%，品位稳定，品位变化系数为 5.24%~5.60%；罗布莎铬铁矿矿床矿石全山品位为 52.63%，31 号主矿体平均品位为 53.69%）。必然寓于偶然之中，在这里不妨暂作为一种规律，通过更多矿床实例检验定论。从已经收集到的资料看，矿区低级断裂构造发育的西藏东巧矿床，矿石全山品位为 45.63%~48.83%[6]17；矿区低级断裂不发育的内蒙古贺根山铬铁矿床，主矿体矿石平均品位则仅有 22%~25%；新疆鲸鱼矿床平均品位也仅 35.63%[6]24。

参考文献

［1］《中国矿床发现史（综合卷）》编委会．中国矿床发现史（综合卷）［M］．北京：地质出版社，2001.

［2］《中国矿床》编委会．中国矿床（中册）［M］．北京：地质出版社，1994.

［3］西藏地质局第二地质大队．西藏罗布莎铬铁矿床基本特征和找矿方法［C］．青藏高原地质讨论会文件，1979.

［4］地质辞典编纂委员会．地质辞典（一）：下册［M］．北京：地质出版社，1983.

［5］李杰．西藏罗布莎铬铁矿地质特征及其与泽当岩体的对比［J］．世界有色金属，2017(12)：170–172.

［6］全国矿产储量委员会．铬铁矿地质勘探规范［M］．北京：地质出版社，1987.

［7］地质辞典编纂委员会．地质辞典（二）［M］．北京：地质出版社，1981.

［8］仲文斌．西藏罗布莎铬铁矿矿床［D］．武汉：中国地质大学，2011.

［9］王恒升，白文吉，王炳熙，等．中国铬铁矿床及成因［M］．北京：科学出版社，1983.

［10］肖序常，李永煌．含铬基性、超基性岩的地质构造特征［M］．北京：中国工业出版社，1965.

［11］杨树庄．BCMT 杨氏矿床成因论——基底—盖层—岩浆岩及控矿构造体系（上卷）［M］．广州：暨南大学出版社，2011.

第四节　控矿张性入字型构造及其控矿作用（海南石碌铁矿）

一、区域地质概况

按照《地质辞典》对中国大地构造单元的划分，海南石碌铁矿区处于华南褶皱系、华南准地台[1]156，抑或华夏褶皱带、华夏古陆[2]129。不论称谓如何，指的都是下古生界为地槽型沉积建造、后加里东运动上古生界转化为地台沉积建造。

其实不论华南大地构造单元如何创名，都指海南岛前泥盆系基底褶皱变质了被后加里东上古生界准地台相盖层覆盖，盖层的第一个沉积层为泥盆系。在海南，加里东运动后的第一个沉积层已经到了泥盆纪末期——晚泥盆世，与闽南一样属于华南准地台后加里东期海侵较晚到达的地区，并且有可能也像闽南那样沉积有下石炭统林地组。因此，石碌铁矿区大地构造单元宜采用华南准地台二级构造单元“闽粤台背斜”[3]，指的是后加里东华南准地台的一个二级构造单元，它包括浙江南部、福建全省、广东大陆东南部及海南岛。

海南岛南东与华夏地块接壤，加里东运动不整合面之上的海西—印支旋回早期，泥盆系不存在大量的碳酸盐岩层，与粤北出现东岗岭组、天子岭组，有大量碳酸盐岩的泥盆系有差别，与粤东、闽南海侵旋回大地构造部位相当，晚泥盆世始有浅海相碎屑岩—碳酸盐岩沉积。

矿区属海南省昌江县，东经 109° 02′10″，北纬 19° 14′10″[4]110，昌江—琼海大断裂西段南缘。该大断裂为广东—海南省七大东西向大断裂之一，长 200 km，通过海南岛航磁中部升高正磁场区，在昌江至白沙长 80 km、宽 5~10 km 地带，有由正负异常所组成的线性异常带，强度为 –600~600 nT，被认为是潜伏基底断裂的一种显示，有称该断裂顺钟向扭动的[5]778，也有称向南俯冲的[6]，都没有摆出证据。

岩浆岩主要是斑状黑云母花岗岩、花岗闪长岩，广东省 1∶50 万编图划分为燕山期第三期 γ_5[7]2-3，广东省区域地质志称之为燕山期第二期二长花岗岩、花岗闪长岩，“产状特征”为“岩株近东西走向”（以下简称“石碌岩体”），出露面积 40 km^2，侵入二叠系，被燕山晚期花岗岩侵入，同位素年龄为 U195 Ma[5]461（图 1–127 划为中生代二期斑状黑云母花岗闪长岩），在矿区北、西、南西面大范围出露。按同位素年龄还有其他数据，如钾氩年龄为 192~210 Ma，称属印支期[8]13。如图 1–125 所示。

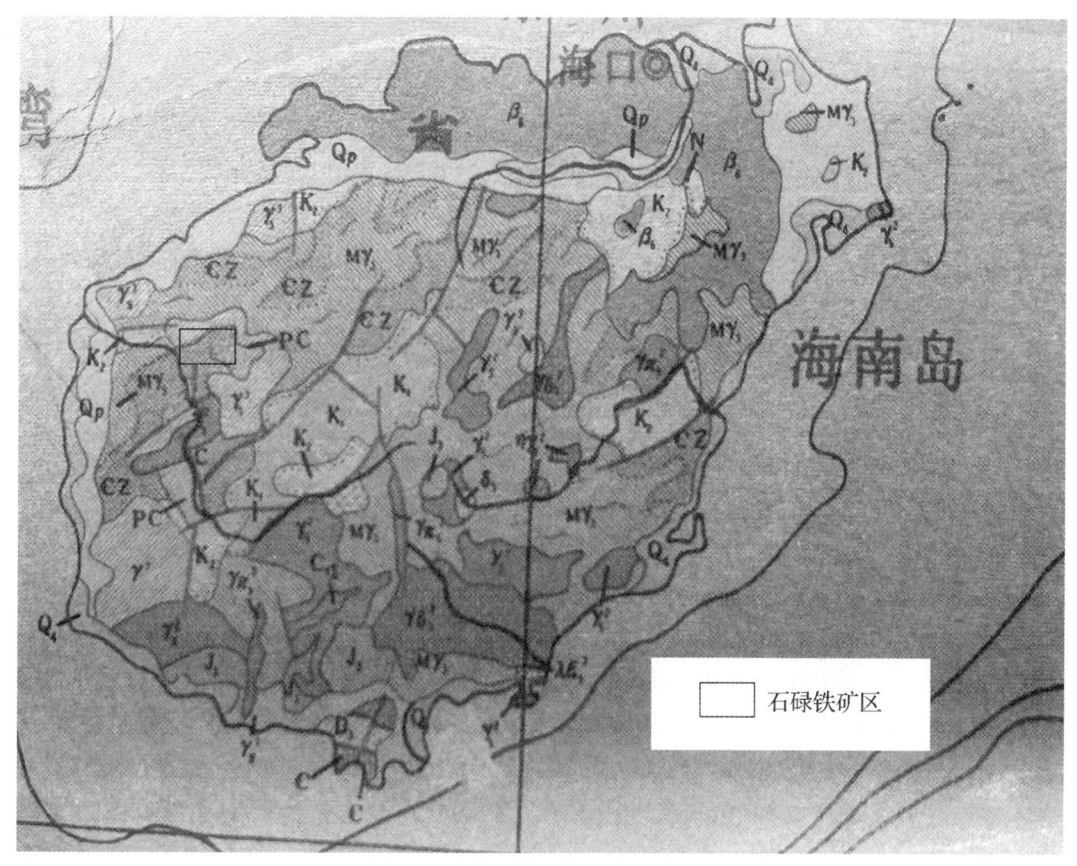

图 1-125　海南岛地质图

石碌铁矿地区的地层，按照广东省区域地质志的划分，该地区最古老的地层依次有震旦纪抱板群、寒武纪陀烈群、“奥陶—志留纪岳岭群”[5]806，言辞凿凿（称奥陶—志留纪岳岭群“均为杂陆屑式建造组合，具清楚的复理石韵律，底板上有各种印模和各种冲刷沟槽，在东方娜姆河中见到同生断裂、同生角砾，硅质团块和火焰构造，其他地方见卷层，属于地槽型沉积”）。但又称矿区附近“东方、保亭一带的岳岭群上部，虽暂缺古生物证据，但由于其上覆地层为南好组，故不能排除有部分属于泥盆系的可能性”[5]87彼此矛盾。地层学专家们早（1974）已确认为泥盆系（称“上部千枚状硅质绢云母页岩和绢云母粉砂岩；下部碳质粉砂质绢云母质页岩夹砂质灰岩透镜体”；其上覆岩关阶为绢云母石英片岩等，含豆状赤铁矿结核[9]1974）；之上有石炭纪下统天青峡组、石岭组及中上统光片山群，二叠纪下统峨查组—鹅顶组及上统江边组、二叠纪上统中下部南龙组、上部地层存疑，三叠纪下统曲江组。再上有印支—燕山旋回及侏罗纪上统至白垩系及新生代下第三系、上第三系、第四系。如图 1-126 所示。

华南准地台泥盆纪海侵由南西向北东，可从“云南统”曾是中国南方泥盆系下统的专称、“广西统”曾是中国南方泥盆系中统的专称、“湖南统”曾是泥盆系上统的专称[10]247，大致了解泥盆纪的海侵态势。尤其是从后来建立的地层层序看，在桂南为下泥盆统莲花山阶、那高岭阶、郁江阶，在桂中、桂北为东岗岭阶、四排阶、应堂阶，再向北东为佘田桥阶、锡矿山阶，从这些建阶的命名地则可比较详细了解海侵的脉络（注意，这里都

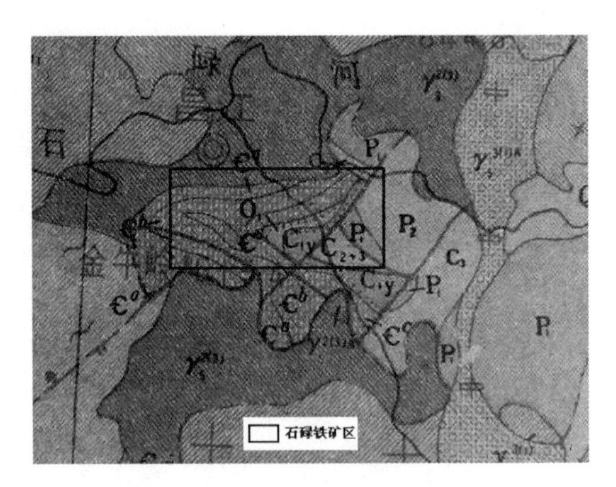

图 1–126　石碌铁矿区区域地质图

是 1：20 万区调成果采用的时间地层单位，与 1：25 万国土资源大调查采用的岩石地层单位不相干）。

对于铁矿而言，后加里东运动的海侵态势非常重要。它说明经过加里东造山运动、华南准地台处于较长时期的风化剥蚀后，能够残留于有氧大气圈条件下风化壳的元素组分，最稳定的是三价铁和氧化铝。而下伏基底的含铁量各地不同，这样，在泥盆系下、中、上统中，不同地方都可出现沉积铁矿层。如贵州水城一带“铁矿式铁矿”为泥盆系中统独山组下部产出的赤铁矿层[11]（它反映的应是该地区下伏基底中有富含铁的地层）。湘南、湘中泥盆系中统跳马涧组砂页岩区普遍夹豆状赤铁矿层，砂岩区普遍夹豆状、鲕状赤铁矿层[12]（它反映的应是该地区下伏基底地层中含铁量较低），砂砾岩区则仅有含铁砂岩（它反映的应是砂砾岩区不利于赤铁矿沉积），或如广东信都组赤铁矿层[5]816；泥盆系上统锡矿山组则在湘中—赣中形成著名的宁乡式赤铁矿工业铁矿层，那是因为江南古陆上有新喻式铁矿[13]。或如广东仁化康溪鲕状赤铁矿点，那是因为由邻近的白石岭铁多金属矿床表明的下伏寒武系八村群中有富铁沉积层。这是笔者已经阐明的中国铁矿成矿规律[13]。

二、矿区地质特征

海南石碌铁矿铁矿石储量为 3.75 亿吨，矿石平均含铁 43%~51%，是中国最大的优质富铁矿床。

（一）地层

1. 基底

基底为前泥盆系，矿区未出露。

2. 盖层

石碌铁矿区盖层分为两部分，下部为变质岩系石碌群，上部为时代明确的石炭系、二叠系。石碌群北、西、东围绕石炭二叠系分布（表 1–45）。

表 1–45　石碌群地层岩性简表[14]88

原分层		主要岩石组合		厚度 /m
7			含碳质泥岩（未见顶部） 石英砂岩 砾岩、砂砾岩、粉砂质泥板岩	＞64
		石英砂岩 粉砂质泥岩、含铁砂岩、贫铁矿含碳质泥岩或泥板岩中夹石英砂岩		＞98
6	顶板白云岩	重结晶白云岩 含碳质白云岩夹含碳千枚岩 条带状透闪石化白云岩		＞347
	含铁岩系	细纹层状泥岩、粉砂质泥岩（或千枚岩）、石英砂岩 含铁千枚岩、含铁砂岩、赤铁矿 透辉石透闪石岩、条带状透闪石化白云岩、石英砂岩	（含铁千枚岩，5 个样品，铷锶等时线年龄为 315 Ma）	184~450
5	底板石英片岩	石英云母片岩、绢云母石英片岩 石英岩及石英片岩 白云母石英片岩		＞417
4		石英绢云母片岩或千枚岩 石英岩 绢云母石英片岩		85
3		石英片岩 绢云母石英片岩、云母石英片岩 含绿泥石石英云母片岩		175
2		蛇纹石化镁橄榄石大理岩、透闪石岩、白云岩		＞16
1		绢云母石英片岩、片理化石英岩 含碳质红柱石白云母石英片岩或石英绢云母片岩 含红柱石二云母石英片岩、电气石石英片岩（未见底）		＞480

注：上述分层与矿区地质图一致，其中第 7 层被划入石炭系，未反映在图上。

其属地层某研究第六章“矿区地层及其时代”指出：“第 6、7 层之间并非不整合，而是连续整合关系。三棱山砾岩是层间砾岩或局部沉积间断，而非底砾岩”[14]86。其第十章“矿区地质特征及含矿层的划分”，又强调第 6、7 层之间“两个含矿层属于不同的构造层”，证据有 9 条[14]172：a. 存在剥蚀面；b. 存在底砾岩；c. 岩性上下两套地层不是连续的；d. 彼此产状不一致；e. 变质程度不同；f. 生物群具明显的突变；g. 接触关系，第6、7层之间没有断层迹象，实为不整合接触；h. 切割关系差异，第6层的断裂未切割第7层；i. 岩组分析显示第6层与第7层受构造应力作用的差异。对同一个问题前后矛盾，需读者仔细斟酌辨认。

（1）石碌群

石碌群第6层、第7层为含矿层。第7层与第6层之间存在沉积间断。第6层有含铁千枚岩、含铁砂岩、赤铁矿。第7层为变质石英砂岩千枚岩互层，局部泥砾岩含锰铁矿。

自杨遵义先生提出石碌群可能属于泥盆系[15]，笔者提出马坑铁矿属石碌第二[16]以来，对石碌铁矿区点的研究者认识趋同，都认为是泥盆—石炭系。

对面的研究，当地地质队对比江边—石岭、保亭南好、万宁东岭、万宁立岭、琼海朝阳，石碌东部包括鸡实—朝阳—红石、军营、红岭及石碌等9地区，根据“最近几年在这些陀烈群分布的地区曾先后发现一些晚古生代化石”的事实，认为“以往所划分的寒武纪陀烈群绝大部分都应归属泥盆—石炭系”[17]34；发现“在东岭和石碌的石炭系底部砾岩中都发现了少量铁矿砾石，反映了下伏含矿层位曾遭受剥蚀”[17]36；“在石碌矿区的外围地区发现了朝阳、军营、红岭等矿点……在海南岛东部地区发现了万宁东岭和琼海朝阳等矿点。这些矿点都分布在以往划分的寒武纪陀烈群地层范围内，并都顺层产出，具有一定层位”[17]30。

应当说，到20世纪80年代前期，宏观视角和点面结合的研究结论相当一致，这就是石碌群第1~6层为泥盆系，第7层属石炭系下统，第6、7层之间存在沉积间断。

（2）石炭系

石炭系下统三棱山组底部砾岩呈透镜状，含有铁矿砾石，这是又一个有底部砾岩并有铁矿砾石的层位；“江边—石岭地区下石炭统多属大塘阶，尚未发现岩关阶的常见化石，其底部砾岩微不整合于岳岭群之上，有可能缺失岩关阶”[17]35。中上统为燧石结核灰岩白云质灰岩夹硅质板岩硅质岩白云岩。

石炭系分布于矿区中东部。最西端方圆不足百米小块出露在北一铁矿东约400 m处，向东至与二叠系接触，每被南北向断裂切割，其东则出露宽度显著增大，F32以东占据整个沉积岩分布区。石炭系与石碌群的接触关系，地质图标示为不整合接触。三棱山组底部砾石层之上部地层含化石：

? *Cardiopteridium* sp.（铲羊齿）*Asterocalamites* sp.（星芦木，石炭系下统）

Cordaites sp.（科达）*Aviculopecten* sp.（瓣鳃类双壳纲）

Neusellina sp.（脉羊齿，石炭纪）*Nuculites* sp.（栗石蛤）

Volsellina sp.（小顶偏蛤）*Cyclocyclicus* sp.（海百合）[17]34

（3）二叠系下统

石英砂岩千枚岩分布于矿区东部，与石炭系相邻近，以F7断裂及南北向的界线分隔。这条南北向界线北段为F7，南段也标示为断裂。如图1-127所示。

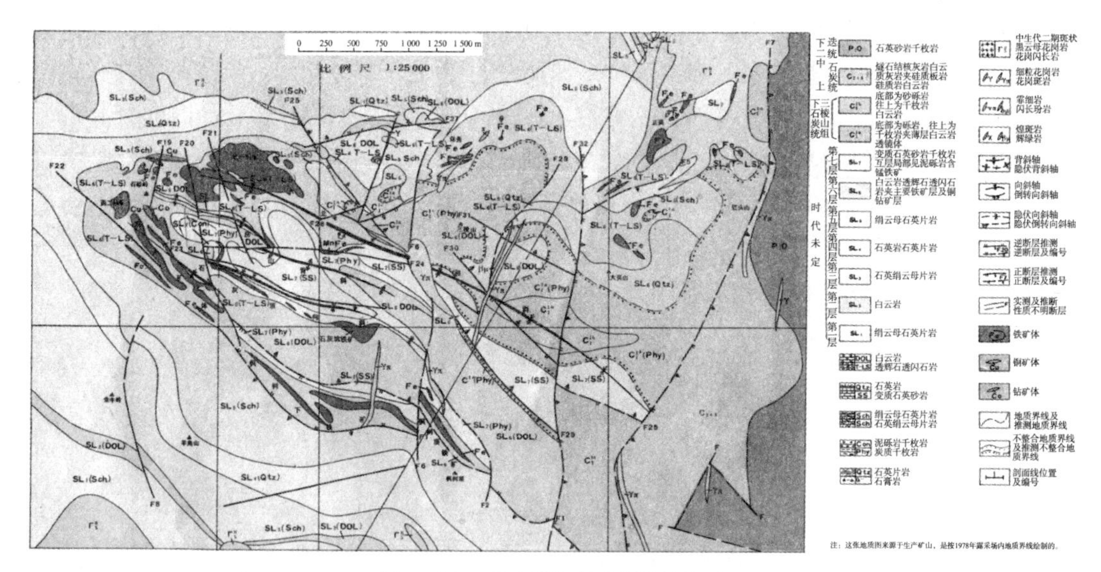

图 1–127 石碌铁矿区地质构造图

（二）岩浆岩

矿区北部有石碌岩体，除石碌岩体外，另有细粒花岗岩、花岗斑岩、霏细岩、闪长玢岩、辉绿岩、煌斑岩等脉体，这些脉体长轴大多取向南北。石碌矿区各类岩体的 TFe、Cu、Co 偏低[8]23，含量低于维诺格拉多夫（1962）平均值（表 1–46），被认为不可能是矿源体。

表 1–46 石碌矿区各类岩体 TFe、Cu、Co 含量表[8]22

岩性	TFe/%	Cu/%	Co/%
斑状黑云母花岗岩	1.42	0	0.000 10
斑状黑云母花岗岩	3.70	0.003 6	0.000 20
细粒黑云母花岗岩	2.26	0.004 0	0.000 20
斑状黑云母花岗岩	1.66	0.004 6	0
细粒片麻状花岗岩	1.52	0.003 2	
斑状片麻状花岗岩	2.49		
斑状花岗岩	2.75		
粗粒均质花岗岩	2.14		
平均值	2.24	0.003 8	0.000 12

注：维诺格拉多夫（1962）酸性岩的平均含量中，铁、铜、钴分别为 2.7%、0.02%、0.005 1%[8]23。

在矿区北部保秀地段、北东部正美地段，石碌岩体之细粒片麻状花岗岩相切割铁矿体；其他邻近石碌岩体如北一矿体部位、保秀—正美地段，自上而下磁铁矿大量增加；越靠近石碌岩体，从南六矿体—北一矿体—红西矿体及红西矿体本身自内向外，Fe^{3+}/Fe^{2+} 越低；在趋于接触带方向上也未显示递增的变化。铁矿体的某些地段，特别是靠近岩体的部分，可见到磁铁矿或铜钴矿的硫化物以磁铁矿—硫化物—石英—碳酸盐，磁铁矿—石英—碳酸盐或磁铁矿呈细脉充填交代铁矿体的矿化叠加现象。前人据此认为矿区岩浆岩（称“儋县花岗岩”）比铁矿体形成晚[14]144。

（三）构造

石碌铁矿区褶皱构造发育，矿区即一挤压强烈的石碌复向斜。断裂构造也较发育。矿区主部构造线北西向。如图 1-127~ 图 1-133 所示。

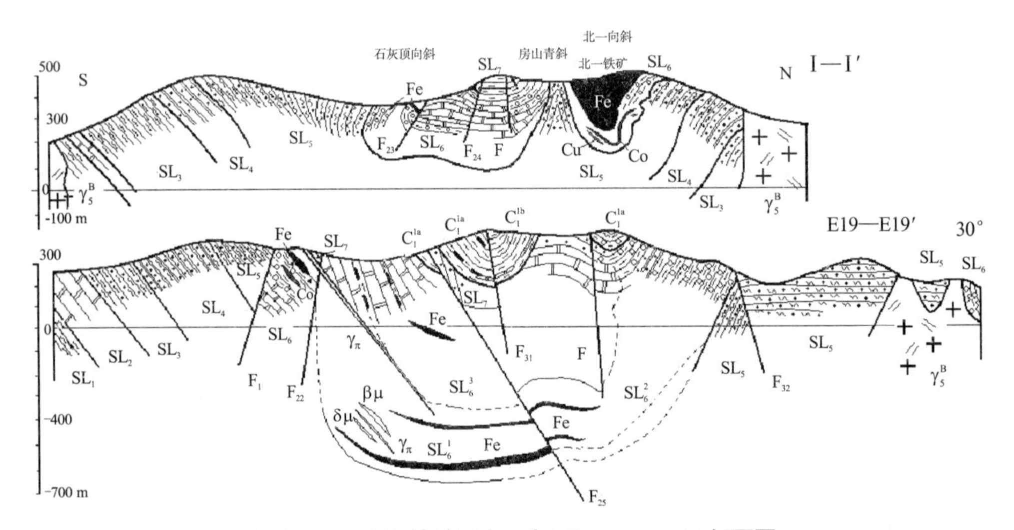

图 1-128　石碌铁矿区Ⅰ—Ⅰ′ 及 E19—E19′ 剖面图

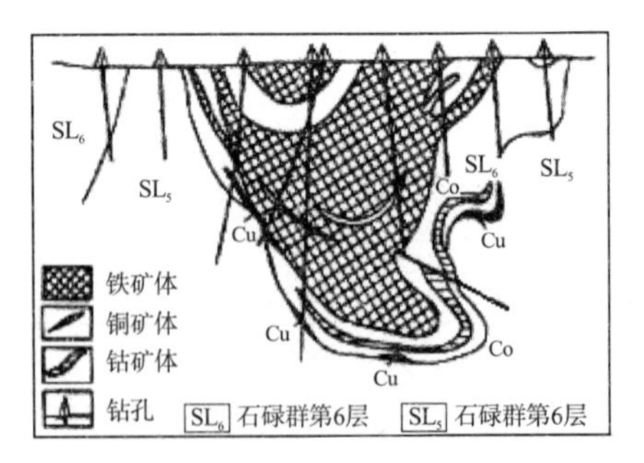

图 1-129　石碌铁矿区中部（Ⅷa 线）剖面图[18]2

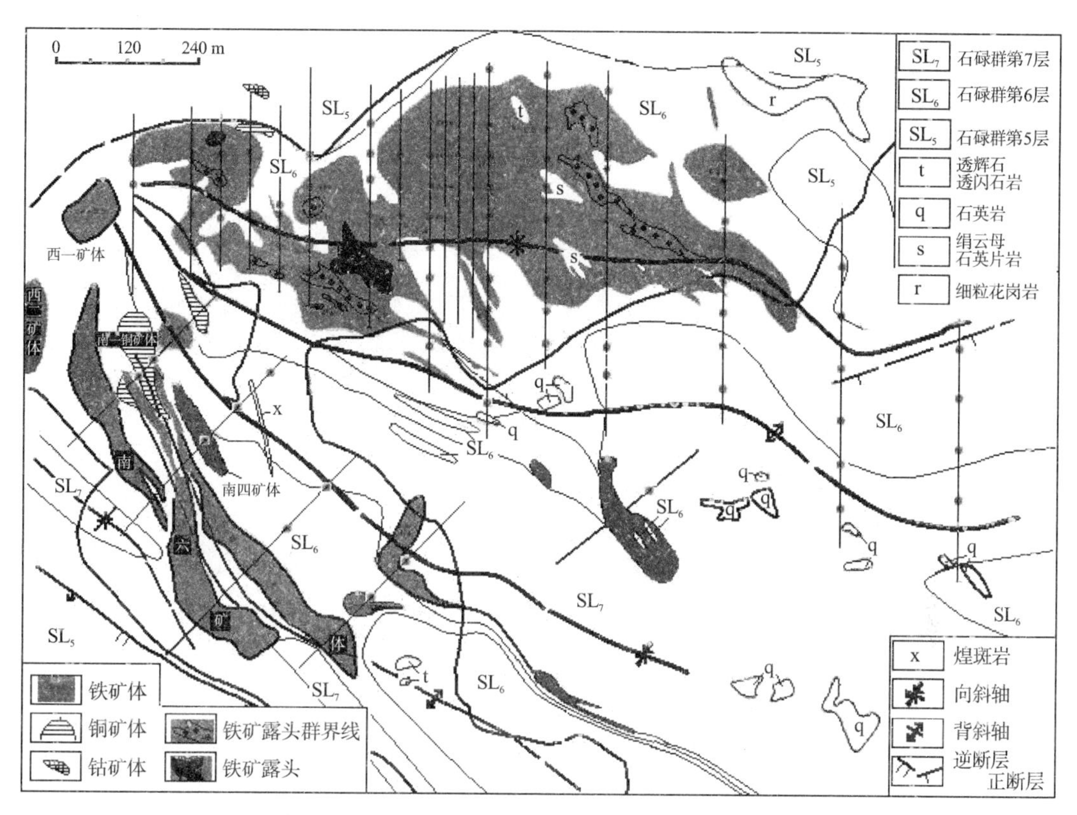

图 1-130 北一区地质构造图[18]

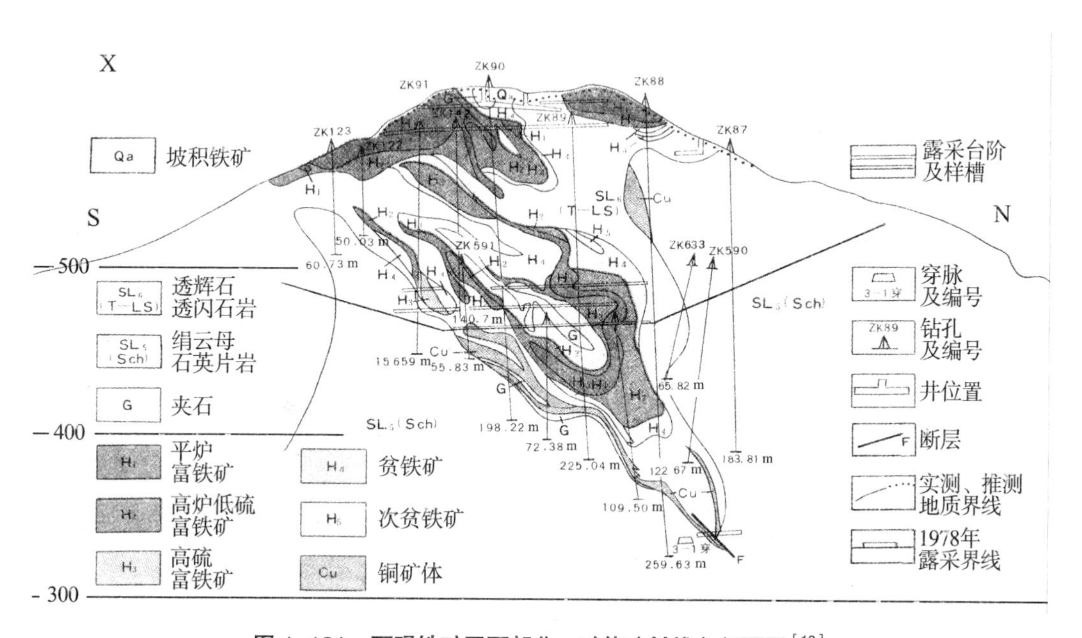

图 1-131 石碌铁矿区西部北一矿体（X线）剖面图[18]

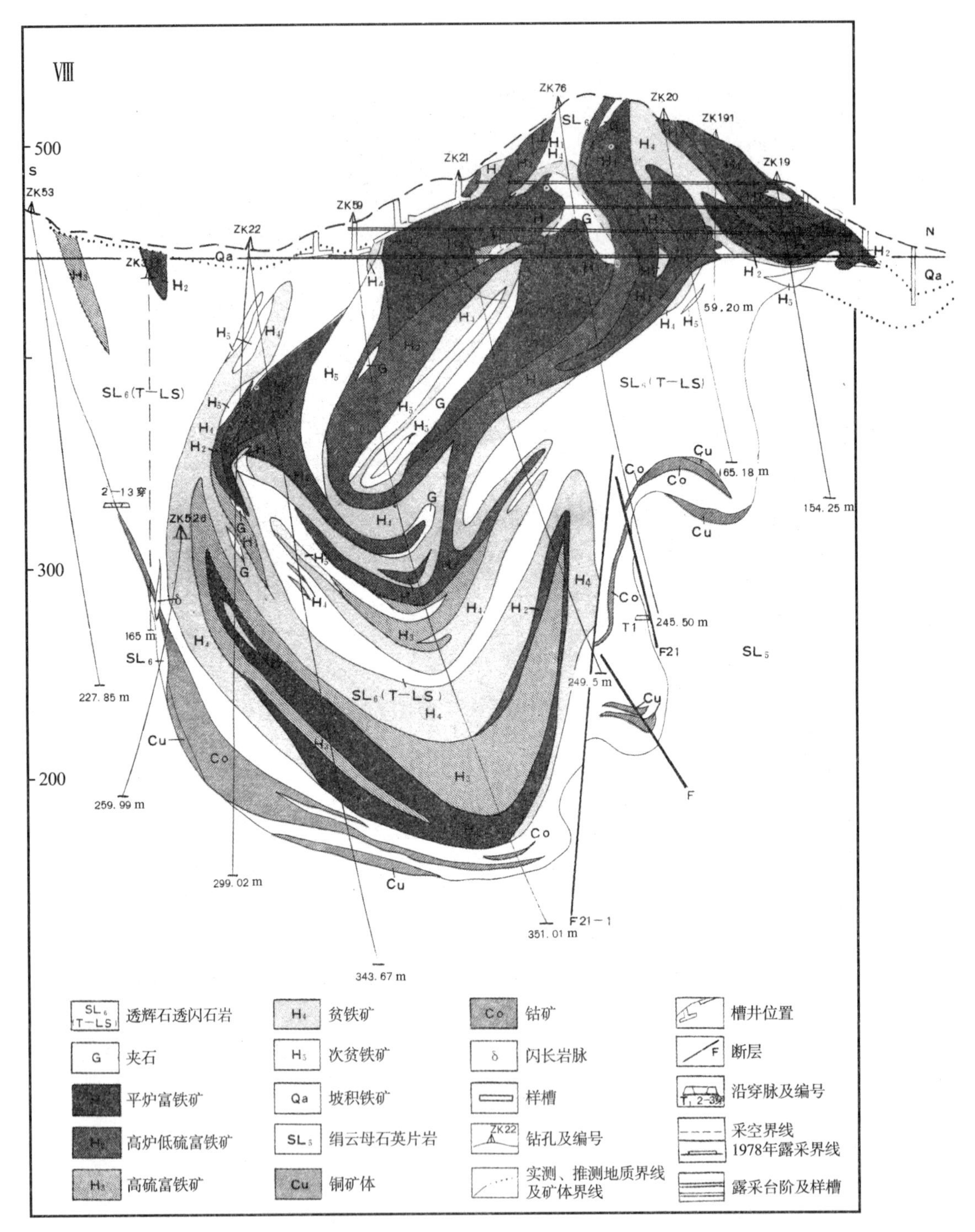

图 1-132 石碌铁矿区北一矿体西部东侧 1.5 km（Ⅷ线）剖面图[18]

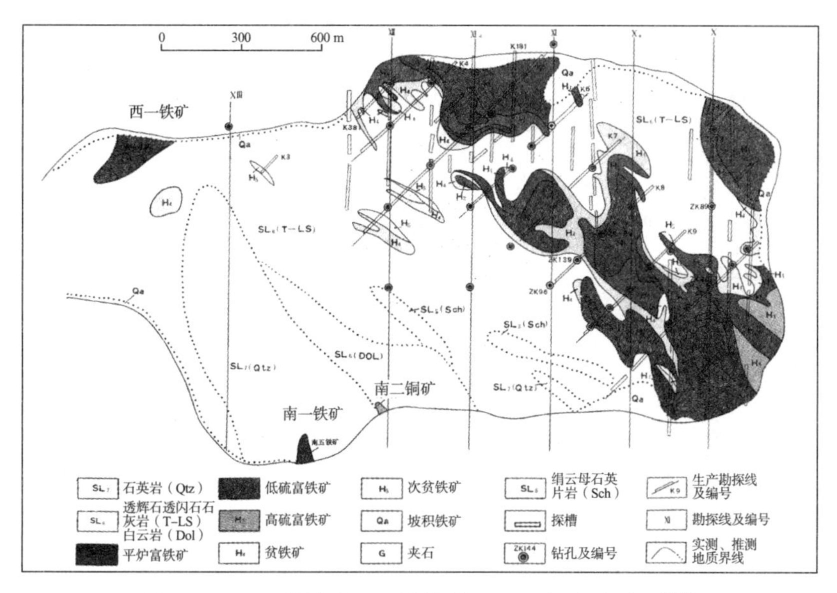

图 1–133　石碌铁矿区 5 号铁矿 497 m 标高地质图[18]

1. 褶皱构造

矿区构造主要是矿区一级构造石碌倾伏复向斜。其轴向 295°，向南东东倾伏、向北西北西西翘起，枢纽起伏，倾伏角为 10°～45°[19]191，长超过 6 km（图 1–127 标示的北一向斜轴位置人为南偏。这种处置的根源在于认为石碌群是老地层，以石碌群第 7 层而非以石炭二叠系为向斜槽部，合理的处理应由北一铁矿至石炭系最西端出露点，再沿石炭系最上层位延伸。图 1–130 北一区地质图标示的位置才正确）。北翼紧邻石碌岩体。

复向斜北翼有清晰的东西走向，地层保存不完整，出露地层宽度窄，最老地层为石碌群第 3 层，出露于西段，向东层位逐渐变为第 5 层；南西翼走向为 315°，由向斜槽部向南西依次出露第 5~1 层，出露宽度较北翼显著变宽。

复向斜包括两个矿区二级向斜及间夹一个窄的和枢纽起伏的背斜，彼此平行。北有北一向斜，长约 1.5 km，槽部为石炭系，南有槽部为石碌群第 7 层的石灰顶向斜，长略超过 2 km。两向斜之间为房山背斜，长可达 3 km。

复向斜被北北东向断裂分为 3 段，Fd（笔者添加编号，见断裂构造部分）以西为西段，为主段，与 F28 之间为中段，F28 与 F7 之间为东段，各段向东逐渐下落略南移。

北一向斜两翼陡，向斜轴面倾角有变化，在西部（Ⅹ线）向北倾 60°；中部（Ⅷ线）变为上部南倾，自约 330 m 标高以下北倾，倾角约为 70°（Ⅶ a 线可达 40°）。北一向斜底部平缓，近于水平甚至可微上突（图 1–129）。

房山背斜主要表现为第 6 层隆起于第 7 层中，对应北一向斜和石灰顶向斜划分。

2. 断裂构造

矿区断裂构造有 3 组，最主要的是北西向两组和南北向组，其次为北北东向组。另有北西西向组和北东东向组。

（1）北西向组

北西向组有 F1、F2、F22、F23、F31 及 F25、F30、F31 计 8 条。

F1 分布于复向斜南翼，总体走向北西约 310°，倾向南西，倾角为 70°。走向平行复向斜南翼，向南东成为第 5~6 层的断层接触线，该断裂反复弯曲，倾向南西，向南东延伸出图外。该断裂被南北向断裂 F6、F32 切割；F25 分布于复向斜北翼，斜切复向斜，倾向北东，倾角为 60°，北东盘下沉。二者均为矿区一级断裂。F22 在 F1 北西端延长线上，F23、F2 在 F1 北侧。F25 两侧构造形迹大不相同，南西侧北西向线性特征显著，地层线均北西向，辗转起伏出现北一向斜—房山背斜—石灰顶向斜，几乎不存在张性和张扭性结构面；压性结构面发育。复向斜北翼 F30、F31 在 F25 北侧，均倾向北东，在三棱山东切割石碌群第 6 层为显著标志，为矿区三级断裂。

（2）南北向组

南北向组有 F6、F32 及 F8 计 3 条。一级南北向断裂 F32、F6 分布于石碌复向斜中段，穿透复向斜，倾向东，倾角陡，略显顺钟向位移。另有 F8 分布于复向斜南翼金牛岭与羊角山之间，反钟向错移复向斜南翼地层。F6、F32 的共同特点是东盘下落，复向斜东盘显得更为开阔和复向斜中次级褶皱线性特征大为减弱。

（3）北北东向组

北北东向组有 F28、Fd（原未编号）及 F7。F28 走向北东约 30°，长约 1.5 km，以顺钟向切割石碌群第 6 层与石炭系下统为显著标志。Fd 出现在最西端石炭系下统始出露部位，走向约北东 30°，顺钟向错移未编号的北东东向组。它们共同表现为东盘下落，复向斜东盘变得更为开阔。

（4）北西西向组

F25 南西盘线性特征显著。邻近的区段北一矿段矿体北西向线性特征相当显著（属顺层产出的复向斜南翼的 4 个矿体呈北西向，不在此列）。

北一矿体总体形态及矿体南西边缘，尤其是北东边缘，都显现出北西向线性特征。4 个铁矿“露头群”都呈北西西向分布，其中最大者产出于Ⅵ至Ⅲ线之间，长 300 m，宽不足 30 m，在北一区地质图上，铁矿体及夹石绢云母石英片岩及两透岩也呈北西向分布。所有这些都表明石碌铁矿最主要的北一铁矿体的北西向线性特征（图 1-130 北一区地质构造图）。

（5）北东东向组

北东东向组有 F27 及其南约 700 m 的两条低级断裂。F27 倾向北，其余两条倾向南，均标示为正断层。

（四）变质作用

石碌岩体接触带有红柱石角岩。

石碌群第 6 层白云岩及白云质结晶灰岩透辉石、透闪石化（“两透岩”）发育，大体上以石灰坑矿体—大英山为界，偏北部发育，偏南东部则为结晶白云岩。两透岩被着重与矿床成因相联系，被称为“其实是热液蚀变岩”，石碌铁矿也被认为是“典型的热液沉积改造矿床”[20]。

石碌群的变质被认为属区域变质[14]150，“石碌铁矿的变质程度属于绿色片岩相，变质温度为 300 ℃左右”[8]19，据此弄出一个前所未有的“海南岛海西地槽”大地构造单元来。

变质岩中出现的主要变质矿物是红柱石、透辉石、透闪石、正长石、石榴子石、绢云母等。红柱石、透辉石和透闪石都是典型的热变质矿物。它们通常在 2 000 bar 的压力、400 ℃左右的温度就能形成。石榴子石分布局限于北一矿体上盘矽卡岩出露的范围内，是一种高温低压的接触变质矿物。“上述特点表明，本区的变质作用是以热能影响为主的热变质作用”[14] 157。

三、矿床地质特征

（一）*矿体、矿石*

矿区有铁矿体和铜钴矿体，矿体呈多层稳定的层状似层状贫富相间顺层产出，矿层与顶底板界线清楚。

铁矿体绝大部分产于石碌群第 6 层第 4 段和第 2 段，共有原生矿体 38 个。另有坡积矿体 7 个，断续长 4.5 km。主要为北一矿体、枫树下矿体和南六矿体。

北一矿体长 2 570 m，宽 326~460 m，沿复向斜轴部及两翼分布，随复向斜向南东倾伏，一般厚度为 100 m 左右，最厚达 430 m，储量占矿区总储量的 80%；枫树下矿体位于复向斜南翼，长 1 800 m，宽 14~222 m，最厚 35 m[19] 191；南六矿体长 930 m，平均厚 15 m，倾斜延深 200~380 m[18]。

钴、铜、硫铁矿为共生矿。铜钴矿床属中型，伴生硫、镍和银。矿体分布于北一区段和南矿段，铁矿体之下为 0~60 m，一般为 5 m，西部收拢，东部散开。铜钴矿体共有 51 个，铜矿常在钴矿之下或与钴矿共生；钴矿以北一铁矿之下的 1 号矿体为主，长 1 200 m，厚 4.35 m，向南东倾伏，其余为小矿体。主要有用矿物为含钴黄铁矿、含钴磁黄铁矿、辉钴矿、黄铜矿等。矿石平均含：钴 0.294%，铜 0.74%~1.69%，镍 0~0.59%，硫 12.07%，银 7.11~13.94 g/t；硫铁矿体分布于复向斜北翼东段保西、大英山、红山头、三阶沟等处，赋存于铁矿层上下或之间，有 11 个矿体，主要是保西 3、4 号矿体和红山头 3 号矿体；矿体长 156~240 m，厚 3~15 m，属小型矿床；石碌群第 4 层致密块状石英岩为中型硅石矿床；第 6 层铁矿层之下有大型溶剂用白云岩[19] 191。

钴铜矿体呈薄层状、小透镜体状，分布在铁矿层，产于石碌群第 6 层第 1 段，呈似层状、扁豆状，主要分布于北一和南矿区段。铜矿体也是 1 号最大，长 440 m，平均厚度为 9 m，平均品位 Cu 为 1.55%。

所有矿体均产于向斜凹部和翼部，背斜鞍部尚未发现矿体。

石碌群第 6 层、第 7 层为含矿层。第 6 层结晶白云岩—两透岩，为主含矿层。第 6 层中的北一铁矿为石碌式铁矿的典型代表，产出于北一向斜槽部两透岩中，规模巨大，多为富矿，长 2 570 m，宽 326~460 m，最厚 430 m（Ⅴ剖面），储量占 80%[19]，主要矿物为赤铁矿、石英，含少量磁铁矿、透闪石、重晶石和黑云母等。铜钴硫化物矿体产出于铁矿体之下，亦顺层或近于顺层产出。

第 7 层包括两个铁矿层，即底部富铁矿层，以南六矿体、枫树下矿体、石灰坑矿体为代表[8] 14，呈不连续的串珠状分布；顶部含锰贫铁矿层，以南二、南三矿体为代表，产出较稳定，分布较宽阔，含铁量降低时过渡为含铁石英砂岩[18]15。

围岩与矿层具有明显的沉积韵律，即不含铁的沉积岩—含铁千枚岩—贫铁矿—富铁矿—含铁千枚岩—不含铁沉积岩[8]15；矿层与围岩同步褶皱；矿石保留粉砂结构、生物（包括蓝藻）结构[8]24、鲕粒结构、胶粒结构、微层构造，以及交错层内碎屑等原生沉积特征[8]16。

矿石矿物组分简单，由赤铁矿、碎屑石英、碧玉及少量镜铁矿、重晶石、石膏、铁白云石组成[18]16表，铁矿物 90% 为赤铁矿，磁铁矿很少（约占 4%[18]20。只有在正美、保秀岩浆岩插入铁矿体中或包围矿体，矿体与岩浆岩接触部位局部变成磁铁矿）。矿石中石英碎屑和锆石均具有一定的磨圆度，赤铁矿以基底式、孔隙式、接触式胶结石英[8]16。赤铁矿石片状、鳞片状[8]31–32。矿区地层和矿石普遍重结晶和具变斑结构，矿物及包裹体定向排列，石英碎屑光轴定向，矿石中鲕粒、胶粒、石英碎屑拉长、压扁、定向。岩矿石千枚状、片状构造。

从北一矿体纵剖面（图 1–134）可以看到，含矿层第 6 层铁矿体围岩为白云岩，矿化部位为两透岩；矿化强烈部位的西端为两透岩，至东端变为白云岩；顶板在西端为片岩，向东变为千枚岩。底板则直到矿体中部都标示为片岩，含矿层之下为石碌群第 5 层绢云母石英片岩。这种现象读矿区地质图时也可以看到，最典型的在复向斜南翼石灰顶背斜南侧，图上西段标示为两透岩，向南东则变成白云岩。两透岩并非成矿必需的围岩。

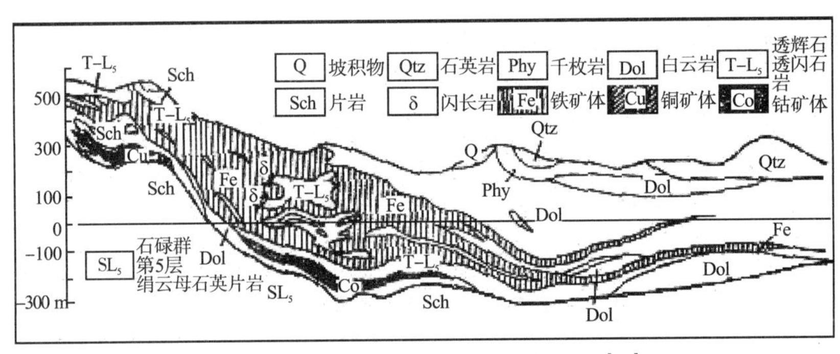

图 1–134 石碌铁矿区北一矿体纵剖面图[14]125

石碌铁矿富铁矿占 70% 以上，硫、磷、砷均低。矿石 TFe 与 SiO_2 占 90%~99%，Fe 与 SiO_2 呈反消长关系[18]23。除局部叠加外，不含硫化物[18]16。矿石石英包体温度为 140~591 ℃[8]17。硫同位素组成范围宽阔，跳跃式分布，离散性大。富重硫 ^{34}S，$\delta^{34}S$（‰）正向偏离原点：铁矿石为 0.2‰~19.5‰，众数为 12.6‰~13‰；地层（绢云母石英片岩、两透岩）变化范围为 –3.8‰~20.9‰；重晶石为 14.6‰~20.3‰；钴铜矿体为 10.7‰~17.35，众数为 14‰。它们与岩浆岩的 4.5‰~5.6‰ 差异显著[8]16。

赤铁矿的爆裂温度为 430 ℃ ± ？[8]25。石碌群第 4 层石英岩和北一矿体 400 m 采阶上石英中发现玻璃包裹体，测得其淬火温度为 900 ℃[8]17。含矿岩系碱性较高，pH 在 8.3~10.2 之间[8]18。

第 6 层铁矿体下部（及向斜外缘）出现钴铜矿体，铁、钴、铜共存。铁矿体中钴、铜含量极微，钴铜矿体中铁则以硫化物相产出。

北一铁矿北西向线性特征显著，总体长轴为北西西向。矿体东西边界、南部支矿体延向、矿体内夹石带延伸向包括矿体露头群呈窄长的北西向条带分布，它们彼此平行，都与北一铁矿总体延长轴有明显夹角（图 1-130）。

矿化由西向东有规律变化：

①铁矿层产出于白云岩内，铁矿层与白云岩的厚度互为补偿，由西向东白云岩变厚，铁矿层变薄，砂泥质由多变少；

②石英碎屑由西向东变细，东部的石英碎屑更接近于未经改造的碎屑状态；

③锰质、石膏、重晶石由西向东增高[8]18；

④石灰坑矿体走向北西西，单层厚度为 0.4~0.6 m，一般由 2~4 层组成；

⑤南一铁矿为单层贫矿，矿体走向为北西西向，长 300 余米，矿石含锰稍高。

对于石碌铁矿未成为磁铁矿的原因，“石碌铁矿虽然四周被花岗岩体包围，使接触带经受不同程度的热变质作用，形成红柱石角岩等。测得岩体中心—边缘—接触带石英包裹体的温度为 768 ℃ ~622 ℃ ~572 ℃。看来石碌接触带的温度未能达到使赤铁矿脱氧转化为磁铁矿的临界温度”[8]20。

（二）矿石中锆石等的特征

石碌岩体花岗闪长岩中锆石最多，含量达 128 g/t，几乎全部以包体形式赋存于黑云母、斜长石和石英中，单晶以简单柱状为主，发光性弱，锆铪比值较小，偶见浑圆颗粒（被认为是混合岩化作用的结果[21]19）；两透岩、石英岩中锆石量中等，为 33~26 g/t，散布于石英等矿物颗粒之间。石英岩中锆石具一定分选现象，细粒的自形锆石较多。两透岩中长柱状锆石占主要地位。矿体中锆石含量普遍少，为 4.8~0.7 g/t，矿石越富，锆石越少，北一矿体中锆石有明显的熔蚀现象（TFe 含量为 45.68% 的矿石被熔蚀的锆石占 20% 以上[21]19，当 TFe 含量为 60.0% 时，17.040 kg 样品中仅有 9 颗锆石。锆石和石英两种矿物的粒度相当，均被铁质胶结）（表 1-47）。

人工重砂分析及镜下鉴定结果表明，第 7 层砂页岩薄层贫矿，主要矿物为赤铁矿和石英，矿石含锰较高（1% 左右），不含锗[21]，具碎屑和鲕状结构，锆石产出于石英等矿物颗粒之间（如石灰坑矿体）。产出于第 7 层与第 6 层两透岩之间，如南一铁矿，为单层贫矿，不含锗，具鲕状结构和碎屑结构，主要矿物为赤铁矿和石英，次为透辉石、透闪石、重晶石和黄铁矿等；北一铁矿含锰低（一般 < 0.05%）、含锗高[21]（0.000 23%~0.001 48%，最高为 0.002 2%）。

北一铁矿最重要的微观特征，是贫矿石中的铁质之外的矿物都呈碎屑状——碎屑结构。

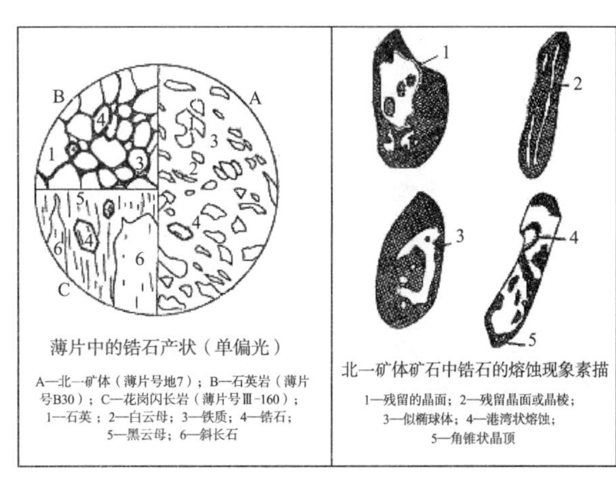

图 1-135　石碌铁矿岩矿石微观素描图[21]

注：左图所称北一矿体不准确，应为北一矿体之贫矿石。

第 7 层铁矿中的锆石几乎全部经过运移磨蚀和分选；南一铁矿中

的锆石几乎有一半属于沉积型，沉积作用应是成矿的重要因素；北一铁矿中的锆石与石英颗粒一样，均为铁质所胶结、熔蚀，扁平柱状、细长柱状--长柱状的晶体占 80% 以上，但其薄片图中由各种碎屑态矿物构成的碎屑结构，铁质基底胶结的特征仍然极为典型（图 1-135）。

花岗闪长岩中的锆石，发光性较弱，锆铪比值较小，晶形以简单柱状为主，偶见浑圆状颗粒。

表 1-47　石碌铁矿区地层、岩石、矿石中锆石含量表

<table>
<tr><th colspan="2">样品类型</th><th>岩性</th><th>采样位置</th><th>锆石重量 / 样品重量 /（g·kg^{-1}）</th><th>含量 /（g·t^{-1}）</th><th>备注</th></tr>
<tr><td rowspan="6">浅变质岩</td><td rowspan="5">第 6 层</td><td>石英岩</td><td>388 采场</td><td>0.043/12.62</td><td>34</td><td></td></tr>
<tr><td rowspan="2">两透岩</td><td>388 采场北一矿体北</td><td>0.026 4/10.40</td><td>26</td><td></td></tr>
<tr><td>388 采场北一矿体南</td><td></td><td></td><td></td></tr>
<tr><td>白云岩</td><td>388 采场</td><td>15 颗锆石</td><td></td><td></td></tr>
<tr><td>白云质结晶灰岩</td><td>388 采场</td><td>17 颗锆石</td><td></td><td></td></tr>
<tr><td>第 7 层</td><td>绢云母石英片岩</td><td>388 采场点 n</td><td>12 颗锆石</td><td></td><td></td></tr>
<tr><td colspan="2" rowspan="2">石碌岩体
花岗闪长岩</td><td></td><td>140 窿 22 点南</td><td>0.015/10.33</td><td>15</td><td>颗粒细，多未选出</td></tr>
<tr><td>140 窿 22 点</td><td>0.835/6.550</td><td>128</td><td></td><td></td></tr>
<tr><td rowspan="6">赤铁矿体</td><td>7 层铁矿</td><td></td><td>石灰顶 366 采场</td><td>0.056/1.70</td><td>4.8</td><td>TFe 40.34%</td></tr>
<tr><td>南一铁矿</td><td></td><td>377 采场</td><td>0.014 2/4.0</td><td>3.5</td><td>TFe 41.60%</td></tr>
<tr><td rowspan="2">北一铁矿</td><td></td><td>412 采场</td><td>0.010 4/15.0</td><td>0.7</td><td>TFe 45.68%</td></tr>
<tr><td></td><td>388 采场</td><td>28 颗锆石</td><td></td><td></td></tr>
<tr><td rowspan="2">北一富铁矿</td><td></td><td>388 采场</td><td>10 颗锆石</td><td></td><td></td></tr>
<tr><td></td><td>388 采场</td><td>9 颗锆石</td><td></td><td>TFe 60.0%</td></tr>
</table>

（三）岩矿石包裹体研究

采集包裹体样品 213 个，1~7 层（不包括第 6 层）18 个，北一矿体矿石露采台阶 47 个，深部钻孔 98 个，以铁矿石为主，兼有铜钴矿石。石碌矿区其余岩矿石 29 个。另外 21 个为外围矿区样品[14]261。

包裹体绝大多数细小（1~5 μm），且稀少，大于 5 μm 的只有第 4 层石英岩中的石英，两透岩中的石英，白云质大理岩、大理岩中的方解石，重晶石脉中的重晶石，赤铁角砾状碧玉岩中的石英、碧玉，南 6 矿体中赤铁矿石中的石英、方解石，外围花岗闪长岩中的石英，共 7 种岩石，包括 4 种矿物，最大仅 15 μm[14]263。

有些包裹体明显呈定向排列。如第 2 层白云质灰岩及第 6 层阳起石、透辉石化白云质灰岩中，方解石重结晶作用显著并普遍文石化，主要矿物定向排列，方解石和文石中之包裹体亦呈定向排列，其长轴方向与重结晶作用后的主矿物排列方向相一致。这种定向排列的包裹体“与更后期的”次生包裹体在形态、大小、气液比和排列习性上均有明显的差异，“即热液早期的气液包裹体往往具有拉长习性，且个体较小”，更晚期包裹体多不规则，且较大[14]266。“在第 7 层石英砂岩中，热液改造期形成的石英包裹体沿石英颗粒边缘分布，与变质作用产生的包裹体可以明显地区别开”[14]267。

包裹体可分为液体、气体和玻璃 3 种。液体包裹体是主要类型，分布广泛，气液比一般为 5%~30%，最高为 45%。有时可见气体近于零的纯液体包裹体，它们主要分布在第 4 层石英岩、第 5 层片岩的绢云母、第 6 层岩石的尤其是透辉石以及和碧玉共生的石英中。北一矿体中的透闪石亦有纯液体包裹体存在[14]261。

石碌群中各种矿物包裹体的爆裂温度基本为两组，一组为 484~502 ℃，另一组为 344~361 ℃。前者在各种地层中的情况是：第 2 层白云质灰岩中为 448 ℃，第 4 层石英岩中为 484 ℃，第 5 层绢云母石英片岩中为 486 ℃。另一组在第 6 和第 2 两层白云岩及白云质灰岩中非常明显，包裹体极多，而前一组极少，爆裂数也少。“前者是地层应力作用下产生不同的物理化学过程，后者是矿区地层在遭受区域变质作用而形成浅变质岩系以后，又受到热水溶液的改造作用。因此，后者比前者具有较大较多的气液包裹体”[14]268。此外，在第 4 层石英岩中的玻璃包裹体（由玻璃质与气孔组成）其均一温度为＞900 ℃，“说明地层中可能有火山喷发物质的加入”[14]268。

北一矿体各种矿物中的包裹体的爆裂温度也分为两组，一组为 465~563 ℃，只在少数样品中有所反映。但在赤铁矿中也有这一组温度存在。另一组为 344~396 ℃，在各种矿物中普遍存在，如赤铁矿为 345 ℃，石英为 396 ℃，碧玉为 362℃，第 5 层绢云母石英片岩中方解石脉为 365 ℃，第 6 层白云质灰岩为 345 ℃，其中的方解石脉为 341 ℃。北一矿体矿物中第 2 组包裹体的爆裂温度在空间上的分布情况，即北一矿体赤铁矿在垂直方向由上向下温度递减，即由 366 ℃至 257 ℃，相应的磁铁矿矿物量逐渐增多。磁铁矿爆裂温度在垂直方向上的变化趋势与赤铁矿相同，但稍低，即由 313 ℃至 256 ℃。在水平方向上则自北向南，自北西西向南东东，磁铁矿的温度变化是从 313 ℃至 285 ℃，含钴黄铁矿则由 380 ℃至 258 ℃[14]269。

石碌铁矿区包裹体温度在平面上有规律变化，即由北向南温度由 373 ℃至 285 ℃（相差 92 ℃），由北西西向南东东温度由 345 ℃至 285 ℃，说明北面花岗岩温度场的影响显著，其所谓区域变质期包裹体的温度：北一矿体赤铁矿为 455 ℃至 460 ℃，南一矿体赤铁矿为 444 ℃至 493 ℃[14]265。赤铁矿体与铜钴矿体的温度变化，是与磁铁矿和硫化矿物有关的这一组矿物，其爆裂温度范围为 213 ℃至 307 ℃，铜钴矿体比赤铁矿体温度要低。靠近铜钴矿体的磁铁矿、赤铁矿的温度也较低[14]271。铜钴矿体矿物包裹体的温度为 265 ℃至 314 ℃，最低为 221 ℃[14]275。针对赤铁矿做矿物学研究的 17 个样品，未发现存在气液包裹体，研究者认为说明赤铁矿并非岩浆或热液成因，而为冷水胶体沉积[14]220。

矿区及外围花岗岩是中生代侵入体，其石英有气体包裹体、液体包裹体，长石有极少包裹体。前人将矿区外围的岩浆岩视为岩基体“儋县花岗岩”，称“儋县花岗岩可能不是由高温的岩浆熔体直接结晶而成，而是由富硅富碱的岩汁对围岩进行渗透交代的产物，并曾达到半塑性状态，为具有一定向上侵入能力的同构造期准原地型花岗岩”[14]142（文献［5］659 划分为加里东—华里西期儋县半原地混合花岗岩）。

四、构造分析

对地质现象的认识和对地质作用的理解是地质学研究的基本功。笔者认为热液矿床矿体是构造体，这是对地质现象认识的重点，由此才毫不犹豫否定前人矿床成因不是水成就是火成、200 多年来毫无意义的所谓研究，也因此构造控矿作用分析才是本节的核心。

石碌铁矿区早期为以昌江—琼海大断裂为主干断裂、石碌复向斜为分支断裂的入字型构造体系，在形成压性入字型构造过程中引发地壳重熔，消除了原来阻碍主干断裂反钟向扭动，也同时因出现石碌岩体新增了面型温度场的边界条件，晚期演进为既保留有控矿压性入字型构造压性、压扭性结构面发育的特征，也有张、张扭性结构面发育的特征。这与个旧锡矿、萨尔托海两个控矿张性入字型构造迥异，与锡矿山等 14 个控矿压性入字型构造总体相似但也有差别，概括说，最重要的差别是石碌入字型构造发展演化有早晚两期，晚期新增面型温度场边界条件，呈现与控矿张性入字型构造和控矿压性入字型构造都有差别的构造图像。

（一）昌江—琼海大断裂为石碌铁矿区域性主干断裂

该大断裂属由航磁异常推定的潜伏基底断裂，证据欠充分。认定该大断裂存在，从大范围说是琼北有与之平行的王五—文教大断裂[5]777（图 1–125），并非孤立之存在；从矿区外围说，有长轴东西向的石碌岩株，可以视为大断裂引发地壳重熔岩浆体的表现；从局部说，石碌复向斜恰位于昌江—琼海大断裂南侧，不能视为偶然。石碌铁矿区的各种构造形迹，尤其可作为该大断裂存在的证据。这就是石碌复向斜是该区域性大断裂的压性分支构造，反映昌江—琼海大断裂在该地段反钟向扭动。

（二）石碌复向斜为昌江—琼海大断裂的分支构造，两者共同组成石碌入字型构造

北西向石碌复向斜自北西端起始紧密褶皱乃至倒转，向南东逐渐舒缓消失，符合不穿切主干断裂、靠近主干断裂强烈发育、远离减弱消失、与另侧构造毫不相干分支构造之特征。石碌铁矿区定位于石碌入字型构造之合段，作为石碌式铁矿典型代表的北一铁矿紧邻近段，所有的铁矿体都靠近近段，向远段逐渐减弱消失，都表现出属压性入字型构造控矿的宏观特征。

矿物温度变化相应有所表现。如自北西西向南东东温度降低，温度变化：磁铁矿由 313 ℃→ 285 ℃，含钴黄铁矿由 380 ℃→ 258 ℃[14]269。

石碌复向斜内各构造形迹原都属石碌复向斜的应变构造系，但所形成的入字型构造与典型的压性入字型构造如锡矿山入字型构造有区别，即另有半个矿区张性和张扭性结构面发育，反映出存在早晚两期构造活动。

（三）昌江—琼海大断裂与石碌复向斜共同组成压性入字型构造后的演化

反钟向构造应力持续作用引发地壳重熔，消除了原阻碍反钟向扭动的边界条件，重熔出石碌岩体出现面型增温温度场，石碌铁矿区构造因此以石碌岩体的出现为界，分为早晚两期构造，这就是所有研究都能够认识到成矿作用有早晚两期的根源。

1. 早期构造

早期构造原本为石碌复向斜及其应变构造系（如地层由老到新包裹体温度递增，包括磁铁矿、赤铁矿由上向下温度递减，下部或复向斜外圈层铜钴矿体比赤铁矿体温度要低等，反映的是复向斜内圈层较之外圈层受到更为强烈的挤压。在这里，地热增温率的影响逊位于构造应力场）。但大多被晚期构造改造，比较完整留存的只有石碌复向斜南翼的 F1、F2、F22 断裂，并且不排除也受到一定程度的改造。石碌复向斜宏观特征仍然保留，但被复杂化。

2. 晚期构造及其力学性质

①一级构造 F25 应当为昌江—琼海大断裂应变构造系的压扭。

F25 作为矿区一级顺钟向扭裂，不再是石碌入字型构造的组成部分，相反属对石碌入字型构造改造的构造成分。从其与脉岩的相关关系看，应是石碌入字型构造持续作用引发地壳重熔，在增温温度场边界条件下，由昌江—琼海大断裂南北向挤压应力作用下的顺钟向扭裂（单纯的不存在压应力的扭裂，在构造应力持续作用过程中是不可能存在的；昌江—琼海大断裂在不同地段可以表现出不同性质，这应是称它顺钟向扭动[5]778、向南俯冲[6]不同说法的根源）。F25 与昌江河南东向支流平行（图 1–126），构造级别堪称矿区超一级断裂（不亚于石碌复向斜）。

不论 F25 怎样成生，有 3 点是确定的：一是顺钟向扭动为其基本特征，属压扭性断裂；二是伴有脉岩，应属造成重熔出石碌岩体的构造应力场之同期产物；三是当原来阻碍昌江—琼海反钟向扭动的边界条件被地壳重熔消除后，其引发的构造应变必定有相应改变，这些改变较多，将逐一陈述。

F25 是影响矿区构造—矿化极为重要的断裂，在矿区内起构造分区作用，将矿区分为北东、南西两区段。不妨称北东部为弛区段，南西部为紧区段。

在平面上、剖面上，F25 都斜切复向斜。平面上矿区地质图可见被 F25 斜切，斜列有两个向斜槽，偏南西侧者以石碌群第 7 层为槽，偏北东者以石炭系下统为槽。

②南北向一级构造 F6、F32 为昌江—琼海大断裂应变构造系的张裂，同样可伴有脉岩。它们与 F25 彼此切割。它们的成生与 F25 关系密切，可互为同期成生的证据。

③北东向 F28 及其西侧未编号平行断裂（本书编号 Fd）和 F7 为 F25 派生的张裂。该派生张裂由西向东使得以石炭系下统为槽的复向斜（F25 北东部半个矿区）被切割为 3 段。

3. 晚期构造应力场对早期构造的改造

①早期原始状态的石碌复向斜受区域性反钟向扭应力作用，应当是向北西翘起、向南东倾伏的比较完整的向斜，现已被晚期构造应力改造得相对复杂。由 F25 分隔出南西侧的“反母字形边框”紧区段，不再受北盘向西、南盘向东，即成生石碌复向斜的构造

应力场制约，转变为受北东盘向南东、南西盘向北西的顺钟向扭应力场控制。北一向斜—房山背斜—石灰顶向斜遂成为 F25 派生的相当标准的多字形构造。与一般概念中多字形构造多有与之垂直的张裂发育不同，该多字形构造中 F24 为压扭性断裂，且极为发育乃至贯穿整个多字形构造。在紧区段则完全没有北东向构造形迹，连北东向地质界线都不出现。

如果将早期石碌复向斜对石碌群第 6 层铁质（泥盆系岳岭群中豆状赤铁矿小结核）的初次聚集视为形成了北一铁矿，F25 则对北一矿体进行了进一步改造富集。前述北一铁矿体边廓、露头群界线、带状夹石排布乃至岩矿石包裹体等均与 F25 平行，由铁矿勘探类型实例规范提供的 3 幅（512 m、497 m、484 m 标高）中段图大同小异（图 1--133），均显示出沿北西向几乎全是富矿。同样表明北西向压扭 F25 对地层和矿化的控制，并且不限如此，F25 应变构造系的派生压扭性构造应力方位和张扭性构造应力方位也有控制作用（图 1–136），并且这些控制始终起作用。

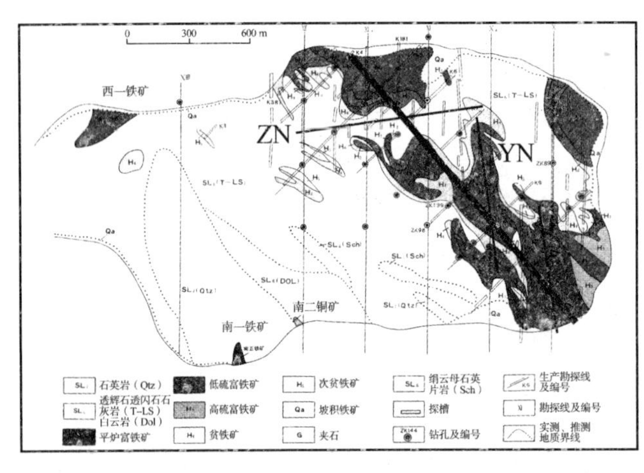

YN—压扭性构造应力方位
ZN—张扭性构造应力方位

YN

ZN

矿体沿北西向发育的总体格局下还有两个细节：一是说明F25派生的压扭性构造应力参与对矿体的控制；二是无矿带沿北东东向出现，说明派生的张扭性构造应力方向不利于成矿

图 1--136　压扭性 F25 断裂应变构造系的派生结构面对成矿的控制作用

与复向斜南翼平行的 F22、F1 和 F2 等断裂，是否作为反母字形边框内相当于纵扭、存在顺钟向扭动，可调查结构面是否存在后期改造的遗迹后确定。

反母字形边框内不存在相当于横扭的北东向断裂（也不存在北东向地质界线），进一步证明泰山式断裂不属压扭性而只能是张扭性论断[22]122 的正确性。

②在 F25 北东侧的弛区段，则完全是另一番构造图景：一没有北西向线性特征。二反而出现在紧区段完全不存在的北东向地质界线。三出现北东轴向的三棱山向形构造和其南东出现以石碌群第 6 层为核部的浑圆形穹窿构造。地质图虽然没有标示地层产状，但可以断定弛区段地层倾角总体上较紧区段缓。四则是 Fd、F28 和 F7 也应表现出正断层性质。

4. 构造对石碌群变质作用的决定性影响

认为石碌群的变质作用属区域变质作用，基本原因在于认为石碌群为“老地层”。在传统观念下，变质作用强烈，与老地层互为证据。在华南准地台，哪怕只是志留系，也经历区域变质，变质作用强度不亚于绿片岩相。一旦其时代更正为泥盆系，就必须认识清楚其变质作用性质。笔者认定属动力变质，热变质是动力变质的表现形式，不只依靠地质力学，而是有可供对比的例证的。

以为石碌群是区域变质另外的原因应是对褶皱翼部切变引发的动力变质作用强度缺乏认识。笔者指出，褶皱翼部切变位移的幅度可以是地层厚度的4倍，即百米厚地层的翼部切变扭动可达400 m！这只需卷起书本就可证明。尤其重要的是，要认识到属动力变质，还必须认知一个重要的边界条件，这就是石碌群之上的石炭二叠系主要是碳酸盐岩厚大块体。碳酸盐岩块体一般不会像碎屑岩那样由片理化分散释放构造应力（没有片理化碳酸盐岩，至多出现层纹状构造。并且层纹与片理未必有相同的释放构造应力的作用；或体现为热变质造成的重结晶），而是产生压扭性断裂。在这种边界条件下，石碌复向斜紧密褶皱产生的巨大的翼部切变应力极容易引发碎屑岩以片理化形式出现的应变，由此引发动力变质达到绿片岩相的程度。极为相似的实例是广东英德红岩—西牛黄铁矿成矿带，泥盆系等海西—印支构造层反复褶皱，泥盆系中统桂头组泥砂质碎屑岩在上覆东岗岭组—天子岭组厚大碳酸盐岩边界条件下，褶皱翼部切变使之强烈片理化，变质达绿片岩相，可出现片岩，矿物定向排列，石英被拉长，锆石柱体被断为三截等，曾定为“寒武系流眉群”。此“寒武系流眉群”与石碌群极为相似（未实地调查只说“极为相似”，笔者深信它们就是一回事）。而在东岗岭组碳酸盐岩层中则产生顺层扭裂成为赋矿构造（并产生白云岩化），在西牛矿区F1、F2之间夹持的平均厚不足百米的东岗岭组至少产生9条扭裂，形成9层顺扭裂发育的顺层状矿体[13]105。

（四）石碌铁矿区构造的演进与对矿化的控制作用

石碌铁矿区早晚两期构造演进可做如下概括：

①早期成生石碌入字型构造，形成石碌复向斜总格局。

②晚期在地壳重熔增温温度场边界条件下被南北向挤压应力场改造。

③由F25体现的、属于南北向挤压应力场的北西向压扭应力在其南西紧区段成生一系列有机联系和精妙的构造图像——“反母字形”边框及其内“反乡字形”构造（图1-137③左），乃至对石碌铁矿矿化产生规律的控制作用（图1-137③右）。

在地壳重熔增温温度场边界条件下，F25北东区段已处于弛张态，F25对紧区段的侧压相对使北东区段更显弛张，它们相反相成，乃至F25派生的张裂Fd、F28及F7更为发育，上盘下落并出现北东向地质界线，形成三棱山向形及其东侧浑圆形穹窿。

由此可知，石碌铁矿体在受石碌入字型构造合段总体控制的基础上，再由以F25为代表的南北向挤压应力场控制。石碌入字型构造与以F25为代表的南北向挤压都源自昌江—琼海大断裂构造应力场。

（五）石碌入字型构造与典型压性入字型构造的异同

石碌入字型构造与锡矿山入字型构造比较是有相当多的张性、张扭性结构面，而锡矿山矿区完全不存在高级别的张性、张扭性结构面。

石碌入字型构造与白家嘴子控矿压性入字型构造比较，可以看到主体的同一性（图1-138）。

总体上，主干断裂反钟向扭动方向、主干断裂与分支构造的主从关系与夹角一致，

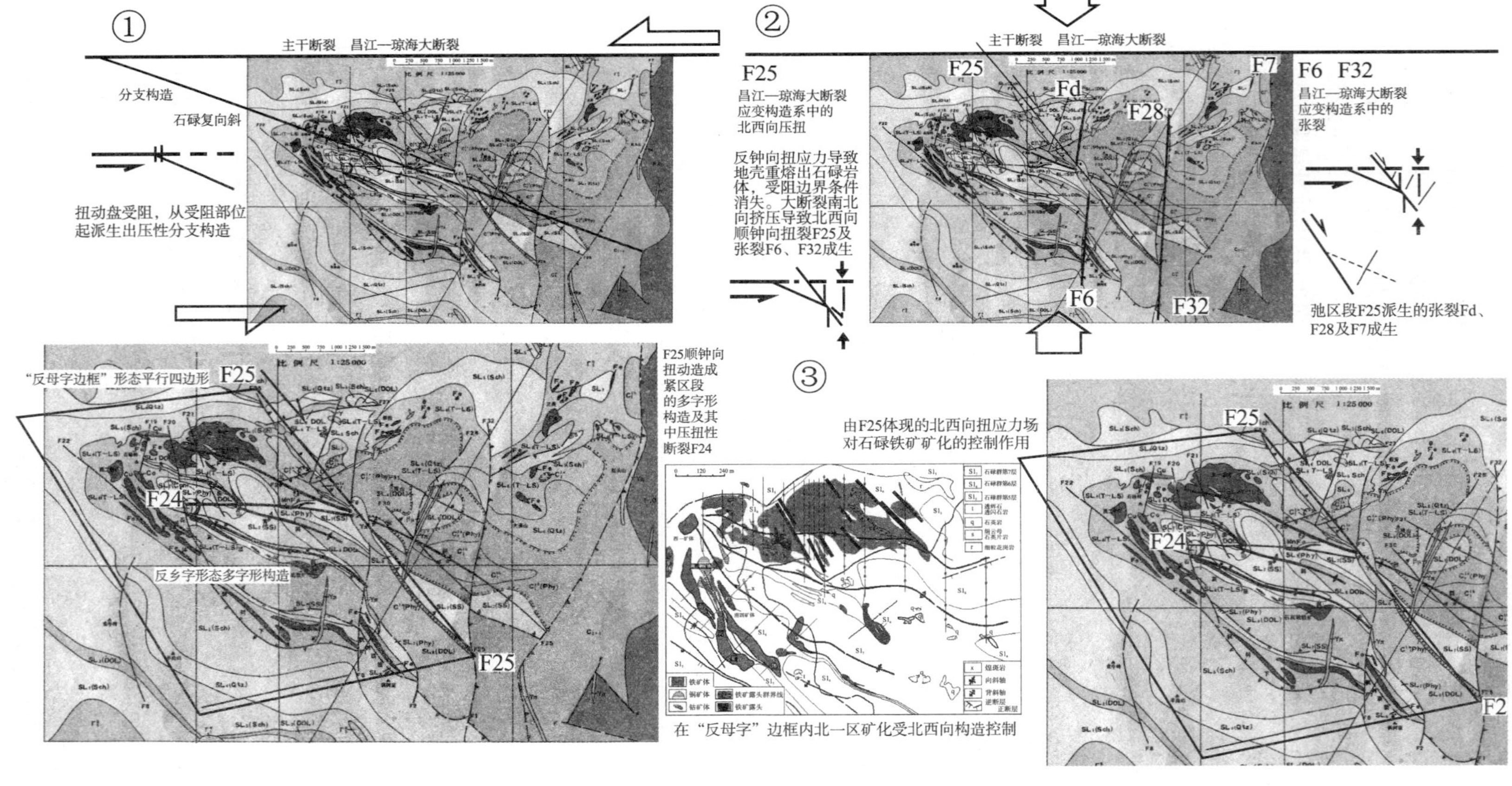

图 1-137 石碌铁矿区构造演化示意图

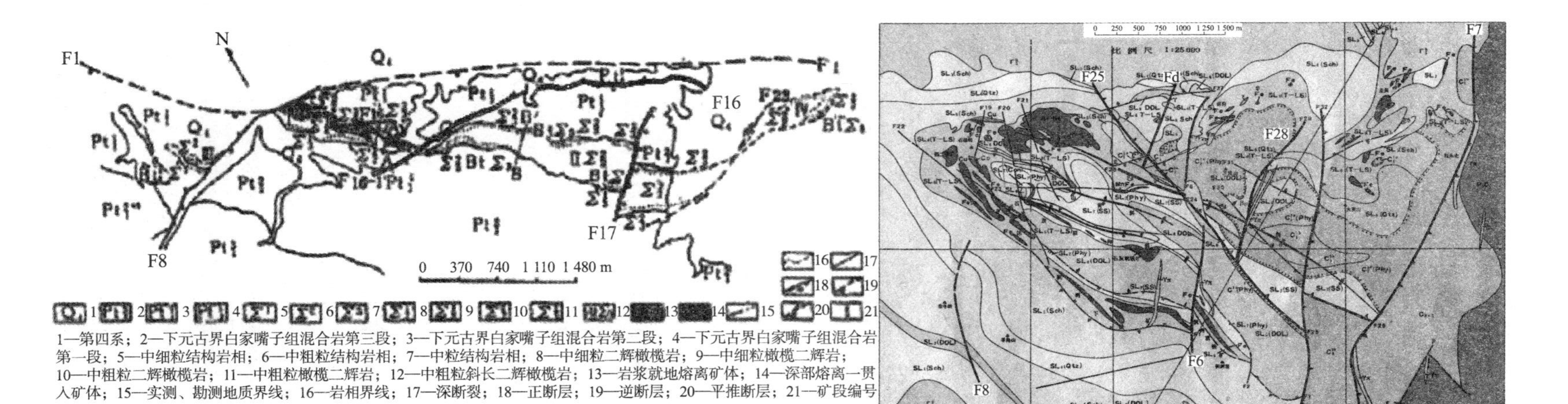

石碌F25与白家嘴子F16近乎垂直表现出差异性；石碌铁矿区F28等与白家嘴子F17表现出同一性

图 1-138　石碌铁矿与白家嘴子铜镍矿矿区构造的主要异同

表现出它们的绝妙同一性。但白家嘴子入字型构造引发的地壳重熔仅限于分支构造本身，在古老地层，成岩作用相当完全，因而沿分支断裂出现线性高温温度场，沿此线性高温温度场重熔出超基性岩脉体，而不出现面型增温温度场（之所以出现超基性岩，是因为古老地壳有更多铁镁质来源，尤其是古老地壳成岩作用程度高，其构造应变造成的温度场更高。在最高温度场晶出的当然为超基性岩）。作为典型的控矿压性入字型构造，白家嘴子矿区原不应出现张裂，但对立统一规律促使成生张裂 F17，其中的道理本书上卷已经阐明[13]。

石碌铁矿区是在反钟向扭动构造应力持续作用过程中引发地壳重熔，在相对年轻、由下古生界基底组成的陆壳边界条件下，形成的温度场相对较低，下古生界又相对有更多的硅铝质，重熔岩浆体只能是花岗岩类；正因为地壳重熔亦即增温温度场在构造应力持续作用过程中出现（证据很多，如靠近石碌岩体蚀变增强、温度变化梯度南北向超过复向斜引起的北西向等），石碌铁矿区构造的成生必定有早晚两期，早期成生典型的压性入字型构造，晚期地壳重熔使原来促成反钟向扭动的边界条件消失，南北向挤压应力场显现，在石碌铁矿地段成生以 F25 为核心的顺钟向扭裂并改造早期构造。

有趣的是，改造早期构造的不再属于石碌复向斜应变构造系，而属于昌江—琼海大断裂应变构造系的压扭和张裂，它们是与石碌复向斜同序次的构造，即石碌入字型构造属昌江—琼海大断裂反钟向扭动期的初次构造，F25 属昌江—琼海大断裂南北向挤压期的初次构造。

石碌入字型构造与个旧锡矿、萨尔托海控矿张性入字型构造比较，则完全是两种图像。构造演化有早晚两期是石碌铁矿入字型构造的特殊性。鉴于其晚期有面型增温温度场，遂归类本章，因为边界条件是影响构造应变极为重要的因素。

五、对石碌铁矿地质研究和矿产勘查评价的推测、判断

构造对石碌铁矿的控制作用是明确的和清晰的。认识和实践的辩证关系，在自然科学中是认识世界是为了改造世界，构造控矿理论理应对地质研究和矿产勘查评价做出推测、判断。

（一）关于地层时代

地层研究不只有靠化石、地层接触关系与同位素年龄 3 个途径，铁矿成矿规律揭示了“地层研究的矿床地质学途径”，风化作用揭示了“地层研究的普通地质学途径”（有沉积铁矿层或富铁沉积层，必定曾经沉积间断；有铁铝沉积建造，其下必为平行不整合面；有沉积铁矿层，必曾经历造山运动才形成不整合接触关系。风化作用表明只有三价铁和铝土矿在富氧大气圈中最稳定，有铁铝建造。结合其他宏观资料，就完全可以成为判断地层时代的途径），当然都可以视为构造（地壳运动）途径。在作者和期刊都认为石碌群为泥盆系无须讨论的基础上，笔者有理由坚持 20 世纪 80 年代的认识——石碌群第 1~6 层为泥盆系，第 7 层为石炭系下统底部层位。从宏观角度看，第一是“闽粤台背斜”指明的在海西—印支旋回海侵到达的地区，海南与粤东、闽南属于相应部位；第二是中

国的“闽南—粤东铁矿带”与闽粤台背斜相呼应（当年的粤包括海南岛）。笔者认为将石碌群与北方震旦纪青白口群对比的论点值得商榷。

当然，也有凭化石认为石碌群第1~6层属下石炭统--上泥盆统（？）、三棱山群属中下泥盆统的[23]。

对石碌铁矿的地层研究能够证明“宏观法”的强大生命力。本来靠化石划分地层时代见长的杨遵仪先生放弃其所长，首先以宏观法提出属泥盆系；笔者认定马坑铁矿为石碌第2采用的也是宏观法；原广东省地质局海南地质大队总工程师蒋大海采用面的资料，不仅正确确定矿区石碌群的时代，同时指出江边—石岭九处“最近几年在这些陀烈群分布的地区曾先后发现一些晚古生代化石”的事实，指出“以往所划分的寒武纪陀烈群绝大部分都应归属泥盆—石炭系”[17]34也属宏观法。这些都是正确的。中国科学院富铁矿研究队局限矿区地层研究得出第6、7层之间为不整合接触关系的结论，而其着重面的研究（区域性基础地质）认为属连续沉积就比较靠谱些。不论权威度如何，单靠古生物化石得出的结论不仅五花八门，而且事实证明都是错误的；单靠研究锆石、铁碧玉、气液包裹体特征和形成温度（“玻璃包裹体可能表明其是火山作用形成的”！）所谓的微观研究……这些结论也都是错误的。当然，其错误的根源首先在于对地层研究上的错误，如果认识到含矿层为泥盆—石炭系，那么什么沉积变质、海底火山成因、火山热液、胶体化学沉积、沉积矿产，还有什么“肯定是沉积变质（或火山沉积变质）”，依理而论不应出现。

（二）石碌群第6、7层之间存在沉积间断

海南岛毕竟不是闽南—粤东。在海西—印支旋回海侵到达都较晚的大同下，也存在小异。这就是当地地质队横向比较发现石碌地区石炭系下统岩关阶可能缺失及点的研究对第6、7两地层沉积接触关系激烈争议的基础上[14]86，笔者再根据铁矿成矿规律认定，即使第6、7层之间属连续沉积，也并不妨碍第6层是富铁沉积层，只是难以解释第7层何以为含矿层。

按“不整合或者假整合面之上如果不产出铁矿体必定产出富铁沉积层”规律的反向思维，有富铁沉积岩的第6层当然属加里东造山运动的首个沉积层的顶层，由于经历较长时期的沉积间断，因此在基底无铁矿的海南岛虽不能直接形成沉积铁矿层，但能形成富铁沉积层（这就是岳岭群豆状赤铁矿小结核富铁沉积层）；在石碌，平行不整合则应是三价铁与氧化铝同时沉积形成铁铝建造[13]；在前人资料——石碌地区可能缺失石炭系下统岩关阶——基础上，该沉积间断也应当另残留氧化铝，这就是第7层出现次要铁矿层的原因所在。根据第7层、第6层之间为平行不整合，还可以推断第7层较之第6层富氧化铝。这一推论提请实践检验。

（三）含矿层就是矿源层

对含矿层研究得到的“围岩与矿层具有明显的沉积韵律，即由不含铁的沉积岩—含铁千枚岩—贫铁矿—富铁矿—含铁千枚岩—不含铁沉积岩；矿层与围岩同步褶皱；矿石保留粉砂结构、生物（包括蓝藻）结构、鲕粒结构、胶粒结构、微层构造，和交错层内

碎屑等原生沉积特征”以及微观研究“矿石中石英碎屑和锆石均具有一定的磨圆度，赤铁矿以基底式、孔隙式接触式胶结石英”……这一类沉积特征的事实，说明的应当是含矿层即是矿源层，它不代表同生沉积，却能诠释作为成矿规律的层控矿床理论（用不着凭空遐想“远火山”来源[14]。远到哪里去，哪里的石碌群有火山沉积呢？）如果说马坑铁矿是将后加里东运动后碳酸盐岩层下的首个沉积层（富铁沉积层）由构造岩浆作用聚集铁质成矿，那么石碌铁矿同样是后加里东运动首个碳酸盐岩层下的沉积层（富铁沉积层—岳岭群富铁沉积层—豆状赤铁矿小结核）由构造岩浆作用聚集成矿，构造作用更为直接显著，岩浆作用主要体现在有面型温度场。中国之所以有“闽南—粤东铁矿带”[24]392，是因为由北东向南西依次有福建大田的银顶格、万湖、汤泉，德化阳山，安溪潘田，漳平洛阳、挂山，龙岩马坑、中甲，广东大埔，平远尖山，兴宁铁山嶂，称铁矿储量占比少但“富铁矿占一定比例”（如果加上曾占我国富铁矿 70% 的石碌铁矿，则乃中国最大的富铁矿带）。在大地构造学家划分包括海南岛的“闽粤台背斜”、已经看重后加里东运动海侵晚泥盆世才到达闽南—粤东—海南的事实的基础上，将海南石碌铁矿纳入该铁矿带，马坑铁矿属于“石碌第二”当然就是真理了。

（四）在构造上的矿石微观特征——定向排列方位应即 F25 之方位

“矿物及包裹体定向排列，石英碎屑光轴定向，矿石中鲕粒、胶粒、石英碎屑拉长、压扁、定向”等微观研究发现的规律应即 F25 之方位，这些规律主要应在紧区段体现。关于期次，“热液早期的气液包裹体往往具有拉长习性，且个体较小”，更晚期包裹体多不规则，且较大[14]266 的说法的证据未见披露。从构造控矿角度看，如果上述期次划分不错，则必须查明“多不规则，且较大”包裹体的地质与空间分布。从构造控矿的角度看，具有拉长习性且个体较小的包裹体，应属晚期即 F25 形成期的产物。

上述推断风险大，但属构造控矿理论的必然结论。上述两点都提请实践检验。

（五）关于铜钴及硫铁矿

关于铜钴及硫铁矿的成因，只能从铁矿的成因中推导，即第 6 层底部已沉积有铜、钴及硫组分，在铁的成矿富集过程中也相应富集成矿。

六、石碌入字型构造控矿对成岩成矿作用的启示

（一）强大的构造应力场引发地壳重熔

入字型构造中，能造成约 2 000 m 厚碎屑岩—碳酸盐岩层状体形成如石碌复向斜规模的分支构造，此构造应力场就能促成如下古生界成岩程度的地壳产生地壳重熔，形成花岗岩类岩浆体。地壳重熔的部位起于石碌入字型构造的合段。在海南岛这样年轻的地壳，绝不会像白家嘴子矿床古老地壳那样制造出足够的高温，重熔—结晶出基性—超基性岩。

（二）褶皱翼部切变可以造成绿片岩相

褶皱翼部切变可造成绿片岩相，可产生与华南准地台下古生界乃至更古老地层类似的变质深度。

这一点已在构造分析节论述。

（三）褶皱翼部切变构造应力场可以迫使富成矿物质组分顺层聚集成富而杂质少的优质富矿

广东英德西牛—红岩黄铁矿成矿带的事实已经说明，褶皱翼部切变可以促使碳酸盐岩中硫化物形成层状似层状黄铁矿体。尽管碳酸盐岩中只存在微量硫酸根和铁（水泥灰岩一般工业要求 $SO_3 \leq 1\%$；灰岩铁的克拉克值为 0.54%），并且砷、氟杂质都不高；但是海南石碌铁矿的事实说明在另添加地壳重熔高温温度场条件下，褶皱翼部切变也可以形成氧化物矿物赤铁矿。它们的共同点在于保留成矿物质的氧化还原属性。碳酸盐岩中相当少的硫酸根和铁都可以通过褶皱翼部切变形成中常品位的大型黄铁矿床，岳岭群中肉眼可见的含水三价铁在聚集成量大、质优不过是脱水的三价铁当然顺理成章，何况处于石碌入字型构造的合段，其富集度当然非比寻常。

（四）一个大型矿床的形成必须有一定时间

石碌铁矿成矿经历了早晚两期构造活动已为人所共知。从本构造控矿视角看，因为有受阻边界条件存在，东西向昌江—琼海大断裂早期反钟向扭动受阻期只能派生出北西向压性结构面——石碌复向斜；构造应力持续作用排除受阻边界条件的后期，出现以 F25 压扭性结构面为代表的昌江—琼海大断裂南北向挤压应力场，对紧区段进一步挤压。这个过程是需要时间的。这就是石碌复向斜—F25 两期构造成生所需的时间。与辽宁八家子矿床伸舌构造成生从晚三叠世至中侏罗世约 3 000 万年[22]17 相似，差别在于开始较晚。

（五）紧区段为石碌铁矿的主要矿体区段，弛区段不是普查找矿的远景地段

这是构造控矿理论的必然结论。既然矿化首先受石碌入字型构造近段控制，后续构造应力持续作用导致的紧区段矿化当然应当更为富集。相反，弛区段就不应作为普查找矿的远景地段，该区段即使有含矿层，或者有小矿体，也至多属贫矿。此项提请熟悉情况者检核。

上述 5 项主要来自对地质构造体空间分布的分析。本来这类所谓的微观研究就没有大的价值，笔者对大量的包裹体之类的所谓微观研究取样却没有采样位置只能扼腕叹息。分明发现平面上温度场有变化（诸如“越靠近石碌岩体，从南六矿体—北一矿体—红西矿体及红西矿体本身自内向外，Fe^{3+}/Fe^{2+} 越低；在趋于接触带方向上也未显示递增的变化”之类），再没有空间信息就更少价值了。其可用部分是测试结果都显示分为两组，它可以作为成矿作用经历了两期的证据。

从上述 5 点可以认定，构造发育的石碌入字型构造近段较之远段、矿区偏北西部较之其他部位（靠近石碌岩体）成岩成矿温度高。事实是矿区北、西、南 3 面都被花岗岩围绕，

但其他方向者对石碌铁矿的成岩成矿影响甚微，不能等同看待。这也可以作为石碌入字型构造控岩控矿的证据。

本构造控矿理论既解释了石碌铁矿体受地层层位控制顺层、似层状产出，具有沉积矿床特征，又完美解释了铁矿石之所以有鲕粒、胶粒、石英碎屑等特征，以及受褶皱翼部切变应力石英碎屑拉长，岩矿石的千枚状、片状构造[8]24 等特征。它还预示成矿物质的聚集在不改变沉积岩碎屑形态的环境下完成（图 1–135 称其 A 为“北一矿体”太含混，只能称北一矿体贫矿石。从对锆石的研究可以看到，高温偏碱性成矿环境下，随着矿化富集程度提高，锆石含量减少——高温偏碱性环境可促使锆石迁移。当然，所采用的对比单位为重量比不科学，应为体积比）。离开了对构造的分析，离开了地质力学思想方法和工作方法，囿于“非水即火”的传统矿床成因观念，热液矿床成因将永远无解。这就是笔者一再呼吁重视地质力学，强调没有地质力学素养就不能胜任地质调查矿产勘查的原因所在。

七、回看对石碌铁矿的研究——地学研究·现状与反思

先列述对石碌铁矿的研究。注意，这不过是笔者收集到的部分。

（一）含矿层属奥陶系，火山成因是典型的火山沉积矿床[24]50

王曰伦 1975 年 3 月在海南队做报告称：石碌铁矿是层状的，有一定层位，矿在 5、6、7 层都有。1~3 层是寒武系陀列群，4~6 层是奥陶系，第 4 层中的粗砂岩是两者的分界[24]52。第 6 层是火山灰、火山角砾和火山弹，第 6 层特别是第 7 层见有不少炉渣式矿石，可见铁的来源是火山，然后沉积的。

（二）属寒武系沉积变质热液改造成因[24]50

广东省地质局区测队南颐、周国强（1975）在三棱山组中采得瘤笔石和网格笔石，将三棱山组划为奥陶系下统，石碌群定为寒武系（1976）[24]52。根据：a. 铁矿呈层状，严格受地层层位控制；b. 在铁矿层中可以见到由 4~7 层块状赤铁矿—薄层赤铁矿—铁质千枚岩的韵律结构；c. 铁矿石具有细鳞片结构及变余砂状结构、矿物成分简单、以赤铁矿为主等特征，认为铁矿主要应属沉积变质热液改造类型[24]50。

找矿方向是：a. 在海南岛石碌地区的寒武系中组与崖县地区的中寒武系大茅群之间的相变过渡地带（乐东、琼中、崖县、保亭），以及岛西部石碌矿区的外围［东方、昌江、儋县（今儋州市）、白沙、澄迈县］大片“陀列群”分布地区，特别要注意在碳酸盐岩层的上下部位找矿；b. 在本省大陆地区，应对粤西信宜罗定一带混合岩分布区、粤西北北连山上草英阳关附近的“前泥盆系”分布区，以及在英德、清远、广宁、四会、德庆、郁南一带与英阳关类型铁矿类似的含矿地层中加强工作[24]52。

原出自南颐、周国强 1976 年《海南石碌地区石碌式富铁矿含矿地层时代及划分的初步探讨》，广东区测。

（三）属沉积变质矿床[24]50

冶金工业部海南铁矿、广东省冶金地质 934 队、广东省冶金地质实验研究所专题研究小组 1976 年研究成果，认为属于沉积变质矿床[24]50。

原出自冶金工业部海南铁矿、广东省冶金地质 934 队、广东省冶金地质实验研究所专题研究小组 1976 年《广东海南石碌铁矿床地质特征研究》，冶金地质资料：《我国南方富铁矿资料汇编（一）》。

（四）属海底火山成因矿床[24]50

广东冶金地质实验研究所朱膺根据副矿物锆石的特征研究，认为石碌铁矿第 7 层铁矿是机械沉积作用造成的，南一矿体是陆源沉积和海底火山作用的混合产物，北一矿体可能是与海底火山作用有关的高温硅铁浆液冷凝、结晶分异、沉淀的结果，应属海底火山热液—“沉积”矿床。

原出自广东冶金地质实验研究所朱膺 1976 年《从副矿物锆石的特征看海南石碌铁矿的成因》，地质与勘探。

（五）属与火山热液有关的沉积变质矿床[24]50

桂林冶金地质研究所认为石碌式铁矿是变质铁矿中的一个亚类，同意沉积变质的观点，并认为铁质富集也可能与火山热液有关。

原出自桂林冶金地质研究所 1976 年《对南方富铁矿的初步认识和找矿意见》，冶金地质资料：《我国南方富铁矿资料汇编（一）》。

（六）属寒武系沉积铁矿[24]50

中国科学院华南富铁矿科研队沉积组 1976 年阶段工作总结认为石碌铁矿是沉积成因的，其依据是：

①主要含铁岩系和矿层均具有一定层位，它位于石碌群中亚群上段，属于石碌群第Ⅲ旋回地段海退程序，主要含矿层见于含铁岩系上部，现今见到的矿体形态不规则是后期构造变动造成的。

②与赤铁矿密切共生的一套岩石组合（含铁建造）是正常的机械沉积的产物，特别是由贫、富矿及泥质粉砂岩（或粉砂质泥岩）组成的正常沉积韵律都是以机械—化学沉积作用为主的产物，尚未发现火山或经改造后残留的火山物质，矿层与围岩呈整合关系。

③含铁岩系和赤铁矿层的物质组成比较简单，除赤铁矿本身外，杂质组分多数是沉积分异作用比较彻底的稳定成分，尚未发现原生的次稳定或不稳定组分。

④赤铁矿主要结构类型中的碎屑结构、内碎屑结构、鲕状结构、团块状结构是典型的沉积结构，铁矿石所含不甚规则的碎屑石英及胶体析出的石英是成岩作用或后生作用过程中被铁质胶结物溶蚀的结果，而并非火山喷发产物所遭受的那种熔蚀作用。

⑤赤铁矿中所含分选良好的石英细粉砂常与铁质构成水平层理及微斜层理，这种层理构造也是沉积成因的重要标志[24]50。

原出自中国科学院华南富铁矿科研队沉积组 1976 年《海南石碌地区石碌式富铁矿含矿地层的沉积作用及其与铁矿形成的富集关系》，内部资料。

（七）属与海底火山作用有关的胶体化学沉积矿床[24]51

中国科学院贵阳地球化学研究所四室成矿实验组 1976 年提交的实验报告认为：

①石碌铁矿是一个与海底火山作用有关的胶体化学沉积铁矿，矿体规模巨大，矿石质量又高，这是成矿过程中经过了较长距离胶体化学搬运以及相当良好的胶体化学分异的结果。

②较长距离的搬运过程以及良好的化学分异，说明石碌铁矿不同于其他海底火山沉积铁矿，它是远源的火山沉积铁矿。由于成矿物质已经经过很远的搬运，因此矿区未见海底火山岩的出露。良好的胶体化学分异实质上排斥了海底火山碎屑掺杂作用的可能性。因此，成因上与海底火山作用有关但无火山碎屑物质的掺杂则也许是这类铁矿的固有特征之一。同时良好的胶体化学分异意味着与其他胶体物质如 SiO_2 胶体的良好分离。因此石碌铁矿见有碧玉产出，但是分布很少并不发育，而且不是典型的层状沉积碧玉。

③石碌铁矿石中的次棱角碎屑石英普遍存在的现象，是与铁质的化学沉积的基本事实显然不调和的。根据桂林冶地所石英气液包裹体的研究，关于石英的生成温度，不同颗粒是不同的（分别为 140 ℃、353 ℃、243 ℃、293 ℃、473 ℃、463 ℃及 591 ℃等），代表陆源沉积物，说明石碌铁矿具有陆源物质的掺杂作用也是无可否认的事实。由于在海底火山活动的时期，海盆地陆源沉积过程并不停顿，海相沉积规律继续发生着作用，这种掺杂作用是可以合理解释的。事实上，矿区的地层沉积物以及矿层中常见有少量泥质夹层物质基本上都是陆源物质。但是，并无理由推论到铁矿的物质来源问题[24]50。

原出自中国科学院贵阳地球化学研究所四室成矿实验组 1976 年《石碌铁矿的成矿条件以及矿石和围岩的水热蚀变模拟实验报告》，内部资料。

（八）属沉积变质热液改造成因[24]51

中国科学院地球化学研究所通过对石碌及外围矿区的物质考察、气液包裹体特征以及形成温度的测定，得出如下几点看法：

①石碌铁矿是有包裹体存在的，不仅在脉石矿物，而且在矿石矿物（赤铁矿、磁铁矿）中存在，在石碌群的大部分地层以及花岗岩中存在。但包裹体是很少和很小的，所以往往被忽视。另外在石碌群第 7 层和南六矿体的铁碧玉中无包裹体，说明既有热液特征又有沉积的特点。

②石碌铁矿中包裹体可以分为 3 类：一是液体包裹体，整个矿区均见；二是气体包裹体，仅见于矿体上部；三是玻璃包裹体，仅见于石碌群 3~5 层。它们分别代表不同的含义。液体和气体包裹体代表热液，而玻璃包裹体可能表明其是火山作用形成的。从地质特征及在石碌群第 7 层和南六矿体的铁碧玉中未见包裹体，说明石碌铁矿是沉积生成的。但沉积来源是复杂的，除了陆源沉积外，尚有火山沉积。

③石碌铁矿的形成在沉积、变质之后又经受了热液的改造作用，其热液的温度为 354 ℃左右，属高温热液。但是这种热液改造作用是较弱的。

④石碌矿区铜钴矿体是热液作用的后期高中温阶段形成的。

⑤石碌花岗岩的形成温度为 746 ℃，并且存在一组热液蚀变温度，这组温度与铁矿的形成温度相似[24]51。

原出自中国科学院地球化学研究所《广东海南石碌铁矿气液包裹体特征和形成温度的测定》，内部资料。

（九）属沉积成因[24]52

中国科学院南京古生物研究所江纳言、张俊民、丘金玉、郑自雯和中山大学梁百和（1977）的研究成果中，认为石碌铁矿的矿床成因是沉积的，根据是：

①铁矿层呈层状或似层状，有一定的地层层位，主要富矿床是产于石碌群中亚群的含铁岩系中部。

②产铁矿层的含铁岩系有一定的沉积层序，受一定沉积岩相沉积环境所控制。

③矿石中有铁质的粒、团粒、结核和内碎屑等清楚的沉积结构，矿石和围岩中的石英碎屑和重矿物都具有明显的受磨蚀和经过沉积分异作用的特征。

④以化学和胶体化学作用为主形成的铁矿层与机械沉积作用为主形成的含铁泥、砂质岩常组成沉积韵律的特征，即富铁矿石—贫铁矿石—铁质千枚岩或砂岩—含铁千枚岩、砂岩。

原出自中国科学院南京古生物研究所江纳言、丘金玉、郑自雯，中山大学地理系梁百和 1977 年《海南岛石碌矿区寒武系石碌群原第 6 层的沉积特征及其富铁矿床的成因探讨》，内部资料。

（十）属寒武系沉积作用为主、变质—热液作用叠加为辅成因[24]52

中国科学院华南富铁科研队矿床组 1977 年提交的阶段性研究成果认为：石碌铁矿在整个成矿过程中，沉积作用是最主要的，起决定性的。原始介质中铁的含量比较高，而硅的含量较低，所以在带进潟湖的碎屑物明显减少的情况下，铁质便大量沉积下来，形成富铁矿；当碎屑物质增加的时候，形成贫铁矿，表现贫富相间沉积的有规则特点。至于后期的变质作用、热液叠加作用，其表现是微弱的、局部的，对铁矿石的富集不起重大的影响[24]52。

据中国科学院华南富铁科研队矿床组 1977 年《广东省海南岛石碌铁矿含矿层的划分及对富铁矿成因的探讨》，内部资料。

（十一）属寒武—奥陶系[24]52

中国科学院南古所卢衍豪 1975 年《中国南部下古生界及震旦系的几个地层问题》的报告：根据动物群的性质、沉积环境和地层发育情况，认为石碌铁矿含矿层属于寒武—奥陶纪，动物群属于“东南型”；而沉积物的特点是属于江南区与珠江区的过渡型。石碌群地层含碎屑岩更多，含碳酸盐较少，是一套更接近于珠江区类复理石建造。因此，从沉积物的特点来分析，在珠江区及其与江南区的过渡区，是存在着海南石碌式铁矿的地层条件的。

原出自卢衍豪 1975 年《中国南部下古生界和震旦系的几个问题》，冶金地质资料：《我国南方富铁矿资料汇编（一）》。

（十二）肯定是沉积变质（或火山沉积变质）[24]52

武汉地质学院陈光远 1975 年《我国南方如何找富铁矿的问题》的报告：石碌式铁矿肯定是沉积变质（或火山沉积变质）。石碌群可能属华南下古生代冒地槽沉积，但下界还不能确定。加里东褶皱系在南方分布很广，应当注意寻找海南式富铁矿，如云开大山加强以东地区。找海南式铁矿不要只限于一个层位，在其他层位和时代，只要有类似的成矿条件，都应注意找矿。

原出自武汉地质学院陈光远《我国南方如何找富铁矿问题》，冶金地质资料：《我国南方富铁矿资料汇编（一）》。

（十三）除寒武系外，是否有震旦纪地层[24]53

南京大学徐克勤 1975 年在谈“铁矿床主要类型的划分及华南寻找富铁矿的问题”时指出，石碌铁矿地层是否属于寒武—奥陶系有怀疑，除寒武系外，是否有震旦纪地层?认为应在云开大山、武夷山、皖南等地注意海南式铁矿。

据南京大学徐克勤 1975 年《铁矿主要类型的划分和华南寻找富铁矿的问题》，冶金地质资料：《我国南方富铁矿资料汇编（一）》。

（十四）找石碌式铁矿应把儋县、昌江、东方等下古生代、寒武—奥陶纪地层发育区，尤其是红岭、军营、芙蓉田等地区列为重点

海南铁矿地测科黎鉴廷认为：本区海西构造带叠加在加里东褶皱带上，而矿床产于加里东褶皱带的寒武—奥陶系上部，战略性普查找矿不仅要注意加里东褶皱带，同时在海西构造带发育区也应引起注意，如粤中的台山、开平一带[24]53。

原出自海南铁矿地测科黎鉴廷 1976 年《对海南石碌铁矿床成因及找矿方向》，冶金地质资料：《我国南方富铁矿资料汇编（一）》。

（十五）只能把石碌群时代暂定为前石炭纪

中山大学地质专业 1976 年认为，在石碌群尚未发现可靠的化石，只能把石碌群时代暂定为前石炭纪[24]53。

原出自中山大学地质专业 1976 年《关于海南铁矿地层时代和有关问题的一些意见》，冶金地质资料：《我国南方富铁矿资料汇编（一）》。

（十六）石碌群包括寒武纪、奥陶纪两个时代[24]53

石碌群 1~3 层为寒武纪、4~7 层为奥陶纪。

原出自中国科学院地球化学研究所《广东石碌铁矿气液包裹体特征和形成温度测定》，内部资料。

（十七）可能是前寒武纪的沉积变质铁矿[24]53

中国科学院地质研究所张文佑于 1977 年到海南岛进行地质调查后认为，石碌矿区石碌群第 6 层铁矿有可能是前寒武纪的沉积变质铁矿，理由有三点：一是石碌矿区第 6、7 层之间有明显的不整合，第 7 层底部的砾岩具底砾岩性质；二是这套砾岩以上的第 7 层与砾岩以下的石碌群下部地层，在变质程度与变形特征等方面均有明显差别；三是第 7 层底部砾岩在某些地段很像古冰川沉积，如在北一矿体的开采面上，砾石大小混杂，圆度不一，成分复杂，有铁矿砾石，砾石表面有沟槽、钉状擦痕，冰蚀凹面以及压坑等。鉴于以上现象，认为第 7 层底部砾石及不整合面应做进一步研究，若能肯定有古冰碛存在，并与南沱冰碛层对比，则石碌群的含矿岩系应与华南板溪群或澳大利亚亚哈默斯利型铁矿相当，这对评价石碌型富铁矿的找矿远景有很大意义。从构造上看，石碌群下部（第 6 层及其以下各层）的变形也是两个方向褶皱的叠加，前期是北西向的褶皱，这一变形估计是前加里东期的，与大陆某些元古代变形可对比，在前期北西西向褶皱的基础上又叠加了后期北东向加里东褶皱。石碌群第 7 层中的含锰铁矿层，其上为产笔石的含碳质千枚岩、板岩，其时代属加里东早期无疑。在海南岛寻找石碌式富铁矿，从地质构造角度讲，应在岛上 4 条北东向复向斜带中寻找局部的北西向带[24]53。

原出自中国科学院地质研究所业务处 1977 年《富铁矿科研情况反映》，内部资料。

（十八）石碌群的时代属于寒武纪[24]53

中国科学院南京古生物研究所穆恩之 1977 年在桂林召开的中国科学院第四次富铁矿会议的发言提纲中提到，按李再平等同志分析研究石碌群的古孢子，并与大茅群的古孢子相对比，认为石碌群的时代属于寒武纪。桂林冶金地质研究所做了石碌群第 5 层的同位素年龄测定为 528 Ma，应属寒武纪中晚期，这个结果和古孢子的鉴定结果相吻合。石碌群第 6 层的铁矿是寒武纪的，也有可能是奥陶纪初期的。认为石碌铁矿是沉积矿，含矿地层时代决定了成矿时代[24]54。

据中国科学院南京古生物研究所穆恩之 1977 年《石碌铁矿的时代及找矿方向问题》（发言提纲），内部资料。

广东省地质科学研究所情报室，广东地质科技快报 1978 年增刊 2 刊发“国内外铁矿参考资料”之后至少还有：

（十九）陆源与海底火山综合沉积的独特铁矿区石碌群为泥盆系

认为铁质来源与海底火山活动有关，“是一种陆源与海底火山综合沉积的独特铁矿区”。该文认为石碌铁矿的成因“归纳起来”只有“三种观点”，分别为高温热液交代矽卡岩型（称“铁矿是在矽卡岩阶段，岩浆期后高温热液挥发物质携带的 Fe、Si、Al 进入围岩，与 Mg、Ca 质交代形成矽卡岩和赤铁矿”，但未列述出处）、沉积变质—热液改造（多因复成）型、海相火山沉积型[8]15。

（二十）石碌群 1~6 层划属石炭系下统—泥盆系上统（？），第七层为中下石炭世三棱山群

单惠珍侧重古生物（1980），以第 7 层发现海百合茎及腕足类、腹足类化石碎片划属中下石炭统，以第 6 层发现蠕虫化石等，将第 1~6 层划属石炭系下统—泥盆系上统（？），把“石碌群”第 6 层的时代置于早石炭世。称贵阳地化所对“石碌群”第 6 层的白云岩和富赤铁矿石铅同位素年龄值为 2~4 亿年，对千枚岩、含铁千枚岩白云岩铷锶年龄为三四亿年，属早石炭世。对石膏的 $\delta^{34}S$（‰）为 +21.8 和 21.4，与寒武系（+28）有较大差别，比较接近石炭纪海水硫酸盐[23]。

（二十一）“海南岛海西地槽”说，认为石碌铁矿床是“‘远火山’热液沉积铁矿床”

中国科学院富铁科学研究队（1986）出版《海南岛地质与石碌铁矿地球化学》[14]，提出“海南岛海西地槽”说，称矿区地层泥盆—石炭系已经“区域变质”，认为石碌铁矿床是“‘远火山’热液沉积铁矿床”。

上述研究可以看到 3 个现象：一是对矿床成因的划分并非完全没有底线，上述文献没有人再称石碌铁矿是矽卡岩矿床，就是明证（应是太老的、笔者未收集到的资料）。莫柱荪先生说 “关于滥用矽卡岩矿床理论的最突出例子是海南岛石碌铁矿” 。“这个铁矿质量之好，全国闻名，大家都渴望找到第二个石碌。可是，长期以来，人们受花岗岩浆热液成矿万能论的影响太深，看到石碌铁矿周围有那么多的花岗岩，矿床的上部又有大片矽卡岩，因此就认为它是矽卡岩矿床；而对于矿床许多明显的沉积标志，例如，矿体和围岩是整合的，并随着围岩的变形而变形，矿石矿物主要是赤铁矿，矿石具鲕状和碎屑结构及鳞片状构造，含矿层具沉积韵律，等等，往往不多加考虑，而轻率地用热液矿床中的一般说法，如矿体是沿有利的地层层位交代，或鲕状、碎屑结构是局部的，矽卡岩矿床以赤铁矿为主是例外等，给它们一一解释掉。这样一来，矿床成因的认识错了，第二个石碌当然还没有找到”[25]15。

二是绝大部分研究者还是先获取并陈述素材，根据素材理论得出论点。尤其是学风相当严谨的古生物学家，提出了宏观的和正确的意见，经得起时间的检验。但是，有些构造学家没有给予应有的重视。笔者将在“论地 × 运动”中论述地壳运动发展演化到晚古生代不可能再取地槽—地盾方式的道理；欧洲那些所谓的海西造山带或褶皱带，只是褶皱带相似的带状大地构造单元而已，不可能出现典型的如复理石建造等典型的地槽沉积层，并且在专著中就含矿层层位各执一词争论起来（着眼区域和囿于矿区，地层研究认识如果不同，大多是前者正确、后者错误。此乃笔者推崇“宏观法”的原因之一。在石碌铁矿地层问题上，杨遵仪先生已经示范。地层时代研究不止化石、同位素年龄、地层对比传统路径。前述中国科学院华南富铁矿科研队沉积组、中国科学院华南富铁矿科研队矿床组、姚德贤、单惠珍都属该科研队。研究队的做法，例如，“矿石结构构造反映了矿石形成的一定地质环境，目前比较流行的分类是按成因类型及矿物形态特征进行

分类[14]191”。靠结构构造形成的“目前比较流行”是其首选，本应客观忠实地描述，硬生生被添加了他们的看法，于是有“原生沉积型铁矿石”“区域变质型铁矿石”“热液叠加型矿石”之类的划分）。

三是有些观点、证据及论证过程还有待进一步厘清，以便后来的学者进一步研究。观点一是为成就奥陶纪海相火山成矿学说，划定石碌群为奥陶系，石碌铁矿有火山灰、火山角砾、火山弹、炉渣式矿石，是典型的火山沉积矿床，1~3 层是寒武系陀列群，4~6 层是奥陶系。这一时期以作者（1973—1977）为首的火山岩铁矿研究小组研究、以邯邢铁矿为重点，提出邯邢式铁矿为奥陶纪海相火山成矿学说，认为邯邢式铁矿为火山沉积铁矿，为此曾经找到 “火山弹”，反驳当“析离体”解释的小辈，相关论文有《试论邯邢式铁矿的深部找矿问题》[26]、《邯邢式铁矿床铁质来源及成因的探讨》[27]。不论大地构造背景、成矿地质条件、矿床特征与邯邢式铁矿有多大差别，试图寻找更多例证，唯建立其奥陶纪海底火山成矿说唯大（笔者已充分论证邯邢式铁矿的成因[13]）。

观点二是创建断块构造说者不运用断块构造学说解释石碌铁矿的地质构造，没有论述石碌铁矿区属于哪一级断块，矿区内或者附近有没有断块边界断裂，也没有说明断块之间应当出现的层间滑动断裂在哪里，应当将石碌铁矿区的断裂划分为 I 型、X 型、V 型、Z 型、Y 型 5 种类型中，哪一种断裂组合形式，怎样认识石碌铁矿区的断裂由剪切开始、拉张完成。盖层褶皱（石碌铁矿区的石炭二叠系北一向斜构造）怎样影响基底断裂。姑且不要求此君讲怎样运用断块构造学说找矿这样困难的问题，此君还能够从倾伏向斜两翼走向不同，“可看出”石碌铁矿曾经受两次构造运动；尤其称石碌铁矿有震旦纪冰碛，“看到了砾石表面的沟槽、钉状擦痕、冰蚀凹面以及压坑等”，“意义重大”，但又不予以肯定，要求其他学者在他已经尽数冰碛砾石特征之后辨别。

观点三是只说两透岩实际上是热水蚀变岩（只有这个蚀变过程被他看到了，才能如此斩钉截铁），再画一张示意图，海面之下海盆之上水体部分是热水沉积铁矿床，海盆之下为热液蚀变带及其中的铜钴矿，再画上热液环流指向，石碌铁矿床就成为“热水沉积矿床”了[20]。也过于简单化，完全没有论证过程。

参考文献

[1] 地质科学研究院.1∶300 万《中华人民共和国大地构造图》[A].1960.

[2] 地质辞典编纂委员会.地质辞典(一)：下册[M].北京：地质出版社，1983.

[3] 喻德渊.中国地质学[M].北京：地质出版社，1959.

[4] 广东省地质矿产局.地质工作研究程度登记表[A].1986.

[5] 广东省地质矿产局.广东省区域地质志(1∶100 万地质图)[M].北京：地质出版社，1988.

[6] 余金杰，何胜飞，车林睿，等.海南石碌铁矿成矿流体特征及成因[J].地质学报，2014，88(3)：389–406.

[7] 广东省地质局区域地质调查队.广东省 1∶50 万地质图编图（1974—1977 年）[A].

[8] 姚德贤.海南岛石碌铁矿矿床成因的探讨[J].广东地质科技，1979：13–36.

[9] 中南地区区域地层表编写组.中南区域地层表[M].北京：地质出版社，1974.

[10] 地质辞典编纂委员会.地质辞典(三)[M].北京：地质出版社，1979.

[11] 贵州省地层古生物工作队.西南地区区域地层表(贵州省分册)[M].北京：地质出版社，1977.

[12] 湖南省地质科学研究所.湖南地层[A].1979.

[13] 杨树庄.BCMT 杨氏矿床成因论：基底—盖层—岩浆岩及控矿构造体系(上卷)[M].广州：暨南大学出版社，2011.

[14] 中国科学院华南富铁科学研究队.海南岛地质与石碌铁矿地球化学[M].北京：科学出版社，1986.

[15] 杨遵仪，汪啸风，曾令初，等.关于石碌矿区地层划分与对比[J].广东地质科技快报，1978(2).

[16] 杨树庄.从粤北看马坑式铁矿[J].广东地质科技，1979(1).

[17] 蒋大海.海南岛几个地区含铁层位的时代及成矿物质来源问题[J].广东地质科技，1980(4).

[18] 中华人民共和国地质部，中华人民共和国冶金工业部.铁矿地质勘探规范：GB/T13728—1992[S].北京：地质出版社，1981.

[19] 广东省地方史志编纂委员会.广东省志·地质矿产志[M].广州：广东人民出版社，1994.

[20] 涂光炽.热水沉积矿床[J].广东地质科技快报，1978(4)：2–3.

[21] 朱膺.从副矿物锆石的特征看海南铁矿的成因[J].地质与勘探，1976(1)：12–20.

[22] 杨树庄.BCMT 杨氏矿床成因论：基底—盖层—岩浆岩及控矿构造体系(中卷)[M].广州：暨南大学出版社，2016.

[23] 单惠珍.海南石碌铁矿地层时代归属讨论[J].广东地质科技，1980(4)：41–48.

[24] 广东省地质科学研究所情报室.国内外铁矿资源情况[J].广东地质科技，1978，2(增刊).

[25] 莫柱荪.矿床成因与广东省找矿方向[J].地质科技，1976(2)：46.

[26] 王曰伦，石毅．试论邯邢式铁矿的深部找矿问题 [J]．长春地质学院院报，1977(1)：43–47.

[27] 王曰伦，任富根，石毅．邯邢式铁矿床铁质来源及矿床成因的探讨 [J]．中国地质科学院天津地质矿产研究所文集，1982(3)：1–11.

第二章 论碳帽

引 言

本书上卷特别挑《自然》杂志的论文予以批判[1]，并非狭隘的民族主义，而是希望国人看到即使是世界顶级的科学杂志，其地学论文也同样不合格而多一点自信。百多年来，中国在列强的坚船利炮下丧权辱国，受尽欺侮、轻蔑，国人心理也变得极为怯懦，地学界拿“国外”“国际上”说事因此奏效。卓有建树的陈省身先生说，一般人以为中国人不如外国人，我就是要将这个观念改过来。陈先生在数学领域为中国人增添自信。内容与形式是对立统一的，不同形式的表现反映的是不同的内容，反映的是两种完全不同的心态，产生的是两种完全不同的效果。当然，地学界还是有求实的学者，表达求实的势态，如在肯定我国对含煤岩系黏土岩夹矸的研究“解决了大量的地质问题”的同时，认为“在研究深度和广度方面与先进国家相比仍有较大的差距”，编译介绍了国外关于黏土岩夹矸是火山灰的论文[2]。作为世界煤炭大国，中国竟未能先有此发现，确属较大差距。差距主要表现在测试研究深度方面。中国人五行说称“火克木”不算科学，但对这样奇怪的火—木共聚（笔者谑称“火生木”）必须追根究源。国外学者并不能解析含煤岩系何以有火山灰。在认识地质现象、理解地质作用方面，中国地学界行万里路者自有长处，解密含煤岩系火—木共生因果关系对地质学才最重要。

实践出真知。地质学史其实完全可以以实践的规模为尺度划分阶段：欧美地质学源起奠基构建阶段——2 240 万平方公里国土面积的苏联的大规模实践阶段—在苏联经验基础上 960 万平方公里的中国大规模实践阶段及大规模海洋地质调查阶段—现阶段（现阶段可以从 1989 年哈茵在真理报发表《地质学向何处去》[3] 739 长篇文章为标志起算）。中国地学实践是地质学发展阶段中的承继阶段、新阶段。相当时期发达国家能够与中国伟大实践相媲美的只有海洋地质调查。这样划分的结果是中国人应当有更高的地质学水平，没有理由总拿“国外”“国际上”说事，特别是拿“国际接轨”说事（作为地质学最重要的实践——1 : 20 万区域地质调查，中国加苏联是最大的国际）。经过计划经济时期勤奋和艰苦大规模地质调查、矿产勘查的中国地质工作者行万里路空前绝后。因为建立在苏联的基础之上，中国更应该是地质学强国。在学习和汲取前人理论、经验的基础上，中国人完全可以挺直腰杆，在地质学里翱翔、腾越，不要被总拿洋人说事吓唬住了。可惜的是，中国计划经济时期那一大代人作出的重大贡献被弃置。如笔者管见所及者“鄂西的同志”早在 1953 年就发现重要的铁矿成矿规律被弃置[1] 239；笔者 1978 年 2 月指出马坑铁矿即“石碌第二”、含矿层为下中石炭统并阐明道理（强调为海西—印支旋回的第一个碳酸盐相、可与宁乡式铁矿对比和老地层中不可能有铁矿等）的文章也曾被拒绝刊载（列举石碌铁矿含矿层时代的不同意见的论文，并不包括笔者的论点[4]7——这或由地层研究家认为只有靠化石、地层对比才能进行地层划分造成，或者与笔者的意见相同却回避讨论含矿层时代[5]13）。尤其是以《当代中国的地质事业》为转折，1994 年以地方性“岩石地层单位”取代国际性“时代地层单位”另开展“1：25 万国土资源大调查”，以赋予“第一代区调”的名义弃置近 40 年来艰辛构筑起来的 1：20 万区调基础地质成果，使我国出现两套基础地质，我国地质人只能原地徘徊，“国外”“国际上”因此甚能蛊惑人心。

但是，大冰期成因论（含煤的成因，火山雷雨的成因，庞贝人的死因和冰碛砾岩泥质为火山灰、白垩的成因等）、论黄土就是火山灰、中国铁矿成矿规律（含地层接触关系的不整合或者假整合判断律等）、冰川性地壳均衡代偿（含河流阶地成因等）、矿床成因论中的控矿因素[1]、八家子伸舌构造体系和德兴银山夕字型构造体系的建立与控矿作用等全新的理论和理论体系，无论哪一项都是“国外”“国际上”没有的成果，且全部出自实践层面。这个事实很值得深思。在矿床成因领域，“一部不过 200 余年的矿床成因分类史却充满了剧烈的‘水’‘火’之争。一个时期，某些矿床被认为是内生的，岩浆热液的，另一个时期，它们却被认为是沉积矿床、外生矿床[3]500”的时代结束了，非水非火的“构造成”时代开始了，地质力学作为解开矿床成因之谜的金钥匙时代开始了。这些都是中国人的伟大贡献。创造这些理论的基础主要是中国计划经济时期行万里路打下并不断夯实的。中国计划经济时期行万里路的那一大代人，就是中国地质学界的宝贵财富。中国人亟待反思的是，那一大代人的睿智被什么扑杀了？是什么挫伤了他们据实理论的勇气？是什么导致了他们思想僵化？应当说，行万里路者必须解除思想禁锢才能展现其才智。笔者的大部分创新都在解放思想之后，证明不解放思想就很难创新。上述矿床成因分类史虽属陈述，但不难看出其中“矿床成因不可知论”的内涵。

“碳酸盐岩帽”[6]规律的提出和讨论，属地质学的重要进展却并未被纳入，且真是国外学者的贡献。但国外学者只看到现象，并且描绘成神话，难以理解广泛传播。中国学者跟进研究，虽然有诸甲烷渗漏[7]之类效仿玄奥，但至少是有根有据地认识到碳酸盐岩帽必然属于冰碛层之上的淡水沉积产物。震旦系上统灯影组灰岩中的燧石结核及生物特征（圆藻化石如 Collenia）等也当然同属淡水沉积之特征。中国学者自 20 世纪 90 年代以来的这些讨论，根本未列入地质学的重大进展（更早煤田地学领域黏土岩夹矸为火山灰也未提及）。笔者列举这个例证，证明地质学即使有重大进展，也必须靠评论指明、推介。对于行万里路者，只需稍加点拨，碳酸盐岩帽即是一篇地质学大文章。这篇大文章又将正告世界，能使高纬度带出现热带气候的大冰期高浓度都将以“碳帽”的形式进入岩石圈，使 CO_2 浓度下降至仅占大气重量万分之三的程度。CO_2 浓度在自然界的这种变化发人深省。

第一节 碳酸盐岩帽说中的神话

碳酸盐岩帽说称："约 600 Ma 全球发生了一次大冰期，地球形成了'雪球地球'。'雪球地球'融化后，由于大气和海洋水体富含 CO_2，它们与海洋中的 Ca^{2+}、Mg^{2+} 发生快速反应，大量的 $CaCO_3$ 和 $MgCO_3$ 快速沉淀下来，形成全球都有分布的冰碛岩层之上的碳酸盐帽。HoffMan 等研究纳米比亚 Varanger 冰碛岩之上的碳酸盐岩时，发现碳酸盐具有很高的 $\delta^{13}C$ CarbonaTe 负异常，并认为造成这种负异常现象是冰期引起海洋表层水体中生物生产力长达数百万年的下降所致。冰期时的陆地上大量的玄武岩喷发，厚厚的冰层把大气 CO_2 和海洋水体隔离，避免 CO_2 和海水中的 Ca^{2+}、Mg^{2+} 发生反应，造成大气圈中 CO_2 浓度是现在的 350 倍左右，结果引起温室效应使冰雪地球变暖，冰川消融，大气圈中的 CO_2 转移到水体中变成碳酸根离子，与大陆上长期物理风化形成的 Ca^{2+}、Mg^{2+} 结合，导致温暖表层水体中 $CaCO_3$、$MgCO_3$ 快速沉淀，形成了分布全球的碳酸盐岩帽"[8]。

冰碛岩之上必有碳酸盐岩，以"帽"名之甚妙。事物的有机联系是辩证法的一个主要特征[9]159。"碳酸盐岩帽"的正面意义在于将事物的有机联系带进了沉积岩石学和冰川地质学，包括有促进同位素地质学发展之作用，这对地学界极为重要。地学界有些孤立静止看问题的学风亟待改进。李四光先生运用事物是有机联系的原理创立了"地质力学"，指出构造形迹之间的有机联系并建立构造体系[10]。笔者在创建、揭示了 18 个矿床构造控矿例证的基础上，论证了热液矿床矿体构造控矿[1]；在矿床地质学领域提出了铁铝建造之下必有假整合面，沉积铁矿或富铁沉积层之下必有不整合面等定律[1]，为"辩证法的一个主要特征是认为事物是有机联系的"提供了地质学证据。但是很可惜，笔者认为，前述碳酸盐岩帽说的建立，对地质现象缺乏正确认识，对地质作用缺乏真正理解，在崇尚玄奥价值观等思维惯性的影响下，面对其所发现的重要规律，做了过于主观的叙述，解释得如同神话。

第一是"雪球地球"不成立。

第四纪大冰期"平均气温比现在只低 3~7 ℃"[11]137；"从地质和化石记录看，至少在显生宙的 6 亿年内，全球大洋水在酸度、盐度、氧化还原环势上没有大的改变；尽管地球上曾经出现过若干大的冰期，但即使在最冷的时期，地球热带平均温度下降也不超过 8 ℃；自太古宇至今，地表温度从未降到全球大洋冻结的程度，也从未升温到全球大洋蒸发干涸的程度"[12]7；最重要的是，一米厚的雪变成冰只需一千年，关键在于排出雪中的空气，如有阳光融化，则只需一昼夜。对于缓慢演化的地球而言，一千年时间可忽略不计。换言之，雪是一种不稳定态，雪球地球不能成为地质学名词。地质学称"大陆冰川"或"冰盖"，这个概念才是正确的，它既范围有限，也可以在一定的地质时期存在。

第二是"厚厚的冰层把大气 CO_2 和海洋水体隔离"的现象不可能出现。

或者紧邻冰盖的大陆边缘的海水被封冻，广袤海洋表面并没有被冰封。相反，在洋壳型火山喷发带，海水应当在沸腾。因为没有海水的大量蒸发，就不可能出现大陆冰川。因此，不可能出现海洋与大气圈隔离的冰层，“地表温度从未降到全球大洋冻结的程度”。今天陆地与海洋的面积比为三比七，震旦纪时陆地面积更小。换言之，绝大部分的海洋未封冻才是可信的。

上述两个问题都说明“雪球地球说”对地质现象的认识和对地质作用的理解这两个基本功力的不足，满足于徒生“新概念”。

第三是大气和海洋水体中富含的CO_2，海洋中的Ca^{2+}、Mg^{2+}来历不明。

“由于大气和海洋水体富含CO_2，它们与海洋中的Ca^{2+}、Mg^{2+}发生快速反应，大量的$CaCO_3$和$MgCO_3$快速沉淀下来”。这里大气和海洋水体的CO_2，海洋中的Ca^{2+}、Mg^{2+}，来历不明，必须找出并阐明CO_2、Ca^{2+}、Mg^{2+}的来历。

“形成全球都有分布的冰碛岩层之上的碳酸盐帽”中的“全球”，不过是远小于现今大陆的泛大陆。泛大陆是地质学里有争议的问题。从笔者的大冰期成因论看，泛大陆是存在的，震旦纪及之前就是其存在时期，根据之一就是震旦纪大冰期冰碛岩世界各地陆壳都有分布的事实。这是反演出来的论点。

第四是对 $\delta^{13}C$ 负异常的解释离奇。

“并认为造成这种负异常现象是冰期引起海洋表层水体中生物生产力长达数兆年的下降所致”。碳酸盐岩帽有“$\delta^{13}C$负异常”是很有价值的发现。问题在于生物的时间尺度是年（低等生物也可以是月、日、时），以年为时间尺度说生物圈变化，与以年为尺度说地球环境变化，属同类错误。震旦纪大冰期大气圈中CO_2浓度是现在的350倍左右，数据从何而来未注明，但懂得大冰期大气圈中CO_2浓度高，就否定了“石炭—二叠纪与晚新生代均有广泛冰盖发育，大气CO_2含量为最低谷”[3]749。庞贝人死亡区的CO_2浓度应当是100%，冰盖上空对流层浓度也应当曾达100%。CO_2高浓度区范围大小，大气圈CO_2浓度怎样计算平均值，没有相关资料不可贸然做定量分析。

将碳酸盐岩帽中“$\delta^{13}C$负异常”解释为海洋表层水体中生物生产力长达数兆年的下降所致，这是对造成这种地质现象的地质作用的理解出了问题。

第二节　碳酸盐岩帽说中的精华

碳酸盐岩帽说有两大精华，一个是认识到碳酸盐岩层与冰碛层必然的上、下关系，属“事物是有机联系的”规律反映；另一个是发现碳酸盐岩帽的重碳同位素负异常。

后续研究还发现有重氧同位素负异常等[7]。笔者管见，中国学者在进一步印证碳酸盐岩帽与冰碛层的上、下关系的同时，发现碳酸盐岩帽“低的 $\delta^{13}C$ 值与低的 $\delta^{18}O$ 共生”规律，论证了碳酸盐岩帽属于淡水沉积物。一如在论证皖南兰田组碳酸盐岩覆于相当于南沱冰碛层、可与陡山沱组对比、同属于碳酸盐岩帽之后，称“上段碳酸盐岩的初始 $\delta^{18}O$ 值为 –25.6‰~–18.6‰（PDB），$\delta^{13}C$ 值为 –11.7‰~–7.9‰；下段碳酸盐岩的初始 $\delta^{18}O$ 值为 –12.8‰~–10.9‰，初始 $\delta^{13}C$ 值为 –5.3~–3.5”“下段碳酸盐岩中低 $\delta^{18}O$ 值与现代极地同属于的 $\delta^{18}O$ 相近低”，这说明“沉积水体中有大量 $\delta^{18}O$ 值淡水的加入”，“这些特征说明，兰田组上下两段碳酸盐岩具有相似的沉积环境，但是与海相碳酸盐岩的地球化学特征存在明显差别，因此是从淡水环境中沉淀的”[7]。其所称“$\delta^{18}O$ 值（PDB）”，系根据克雷格采用的芝加哥的 PDB 标准（南卡罗来纳州白垩系皮狄组的美洲似箭石为 0 的标准）[13]24。另如通过对贵州梵净山西北新元古代碳酸盐岩帽的研究，发现其 $\delta^{13}C$（PDB）值与全球其他地区冰川混积岩（Mannoan 冰期）之上的 $\delta^{13}C$（PDB）值一样，发生了一次明显的负偏移，从 –1.4‰变化到 –8.52‰，平均值为 –4.52‰；$\delta^{18}O$（PDB）值从 –5.44‰变化到 –11.34‰，平均值为 –8.68‰。$\delta^{13}C$（PDB）值和 $\delta^{18}O$（PDB）值均大体表现为随剖面向上升高的趋势，两者显示了弱的正相关性[14]1。再如“新元古代冰期引起生物大量绝灭，大绝灭之后环境如何重建、生物怎样复苏是演化古生物学研究的重要课题。对贵州铜仁坝黄、瓮安北斗山剖面和台江五河剖面南沱冰碛岩之上连贯沉积的陡山沱组底部的‘碳酸盐岩帽’中藻类化石进行系统研究，并结合海洋环境地球化学研究结果，认为冰期后生态环境恢复很快，藻类快速复苏，但藻类分异度低。‘碳酸盐岩帽’沉积结束，藻类进入衰退期，到了陡山沱中晚期，藻类又进入鼎盛期。而藻类的复苏、衰退与古海洋环境的 $\delta^{13}C$、δCe、δEu 异常有着密切关系”[8]摘要。对碳酸盐岩帽的研究还积累了不少其他资料，如高锶、高 $^{88}Sr/^{76}Sr$ 比值、LREE 弱亏损、弱 Gd、Ce 和 Er 负异常、低 Y/Ho 比值等[7]，只要这些资料的获取是真实可靠的，沿笔者思路研究，都应当可悟出所以然。对这些资料一一做出解释必须更高的学术素养，需要有一个认识过程，特别需要资料积累至可供比较、鉴别的程度的过程。笔者仅能在上述两大精华的基础上跟进。跟进的逻辑思维是：这样重要的规律，不可能限于震旦纪大冰期，应当适用于所有大冰期。在笔者看来，它属于地质学的重大进展，同时可成为笔者大冰期即成煤期大冰期成因论[1]的重要佐证。

第三节 对碳酸盐岩帽的正确解释

有大冰期成因论指导，解读碳酸盐岩帽规律就轻而易举。

一、震旦纪大冰期后必定出现浅水清水暖水的淡水沉积环境并重筑晚元古代的白云岩建造

按大冰期成因论“洋壳型—陆壳型火山爆发交响曲”[15]演绎，震旦纪洋壳型火山岩浆涌出蒸发海水，陆壳型火山爆发喷发 CO_2。CO_2 喷发的干冰制冷机制使陆壳上空降温可低至 –78.5 ℃。借助火山灰凝结核，水蒸气变成冰雪降落在陆壳形成大陆冰川。CO_2 来自震旦系之下的晚元古代全球规模的白云岩建造，火山灰的重要组成部分又属白云岩质，这样的结果，使震旦系沉积成了晚元古代白云岩的重组物，冰后期出现过浅水清水暖水的淡水沉积环境。

这样就成功地解释了震旦系碳酸盐岩层与冰碛层之间的上下关系规律。因为震旦系下伏地层最邻近的是上元古界白云岩建造，所以陆壳型火山爆发即使是玄武岩浆，也必定在喷发过程中炙烤、熔融白云岩等各种沉积岩，随 CO_2 喷发雾化成火山灰沉积，重塑白云岩等沉积岩。这就是“由于大气和海洋水体富含 CO_2，它们与海洋中的 Ca^{2+}、Mg^{2+} 发生快速反应，大量的 $CaCO_3$ 和 $MgCO_3$ 快速沉淀下来，形成全球都有分布的冰碛岩层之上的碳酸盐帽”会出现这些元素、组分的根本原因。不排除某些地区碳酸盐岩帽为灰岩，但更多的事实是碳酸盐岩帽为白云岩质。这不仅解释了必定出现碳酸盐岩，还一并阐明了“震旦系的一个特点是白云岩广布”[16]67的产生原因。

二、碳酸盐岩帽有重碳负异常是震旦纪大冰期后淡水环境的证据

碳酸盐岩帽之所以有重碳负异常，是因为冰后期海侵为冰川融水淡水。“在同位素平衡交换反应中，HCO_3^- 较 CO_2 富 ^{13}C。由于海水中的 HCO_3^- 浓度高于溶解 CO_2 的浓度，海洋植物吸收的不是 CO_2 而是富 HCO_3^-，这就可以解释为何海洋植物较陆地植物普遍富 ^{13}C”[13]53。在这里，海洋植物、陆地植物相当于海水植物、淡水植物。不是“造成这种负异常现象是冰期引起海洋表层水体中生物生产力长达数兆年的下降所致”，而是此时的海水是淡水。所谓的数兆年，不是“海洋表层水体中生物生产力”“下降”的时间，而是海侵过程中由淡水恢复为正常盐度海水所需要的时间。须知冰期留存在海洋的水是被蒸发浓缩的高盐度海水。像第四纪大冰期被蒸发的海水达 7 000 多万立方千米，留存海水的盐度之高可想而知。特别是低密度冰川融水和高盐度，因而高密度海水的充分混合是需要时间的。同样，不是藻类“很快复苏”，而是新出现了分异度低的淡水藻类，

并且它们很快繁衍兴盛，随碳酸盐岩帽中淡水沉积结束而衰退。到了陡山沱中晚期，在含盐度升高的海水中生长的藻类才重新进入鼎盛期。

三、重氧负异常进一步佐证冰后期海侵为淡水海侵

如果将“重碳亏损”或“重碳负异常”主要视为海陆植物在碳同位素组成上的差别，那么 $\delta^{18}O$ 负异常或称重氧亏损、重氧负异常进一步佐证冰后期海侵为淡水海侵。它们之间有相关关系。对藻类的研究至少可分辨淡水藻类和海水藻类，为古生物学提供证据。当然也将有助于对生命起源的研究。

氧中的轻氧同位素更容易在蒸发过程中进入水蒸气，冰川融水因此富集轻氧，或称重氧亏损。水蒸气中氧同位素多为轻氧[17]38；“在与水有关的所有蒸发和冷凝过程中，氢同位素分馏作用——与氧同位素成比例，这是由于存在于 $H_2^{16}O$ 和 HDO 之间的蒸气压差——与存在 $H_2^{16}O$ 和 $H_2^{18}O$ 之间的蒸气压差相同。因而，大气降水中氢同位素的分布与氧同位素密切相关。Craig（1961）首次得出如下近似关系式：$\delta D=8\delta^{18}O+10$。该公式表明大气降水中 H 和 O 同位素比值间存在线性相关”[17]40。如果再做氢氧同位素测试，则碳酸盐岩帽中各种同位素的组成必定表现出简单和谐的相关关系。

四、煤田地质学早已经认识到煤系所反映的淡水沉积环境

如果对同位素地质学理论存疑，那么煤田地质学已经提供了确凿的事实。

对煤系页岩中菱铁矿结核碳同位素组成研究的实际资料不仅建立了“淡水组”“海相组”术语，还证明了其碳同位素的显著差别。“页岩中准同期沉积的菱铁矿结核的 $^{13}C/^{12}C$ 比例的分析表明，淡水组与两个海相组是完全分隔的，而受限海相组与海相组是部分分隔的”[18]32。如图 2-1 所示。

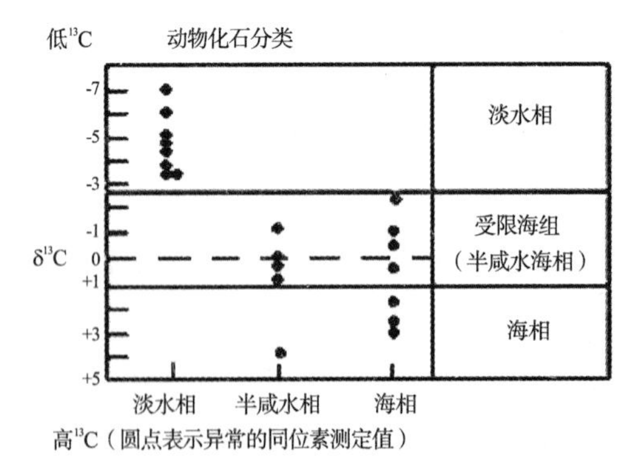

图 2-1 根据动物化石和同位素标志的菱铁矿结核的分类[18]36

淡水组和海相组碳同位素的显著差别甚至可以作为含盐度的指标。

“在宾夕法尼亚海相盆地和边缘过渡海相带的灰岩中，测定了碳同位素比例的详细变化。研究表明，在 ^{13}C 的平均值与距古海岸线和三角洲分流的远近之间，普遍呈负相关关系”[18]37。“一般来说，淡水具有低盐度并相对富含 ^{12}C（作为重碳酸盐离子

HCO^{3-}），这可能是由于在淡水与陆地植物光合作用过程中碳的同位素分馏作用所致。另一方面，海水具有高盐度和相对富集 ^{13}C。这两种水混合，例如在河口湾环境中，致使含盐度和 $^{13}C/^{12}C$ 比例两者同时发生变化。在这些环境中形成的灰岩，应当保持溶解的重碳酸盐的 $^{13}C/^{12}C$ 比例的相对变化，因此，可以作为含盐度的直接指标。对于两种端元组成，即海相和淡水相灰岩，Clayton 和 Degens（1959）所指出的，就是这种情况，并且被 Keith 和 Weber（1964）的 500 多个灰岩和化石标本（由寒武纪至现在）的同位素分析所证实。灰岩的同位素比例对边缘海环境的有用性评价，是本文的主要目的”[18]38。“我们断定在边缘海环境中，^{13}C 值可以作为含盐度的间接指标”[18]43。

1989 年前对煤系的研究就有“淡水组”术语、碳同位素组成可作为含盐度指标的有根据的论点。可惜的是，学界分科过细，冰川地质学者不过问煤田地质学，不认识碳酸盐岩帽表现出的淡水沉积特征。

这样，经过批判、继承的碳酸盐岩帽假说就可以成为地质学的重大进展。仅仅发现冰碛层之上有碳酸盐岩帽的规律，虽然非常可贵，而且已经可以指导实践，但还有缺陷，其玄奥乃至描绘出一幅奇怪的不可思议的地质景观，“以其昏昏，使人昭昭”，谁也不可能懂得碳酸盐岩帽之所以然。未阐明成因涉及本质的所有理论，是不可能让人有所得并达到恍然大悟效果的。

第四节 碳酸盐岩帽升华版——碳帽

碳酸盐岩帽非震旦纪大冰期所独有。一个真实的而非臆测的规律，反映事物的本质属性，必定具有普遍意义，所有冰期的所有冰碛层之上都必定有相应表现。晚古生代大冰期后石炭二叠纪大量的碳酸盐岩建造尤其显著。与震旦纪大冰期不同的是，由震旦纪大冰期高浓度 CO_2 引发以光合作用为特征的植物繁茂，大气圈相应出现游离氧，氧浓度在后续冰期中一次次增加。后续冰后期在有植物和游离氧的环境下，在海洋形成碳酸盐岩帽，在陆上还能形成煤系。从所有大冰期看，碳酸盐岩帽的“升华版”因此应为“碳帽”。事实上，震旦纪冰碛层之上、稍迟至罗圈组冰碛层之上，在早寒武世还是出现了石煤层，从震旦纪大冰期前大气圈缺乏游离氧，到之后 CO_2 的高浓度促使植物（不妨称有光合作用能力的生物）繁衍，较之晚古生代大冰期后煤系的出现，不过显得有些滞后而已。

“在南半球，二叠纪煤田主要分布于澳大利亚东部、非洲南部以及南极洲。上述地区的煤田（包括印度的二叠纪煤田）在化石群、沉积特征和煤岩特征等方面有许多相似之处，且都与冰碛层有密切关系。古植物学家早就注意到上述地区的二叠系中都含有舌羊齿植物群，与北半球二叠系中所含羊齿植物群不同，后者为热带植物，无年轮，而舌羊齿植物则有年轮，代表寒温带气候条件下的草本和灌木植物群。这些地区的二叠系一般发育在一套冰碛层之上，如非洲南部地区，晚石炭世冰碛层之上发育了二叠纪含煤岩系，在坦桑尼亚煤系的组成主要为湖泊、沼泽和三角洲沉积。在澳洲东部含煤系紧靠冰碛层之上，有的地区甚至与冰碛物交互成层。在南极洲大陆也在一套冰碛层之上发现了含舌羊齿植物群的二叠纪含煤岩系”[19]8，煤层作为冰碛层之帽，就很直接了。

虽然煤田地质学研究是有重大进展的，例如，发现黏土岩夹矸为火山灰，“并在用于沉积盆地演化分析、地层年代测定和修订地质年表等方面取得了突破性的进展，因而受到学术界的广泛关注”[2]前言；但仍然为煤盆地的成因、煤田的分布规律等关键性问题困惑，如“虽然各个纬度带都有泥炭聚集，但绝大多数都位于北半球的高纬度带。例如，苏联泥炭的储量占世界泥炭总储量的 66%。加拿大的泥炭田面积有 1 295 000 km²，芬兰有 1 000 000 km²，分别占其国土面积的 18.4% 和 33.5%。Stehli（1973）记述了石炭纪到白垩纪煤田的分布后指出，煤田正好位于降雨量大于蒸发量的地带。但是，在古赤道附近的高降雨带聚煤少，这主要是该环境下植物容易分解所致”[20]303 等，不得其解而提出了煤盆地的“重力负荷假说”“热基础假说”“应力基础假说”[20]310 等 3 种奇怪成因。这些都说明煤田地质学家在关键问题上的困惑。

所以，在冰碛层之上必有碳酸盐岩帽的事实被确认后，还可以找到冰碛层之上必有煤系的确凿事实。

一、冰期与成煤期的对应关系

这是大冰期成因论已经论证的问题，并且作为 CO_2 是生命最伟大的缔造者论点的地质学证据提出，强调的就是 CO_2 在大冰期形成过程中的关键作用，还列述了煤层之下有冰碛砾岩的证据[1]25，在此不赘述。这些论证的着力点在宏观，并未列述含煤岩系本身的证据。

二、成煤史与冰期的关系

煤的一个最重要的地质特征是有成煤期，必须对应于地球的某种具有全球规模的重大地质事件。大冰期成因论指出成煤期这个特征指明的是煤是地球大冰期的产物。最重要的成煤期还必须在生物圈充分发育，有光合作用能力的生物从海洋登陆以便更直接接触富含 CO_2 的大气圈（2003 年 9 月 1 日 CCTV10《百家讲坛》《植物是如何登陆的》讲演中讲演者回答植物为什么要登陆的提问时称：因为海洋环境不稳定。笔者认为回答不准确。植物登陆是为了与大气圈直接接触，更好、更方便进行光合作用），木本植物繁茂超过草本植物的时期。П.И 斯捷潘诺夫提出地质历史上存在着 3 个大的聚煤期（中、晚石炭世及二叠纪，侏罗纪，晚白垩世—第三纪）和 3 个小的聚煤期（早石炭世、三叠纪及早白垩世）。聚煤作用随着地史演化有愈来愈强的趋势[19]17。大冰期成因论已经充分说明成煤期与冰期的对应关系和聚煤强度与生物圈发育兴旺程度之间的密切关系，聚煤作用当然要随地史演化愈来愈强。以下图示各时代煤的储量（图 2–2）。

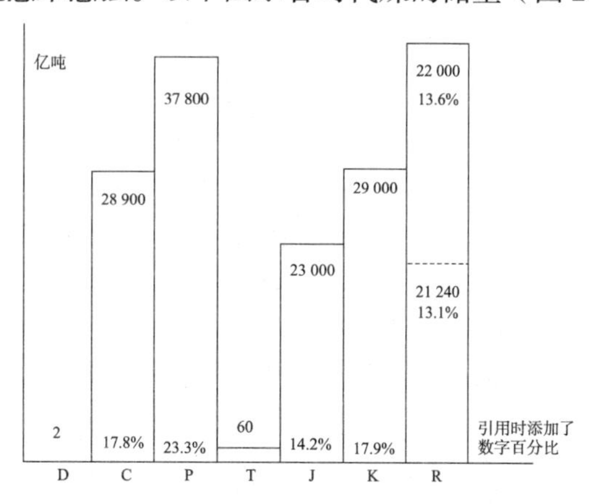

图 2–2　世界各时代煤的储量[19]2

如石炭二叠纪造煤植物孢子植物鳞木、封印木、芦木，裸子植物柯达狄，都是高大粗壮的乔木。这些高大粗壮的乔木遍布全球[21]22。哈特菲尔德泥炭地发现了 27.4 m 长的枞树和 30.5 m 长的枹树。“这枹树比在英国领土上发现的任何树都长”[21]48，且不妨碍它们出现在高纬度地区，古生物学家因此迄今未敢确切指明属热带植物。按大冰期成因论可知，间冰期才有地球上最强烈的 CO_2 温室效应，造成了真正的“全球变暖”，全球气温暖到了高纬度带都成为热带气温的程度。今天属于寒带气候的地区，包括西伯利亚，间冰期时都为热带—亚热带气候。学界一般认为植物登陆在奥陶纪。从成煤史看，最早的煤出现在早寒武世，大多为石煤，它产出于早寒武世罗圈冰碛层之上。换言之，最早的煤出现在震旦纪大冰期之后的首个冰碛层之上。这就是最早的由煤组成的碳帽。是否有证据证明早寒武世石煤层由海生藻类生成，笔者不予深究。从总体上看，震旦纪大冰期喷发的 CO_2，在催生姑且称之为“有光合作用能力的生物”的同时营造游离氧。早寒武世冰期之后就有了石煤层，是确凿无误的，并且石煤中有灰分较低、发热量较高的夹层：“如我国陕西南部早古生代煤有的发热量达 7 000 卡 / 克左右，苏联卡累利亚的‘舒恩格煤’（Шунгит，亦译为古煤）含碳量达 98%，发热量达 7 500 卡 / 克”[19]1。冰碛层之上有煤的例证还有：“在南半球，二叠纪煤田主要分布于澳大利亚东部、非洲南部以及南极洲。……这些地区的二叠系一般发育在一套冰碛层之上，如非洲南部地区，晚石炭世冰碛层之上发育了二叠纪含煤岩系；坦桑尼亚煤系的组成主要为湖泊、沼泽和三角洲沉积。在澳洲东部含煤系紧靠冰碛层之上，有的地区甚至与冰碛物交互成层。在南极洲大陆也在一套冰碛层之上发现了含舌羊齿植物群的二叠纪含煤岩系”[19]8；罗圈组冰碛层之上“中国的寒武系蕴藏着丰富的磷、铁、汞、稀有元素、盐膏、黄铁矿和石煤等矿产”[22]82，“石煤广泛分布在我国南部，以浙西及秦岭陕南紫阳、安康地区质量最佳”[22]109。

三、含煤岩系中的火山灰层

或因冰碛层鉴定困难，更多可能是泛大陆时期之后的冰碛不可能遍布已经漂移分裂的全球陆壳，在北半球寻找晚古生代大冰期的冰碛层就极为困难。依理而论，北半球应当未出现过大陆冰川，就像第四纪大冰期大陆冰川只发育在环北大西洋区一样。但引发大冰期火山作用的遗迹火山灰将遍布全球。论证冰期即成煤期的论据，最好是能在煤系中找到火山作用的遗迹。有力并且充分的论据是含煤岩系中有火山灰层，并且极为普通和寻常，“黏土岩夹矸”就是火山灰的普遍事实，极大地、也就是极为有力地佐证了笔者的大冰期成因论。笔者已经论证冰碛泥砾岩中泥质为火山灰，作为演绎推理无可挑剔。但未对冰碛泥砾岩中泥质做岩石学和矿物学研究，并没有实际资料证明。黏土岩夹矸是火山灰的资料也就弥补了这个缺陷。

最先发现的是“高岭石泥岩夹矸”具有煤层对比标志层的作用：“需要着重指出的是，近十几年来国内外对煤层中高岭石泥岩夹矸的研究非常重视，这是因为用它来对比煤层和解决地质构造及地层划分问题有很好的效果。与煤层中的其他泥岩夹矸不同，高岭石泥岩夹矸成层薄而且特征明显而易于辨认，又具有大面积内分布稳定的特点，故可用于整个煤田或甚至煤田之间的地层对比。在应用高岭石泥岩夹矸来对比煤层时，首先要着力于肉眼的观察研究，必要时辅以室内的岩矿鉴定工作。我国一些单位在运用高岭石泥岩夹矸对比煤层方面已积累了初步经验。如西南某地，在三十五层煤中找到了六十层高岭石泥岩夹矸，其中有一半特征稳定可作为对比标志”[19]252。“国内外对高岭石泥岩的研究表明，有时层状的高岭石泥岩夹矸可变成透镜状或串珠状，但尽管如此，其层位依然稳定，在更大范围内追索时则可相变为铁质岩、凝灰岩。关于它的成因目前说法不一，尚待进一步研究”[19]253。

“近年来，与传统的生物地层法或岩石地层法对海相地层和陆相地层的划分相对应，最近在世界上的许多煤田中，提出以黏土岩夹矸为新的岩石标准层”[2]1，这说明了黏土岩夹矸在含煤岩系中的普遍性。

“现代文献几乎一致赞同：几乎所有的黏土岩夹矸，以及所谓的‘斑脱岩’和‘黏土岩’（claystone）都是火山成因。Bouroz（1962）提出以上全部术语均应代之以‘火山凝灰岩’（ciaystone），这样就能够将它们与黏土岩及橄榄石质碎屑岩或碎屑黏土岩这类公认的非火山成因的产物区别开来”[2]109，这说明普遍存在的黏土岩夹矸属火山成因。

“当火山灰降落在正在形成泥炭的沼泽表面，接着又被泥炭所覆盖时，它就形成一种在后来的煤层中能够加以识别的夹层。由于沼泽处于酸性淋滤环境，火山灰中的原玻璃质组分和一些不够稳定的火成矿物，转变成通常为高岭石的黏土矿物。这种富含黏土矿物的火山灰夹层的火山成因，在野外是难以识别的，但在实验室就易于鉴定了。一旦识别了这种蚀变火山灰夹层，它就十分有助于对煤层的地层、地质、地球化学做出解释”[2]45。这对火山灰变成黏土岩夹矸的形成机制做出了一种解释，并说明黏土岩夹矸火山成因的可靠性。可惜这种解释局限在煤田地质学范畴并且没有追根究源，因果关系颠倒了。正确的说法应当是“当火山灰降落在正在形成沼泽的表面，接着被泥炭所覆盖时，它就形成一种在后来的煤层中能够加以识别的夹层”。换言之，先有火山灰层，后出现泥炭层，即先有火山灰遗迹所反映出的大气圈富 CO_2，后有靠光合作用疯长植物的被淹没掩埋形成泥炭层。

第三系黏土岩夹矸可达 8 层，厚可达 30 cm。“在印度尼西亚东加里曼丹的第三系 Kutei 盆地的煤层及其伴生沉积中，展布着稳定的黏土岩夹矸，厚可达 30 cm。在该盆地内，以三马林达为中心的 NNE-SSW 走向的褶皱带中，出露上第三系地层，它们在总体上形成一个由滨海相向东变为河流三角洲相的序列。在三马林达 SSW 方向约 40 km 的 Badak 向斜的中上中新统地层中，迄今已描述的 8 层黏土岩夹矸，从包括团粒亚型和结晶亚型的狭义黏土岩夹矸（具有广泛分布的高岭石泥岩），到蒙皂石泥岩。它们可在侧向上相互过渡。大部分黏土岩夹矸含有蚀变程度不同的火山碎屑物，因而被认为是火山成因的”[2]62，这说明黏土岩夹矸的多层性。

编译者概括：“自 1863—1866 年 G.Bischof 在鲁尔石炭系地层中首次发现黏土岩夹矸（Tonstein）以来的 100 多年间，各国地质工作者对这种经常包含于煤层之中或煤层顶底板附近的薄的（一般在 5 厘米以内）、侧向分布面积很广（有的可达数千至数万平方公里）、标志特征显著的夹层，进行了多学科的、广泛而深入的研究，发表了 300 余篇研究报告和论文。鉴于这种夹层在理论上和实际应用中的重要意义，近 30 年来，对它的研究日益深入，领域更加扩展，并在用于沉积盆地演化分析、地层年代测定和修订地质年表等方面取得了突破性的进展，因而受到学术界的广泛关注。Tonstein（黏土岩夹矸）已经成为国际通用的、具有特定含义的术语。现已查明，这种大部分由高岭石单矿物组成的黏土岩夹矸的地理分布是全球性的；其时代分布则囊括了从泥盆纪以来的各个成煤期，包括全新世（印尼苏门答腊）。关于它们的成因，虽然现在还有争议，但大量的、充分的证据表明，这类黏土岩夹矸绝大多数是大气降落的火山灰沉积于泥炭沼中经蚀变而成。这一基本的成因模式已为各国大多数学者所接受”[2]前言。

黏土岩夹矸的理论和实际应用领域，更为重要的是可以作为有力证据，证明成煤期即大冰期。大陆冰川与含煤岩系之间的因果关系，能为解决地质学重大地质问题作出贡献。

四、关于“根土岩”

煤田地质学将“根土岩”又称为“底黏土”，称其为含煤岩系的底板黏土，称“为富含植物根部化石的煤层或煤线的底部岩石。根土岩多形成于沼泽环境中，是成煤植物繁殖的土壤，一般为泥质岩、粉砂岩或黏土岩。根土岩常呈团块状，层理不明显，所含根部化石多数与层面垂直或斜交，常含分布不均匀的团块状、瘤状或鲕状菱铁矿结核”“有些根土岩是质量较好的黏土岩，可作为黏土矿利用”[23]164。换言之，含煤岩系底部必有根土岩属客观规律。笔者论证成煤期即大冰期曾拟将根土岩推论为火山灰层，终为纯属推论予以删除。此刻，当将碳酸盐岩帽和含煤岩系同作为碳帽，并且在有黏土岩夹矸为火山灰资料时正式提出，供后人实践检验。

黏土岩夹矸为煤层顶底板的说法需要做理性分析。窃以为黏土岩夹矸为底板，即先有火山作用形成的火山灰，后才有煤层。亦即先有 CO_2 的温室效应和滋养作用，后有植物疯长。认定根土岩为火山灰层，有助于认识它们之间的上下关系。如果最上部煤层之上还有黏土岩夹矸的现象，那只能是该层火山灰沉积之后环境发生了大的变化，不再适宜煤层沉积。

第五节　解答煤田地质学家的困惑

为什么“虽然各个纬度带都有泥炭聚集，但绝大多数都位于北半球的高纬度带”[20]303的事实困惑了煤田地质学家。煤盆地的成因“引起盆地沉降的动力因素提出有 3 种假说：A. 重力负荷假说，是由于水和沉积物的重量引起岩石圈绕曲。B. 热基础假说，是岩石圈受热膨胀后，经过侵蚀以后再冷却时体积收缩沉降；或地下巨大的基性或超基性侵入体引起地壳密度增加而沉降。C. 应力基础假说，由于地壳引张造成断裂谷，或由于水平运动而形成拉张盆地”[20]310。这样奇怪的成因假说或自相矛盾，或与事实不符，终少传播，知者甚寡。相对陆壳密度为 2.7 g/cm³ 而言，水和松散沉积物的密度偏低（在地壳均衡代偿作用下只能上隆），基性超基性岩体密度偏高（煤盆地下没有基性超基性岩体的普遍事实），它们都能引发陆壳沉降，此乃自相矛盾。岩石圈受热膨胀—受侵蚀，再冷却沉降和应力基础假说则完全是额外添加的假设，完全出于凭空遐想。

地质学基础理论的重大突破，如查明重大地质现象产生的原因，对相关学科至关重要。大冰期成因论可轻而易举解答煤田地质学家的困惑。产生这些困惑的根本原因在于忽视“成煤期”这个关键概念，以均变观念看待含煤岩系的形成。成煤期属于地质作用的灾变期，即大冰期。大冰期到来，海水蒸发如第四纪大冰期蒸发量达 0.7 亿多立方千米，海平面下降上百米，必定引发冰川性地壳均衡代偿作用，地壳出现造陆运动。大气圈充斥高浓度 CO_2 之后，开始成煤沉积旋回。即在冰川融水海侵、热带气候和高浓度 CO_2 条件下植物疯长并不断被淹没掩埋成煤。不是地质作用的均变期陆壳的某个局部重力负荷、热基础、应力基础发生变化形成煤盆地，也不是降雨量、蒸发量问题和生长速度、分解速度问题，而是全球性陆壳沉降和沉降到一定程度后抬升，在海侵—海退交替条件下出现大范围的陆壳沉降—抬升。大冰期时的地球并不因为纬度高而气温低，在高浓度 CO_2 温室效应下能保持热带气候的同时还有高 CO_2 “营养”滋养下的植物疯长；看似“刚性”的地球因其缓慢自转都形变呈椭球形、日月引力使地球可产生固体潮的局面下，由海侵造成的海平面在地球的不同纬度带不可能均衡上升，赤道带显然是上升最快的［这一点不完全是演绎思辨。它的证据，一是搜索“泥炭森林”词条，可快速获得分布于低纬度地带——“泥炭森林位于非洲一部、南美东北部和东南亚的大块地区（尤其是在婆罗洲和苏门答腊）”；二是属于陆壳上升的广东，只要出现局部的下沉，如泛珠三角区，则有所谓的“地下森林”；三是四会城区的地下森林就是距今三四千年被上升过快的海水淹没掩埋、尚未形成的泥炭的、以水松为优势种的地下埋藏树木[24]］。应当是北半球高纬度带海平面上升速度与植物的生长速度正相匹配，成就了其最广泛、最厚大的含煤岩系。“植物生长速度”不及“泥炭积聚速度”[20]7 概念准确，但其所称系现代均变期腐泥煤—碳质泥岩的积聚速度，不属“冰期—成煤期泥炭的积聚速度”（其称谓为“泥炭和腐泥煤的积聚速度”，数据来自“主要是全新世”[20]7，按这种积聚速度形成的只能是碳质泥岩，不是婴儿期的煤——泥炭。含煤岩系中当然会有由碳质腐泥形成的劣质煤或碳质页岩，但均变期碳质腐泥只能形成碳质泥岩，不会有婴儿期的煤——泥炭。这两个概念不容混淆），认为“只要该地区长期以沉降为主，沉降速度大致保持均衡，就有可能形成巨厚的泥炭层”[20]8。将今论古此泥炭层亦即巨厚煤层。此“沉降速度大致保持均衡”说，不及“沉降速度与泥炭的积聚速度”“相匹配说”的相对概念更为贴切。这里的积聚速度，特指煤的婴儿期泥炭的积聚速度。在赤道带，间冰期海平面上升的速度必定远胜于高纬度带，植物虽然疯长，但海水上升淹没掩埋的速度更快，植物或尚未繁茂就被淹没掩埋，最终未能成为陆壳上重要的成煤区。赤道带陆壳的某些地带，或因为其他原因，如在冰川融水海侵时隆起，在这种隆起的速度与海平面快速上升对于成煤作用最相宜的情况下，赤道带才能成为所谓的“聚煤带”。笔者曾指出“地球梨状体”的概念太不准确[11]6（应称地球有“梨状膨缩”现象）。地球的梨状膨缩其实也与北半球聚煤区较为发育相关联。地球自转使得陆壳面积较小的南半球较北半球略显膨大，南极洲覆盖的厚厚冰盖使之较北极区的纯水体略微紧缩。两者都与地壳均衡代偿作用有关，不过后者更多是为维持地球自身的重力均衡而已，但这已经使得在冰川融水海侵时南北半球海侵海面上升的速度有所差别。这种差别当然能造成聚煤作用的差别。

笔者试图寻找第四纪大冰期与含煤岩系之间深层次的相关关系并求助于泥炭地学，结果在指望的方向上大失所望，倒是另有发现——专家们的“泥炭”概念含混，什么叫泥炭没有统一说法，甚至名称都不相同。恼火将“泥炭地学”称为“沼泽学”者称，“笔者认为，不应当恢复这种用语”[21]4，实际上他讲的正是沼泽学（称“泥炭地和气候变化之间的关系，可分为两类：一类是泥炭地，特别是沼泽化型泥炭地和高位泥炭地的存在，受气候所支配；另一类是构成泥炭地的泥炭层，记录着气候的变化。后者根据泥炭层中所保存的花粉、孢子、硅藻等微化石的变迁来确定气候的变化，也就是说，泥炭地起着记录和保存作用；泥炭的分解度和泥炭构成植物的变化，即泥炭地的形成过程与气候息息相关。气候变化的花粉分析研究，即便只限于冰后期，也是不胜枚举的，因为这方面的总结性的论文和著作很多，本书不想涉及这个问题。另外，关于冰后期整个气候变化，将来有机会再去讨论，这里涉及的仅限于泥炭和泥炭地有关的问题”[21]342）。他也懂得二者之间的差别，一个叫冰后期泥炭，另一个叫全新世泥炭（在阐述泥炭的研究意义时称“第一，首先是大部分泥炭产生于冰后期。泥炭地是平地的重要堆积物，冰后期和泥炭地是相辅相成的，这有利于冰后期的研究。当然，泥炭在全新世也在形成”[21]69）。显然，这位先生想要讲的是地质作用均变期的“泥炭”，是与“成煤期”概念相抵触的泥炭；对热带泥炭也采取矛盾态度：一面说“认为热带不能形成泥炭是错误的”[21]19，一面说“泥炭是温带和寒带气候的特殊产物。在温暖气候下恐怕不能形成”[21]42。其理性认识是“泥炭只有在植物生产量超过分解量的时候才能够形成”[21]71。其所论对象概念不清，灾变期、均变期不分，如果将其所论泥炭视为婴儿期煤炭，则在起跑线上就错了。当然，如果所论泥炭为碳质泥岩或高碳泥岩，则那些有沉积旋回的煤（被称为“构成泥炭地的泥炭层”）又并不属于其所论范围。另一位有以“阪口认为”[25]167语气显其后学跟进态，当然存在同样的问题，无法自圆其说，如称西伯利亚、中国西部高原、赤道带气候对泥炭形成都相宜——在对沼泽泥炭而言最重要的气候条件上采取自相矛盾的说法等。所以，前述挑剔“泥炭和腐泥煤的积聚速度”是必须的和极为重要的。

此二者的概念可“讲古论今”予以严格区别。碳质泥岩（碳质页岩或高碳泥岩）与煤在成因上大相径庭。碳质泥岩至少在显生宙以来的各个地质时期都可产出，煤或称可燃性有机岩则只有大冰期，即所谓“成煤期”能产出，二者产出环境根本不同。混淆所论对象的本质差别，读者当然不可能从中有所得，没有鉴别能力，还将被弄糊涂。

上述分析，有助于认识评论的重要性。没有评论，不仅不能正确认识碳酸盐岩帽，不能升华为碳帽，也不能认识和分辨同为第四纪泥炭其实有两种完全不相同的形成机制。当然，必须在相关领域有地质学基础理论重大突破之时，才能有中肯的评论。

必须说明的是，笔者并不甚关心碳酸盐岩帽和雪球地球说的最先提出者，笔者援引参考文献只表示出之有据，欲知其详，当请教理学博士。“目前世界有很多关于‘岩帽’的报道，如 Kanfman（1997）、Grontzinger（1995）和 Kenmredy（1998）等”[26]，笔者选择了其中较早的提出者。

泥炭地学书中还是有不少涉及婴儿期煤的泥炭的资料可用。另外也可作为概念混乱极大地妨碍相关研究的实证。

第六节 结语

“碳帽”指明的是一个地质事实，即冰碛层之上必有高碳质岩石——最重要的是有能源矿产煤炭。“论碳帽”是在前人发现了碳酸盐岩帽这个事实后对这个事实产生原因的论述，并将煤系地层纳入统称碳帽。在当前，论述中最有价值的是由大冰期导致碳帽的事实中揭示了地球最重要的和最大的碳循环。导致西伯利亚都能出现热带—亚热带气候的高浓度 CO_2，一万年即可下降到万分之三的低水平，CO_2 中 C 变成了泥炭、碳酸盐岩等碳质岩层进入岩石圈，大气圈 O_2 浓度进一步升高，可见自然之伟力。

20 世纪 70 年代科学家们担心的是“一个新的冰河时代”的到来[27]（1950 年到 1970 年，美洲曾经经历了气候变冷，当时有报告送达尼克松手中，要求他多加防范，以应对一个可能到来的新冰期。当时这一现象在欧洲并没有像美洲那样明显，虽然 1940 年的欧洲也非常寒冷[28]42），短短 9 年就反转 180° ，从“冷惊恐”变成了“热惊恐”[29]。

大冰期引发了地球最重要的和最大的碳循环，CO_2 喷发的制冷机制不仅制造如第四纪大冰期的环北大西洋带范围辽阔的冰盖，制冷机制结束后又营造了碳帽，大气圈中 CO_2 的浓度，鉴于其密度为空气的 1.5 倍，在陆壳型火山爆发地带的大气圈的底层应当达到 100%，而现在的浓度只剩下万分之三！第四纪大冰期最后一个亚冰期结束不过 1 万年，在这短短的时间里，高浓度的 CO_2 哪里去了？大冰期成因论回答了这个问题，指明了地球灾变期地质作用中最大的碳源和碳汇，以及如此碳源—碳汇循环在地球演化历史中的重要作用和巨大影响。论碳帽以大冰期之后必有“成煤期”的一批碳质岩石（“碳帽”）的事实，为大冰期成因论添加了有力的佐证。对“石炭—二叠纪与晚新生代均有广泛冰盖发育，大气 CO_2 含量为最低谷”[3]749 的论点是有力的证伪。

论碳帽章纠正了笔者先期“南半球泥炭资源丰富”的推论[1]30。尽管申述了形成该推论的理由，但是在尚未发现和认识到只有海侵与陆壳上升幅度相匹配的条件下，泥炭才能最大限度地聚集的道理，没有真正认识到晚古生代大冰期之所以北半球煤炭资源丰富的内在原因，也未专门收集和研究泥炭资料，今天看就尚显肤浅，不足为凭；没有将灾变期与均变期严格区别开来，提出植树造林营造“人类文明成煤期”[30]273 也是错误的。“觉今是而昨非”，笔者在论碳帽章的最后，特专此向读者致歉。

参考文献

［1］杨树庄.BCMT杨氏矿床成因论：基底—盖层—岩浆岩及控矿构造体系(上卷)［M］.广州：暨南大学出版社，2011.

［2］煤系粘土岩夹矸译文集［M］.周义平，等译.北京：地质出版社，1989.

［3］涂光炽.涂光炽学术文集［M］.北京：科学出版社，2010.

［4］南颐.近年来广东省地层划分的若干新进展与存在问题［J］.广东地质科技，1982(4).

［5］姚德贤.海南岛石碌铁矿矿床成因的探讨［J］.广东地质科技，1979(1)：13-36.

［6］杨瑞东，王世杰，董丽敏，等.上扬子区震旦纪南沱冰期后碳酸盐岩帽沉积地球化学特征［J］.高校地质学报，2003，9(1)：72-80.

［7］赵彦彦.皖南新元古界蓝田组碳酸盐岩沉积地球化学［D］.北京：中国科学技术大学，2009.

［8］杨瑞东，王世杰，欧阳自远，等.贵州新元古代冰期(Varanger)后环境演变与藻类的复苏［J］.地质地球化学，2003，31(1)：62-69.

［9］艾思奇.大众哲学［M］.上海：生活·读书·新知三联书店，1978.

［10］杨树庄.BCMT杨氏矿床成因论：基底—盖层—岩浆岩及控矿构造体系(中卷)［M］.广州：暨南大学出版社，2016.

［11］地质辞典编纂委员会.地质辞典(一)：上册［M］.北京：地质出版社，1983.

［12］刘全根，孙成全.地球科学新学科新概念集成［M］.北京：地震出版社，1995.

［13］赫夫斯.稳定同位素地球化学［M］.丁悌平，译.北京：地质出版社，1976.

［14］熊国庆.贵州梵净山西北陡山沱组底部白云岩帽地球化学特征及成因探讨［J］.沉积与特提斯地质，2006(2)：1-7.

［15］杨树庄.大冰期成因新见：陆壳型火山与洋壳型火山爆发交响［J］.地质论评，2004(2)：195，209.

［16］北京地质学院地史教研室.地史学教程［M］.北京：中国工业出版社，1961.

［17］廖永岩.地球科学原理之冰期旋回中碳酸盐岩 δ16O变化规律［EB/OL］.广东海洋大学.

［18］JOHN C F，JOHM C H，等.含煤地层沉积环境研究：以美国阿巴拉契亚地区石炭纪地层为例［M］.王池阶，译.北京：地质出版社，1989.

［19］武汉地质学院煤田教研室.煤田地质学(下册)［M］.北京：地质出版社，1981.

［20］杨起.煤地质学进展［M］.北京：科学出版社，1987.

［21］阪口丰.泥炭地地学：对环境变化的探讨［M］.刘哲民，译.北京：科学出版社，1983.

［22］中国地质科学院.中国地层1·中国地层概论［M］.北京：地质出版社，1982.

［23］地质辞典编纂委员会.地质辞典(四)［M］.北京：地质出版社，1986.

［24］丁平，沈承德，易维熙，等.广东四会古森林地下生态系统14C地层年代学研究［J］.第四纪研究，2007，27(4)：492-498.

［25］柴岫.泥炭地学［M］.北京：地质出版社，1990.

[26] 姜立君，张卫华，高慧，等. 贵州新元古代陡山沱期碳酸盐岩帽沉积地球化学特征 [J]. 地球学报，2004(2)：170–176.

[27] 陈公正. "全球变暖"：谎言还是真相？ [N]. 参考消息，2007–11–11.

[28] 克洛德·阿莱格尔. 气候骗局 [M]. 孙瑛，译. 北京：中国经济出版社，2011.

[29] 杨树庄. 从"冷惊恐"到"热惊恐"再到…… [N]. 羊城晚报，2003–09–02(B5).

[30] 杨树庄. 苍茫大地谁主沉浮：老地质队员说道 [M]. 广州：广东经济出版社，2003.

第三章　论磷帽

引　言

1960年到地质队，我只听过队领导用硝酸—钼酸铵点滴法找磷的爬山经历，听赖应錢先生说深海洋流上升的磷矿成因假说。我们都受相同的玄奥价值观的教育，谁也说不清深海洋流凭什么上升和要在磷矿床处上升。世界80%的磷矿储量产在海相沉积岩中[1]410，基本属于沉积成因的磷矿床，地质学照样不清楚其成因和不懂得怎样找磷。这当然也不奇怪，因为更为普通的铁矿，如宁乡式铁矿为什么在赣中—湘中地区特别发育；以三价铁形式赋存的宣龙式赤铁矿，为什么要产出于有事实和证据证明，也得到公认“缺乏游离氧”的震旦纪之前（长城系串岭沟组），前人也不知其所以然，并不予解释。

磷的克拉克值为0.1%，地壳丰度值排序居第15位[2]22。既然已经发现铁矿有清晰的成矿规律[3]58，其他丰量元素如磷是否也有相类似的成矿规律呢？这可是非常有益于笔者“矿质来源于基底、盖层，受构造或兼岩浆影响控制成岩成矿”所要表达的理念的。当发现沉积磷矿的成矿作用特征还可以作为笔者的大冰期成因论的佐证时，笔者开始收集资料。

《中国矿床》首章中国磷矿床中的“内生磷矿床”[4]4，尤其是其“主要成矿规律”的论述[4]49即刻引起了笔者的兴趣。什么“幔源偏碱性超基性杂岩体磷灰石矿床”“幔源含钒、钛、铁基性—超基性杂岩体磷灰石矿床”“消减洋壳源、中—酸性火成杂岩体磷铁矿床”[4]8等；什么震旦纪磷矿床成矿规律，寒武纪成矿规律，震旦纪、寒武纪共同成矿规律等，自笔者指明“‘矿’是一种陆壳现象”[3]1起，尤其重视查看矿质“幔源”或“下地壳”“上地幔”来源说教的原委。结果无一例外，毫无证据，都是凭空想出来的，属典型的形而上学结果。特别是只要按《BCMT杨氏矿床成因论：基底—盖层—岩浆岩及控矿构造体系》的理念稍加分析，“内生磷矿”磷质来源问题可即刻得出清晰的结论。《中国铁矿床》[5]着重论述岩浆和岩浆期后热液的成矿作用，可能与中国贫铁多、富铁少的严峻形势，以及20世纪70年代“富铁会战”带来的惯性和热点效应有关。但作为非金属矿，“内生磷矿”一般为贫矿，其所占储量比甚小，仍要优先首节论述，亮出“幔源型”“消减洋壳源”之类，就不太妥当了。笔者在对这个原因追根穷源时发现磷块岩沉积与碳帽有异曲同工之妙。又因“碳酸盐岩帽”升级版“碳帽”的提出，不妨将磷矿纳入，谓之“磷帽”，它们的形成都与大冰期相关，作为冰碛层之“帽里子”，与碳帽的“帽面子”相对应。这非常有趣。这也就是本书原拟将其列为导篇，用以充实并延伸大冰期成因论所涉及的诸多事件，解释重大地质现象、理解重大地质作用的刻意安排；仅介绍了两个地质时代的沉积磷矿床，却按3个层次分别总结成矿规律，也实在是“求新颖”的奇思妙想，与指导普查找矿毫不相干。总结规律是对同一性概括并予以提升，先将总结对象分割开再来归纳，那就失去了总结规律的本来意义。这应当属于常识。

磷块岩“是一个‘事件性沉积’的产物”[6]315 的论点非常正确，非常重要。笔者的研究表明，这个论点对沉积磷矿床和先震旦纪“绿岩带磷矿床”都适用。此论点指明了磷块岩形成的“非常性质”，地学界当称“灾变性质”。遗憾的是论者未予深入且后人又未传承跟进，无人点明属何事件、起何作用和与磷块岩矿床有怎样的因果关系。笔者认为冰期即属形成磷块岩的“事件”（在所有磷矿中还有其他事件造成次要磷矿，且矿质来源相同），冰期则必定造成“含磷岩系”，特提出本章“论磷帽”。

所有称磷块岩为沉积矿产的著述，关注点全在含磷岩系特征，所有论点都靠含磷岩系中的素材支撑，这与矿质“幔源型”之类的论点在研究、论证途径上和实际思想方法上有本质区别。所以“幔源型”之类的论点不过是炫炫时髦、故作高深而已，无法成为基础以供后人跟进探索。《中国磷块岩》[6]对含磷岩系本身的研究极为详尽，如磷块岩相、磷块岩矿石岩石学、成磷期沉积建造、磷矿物研究等。尽管也称主要研究问题之一是“形成环境和背景问题”，却没有相关环境，如下伏地层及其所反映的环境分析等。对含磷岩系的影响的思考，即缺乏“事物的有机联系是辩证法的一个主要的特征”的思考，当然不能够查明属何事件。全书也止于“事件性沉积”称谓，再也没有就“事件”的性质展开讨论。这很可惜。

笔者只在叶连俊先生等前人研究的基础上指出“事件性沉积”属何事件，顺便指出并解析前人研究的某些错误，因为并未全面收集磷矿床资料，因此不对中国磷矿床提出系统意见。当然，查明了磷矿的成因，所有问题都容易解决了。

美 Peter Castro Michael E. Huber 著、茅云翔等译的《海洋生物学》[7]就地学论著而言是一本非常好的书，乃至有了第 6 版。作者那憨厚乐观的笑也给我留下印象。经过出版社的编辑排版，指明相关内容的页码是不容易的，该书采用两个页码编序做到了；两个三角形组成的图略错开上下叠置以缩减版面（缩减版面和追求字数看起来是形式问题，其实反映了内容），仅此即可见其用心良苦。语言也通俗易懂，还大胆采用了比喻，添加了“小品文”模块，称“本书目的是致力于将这些基本科学知识与激动人心、最新的海洋生物学进展有机结合为一个整体。我们希望这种方式能表明从物理科学到生物科学都是平易实用的，所有的学科都不令人生畏。为了这一个目的，我们采用了一种通俗的写作风格，更着重对概念的理解，而不过分强调对细节的把握”[7]I。笔者外行不能评论其学术价值，但这种写作态度令人钦佩；与课堂学习之后闭门写作上百万字的鸿篇巨制[8]不同（笔者只见到上、中两部，各上百万字），作者亲自潜海观察收集实际资料。该著作说明作者是真正弄懂消化之后反刍出来精华给读者，很有吸引阅读的能力。前言所称“本书的使用者是高中生、本科生、研究生、成教学生以及其他领域的不参加正规课程学习但也对海洋生物学感兴趣的人们”看起来有效，笔者这个外行翻阅了相关部分乃至饶有兴趣地阅读与写作无关的部分。为写好磷帽说的生物磷源，我寻觅了好些化学、生物化学、有机化学、无机化学、生命科学的著作，已经引用的不再删除，在磷帽说节将添加该著作的几个事实和说法。

第一节　磷矿地质概貌

世界 80% 的磷矿储量产在海相沉积岩中。具有较大工业价值的矿床集中在 4 个主要成磷期，即元古代晚期至早、中寒武世，二叠纪，晚白垩—早第三纪和中新世，相应分布于苏联—中国—澳大利亚地区、美国西北部、北非—地中海地区和美国大西洋沿岸。

元古代晚期至早、中寒武世成磷带分布在澳大利亚北部的乔治纳盆地，越南老街磷矿，我国云、贵、川、鄂，苏联卡拉套磷矿区及蒙古国的库苏泊磷矿区，占世界沉积磷矿储量的 16% 左右。二叠纪成磷带分布比较局限，目前已知具有经济价值的矿床位于美国西部的蒙大拿、爱达荷、犹他及怀俄明州（称“美国西北部二叠纪磷矿 P_2O_5 的品位 18%~36%，平均 25%，其储量约占世界沉积磷矿的 10%”）。晚白垩世—早第三纪（始新世）成磷带是世界已知最大的成磷区，主要分布于北非—地中海地区的塞内加尔、多哥、摩洛哥、阿尔及利亚、埃及、土耳其、约旦、以色列、叙利亚、伊拉克等国，占世界沉积磷矿总储量的 62.3%。[①] 含磷层的岩石组合很相似，主要由磷块岩磷质灰岩和燧石组成。有鉴于此，有学者认为，南美巴西、哥伦比亚、委内瑞拉、厄瓜多尔的晚白垩世沉积磷矿可能属地中海含磷区西延部分（原著行文先后如此，未知其所称储量 62.3% 是否包括南美洲者）。中新世成磷带主要分布在大西洋的西海岸及太平洋的东海岸地区，其中经济价值最大的磷矿床产在美国佛罗里达州到北卡罗来纳州一线海岸地区的磷矿床。该地区磷矿的一个重要特点，是许多磷块岩尚未固结，部分原生磷矿经侵蚀风化进入晚中新世的岩层内，少量甚至进入第四纪沉积层内。太平洋东海岸的一些磷矿床也具有这样的特点，其分布北起加利福尼亚，经下加利福尼亚、墨西哥，延至秘鲁的塞丘拉。在太平洋西岸地区，在萨哈林半岛、日本、印度尼西亚和新西兰海域的查塔姆海丘也发现了中新世的磷矿床和矿点。上述 4 个时期沉积磷矿的总储量占世界沉积磷矿总储量的 70% 以上[1]408。

“这些重要的成磷期大多处于全球海平面最高时期”[1]410。“每个时期的成磷作用都与洋流上升有关。但不同时期洋流上升的成磷机制却又有所不同。谢尔登等人认为，白垩纪—第三纪早期的磷块岩沉积是在高海面、温暖洋流时期，是由于赤道洋流上升作用，把磷从深海带到浅海的结果；寒武纪、二叠纪和中新世的磷块岩，主要是在高海平面的温暖洋流向低海面的寒冷洋流过渡时期，因信风而导致的洋流，把磷从深海带到浅海而形成的”[1]411。上述情报说明，上升洋流说仍是磷矿的主导成因理论。

世界磷矿消费量的 90% 用于制造各种形式的磷肥[1]408。

中国专家认为，磷矿床地质研究自 1978 国际地质对比计划开展以来取得了许多有意义的进展，“但是在对成岩孔隙水的重要性、生物有机质在成矿中的重要性，对含磷岩系的成矿意义，对成矿沉积环境和地质背景对磷块岩形成展布的重要性等方面还缺少专注的研究”[6]5。

---

① 原文如此。笔者认为可能指北非—地中海带占该时期总储量的储量比。

第二节 中国磷矿床概况

中国磷矿床除沉积磷矿床外尚有沉积变质磷矿床、岩浆岩型磷矿床、鸟粪层磷块岩矿床、风化淋滤残积磷矿床和白云岩中洞穴堆积磷矿床（图 3–1、表 3–1）。图 3–1、表 3–1 对我国磷矿资源、矿床分类做了不同概括。

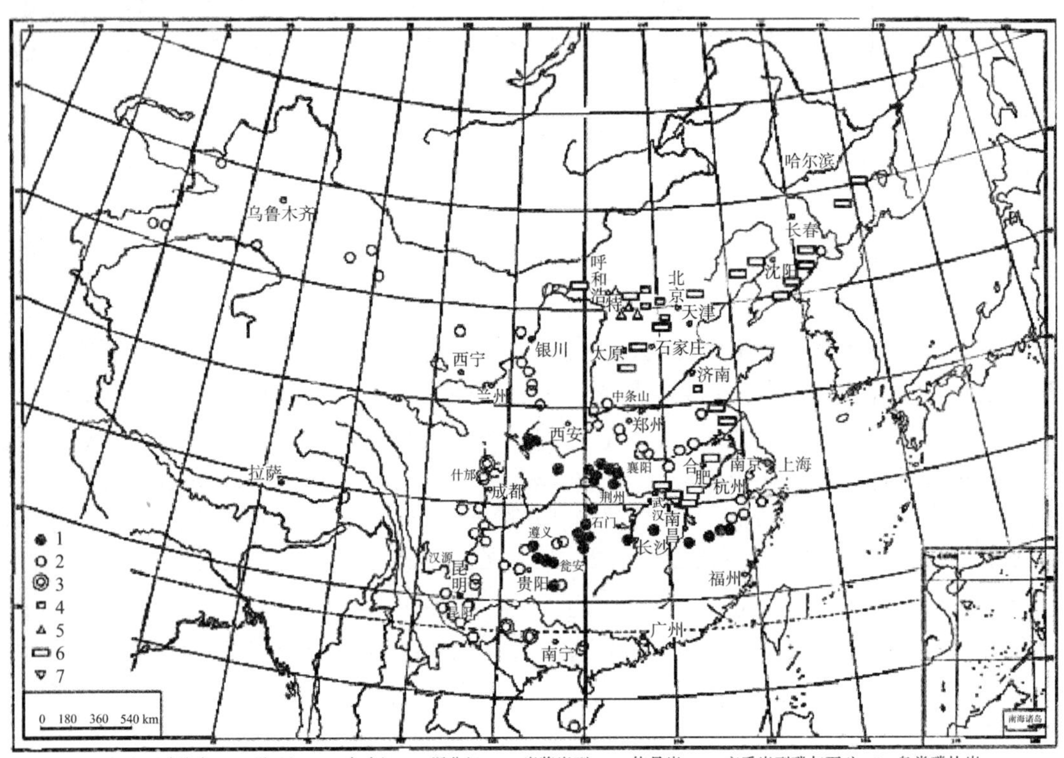

沉积型磷块岩：1—震旦纪；2—寒武纪；3—泥盆纪；4—岩浆岩型；5—伟晶岩；6—变质岩型磷灰石矿；7—鸟类磷块岩

图 3–1 我国磷矿资源分布略图[6]

表 3–1 中国磷矿床分类表[4]3

矿床类型			时代规模	矿体形态	主要矿物成分	矿石组织结构	含矿围岩	伴生组分	矿床实例
原生磷矿床	内生	岩浆岩型	三叠纪大中型	层状透镜状扁豆状	氟磷灰石、磁铁矿、角闪石、长石等	致密块状、浸染状	辉石岩、辉长岩、斜长岩、苏长岩、角闪辉石岩	Fe、V、Ti、Co、Ni 等	河北涿鹿县矾山磷矿床

续表

矿床类型			时代规模	矿体形态	主要矿物成分	矿石组织结构	含矿围岩	伴生组分	矿床实例
	外生	浅海沉积型	晚震旦世大型	层状扁豆状	碳氟磷灰石、石英、非金属等	致密块状、条带状、团块状、粒状等	黑色页岩、白云岩、燧石岩、粉砂岩、页岩	I、V、稀有元素	贵州开阳磷矿床、湖北荆襄磷矿床
			早寒武世大型	层状扁豆状	碳氟磷灰石、石英、海绿石等			有机质N、K	云南昆阳磷矿床、四川马边磷矿床
		生物沉积型	第四纪小型	似层状	胶磷矿、方解石、鸟粪黏土等	土状、块状、团粒状、结核状	海滩岩		海南西沙群岛磷矿床
	沉积变质	磷灰石型	前震旦纪中型	层状透镜状	氟磷灰石、方解石、白云石、云母、石英等	片状、条带状、粒状	结晶片岩、大理岩、板岩、千枚岩等	Mn	江苏海州磷矿床
次生磷矿床	风化—再沉积型		泥盆纪大中型	层状透镜状	碳氟磷灰石、硫磷铝锶矿	砾状、致密状、粒状	白云岩	Sa、I、Sr	四川什邡磷矿床
	风化—淋滤残积磷矿床		第四纪中型	透镜状层状	胶磷矿、磷灰石、银星石、磷铝石	胶状、砾状、土状、块状、皮壳状	白云岩	U、V	湖南湘潭黄荆坪磷矿床
	洞穴堆积磷矿床		极小型或矿点	巢状筒状	胶磷矿、磷灰石、银星石、磷铝石	胶状、砾状、土状、块状	白云岩	V	广西邑隆、百色和广东翁源磷矿床

注：此表矿床类型划分概念混乱，有严重错误。今取其优点，简明概括了中国磷矿床类型。前三列矿床类型可供批判。

中国的沉积磷矿从元古代到第四纪，几乎每个时代的地层都有磷的矿化层或矿层，主要时代在震旦纪和寒武纪，其次有石炭纪、二叠纪。另外，中国的泥盆系产有世界罕见的工业磷矿床。具有工业价值的大型磷矿床都是由碳氟磷灰石组成的海相磷块岩。磷矿总储量中，沉积（海相）磷块岩约占85%，岩浆岩型及变质型磷灰石矿床占14.6%，其余为次生磷矿床。在沉积磷块岩的总储量中，震旦纪的约占51%，寒武纪的约占44%。在地理分布上，大型的工业磷块岩矿床主要集中在扬子地台区域，在华北地区及西北的某些地区多为中小型矿床，分布也比较零散[6] 312。

先震旦纪最重要的含磷层为滹沱群。大致相当于这一层位的有江苏海州群锦屏组、湖北的红安群黄麦岭组、安徽的肥东群双山组和宿松群柳坪组以及内蒙古的白云鄂博群尖山组和辽东辽河群大石桥组等[6]1（表 3–2）。

表 3–2 我国沉积磷矿的含磷层位[6]3（按原文修饰并增编含磷层序号）

年龄 / 亿年	地层系统		矿化层位及其序列	含磷岩性及产状
0.03	新生界	第四系■ *	28	洞穴、淋滤交代及鸟粪磷块岩
0.80		第三系	27 邕宁群 *	砂岩或页岩中的磷结核
1.40	中生界	白垩系	26 四方台组 *	砂岩或页岩中磷的薄层或结核
1.95		侏罗系	25 鹅湖岭组 *	火山凝灰岩和页岩中局部磷酸盐化
2.30		三叠系 *	24	含磷砂岩或页岩
2.70		二叠系	23 孤峰组■ *	页岩中的磷结核层
3.20		石炭系	22 岩关组■（P_1）	砂岩、页岩或灰岩中的磷结核或薄层
3.75		泥盆系	21 什邡组（D_2）	层状磷块岩，顶底板均为白云岩
4.40		志留系	20 连滩群 *	砂页岩中的磷结核
5.00		奥陶系	19 红石崖组 *	碳酸盐岩层中磷质条带或结核
		寒武系	18 老爷山组 *	白云岩中夹的含磷砂页岩
			17 大茅群■（ϵ_2）	钙质石英砂岩、硅质岩或灰岩中的磷块岩薄层
			16 毛庄组 *	含磷砂页岩
			15 昌平组 *	碎屑岩中的含磷砂岩薄层
			14 辛集组■（ϵ_1）	细碎屑岩中的砂质磷块岩层
			13 筇竹寺组■（ϵ_1）	钙质细砂岩中的砂质磷块岩层
6.20			12 渔户村组■（ϵ_1）	厚层状磷块岩，顶底板均为白云岩
	元古界	震旦系	11 灯影组（ϵ_2）	白云岩中磷块岩
			10 陡山沱组（ϵ_1）	白云岩、页岩或硅质岩层状磷块岩
8		青白口系	9 景儿峪组 *	白云质灰岩中的磷的结核、透镜体
9		蓟县系		
19		长城系	8 串岭沟组 *	砂质白云岩和砂岩中的磷结核或透镜体

续表

年龄 / 亿年	地层系统		矿化层位及其序列	含磷岩性及产状
	元古界	滹沱系	7 东焦群 *	碎屑岩及粉砂质千枚岩中磷质结核或透镜体
25		滹沱系	6 海州群锦屏组（Pt）	各种变质岩或大理岩中的层状磷灰石矿
			5 红安群双山组（Pt）	
			4 宿松群柳坪组（Pt）	
			3 辽河群大石桥组（Pt）	
			2 白云鄂博群尖山组（Pt）	
			1 宽甸群 *	透辉变粒岩中的磷灰石矿产
25	太古界	五台系		

注：中国磷块岩矿床震旦纪的约占 51%、寒武纪的约占 44% 在该表中未得以体现，笔者注记：* 矿化 ▬小型矿床；价值大的工业矿床。

震旦纪的含磷层位有 2 个，一个是上震旦统陡山沱组含磷层，另一个是上震旦统灯影组含磷层；寒武纪有 7 个磷矿化层：下寒武统 5 个，中、上寒武统 1 个；泥盆纪有剥蚀震旦纪成磷期磷矿层再沉积形成的工业矿床[6]5。

“在奥陶系、志留系、石炭系、二叠系、侏罗系、白垩系以及下第三系中均有不同程度的磷酸盐化或小型磷矿床，但所有这些时代的矿化或矿床都质量差、规模小、没有工业价值”[6]5。

我国主要成矿时代的成矿域、成矿带空间分布如图 3–2 所示。

前震旦纪变质磷矿成矿带主要分布在中朝准地台东部的南北两侧。北侧：东西向的内蒙古地轴、北东向的山西中隆起的五台—太行—吕梁—中条诸山及燕山褶皱带；南侧：苏北（江南地轴北端）—淮阳地盾等古老基底出露区。沉积磷块岩矿之震旦纪磷矿成矿带主要分布在扬子准地台。寒武纪磷矿成矿带除在与震旦纪磷矿相关联的梅树村期和筇竹寺期磷矿床分布在扬子准地台外，沧浪铺—昌平期磷矿成矿带主要沿中朝准地台南缘，自南京西（淮阳地盾北缘）—郑州（豫西褶皱带）—西安（秦岭地轴）—银川（祁连山褶皱系）—乌鲁木齐南（天山褶皱系）一带山系几近连续分布成北西向带。

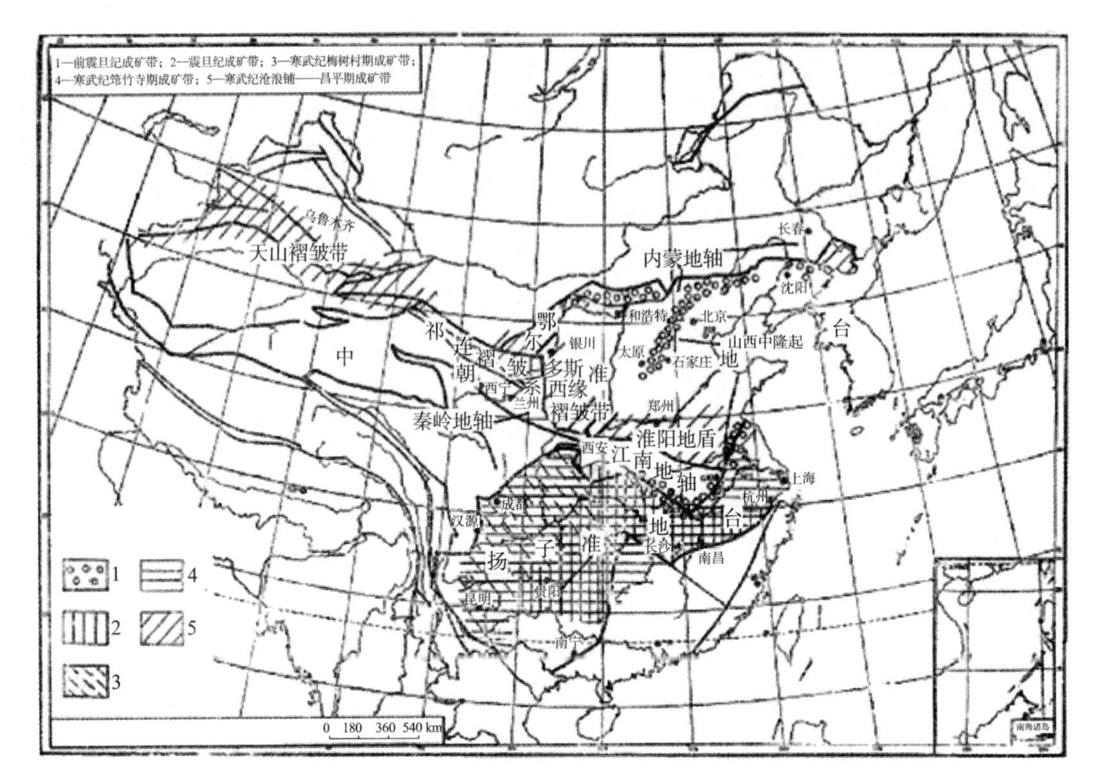

图 3–2 我国主要成矿时代的成矿域、成矿带略图[6]278

注："中朝准地台"，较文献［6］中"华北地台"更通用和宏观。

一、中国磷块岩的建造类型

中国的磷块岩均属于浅海相沉积。有两种沉积建造类型，其一是碳酸盐建造，其二是碎屑岩建造。前者如陡山沱组瓮安磷矿床者，特定的元素组合为 P、C、Ca–Mg[6]293（图 3–3）。

后者如遵义型磷矿床[6]16，特定的元素组合为 P、C、Si[6]293（图 3–4）。

含磷岩系只有两种建造类型是笔者的划分。

前人将含磷建造划分过细。如按时代和成矿区、域、带、带中段划分，"主要有"11 个"含磷岩系和磷块岩相"[6]9。进一步划分"含磷岩系和磷块岩相"的前提必须是它们对磷矿沉积有控制作用。磷块岩矿床是笔者着重讨论的对象，将在"著有《中国磷块岩》"一节着重陈述。笔者认为，划分太多岩相不是正确的选择，是不明因果关系、分不清事物的本质属性与非本质属性之无奈选择，也有搞复杂化的因素。

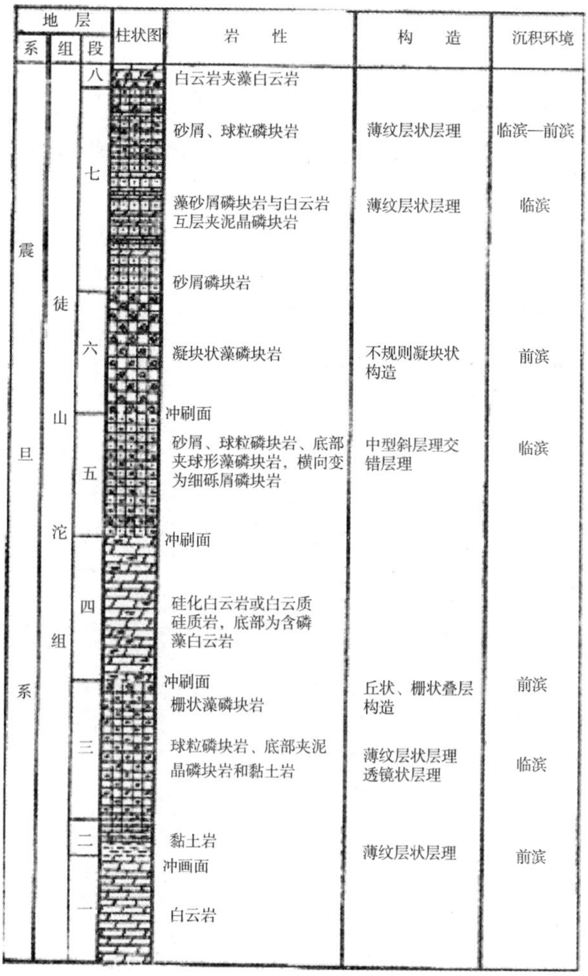

地层			柱状图	岩性	构造	沉积环境
系	组	段				
震旦系	徒山沱组	八		白云岩夹藻白云岩		
		七		砂屑、球粒磷块岩	薄纹层状层理	临滨—前滨
				藻砂屑磷块岩与白云岩互层夹泥晶磷块岩	薄纹层状层理	临滨
				砂屑磷块岩		
		六		凝块状藻磷块岩	不规则凝块状构造	前滨
				冲刷面		
		五		砂屑、球粒磷块岩、底部夹球形藻磷块岩，横向变为细砾屑磷块岩	中型斜层理交错层理	临滨
				冲刷面		
		四		硅化白云岩或白云质硅质岩，底部为含磷藻白云岩		
				冲刷面		
		三		栅状藻磷块岩	丘状、栅状叠层构造	前滨
				球粒磷块岩、底部夹泥晶磷块岩和黏土岩	薄纹层状层理透镜状层理	临滨
		二		黏土岩	薄纹层状层理	前滨
				冲画面		
		一		白云岩		

图 3–3 瓮安磷矿床陡山沱组剖面图[6]216

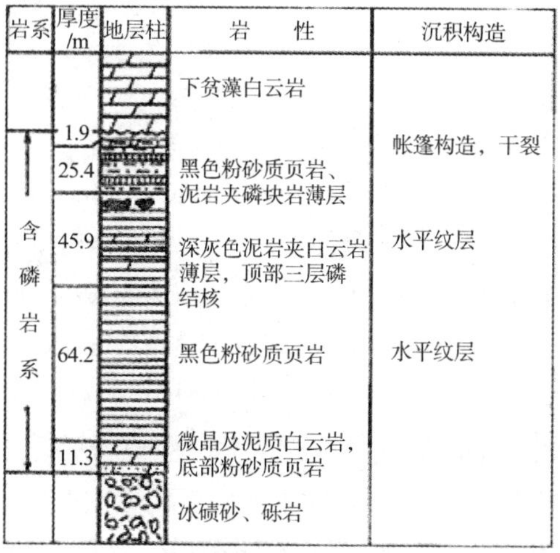

岩系	厚度/m	地层柱	岩性	沉积构造
			下贫藻白云岩	
含磷岩系	1.9			帐篷构造，干裂
	25.4		黑色粉砂质页岩、泥岩夹磷块岩薄层	
	45.9		深灰色泥岩夹白云岩薄层，顶部三层磷结核	水平纹层
	64.2		黑色粉砂质页岩	水平纹层
	11.3		微晶及泥质白云岩，底部粉砂质页岩	
			冰碛砂、砾岩	

图 3–4 遵义型含磷岩系[6]16

二、中国沉积变质磷矿床概况

这一部分与磷帽说无直接关系。点与面是对立统一的，没有整体，局部也就不成其为局部。前人认为“中国变质磷矿床主要有两大成因类型，即绿岩带型（太古宙磷矿床）和沉积变质型（古元古代磷矿床）。其磷矿层位总共有4个，分别位于太古宇阜平群、古元古界下部五台群、古元古界滹沱群、古元古界顶部榆树砬子组”[4]27。

兹列表按地质时代简略介绍下、中前寒武系中国变质磷矿床含磷层位及含磷概况，不介绍矿床实例。按笔者大冰期成因论，先震旦纪没有大冰期，不直接涉及磷帽说（表3–3）。

表3–3 中朝地块下、中前寒武系磷矿层位对比[4]28

	地层单位	东北地区	东北南部	朝鲜北部	河北	山西	内蒙古	江苏	安徽	湖北
古生界 新元古界 中元古界	寒武系 600Ma 震旦系 800Ma 青北口系 1000Ma 蓟县系 1400Ma 长城系	侏罗系	永宁群	祥原系		（东冶亚群按典：包括大关山组、槐荫村组、北大兴组和天篷垴组。无河边村组。典即为注释所称；107页） 长城系不同层位		下第三系	震旦系下统	震旦系下统
古元古界	吕梁运动 1700Ma 滹沱系	马家街群	老岭群-辽河群：**榆树砬子组** 大栗子组 临江组 花山组 **珍珠门组** 达台山组	摩天岭系：南大川统 北大川统 **城津统**（包括部分狼林群）	甘陶河群：**蔃亭组**● **南寺组**● 南寺掌组	滹沱群：郭家寨亚群：刁王山组、黑山背组、**西河里组** 东冶亚群：天峰脑组、北大兴组、瑶池村组、**河边村组**、纹山组、青石村组 豆村亚群：大石岭组、南台组、四集庄组	什那干群 白云鄂博群-渣尔泰群：呼和艾力更组、阿勒呼都格组、阿尔登组、呼吉尔图组、白音布拉格组、比鲁特组、哈拉霍特组、尖山组、都拉哈拉组	海洲群：云台组 **锦屏组**	宿松群：张八岭组 **文山组** **虎踏石组**● **柳坪组** 大兴组	红安群：塔尔岗组 磨盘寨组 **七角山组** 天台山组 **黄麦岭组**
	五台运动 五台系	麻山群●：建堂组 西麻山组 **柳毛组**（黑龙江）	集安群-宽甸群：新开河组（吉林） 清河组	狼林群	朱杖子群：褚杖子组 椁杖子组 李老洞组 上白城子组 老爷庙组	五台群：木格组 铺上组 台怀组 石咀组	二道洼群：哈拉沁组 红山沟组	胶南群	大别群	大别群
太古宇	阜平运动 2500Ma 阜平群	黑龙江群：山嘴子组 鸡冠山组	建平群-鞍山群：瓦子峪组 大营子组 **小塔子沟组**（辽宁）	茂山群	单塔子群：南店子组 凤凰嘴组 **白庙子组**	阜平群：红土坡组、四道河组、水厂组、浸山组、南营组、团泊口组、索家庄组	乌拉山群：小溪沟组 脑包山组 桃儿湾组 召林沟组			
	迁西群				迁西群	迁西群	集宁群			

注：粗体字表示含磷地层 ●示意含火山岩 ～～～示意不整合面 阜平群（方框）示意中国变质磷矿床前人认为的四个磷矿层位
南寺组含磷见于中国岩石地层辞典322页，又按该典改嵩亭组为蔃亭组。七角山组被称为不含磷锰，345页。

注：含磷层位岩性概况如下。

柳毛组为麻山群的一部分[9]268。榆树砬子组不整合于辽河群（盖县组）或大石桥组之上，上被永宁组不整合覆盖；为一套变质碎屑岩，以石英岩为主，夹千枚岩、绢云石英片岩即变质砂岩，底部含铁、磷矿[9]563（上下均为不整合）。珍珠门（岩）组隐蔽平行不整合于旱沟碳质板岩之上，不整合于青白口系之下；由条带状、块状、角砾状白云质大理岩和透闪石化、硅化白云质大理岩组成较单一的岩石地层单位[9]583（未涉及含磷层事）。小塔子沟组下部为石榴二辉斜长片麻岩、透辉角闪斜长片麻岩、斜长角闪岩夹二辉麻粒岩、铁英岩、角闪（辉石）岩，上部为角闪黑云斜长片麻岩、黑云变粒岩夹斜长角闪岩、铁英岩等，未见底；本岩组为低品位易选磷矿即含铁层位[9]515。嵩亭组下部为板岩、白云岩，上部为变玄武岩夹变砂岩；整合覆于南寺组之上[9]162，河北古元古代甘陶河群中含磷层嵩亭组下伏南寺组之上部有“变玄武岩”[10]22。南寺组下部为绢云石英片岩、变长石砂岩、千枚状板岩，中部为白云片岩夹钙质片岩、绢云片岩、透闪大理岩，在甘陶河一带其上部尚见有变玄武岩、变熔岩角砾岩；该组尚夹有含铜砂岩、含磷砂岩、含铅锌矿砂岩等[9]322（上下均为玄武岩）。又：甘陶河群为一套钙质的碎屑岩（砾岩、砂岩）、泥质岩、镁质碳酸盐岩和玄武岩及中基性凝灰岩火山角砾岩等，含叠层石；与下伏阜平群、五台群不整合接触，其上为东焦群不整合覆盖；本群自下而上分为南寺掌组、南寺组、嵩亭组、牛山组（本群与五台山滹沱超群中下部大体相当）[9]134。虎踏石组已解体，其中片岩及大理岩归柳坪组，其余为变质侵入体[9]183。柳坪组（宿松柳坪矿区钻孔柱状剖面）顶部为薄层白云石英片岩，之下为大理岩、磷灰岩夹白云石英片岩、含石墨白云石英片岩，底部为白云石英片岩夹磷灰岩、大理岩凸镜体；下与浦河杂岩断层接触[9]268。浦河杂岩包括原宿松群中的全部变形变质侵入体及一些强变形构造岩、构造片岩等，即包括原蒲河组、虎踏石组大部、柳坪组；岩性主要为黑云斜长片麻岩、二云斜长片麻岩、二云二长片麻岩、构造岩和构造片岩夹变基性火山岩脉等[9]343。内蒙古尖山组下部为铁锰质板岩、碳质板岩，中部为变质长石石英砂岩，上部为粉砂质泥质板岩及灰岩；下与都拉哈拉组、上与哈拉霍疙特组均为不整合接触[9]207。锦屏组下部暗绿色绿泥（云母）片岩夹大理岩、磷灰岩、石英岩、石墨片岩和锰磷矿凸镜体，中部灰绿色钙质云母片岩具白色斑点，上部灰白色（含磷）大理岩夹磷灰岩与灰绿色绿泥钙质云母片岩互层，含微古植物；下与花岗片麻岩不整合、顶与云台组整合接触；本岩组磷灰石铀铅年龄为 1 735~1 701 Ma[9]217。黄麦岭组红安群底部不整合于大别山或桐柏山群之上，与上覆天台山群整合接触；由白云钠长片麻岩、石英片岩、钠长角闪片岩、微斜钠长变粒岩或浅粒岩、含锰大理岩、石墨片岩、石英岩、磷灰岩及锰土矿组成，可分两段，下段底部以磷矿为主，上段底部以锰矿为主，两段浅粒岩中均赋存重稀土[9]193。七角山组为红安群中部含碳片岩组，不含磷锰，可分 3 段：下段由石墨片岩、白云石英片岩组成，偶夹方解石大理岩；中段为白云钠长片麻岩夹白云石英片岩与石榴钠长角闪片岩、石榴角闪绿帘石岩、石榴角闪片岩互层[9]345；上段为含石墨片岩、白云石英片岩与石榴钠长角闪片岩、石榴角闪绿帘石岩、石榴角闪片岩互层。西河里组是山西五台山区郭家寨亚群第一个组级单位，以灰紫色、紫红色板岩、砂质板岩及泥质砂岩为主，底部含不稳定的底砾岩；与下伏东冶亚群不整合接触[9]489。东冶亚群是五台地区滹沱群第四亚群，主要由白云岩组成，夹少量板岩；包括大关山组、槐荫村组、北大兴组和天篷垴组 4 个组中国地层典称无河边村组；与下伏刘定寺亚群连续过渡[9]107。

三、产出于岩浆岩中的磷灰石矿床

产出于岩浆岩中的磷灰石矿床被称为“内生磷矿床”且与地幔、消减洋壳有关[4]8，其所列矿床实例有河北的矾山、罗锅子沟磷灰石矿床和南京梅山磷铁矿床[4]9 等。当然，此局部同样是整体的一部分，满世界都认为这种类型的矿床是“内生”的。笔者将重点批判并点破所谓“内生磷矿床”的成矿机理——它恰好又可作为《BCMT 杨氏矿床成因论：基底—盖层—岩浆岩及控矿构造体系》的佐证。

四、次生磷矿床

次生磷矿床包括风化淋滤—残积型磷矿床、洞穴型磷矿床和鸟粪磷矿床。

风化淋滤—残积型磷矿床属原含磷层经风化作用磷残留富集、其他组分淋滤流失，含磷品位提高 2~6 倍而成。原含磷岩层已知有古元古界珍珠门组大理岩（吉林通化）[4]37（通化干沟小型磷矿）；上震旦—下寒武统（湖南湘潭、长沙），中、上泥盆统和下石炭统大塘阶、岩关阶（广西）等含磷碳酸盐岩和硅质岩；下侏罗统石英安山岩和安山质凝灰岩（广西玉林）；老第三纪花岗质砾岩（广西藤县）；第四纪黏土夹磷质团块（贵州普安）等[4]37。

洞穴堆积磷矿床为极小型或矿点，围岩一般为白云岩，如广西邑隆、百色和广东翁源磷矿床。

鸟粪磷矿床属现代生物来源物经第四纪风化作用形成的磷矿床，如西沙群岛磷矿床。

次生磷矿床工业价值有限，与需要关注的主要工业磷矿床成因关系有限，本文不予讨论。

第三节 中国磷矿床研究概貌

在《中国矿床》前已有专著《中国磷块岩》，它论述了占中国磷矿储量85%的主要矿床类型——沉积磷矿床和海州变质磷矿床，对中国磷块岩本身有详尽描述。还有为数众多的论文，如国际磷块岩学术会议论文集[10]及某些期刊。有如对东山峰磷矿有比较完整和质朴的矿床地质包括5个沉积旋回的描述[11]111-122，以永和磷矿存在冰成地层将磷矿与冰期相联系，提出“大冰期成磷说”[12]等论文。本篇所谓的中国磷矿床概貌和研究概貌，主要出自《中国磷块岩》和《中国矿床》“中国磷矿床”章两份全国性资料，其次为第五届国际磷块岩讨论会论文集1、2两册及极为有限的期刊论文；涉及世界磷矿情况的，仅出自情报机构的简略资料一项，并非笔者对涉及磷矿的所有或大部分文献有过研究。

一、著有《中国磷块岩》[6]

《中国磷块岩》称“研究主要有4个方面的问题：物质来源问题，形成作用问题，形成过程问题，以及形成环境和背景问题”[6]5，“还特别强调和注重对成矿背景（包括地质构造背景、古气候背景）和成矿环境做全面的综合分析，认识到了内陆棚与外陆棚成矿过程的区别；认识到了地质背景对成矿过程的控制作用，特别是影响到成矿时代这一重要作用；认识到了海水进退对沉积矿床形成的重要性；提出了柔性、多旋回构造背景有利于磷块岩形成的看法，是一种‘事件性沉积’的看法，以及浅水高能环境有利于优质矿层形成的看法等”[6]6。原著相关图件标示的大地构造单元华北地台、扬子地台，本文标注为“中朝准地台”“扬子准地台”通用名词。

其主要论据和论点摘录如下15项：

①含磷岩系特征：A.出现于含磷沉积建造底部或下部，是一个独立的沉积单元（沉积旋回）或若干具有相似岩类和岩序的沉积单元组合；B.在沉积上与上覆及下伏岩层有明显的界线；C.其P_2O_5和有机碳含量大于克拉克值或区域平均值；D.具有特定的元素组合——P、C、Si或P、C、Ca-Mg[6]293。矿层在含磷岩系中的特殊标志是：A.P_2O_5含量突然增加到8%以上（按：中国磷矿石一般工业品位要求在8%以上）；B.具有内碎屑或结核结构，矿石均具颗粒结构[6]293。

②工业磷块岩矿床形成于陆源区相对稳定的造海时期，形成于海侵岩系的底部或下部。海侵小的震荡运动都是很多的，每次震荡运动都在海侵岩系中造成假整合缺失面或层控假整合，所有这些沉积间断都是磷块岩形成最有利的时期[6]291。“每个小的震荡运动还可分出若干小的海面升降运动，其时限可能在1~10 Ma”[6]291。“含磷建造总是产在古气候冷热转变的时期”[6]167。

③磷是一种重要的生物元素，因而生物的兴衰繁茂必然影响到海水中的含磷状况，直接影响到磷块岩的形成作用。“中国三大成磷期”中，震旦纪成磷期恰好是叠层礁的

一个繁茂时期，许多磷块岩矿床的富矿段就是由叠层石礁体组成的。早寒武世的成磷期正是小壳动物初次出现的时期，有些磷块岩矿层的层段就直接由磷质的小壳化石组成[6]313。（按：原著将泥盆纪与震旦纪、寒武纪并称三大成磷期，以“泥盆纪的地史上生物发展的一个划时代的重要时期”与震旦纪、早寒武世相对应是一个错误。生物繁茂的地质时期不等于成磷期）。

同为磷块岩，震旦纪—寒武纪矿石质量，华北成矿域的比扬子成矿域的显著低。P_2O_5 平均含量前者为 21.37%，后者都在 30% 以上。同属寒武纪矿石比较，SiO_2 含量前者（28.9%）比后者（12.67%）高出一倍多[6]71。震旦纪→寒武纪成分变化不大，MgO、CO_2、MnO 由高降低；Al_2O_3 由 1.33% → 1.36%，硅率（Al_2O_3/SiO_2）相应为 0.13 → 0.11，磷块岩矿石震旦纪和寒武纪的硅率同水云母、高岭石的硅率（0.28~0.85 之间）很相似；K_2O 略降低，由 0.59% 变化到 0.41%；震旦纪→寒武纪磷块岩矿石中 P_2O_5 含量及 CO_2/P_2O_5 比值变化小，分别为 30.61% 和 30.18%[6]71（按：原著将震旦纪、寒武纪和泥盆纪对比阐述，现略去泥盆纪部分，就没有了原著总结的变化—演化趋势，属大同小异）。

④海水中的磷是不饱和的，浓度是非常低的，一般不超过 70 ng/g。磷是不能自海水中以无机方式直接沉淀出来的。磷的原始物源是含磷的陆源碎屑和富含磷质的海洋生物。这些富含磷质的生物尸体或碎屑与含磷陆源碎屑共同形成了海底淤泥，这些淤泥在成岩过程中就形成了富磷的孔隙水及底水，它们就是凝胶状磷矿沉淀的直接物源；磷块岩矿层都与浅海陆源碎屑沉积连生，都恰恰位于此碎屑沉积与造海碳酸岩建造的过渡带上。磷块岩层与富含有机质的泥质或硅质建造密切共生。磷块岩本身亦往往富含菌藻生物的遗迹。含磷岩系中磷的含量与有机碳的含量同步增长[6]315。

⑤组成磷块岩的主要矿物是碳氟磷灰石［$Ca_{10}P_{5.7}C_{0.1}O_{23.8}(OH)_{0.5}F_{1.7}$-$Ca_{10}P_{5.5}C_{0.5}O_{23.5}(OH)_{0.8}F_{1.7}$］，包括光性非晶质碳氟磷灰石、纤维状集晶碳氟磷灰石、粒状晶磷灰石和微晶碳氟磷灰石 4 种产出特征。我国工业磷块岩矿床都或多或少含有 F 和 CO_2，还未发现不含碳的氟磷灰石和不含氟的碳磷灰石，它们在化学成分上是介于氟磷灰石和碳磷灰石之间的连续系列[6]60。其 CO_2 含量变化于 0.36%~4.51% 之间[6]58，布申斯基因此要用 CO_2/P_2O_5、Fe/P_2O_5 划分所谓细晶磷灰石和库尔斯克石。其产出状况常见的是：组成磷质内碎屑颗粒，作为磷质颗粒或陆源碎屑无矿胶结物，作为豆粒、鲕粒的磷质同心层圈，组成生物介壳或某些组织，组成泥晶结构的优质磷块岩[6]59（原著称“我们采用碳氟磷灰石这个名称代表整个连续变化系列中的磷灰石”[6]59）。

组成磷块岩的重要的伴生矿物共 3 种，一是黏土矿物；二是碳酸盐矿物，主要是白云石[6]66；三是硅酸盐矿物，有石英（玉髓）[6]67。原著所称“重要的伴生矿物”，重要何指未说明，或是数量上较多，或是按黏土、碳酸盐岩、硅酸盐能分 3 大类吧。

黏土矿物“它的产出有两种情况：一是作为磷块岩层的夹层或磷结核周围的组成矿物，二是混杂在磷块岩中组成黏土质磷块岩”，黏土矿物最主要的有水云母，其次是高岭石和蒙脱石。它们多为显晶质或微晶质[6]65。产于含磷黏土岩中的黏土矿主要是水云母，还有少量是高岭石和蒙脱石。这种水云母大多呈类似于蒙脱石的形态特征，有时还可以见到其内部保留有未变的蒙脱石层群，这种水云母“有可能是由于蒙脱石被水云母呈假象交代的结果”[6]66；产于磷块岩中的“黏土矿物种类的组合有所变化：当颗粒磷块岩的胶结物为黏土质和硅质共生时，其中的黏土矿物以高岭石为主；当磷块岩的胶结物为黏土质和磷质共生时，其中的黏土矿物则以水云母为主，高岭石可有可无”[6]66）。

原著认为黏土矿“是成岩阶段的自生矿物”[6]65。

从成因研究角度看，“几乎所有类型的磷块岩中均有含量不大但又大体相似的重矿物组合”[6]68更值得重视。已经做过详细研究的黔中成矿区磷块岩的矿物和化学成分表明，“锆石、榍石、电气石、金红石、黝帘石、独居石、石榴石以粒径 0.015~0.025 mm 大小的重矿物出现，总含量不大于 0.5%，多见于磷矿层的底部及其以下砂岩、粉砂岩中”[6]11；“各岩矿石的轻、重矿物相去甚远，组成非常相似，反映其物源一致性的特点”[6]53。

⑥中国的工业磷块岩矿床均主要为具碎屑结构的层状磷块岩，它们是各种类型的矿源层经破碎、搬运、再沉积，多次冲刷筛选物理富集的产物，它们绝大部分均形成于浪基面以上的临滨、前滨、滨外过渡区以及滨后地带。磷块岩的形成与造海运动密切相关，多形成于海侵岩系的下部或底部。其粒度曲线在纵向和横向上都反映出水动力条件不断变化的特征；每个矿层多半不是由一个而是由两个以上的韵律旋回组成，各旋回之间经常为“层控假整合”面所隔开，“层控假整合”面有的代表水下侵蚀，有的代表出露水面后的剥蚀，有时则可能仅仅代表沉积速度的转换，说明在磷块岩的形成过程中海水面是在经常地、间断性地震荡起伏着的。碎屑磷块岩的形成、搬运和沉积，主要是潮汐海流和间歇性风暴潮的产物[6]310。

⑦中国磷块岩均属海相，主要有 3 种建造类型：一是陆表海或内陆架负向海相碳酸盐建造，碳酸盐台地型磷块岩，砂、砾级内碎屑磷块岩矿石，少量泥晶或泥屑磷块岩，以及藻叠层礁磷块岩等，矿床规模巨大、矿石品位高；二是外陆架盆地暗色硅泥岩页岩建造，磷块岩多为结核状、泥晶磷块岩或纹理状薄层、透镜状磷块岩含矿率高时品位中等，矿床规模一般不大；三是近岸陆源碎屑岩建造，主要为砂质（陆屑）磷块岩，矿石品位不高，矿床规模不大[6]290（图 3–5）。

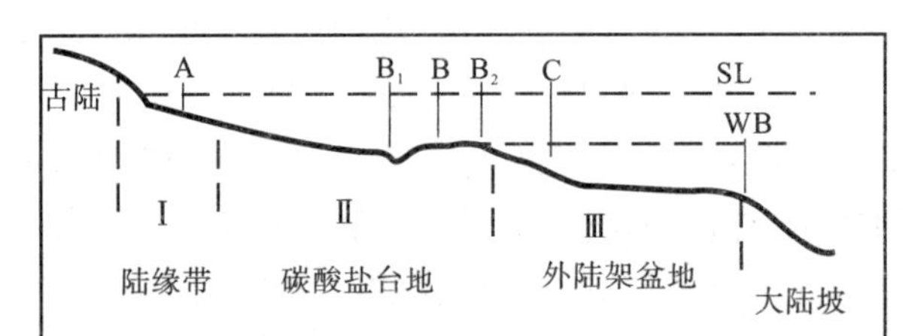

Ⅰ—陆缘带近岸浅海陆源碎屑岩建造；Ⅱ—陆表海或浅海内陆负向海相碳酸盐建造；Ⅲ—外陆架盆地暗色硅泥岩页岩建造；▲—形成于潮间带、海下三角洲、近岸浅滩的磷块岩，如汉源、豫西型磷块岩；B—形成于碳酸盐台地边缘的磷块岩，如开阳型、瓮安型、荆襄型、昆阳型磷块岩；B_1—形成于碳酸盐台地边缘，沉降幅度较大地区的磷块岩，如德泽型、王家湾型磷块岩；B_2—形成于碳酸盐台地或水下隆起边缘的叠层礁磷块岩，如息烽温泉型磷块岩；C—形成于外陆架盆地内侧的磷块岩，如怀化型、遵义型和浙西型磷块岩

图 3–5　中国磷块岩建造三大类型示意图[6]290

“我们对中国东部几个重要成磷时代成磷期（晚震旦世陡山沱期、早寒武世梅树村早期和晚期、早寒武世中期以及中泥盆世什加期）做了一番研究，结果表明：不同成磷期的成矿带（区），以及同一成磷期的成矿带（区）内的不同亚环境，都可形成类型特点各异的磷块岩相。下面将从岩类组合、原生沉积构造和结构、剖面的垂向系列和横向

变化以及磷块岩的结构类型和特点等方面，分别对上述重要成磷时期的含磷岩系和磷块岩相做一简要剖析。这些含磷岩系和磷块岩相主要有：A. 晚震旦世黔中成矿区的含磷岩系和磷块岩相（a. 黔中型；b. 遵义型）；B. 晚震旦世鄂湘成矿区的含磷岩系和磷块岩相（a. 荆襄型；b. 石门型；c. 湘西型）；C. 早寒武世扬子成矿域的含磷岩系和磷块岩相（a. 昆阳型；b. 德泽型；c. 汉源型；d. 浙西型）；D. 早寒武世华北地台南缘成矿带含磷岩系和磷块岩相；E. 中泥盆世龙门山坳陷中段什邡型含磷岩系和磷块岩相”[6]9。

⑧我国磷块岩有 6 种基本结构类型：泥晶结构、颗粒结构（包括内碎屑—砾屑、砂屑、粉砂屑、球粒、鲕粒、豆粒和生物屑）、生物结构、陆屑—胶结结构（有砂质磷块岩、砾质磷块岩）、结核状及晶粒结构、交代结构（如洞穴、溶沟磷块岩等）[6]74。泥晶磷块岩多出现在含磷岩系沉积旋回的上部，多半不构成单独厚大的工业矿层。磷块岩不同类型矿石的磷含量按生物磷块岩—泥晶磷块岩—重结晶磷块岩—砂屑磷块岩的顺序降低。我国工业磷矿层矿石以颗粒磷块岩分布最广，常常成为工业矿床的主体矿石（颗粒磷块岩是总称，磷粒至少可分为球粒、鲕粒、豆粒、内碎屑和生物屑等几种，P_2O_5 含量变化范围较大）[6]75。

介壳磷块岩由密集的磷质介壳组成，中条山一带矿层中偶见由圆货介组成的砂质磷块岩；川滇地区早寒武世梅树村组小壳化石主要包括软舌螺、腹足类、腕足类、单板类等。磷质介壳一般都有不同程度的搬运和磨蚀，并伴有不同含量的陆源碎屑[6]77。

内碎屑是由正在形成的各类磷块岩在成矿盆地内经冲刷、破碎和簸选，原地或经短距离搬运堆积而形成。内碎屑在胶结之后还可再次破碎成碎屑，3~5 个世代的内碎屑不乏实例[6]83。

⑨磷块岩矿石的类型、沉积环境和相。华北地台西南缘下寒武统磷块岩矿石的主要结构成因类型为砂（砾）质磷块岩和部分内碎屑磷块岩，矿层和矿石具有典型的浅水沉积标志，如泥裂、竹叶状内砾屑、冲刷构造、板状和弧形交错层理、波状及透镜状层理、压扁层理、泥皮层理等原生沉积构造[6]85。磷块岩相带宽度不超过 10 km，一般为 2~3 km。矿石类型及含磷岩石在水平方向有明显的变化规律：靠近陆侧，含磷的砾岩及粗砂岩比较发育，向海盆方向则逐渐变为砂质磷块岩和磷质砂岩。“扬子地台西区早寒武世梅树村早期的磷块岩与华北地台早寒武世的磷块岩截然不同，矿层形成于淤积型海岸区的碳酸岩系之中，这是碳酸盐台地环境沉积产物”[6]85。由台地的潮上带、潮间带到潮下台盆环境，特征性矿石类型分别是含磷白云岩、云基颗粒（内碎屑）磷块岩到泥晶磷块岩和硅基砂粉屑磷块岩。

⑩昆阳小歪头山，下矿层的下部含许多核形石藻体[6]288；开阳和瓮安磷矿有不少富矿段多由磷质叠层礁造成，其中藻体中的暗色生长纹全由泥晶磷灰石组成，浅色条纹由粉屑或泥屑磷灰石并以非磷质碎屑组成；藻本身是矿石中含磷品位最高的部分，而藻体之间则品位相对较低，多半由磷质藻体的细碎屑并杂以少量陆源碎屑共同组成。这是生物遗迹的第一种。在瓮安矿区，一个磷质藻礁由核部向外，依次过渡为粒屑磷块岩和砂屑磷块岩，砾屑和砂屑都主要是破碎了的磷质藻体。卵圆形小球体在年轻的磷块岩中可能为细菌。全新世磷块岩中硅藻软泥中含 P_2O_5 达 27.88%。中国磷块岩中还发现很多其他形态的细菌或显微藻类的遗迹，这类球体的内部结构可分出特点明显的 3 层：内部为核

心，近似圆形，由磷质“菌细胞”或泥屑集合体组成；中间为放射状弯曲粗“管”密集层。外层为多分叉的“细胞链”密集带。这是生物遗迹的第二种。第三种形态由一些大致呈十字形相互交叉的波状弯曲的棒状体组成，棒状体向两端变细。第四种外观像是一种生物潜穴，内部主要由大小不等的胶磷矿碎屑组成，其中还有不少细管状物。第五种是一些形态不定的团块，表面是一层比较硬的薄壳，内部是一些胶磷矿碎屑，也混杂有一些细管状体。第六种有可能是一种生物的潜穴，穴壁光滑，具宽度不同的纵向皱纹，内部多半充填一些胶磷矿碎屑。第七种是充填于软舌螺中的泥屑胶磷矿，其中也杂以前述卵圆形细菌细胞。除上述的“藻类”和“细菌”之外，昆阳下寒武统磷块岩的某些细层段几乎完全由磷质小壳化石组成，且分选很好，几乎没有基质混杂物[6]289。《中国磷块岩》版图提供了生物遗迹清晰的无可争辩的有力证据。

海洋中的磷主要来自陆源，即由河水和含磷陆源碎屑物带入。其中从陆源碎屑物中溶出的量要比河水带来的溶解态的磷大约高30倍。带入海洋中的磷将近一半被生物吸收了，这些含磷生物最后进入海底淤泥，从而造成海底淤泥中磷的浓度高度富集、海洋底水磷含量的高度浓集。这显然说明：海相磷块岩的原始物质来源是大陆，直接的物质来源是海底淤泥和海洋生物，直接的参加来源是海底淤泥中的孔隙水及沉积界面之上的海洋底水[6]288。

磷块岩多半与富含有机质的暗色泥页岩互相过渡或伴生，矿石多半是暗色的；颜色较淡的矿石更多的是与白云岩、白云质灰岩甚至含锰白云岩伴生[6]289。“我国各时代的含磷岩系大部分都是浅海沉积，……说明至少是部分矿层并不是形成在深水环境之下的。那么它们为何能够形成并保存在只有在还原环境条件下才能产出的暗色岩系中呢？这是否反映那时的大气组成还带有某些缺氧性？可能性是完全存在的”[6]292。

因此，矿层必须：一是有利于有机质保存和转移的还原环境，二是有利于磷的沉积和保存，三是有利于磷质内碎屑的形成和再沉积[6]293。

⑪ 在昆阳矿区一带，梅树村阶与筇竹寺阶地层中共包括4个由海水震荡运动造成的沉积旋回，每个震荡旋回都由海侵开始，及至海侵的顶峰，海面相对稳定，沉积速度变慢，形成了胶磷矿硬地，这些硬地胶磷矿在海退过程中被冲刷破坏，又在下一个震荡运动的海侵过程中被筛选和再沉积，从而形成了具颗粒结构的矿层；“矿层本身的结构特点多半是下粗上细，底部并常有砾屑结构的矿石，这几乎是工业磷块岩的一个习性特点”[6]294——含磷岩系的旋回结构；“工业磷块岩矿床形成于陆源区相对稳定的造海时期，形成于海侵岩系的底部或下部。海侵小的震荡运动都是很多的，每次震荡运动都在海侵岩系中造成假整合缺失面或层控假整合，所有这些沉积间断都是磷块岩形成最有利的时期”[6]294（图3-6）。

⑫ 中国磷块岩矿床均形成于大陆架区域。向海洋方向依次有陆缘带、碳酸盐岩台地、外陆架三大成矿带，分别表现为陆源碎屑岩、碳酸盐岩、暗色泥岩—页岩—硅质岩建造[6]313。陆缘带处于古陆边缘，主要是中小型矿床，如四川的汉源磷矿、豫西的若干小型矿床。形成于碳酸盐台地上的磷块岩矿床多集中出现在台地外缘和与外陆架的过渡带上，它有3种不同类型的矿床产出：其一是形成于台地外缘或同生水下隆起周缘的矿床，如开阳、瓮安、荆襄、昆阳等大型矿床等；其二是形成于台地外缘同生隆起带内的次级同生洼陷

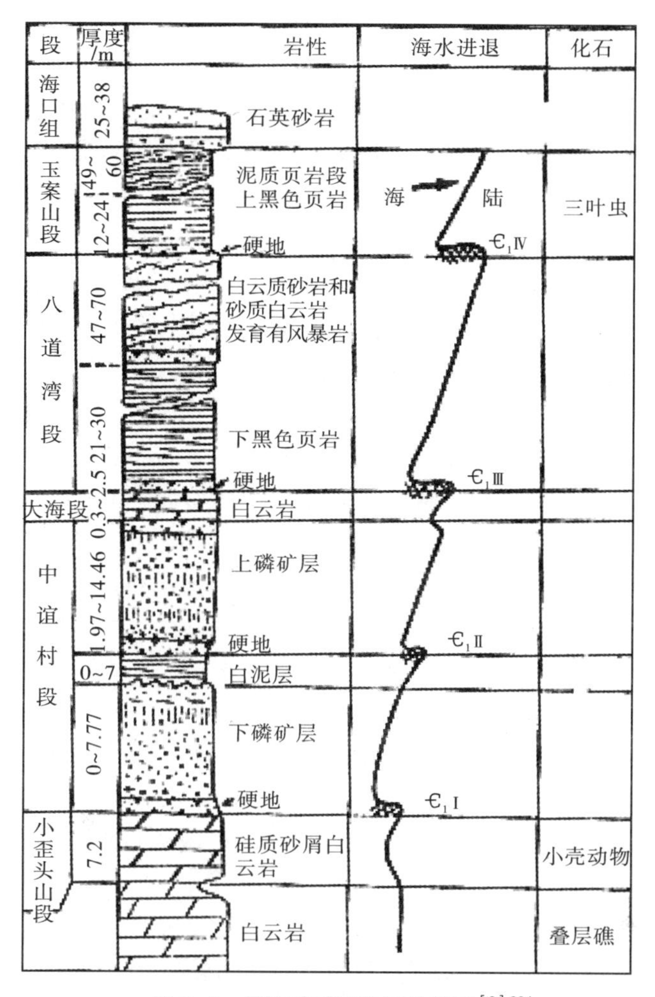

图 3-6　昆阳磷矿区地层柱状图 [6] 294

内的磷矿床，如德泽矿床、王家湾矿床等；其三是形成于台地外缘的叠层礁磷矿床，如息烽的温泉、开阳矿床（按：原文如此，开阳矿床同属其所称的两种不同类型矿床，是因为类型划分不合逻辑，没有统一的划分标准；在以台地—隆起与洼陷作为划分标准时，又将叠层礁作为划分标准）等 [6] 313。陆缘带及碳酸盐台地范围内的各类矿床都是在浪基面以上的浅海高能介质条件下形成的。形成于外陆架盆地内侧的磷矿床多与暗色泥岩、页岩伴生，偶尔也有少量暗色白云岩夹层出现。磷块岩矿床多为泥晶薄层状的，如结核状的遵义矿床以及浙西的若干矿床，其规模一般都是中、小型的。这些矿床多半距外陆架盆地与碳酸盐台地的分界不远，那里经常可见到也可能是“枢纽断裂”（按：枢纽断裂一词地质辞典未收入，国际构造词典有枢轴断裂词条，称为“围绕一个垂直于断层面成角度或旋转的断层，在轴的两侧其运动方向是不同的” [13] 77）性质的断裂，因而在外陆架盆地内侧经常可以看到重力流沉积。磷块岩包含于含磷岩系之中，含磷岩系存在于含磷建造的底部或靠近底部，含磷建造形成于地台区域，特别是柔性地台区域 [6] 314。

必须指出，上述磷块岩形成于三大成矿带并非对事实的陈述，而是原著之论点，并且论点不正确。其矿床型的划分不正确，将不同的矿床分列为不同型“对号入座”得也不正确。这一点笔者将在“关于进一步找矿问题”中以实例说明。被划分为“形成于碳酸盐台地边缘”的开阳型—瓮安型—荆襄型，与形成于陆缘带—潮间带、近岸浅滩的汉源型矿床，它们都处于有地层缺失（超覆）、因而必定属于相当的近岸的陆缘带。这也说明，靠沉积物性质的差别确定沉积相和水深、水浅环境并不可靠。由沉积背景环境决定的不同来源的沉积物，可以在相同环境下形成沉积地层。

⑬ 我国磷块岩基质和胶结物的类型及展布节重提“一般认为硅质胶结物及硅质层的出现多与炎热的古气候条件有关”（但没有展开讨论）。就“硅质基质、胶结物”称“我国海相磷块岩的硅质胶结物……其分布无规律可循，但比较多见于碳酸盐质磷块岩矿石中”，认为“其中很大部分是晚期成岩甚至后生阶段以交代作用形成的”；“原生沉积成因的硅质胶结物，与磷块岩的相带关系密切，多见于水深较大、水动力条件较弱的环境下所形成的磷块岩中，这种矿层的直接底板或顶板，常常出现具水平纹层构造的黏土硅质岩或硅岩，矿层本身由硅基砂屑磷块岩组成，矿石中的磷质砂屑主要是细砂级大小，没有明显的被交代现象，硅质胶结物与磷质砂屑相间排列，成为平行分布的细条纹和成为微粒状集晶的玉髓，其光性明显，多半……德泽磷矿的矿石，其磷质砂屑常常构成粒序微层理构造”[6]81。

⑭“我国磷块岩的成矿时代是很多的，但其中最重要的是震旦纪、寒武纪和泥盆纪”[6]1。

⑮ 实验结果表明，碳氟磷灰石在溶液由微酸性向碱性转变时沉淀，而碳酸钙沉淀比磷灰石沉淀更偏碱性[6]102。“实验表明，在磷灰石的形成过程中，CO_3^{2-}具有很强的能力参与到磷灰石晶格中去，这就是为什么海相磷块岩的磷灰石矿物总是以碳氟磷灰石这一矿物形式产出的原因所在”[6]176。

二、《中国矿床》[4]编撰有“中国磷矿床”章

《中国矿床》不讨论成因，却要以总结成矿规律为目的，从哲学上说，抛开因果关系找规律是一个怪课题。但是，《中国矿床》编撰工程就这样部署了。

“中国磷矿床”章介绍了中国磷矿“内生磷矿床”、沉积磷矿床、变质磷矿床、次生磷矿床及鸟粪磷矿床 5 种矿床成因类型（含 13 个矿床实例）情况，相应总结了“成矿规律”。将泥盆系什邡磷矿床与成磷期震旦—寒武纪磷矿床区别开来，是对《中国磷块岩》的重要纠正；制作了磷矿床分类表[4]3（表 3–1），反映了中国磷矿床类型概貌，没有也不可能总结出成矿规律。

三、有将冰期与磷矿相联系的论文

此类论文如《东山峰磷矿沉积相及成因机理探讨》[11]将冰期与磷矿相联系可能是其一，它的价值主要不在于符合笔者的论点，而在于提供了与冰期相联系的、朴实无华的证据，兹抄录如下：

震旦纪上统陡山沱组与下伏南沱冰碛层呈假整合接触，与上覆灯影组呈整合接触。

根据陡山沱组的岩性组合及含磷特征，共划分5个岩性段。磷矿层赋存于第4、5岩性段中，主要工业矿层分布在第5岩性段内。习称第5岩性段为上含磷段，第4岩性段为下含磷段。由下而上：

1. 板状硅质页岩段

底部为含锰泥晶白云岩，假整合于南沱冰碛层之上，层位稳定，风化露头为暗紫色至红褐色，局部含金。层厚3~6 m。板状硅质页岩为深灰色，风化面为黄绿色，薄层状，水平层理，中下部见有含锰白云岩透镜体。层厚36 m。

2. 含碳泥质灰岩段

深灰至灰黑色，以薄层状为主，水平层理，泥晶结构，其中夹灰黑色微层状含碳泥质泥晶白云岩，普遍见有呈星散状分布的黄铁矿晶粒及石英、方解石细脉。层厚130 m。

3. 含微层石膏碳泥质白云岩段

灰黑色，以微层状为主，水平层理。在白云石底质中煣布不均匀分布的泥晶白云石豆粒。普遍见有顺层分布的石膏微层，分布不均匀，一般在每米内可见到几个至10多个单层，最多可达23个单层。一般单层厚为0.1~1.2 cm。普遍伴有黄铁矿晶粒及顺层分布的晶线。层厚202 m。

根据上、下含磷段岩石组合特征及沉积韵律，共划分5个小的沉积旋回。一、二沉积旋回属下含磷段，三、四、五沉积旋回属上含磷段。

4. 下含磷段

第1沉积旋回：以含碳泥质白云岩为主，夹少量含磷含碳泥质白云岩。偶见黑色砂屑状磷块岩条带及磷质砾屑。泥晶结构，微至薄层状水平层理，伴有低角度的斜层理。在泥晶白云岩的底质中混沉15%~20%或更多一些的碳泥质，普遍见有黄铁矿晶粒、晶线及姜状结构。底部普遍见有磷质砾屑及白云石、硅质豆粒。仅在磷质砾屑及黑色砂屑磷块岩相对集中的局部地段，构成不规则状的透镜状矿体。层厚17.5~23.6 m。

第2沉积旋回：以含磷含碳泥质白云岩为主，局部夹白云岩及黑色砂屑状磷块岩条带。深灰色，以泥晶结构为主，伴有砾（砂）屑结构。薄层状、微层状水平层理。该沉积旋回的底部最大特点是：在泥晶白云石底质中，普遍炭布有硅质、白云石豆粒。因为在中上部泥晶白云石中胶磷矿砂屑相对集中，而构成较多的黑色砂屑状磷块岩条带，往往构成不稳定的透镜状矿体。顶部均为中至薄层状白云岩，磷质含量极微，一般均小于1%，因碳泥质含量明显减少，颜色变为浅灰色，是划分上、下含磷段的主要标志层。层厚9.28~20.65 m。

5. 上含磷段

第3沉积旋回：主要由含磷白云岩、白云质磷块岩及黑色砂屑状磷块岩条带组成，深灰色，以泥晶砾（砂）屑结构为主。薄至中层状，波状层理与水平层理伴生。底部波状层理发育，在波谷中均有磷质砾屑及含磷白云岩和砾屑的堆积，均成不规则的断续出现的小透镜体。在泥晶白云石底质中普遍炭布磷质砂屑及白云质粒屑，当磷质砂屑相对富集时则形成黑色砂屑状磷块岩条带；反之，当白云石粒屑相对富集时则形成含磷白云岩，当磷质砂屑与白云石粒屑混沉时则形成低品位的白云质磷块岩。只有在白云质磷块岩与黑色磷块岩条带伴生，夹少量白云岩的情况下，才能构成工业矿层。在工业矿层中也见有牛角形磷质叠层石。层厚 5.67~33.21 m。

第 4 沉积旋回：该沉积旋回以白云质磷块岩及黑色条带状磷块岩为主，夹少量含磷白云岩，为本区主要的工业矿层的赋存部位。以碎（砾）屑结构为主。伴有泥晶结构，普遍见有磷质砾屑及磷质叠层石存在。在主矿层顶部分布一层稳定的厚度 0.2~0.3 m 的磷质叠层石。磷质叠层石多半为半球状的 SS-R 型，为高能带的产物。该沉积旋回以波状层理及透镜状层理为主，伴有槽形交错层理及水平层理，偶见鱼骨状层理，具潮间带的沉积特征。层厚 4.01~39.08 m。

第 5 沉积旋回：以含磷白云岩及含磷砾屑白云岩为主，间夹黑色磷块岩条带，深灰色中至薄层状。以波状层理为主。泥晶至砂（砾）屑结构，伴有豆粒及砾屑结构。泥晶白云石底质中除炭布白云石及胶磷矿粒（砂）屑之外，还混沉有白云石豆粒及砾屑结构，以及不均匀分布的砾屑，砾径大小不一，一般为 3~4 cm，大者可达 30~40 cm 或更大。在砾屑聚沉的部位，形成含磷砾屑白云岩。还可见到由于海水搅动，使尚未固结的黑色磷块岩条带遭受冲刷而产生的塑性变形，即不规则的条带状构造。在泥晶白云岩的底质中，还见有鲕粒，多以薄皮鲕为主，偶见同心鲕。在含磷段沉积的后期，即在该沉积旋回的顶部，普遍分布着磷质、硅质、白云质的核形石所组成的不规则条带或透镜体。由于部分核形石被方解石交代而形成似花斑状，并在地下水的作用下，导致部分粗晶方解石的溶蚀而演变成空心花斑。层厚 3.56~18.38 m。矿石的矿物成分较为简单，以磷酸盐即碳酸盐矿物为主。[10]114

综上所述，说明陡山沱期是由局限海台地相，逐步过渡为上含磷段的开阔海台地相，下含磷段则处于由局限海向开阔海台地相演变的过渡相。[10]116

陡山沱组覆于南沱冰碛岩之上众所周知。在实践层面有限的实践中即刻抓住磷块岩与大冰期之间的因果关系，值得称道。

另一论文在鉴别永和磷矿冰成地层基础上，提出了“冰期磷质储集库”“大冰期成磷说”[12]90，从正面可视为指明了“事件性沉积”的性质，是一篇很有价值的论文。本篇抄录其相关部分：“早震旦世是一个全球性的大陆冰川发育期，因此冰成地层的辨识和对比就成了震旦纪地层划分和对比的首要标志”[12]90。“在矿区两个含磷岩组之下，分别发育有厚 2~3 m 和 0.15~17.15 m 不等灰绿—灰黑色含砾板岩”。其共同特征“岩石颜色较深，微显模糊层理，砾石大小混杂，排列杂乱，呈次棱角—次浑圆状，成分复杂，多为板岩、条带状板岩等软弱岩石，部分砾石条带弯曲有致，显塑性形变特征，定向光面显示，众多的砾石斜穿层面，砾石底部常见压坑或压缩层理，顶部则显平行层理或覆盖性绕曲层理，清楚地显示‘落石’构造的典型特征。可确认这两套‘含砾板岩’系冰海相沉积，它们分别是南华大冰期的长安冰期和南沱冰期的产物。随之可以确认，永和磷矿分别位于东山峰组洪江组冰海相地层之上的含磷岩组的时代，应分属于早震旦世湘锰期和晚震旦世陡山沱期，其中，又以前者意义重大，因为在同一矿区内发育有两期工业磷块岩矿床，并以湘锰期磷块岩为主矿层，这在华南至今是唯一的。沉积相与沉积建造具有明显的旋回对称性，并组合成两个完整的沉积旋回，乃是本区含磷岩系突出的特征。第一个沉积旋回（Ⅰ）包括下震旦统东山峰组和湘锰组，而下震旦统洪江组与上震旦统则组成第二个沉积旋回（Ⅱ）。东山峰组冰海相含砾板岩建造（Ⅰ-1）构成第Ⅰ旋回的下部，它代表因长安冰盖的形成而导致海平面下降时的低水位沉积体系。湘锰组含磷建造（Ⅰ-2）代表第Ⅰ旋回的上部，总厚度 143.15 m，构成了该旋回的主体。这种情况在华南是极为罕见的，与之可媲美的只有湘西花垣民乐，那里同期的民乐组厚达 147 m，大型的民乐锰矿即赋存于其中。湘锰组的岩性—岩相组合比较复杂，自下而上……”[12]91

可惜认为“P_2O_5 的含量随深度、压力和浓度而增加，所以磷质主要赋存于深海底层，而大型磷矿床却都形成于陆架较浅水域。磷质运移动力只能是上升洋流”[12]94，与论述东山峰磷矿者一样，都受深海洋流上升成矿说荼毒。

尽管《中国磷块岩》和《中国矿床》都没有援用深海洋流上升说，尤其是前者还表示了不同意见，属进步，但深海洋流上升说如同梦魇般压在 20 世纪五六十年代求学时的那一大代群体心中，尤其在实践层面。

上述两篇论文的可贵之处在于虽仅管窥之见，但却能将磷矿层与下伏的冰碛层相联系，提出了磷矿的形成与大冰期相关联的看法。

四、出版有第五届国际磷块岩讨论会论文集 1、2[10]

国际地质对比计划中国委员会 1984 年主编出版了上述论文集 1、2。仅 1 集就刊载了 31 篇论文，58 万字。

从这些论文看，对磷矿的研究真可谓五花八门。

“一般人看来，大多数的磷块岩矿床是与大陆架上的洋流上涌活动相关联的，在那里生物繁衍昌盛，产生了很多有机物质，人们认为这就是磷的物质来源。古代洋流上涌区的位置如果能够预测，开发更多的磷块岩资源的可能性就会更大了。较大的洋流上涌区的海水运动是风力驱使的，而后者与当时的大气环流的特点有关。为了预测古老的洋流上涌区的位置，就必须首先预测当时主要风系的分布规律。大气环流是由地球自转、赤道—两极的温度梯度以及海陆温差这三个因素引起的。所有这三个因素在整个地史时期均是不断变化的，但是最大的变化莫过于大陆的沧桑变迁了。我以芝加哥大学编制的全球古地理图为基础，编制了一张大气环流图，在它上面预测古洋流上涌区的位置。这里需指出的是，这张图是建立在理论基础上，不是来自实际的磷块岩矿床资料，鉴于某些磷块岩矿床还存在着时代上的问题，以它们为编图基础会导致制图的错误。”[10]223

其第一个假定为“一般人看来”“大多数的磷块岩矿床”与深海洋流上升说“是相关联的”。第二个假定为“古代较大的洋流上涌区的海水运动是风力驱使的”。第三个假定是当时主要风系的分布规律。第四个假定是工作方法上要编制当时的大气环流图，再“在此基础上编制了大气环流图，在它上面预测古洋流上涌区的位置的”。而要编制当代的大气环流图，可能都有比磷矿床空间尺度大得多的误差，这位先生要编制的是“当时的”大气环流图。第五个假定是采用自知会有错误的芝加哥大学编制的全球古地理图：既说引起大气环流的三大因素并认为三大因素是不断变化的，又说“但是最大的变化莫过于大陆的沧桑变迁了”，否定了其“三大因素”等上述全部“相关联”因素。

这是建立在假定基础上却试图成矿预测的！

“摘要 假定前寒武纪时期太阳的辐射不如现在强烈，地球就像土星一样，有亲氧元素构成的冰环和冰月存在。轨道上原始物质中的非成冰气体消耗到宇宙空间。冰环的阴影造成气候控制的化学沉积物薄层和低纬度冰川作用。冰环轨道衰减并降落到地球上，增加了大气圈和水圈的质量，并引起外生作用的循环。冰环的 CO_2 加入大气，引起一系列作用，包括气温升高、降水量增加、河流对高地的侵蚀加剧、海平面升高、植物活动加强、大气中 O_2 增加、碳酸盐沉积增加以及深海地球化学沉降元素（P、Mn、Fe、Pb、Cu、V 和 Si）的化学沉积幕。有机质和碳酸盐沉积消耗了大气中的 CO_2，引起与上述相反的一些作用，其中有气温总的变冷、海平面下降、植物生长减弱、大气氧气减少和外生作用的循环结束。直到元古宙结束冰环消失之前，由于氧气不能持续供应，限制了后生动物的发生和发展。印度次大陆元古宙岩层中似乎存在着五个这样的旋回，可能代表着世界范围的同期沉积旋回。”［10-1］224

上面的这一篇假定更多、更奇。不申述理由假定地球像土星那样有亲氧元素构成的冰环和冰月存在来探讨磷块岩，这个人假定里包括了无法计算的太多假定。窃以为无须评论了。

“编绘了六张寒武纪古地理图。寒武纪古地理图说明的事件包括：一个 70 Ma 时期内的大陆漂移、大地构造，以及气候和海平面的变化。这些事件结合在一起使古地理沉积环境产生了显著的变化，而这些变化又深深地影响了当时沉积在古陆上和其周围沉积物的类型和分布。利用为此项目编绘的古地理图收集的资料，有可能说明在海平面高的时候富含有机质的沉积物和磷块岩优先堆积在克拉通上特定的近海滨位置。在海平面低时，富含有机质的沉积物主要堆积于大陆斜坡外大陆架，而无较大的磷矿形成于这些海滨位置。磷酸盐的成因和海平面上升之间存在的联系，很可能是广阔浅海的发展和形成若干横贯克拉通的海路的缘故。”［10-2］216

这是按包含大陆漂移观念编绘寒武纪古地理图来讨论磷块岩的，姑且不讨论识别沉积地层沉积相、生物化石、沉积厚度等的误解导致对古地理环境认识的错误（例如，许多见之于高纬度带粗壮、高大的成煤植物，没有人敢理直气壮地称之为热带植物），这必须先论证大陆漂移自寒武纪已经开始。但“澳大利亚寒武纪古地理和磷矿”这种题目本身就予以了否定，因为后来属于劳伦大陆的澳大利亚与后来属于冈瓦纳大陆的中国寒武纪都是产出磷矿的重要层位。应当说，在寒武纪，地球上只有一块大陆——泛大陆。

“现有的关于磷块岩形成强度减弱的观点，没有为各不同时代的冈瓦纳含磷盆地所证实。这点仅在磷矿的聚集面积的减小方面是正确的，然而在成磷作用方面却没有减少。已知成磷作用最老是西非（尼日尔，上沃尔特——里菲—文德），巴西（Potas des Minas 矿床）和乔治纳（澳大利亚寒武纪），磷块岩总储量 50~60 亿吨。”［10-1］28

此系对磷块岩形成强度减弱的观点持保留态度的论文，但却以“冈瓦纳含磷盆地”为证据（这里必须先论证“冈瓦纳”至少在 4 个主要成磷期都存在。笔者认为震旦—寒武纪不存在“冈瓦纳”，只有一个泛大陆）。

第四节　对前人主要成果的分析、评论

对于磷矿成因，“半个多世纪以来”“先后有化学成因说（按：即深海洋流上升说）、火山成因说、生物化学成因说、交代成因说以及生物—成岩成矿说等重要学说被提出来”[6]5，但是，没有一个重要学说能够予磷块岩的形成以圆满解释，中国的磷矿专家不步“上升洋流说仍然主导成磷理论”后尘就是明证（当然，没有真正查明成因，不排除“过五十多年又回到原来的轨道上来”）。

一、广为流传的卡查科夫（A.B. Казаков）“深海洋流上升说”不正确

“化学成因说”知名度不高，“深海洋流上升说”显得更玄奥而常被引用。“G. R. Mansfield 于 1940 年曾经指出，磷酸盐沉积在时间上和空间上与火山气体组分之一的氟在海水中有助于磷酸盐以较难溶的氟磷灰石固定下来”[6]169。Y. Kolodny（1969）指出：“过去人们把生物死亡、火山作用和细菌活动作为磷块岩形成的原因所在；1937 年 A.B. Казаков 提出‘化学说’曾获得广泛的承认。这一学说认为：上升的富磷酸盐的、并溶解有 CO_2 和缺氧的深部冷水在到达表层变暖后而导致 CO_2 分压的下降和 pH 的升高，引起 Ca^- 磷酸盐溶解度的降低，从而通过无机或有机作用过程沉淀出磷灰石。”[6]169 教科书讲解：“自大陆搬运来的磷，在海水表面的光合作用带被浮游生物所吸收。浮游生物死亡后就下沉，在 500 m 左右深处，浮游生物遗体开始分解，分解出磷的同时也分解出很多 CO_2，CO_2 的存在促使磷溶解。后来由于海流作用，把富含磷的海水带到陆棚浅海地区，由于水浅压力小，CO_2 就逸出，磷酸盐就发生沉淀。故磷酸盐的沉积深度一般在 50~200 m 之间”，“这个学说很好地解释了某些现象，如许多大型磷矿中缺乏动物化石，在陆相的淡水湖和盐湖中未曾发现过磷的沉积作用，以及滨海和深海沉积中无磷块岩等”[13]194。

为说明该假说，特复制卡查科夫制磷灰岩形成图（图 3-7）供参考。

第一，“曾获得广泛的承认”，此说不正确。其错误的要害是有悖“成磷期”，不符合基本的地质事实。“深海洋流上升说”所称属常态，生物死亡是经常发生的，海水当然有深有浅，即使其按海水深度 CO_2 分压和 P_2O_5 浓度有其所称的差别，也是对常态的阐明。按其逻辑，磷矿层应当在各个地质时期都能形成，这是对“成磷期”大前提的否定，当然也不符合基本地质事实。生物圈日趋繁茂，按其逻辑，应当是愈到后期，磷块岩沉积将愈发育，因为该论所称“缺氧的深部冷水”（或具体化为 500 m 左右深度）还原环境也属常态，这也不符合“成磷期”的“非常环境”地质事实。而这样演绎推理的驳斥无可挑剔。成磷期这个概念符合地质事实：“世界 80% 的磷矿储量产在海相沉积岩中，具有较大工业价值的矿床集中在四个主要成磷期，即元古代晚期至早及中寒武世、二叠纪、晚白垩—早第三纪和中新世”[1]410，中国“在沉积磷块岩的总储量中，震旦纪的约占 51%，寒武纪的约占 44%”[6]313，这几个宏观事实构成了“成磷期”坚实的地质事实

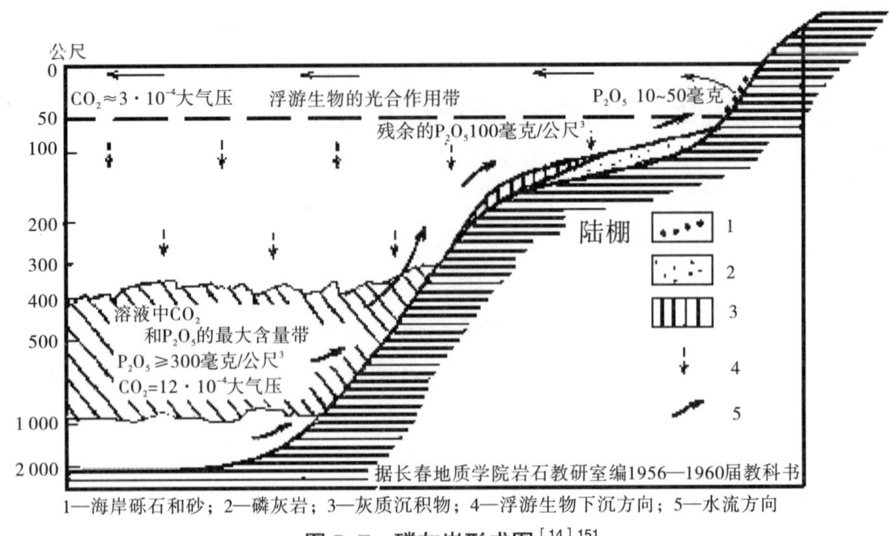

1—海岸砾石和砂；2—磷灰岩；3—灰质沉积物；4—浮游生物下沉方向；5—水流方向

图 3–7　磷灰岩形成图 [14] 151

基础，与“成煤期”概念一样应予以肯定、不可动摇。第二，如果所称并非大局，只涉及“浮游生物死亡后下沉”细节，也不成立。除气态物质外，有机物一般都较之无机物密度小，生物死亡后一般情况下有一个漂浮的阶段，如果这个阶段海退，生物尸骸必定搁浅在陆缘带，至少是漂浮移滞在陆缘带。又由于成磷期是海侵期，死亡生物在海水表层将更快速随着海侵向大陆方向侵进，或者随潮汐推向陆缘带。第三，认为只有深海或称 500 m 左右的海水深度才有还原环境，也不正确。在生物尸骸堆里就可以形成还原环境，处于氧化环境的沉积层被新沉积层覆盖后即刻变成还原环境。氧化与还原是对立统一的，处于氧化环境下尸骸堆相对封闭的内圈层则必定处于还原环境。特别是如果处于大气圈缺乏游离氧的地质时期，或者大气圈底层充斥 CO_2 的地质时期，都可以出现还原环境。震旦纪成磷期就处于缺乏游离氧的大环境中。尽管生物圈发育有限，元古代晚期至早、中寒武世成磷带仍然能占约 1/6 的储量比。按大冰期成因论，大气圈，尤其在冰盖区有更大范围的高浓度 CO_2 笼罩，也必定处于还原环境。第四，完全看成是海洋生物化学作用问题，离“事件性沉积”观念则更远。第五，强调浮游生物下沉至 500 m 深部也值得推敲，含磷岩系旋回结构的事实表明海水处于动荡环境下，总体上属比较浅的浅海环境，根本涉及不到 500 m 深部。第六，按其理论，磷被溶解后再随洋流上升分解沉淀，必须是个连续过程，否则，磷溶液不可能不被稀释。海洋中要长期（非季节性）出现这样上下方向的“流水作业线”，匪夷所思，何况含磷岩系提供的事实是海水处于海水进退频繁的动荡环境下，怎么能设想如第四纪大冰期海面升降上百米的动荡条件下深海洋流不受影响地持续上升？“过去人们把生物死亡、火山作用和细菌活动作为磷块岩形成的原因所在”本来在接近真理，只不过没有厘清生物死亡、火山作用、细菌活动三者彼此间的关系（当然，这三者的关系不是轻易能厘清楚的），但它比较实在质朴，经不起玄奥的冲击，在玄奥价值观面前迅速溃败。

应予强调的是生物的非正常死亡和要在此基础上延拓，则必须查明“生物灾变性死亡”的灾变事件。只有查明在某种地质作用下造成了“生物灾难性大规模集中死亡”的灾变事件，才算对应了“成磷期”的地质事实，也继承和跟进了“事件性沉积”的正确思路。

以常态性的生物死亡来解释磷矿成因的深海洋流上升说是其致命的缺陷，必须摒弃。

二、研究磷块岩和磷矿的中国权威未查明磷矿成因分析

《中国磷块岩》[6]的著作者和编撰中国磷矿床的专家们都没有查明磷矿成因。前者成因止于“事件性沉积”一句话；后者无须说，那是申明了不涉及成因（其第一章“新中国矿床地质工作的大发展和新收获”称“矿床的成因是一复杂问题，不是短期内能够解决的，但是对矿床形成特征的认识，则可由地质资料积累得愈来愈多，实验数据与野外宏观观察愈加密切结合而逐步深化”[4]）却要找规律的不成道理的怪课题。离开了哲学、逻辑学，地学界连正确部署工作都做不到。要求不查明矿床成因出于矿床成因不可知论，是违背唯物论基本原理的。

具体原因主要有6个。

（一）概念不清

磷块岩概念不清：地质学的“磷块岩”以“即磷质岩”诠释。磷质岩是“一种富含磷酸盐矿物的沉积岩。主要矿物成分为氟氯磷灰石、细晶磷灰石、胶磷矿。混入物有砂、粉砂、黏土、方解石、石英和海绿石等”[15]188。作为中国磷块岩的矿床学专著，“磷块岩”一词的基本概念当然应当建立在岩石学的基础上。或者，在将岩石学磷块岩概念的缺陷予以否定之后，另行赋予磷块岩以矿床学含义。但是很遗憾，专著没有这样做，而是将变质磷矿床中沉积变质的海州磷灰石矿床列为首个矿床实例。不知道海州磷矿由片岩、片麻岩、大理岩组成的“含磷岩系”[6]199，和其所称的“2~3个沉积旋回”[6]205是否与沉积磷矿床所称的磷块岩和沉积旋回相一致。笔者认为，如果海州群锦屏组确属先震旦纪、五台运动之后的首个沉积建造，海州式磷矿床就必定不属于震旦纪之后的磷块岩矿床系列；如果海州式磷矿床特征与震旦纪之后的磷块岩矿床特征相似，确有2~3个沉积旋回，确属磷块岩矿床，那锦屏组地层层位就必定不属于先震旦纪，二者必居其一。必须首先论证此“磷灰石矿床”与一系列“磷块岩矿床”的同一性。

“含磷岩系和磷块岩相”及“矿床型”概念不清。按3个时代和5个区、域、带、带中段9个矿床型划分“主要有”11个“含磷岩系和磷块岩相”[6]9，但是在总结性的“我国磷块岩的沉积环境和含磷岩系”中却称“根据其含磷情况、物质组合特点、沉积结构构造特点、沉积序列特点等共分出十一种类型”[6]314（笔者对这样的陈述和总结方式难以理解，因为落实到如“黔中型”代表的就是“含磷岩系和磷块岩相”。其所列“A.晚震旦世黔中成矿区的含磷岩系和磷块岩相：a.黔中型；b.遵义型。B.晚震旦世鄂湘成矿区：a.荆襄型；b.石门型；c.湘西型。C.早寒武世扬子成矿域的含磷岩系和磷块岩相：a.昆阳型、德泽型；b.汉源型；c.浙西型。D.早寒武世华北地台南缘成矿带豫西型含磷岩系和磷块岩相。E.中泥盆世龙门山坳陷中段什邡型含磷岩系和磷块岩相”[6]9。这里的“型”，代表的首先是地理概念、时间概念而不是地质概念。而矿床地质学的矿床“型”“式”，通常首先赋予的是地质概念，如斑岩型；有些如黔中型与遵义型并列，并且同时还有“在黔北地区”[6]15的称谓，在地理概念上，遵义只能算黔北）。

图 3-8 还多出开阳型、瓮安型、怀化型、息烽温泉型、王家湾型 5 型。开阳型、瓮安型不可能不主要，只能说在这里被赋予了其他的概念。同属“早寒武世扬子成矿域含磷岩系—磷块岩相”的汉源型—昆阳型—德泽型—浙西型。图 3-8 汉源型却与豫西型同为“形成于潮间带、海下三角洲、近岸浅滩的磷块岩”；同属于晚震旦世鄂湘成矿区的荆襄型—石门型—湘西型，在图 3-8 荆襄型却与开阳型、瓮安型、昆阳型同为“形成于碳酸盐台地边缘的磷块岩”。“含磷岩系和磷块岩相”可以是一个词组，有时又予以区分，如“黔中型含磷岩系”[6]10 与“黔中成矿区的磷块岩相”[6]17，它们又共同归属“晚震旦世黔中成矿区的含磷岩系和磷块岩相”。这样的结果是很难理解“含磷岩系和磷块岩相”“矿床型”概念究竟是什么含义，由此产生的效果不可能清晰。

如果制作一幅图（图 3–8），就看到这样的情况：

（1）晚震旦世黔中成矿区的含磷岩系和磷块岩相[6]9

1）黔中型 开阳型、瓮安型、怀化型、息烽温泉型、王家湾型5型[6]10

2）遵义型

（2）晚震旦世鄂湘成矿区的含磷岩系和磷块岩相

1）荆襄型

2）石门型

3）湘西型

（3）早寒武世扬子成矿域的含磷岩系和磷块岩相

1）昆阳型

2）德泽型

3）汉源型

4）浙西型 豫西型[6]51

（4）早寒武世华北地台南缘成矿带含磷岩系和磷块岩相

（5）中泥盆世龙门山坳陷中段什邡型含磷岩系和磷块岩相[6]9

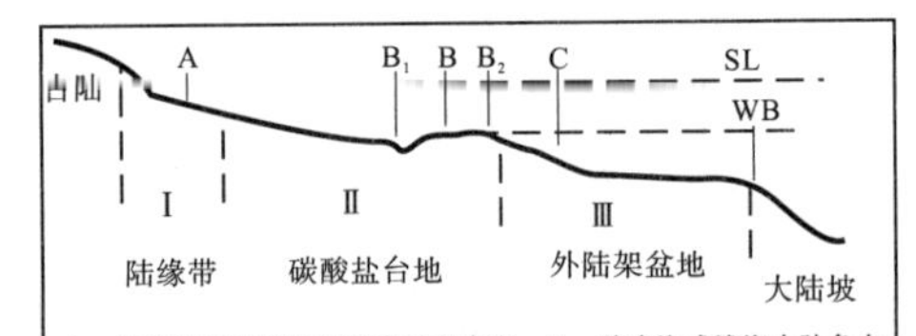

Ⅰ—陆缘带近岸浅海陆源碎屑岩建造；Ⅱ—陆表海或浅海内陆负向海相碳酸盐建造；Ⅲ—外陆架盆地暗色硅泥岩页岩建造；▲—形成于潮间带、海下三角洲、近岸浅滩的磷块岩，如汉源、豫西型磷块岩；B—形成于碳酸盐台地边缘的磷块岩，如开阳型、瓮安型、荆襄型、昆阳型磷块岩；B_1—形成于碳酸盐台地边缘，沉降幅度较大地区的磷块岩，如德泽型、王家湾型磷块岩；B_2—形成于碳酸盐台地或水下隆起边缘的叠层礁磷块岩，如息烽温泉型磷块岩；C—形成于外陆架盆地内侧的磷块岩，如怀化型、遵义型和浙西型磷块岩

图 3–8 前人划分的磷矿床型、沉积相罗列图

不同概念的矿床“型”混杂在一起且有十多个，其效果用大白话说，叫“明白人也被弄糊涂了”。

“这些含磷生物最后进入海底淤泥，从而造成海底淤泥中磷的浓度高度富集”中的“海底”概念不清。含磷生物最后进入的海底淤泥中这个“海底”，与深海洋流上升说的 500 m 左右深度的海底脱不了干系。因为“滨海和深海沉积中无磷块岩”[15]188 正是深海洋流上升说的最重要的支撑点。

将泥盆纪与震旦纪、寒武纪并列都称为成矿时代，从地质角度看就属概念混乱，因为它与“成磷期”相冲突。将震旦纪、寒武纪成磷期形成的磷块岩矿床与泥盆纪非成磷期形成的磷矿床进行对比，形成无可比性却强行对比必然出现的错误结论。

“我国磷块岩的成矿时代是很多的，但其中最重要的是震旦纪、寒武纪和泥盆纪”也可以说属概念错误。一是泥盆纪不属成磷期（因而泥盆纪磷块岩世界罕见），以“成矿时代”将其与震旦—寒武纪并列就是严重的概念错误；二是“我国磷块岩的成矿时代是很多的”成矿时代含义过泛，宜“我国有磷矿化、矿点的时代是很多的”；三是成磷期“其中最重要的是震旦纪、寒武纪和泥盆纪”宜替之以“其中最重要的是震旦纪、寒武纪。石炭纪、二叠纪次之”。这样就能突显中国有 4 个成磷期的基本概念。

制作一幅图（图 3-9）都可以混淆概念。

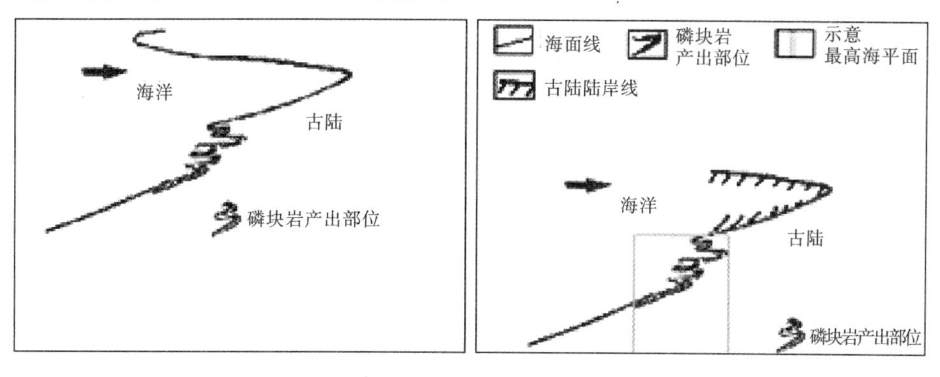

图 3-9　“海侵阶段磷块岩的产出状况”（左）及解析图（右）

其图 3-9[6]291 中，“磷块岩产出层位”之下的线应当是海面线，之上有“古陆”部位则应当是古陆线，再往上（有海洋和箭头部位）又标示出的线应当又回到海面线。同一条线在不同部位被赋予了不同概念。

（二）将磷块岩成因过分复杂化趋附玄奥

中国专家认为形成磷块岩的地质背景[6]289，“主要包括三个方面：物质背景、动力背景和天体背景。物质背景即成矿前及成矿过程中地表出露的岩层的类型和组成以及风化的时限和类型；动力背景及大地构造背景和古气候背景，它包括造山运动、造陆运动和造海运动所导致的地表岩层的变形和破坏，海洋盆地容积和边界条件的变革以及地貌景观的变迁；古气候条件作为动力背景的一个方面，主要影响于生物兴衰更替、海流的来去强弱、寒暑燥湿的更替以及海面的升降和进退。所有这几个方面的地质作用都会在沉积建造中留下忠实的记录。但是，近十年所观察到的事实和从地学工作者的认识来看，地球的历史过程并不仅仅是演化而已，从量变到质变，变革的事实、事件地质的事实等正时有发现，因而所有上述这些地质背景的非周期性的阶段性，都有可能带有天体因素的影响。然而我们目前对此判断甚少”[6]290。

天体背景已经够玄奥了。趋附玄奥还如“这些矿床多半距外陆架盆地与碳酸盐台地的分界不远，那里经常可见到也可能是‘枢纽断裂’性质的断裂，因而在外陆架盆地内侧经常可以看到重力流沉积。磷块岩包含于含磷岩系之中，含磷岩系存在于含磷建造的底部或靠近底部，含磷建造形成于地台区域，特别是柔性地台区域”[6]314。“‘枢纽断裂’性质的断裂”“重力流沉积”“柔性地台”这 3 个概念仅提到而已，未知其赋予的含义；“重力流沉积”“枢纽断裂”没有提供证据或说明，“柔性地台”《地质辞典》中未收入，不知所云。

这样趋附玄奥浮想联翩，脱离与磷块岩相关事物有机联系的分析，将问题过分复杂化，不可能求索出磷矿床成因。结果当然不可能沿“事件性沉积”探索是何“事件”。

前述“含磷岩系和磷块岩相”“矿床型”概念混乱之外也属于靠搞复杂化制造玄奥。3 时代 5 地区的磷块岩就划分出 11 个“含磷岩系和磷块岩相”（和其他未指明含义的若干个型），论述中国 4 个成磷期磷块岩，尤其是论述《世界磷块岩》，该划分多少个含磷岩系和磷块岩相呢？笔者读后，认为只有两类含磷岩系和磷块岩相[6]V，即P、C、Si和P、C、Ca-Mg[6]293含磷岩系，不要搞复杂化，直白称碎屑岩相和碳酸盐相，至多再加之间的过渡类型，3类足够。有必要才细分种。分辨沉积相的功用主要是确定磷块岩沉积于陆缘带，其他作用有限。

“不同成磷时期的成磷带（区），以及同一时期的成磷带（区）的不同亚环境，都可形成类型特点各异的含磷岩系和磷块岩相”[6]9、晚震旦世鄂湘成矿区的含磷岩系和磷块岩相称“著名的荆襄磷矿、保康磷矿、宜昌磷矿、东山峰磷矿以及湘西的一些磷矿，就是本成矿区内最重要的代表。但是，从含磷岩系的发育特点来看，各地情况不尽相同，即荆襄型、石门型和湘西型”等。这种说法当然也不错，因为不同是绝对的，相同总是相对的。但从思想方法上说，强调差异是另一种形式的靠搞复杂化制造玄奥。从同一性中认识事物、找出有规律性的东西，才是正确的思想方法。都形成于成磷期，都有旋回结构，都是磷块岩，都以碳氟磷灰石为主要矿石矿物，都是暗色岩系，都形成于海侵岩系底部……从这些更多、更基本也更反映本质属性的特征里求索，才有可能真正认识事物并有所发现。

研究沉积矿产必须研究沉积相，否则就不能形成磷块岩沉积于陆缘带的正确认识。但仅此而已，过分划分矿床型、沉积相，则过犹不及。因为含磷岩系所处的沉积相范围太大，不可能靠识别沉积相找矿。解读图3–10，不是不同类型的磷矿床必须有不同类型的沉积相，而是只要有了磷质来源，不管是滨浅海、碳酸盐台地或外陆架盆地，都必然沉积。潮上带—含磷白云岩、潮间带—云基颗粒（内碎屑）磷块岩、潮下带—泥晶磷块岩和硅基砂粉屑磷块岩，什么相带都可以成矿，没有截然不同的问题，文献[6]85所称“岩质海岸区滨岸相带的磷块岩类型和微相”中“砾质磷块岩—砂质相带”“竹叶状内碎屑磷块岩—砂质岩相”“砂质磷块岩相”都可以形成磷块岩[6]85。“台地相区磷块岩类型和微相”的“潮

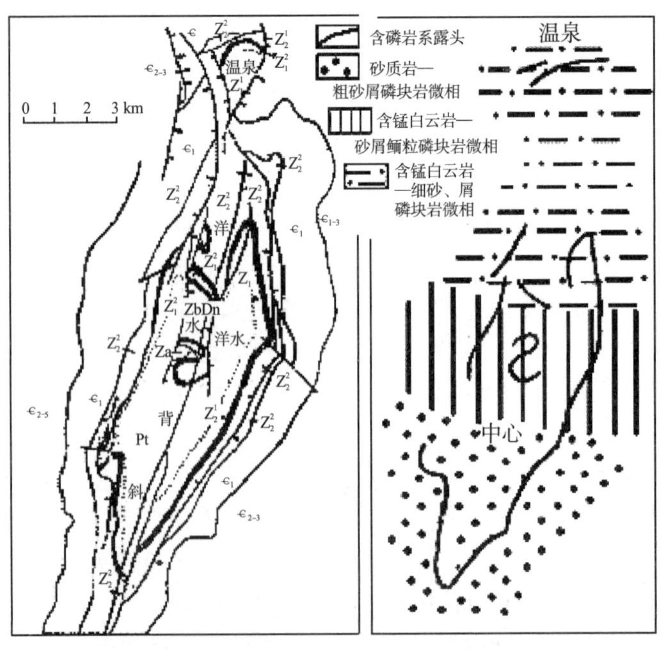

图3–10 开阳磷矿矿区地质构造图[6]224（原著无图例）及磷块岩微相略图[6]18

上带白云岩相”“潮间带白云质磷块岩相”“潮下高—低能碎屑（内碎屑）磷块岩相”“潮下低能硅质磷块岩相”[6]86 只要有磷质来源，不论是陆缘带的什么相带，都可以形成磷块岩。

最简单、直观的办法是读图 3-5、图 3-10 两张图，就可知道磷块岩与沉积相的细节无关。图 3–5 分明标示陆缘带—碳酸盐台地—外陆架盆地都可以成矿（大陆架范围可宽达 1 000 km）。图 3–10 则更加具体，开阳磷矿的磷矿层在碎屑岩、碳酸盐相，粗碎屑、细砂屑岩相都可沉积，岩性都可以大相径庭，哪里还在乎什么相！在其“黔中型”磷矿床分布区，至少是 20 km 宽的生物尸骸变质带铺天盖地地由北向南靠向陆地，开阳型如此，瓮安型其实也如此。瓮安磷矿大概是不具备像开阳磷矿那样的、海水渐进式向北变深的古地理环境，其水动力条件较弱，因而最先形成黏土岩或黏土质磷块岩。设想当年此处乃一湾浑水吧（陡山沱组第二岩性段），浑水首先是宁静的，沉积了“底部”的“泥晶磷块岩和黏土岩”，之后浑水变浅荡漾沉积了“球粒磷块岩”（陡山沱组第三岩性段）。经过了一次冰川性地壳均衡代偿、地壳上抬被冲刷之后，再涌来的冰川融水就比较深，沉积了含磷藻白云岩了（陡山沱组第四岩性段）。而开阳型磷矿是粗砂能沉积的地带磷质也必须沉积。

从哲学上说，搞复杂化就违背了“世界统一论”哲学思想。地学界应当认真品味和践行爱因斯坦先生的“逻辑上简单的东西，当然不一定是物理上真实的东西，但是，物理上真实的东西一定是逻辑上简单的东西”[16]11。如果地学界按爱因斯坦先生的理念，树立“地质上真实的东西一定是逻辑上简单的东西”观念，地质学才有可能大踏步前进，现今的地质学离此境界太遥远。

（三）详尽研究含磷岩系本身（重微观），却不重视含磷岩系沉积的环境背景（轻宏观）

研究含磷岩系本身极为详尽，篇幅极大，如有 30 版的磷块岩岩石矿物学（磷块岩矿石的组成矿物，磷块岩矿石的化学组成，磷块岩矿石的结构类型，磷块岩矿石的类型、沉积环境和相）、研究细微的生物遗迹可多达 7 种等。这在引言中已经指出。若不重视含磷岩系沉积的背景环境，则还将导致产生其他问题。如“扬子地台西区早寒武世梅树村早期的磷块岩与华北地台早寒武世的磷块岩截然不同，矿层形成于淤积型海岸区的碳酸岩系之中，这是碳酸盐台地环境沉积产物”[6]85，强调的是“截然不同”，不看前者“矿层形成于淤积型海岸区的碳酸岩系之中”，在略深的浅海沉积，所以磷块岩是碳酸盐岩，又因为震旦纪大冰期火山岩浆重熔白云岩喷发火山灰，这种火山灰在清水、浅水、暖水沉积环境下“重塑”白云岩，造成“震旦系的一个特点是白云岩广布”局面，是极正常的事；后者沉积在青白口系（上统骆驼岭组，下部为长石砂岩及长石石英砂岩，底部为砾岩，中部为含海绿石砂岩及粉砂岩，上部为杂色页岩夹含海绿石砂岩。厚 119 m[17]52）之上，所以是砂（砾）岩（当然，这里需要研究由火山灰重塑白云岩的阶段，该地区是否不接受沉积或缺乏重塑白云岩的条件）；它们不是“截然不同”，不过是沉积时背景环境不同或兼有沉积环境差别。因为磷块岩沉积所需要的偏碱性环境略低于碳酸盐岩，所以在覆于碳酸盐岩之上的磷块岩富集程度高于碎屑岩者。再如早寒武世华北地台南缘成矿带豫西型含磷岩系和磷块岩相之河南鲁山剖面称：“下伏岩层：罗圈组砂质页岩，豫西型是一套‘具有不同磷酸盐含量的碎屑岩’”[6]53，都说明下伏岩层反映了沉积环境，直接影响含磷岩系物质组成。当然海水深度差别也是重要原因（后者属滨浅海相，不容碳酸盐岩沉积且直接冲刷砂页岩底板）而已。著者介绍了 7 个磷矿床，有 3 个矿床有地理位置图[6]207，1 个矿床有含磷矿层分布略图，1 个矿床有磷矿区域地质图，1 个矿床有含磷层露头分布略图，2 个矿床有矿区地质图，没有一张剖面图，而真正要介绍清楚一个矿床的地质情况，必须有完整的区域地质图、矿区地质图、矿床剖面图。没有这些图，是作者注意力全部在含磷岩系本身、轻宏观重微观的一种外在表现，尽管著者称“形成环境和背景问题”是其主要研究问题之一。

最有文字功底的人都不可能表述清楚地质图所能反映的内容，要想阐明区域、矿区或矿床地质，没有地质图、剖面图根本就不可能做到。没有收集到昆阳磷矿区域和矿区地质图，却有多达 49 幅岩石的和矿物的红外光谱、X 衍射曲线和差热曲线图，涉及宏观的如矿床实例昆阳磷矿却只有“在地质构造上，昆阳磷矿位于该区近东西向且稍稍向东倾没的香条冲背斜的南翼，自东向西，分别为昆阳、二街和八街等矿床，而在背斜的北翼则以海口、鸣矣河和县街等矿床与之相对应。南北两翼的含磷岩系和矿石结构稍有不同：南翼的含磷岩系厚度较小，一般在 11~13 m，上、下矿层之间的夹层为含磷黏土岩，矿石中的白云石含量较少，品位较富；北翼的含磷岩系厚度较大，31~67 m，上、下矿层之间的夹层由南翼的含磷黏土岩相变为含磷白云岩，工业矿层主要由条带状白云质砂屑磷块岩组成，与南翼的矿层相比，矿石品位较低”的描述，以及附 8 cm × 4.5 cm 的“昆阳及其邻近地区渔户村组（含磷矿层）分布略图”。这是一种学风，不认为介绍矿床实例时，地质图、剖面图是必须的，不详细全面陈述素材也就是不打算让你懂，弄一些你不懂他本人也未见得真懂的东西（笔者为非金属矿技术管理，倒曾专门学习并琢磨过这些测试手段的鉴定原理，结论是必须熟悉矿区地质并有大量的各种资料的比较，才有可能得到一个认识，并且最好结合最普通岩矿鉴定资料才可能认识正确。笔者复制了众多地质图件，岩矿石的测试鉴定图件一幅也不收集）。如果能从这些曲线图形成论点（假如有测试鉴定如白云石可以分辨出咸水成因的和淡水成因的，碳氟磷灰石可分辨出原生沉积成因的和剥蚀—再沉积成因的，或者可分辨海进、海退成因的，那倒算有价值），那也情有可原，但没有。著者的原意也不会是令读者正确鉴定含磷岩系的岩、矿石吧。在我看来，这 49 幅曲线图是彰显研究深度，兼彰显玄奥。但这段涉及宏观的描述很有意思，不是单斜构造、水平岩层、断裂带，而是背斜、背斜两翼成矿；两翼磷矿层厚薄不同、矿层中夹层岩性不同及矿石中组分也不同（显然，褶皱是造成厚薄、品位高低的原因，即地质力学所称边界条件不同、形变因此不同）。占 11 版面的昆阳磷矿实例，涉及矿区地质构造的，只有上述几行字，其余全部是矿石的、含磷岩系的及所谓的磷矿成矿特点的。

事实上，震旦纪含磷岩系产出于南沱冰碛层之上，已经明确说明含磷岩系是继大冰期之后形成的。著者也已经有多个实测的剖面表明含磷岩系与冰碛层之间密切的上下关系。

但是，历来认为冰碛层是冰碛层、含磷岩系是含磷岩系，孤立静止片面看问题，它们之间的有机联系被形而上学思想方法割裂开了。

还有一些剖面含磷岩系下伏地层不是冰碛层，而是覆盖于更古老的岩层上，如开阳磷矿沉积于板溪群之上；荆襄型磷矿“陡山沱组直接覆于杨坡群之上，缺失陡山沱组以前的所有震旦纪地层。在鄂西地区，凡是由前震旦纪变质岩构成的古隆起地带（如保康、宜昌等地）一般都有陡山沱期磷块岩生成。荆襄磷矿是鄂西地区的主要磷矿之一”[6]206，这个事实说明的不是磷块岩的形成与古隆起地带有关，而是生物尸骸变质带必定被推向陆缘带的最边缘，哪里有陆地，它就靠向哪里，哪里就是找矿远景地段。即使之前冰碛层无法沉积，待到冰川融水大规模海侵，有更多区域接受沉积之时，磷块岩照样可以沉积。

（四）不强调同一性、从同一性中寻觅规律，却强调差别

在重细节的同时强调差别，很容易迷失研究方向。强调差别又几乎成了中国磷矿研究的一大弊病，除已经涉及的“截然不同”问题，这里再举一例，作者划分了“磷块岩的矿物组成及其共生类型”并对产生原因进行了分析。抄录如下（表3–4）：

表3–4　磷块岩的矿物组成及其共生类型[6]59

矿石矿物	伴生矿物			共生类型
	自生矿物		继承矿物及岩屑	
	沉积成岩	后生		
碳氟磷灰石	少量的：水云母、白云母、海绿石、白云石、石膏、玉髓	褐铁矿、黄铁矿、方解石	大量的：石英、斜长石以及砂岩、硅质白云岩和混合岩岩屑 少量的：榍石、锆石、电气石和绿帘石	Ⅰ
碳氟磷灰石及少量羟磷灰石，偶见银星石	大量的：白云石 少量的：水云母、高岭石、蒙脱石、石英（玉髓）、海绿石、绿泥石、鳞绿泥石、褐铁矿等	褐铁矿、白云石、方解石、脉石英	少量至微量的：石英、斜长石、电气石、锆石、榍石、独居石、钛铁矿、绿帘石、金红石等	Ⅱ
碳氟磷灰石	大量的：水云母和石英（玉髓） 少量的：白云母、绿泥石、高岭石、蒙脱石、白云石、黄铁矿	褐铁矿、方解石、脉石英、石膏	偶见电气石、锆石和细粒岩屑	Ⅲ
碳氟磷灰石和磷锶铝石，偶见银星石	少量的：水云母、高岭石、黄铁矿、黄铜矿、闪锌矿、硬石膏、石英和玉髓	褐铁矿、硬石膏、孔雀石	少量的：电气石、锆石、锐钛矿、金红石、独居石、绿帘石、石英和白云岩岩屑	Ⅳ

其分析认为：“类型Ⅰ，其主要矿物共生组合是碳氟磷灰石和陆源粗碎屑矿物，磷灰石是一种以泥晶或微晶质胶结物的形式产出，同时有少量磷质内碎屑，这是在陆源碎屑输入量大，沉积掺和作用强烈的岩质海岸区的滨岸滩环境下形成的，如华北成矿域皖豫陕甘宁成矿带磷块岩就具有这种矿物共生类型。但是在扬子成矿域内的许多矿床，如

鄂湘黔成矿带的荆襄、宜昌、石门和瓮安矿床以及川滇成矿带的昆阳、雷波和马边等矿床就不一样。在那里，磷块岩的主要矿物共生是磷灰石和白云石，前者以磷质颗粒及部分基质、胶结物形式产出，而后者多半作为磷质颗粒的基质、胶结物出现，这种矿物共生类型Ⅱ的出现，同它形成于碳酸盐台地这一地质背景和潮坪、浅滩等成矿环境紧密相关。我国磷块岩的类型Ⅲ矿物共生类型是磷灰石、水云母和石英（玉髓）组合，含磷岩系中多半明显地含有黑色页岩和硅质页岩或硅质岩，磷块岩以薄层状、结核状、瘤状或不厚的透镜状产出，矿石主要具泥晶结构，伴生矿物水云母、石英（玉髓）或者作为磷质细碎屑的基质胶结物，或是与泥晶磷灰石均匀分布共生，具有这一矿物共生类型的矿物多半见于扬子成矿域中的较深水部位，即所谓'盆地相'之中，其形成环境介质动力条件较弱，如湘西怀化和黔北遵义属于这个类型。磷块岩的第Ⅳ种矿物共生类型是碳氟磷灰石、磷锶铝石和少量黏土矿物的组合，这是一种很特殊且很罕见的矿物共生类型。含磷岩系主要由磷块岩、磷锶铝石岩和磷铝质泥岩组成；类型Ⅳ磷块岩以层状或囊状产出，矿石具角砾状结构及泥晶结构。这里产出的磷锶铝石与某些淋滤作用形成的次生铝磷酸盐带产出者有所不同，它是原生沉积的。具有这一矿物共生类型的矿床，目前仅见于扬子成矿域西北缘的龙门山坳陷中段一带，其形成环境似为微咸化的潟湖或局限海盆。什邡磷矿床是这一类型的典型代表。”[6]68

这些研究很细、很深入，其实也是好的，问题是这些“矿物组成及其共生类型”是为其所划分的“磷块岩相”和“矿床型”（是为“根据其含磷情况、物质组合特点、沉积结构构造特点、沉积序列特点等共分出十一种类型”）服务的，是为寻求差异、搞复杂化服务的。而如果划分很多类型，能证明其中只有几种类型有工业价值，那也还说得过去。现在的 11 种类型都是对工业矿床的划分。本来地质队只需在成磷期地层中寻觅陆缘带还原环境沉积，其中关键是含磷岩下部或含磷岩系之下地层缺失的陆缘带，其次是找构造上的挤压加厚地带即可的问题，现在的 11 种类型的划分对于指导实践就毫无意义了。

（五）在成磷期认识上的动摇

成磷期出自坚实的地质事实，是一个极为重要的概念，必须坚守确保，不可动摇。一面说“泥盆系工业磷矿床世界罕见”[6]56，一面却将震旦—寒武纪与泥盆纪磷块岩视为同一类型分析对比演化关系，将什邡型磷矿床的剥蚀古老磷块岩再沉积成矿，混同于震旦—寒武纪的生物成因磷块岩。这就是一个动摇“成磷期”的原则性错误。深海洋流上升说的死症就是无视“成磷期”事实。泥盆纪不属成磷期，按笔者的理解，就是泥盆纪没有大冰期。这种原则性错误将导致思维逻辑混乱，因为实际资料是震旦系、寒武系含磷岩系差别极小，它们与泥盆系者则差别很大。尤其是此系推敲斟酌之后（“至于磷铝质岩之下磷块岩的成因看法分歧较大，我们一直注意但还没有发现白云岩角砾经磷酸盐化而成为优质矿石的有充分说服力的证据……从含磷岩系剖面结构、矿石组构以及地球化学特点综合分析，我们仍然认为主要的还是沉积成因的，诚然其成磷确是一个复杂的过程”）的归类[6]57，很不应该（什邡型磷矿床矿石中有磷铝锶矿，被称为“含磷岩系内部的磷铝质岩是原生沉积的，它直接盖在角砾屑磷块岩层或泥晶磷块岩层之上，与某些地区磷块岩层之上的、经淋滤作用形成的次生铝磷酸盐带完全不同……所有这些情况都不符合风化淋滤带的富氧特点；磷锶铝石与细分散的碳氟磷灰石密切共生，以及磷块岩同生碎屑的存在，均证明磷铝质岩是原生沉积成因的，是在潟湖或局限海盆中沉积的”[6]57的说法，也未见得可靠。我们今天看到的风化淋滤作用很有限，什邡型磷矿床形成时则应经历过充分的风化淋滤作用——磷块岩、白云岩都剥蚀形成角砾了，它在后来的冰川融水中沉积成岩成层而已，与今天看到的风化淋滤成因的磷锶铝石没有本质区别，多一个沉积成岩作用过程而已）。

（六）关键问题不研究

磷块岩的“事件性沉积”论是多么好和多么重要的论点！十分遗憾的是，仅此一句话，全书再不论及。地质学中反复发生并能称为“事件性沉积”的地质作用有限，能造成生物大规模集中死亡者更有限，无非是火山喷发、冰期、地壳运动。不排除有所谓的星体轰击地球“事件”，但完全可以以其“非经常性”、与“成磷期”事实不可能对应不予考虑（在46亿年中，星体轰击地球的事件不能排除，但这种事件能留下的遗迹却难以辨认。如果说有，那么其大多借助玄奥价值观、靠所谓的权威认定，大多没有真凭实据）。那些引发“小构造”灾变性质的构造运动显然不能造成生物的大规模死亡，也可予排除。均变性质的所有地质作用当然更应予以首先排除。造成“事件性沉积”的地质作用如此少，也放弃深究，此系矿床成因不可知论大背景下的必然结果。尽管不懂得冰期成因，不知道形成大冰期必须有冷有热，但震旦纪含磷岩系产出于南沱冰碛层之上、寒武纪含磷岩系产出于罗圈组冰碛层之上事实清楚，冰期—间冰期冷暖交替也众所周知，已经发觉“含磷建造总是产在古气候冷热转变的时期”[6]167，还不能够将“事件性沉积”之事件与大冰期相联系，实在令人奇怪。窃以为不是捅不破这层窗户纸，是受不可知论牵制，关键问题不研究乃至不敢研究。

三、“中国磷矿床”属学术倒退

如果说《中国磷块岩》提出含磷岩系为“事件性沉积”，指明了最重要类型磷矿床的成因研究方向，反映的是中国学者在磷矿床上的最高成就，那么“中国磷矿床”则属中国磷矿学术研究的倒退，不仅不能作为磷矿床成因继续研究的基础，相反将不知所措。

它存在的问题是多方面的。

（一）论据错误和极不完整

论据错误的典型如指变质磷矿床四大含磷层与火山岩的关系，称“变质磷矿床在新太古代—古元古代早期—古元古代晚期—古元古代末期有一系列的演化过程及各自的成矿作用特点，新太古代绿岩带型磷矿属于地壳早期演化的产物，变质相主要为角闪岩相，在时间与空间上与镁铁质火山岩有密切关系；古元古代早期磷矿是太古宙陆核形成以后的优地槽火山沉积的产物，变质相为绿片岩相对角闪岩相，与水下火山沉积作用有一定的关系；古元古代晚期磷矿是五台运动之后塔里木—中朝古中轴大陆形成以后的大陆边缘冒地槽沉积的产物，变质程度属绿片岩相，与同期火山活动没有直接关系；古元古代末期磷矿则是吕梁运动之后山间盆地沉积的产物，变质相为绿片岩相，与火山活动没有关系”[4]58。即区别为“密切关系”“有一定关系”“没有直接关系”和“没有关系”[4]57，这既是搞复杂化的典型（各自的！），也是一个极为重要的曲解论据的错误。事实是如河北古元古代甘陶河群中含磷层嵩亭组下伏南寺组之上部有“变玄武岩”[18]22；“甘陶河群变玄武岩与铜矿关系密切，整个甘陶河群经历多次火山喷发活动，发育了大量的火山角砾岩、集块岩和枕状构造”[19]158，“嵩亭群：上部为板岩、粉砂质板岩夹变质砂岩、长石砂岩互层；下部为白云岩、砂质白云岩、变质细砂岩、砂岩、长石砂岩互层。下伏南寺组：上部为变玄武岩及熔岩角砾火山岩”[19]160，这就是论据重大错误的例证。何况该表专门列出“与火山岩的关系”栏，这已经相当程度上说明了磷矿与火山岩的相关关系，属“此地无银三百两”；（其表1-37[4]57后 特别加注含磷层与火山活动的关系栏，亦为据实陈述论据）该“顶部含磷层”中其他含磷层位多处于不整合面上，虽是变质磷矿床，但仍未超出“事件性沉积”范畴。尤其要指出的是，其“顶部含磷层”仅产出小型矿床，其他三大含磷层，下部含磷层和中上部含磷层有大中型矿床、中下部含磷层有中型矿床。应当说，在显生宙之前的变质磷矿床总体上与火山作用有关，其顶部含磷层也可有与不整合面（地壳运动）有关者，但仅形成小型矿床的基本面貌是清晰的。这一点，还可以作为震旦纪前没有大冰期的一个旁证。

论据不完整的情况很多。如占磷矿总储量85%的沉积磷矿床不交代24个含磷层位，甚至不交代4个主要成磷期，只陈述震旦、寒武纪者。磷矿何以有、无，何以多、少或贫、富，都无从比较（当然，《中国磷块岩》也存在此问题，不应当完全以工业概念来探讨地质学问题。矿床地质学应当讨论更为宽泛的矿质集中—分散问题，随技术进步和资源紧缺程度变化，工业指标是可变的：随资源枯竭程度增加，工业指标的一般趋势是下降）；又如矿床实例交代不清楚情况，却并非受篇幅限制，因为有整版的“中国寒武纪地台型沉积地层的划分及特征简表”[4]18，半版“磷酸盐矿物红外光谱分析曲线”[4]10图，“陡山沱期磷块岩单矿物化学分析结果”[4]10表，“绿岩带型磷矿床矿石类型、矿物成分及结构构造”表，“绿岩带型磷矿床矿石化学成分”表[4]29，整版的“古元古代早期磷矿床矿石类型、结构构造、矿物与化学成分”表等，都并非支持某个论点的论据，抛出来不知所为何事，与寻求规律无关。

矿床实例如前述昆阳及附地质图的水桶沟磷矿床的矿床地质，情况交代得都极不完整。

（二）找规律不寻求同一性却强调差别

寻找成矿规律，不寻求同一性却强调差别。强调差别可能属磷矿研究有共性的学风，应当与玄奥价值观相联系。如“变质磷矿床是一定构造—岩浆作用、沉积作用和变质作用的产物，有自己的一系列成矿作用的演化特点。变质磷矿又由于其成因类型、成矿地质构造背景、时代层位不同，其成矿规律又有较大差异”[4]55，“前述4个层位的变质磷矿含矿建造与物质组分差异较大，但都有各自的规律性……”[4]56。强调“成矿作用”“成矿规律”和“含矿建造与物质组分”差异较大、各有其规律，而非“不过是古老的沉积磷矿床经过变质作用而已”（变质磷矿床就是沉积变质磷矿床，笔者看到的证据就有4项：一是其“中朝地块下、中前寒武系含磷层位对比表”[4]28 反映了地层层位的决定性作用。这一点最重要。二是其他资料包括诸多论文都没有“变质磷灰石矿床”不是沉积变质矿床的证据。三是其变质磷灰石矿床没有任何超越沉积变质范畴的素材，地层层位和同位素年龄是其开宗明义的重要内容。四是其“矿床分类表”列为“沉积变质”“磷灰石矿床”）。陈述变质矿床最主要的含磷建造，强调的是差别，如“元古代晚期的磷矿矿石类型、矿物与化学成分，由于各地成矿地质条件不同而有一定的差异。这里重点论述中朝地块东缘矿床的特征”[4]32，“古元古代晚期地层属于地槽相沉积建造。含磷建造本身在中朝地块不同，地区有所不同。这里着重叙述其东缘磷矿床含磷建造与岩石组合特点”[4]33。强调差别，就必须逐一交代清楚事实，陈述这些差别。既有差别，又只叙述其一，这里又回到论据陈述不完整的问题。只有指明同一性时才可择有代表性者着重叙述。沉积磷矿床不谋求总结总体成矿规律，却按“震旦纪”“寒武纪”和“震旦—寒武纪共同的”3项，分别总结成矿规律。2个含矿层位分3项总结规律，这属“求异”，实在是奇怪的思路，将“找规律”就是“求共性”的基本原则都抛弃了。读者能从其沉积磷矿床中学到什么东西呢？主要效果应当是被弄糊涂了。

（三）炫玄奥

炫玄奥首先表现在优先并着重论述此占储量比例远在5%以下的岩浆岩型磷矿床，称“在世界岩浆岩型磷矿总储量中约占20%”[4]4（百分数或者并未错，却未指明这种类型磷矿因易选矿采用了相当低的工业指标这一重要前提。随世界资源危机的显现，矿产工业指标的总体趋势必然下降）；在16个矿床实例中，唯有内生磷矿床特别附平面图、剖面图俱全的矿床实例，重点描述；不从矿床产出的地质构造条件包括背景条件出发论述矿床成因，却毫无根据地赋予“幔源型”“消减洋壳源型”，并炫“冈瓦纳北缘陆表海”“扬子古板块”“岛弧”“残余岛弧围限的一个沉积盆地”[4]49 等玄奥。不知道编撰者怎样知道“由于地幔物质的选择性熔融，使磷质在幔源岩浆中富集，而后上升进入地壳，这是形成磷灰石矿床的基本条件之一。含磷的幔源岩浆在地台或地盾区上升到稳定的地壳内，有可能充分地进行岩浆分异作用而形成大型的岩浆杂岩体，这是工业磷灰石矿床产出的重要因素……”[4]49 等玄奥的？“冈瓦纳”是远在震旦纪之后才存在过的大陆（基本的解释是冈瓦纳出现在“古生代初或更晚至部分中生代，另一些人则认为主要是晚古生代”[20]368 之后），编撰者先把基本概念弄清楚再动笔也好啊。板块构造说适用的时间域最早不应当超过震旦纪。笔者认为“次级板块说”“能否登陆是检验板块学说的试金石”之类属机械唯物论，地球的软流圈可供板块漂移，板块内没有为次级板块之下“准备好”可供漂移的塑性层，尤其是陆壳地质调查已经积累了大量素材，也建立了诸如槽台学说等大地构造学。地质力学的新华夏系等和地洼学说所称的“地台活化”也是板块碰撞的陆壳表现。因为有了板块构造说就拿来硬套，抛弃槽台学说等大地构造学，要找出次级板块和次级板块缝合线来，这不过是逐时髦，是不可能得出正确结论的。能否说“能否下海是检验槽台学说的试金石”？震旦纪何来“冈瓦纳”“扬子古板块”？震旦纪的岛弧是什么模样？这些玄奥纯属作者一知半解的矫揉造作。从其中国岩浆岩型磷灰石矿床分类表[4]4可见，其所称“产出地质环境”栏下河北矾山和河北马营、黑山、罗锅子沟磷矿床均为“地台、地盾的大断裂发育区”，江苏梅山磷矿床为“大陆板块的被动边缘”都与事实不符或攀附板块学说。符合实际的产出地质环境，出现在河北的“幔源型”两个矿床，下伏有古元古界甘陶河群嵩亭组、南寺组，太古宇还有单塔子群白庙组，都是含磷地层；出现在长江中下游的“消减洋壳源型”磷矿床如南京梅山，下伏有古元古界海州群锦屏组含磷地层，同类矿床在安徽地区下伏有宿松群虎踏石组含磷地层。下伏有含磷地层是这些“内生”矿床共有的和重要的成矿环境。这些所谓的“内生磷矿床”的如此分布规律，倒是杨氏矿床成因论的“成矿物质来自基底—盖层、受构造岩浆作用富集成矿”思路（古老的侧分泌说）的极佳证据。只要认真读我国磷矿资源分布略图，从宏观角度就可以看到，“岩浆岩型磷灰石矿”（无论是“岩浆岩”类还是“伟晶岩”类）都分布于“变质岩型磷灰石矿”分布范围内。抛开成矿地质条件，毫无根据地扯进比这些含磷地层深得多，并且谁都无法见到和描述的“地幔”、或毫无征兆的“消减洋壳”，就属孤立、静止、片面看问题的思想方法。

（四）概念混乱至可搅乱正常思维的程度

“中国磷矿床分类表”是概念混乱的极佳标本：现代鸟粪磷矿床与震旦—寒武系沉积磷矿床并列为“原生磷矿床”；泥盆系什邡型沉积磷矿床与第四纪风化—淋滤残积磷矿床和洞穴磷矿床并列为“次生磷矿床”[4]3。这太奇怪了。将什邡型磷矿床与震旦—寒武纪沉积磷矿床区别开来，原是对前人错误的重要修正，结果是修正后赋予了错得更离谱的概念。这是“原生”“次生”概念上的混乱。

原生和次生是限定范围的相对概念，必须在对应范围内讨论。地质学没有赋予原生、次生以定义，它们是有指定范围的一对相对概念。从地质学讨论地球46亿年长时期的地质现象与作用的本来意义上说，不限定范围的原生应当指“先第四纪生”，其对应的次生则为“第四纪生”，取从先第四纪原生物中衍生出次生物之意。表3–1中国磷矿床分类表中的风化—淋滤残积磷矿床、洞穴堆积磷矿床属“次生”类，遵循的就是这种观念。低级别的次生，如“次生石英岩”“次生矿物”，这里指的是同一地质作用过程的尾随关系。“次生矿物”是：“在岩石或矿石形成之后，其中的矿物遭受化学变化而改造成的新矿物。如橄榄石经热液蚀变而形成的蛇纹石，正长石经风化分解而形成的高岭石，方铅矿经氧化而形成的铅矾，铅矾进一步与含碳酸的水溶液反应而形成的白铅矿等，均是次生矿物”[16]28，将矿物经热液蚀变（内营力）形成的和风化作用（外营力）形成的新生矿物，都称为次生矿物，只强调矿物形成的先后关系（因为“化学变化”内涵太大。矿物出现物理变化另有名称，如“重结晶”“次生加大”或“再生生长”“大理岩化”等）；将赋存于泥盆系的什邡型磷矿床与风化淋滤残积磷矿床和洞穴堆积磷矿床并列，同属于“次生磷矿床”，是两种不同的大概念下的混淆。什邡型磷矿床仍应当与震旦系、寒武系磷矿床并列，都属于“浅海沉积型磷矿床”，指的是形成方式。在这里，又出现了内容（成因）与形式（形成方式）的混淆。

如果“原生”确定为“先第四纪生”，西沙群岛的鸟粪磷矿床就一定不能归类至“原生”，又因为鸟粪并非磷矿：新鲜鸟粪含 P_2O_5 4%，鸟粪中水分分解有机质后即增大至

10%~12%，经后来的淋滤作用再增至 20%~32%，并促使磷酸钙矿物三斜磷钙石和白磷钙矿的结晶。这些矿物在沉积环境中与磷灰石相比，可能是次稳定的[21]393。现代的“水解”和“淋滤作用”都属第四纪地质作用，更何况鸟类虽然在泥盆纪就出现了，但这些鸟粪可是现代鸟现吃现排泄出来的。即使鸟粪就是磷矿，也不能称原生，因为不是地质作用生的。所以鸟粪磷矿床只能列为次生磷矿床类。

称什邡型磷矿床为“风化—再沉积磷矿床”用词也不准确，应称“剥蚀—再沉积磷矿床”，因为风化不过是剥蚀的一种作用而已。也因为泥盆纪对下伏震旦—寒武系沉积磷矿层的地质作用是综合性的。“剥蚀”包括搬运作用，没有证据证明只是风化作用。“再沉积”则限指在水体中进行，不可对应地用广义的“再堆积”；称“磷灰石是岩浆岩普遍存在的副矿物，当它富集到一定规模的时候，就成为有经济价值的工业磷灰石矿床”，虽然算不上矿床成因假说，但这种思想方法却很成问题，也属孤立静止片面看问题，因为将与之相关联的因素全部置之度外。而从坚持“事物的有机联系是唯物论的一个主要特征”就可以看到，如内生磷矿床下伏地层性状特征、岩浆岩类型——为什么其内生“磷矿的形成与偏碱性超基性岩系密切相关”[4]5（其中的道理很简单，说明的是地壳重熔了磷块岩或泛称重熔了含磷岩系含钾钠元素高的岩层，如泥质岩），酸性岩浆岩就只能随同主矿产一并开采才有价值。“与罗锅子沟矿床相类似的马营、黑山磷灰石矿床，是此类矿床中含磷灰石较高的两个矿床，其 P_2O_5 含量，马营为 7%（±），黑山为 10%（±），但规模都属于中小型磷矿”，哪里来的马营、黑山，完全没有陈述，没有交代清楚哪怕是矿床位置之类的最基本的情况。读者不可能读懂。

四、其他有共性的问题

磷矿研究普遍存在的两个问题是受制于深海洋流上升说和不能坚守“成磷期”的概念。对东山峰磷矿地层层序和 5 个沉积旋回交代得相当清楚，认识了陡山沱组磷块岩矿床地质特征的基本面貌。可惜不问旋回与上升洋流怎样联系，结论仍然是深海洋流上升说。即使“本文提出了‘冰期磷质储集库’的新解说，揭示了‘大冰期成磷说’的内涵机理”[13]90，仍归结为深海洋流上升说，其大冰期与磷矿之间的成因关系被铿锵有力的“只能是上升洋流”粉碎了。均变期的深海洋流上升机制尚且很难论证，灾变期的大冰期海面升降上百米，深海洋流不受干扰、如常上升，尚能成就沉积旋回结构，更难理解。既然有成磷期，就有非成磷期。成磷期和非成磷期是必须严格区分的两个概念。几乎所有的相关研究都以均变观念常态看待磷矿的形成。因为深海洋流上升说错误的要害就是以常态看待磷矿的形成，所以这两个问题也可以视为相关联的同一个问题。

至于深海洋流上升说何以这样控制着人们的思想，窃以为文献[13]道出了要害：“P_2O_5 的含量随深度、压力和浓度而增加，所以磷质主要赋存于深海底层，而大型磷矿床却都形成于陆架较浅水域。磷质运移动力只能是上升洋流”[13]94。“磷质主要赋存于深海底层”说的是常态，有悖“成磷期”“事件性沉积”大前提，再有根有据也毫无用处。

五、关于含磷岩系的沉积旋回

煤系沉积和含磷岩系都有沉积旋回。

含磷岩系的“沉积旋回结构”，“出现于含磷沉积建造底部或下部”“最高海水面时沉积”；碳氟磷灰石“组成磷质内碎屑颗粒，作为磷质颗粒或陆源碎屑无矿胶结物，作为豆粒、鲕粒的磷质同心层圈，组成生物介壳或某些组织”；中国的工业磷块岩矿床均主要为具碎屑结构的层状磷块岩，它们是各种类型的矿源层经破碎、搬运、再沉积，多次冲刷筛选物理富集的产物；“‘层控假整合’说明在磷块岩的形成过程中海水面是在经常的、间断性的震荡起伏着的”……这些都指明其沉积环境为大冰期。大冰期中的冰期—间冰期，或者是造成冰期的洋壳型—陆壳型火山喷发旋回中的大、小活动期—休眠期，才能造成沉积物的大、小旋回结构。这种旋回结构可以认为是独一无二的。

这种旋回结构与地槽相的复理石建造存在重要差别。

按笔者对地质现象和地质作用的理解，复理石建造属地球处在天文时期末段，由熔融状态冷凝收缩过程中，在大气圈、水圈等（不排除如其他天体的作用）环境下的外营力作用，像“干瘪的苹果”状态时的必然产物。隆起带快速隆起、坳陷带快速坳陷（当然，这是地球时间尺度的快与慢），隆起带被强烈剥蚀，剥蚀物堆积—沉积于坳陷带。这种地槽方式构造运动遗迹复理石的价值在于层系极大的砾岩、粗砂岩、杂砂岩、细砂岩、粉砂岩和泥岩的周期性出现，它反映的是地壳长时期缓慢隆起与沉降反复交替的宏大和粗犷运动形式，不在于其中细砂屑—泥质物的数厘米至数十厘米被称为“韵律”；复理石建造的层系反复出现的次数，可以说难以量数。复理石建造中碎屑的粗细变化，如砾岩与泥岩，反映的是地形反差极大的沉积环境。一次隆起—收缩之后是另一次隆起—收缩，隆起与收缩反复进行，层系结构反复出现。当然，复理石建造在横向上的变化大，已经被归结为地槽相的重要的沉积特征，与地台相的变化较小相区别。

所有这些，都与含磷岩系、含煤岩系的旋回结构存在本质上的差异。应当说，含磷岩系—含煤岩系这种旋回结构是独有的，属于大冰期海水进退、冰川性地壳均衡代偿作用下的必然产物。复理石建造也是独特的，只存在于地球的地质时期的前期，随着地质时代的推移，经历充分的成岩作用、陆壳厚度和强度增大之后，就不再出现复理石建造。因为有了板块构造说，就要到陆壳上划分次级板块，和要在板块构造中寻觅现代地槽一样，都属于机械唯物论。过程是不可逆的。笔者将在论“地 × 运动”中论述“槽盾运动”，之后是“台盾运动”，再后是“板块运动”（包括制造大冰期的火山喷发旋回）的道理。

第五节　“指相矿物”海绿石问题

本文论证含磷岩系为冰川融水淡水沉积，含磷岩系中的“指相矿物”海绿石指相为海相（《地质辞典》未有指相矿物词条，但称海绿石“产于浅海相沉积岩，和近代海底沉积物中”），这个海相指的是正常含盐度海水中的沉积相。这样，问题就产生了。

关于海绿石（$K_{<1}(Fe^{3+}, Fe^{2+} Al, Mg)_{2\sim3}[(Si, Al)Si_3O_{10}](OH)_2 \cdot nH_2O$）的相关研究已经质疑其“指相”功用：

“1823 年 Brongniart 首先使用‘laglayconite’一词大致给予命名，五年后，Kefersicin 正式命名为海绿石”。通常认为形成于水深 15 m 至大陆架之间，有机质丰富的温暖浅海区，也有学者认为海绿石形成于水深 100~300 m 的浅海环境，并伴随着缓慢的沉积及蒙脱石的存在。后者提出的观点被普遍接受和运用[22]16。海绿石的生长常伴随有磷质沉积物。还有学者认为海绿石形成于同生成岩阶段，它是在 Fe^{3+}/Fe^{2+} 保持一定比值、pH=7~8、*Eh*=0~100 mV 缓慢的沉积条件下产出的，一个直径 2 mm 的海绿石需100~1 000 年才能形成，并且处于 5~25 ℃之间较低的水温条件。而目前比较流行的认知是：海绿石由铁镁矿物海解作用生成，现代形成海绿石的海底水温为 15 ℃。

“Gilles 在他的论文中提出，被人们广泛接受的 Burst 和 Hiwer 的海绿石化作用模式要求一种退化的云母化状（2：1 层状格子构造）的原始黏土矿物。但通过许多近代海绿石样品的详细分析表明，这种情况十分少见。Gilles 认为，原始物质都是碳酸盐颗粒和岩石碎屑，而后它们逐渐变成一般常见的绿色颗粒。同时他认为海绿石化作用是通过底层孔隙中的自形雏晶自生加大并伴随着蚀变和交代完成的。正是这种双重的演化造成了粒状底层、大型化石和硬土的‘绿色’（来源于法语 Verdisement）。自生矿物是贫铁富钾的海绿石、蒙脱石等，新的蒙脱石在残留孔隙中生长时，早期形成的蒙脱石由于钾的加入而受到改造，形成了一些膨胀性递降的矿物，并以一种不膨胀的海绿石云母作为端元组分。海绿石矿物族这种矿物学上的变异性说明了为什么海绿石的物理性质和化学性质会有很大的变化。一般可划分为 4 种类型的海绿石，即初生、稍发育、发育和高度发育的海绿石。海绿石化作用最有利的条件为半封闭的环境，其主要受两方面控制：一是颗粒的自然封闭程度，二是与海水的离子交换平衡。颗粒内部较之外围更易海绿石化，而大颗粒相比小颗粒也更有利于海绿石化。从海绿石形成的角度分析，如果堆积速率不高，则颗粒可以长期处于海洋环境的作用之中，可持续受到相应的元素及碎屑物质的补给，达到高度发育与平衡。”

“海绿石的原始母质一般为云母类矿物，也可能为淤泥（富 Fe），形成的地质条件可以基于多种角度分析，主要包括温度、盐度、深度，以及氧化还原作用等方面。”温度：“Takahashi（1939）通过调查研究发现，海绿石所分布的水温通常不低于 15 ℃，而冷水环境中较少见。Merae 通过研究，对水温下限 15 ℃表示认可，认为温度上限大致为 20 ℃，而超过上限的温暖海水可能形成绿泥石。……Takahashi 认为海绿石的形成只需正常盐度的海洋环境即可，由于母质经过水化，失去部分 Al、Si、Na 元素，成为硅酸盐凝胶。因此最后吸收了 Fe^{3+}、K^{+} 和 Mg^{2+}，便可形成海绿石。”深度：“海绿石不能作为指深矿物，因其形成的水深范围大，浅为数米，深达千米。通常认为由于一定深度之上易受海浪影响，海绿石的形成的水深应大于 15 m，而在不同地区，受表层海水水温影响，深度也不尽相同，例如热带地区的海水表层温度普遍高于其他地区，因此海绿石多形成于 250 m 以下。而在非热带地区，由于受阳光影响不强，表层水温降低，海绿石可形成于 30 m 的区域。而 Merae 于 1972 年提出，海绿石若发现深度超过 400 m，则其并非原地生成，而是搬运成因。Emery 在 1969 年的文章中提出，海绿石应形成于还原环境，因为常与磷灰石共生。海水通常富 Fe^{3+}，海绿石中的 Fe^{2+} 为还原反应的产物。而氧化还原电位方面，Mcrae 通过研究认为海绿石在 $Eh=0$ 的环境生成。”

“海绿石的成熟度越低，颜色越趋于单色；反之，海绿石成熟度越高，颜色越趋于杂色。该发现与海侵海退的过程也是符合的，在海侵之前形成的海绿石为黑褐色，海侵之后形成的主要为黄绿色。”

“抚仙湖海绿石的形成是湖泊自身发生化学反应的一种结果。海绿石也发现于松辽盆地的泰康湖湾，属于陆相地层主要的层位是下白垩统青山口组一、二段。青山口组一段、二段、三段的由来可以归结为沉积的结果，分别处于不同的时间段，一段处于湖侵最大时期，二段处在湖水变浅时期，三段则处在湖岸线后退时期，盆地北东与北西分布着水下沙洲相与席状砂亚相，其中前者富集较多的海绿石。沉降物中隐藏着大量的生物化石。海绿石的出现常伴随着轮藻的出现（被公认的淡水生物代表之一）。通过青山口组二、三段氯离子浓度的调查也证实了其与陆相淡水沉积物的特征相吻合。”

“李东明等人进行了总结，并指出海绿石长时间来被当作特定海洋环境的指相矿物的这一观点伴随着陆相海绿石的出现需要做出一定的修正。海绿石的存在环境可以是多样化的，可以分布在陆相湖泊的现代沉积物中，也可以分布在陆相沉积地层中，可以产于陆相淡水湖泊中，也可以产于盐含量很高的陆相咸水湖泊中。”[22]17

上述海绿石被当作特定海洋环境的指相矿物的这一观点“需要做出一定的修正”研究的说法属语言艺术，实际是一种否定——“海绿石的存在环境可以是多样化的”，不可以用于海洋环境的指相。搞科学是求真，实话实说才好。一种矿物当然可以有多种成因，最显著的例子是黄铁矿。但是，海绿石是稀罕物，稀罕物如钻石的形成条件就相当苛刻。笔者认为，如果反映化学组分的海绿石的分子式是可靠的，分明含有结晶水，有 K、Fe^{3+}、Fe^{2+}、Al、Mg、Si、Si_3O_{10}、$(OH)_2^{2-}$，偏偏没有 Cl 和 Na，那么这样的矿物却可指相为海相，产出于“盐含量很高的陆相咸水湖泊中”，岂非咄咄怪事？窃以为不可想象，必须调查此咸水湖的演化历史，必须调查其中的海绿石是否产出于咸水沉积层中。既然海洋里可以有淡水沉积，咸水湖中当然也可曾经有淡水沉积。

海绿石的以下几个特征很重要：海绿石化作用最有利的条件为半封闭的环境；海绿石应形成于还原环境，因为其常与磷灰石共生；海绿石的生长常伴随有磷质沉积物；伴随着缓慢的沉积及蒙脱石的存在；处于 5~25 ℃之间较低的水温条件抑或是“通常认为形成于……有机质丰富的温暖浅海区”（对水温要求有不同的说法）；“海绿石的出现常伴随着轮藻的出现（被公认的淡水生物代表之一）”；还原环境、伴随有磷质沉积物、缓慢的沉积及蒙脱石的存在、低水温和淡水环境这5项应视为海绿石最重要的产状特征。这5项最重要的产状特征有力地支持着本磷帽说。其中的蒙脱石代表的是源自火山灰的黏土矿物。磷块岩的伴生矿物首推黏土矿物，黏土矿物中最主要的是水云母、高岭石和蒙脱石，产出于含磷岩系中的海绿石当然与这些黏土矿物共生，尤其是与那些数量少却相当稳定出现的榍石、锆石、电气石、绿帘石、独居石、金红石等[6]59共生。“各岩矿石的轻重矿物相去甚远却组成非常相似，反映其物源一致性的特点”应当已经十分清楚地反映了它们的火山灰属性。

上述研究最脆弱的部分是海绿石的形成深度，因为发现部位不等于形成部位（所谓“原地生成”或“搬运成因”），而要有确凿证据予以鉴别并不容易。

海绿石形成于不同水温的说法，与冰期海水沸腾高温和间冰期的冰川融水低温堪称对应。可惜未知这些说法所据者何。依理而论，生物最先死亡于冰期的高温海水中并在CO_2笼罩下成为生物尸骸变质带，最终在低温的冰川融水中被推向陆缘带。迅速沉积的部分应当显示低温特征，缓慢沉积的部分在高浓度CO_2大气所造成的温室效应下应当表现出温度稍高之特征。总体上说，海绿石在偏低温的水体中形成的说法比较可信（在冰川融水被加热前形成）。

话说回来，关于海绿石，至少可以说，含磷岩系中的海绿石是温度有波动的还原环境下的冰川融水——水温较低的淡水中沉积的。

第六节　磷帽说

“磷帽说”为对应“深海洋流上升说”名之，通过继承前人精华、去除前人糟粕形成，为探求沉积磷矿床、磷块岩成因建立，为驳斥矿床成因不可知、端正学界学风传播。

所谓磷帽，系指磷块岩必定产出于冰碛层之上，为冰碛之“帽”。地质意义的含磷岩系较之赋予工业意义的沉积磷矿床含义更为广泛，是特定沉积环境下的含磷丰度远超克拉克值的一套沉积岩；所谓“之上”属泛指，包括横向对比，所反映的时间概念是“大冰期之后”。

为成为独立的假说，磷帽说将扼要重述大冰期成因论的要点，也将兼及其他磷矿的成因。

一、磷块岩的矿质来源于生物

矿质来源很重要。有了矿质来源，才有可能探寻其归宿与如此归宿的原因。

大量事实证明磷源于生物并已为前人正确认识，笔者指名批判的深海洋流上升说亦建立在此基础上。本磷帽说继承“磷是一种重要的生物元素”的思路，重视磷矿的生物源证据，就磷源而言，新增的论点是生物既是磷块岩中的磷之源、氟之源，还是含磷岩系中的硅之源。磷为生物之宏量元素，氟、硅为生物的微量元素，它们都是生物的必需元素，无须另觅如氟的火山源之类。需要回答的是生物得以大规模聚集的原因。

只有生物大量死亡后才能高度聚集到能形成磷块岩的程度。由富营养化作用造成的塘鱼整体死亡均匀漂浮在鱼塘水面，还都远不能算尸骸聚集。“许多大型磷矿中缺乏动物化石”在某种程度上表明死亡生物不能就地直接形成磷块岩。

能够造成地球生物大规模死亡的地质作用（所谓“事件性沉积”之事件）只有火山爆发、大冰期及地壳运动3项。震旦纪大冰期前火山爆发造成绿岩带磷矿，地壳运动造成磷矿化、矿点或小型矿床，“世界80%的磷矿储量产在海相沉积岩中”的事实和“这些重要的成磷期大多处于全球海平面最高时期”有事实根据的论点等，反映的是三者之中，只有大冰期能够造成最大规模的生物死亡并能高度聚集，同时造成冰期海退之后的“全球海平面最高时期”及海水反复进退的成磷期，形成具有旋回结构的、地球最大规模的磷质聚集——最具工业价值的磷块岩矿床。先震旦纪没有磷块岩矿床，可以作为先震旦纪没有大冰期的旁证。

大规模死亡生物必将留下遗迹奠定了磷帽说的理论基础——含磷岩系之下必有冰碛层或者磷块岩矿床必定形成于大冰期之后。大冰期造成大规模生物死亡，生物尸骸一定以特定方式留下遗迹成为冰碛层之“帽”（或称大冰期之后缀）。反过来，并非冰碛层之上必有含磷岩系，而是含磷岩系必须另要求自身的沉积环境。

磷对于生物而言，按重要性说是3个“重要的小分子”之首（磷酸及磷酸盐，其次为氮气和氧气）[23]49。“C、H、O、N、P、S六种生命的组成元素是一切生物体的基本构筑材料。生命中的所有有机大分子的蛋白质、核酸、糖类、脂类、激素等都主要由这六种元素组成”[23]219。“磷酸根以磷酸钙的形式存在于骨头和牙齿中，使它们很坚固”[23]49。“磷不仅在地壳中广泛分布，也存在于细胞、蛋白质、骨骼和牙齿中，是动植物不可缺少的元素之一”[24]23。

以人而言，必需元素占人体总量的99.95%。生命的必需元素有28种，有11种元素的含量超过体重的0.05%，通常称为常量元素。常量元素在人体中的含量由高到低依次为：O、C、H、N、Ca、P、S、K、Na、Cl、Mg，约占人体重的99.3%。另一些元素含量低于体重的0.01%，称为微量元素，到目前为止认为有17种：Zn、Cu、Co、Cr、Mn、Mo、Fe、I、Se、Ni、Sn、F、Si、V、As、B、Br[25]357。

C、H、N、O、S、P是构成原生质的结构元素，这6种元素几乎占细胞的98%。细胞的功能成分（壁、膜、基因、酶）基本上是由这6种元素组成的[25]359。

含磷岩系中的硅也源自生物。硅藻、放射虫的壳，硅鞭藻的骨骼由SiO_2组成[7]79。尤其是生物圈发育的前期，生物还不能吸收Ca（很可能是无Ca可吸收。因为迅速出现有Ca质壳、骨的生物之时，正值震旦纪大冰期火山喷发改造了晚元古代白云岩建造并喷发CO_2，包括钙镁质火山灰之后。伊迪卡拉动物群就处于冰碛层之上的维尔佩纳群邦特石英岩地层中）之时，Si质则成为低等生物借重之物。

上述两个方面等于说，动物的软、硬组织都需要磷；从数量说，人按70 kg计，其“平均含磷680 g”[26]13。植物含磷量只需“世界磷矿消费量的90%用于制造各种形式的磷肥”[1]408一个事实，即知其大略。从磷的化学发展史看，1669年从尿中得到磷，1688年从植物中检出磷，稍后从骨头、鸟粪中获取磷，19世纪中叶以后，主要从磷矿中制取磷[27]137，也可见磷与生物的密切关系。

氟也是生物元素，成人体内含2.6 g左右，主要在骨骼、牙齿、指甲、毛发中，缺氟易生龋齿等为众所周知。氟可以影响激素，作用到细胞层面。

植物也需要氟，如表3–5所列。

表3–5 某些植物中的氟含量[28]264

植物种类	F含量/（$mg \cdot kg^{-1}$，干重）
海洋绿藻	6.9
海洋红藻	11.0
海洋褐藻	4.5
木本裸子植物	0.02~4.00
木本被子植物	0.04~24.00
草本植物	3~9
甘蓝	5.5

人体中氟、磷的含量相差260倍不是问题。从磷块岩单矿物中氟含量为磷的$<1/10$

看（表 3–6），可作为在磷块岩沉积成岩环境下氟与磷的聚集度差别课题进一步研究（氟更容易聚集），此刻按此思路理解和解释是合理的和完全允许的，无须牵涉毫无事实根据的火山氟源。

表 3–6 陡山沱期磷块岩的单矿物化学成分结果[4]10

产地	化学成分 /%											
	P_2O_5	CaO	MgO	K_2O	Na_2O	Al_2O_3	Fe_2O_3	FeO	MnO	H_2O	CO_2	F
荆襄	39.29	52.36	0.09	0.30	0.24	0.60		0.20	0.24	0.88	0.68	3.27
宜昌	39.04	52.88	0.34	0.02	0.68	0.48	0.16	0.21	0.68	1.05	2.315	3.13
东山峰	40.83	54.21	0.12	0.03	0.13	0. 31	0.14	0.17	0.13	0.68	0.23	3.90
开阳	39.20	52.71	0.28	0.10	0.59	0.58	0. 58	0.18	0.07	0.79	2.15	3.75
瓮安	40.04	54.14	0.15	0.01	0.25	0.25	0. 25	0.03	0.02	0.51	0.76	3.65

注：各矿床均 1 个样品，本表略去了其样品号、晶胞常数、折光率 3 栏。

鸟粪磷矿是磷质生物源地质学证据的“现在进行时”。海洋生物经过海鸟的生物化学作用，再经过地质外营力作用可以成为磷矿的事实，强有力地证明了生物与磷矿之间的密切成因关系。只要考虑到生物大量的有机分子易于分解逸散（另有其自身的聚散规律），而磷却可随生物尸骸保存为碳氟磷灰石，尽管磷只占人重量的约 1%，靠大规模生物死亡事件成矿就仍然是成立的。火山作用就是造成“事件性沉积”的最初事件，大冰期则是火山作用在特定条件下的另类表现，这两点是磷矿成因里的纲。从前人图版中极为清晰的生物遗迹看，从生物死亡到形成磷矿应有的地质过程思考，这些清晰的遗迹应是生物死亡后滋生繁衍的细菌，它是生物死亡后的必然延续，而非成磷生物本体，许多大型磷矿中缺乏动物化石现象，应当理解为经历过一个生物尸骸聚集—迁移阶段已经相当腐败的结果。震旦纪大冰期之后的大冰期，尽管有了可完整保存的壳体动物，含磷岩系照样缺少化石，说明死亡后不能漂浮的生物尸骸一般无法进入含磷岩系。今天我们能够看到的所谓生物遗迹，应当是腐败过程中滋生的厌氧性淡水生物，“磷质叠层石”与震旦系灯影灰岩中的“圆藻灰岩”叠层石是一回事，只不过后者少了磷质而已。

海洋生物学家将生物的生命要素划分为建筑材料（碳水化合物、蛋白质、脂质、核酸 4 种[7]74）、生命的动力（燃料[7]74）和生命机器 3 项。在生命动力中称：组成生物的分子“最基本的功能是参与捕获、储存和利用能量，或简单地说参与食物的生产和利用。这些系统以 ATP（三磷酸腺苷）为共同的‘能量货币’储存和转移能量。ATP 是含有腺苷（核酸中的一种核苷酸）的高能分子。能量以化学能的方式储存，将较低能量的 ADP（二磷酸腺苷）转化为 ATP。当 ATP 转化为 ADP 时，释放的能量用于新陈代谢。每人每天要循环消耗 57 kg 的 ATP，而鲸鱼则要消耗几吨的 ATP”！通俗而形象地突出了磷的重要性并涉及量。对磷的需求虽属“循环消耗”，但也必须有保证可供循环消耗的量。关于生命动力的形式，称“微生物利用各式各样的代谢处理能量。大多数的生物主要依靠两种方式：光合作用和呼吸作用”[7]74，“光合作用从太阳中捕获光能制造葡萄糖。二氧化碳和水用来制造葡萄糖。氧气作为一个副产品释放出来。呼吸作用：燃烧能量。从根本上说，呼吸作用是光合作用的逆过程。呼吸作用几乎发生在所有生物中，它分解葡萄糖，释放其中含有的能量。呼吸作用消耗氧，产生二氧化碳和水”[7]75。

光合作用与呼吸作用都需要“营养物质”。在“营养物质的重要性”节称：“由光合作用进行的初级生产需要营养素和光。氮、磷、硅和铁是海洋世界里最重要的营养物质”[7]77。

“维持海洋上层区的食物网的浮游植物面临的一个问题：表面有光但缺少营养物质，深水区有着丰富的营养物质却没有足够的光线。浅海区的浮游植物可能比大洋区的类型更容易解决这一问题。浅海区相对较浅，所以其下沉的有机颗粒沉落底部，其中部分再生营养物质可以重新回到水体中。这就是为什么大陆架有如此高的生产力的原因之一。另一个原因是河流可以从陆上带来新的营养物质。即便如此浅海，水域的氮、磷或其他营养物质的表面浓度还是比较低。”[7]358 这一点对认识震旦纪生物圈状况尤其重要。

作为生物微量元素的 Si，数量上排序在 F 之后，居然可以形成作为显著特征之一的硅质岩、燧石结核、硅质碳酸盐岩等，成为大冰期之后的特征岩石类型之一，完全可以作为参照系，认定 F 源自生物（有趣的是，Si 不像 P、F 那样成为碳氟磷灰石的构成元素，而是单独成岩）。当然也可以作为证据，认识硅在生物圈的重要意义。这个事实也许说明的是低等动物比高等动物对硅有更高的需求。或者说生物圈繁衍的趋势之一是减少对硅的需求，增加对钙的需求。地质学如欲对生命科学有更大的贡献，可以调查并比较各大冰期之后硅质岩类的数量。笔者的感性认识，是硅质岩类的发育程度，震旦纪大冰期比晚古生代大冰期要显著得多，第四纪大冰期则基本上不被提及。当然，也可以将此现象视为随着大气圈氧含量增加，氧化环境增强，不利于硅质岩类形成，须知震旦纪大冰期既缺乏游离氧，又被高浓度 CO_2 笼罩，堪称双重还原环境。

生物尸骸变质带是为磷帽说创造的名词。它的词意是清楚的，即生物尸骸作为有机体（在地质时期）必定迅速变质。需要解释的是，它首先在海水（甚至经历浓缩的海水。当然，来自陆壳者最先处于淡水环境下）中变质，之后又浸泡在冰川融水中，或者几经反复，最后浸泡在冰川融水淡水中，且有或浓或淡的 CO_2 大气笼罩（如果做同位素研究，它们应主要反映出淡水的同位素组成。而分辨海水、淡水，同位素方法已算成熟。如果存在海水相的同位素组成，那或者在鲕粒的内核，总之是十分难以发现或者至少是不占主导地位的。这一点完全属推测，采样测试磷块岩即可检验真伪，切盼有心人给予检验并公布结果，笔者将郑重对待，不怕出错且将认真查找原因）。生物尸骸因此变成了碳氟磷灰石，包括光性非晶质碳氟磷灰石、纤维状集晶碳氟磷灰石、粒状晶磷灰石和微晶碳氟磷灰石 4 种整个连续变化系列中的磷灰石[6]59，它们在化学成分上是介于氟磷灰石和碳磷灰石之间的连续系列[6]60。由于笼罩在 CO_2 中，碳氟磷灰石的 CO_2 含量有较大变化（0.36%~4.51%[6]58）。尽管碳氟磷灰石含水，但它已经不再是有机物，而成了在还原环境下稳定的系列矿物得以保存；不论经历了多少次海水—淡水浸泡，在有机体密度小变成稳定的碳氟磷灰石系列过程中，都必定漂浮或至少悬浮在大冰期海水—淡水中。生物尸骸变质带的低密度性质，与磷块岩必定产出于海侵最高海面时期密切相关。

二、大冰期即事件性沉积之事件，与火山爆发、地壳运动比较，属于最重要事件

有了磷质来源并确认其源于死亡生物的高度聚集之后，必须查明造成生物死亡和聚集的原因。大冰期即事件性沉积之最重要事件，由此成为最重要的成磷期。

（一）大冰期造成生物大规模死亡并聚集于陆缘带

首先是大冰期造成生物的大规模死亡。

这非常容易理解。洋壳型火山爆发造成海水大量蒸发，陆壳型火山爆发熔融炙烤包括碳酸盐岩在内造成 CO_2 喷发并雾化组成陆壳三大岩类的所有岩石成火山灰；CO_2 喷发使陆壳型火山爆发地区的大气圈大幅度降温，被洋壳型火山蒸发的海水以火山灰为凝结核迅速转化为冰雪降落在气温大幅度下降的陆壳区，间冰期在高浓度 CO_2 的温室效应下气温又剧增，使得高纬度带出现热带—亚热带气候。在环境出现如此迅速而巨大的灾变下，其影响范围的海洋及上空的生物全部死亡：海洋及海洋上空生物死亡漂浮在陆缘带，甚至随冰期海退搁浅在海岸带；陆地及陆地上空生物全部死亡并随间冰期冰川融水最终流入海洋（河口区或者与河口区存在相关关系，须知在某些地带近岸洋流不可小觑），所有死亡生物都漂浮或随冰期的海退搁浅在海岸带（间冰期陆地气温高、气压低，海面则相反，应当存在向大陆低气压区吹送的风将海面漂浮物吹向海岸），陆缘带因此必定成为出现含磷岩系的地带。含磷岩系总是尽可能靠近陆地有大量的地质事实，如“在鄂西地区，凡是由前震旦纪变质岩构成的古隆起地带（如保康、宜昌等地）一般都有陡山沱期磷块岩生成”，正是生物尸骸变质带尽可能靠近陆地的证据。大冰期造成的死亡生物就是以此方式在陆缘带大规模聚集了起来。换言之，是大冰期中海洋中死亡生物尸骸变质带有力求靠近陆地的必然性（随间冰期海侵，或随潮汐涌向，或随拍岸浪推向陆缘带）。

其次是聚集于陆缘带。

这先要厘清“陆缘带”的概念。笔者所用陆缘带，相当于大陆架内缘——浅海，包括碎屑岩、碳酸盐岩沉积带，绝大多数的泥质岩、硅质岩也未见得比碳酸盐岩沉积带有更深的水环境，不过是沉积物来源和水动力条件有差别而已。这种用法，与示意为“细分为陆缘带、碳酸盐岩台地、外陆架三大成矿带”的图比较，属较为宏观的概念。笔者不认为有必要细分为上述三大成矿带，尤其不认为可泛指“中国磷块岩矿床均形成于大陆架区域”[6]313。泥质岩沉积要求的水深不需要很大。如丰富的泥质造成的“浑水”处于宁静状态，哪怕水深只有几厘米至几十厘米，照样能沉积泥岩（可以观测的现象，如暴雨后的“水浸街”沉积下泥层就是泥岩的初胚，假定每年有几次类似水浸街又无人处理，一万年后就成了页岩的初胚）。将“泥质页岩建造”说成形成于“外陆架盆地”有根本性错误，磷矿床中页岩一定属浅海相（怎么可能设想浑水会一次次沉积下到近 200 m 深的外陆架盆地，形成叶状层理？外陆架盆地底是否水平？一次次浑水的沉淀经历滨浅海潮汐、波浪带甚至是风暴潮，还能保持均匀下沉形成页理吗）。要明确水深，笔者认为相当于海洋波浪带的波长或者至多再增加半个波长。原著没有解释“外陆架”和“外陆架

盆地”，但“中国磷块岩建造三大类型示意图”[6]290 标示为大陆坡之上的部分。这样的划分，所标明的是磷块岩建造的三大类型涵盖了整个大陆架，即磷块岩可分布于整个大陆架，水深可达 200 m，此范围太大了。大陆架最宽可超 1 000 km，大陆架面积可占世界海洋总面积的 7.5%[29]470！采用这样宽阔地带的概念，无助于认识矿床成因研究，且极大地妨碍了普查找矿。对于所有沉积岩而言，可以将沉积深度划分到 2 000 m 以深，因为那里仍可接受陆源碎屑沉积属于陆壳，但是它所占沉积物的比例应当极为有限。而对于含磷岩系的沉积而言，很可能只在海洋波浪波长范围内，至多一个半波长（40~60 m），它们的主体很可能沉积在水深只有 20~40 m 深的地带。当然，这个数量的估计风险很大。笔者不过是对其沉积深度范围有一个量的概念而已。这个量的概念也不是臆测。原因之一是认为大陆架主要是大冰期海面下降的产物，当大冰期海面下降如广东的 130~155 m，之下再有几十米的沉积物是很自然的事；具体所据为广东省有 5 级河流阶地，第四纪大冰期造成了海面下降 130~155 m。按照笔者认定的河流阶地的形成原因是冰川性地壳均衡代偿产物，即间冰期海面平均上升约 30 m，将迫使陆壳上抬一次。换言之是海水厚度增加超过约 30 m，陆壳又将上抬，不容许陆缘带出现太大的沉积深度。笔者的这个判断的缺陷是所据素材不足。而只要意识到一般寓于个别之中，一个广东省的资料仍然有相当大的代表性，就完全可以据此推论，形成新论点。有鉴于此，笔者认定含磷岩系的沉积深度相当浅是毋庸置疑的。

不仅如此，大型磷矿床如开阳磷矿床（单南北露头宽就 18 km）、瓮安磷矿床（高坪矿段—白岩矿段南北露头宽 19 km）含磷岩系的宽度约在 20 km（这还只是磷矿露头的宽度，当年生物尸骸变质带的宽度可以推想）。开阳与瓮安相距约 100 km，这两个矿床含磷岩系分属两种不同岩性的含磷岩系，不妨分别称为碳酸盐相和碎屑岩相，亦即特定的元素组合为 P、C、Ca–Mg[6]293 和 P、C、Si[6]293。它们的下伏地层又都是板溪系，生物尸骸变质带的宽度与两矿床的距离相差不大、下伏地层相同，而沉积岩系列相差很大。这种局面，只能推定是雷同的尸骸变质物带遇到了不同的沉积环境，与当地的沉积物混合沉积。西边的开阳磷矿下伏板溪系陆地地形坡度大些，也更近岸些，与直接接受较粗陆源碎屑的地带开始混杂沉积，形成“砂质岩—粗砂屑磷块岩微相”，离岸稍远依次与含锰白云岩等混杂沉积形成“含锰白云岩—砂屑鲕粒磷块岩微相”和“含锰白云岩—细砂、碎屑磷块岩微相”。这种离岸线较近，沉积物从较粗的碎屑岩开始，水深递次增加，冲刷面不容易分辨。东边的瓮安磷矿下伏的板溪系陆地坡度小一些，一开始海水就深一些，与白云岩共同沉积，形成含磷碳酸盐岩建造，并且能从中分辨出 4 个冲刷面。瓮安矿床总体上属于白云岩相，在冰川融水海侵的形势下，其剖面一段顶面的冲刷面预示着后续岩性段将承继白云岩建造，即使其第四段有古卡斯特起伏面分隔 A、B 两矿层，其之上也属白云岩建造。当然，所有白云岩或者是其他岩层都离不开泥质，或呈泥晶态。从生物尸骸变质带中的泥质，到当地沉积的泥质，不论是何种岩性，都离不开泥质，也就是都离不开火山灰。成磷期的泥质来源极为丰富——火山灰。由维苏威火山喷发那样多的火山灰，思辨演绎出黄土带、冰碛泥砾岩中泥等（按笔者对地质现象的认识和地质作用的理解，冻土也是火山灰，也有特定组合的重矿物，是就近飘落在冰盖上的火山灰，并且是第四纪大冰期为数最多的火山灰。此预测作为一个很不错的研究课题，留给后人证实吧）为第四纪的火山灰已经得到充分论证。大量的、先于磷块岩的火山灰，当然要成为磷块岩极为重要的物质构成。

事实上，“细分为陆缘带、碳酸盐岩台地、外陆架三大成矿带”与其所称并不相符合，如其所称产出于陆缘带的汉源型、豫西型磷矿为中小型矿床应当并未错，但将开阳、瓮安、荆襄、昆阳等大型矿床等列为“形成于台地外缘或同生水下隆起周缘的矿床”就错了。在后面讨论找矿问题时，笔者将论证这 4 个矿床在海侵时有近似的沉积环境。

中新世成磷带的分布——美国佛罗里达州到北卡罗来纳州一线海岸地区（大西洋西岸），北起加利福尼亚，经下加利福尼亚、墨西哥延至秘鲁的塞丘拉（太平洋东岸），萨哈林半岛、日本、印度尼西亚（大西洋西岸）和新西兰海域的查塔姆海丘，应当是认识清楚“陆缘带”的最佳教材。

（二）营造还原环境

由死亡生物聚集的生物尸骸带，或源自洋壳型火山喷发浓缩的海水中，或始终处于冰川融水环境下，都被高浓度 CO_2 笼罩，经历一个还原环境下的腐败变质过程成为生物尸骸变质带，且都在冰川融水中繁殖大量的厌氧菌藻类生物（至少可总结出前述 7 种生物遗迹）。“说明至少是部分矿层并不是形成在深水环境之下的。那么它们为何能够形成并保存在只有在还原环境条件下才能产出的暗色岩系中呢？……这是否反映那时的大气组成还带有某些缺氧性？可能性是完全存在的”，“布申斯基因此要用 CO_2/P_2O_5、Fe/P_2O_5 比值划分所谓细晶磷灰石和库尔斯克石”。这两点可作为大气圈存在高浓度 CO_2（为空气密度 1.5 倍的 CO_2 在低空的浓度尤甚）的证据。最主要工业矿物为什么要是“‘碳’氟磷灰石”？为什么 CO_2 令人瞩目到布申斯基先生要考虑按与 CO_2 等量的比划分含磷矿物？碳氟磷灰石中 CO_2 的含量变化于 0.36%~4.51% 之间，可否作为尸骸变质物带曾经处于大冰期制冷剂 CO_2 笼罩环境的证据（由于其含量变化范围相当大，因此不应理解为尸骸变质物本身固有的含 CO_2 量）？这些地质事实反映的是磷块岩形成于浓度有变化的高浓度 CO_2 大气笼罩下。事物是有机联系的，含磷岩系的这一特征，反过来也可以作为大冰期成因论有大量 CO_2 喷发的佐证。

（三）使海洋中出现冰川融水淡水环境并且出现大幅度的水温变化

冰碛层之上如震旦纪陡山沱组也是淡水沉积物。核形石藻体、磷质叠层礁、卵圆形小球体细菌、波状弯曲的棒状体、似生物潜穴、形态不定的团块、可能的一种穴壁光滑—具宽度不同的纵向皱纹—内部多半充填一些胶磷矿碎屑生物的潜穴、充填于软舌螺中杂以前述卵圆形细菌细胞的泥屑胶磷矿等，都是淡水生物遗迹；玉髓—石燧、硅质岩、白云石、锰质（如锰质白云岩或含锰白云岩）都是淡水沉积岩石或矿物组分。直到灯影组圆藻灰岩、燧石结核等沉积之时，其沉积水体未见得已经变成了正常海水。

可惜的是，叶先生未揭示含磷岩系的同位素资料，不能从碳、氧同位素组成等论证含磷岩系的淡水—咸水相。很可能含磷岩系向上直到灯影灰岩下部含燧石结核的部分都是淡水相。

大冰期还使水温出现大幅度变化。最初是洋壳型火山爆发使爆发地带海水沸腾，靠近陆壳型火山爆发地带(如第四纪大冰期大陆冰川出现在环北大西洋地带,冰盖是带状体。将冰盖视为盾状体应当为微观视角，大冰期的降水应当为带状降水而非点状或称等轴状降水。它与火山沿构造带喷发相对应）的表层水可能会降温乃至冻结，但是在洋壳型火山爆发带的海域，则必定是高温水。在陆壳型火山爆发结束后，大气圈高浓度 CO_2 的温室效应将再次使得海水升温或融化曾经冻结的海水。不论海水温度升与降，磷块岩都是要沉积的。但是，某些矿物、组分的沉积可能需要特殊的水温条件。前人提出的涉及气温、水温的论点，如“谢尔登等人认为，白垩纪—第三纪早期的磷块岩沉积是在高海面、温暖洋流时期”，“寒武纪、二叠纪和中新世的磷块岩，主要是在高海平面的温暖洋流向低海平面的寒冷洋流过渡时期”，“海绿石……产出，……指示温度较低的海水”[6]227，或者是“海绿石……处于 5~25 ℃之间较低的水温条件”，抑或是“通常认为形成于……温暖浅海区”（对水温要求有不同的说法）；“一般认为硅质胶结物及硅质层的出现多与炎热的古气候条件有关”；“含磷建造总是产在古气候冷热转变的时期”，即指明了含磷建造与冷热变化的关系，尤其是对含磷建造要求的大冰期沉积环境的暗示——还有什么地质时期的气温能像大冰期这样剧烈转换呢。当然，前人对大冰期这一地质现象的认识，是单纯的寒冷——“雪球地球”不仅不被批判，相反作为一种时髦被吹捧——如果不能正确认识地质现象，读万卷书也不能解决实际问题。

磷帽说为含磷岩系及其中的某些元素、组分、矿物和岩石的形成要求的温度提出了问题。窃以为“硅质胶结物及硅质层的出现多与炎热的古气候条件有关”是正确的，根据就是冰碛层之上常出现硅质结核、硅质岩；海绿石的形成应当是要求低温条件，所谓低温，宜取值＜ 15 ℃，根据是海绿石常出现于经含磷层的偏下部，而每一个沉积旋回的偏下部，冰川融水海进、水温偏低。至于何以为＜ 15 ℃，是因为兼顾前人经验，含磷岩系还是以偏低温为好，一旦与硅质共生，其品位略逊。德泽型不及昆阳型就可以考虑作为证据。

（四）大冰期的海水进退造成的沉积旋回促使磷矿层富集、增厚

即使是 10 m、20 m 厚的生物尸骸变质带，要转变成一般工业指标要求含量的 P_2O_5 特别是 0.7~2 m 厚的磷块岩也根本不可能，因为支撑生物尸骸变质带体积的大量的有机组分散失了，余下的物质组分再经成岩作用大幅度压实变薄等。形成富、厚磷矿层必须有一定的沉积条件，即必须有大冰期中海面的频繁升降运动。磷结核、磷透镜体、磷质薄层屡见不鲜，而含磷岩系则只有大冰期——成磷期能够形成，道理即此。

“工业磷块岩矿床形成于……造海时期，形成于海侵岩系的底部或下部。海侵小的震荡运动都是很多的，每次震荡运动都在海侵岩系中造成假整合缺失面或层控假整合，所有这些沉积间断都是磷块岩形成最有利的时期”，这里指明的是地壳的造陆运动而不是造山运动，震荡运动指明冰期—间冰期交替出现，或准确称造成大冰期火山爆发的活动期—休眠期交替出现。大冰期海面升降不少于数百次，如苏联顿涅茨盆地石炭纪地层含煤 300 多层；波兰上西里亚煤田晚古生代煤系含煤 400 层[30]4（当然，这是在环北大西洋陆壳——冰川性地壳均衡代偿最强烈的陆壳；“每个小的震荡运动还可分出若干小的海面升降运动，其时限可能在 1~10 Ma”可作为造成冰期的火山作用旋回中的小旋回

时限的参考数据）。之所以“沉积间断都是磷块岩形成最有利的时期”，是前期海进至最高海面时形成的含磷沉积，在海退沉积间断时或被剥蚀了（风化了，或被波浪破碎了等）或浸泡封存着，待到尾随海进再次在最高海面形成新的含磷沉积时被纳入，这才能使磷质得到富集、增厚。今天无法识别一个沉积间断面里曾经发生过多少次海水进退，但凡是观察、认识到的沉积间断，可能都不是持续时间短暂的间断，不排除在此沉积间断期间海水进退曾经多次发生。

“中新世成磷带主要分布在大西洋的西海岸及太平洋的东海岸地区，其中经济价值最大的磷矿床产在美国佛罗里达州到北卡罗来纳州一线海岸地区的磷矿床。该地区磷矿的一个重要特点，是许多磷块岩尚未固结。部分原生磷矿经侵蚀风化进入晚中新世的岩层内，少量甚至进入第四纪沉积层内。太平洋东海岸一些磷矿床也具有这样的特点，其分布北起加利福尼亚，经下加利福尼亚、墨西哥，延至秘鲁的塞丘拉。”这一段话说明，尚未固结的磷块岩是可以进入更新沉积层中的。这是对从更近地质时期沉积物中观察到证据的判断，可信度更高。它是对前人正确认识地质现象、理解地质作用的有力的肯定。

含磷层远不能如含煤岩系那样出现三四百层煤说明，与在炎热和高浓度 CO_2 条件下使成煤植物疯长、不间断形成煤层相比较（形成生帽），形成生物尸骸变质带（最终形成死帽），构成一层磷块岩要困难得多，很可能说明的是单靠一次生物尸骸变质带沉积大多不能直接形成磷矿层。

概括说，就是形成工业磷矿层必须大冰期的沉积旋回作用。

增富的另一途径是磷质对生物有机质的交代作用。不论对小壳化石还是对叠层石等软体生物，磷质都有这种选择性交代作用。这一点，前人已经提供了充分证据。按照古生物学家的意见，化石形成方式中的“完全矿化作用”“置换作用”，是把有机质转变为矿物质的过程。像二氧化硅、磷酸盐以及黄铁矿等物质都可以渗透进骨骼内，保存骨骼精细的构造[31]5。

至于“有些磷块岩矿层的层段就是直接由磷质的小壳化石组成的”事实，应理解为偶然巧合。此素材的关键在“有些”二字。其可能的原因是生物尸骸变质物漂向浅海，与开始出现的、最原始的介壳的壳体凑在一起，尸骸变质物是外来物，壳体是有位移但不一定是位移太远之物。它们的共同点在浅海相。它们都在浅海中辗转而已，不存在“共生”的必然性。与小壳化石共聚的磷矿层，小壳化石本身磷质高，应理解为磷质更容易交代有机质，这与藻体磷质高、藻体间磷质低的现象机理相同，也符合上述古生物学家的研究结论。

（五）含磷岩系有限的旋回次数与大冰期中有限的冰期—间冰期相对应

“梅树村阶与筇竹寺阶地层中共包括 4 个由海水震荡运动造成的沉积旋回”、东山峰有“5 个小的沉积旋回”等有限数量的沉积旋回与有限数量的冰期—间冰期相对应，这些地质事实表明磷块岩地质特征所表达的“事件性沉积”之事件应是大冰期。应当说，本篇所录《中国磷块岩》的 15 项论据与论点，都直接或间接指向含磷岩系形成于大冰期，“含磷建造总是产在古气候冷热转变的时期”[6]167 简直就是“事件”即大冰期的暗示。

因此，不可想象在磷块岩矿床中发现很多个沉积旋回，有很多个磷矿层。它们的旋回数是有限的。这一点与含煤岩系的旋回结构有差别，煤层可多达数百层——在间冰期高浓度CO_2环境下，每一次小幅度的海水进退，都可以造成疯长成煤植物被淹没掩埋成煤。换一种说法，是划分冰期—间冰期，含磷岩系的旋回数比较适合，而含煤岩系的旋回数不足为据，它常常只需要小的火山喷发活动期—休眠期就形成了煤层。

三、成磷期亦即成煤期

成煤期即大冰期，成磷期亦即成煤期。含磷岩系与含煤系都是大冰期的产物。

（一）自植物登陆后，成煤期与成磷期相吻合

“地质历史上存在着3个大的聚煤期（中、晚石炭世及二叠纪，侏罗纪，晚白垩世—第三纪）和3个小的聚煤期（早石炭世、三叠纪及早白垩世）。聚煤作用随着地史演化有愈来愈强的趋势”[32]17，“具有较大工业价值的矿床集中在4个主要成磷期，即元古代晚期至早、中寒武世，二叠纪、晚白垩—早第三纪和中新世”。成磷期与成煤期虽不完全一致（按：这里有生物圈成煤植物发育晚，而泛指的成磷生物至少远在23亿年前已经存在的差别。元古代晚期应当指震旦纪，早、中寒武世植物尚未登陆，可不参与比较。另外是本文收集到两者的资料，时间段划分有粗细之别，前者过细，不利于做宏观比较；后者是情报机构的资料，可信度显然不及大宗能源矿产煤者。这很无奈，笔者无法收集到“世界磷块岩”之类的资料）。较易研究的较新地质时代，聚煤期（晚白垩世—第三纪）与成磷期（晚白垩—早第三纪和中新世）只能称“完全相同”。

（二）含磷岩系与含煤岩系一样有性状类似的沉积旋回结构

含磷岩系的沉积旋回结构是独特的，被称为地台型沉积建造，它与地槽型复理石沉积建造迥异前已述及。“地台型”“沉积建造”的说法不过是描述性的，并未涉及成因，换言之是并未认识该事物。笔者明确指出这种独特的沉积旋回结构，是大冰期中冰期—间冰期海水进退频繁（根本原因是规模不等的洋壳型—陆壳型火山旋回的活动期—休眠期交替）在沉积过程中的表现。换言之，只有大冰期能够形成含磷岩系—含煤岩系这样的沉积旋回结构。煤田地质学有“煤系旋回结构”术语，称“旋回结构是煤系的重要特征之一”，有“粒度旋回”“岩相旋回”；含磷岩系特征则“是一个独立的沉积单元（沉积旋回）或若干具有相似岩类和岩序的沉积单元组合”[6]293。

含煤岩系中有“煤层冲刷”（指“同生冲刷”或“层内冲刷”），结果造成无煤带；含磷岩系中的“每次震荡运动都在海侵岩系中造成假整合缺失面或层控假整合，所有这些沉积间断都是磷块岩形成最有利的时期”[6]291。二者使用的名词不相同，说的却是一回事。含煤岩系被剥蚀后煤层不能存留，变成了无煤带，那属煤层被氧化殆尽。成煤作用虽同样处于高浓度CO_2还原环境，但树木疯长的结果营造的是氧化环境，树木要靠海侵沉积掩盖造成还原环境；含磷岩系则需要“磷层冲刷”，那是先成的含磷层在还原环境中得以完好保存，掺杂进入后来的生物尸骸变质带，共同形成增厚、增富的磷矿层，始终是还原环境。“我国工业磷矿层矿石颗粒磷块岩分布最广，常常成为工业矿床

的主体矿石”，“颗粒结构（包括内碎屑—砾屑、砂屑、粉砂屑，球粒、鲕粒、豆粒和生物屑）”[6]74：创造了磷块岩研究之“内碎屑”一词，且“具有内碎屑”结构成了“含磷岩系中的特殊标志”。

含煤岩系地层有“海进层序”“海退层序”专业术语，与含磷岩系地层层序上的说法无二致：含磷岩系“矿层本身的结构特点多半是下粗上细，底部并常有砾屑结构的矿石，这几乎是工业磷块岩的一个习性特点”[6]294，此为海进层序。前述“具有内碎屑”结构成了“含磷岩系中的特殊标志”，说的就是曾经历过海退后的海进层序。

（三）与含煤岩系中普遍存在火山灰层一样，含磷岩系中必有火山灰

含磷岩系“重要的伴生矿物属黏土矿物……是成岩阶段的自生矿物”，前人所据者何未言及。按“自生矿物是沉积成岩作用过程中新生的矿物，它包括同生、成岩及后生矿物”[15]159概念，其所指或是磷块岩中组分（或是沉积当地组分）在沉积成岩阶段组合形成的乃至变质作用以前形成的矿物。前人的困惑应当在属于陆缘带的生物怎样与深海淤泥共存。笔者认为这些黏土物质应当与含煤岩系中的黏土夹矸一样，是火山灰。

此项虽属推论，尚未有人陈述相关论据，但煤田地质学已经提供了含煤岩系中普遍存在火山灰并且全球都有分布的事实，同期形成的含磷岩系中不可能没有火山灰。科学之所以称科学，其特征之一就是具有预见性。

但这也不完全是推论，论据其实已经存在。

首先看黏土。作为“重要的伴生矿物”之首的黏土矿物，“它的产出有两种情况：一是作为磷块岩层的夹层或磷结核周围的组成矿物，二是混杂在磷块岩中组成黏土质磷块岩”。这就很有意思，这里的“夹层”与含煤岩系中的“夹矸”对应了起来。当然，黄土是火山灰在大气中沉积的，含磷岩系则在水体中沉积，不论水体是海水还是如笔者所称冰川融水，如果黏土中有火山灰，那么它与黄土必定存在某些差别。含煤岩系中的火山灰层当然有其特征，需要专家鉴定，但煤层中的“夹矸”是高岭石质黏土层这一点已经明确，要鉴别并不困难，并且含磷岩系中是有高岭石质黏土层的，前人只是说得不详细罢了。

对含磷岩系黏土矿物的研究，比不得对黄土中黏土矿物的研究，如“黄土中的黏土矿物以伊利石为主（占黏粒总量的50%），既有高岭石（占黏粒总量的15%~20%），又有蒙脱石（占黏粒总量的15%以下）”[33]227，有量的比较（文献［6］所称水云母即伊利石）；通常所说的黏土—黏土岩，指主要由直径< 0.003 9 mm（重结晶后< 0.01 mm）的黏土矿物（高岭石、蒙脱石、水云母等，但有高岭石黏土、蒙脱石黏土之分）所组成的土状沉积物，疏松的称黏土，固结的称泥岩、页岩。黏土矿物之外还含少量各种碎屑矿物（如石英、长石等）及非黏土矿物的自生矿物[15]183（“自生矿物说”没有论证，窃以为是错误的）。总之是由剥蚀区带入水动力条件极弱的水体中沉积的粒级最细的一类沉积物。这种黏土中的组分当然也可以在成岩阶段结晶，但同时有高岭石和蒙脱石并且又多为显晶质、微晶质，这就不像通常所说的剥蚀—沉积成因的黏土矿物了——蒙脱石在碱性介质中形成，高岭石则在酸性介质中形成。它们同时形成可以用火山灰喷发时形成高岭石、沉积之后形成蒙脱石来解释（参见上卷[3]45）。此为第二个论据。

最重要的论据是“几乎所有类型的磷块岩中均有含量不大但又大体相似的重矿物组

合”[6]68“……多见于磷矿层的底部及其以下砂岩、粉砂岩中”[6]11和“各岩矿石的轻、重矿物相去甚远组成非常相似，反映其物源一致性的特点”[6]53两项。第一项“含量不大但又大体相似”说明的是“特定组成的物质”，“多见于磷矿层的底部及其以下砂岩、粉砂岩中”，说明“大多是”先有这些“特定组成物质”后有磷块岩，这可以解释为“先有火山灰，后有生物尸骸变质带（或先有火山爆发灾变，后有生物死亡）”。如果说以上几个论据都还缺乏说服力，那么仅第二项即可定性为火山灰。“相去甚远”是什么意思？可否理解为不是一个地区、一个区域的地质体中都具备的矿物组分？“物源一致性”是什么意思？可以不可以理解为中国（按：原著为《中国磷块岩》。其实中国是全球大陆的相当不小的一部分）的磷块岩都来自一个处所？“物源一致性”的说法比黄土来自中国西北部沙漠戈壁抽象得多，当然可以说是高明得多。一面说黄土空间分布有全球性，一面却只对中国黄土的来源做解释，这就是黄土风成说的致命缺陷之一。

含磷岩系中重矿物的产状“相去甚远组成非常相似”，能反映“物源一致性的特点”，很容易促使联想起“黄土含有各大类岩石的碎屑矿物”[33]210。《中国磷块岩》没有这样说。这很有道理。因为黄土有60多种矿物和40种（类）以上重矿物，被称为“石质黄土”[33]3，比较起来，含磷岩系中的黏土夹层、粉—细砂岩矿物组成中少了一块——主要是不稳定矿物。

含磷岩系缺少黄土中的不稳定矿物（普通角闪石、黑云母、普通辉石、紫苏辉石、顽火辉石、锂辉石、钠闪石、蓝闪石、直闪石、玄武闪石等），却存留不少“较稳定矿物”：绿帘石[6]59、石榴石[6]11、白云母[6]53、黝帘石[6]11、透闪石、阳起石、透辉石、斜黝帘石、褐帘石、绿泥石[4]23、硅灰石、夕线石、重晶石、磷灰石；“稳定矿物”：“不透明矿物”（包括磁铁矿、褐铁矿[6]225、赤铁矿[6]225、白钛矿[4]23等）、榍石[6]11、蓝晶石；“极稳定矿物”：锆石[6]53、电气石[6]11、尖晶石、金红石[6]11、锐钛矿[6]14、红柱石、黄玉、板钛矿、独居石[6]11、十字石[33]210等（上述重矿物排列完全依循原著之表24[33]210，角标表示在文献[6]中出现的页码，不能存留的矿物用小号楷体字。原著将碳氟磷灰石统称磷灰石[6]59）。“碳酸盐物质是使黄土具有独特的组织结构的重要组成物（$CaCO_3$含量通常达10%~15%或更高）”[33]4与磷块岩及钙氟磷灰石中Ca和CO_2高相关联。如果重视笔者归纳的黄土的4个组成特征[3]33，将在大气圈沉积的火山灰与在还原环境下淡水中沉积的火山灰相比较，还可以研究出其他有趣的矿物学的东西来，例如，在磷块岩沉积环境下，被列为不稳定的一类矿物，以及被列为“较稳定的”的某些矿物（透闪石、阳起石、透辉石、斜黝帘石、褐帘石、硅灰石、夕线石、重晶石）、“稳定的”的某些矿物（蓝晶石）、“极稳定的”某些矿物（尖晶石、红柱石、黄玉、板钛矿、十字石）为什么不能存留。这对成因矿物学研究极为重要，只要认识地质现象的功力足够，大自然其实是可以成为地学界进行实验测试的实验室的。比较黄土、冰碛层中泥、煤系地质层中夹矸、含磷岩系中黏土中的这些重矿物，就可以相当深入地查明它们的多种物理化学性质。

含磷岩系中必有火山灰这个极为有趣也极为重要的课题，它将与含煤岩系中发现火山灰层一样属矿床地质学，当然也是地质学的重大进展，而如合金中发现5次对称轴之类被称为“80年代地球科学的若干新进展”[34]719，是不能算地质学的进展的。合金全属人为，而地质学研究的对象是大自然。须知火山灰层“可用于整个煤田或甚至煤田之间的地层对比”；“最近在世界上的许多煤田中，提出以黏土岩夹矸为新的岩石标准层”[35]1。因为“众所周知陆相煤田相变剧烈并缺乏标志层。所以黏土岩夹矸在一定的范围内对煤层的鉴定和对比具有极为重要的意义。大多数情况下，它们是唯一可靠的地层标志层”[35]1。

可能要为含磷岩系中的黏土矿物另创名为“外来矿物”，属“它生矿物”的特殊种。这些矿物是真正“天上掉下来的”。

四、磷块岩（含磷岩系）与含煤岩系不共生定律

地质时代大冰期发生的次数有不同的版本，有认为先震旦纪即有大冰期的，见之于公众读物者至少是《地质辞典》称“地质历史中曾发生过多次大冰期，公认的有震旦纪大冰期、上古生代大冰期及第四纪三大冰期，有人还提出中晚前寒武纪、奥陶—志留纪及上新世也有冰期”[36]119，在靠冰川沉积遗迹单一证据又不敢轻易认定为冰碛物的局面下，不可能得窥其全貌（有大冰期成因论指导，笔者靠有限的资料，即认定广东—海南第三纪褐煤—油页岩之下的砾岩、钦县玉林地层小区上第三系褐煤—油页岩之下的砾岩、兴宁梅县地层小区三叠系上统小坪组底部砾岩、涟源邵阳地层小区下侏罗—上三叠统中部煤系之下的砾岩、龙南新丰地层小区下部煤层底部泥砾岩、紫金惠州地层小区侏罗系蓝塘群下部劣质煤底部砾岩等 6 处存在冰碛砾岩[3]25）。

同为冰碛层之“帽”，含磷岩系与含煤岩系却必定不共生。最基本的道理是形成含煤岩系的成煤植物一旦繁衍，其光合作用释放出的氧将改变由高浓度 CO_2 笼罩的局面，出现氧化环境，而形成磷块岩必须还原环境。一旦成煤植物繁衍、氧浓度增加，就破坏了含磷岩系所必需的还原环境，即使有生物尸骸变质带，也被氧化殆尽。含磷岩系可有煤层，但一旦出现煤层，之上就不再有含磷层。如浙西型含磷岩系剖面石煤段之上不再有含磷层。

从世界磷矿空间的分布上看，最重要的成煤区都不是最重要的成磷区；二叠纪可以认为是重要的成煤期，但二叠纪却不是重要的成磷期。晚白垩世—始新世成磷期不是最重要的成煤期。

反过来，“煤中磷”的含量一般多在煤的“矿物质”部分中，含量极微，通常只有千分之几到万分之几[30]137，如一般炼焦用煤的工业要求是磷含量$<0.02\%$。

笔者谑称碳帽为“帽面子”、磷帽为“帽里子”，主要指碳帽尤其是煤系地层必定形成于氧化环境，磷帽则必定为还原环境，必须屏蔽氧化环境。煤层一旦出现在含磷岩系中，之上就再也不可能形成磷块岩了。

以上即磷帽说。

磷帽说还可以作出推论：“含磷岩系和煤系地层都可以小有膏盐层。含磷岩系和煤系地层中膏盐层的产出部位，一般说来，不是底部就是上部。底部可以出现因为海退留下的海水水盆干涸，上部海水海侵可以由短暂海退干涸，这两者的结果都可以产生膏盐层。唯独中部淡水相不可有膏盐层沉积。”这个推论完全出于思辨演绎，未能列述相关剖面、展示事实，因为真正的科学是有预见性的。该推论正确与否，提请检验。

第七节　所有工业磷矿床都由灾变性地质事件造成

局部是全部的一部分，没有点就没有面，从这个意义上说，此项因此也可纳入磷帽说之组成部分。笔者将其独立出来，继承前人磷块岩是“事件性沉积”的论点并将其扩充延展。

全球工业磷矿的形成都对应于地球的重大地质事件。成磷期和“世界 80% 的磷矿储量产在海相沉积岩中”是磷成矿的两大最重要的本质属性。成磷期是全球规模的或是大区域性质的，出现成磷期必须从全球规模的地质事件寻求因果关系。

全球规模的地质事件只有火山爆发旋回、大冰期、地壳运动 3 大类。工业磷矿床的形成都可以与这 3 大类地质事件相对应。

先震旦纪的大规模地质事件主要是火山爆发旋回。所谓旋回，不是今天均变期看到的孤立火山爆发，而是群发性火山爆发，其遗迹是“绿岩带磷矿床”。绿岩也不是成块而是成带。其中的证据已在批判《中国矿床》[4] 中陈述，即其表 1–37 所列“与火山岩的关系”[4]57 栏，称“太古宙在时间与空间上与镁铁质火山岩有密切关系”，古元古代早期磷矿“与水下火山沉积作用有一定的关系”，古元古代晚期磷矿“与同期火山活动没有直接关系，古元古代末期磷矿则与火山活动没有关系”[4]58，并陈述事实澄清证据错误[4]158, 160。核心证据是地层层位控制着磷矿床的地质分布，道理是群发的海底火山喷发造成了生物的大规模死亡，成岩作用和变质作用使之以磷灰石形式出现，也以磷灰石形式使磷质富化。

磷矿的形成也可源自地壳运动造成的生物死亡，构成磷矿化、矿点或小型矿床。

不仅地壳运动与火山成因的磷矿床造成生物大规模死亡，而且磷的沉积反映还原环境，只是这种还原环境是局部、短暂出现的，不能形成大中型矿床。尤其重要的是，这两种磷矿床必定没有磷块岩矿床所特有的沉积旋回结构（先震旦纪与火山爆发有关的磷矿床也必定没有沉积旋回结构）。

不排除磷质有其他的聚集原因。表 3–2 中几乎所有层位都有磷，它说明造成小规模生物死亡或者是造成小规模磷质聚集的地质因素很多，一个水体干涸了、水生生物死亡又适逢还原环境（如被稍后的泥质层覆盖之类），或者某种地质作用使磷质得以聚集（如某些洞穴磷矿）。但是，要成为可供工业利用的特别是大中型磷矿床，没有全球规模的、至少是区域规模的地质事件是不可能的。还必须注意“磷矿化”“矿点”这样的用词是没有标准的，地质勘探报告上的和《中国磷块岩》上的这类词，应当有重要区别，但是这种应当有的区别未见得被重视。窃以为表 3–2 几乎所有地层层位都有磷的概念缺乏足够的宏观视角。当震旦—寒武纪磷矿已经占我国磷块岩总储量的 95%，石炭纪、二叠纪又是比较重要的含磷层位，中国还多出一个泥盆纪什邡型磷矿，在这种局面下，表 3–2 显示的“几乎所有地层层位都有磷”的这个说法欠对应性。这种“磷”既没有足够高的品位，也没有足够大的规模，尤其是其磷矿物不可能像磷块岩那样为“钙氟磷灰石”，含量高且 CO_2 含量有较大的波动范围，会有如同磷块岩矿床矿石那样含有特定组合的重矿物组合（也就是没有火山灰）。

第八节　关于磷矿随地质时期增减问题

在“含磷岩系是否随地质时代变新增加的问题上，前人看法对立”[6]284。如果真正认识了磷块岩及磷矿的成因，就应当能够回答这个问题。

“聚煤作用随着地史演化有愈来愈强的趋势”[30]17，好理解、能解释，这是因为随地质时代迁移，生物圈、当然包括植物越来越繁茂，又并不受其他特定因素限制，在大冰期的相同沉积环境条件下，聚煤作用当然愈来愈强。含磷岩系则不同，它必须为还原环境。而大气圈在震旦纪之后区区 6 亿年就由缺乏游离氧变成氧含量达到大气体积的 20.95%，这样的氧含量增长大环境，极大地妨碍了含磷岩系的形成。因此，结论应当是含磷岩系随地质时代的迁移而减少。第四纪含煤岩系以泥炭的形式发育，而第四纪沉积磷矿床却鲜有报道，应当反映了它们之间为相反的兴衰关系。

晚古生代大冰期与震旦纪大冰期哪个大一些、哪个小一些这样的问题是难以回答的，不能以晚古生代成就了地质历史时期最重要的煤炭资源认为后者规模更大，因为震旦纪陆地上还没有植物，更不要说成煤植物。但是后者只在美国西北部的二叠系里赋存有含磷岩系（分布在西部的蒙大拿、爱达荷、犹他及怀俄明州，而美国没有二叠纪煤系，美国晚古生代只有上石炭统含煤[30]，分布在含磷区略偏东的蒙大拿、怀俄明、南达科他、北达科他州），晚古生代大冰期在其他地方都不能保存含磷岩系，它一方面令人称奇，另一方面只能设想是因为成煤植物太繁茂、大气圈氧浓度增加太快，导致还原环境在总体上被限制的结果。晚古生代唯独美国有二叠纪含磷岩系；中国的二叠系既有磷又有煤，但磷远不及煤重要。

问题在于怎样解释“晚白垩世—始新世成磷带是世界已知最大的成磷区……占世界沉积磷矿总储量的 62.3%”。可以设想还原环境由高浓度的 CO_2 笼罩获得，大概只有一种可能，就是处于负地形环境下大气底层被 CO_2 笼罩。但是在很长的地质时期始终被 CO_2 笼罩，这样的条件也难以想象。窃以为只能考虑特殊对待，即该时期生物尸骸变质带恰获还原环境得以保存，如在被 CO_2 笼罩时刻恰被火山灰掩埋。而要真正予以查明，必须具体调查研究该成矿带。

当然，这个问题涉及的问题比较多：晚白垩世—始新世大冰期的证据、其冰盖发育的地域等涉及大冰期的诸多问题、这个带当时所处的纬度带、这个带含磷岩系有何特征（例如是否粗碎屑比较多，反映邻近地带地势高）等都需要调查。而笔者只获知中新世—上新世一个磷矿，并且是产出于灰岩溶洞和裂隙中的磷矿的资料——斐济图伍卡磷矿岩石学[10]382，无法进一步讨论。为什么国际上讨论古老的磷矿的论文那样多，讨论地质时代相当新的磷矿如此少呢？比起古老的磷矿床来，地质时代较新的磷矿床受到后期影响较少，不是更容易研究吗？大概是这些地区的地质调查、矿产勘查程度低，发达国家磷矿专家们又没有把握能研究出个子丑寅卯来，缺乏热忱吧。

第九节　关于进一步找矿问题

矿床地质学的根本目的是进一步找矿。哲学上叫认识世界是为了改造世界。不能指导实践的理论是空洞的理论。以总结规律为目的的中国矿床为地质队指明了怎样的找矿方向呢？

以下是过去总结的“中国陡山沱期磷块岩的成矿模式图”（图 3–11）。地质队员们，你们去找浅海台地吧。要注意不是现代的，而是远古震旦纪的浅海台地。

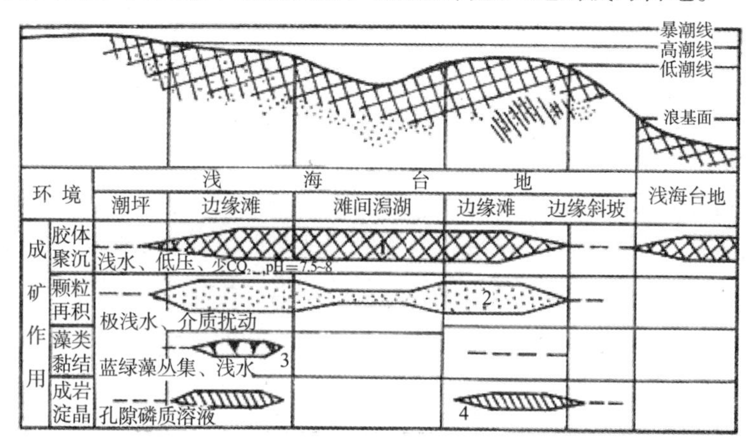

1—凝胶结构磷块岩；2—颗粒结构磷块岩；3—叠层石磷块岩；4—孔隙磷质淀晶胶结物

图 3–11　中国陡山沱期磷块岩的成矿模式图[4] 51

根据这种东西很难找矿，更不用说找到矿。只有查明矿床成因才有可能指出找矿方向。以下是掌握有限资料后，笔者提供的有关进一步找矿的某些见解。

一、磷矿层厚度与找矿

靠生物尸骸变质带达到工业磷矿层所要求的厚度 0.7~2 m 或者更厚，窃以为是困难的。但事实是有相当厚的磷块岩矿层，如开阳磷矿的磷矿层地表平均厚 7.68 m，当然这还远不是磷块岩矿床最厚的磷矿层。7 m 多厚的磷矿层需要多少米厚的生物尸骸变质带呢？窃以为简直是不可能的。笔者认为这些磷块岩矿层的厚大是构造作用的结果，即通过构造作用挤压加厚造成的。或者缓和些说，构造的挤压加厚作用在磷块岩矿层的厚度上起了相当重要的作用。这样判断的依据虽不算充分但并非毫无根据，作为大宗矿产的煤矿就发现了“煤层变形”——“地壳构造变动引起的煤层形态和厚度的变化”，认识到“煤层和围岩相比相对较软，受到构造应力作用最容易产生塑性流动，引起煤层变形，使煤层加厚、变薄，甚至尖灭……褶皱能使煤层加厚或变薄”；“底辟构造”“系地下较深处的密度较小的高塑性岩石（如岩盐、石膏、黏土等）在差异重力作用下向上拱起，刺穿上覆岩层而形成的一种构造”则更是构造应力场中软弱岩层形变的极端例证。

在笔者相当有限的资料收集中，已经看到了开阳磷矿、瓮福磷矿赋存于背斜构造中，并且后者是在紧邻断裂构造的背斜构造中。

“开阳磷矿床是中国三大磷矿基地之一。矿体产出于洋水背斜东西两翼陡山沱组中，平均含 P_2O_5 34.23%。东翼长 13 km，地表平均厚 7.68 m（含 P_2O_5 36.27%），深部 5.51 m，（32.67%），延深 400~600 m，含磷 32.67%。西翼长 14.4 km，矿层地表厚 6.80 m，深部 4.56 m。北面毗邻温泉矿区，矿体长 1.8 km，厚 7.06 m，品位 36.57%”[6]225。

按地质力学视角，从以上简略描述的事实结合地质图可以看到 3 个现象。其一是洋水背斜东翼有与背斜轴平行的断裂，背斜和断裂都是压性构造，它们受到过东西方向的挤压构造应力。其二是洋水背斜东西两翼层厚度不同，东翼磷矿层厚度明显大于西翼。换言之，是遭受挤压相对更为强烈的东翼厚度增加更大。有趣的是，东翼磷矿层的品位也高于西翼。其三是磷矿层有相当有限的“延深”长度，并非沿其沉积相带连续分布。不论磷矿层向深部是变薄还是尖灭，以上 3 条都表明磷矿层的厚度并不代表沉积的厚度。不论磷矿层是变薄还是尖灭，如果东部再次隆起出现背斜或其他形式的挤压加厚，就是值得注意的找矿远景地段。

如果再细研究开阳磷矿的图 3–10 磷块岩微相略图，可以看出，近东西向是生物尸骸变质带的长度方向，近南北向是陆缘带海水深浅变化的方向。有什么理由能说清楚，磷块岩层在南北方向上保持 20 km 相当稳定的延续，沿沉积相横向东西方向却 600 m 就无法延续下去了呢？依理而论，随陆缘带海水的变浅，亦即随着靠近陆地，生物尸骸变质带密度将更大，聚集的厚度也应当更大。向北如至温泉，朝向外海且含碳酸盐岩沉积海水更深，生物尸骸变质带应当相对密度小、厚度小，而现在是温泉矿床磷矿层的平均厚度仍然为 7.06 m，品位为 36.57%。

假定磷矿层向北厚度减小，向南如在“砂质岩—粗砂屑磷块岩微相”增厚，则可理解、好解释。现在情况正相反，就有必要怀疑现有厚度是沉积厚度了。

瓮福磷矿矿区的两个背斜是否是区域性断裂反钟向扭动、共同组成的入字型构造，没有详细资料无法定论，但凭其地质图即可看出端倪：其一是都是背斜，磷矿层都出现在背斜核部；其二是图示磷矿层总是靠近断裂的部位增厚；其三是即使在矿区内，磷矿层可以很厚，也可以尖灭。这三点至少说明磷矿层的厚度不是沉积厚度，磷矿层的厚度在受挤压强烈的地段显著增厚。

沉积岩的厚度从来就不代表沉积厚度。长期经历各种构造运动，比结晶岩石软弱得多的沉积岩尤其是泥质相居多的含磷岩系，居然能维持本来面目是不可想象的。但大多未涉及矿产，无非是因如复理石建造可厚达上万米，设想陆壳曾经有过 12 km 的沉降之类，即便算多了一倍，6 km 的沉降也不会改变陆壳曾经大幅度沉降的定性。矿产就不同了，厚度远小于 2 m，在人能自如行动的有限范围内，采掘出来的废石远远超过矿石，矿石又不是金银、钻石之类稀罕昂贵之物，这矿产就无法开采了。认真研究磷块岩的厚度是沉积厚度还是构造改造厚度，就值得细究了。

有了上述分析，就有理由认为，找磷块岩矿床不仅要找成磷期地层，还必须找背斜构造（或其他有利于挤压加厚的构造，如一定条件下的向斜构造——四川汉源水桶沟矿段[4]23，但该矿段涉及范围太小，矿区构造并不清楚）。出露地表的背斜磷矿床勘查了，埋藏在浅部一二千米的含磷层背斜构造还是有可能寻找到的。

这是涉及进一步找矿必须认识的基本问题之一。

二、寻找含磷岩系超覆地带或下部地层缺失地带

寻找沉积磷矿床的找矿前提是成磷期的沉积岩系。如果说寻找构造加厚部位是战术，寻找含磷岩系超覆地带或底部层位部分缺失地带就是战略。含磷岩系产出于“海侵岩系的底部与密集于前缘带”指导找矿实践的意义重大。应当对荆襄型、瓮安、汉源及开阳磷矿都有超覆现象（或下部层位缺失）的事实有所分析并获得理解。而如果按 11 个“含磷岩系和磷块岩相”去找矿，那么只能是茫然不知所措。

（一）开阳型—瓮安型（按：原著“黔中型含磷岩系”[6]10 未予定义，所述的全属开阳磷矿，并未涉及瓮安磷矿）

地质构造部位相当的开阳磷矿与瓮安磷矿都是自北向南海侵。开阳磷矿含磷岩系的第一段“向北渐厚，南部可缺失”表现的是海侵向南超覆、含磷岩系底部地层缺失。含磷岩系底部地层缺失的超覆，反映的是生物尸骸变质带在偏北地带已经沉积时，偏南地带海水尚未覆盖当时的陆地，它们共同反映的是典型的陆缘带，亦即含磷岩系的沉积带；开阳磷矿磷块岩微相略图图 3–10 清楚地表明，一个微相带的宽度，少则三四千米，多可达七八千米，可见开阳磷矿所处滨浅海的古地理环境属地势平坦之处。原著[6]用北部矿段、南部矿段两个矿层剖面来表示，称“整个矿层在粒度上一般都是下粗上细，构成一个正的韵律结构，其间还可包括多个次级小韵律，这些小的韵律有些表现为正韵律，但有些可表现为反韵律，即下细上粗。由于次级小韵律的发育，使得粒度在剖面上变得更为复杂”[6]227。而其实并不复杂，因为现有的研究程度还不足以（也不需要）从细枝末节寻觅规律，懂得含磷岩系属海侵层序，其中包括若干个海水进退小韵律即可。一幅“开阳磷矿床的磷块岩微相图”胜过千言万语。

瓮安磷矿含磷岩系陡山沱组产在南沱组冰碛层或者板溪群清水江组之上，已经说明出现了超覆。“陡山沱组的厚度、岩性在区域分布上变化很大”，说明的是瓮安地区古地势变化大。湄潭、余庆、黄平一带浅海水深些，适宜白云岩、硅质岩沉积，沉积厚度也大些。矿区内部水深变浅且海底高低不平，是生物尸骸变质带及相关联物质（如白云岩、硅质岩）的适宜沉积带，厚度就小些。但是总体上说较开阳地区水体深度大些。

这两个磷矿床都处于向南海侵的陆缘带。由于古地理环境的差别，不妨称开阳磷矿之沉积相为 P、C、Si 相，瓮安磷矿之沉积相为 P、C、Ca–Mg 相，它们相比较而存在。无须搞出各种型、相和微相。

生物尸骸变质带当然不会铺满所有的陆缘带。在某些地方有了生物尸骸变质带，就预示着另一些地方没有生物尸骸变质带。但是，一旦出现超覆，也就是海面的表层水有了更快流速漫向陆地，就是生物尸骸变质带得以聚集的最佳条件。

（二）荆襄型

磷矿也有类似的条件（所谓“荆襄型含磷岩系”，系指“分布在湖北北西部的磷矿床”，包括“荆襄地区、宜昌以北的黄陵地区、保康地区以及神农架等广大区域内的各个矿床”，荆襄磷矿以其“研究程度较好”“加以讨论”[6]19。原著[6]给予的是地理概念）。作为鄂西地区的主要磷矿之一的荆襄磷矿，“陡山沱组直接覆于杨坡群之上，缺失陡山沱组以前的所有震旦纪地层。在鄂西地区，凡是由前震旦纪变质岩构成的古隆起地带（如保康、宜昌等地），一般都有陡山沱期磷块岩生成”。

陡山沱组直接覆于杨坡群之上，表明荆襄地区震旦系的莲坨群、南沱组冰碛层都未曾沉积，到了陡山沱期，或者就是震旦纪大冰期前一个冰期海退的影响，该海退引发的冰川性地壳均衡代偿造成了该隆起区的沉陷（海水蒸发—洋壳抬升引发陆壳下沉，参见上卷大冰期成因论，其沉陷幅度正适合碳酸盐岩的沉积）。白云岩沉积时接纳了杨坡群的片麻岩、片岩角砾，成了含砾白云岩中砾。如果这样分析不错，那么尽管其陡山沱组9个岩性段厚100~250 m，但是它没有粗碎屑沉积，只有3个沉积旋回，未见得整个陡山沱期都有沉积。假定陡山沱期含磷岩系有5个沉积旋回，则荆襄型只有后3个沉积旋回（图3-12）。

从荆襄型磷块岩层之第一层矿“底部或下部主要是泥晶磷块岩，中部是球粒磷块岩，上部是藻磷块岩……平面上藻磷块岩主要发育在胡集矿区，而泥晶磷块岩则主要发育在南部的朱堡埠和冷水矿区”[6]208及荆襄磷矿矿区矿层沿走向展布示意图（按：不是沿走向，是垂直走向，即含磷岩系宽度方向），可以认定海侵由冷水向朱堡埠矿区侵进。

不论是这样分析，还是单看地层层序，都无法证明荆襄地区的陡山沱组是陡山沱期全部的沉积物。这或是荆襄型磷矿床工业价值远不及黔中型磷矿床的原因之一。

一旦长期隆起的荆襄地区牵涉到冰川性地壳均衡代偿范围，之后的每一次冰期—间冰期就都有了沉积（并且是陆缘带的沉积。第三磷矿主矿层斜层理与层理夹角可达25°，当为三角洲相沉积），它就成了含磷岩系沉积地区，被称为“鄂西成磷区”[4]13。

从超覆角度说，这与开阳、瓮安两个

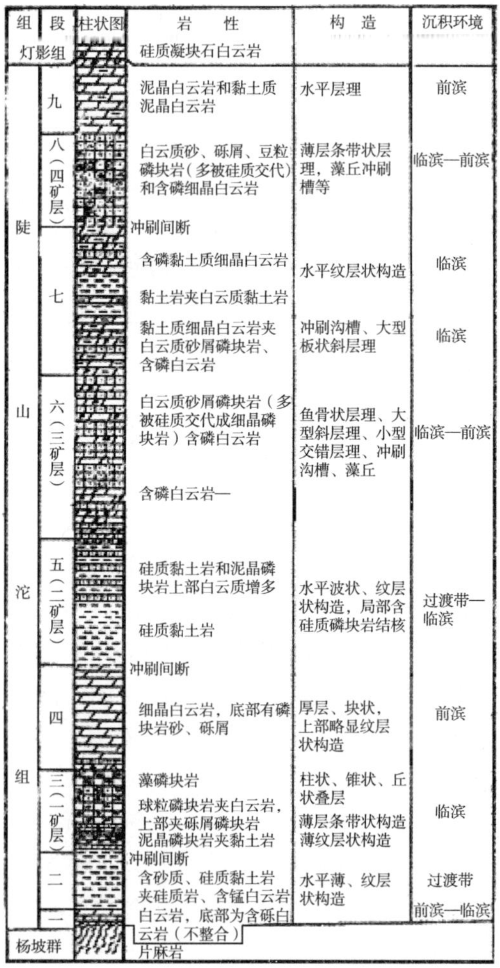

组	段	柱状图	岩性	构造	沉积环境
灯影组			硅质凝块石白云岩		
陡山沱组	九		泥晶白云岩和黏土质泥晶白云岩	水平层理	前滨
	八（四矿层）		白云质砂、砾屑、豆粒磷块岩（多被硅质交代）和含磷细晶白云岩	薄层条带状层理，藻丘冲刷槽等	临滨—前滨
			冲刷间断		
	七		含磷黏土质细晶白云岩 黏土岩夹白云质黏土岩	水平纹层状构造	临滨
			黏土质细晶白云岩夹白云质砂屑磷块岩、含磷白云岩	冲刷沟槽、大型板状斜层理	临滨
	六（三矿层）		白云质砂屑磷块岩（多被硅质交代成细晶磷块岩）含磷白云岩 含磷白云岩—	鱼骨状层理、大型斜层理、小型交错层理、冲刷沟槽、藻丘	临滨—前滨
	五（二矿层）		硅质黏土岩和泥晶磷块岩上部白云质增多 硅质黏土岩	水平波状、纹层状构造，局部含硅质磷块岩结核	过渡带—临滨
			冲刷间断		
	四		细晶白云岩，底部有磷块岩砂、砾屑	厚层、块状，上部略显纹层状构造	前滨
	三（一矿层）		藻磷块岩 球粒磷块岩夹白云岩，上部夹砾屑磷块岩 泥晶磷块岩夹黏土岩	柱状、锥状、丘状叠层 薄层条带状构造 薄纹层状构造	临滨
			冲刷间断		
	二		含砂质、硅质黏土岩夹硅质岩、含锰白云岩	水平薄、纹层状构造	过渡带
	一		白云岩，底部为含砾白云岩（不整合）		前滨—临滨
杨坡群			片麻岩		

图3-12 荆襄地区陡山沱组柱状和沉积环境略图

磷矿床简直一模一样，在扬子准地台南缘的黔中型磷矿床向南超覆，在扬子准地台北缘的荆襄型磷矿床向北超覆，似乎现在的边界就是远古扬子准地台的边界。

（三）汉源型

汉源甘洛地区的磷矿可称第 4 个矿床实例。该矿床磷矿层赋存层位稳定，共有 3 层矿，自南而北超覆，南部以下、中层矿为主，直接覆于侵蚀面上；往北至汉源，下矿层变薄或尖灭，并以中、上矿层为主；再往北至荥经则只有上矿层，而且厚度和质量均较差[6]47。上述简单描述，亦可说明含磷岩系产出于超覆地带。含磷岩系以下邻近地层缺失或者是含磷岩系本身缺失，都是找矿远景地带。

上述 4 个矿床都说明含磷岩系之下有缺失或含磷岩系本身下部层位缺失就是找矿远景地域，不必受什么沉积相、矿床型之类束缚。

有鉴于此，就又重新回到区域地质调查工作部署上来了。必须要填制足够精确度的区域地质图，即必须修测再版 1∶20 万区域地质图，在如扬子准地台着重划分震旦系、寒武系，在平面上先找出那些地层缺失的可能部位来，地质队才可能有在理论指导下的磷矿床的找矿活动。只有持矿床成因不可知、地质学不科学论者，才认为提高区域地质研究程度没有意义，要借机废止《地质勘查暂行管理办法》，违背“禁止重复勘查”法理，搞新一轮、旧一轮矿产普查和新一代、旧一代区域地质调查——1∶25 万“国土资源大调查”新花样（按：指公益地质调查。非国家投资的市场性勘查允许重复勘查，因为这里涉及技术层面的因素。例如笔者否决了矿老板要用 2 亿元购买云南一个号称售价 200 元 / 吨矿石，有人来拉货、储量足有 2 000 万吨的铁矿区的采矿权，那可是即使只采出 1 000 万吨也值 20 亿元的好生意，原因是前人的“勘探报告”基本分析项目只有全铁一项，而不是必需的 5 项。这是矿老板舍不得花测试费用和外行勘查单位共同弄出来的无效矿产勘查成果。如果不看矿石可选性报告，就根本不知道矿石硫、磷、砷有害组分都超出工业要求并且没有有效办法降低。尽管该矿在“勘探”时曾上过千米钻机，但其勘探成果也是废品）。

第十节　红色的鞋——大冰期成因论之后缀、大冰期之先导

后缀者，乃大冰期成因论首次发表[37]之续也。事实上，碳帽说和磷帽说都属大冰期成因论之后缀，都在延续并成为大冰期成因论的佐证。最重要的是“红色的鞋”的地质学意义是大冰期之先导：造成大冰期的火山喷发旋回，由洋壳型火山喷发开始，并且持续了并不短暂的一段地质时期，之后才有大规模陆壳型火山爆发——大冰期的到来。这有助于预测大冰期。

在论证了南沱冰碛层的“碳帽”—“磷帽”之后，为什么南沱冰碛层之下总是有一套紫红色的砂岩莲坨群（曾称莲沱砂岩或南沱砂岩）或类似的沉积物的问题很自然地就被提了出来。其中的逻辑关系极为简单——事物的有机联系是唯物辩证法的一个主要特征。

如果震旦纪大冰期的冰碛层下伏不同性状的地层，那只能说明此冰碛在沉积前经历过不整合或较长地质时期的沉积间断。但事实是莲坨群与南沱冰碛层如影随形，只要南沱冰碛层之下不是沉积间断或不整合面，就没有例外。

莲坨群出现的必然性，迫使研究者追究其与上覆冰碛层之间的有机联系。提出问题有时比解决问题更重要。

“莲坨群分布于滇东、桂北、黔、湘、赣、川西、鄂、皖南及浙西等地，为陆相红色建造，由紫红色凝灰岩、凝灰质砂岩及紫红色砂岩与页岩互层组成，底部具微紫红色砾岩，下部砂岩中具交错层、波痕等，与下伏三斗坪群（崆岭群）为角度不整合关系。在川西、浙西、皖南、赣东北于下震旦统发现一套中酸性为主的火山岩系”[20]218。莲坨群曾称“南沱粗砂岩”[17]52，“莲坨群沉积不整合于时代为 8.5 亿年 ± 的花岗岩之上，含微古植物。标准剖面厚度 102 m。与上覆南沱冰碛层平行不整合接触”[17]53。

莲坨群一套碎屑岩最令人困惑的是红色—紫红色特征所体现的三价铁（与南沱组主要为灰绿色调一般是二价铁迥然不同）。不说前寒武纪缺乏游离氧成了“共识”，笔者已经论证了震旦纪大冰期前缺乏游离氧[3]。其中的道理也极为简单，即作为地壳第四大丰量元素的铁，前寒武纪沉积物中只有磁铁矿而没有三价铁矿物；铝土矿同样是只出现于显生宙。一旦大气圈有了游离氧，滨浅海相的沉积铁矿就必定是赤铁矿等三价铁矿物(第三大元素铝亦如此[3])。据此还可以毫不含糊地认定宣龙式铁矿所在的层位在所谓的南方震旦系之上。因为沉积物厚大而将其所在层位置于南方震旦系之下的现行论点必须抛弃，其论证太脆弱——地壳运动有先活动性变大、后活动性变小之规律。证据是先出现的地槽比后出现的地台活动性大，持这种观点者还要找“现代地槽”，违背任何过程都是不可逆的哲学思维。笔者已经论证地壳运动的规律是由一种形式的运动转变为另一种形式的运动[38]。这两个论点的论证都很有力，无法反驳。现在要论证的问题是在缺乏游离氧的地质时期何来氧化环境。

这就要借助化学这一基础科学了。

鉴于地质学与其他学科联系不够紧密，有必要温习普通化学关于氧化还原的基本概念。笔者在地质生涯 62 年里，在发现地质学与其他科学之间联系不够紧密后，才有了自己的思想并用上了“物质不灭定律”“能量守恒定律”“CO_2 溶于水为弱酸性”等最基本的物理学和化学，也才懂得海水 pH 值为 1~2 并不是最酸，为 3、为 4 也不是什么不可能的事。只有在 1961 年提交广东英德西牛硫铁矿初勘报告计算储量时曾用过开方，其余不过是四则运算。地质学亟待其他基础学科介入。

化合物的原子之间电子分布的不均匀性叫作氧化性。当某元素的一个电子转移到另一元素的原子时，表现出正氧化性；反过来，当另一元素的电子向某元素转移时，某元素表现出负氧化性[39]164。从某元素的一个原子转移出的电子数（正氧化性时），或向某元素转移来的电子数（负氧化性），叫作氧化值。化学反应中，给出电子，同时元素的氧化值提高，叫作氧化；结合电子，同时元素的氧化值降低叫作还原。“其结果使元素的氧化值发生变化的反应叫作氧化—还原反应”[39]165。

在单质中，元素的氧化值总是等于零。在化合物中，总是表现出相同的氧化值，但对大多数元素而言，在不同化合物中有不同的氧化性。例如 C 的氧化值可以是 +2（CO）、+4（CO_2）、−4（CH_4）、−3（C_2H_6）、−2（C_2H_5OH）。具有不变氧化值的有碱金属（+1）、碱土金属（+2），氟（−1）[39]164；“在形成化学键时，电子向负电性较大的原子转移”[39]165。

元素具有最高氧化值的化合物在氧化还原反应中只能作氧化剂，具有最低氧化值的化合物只能作还原剂。而如果元素的氧化值处于中间状态，那么它既可以得到电子使氧化值降低，也可以失去电子使氧化值升高。包含中间状态氧化值元素的化合物具有氧化还原的双重性，既能与氧化剂也能与还原剂进行反应。例如，氯气与水作用得到盐酸和次氯酸的混合物：

$$Cl_2+H_2O= HCl+ HClO$$

上述反应中氯既受到氧化，也受到还原，在变成 HCl 时获得了电子被还原，在变成 HClO 时失去了电子被氧化。

“最主要的还原剂有氢、碳和氧化碳（Ⅱ）”[39]168；金属在它的化合物中只表现出正氧化值，它们的最低氧化值等于零。所有游离金属只能表现出还原性。实用中采用铝、镁、钠、钾、锌和其他一些金属作为还原剂。当金属有几种氧化值时，其氧化值较低的化合物也常用作还原剂，如二价铁[39]168。

水蒸气的热分解过程中：

$$2H_2O=2H_2+O_2$$

氧被氧化（它的氧化值由 −2 升高到 0），而氢被还原（它的氧化值由 +1 降低到 0）”[39]169。

普通化学告诉封闭在独立王国中的地学界：不需要元素或化合物之间进行反应，所谓的“复杂物质”水，只要“受热”这样的相当普通的条件，就可以分子内氧化还原的形式，简单些说，水蒸气就可以分子内氧化还原的形式营造氧化环境。认识这种作用，不妨以自然界的铁造件总是靠近地面的部位锈蚀最强烈的原因为例说明，因为处于相同大气（氧化还原）环境下，靠近地面总是更潮湿，或兼有地面辐射热温度略高。

回到主题，震旦纪大气圈即使缺乏游离氧，只要大气圈底层有水蒸气，尤其是洋壳型火山爆发蒸发的、有相当高温度的水蒸气甚至是过热蒸汽，此时的沉积就处于氧化环境下，有地壳第四大丰度值并且有不同氧化值的铁，当然要以三价铁的形式出现，结果就表现出红色—紫红色特征。反过来，莲坨群的存在能够说明其时洋壳型火山不仅已经喷发，而且喷发持续了一段的地质时期，这就是莲坨群沉积所必需的时期。如果莲坨群如李四光先生所称“南沱粗砂岩”，所需时间并不长，如广东海岸带以粗砂为主的石英砂矿层可厚达近百米，不过是 1 万年来河流侵蚀地带的花岗岩被剥蚀沉积下来的，但要形成砂页岩互层的局面，就需要较长地质时期了。必须注意的是，有水圈（何况还必然有太阳能的介入）就有水蒸气，有水蒸气就可以形成氧化环境，这就可以解释先震旦纪沉积物何以可有红色建造。对于震旦系而言，由洋壳型火山爆发引发的水蒸气能够制造显著的“红色建造”（当然，陆壳型火山也已经小规模爆发，沉积层中有了各种火山岩，但尚未发现影响环境的显著遗迹）。

另一个问题是，如果基底富铁，那么澄江运动不整合面上完全可以不仅仅是红色建造，而是直接形成铁矿层，这种铁矿层不像宣龙式或宁乡式铁矿那样，铁质先溶解于酸性的冰川融水淡水中，待到演化变成偏碱性正常海水之前沉淀析出，很可能就产出于假整合或不整合面上。笔者 1976 年普查广东英德黎洞铁溪铁矿时，曾在燧石灰岩和泥砾岩（相当于灯影灰岩和冰碛层。但广东地层研究成果迄今尚未认识到存在南方型震旦系）之下的层位发现过较纯的赤铁—镜铁矿改造体转石，从转石特征看，似为顺层脉状体；求学时曾记得有“瀓江式铁矿”，现在查无出处（笔者认定，大冰期始发时必定造成海退，暴露在大气圈中的陆地当然会受到剥蚀，三价铁在洋壳型火山爆发的热水蒸气中所代表的氧化环境中成为极为稳定的组分保存下来是理所当然的。“瀓江式铁矿”所要求的只有基底富铁一个条件，在某些地区是有可能满足的）。铁溪铁矿为经过构造改造形成的磁铁矿，沿与横切缓倾斜的地层（相当于莲坨群砂岩）陡直断裂分布，地表及浅部（埋深约百米，显示出有由 2 个层位的“富铁沉积岩”改造形成的磁铁矿层）表现出 6 个磁异常，另外存在区域负磁异常背景下的约 +30 r 磁异常且钻探证实在 232 m 深部发现 0.3 m 磁铁矿（当年反对的意见认为 232 m 深部 0.3 m 的磁铁矿根本不可能在地面有所反应是物探主管的一种误解。磁铁矿只有 0.3 m 属一个钻孔管窥之见，以矿床地质学观念看，只能认为它反映的是深部有一个磁性层位）。即英德铁溪存在 3 个“富铁沉积岩”层。

“红色建造”的必然性问题解决了。第二个问题是为什么必然要有“莲坨群”，这个沉积环境是谁提供的，可否不出现莲坨群。

不出现莲坨群的情况是有可能存在的。但是，莲坨群自有其出现的必然性而成为一种普遍性，这就是之所以震旦系标准剖面底部有莲坨群的事实。这个必然性就是，当洋壳型火山爆发—海水蒸发—海面下降—洋壳上抬之时，必定引发冰川性地壳均衡代偿，陆壳必定下沉。在下沉的陆壳部分，当然要接受沉积。莲坨群缺失的情况也一定会有，那是因为尽管陆壳下沉了，但是该地下沉的幅度还达不到接受沉积的程度。有趣的是，不论是下沉到接受沉积或者在个别地域还达不到接受沉积的程度，在有冰碛层的区域，它们都是当时陆壳最低洼的地域，它们都必然要接受冰川沉积，留下冰碛层遗迹。

在莲坨群“红色建造”之上出现灰绿色的南沱冰碛岩“绿色建造”，它们之间的必然性是一个极为有趣的地质学问题。当认识到大冰期成因之后，莲坨群红色建造是大气圈有了大量的水蒸气营造的氧化环境，使铁这种有不同氧化值的元素有变成三价的还原剂的表现；南沱冰碛岩的冰是 CO_2 喷发时的制冷效应造成的，其“绿色建造”则是 CO_2 笼罩下出现还原环境的反映。作为地质作用，莲坨群之上有南沱组的事实，所指示的则必定是先有洋壳型火山爆发造成大量的热水蒸气和由热水蒸气营造的氧化环境，并且持续了一段地质时期之后，才引发大规模的陆壳型火山爆发，大量的 CO_2 喷发制冷机制制造大冰期还造成了还原环境。这一点非常重要，因为可以为未来出现的冰期提供预报。

莲坨群的凝灰岩和凝灰质砂岩以及某些地区出现的中酸性熔岩说明，莲坨期不是没有陆壳型火山爆发，而是陆壳型火山爆发不占主导地位，由洋壳型火山爆发所蒸发的海水充斥大气圈营造的氧化环境主宰并营造了莲坨群的红色建造。当陆壳型火山爆发占主导地位，南坨期陆壳上空由热变冷，乃至大陆冰川广布，沉积环境由氧化环境变为还原环境，这才形成南沱组“绿色建造”。莲坨群和南沱组的相依存关系，反映的是造成大冰期的洋壳型火山爆发与陆壳型火山爆发有先后关系。在洋壳型火山大规模爆发之时，陆壳型火山不过是某些地区的局部现象。这个现象，如果结合地壳运动演化深入分析，将更加有趣。其中的道理仍然是简单的，毫无玄奥可言。此项将在“论地 × 运动”中论述，不是卖关子，是本篇已经牵扯到太多其他内容了。

被称为“中国南方型震旦系”所反映的大冰期，既有前奏，也有尾声，代表了震旦纪洋壳—陆壳型火山爆发交响曲（大冰期）的一个完整沉积轮回的遗迹。灯影灰岩及稍后早寒武世沉积的石煤层系（当然，晚震旦世的生物圈尚未有成煤植物，石煤层产出于罗圈冰碛层之上）冰碛层的“碳帽”，某些地区灯影灰岩及其下的磷块岩系冰碛层的“磷帽”；下伏于南沱冰碛岩之下的莲坨群红色建造，系南沱冰碛层“红色的鞋”。

1960 年创名的“震旦旋回”[40]366 认为属独立的构造旋回是对的，但它不属褶皱带而属盖层，应加以修正，正确的说法应当是“震旦纪大冰期地台型沉积旋回”。

第十一节　地层学的重大课题——磷帽说的增补论证：长城群—青白口群—蓟县群为震旦纪大冰期后期的沉积

磷帽说（及论碳帽和硅帽、膏盐帽）为北方震旦系（长城群—青白口群—蓟县群）的地质年代的确定和与中国南方震旦系的关系增补了证据。

中国地层学家将震旦纪划入元古代，自 25 亿年至 10 亿年。这主要是将所谓“北方震旦系”——长城群—蓟县群—青白口群划归南方震旦系之下造成的。这是中国地层学的重大课题。

将长城群—蓟县群—青白口群置于南方震旦系之下，所据主要是同位素年龄，兼有因厚度巨大代表地壳活动性大，或以下伏地层年龄古老影射（如列出长城群底部常州沟组“下伏迁西群角闪斜长片麻岩……变质年龄 18.81 亿年、19.48 亿年”[17]48）；或将下伏古老地层的重融岩浆—喷发物年龄作为地层沉积年龄，如次底部的串岭沟组页岩中所夹凝灰角砾岩中金云母钾—氩法同位素年龄 16.03 亿年、16.18 亿年、16.75 亿年、18.79 亿年、19.38 亿年[17]48、赋存底部于常州沟组—大红峪组碎屑岩中的次火山岩黑云母同位素年龄 16.03 亿年、16.75 亿年、19.03 亿年，次火山岩全岩年龄 10.88 亿年、13.23 亿年。诸如此类。

这些“凝灰角砾岩”“次火山岩”其实并不代表沉积物年龄。并且这样划分将无法解释缺乏游离氧的先震旦纪何以能以三价铁的形式产出宣龙式铁矿，无法解释东焦磷矿这样作为磷帽产出的事实。而这个问题带有根本性。

论点必须从地质事实中来。以下列述长城群—蓟县群—青白口群各组岩性及其与下伏、上覆地层的关系。参见表 3–7。

表 3–7　长城群—蓟县群—青白口群地层各组岩性特征及其与上覆、下伏地层关系表

<table>
<tr><td>寒武系</td><td>华北普遍缺少早期甚至中期沉积，沉积物厚度也薄，仅沿华北地区西缘、南缘有山岳冰川型罗圈组—含磷的辛集组</td></tr>
<tr><td>接触关系</td><td>与上覆寒武系似整合接触或微不整合、局部为平行不整合接触（有沉积间断）</td></tr>
<tr><td rowspan="2">青白口群（未知测定物的同位素年龄 9.5 亿年~7 亿年；厚度 430 m）</td><td>景儿裕组—景儿裕灰岩：底部为含海绿石的砂砾岩层，向上变为海绿石页岩、石英砂岩至泥质白云岩；与上覆地层微不整合接触；含球形藻包括红巢球形藻；海绿石同位素年龄为 7.37 亿年、8.70 亿年、8.90 亿年、9.18 亿年</td></tr>
<tr><td>下马岭组—下马岭页岩：以页岩与砂岩透镜体互层组成；具底砾岩（燧石砾）；与下伏铁岭组有沉积间断，超覆于铁岭组不同层位上；藻类发育，个体 50~100 μm；含赤铁矿透镜体；中部凝灰岩中锆石年龄为 13 亿年[41]</td></tr>
</table>

续表

蓟县群（同位素年龄 13.5~ ± 7 亿年; 含叠层石; 厚度 > 4821 m）	铁岭组—铁岭灰岩：以中厚层质纯灰岩为主夹含锰页岩和含锰白云岩—产瓦房子式锰矿；同位素年龄 10.50 亿年；含海绿石，海绿石同位素年龄为 10.50 亿年；含叠层石
	洪水庄组—洪水庄页岩：以纸状页岩为主，底部时有砂岩，其中含无烟煤；与下伏雾谜山组有沉积间断；含 1050 叠层石
	雾迷山组—雾迷山灰岩: 以浅海相各种燧石结核和条带白云质灰岩为主,夹纯灰岩、白云岩、砂页岩等；含 10~50 μm 叠层石，膜壳较厚；有铁矿层；与下伏杨庄组连续沉积
	杨庄组—杨庄红色页岩：以红色钙质—粉砂质页岩及白云质泥灰岩为主，韵律性白云岩多层；夹石膏层；具底砾岩（底砾岩两层，成分以片麻岩、火山岩为主，可有白云岩、燧石底砾岩。粒径最大 40 cm。磨圆度良好）
长城群（基本不变质；同位素年龄 17~14 ± 0.50 亿年；厚度 > 4500 m）	高于庄组—高于庄灰岩：浅海碳酸盐沉积，以白云岩为主；白云岩含燧石团块或条带较多。下部常夹含锰页岩；与下伏大红裕组有沉积间断；高板河沉积铅矿普通铅法同位素年龄为 13.66 亿年、14.67 亿年；叠层石以锥叠层石类型为主
	大红峪组—大红峪石英岩：下部厚层石英砂岩及泥质白云岩，中部厚层石英岩及石英砂岩，夹一层富钾页岩及四五层富钾粗面岩、粗玄岩类火山熔岩，上部石英砂岩及硅质条带白云岩、白云质灰岩等，夹富钾玄武岩及安山玄武岩；藻类膜壳变厚；叠层石锥状，具假分支；与下伏串岭沟组有显著的沉积间断
	串岭沟组—串岭沟页岩：由纸状页岩及薄层—中厚层含碎屑的白云岩、白云质灰岩及钙质页岩组成；底部为砾岩及含砾粗砂岩；含磷层—东焦磷矿和冀西北有鲕状赤铁矿—宣龙式铁矿；含个体 < 10 μm 叠层石，如光面小球藻 Leiminuscula 和后缘小球藻 Margominuscula [40]215 并有丰富的微古植物 [17]48；赋存于常州沟组—大红峪组碎屑岩中（在曲阳沙侯一带为常州沟组，获鹿、平山、井陉一带进一步划分为串岭沟组）的次火山岩黑云母同位素年龄为 16.03 亿年、16.75 亿年、19.03 亿年，次火山岩全岩年龄为 10.88 亿年、13.23 亿年；与下伏常州沟组连续沉积
	常州沟组—长城石英岩：陆相—浅海相碎屑沉积，以厚层质纯的石英岩为主，底部砾岩和含砾粗砂岩，上部夹页岩。上部含微古植物 [17]48；局部见黄铁矿结核和假象磁铁矿结核 [31]48；底部多为河流相—三角洲相（鱼骨状和夹角 25° 交错层里 [42]）石英砂岩及砾岩；底砾岩厚度 5~200 m，多呈透镜状，砾岩主要有石英岩、脉石英、千枚岩、花岗岩、斜长角闪岩、磁铁石英岩、石英砂岩、粉砂质泥岩等。粒径 2~350 mm；与下伏太古代桑干群、泰山群、鞍山群，元古代滹沱群、辽河群角度不整合接触
接触关系	与下伏元古界、太古界角度不整合接触；沉积间断至少 7 亿年
元古界	山西五台—太行地区滹沱群（区域变质时代 17 ± 亿年）、吉林南部和辽河以东辽河群（区域变质时代为 18.5 亿年 ± 0.5 亿年）
太古界	泰山及沂蒙地区泰山群（区域变质时代 25.5 亿年）—内蒙古及燕山地区桑干群（区域变质时代为 25 亿年）、辽宁东部及吉林南部鞍山群（区域变质时代略早于 24 亿年 ± 0.5 亿年）

注：本表主要取自文献［20］。

不能以长城群—蓟县群—青白口群的厚度来确定它们代表地壳运动的性质，这一点前已述及。鉴于有了大冰期成因论和磷帽说，就完全可以对它们的地层划分和沉积史做如下解释。

一、关于地层年龄——所测试的同位素年龄样品代表的是下伏基底年龄

赋存于常州沟组—大红峪组碎屑岩中（在曲阳沙侯一带为常州沟组，获鹿、平山、井陉一带进一步划分为串岭沟组）的次火山岩中的 16.03 亿年、16.75 亿年、19.03 亿年—次火山岩全岩年龄为 10.88 亿年、13.23 亿年黑云母同位素年龄（其中凝灰角砾岩金云母钾—氩同位素年龄为 16.03 亿年、16.18 亿年、16.75 亿年、18.79 亿年、19.38 亿年[31]48）都不能代表沉积年龄，只能代表下伏古老地层（重融来源物）年龄。高板河沉积铅矿普通铅法同位素年龄 13.66 亿年、14.67 亿年也很难说能够代表高于庄组的沉积年龄，这里有一个铅的来源问题，一般说来，铅更可能来源于下伏基底剥蚀物。为什么与大冰期沉积建造不相干的含锰建造、含铅建造要迟至北方震旦系第三个碳酸盐岩建造才出现，之前的沉积建造则与大冰期应有的沉积脱不开关系，这是有道理的。

蓟县群晚期的铁岭组灰岩新生海绿石 10.50 亿年才能够代表沉积年龄，海绿石出现的时间比南方震旦系早约 3 亿年［南方震旦系上部陡山沱组下部沉积岩的全岩铷—锶等时线年龄为 6.93 亿年 ±0.66 亿年[17]53 能够代表其沉积年龄，但海绿石易受其成岩过程膨胀层干扰，古老海绿石同位素测年误差较大[43]（如表 3-5 景儿裕灰岩中海绿石同位素年龄为 7.37 亿年、8.70 亿年、8.90 亿年、9.18 亿年，可相差近 2 亿年）。这是中国最早出现磷块岩和海绿石的层位］。

因此，北方震旦系的沉积年龄只能是 10.50 亿年（？此年龄值显然偏大），再加上长城石英岩和串岭沟页岩的沉积时间段，完全不可能为 18 亿年[17]47。从长城石英岩上部页岩已经出现微古植物看，新出现的冰川融水已经能够繁衍出微古植物，这只能是冰川融水出现一段时间之后的产物。

二、北方震旦系沉积历史追溯

中国华北之所以出现长城群—蓟县群—青白口群，是之前（震旦纪早期及之前——南沱冰碛层沉积之前）地势尚高，长期（至少 7 亿年—10.50 亿年之前至下伏最晚沉积的辽河群区域变质年龄 17± 亿年之间的时间段）遭受剥蚀，已处于准平原态，其上剥蚀物（风化壳）只能是下伏太古代桑干群、泰山群、鞍山群和元古代滹沱群、辽河群地槽型古老沉积，并且可能并不发育。另有来自当时仍处于剥蚀态的震旦纪大冰期的山岳冰川堆积（如内蒙古陆、五台古陆、山海关古陆）。长时期遭受风化的剥蚀物绝大多数颗粒度相当小，绝大多数是不大于长城石英岩颗粒度的细碎屑（不排除存在下伏古老地层的砾级碎屑，主要的可能是山岳冰川中冰碛砾石。冰碛砾石又经历高能水动力淘洗冲刷，不可能仍存

次棱角—半磨圆形态，而应当磨圆度相当高）。当然也必有震旦纪大冰期陆壳型火山喷发飘落在这些古老地层之上富含白云质的火山灰。

关键在于直到震旦纪晚期，即陡山沱组—灯影组沉积的时期，冰川融水才得以涌进华北地台；在最先的浅海波浪带水动力条件下，只能沉积常州沟组(厚度800~1 000 m)——质地纯净的长城石英岩反映的是浅海或河流三角洲相的反复淘洗（其中的假象磁铁矿结核代表的是古老基底在还原环境下被氧化的产物，它反映其时已经处于氧化环境）。这些石英颗粒当然有不少下伏地槽相岩层剥蚀物，且必定有火山灰中十分之几毫米级石英。包括较细火山灰在内的其他古老细碎屑则尚无法沉积。

当冰川融水继续涌进、水动力条件比较宁静时，主要由富含白云质火山灰（不能排除也包括少量太古代—元古代的细碎屑）沉积出串岭沟组页岩（厚度 0~＞1 000 m）。串岭沟纸状页岩粉尘级碎屑，尤其是含碎屑的白云岩只能是火山灰的重组物（如果不是粉尘级极细碎屑，同层位的南芬页岩不可能成为高品质工艺品原材料。其中应当包含火山灰特有的重矿物。火山灰被称为“石质黏土”当然有利于制作砚台，使得辽砚成为中国四大名砚次席）。测定粉尘级颗粒如锆石，很难说代表沉积年龄，因为锆石大多来源于陆壳型火山喷发物，而喷发物来自下伏地层的重融岩浆。此时大气圈氧浓度增加，在冀西北地区，被剥蚀的泛鞍山式铁矿就在浅海水波荡漾中形成了三价的鲕状赤铁矿——宣龙式铁矿，在还原环境下则形成磷块岩（沉积出赤铁矿反映的是普遍的氧化环境。沉积磷块岩只能反映有海岸线的燕山地区存在尸骸变质带有限的还原环境；其他如中国西北地区的震旦纪磷块岩，也同样反映海岸线环境）。出现沉积间断之后冰川融水也繁衍出串岭沟组“丰富的叠层石”“并有丰富的微古植物”[20]215，出现＜10 μm 小个体淡水藻类。而这些藻类遗迹是震旦纪大冰期之前不可能这样显著出现的。

隔了一段时期海退（可能代表一次冷期或小的亚冰期，冰川融水减少），大红峪组灰岩与串岭沟页岩之间留下了明显的沉积间断遗迹。当冰川融水再次涌进时，像长城石英岩一样如法炮制形成了大红峪组石英岩（厚度 554~900 m）。但最先乃至最后仍然有能够出现泥质白云岩、硅质条带白云岩、白云质灰岩等（也就是地史学家所称震旦系的一个重要特征是白云岩广布——它是晚元古代全球规模白云岩建造的再造）的条件，换言之是仍然主要是火山灰沉积；藻类也继续演化出藻类膜壳变厚、叠层石锥状、具假分支，说明藻类繁衍的演进。

大红峪组灰岩沉积反映的是此次海侵规模较大，应属大冰期中的间冰期，在海水深度增大的环境下，沉积了仍然以白云岩为主的高于庄组（厚度 1 540~1 600 m）；高于庄灰岩的燧石结核—条带反映的是间冰期高温下的暖水、淡水沉积；含 10~50 μm 膜壳较厚叠层石反映的是有氧环境持续条件下藻类繁衍的继续演进；高于庄灰岩沉积之后，冰川融水曾一度全部退出，出现沉积间断，应当代表间冰期中曾有过寒冷期或亚冰期。如果仔细研究，华北地台的长城群—蓟县群—青白口群倒是有可能具体查明震旦纪大冰期的间冰期和冰期数的最佳对象（从含磷岩系显示有 5 次冰期和期间的间冰期）。

上覆杨庄组红色页岩(厚度 669~850 m)反映的是间冰期湿热气候、氧化和浅海沉积。湿热气候在延续，冰川融水并未大量增加，而是时进时退，浅海水深变化反复（韵律性白云岩多层），但都相对宁静，沉积物来源仍然以火山灰为主，沉积了红色钙质—粉砂质页岩及白云质泥灰岩；当偶有海水完全退出时沉积的是石膏夹层。沉积间断和石膏夹层说明海水进退频繁。具底砾岩反映的是该沉积间断期间下伏高于庄灰岩在风化作用下形成砾石（原资料未指明砾石成分）。底砾岩砾石为灰岩属于推测，当然也不能排除有元古代、太古代古老地层的地槽相砾石（在北方震旦系沉积之前的约 7 亿年里，应当有重融岩浆侵入或喷发，岩浆岩出露地表成为砾石），这些砾石最可能是山岳冰川带来的漂砾。这涉及准平原化时古老地层岩石剥蚀后能够保存的颗粒度大小。从北方震旦系的沉积物看，古风化壳上应当绝大部分是细碎屑。

铁岭组灰岩（厚度 300~330 m）反映间冰期持续、海水变深，冰川融水淡水、暖水、清水条件下首次沉积出以中厚层质纯灰岩（是否代表的是灰岩比白云岩要求的氧化还原和酸碱度等有所不同值得研究）为主夹含锰页岩和含锰白云岩（锰的来源只能从下伏古老地层中寻觅，它不大可能是诸如淮阳地区横山组含锰白云岩[17]10 之类的再造，更可能是准平原化时锰质在此时的一次大富集。之所以不在前两次——高于庄灰岩、雾迷山灰岩碳酸盐岩沉积时沉积，有可能与冰川融水的氧化还原环境和酸碱度有关，毕竟纯净、溶有 CO_2 偏酸性的淡水已经长时期存在，它的总体是在氧化环境下向酸性减弱方向演进），并首次出现海绿石。叠层石繁衍继续演进，厚带藻为主成为该时期古植物的特征。

在间冰期海水深浅反复变化、总体上变深的情况下，华北地台陆壳出现了不均衡沉伏，铁岭组灰岩（厚度 150~200 m）超覆于下马岭组页岩的不同层位上，这反映的是中间经历了相当长的沉积间断。藻类个体繁衍发育到 50~100 μm，在氧化环境下继续出现赤铁矿（透镜体）。

间冰期海侵继续，冰川融水不断加深，沉积了景儿裕组灰岩（厚度 203~230 m）。底部的砂砾岩层出现海绿石甚至沉积出海绿石页岩，代表具备与含磷岩系相同的淡水、暖水和还原环境；此海绿石同位素年龄就代表了沉积年龄（7.37 亿年、8.70 亿年、8.90 亿年、9.18 亿年），只是误差偏大；其所含红褐巢面球形藻与南方震旦系灯影灰岩中大量红色球形藻是否类同值得研究；球形藻也应当代表藻类繁衍演进的类型。

景儿裕组灰岩与上覆寒武系微不整合接触。这与南方震旦系灯影组灰岩和上覆寒武系呈整合过渡关系也雷同。南方震旦系灯影组厚度也可以厚达千米[20]218。

北方震旦系长城群—蓟县群—青白口群不仅是地台相沉积建造，尤其是其底部即出现含磷层和鲕状赤铁矿层，代表的是冰碛层之上的产物。它们之间的差别仅仅是南方震旦纪大冰期引发的冰川性地壳均衡代偿不显著，北方则在长期遭受剥蚀状态下，在最后一个间冰期冰川融水进退频繁，水动力条件高能—低能、海水深度变化反复，石英岩—页岩—碳酸盐岩也反复出现而已。北方震旦系之所以厚大，主要还是因为震旦纪大冰期火山灰数量巨大，当火山灰沉积殆尽之后，古风化壳物质所能沉积的厚度就显著变薄了。应当说，铁岭组灰岩沉积之后，主要的沉积物来源为古风化壳物质。

三、长城群—蓟县群—青白口群厚度巨大的原因

长城群—蓟县群—青白口群厚度为上万米，显得比南方震旦系厚很多。其可能的原因是沉积物来源充分。这些沉积物有 3 种来源：第一种是原地的，包括华北地台上其沉

积区原有超过 7 亿年沉积间断所形成的风化壳物质和沉积区上的火山灰堆积；第二种是外来的，即沉积区之外的地区被雨水和冰川融水携带进入沉积区的火山灰和风化壳物质；第三种是华北地台周边的山岳冰川携带来的冰川堆积物。

根据对地质现象的认识和地质作用的理解，可以列出这样一个理论上的方程式：

长城群—蓟县群—青白口群的总体积 =（长达不少于 7 亿年其沉积区的风化壳物质及其上火山灰堆积+周边山岳冰川堆积包括其上飘落的火山灰+可能的沉积区外被雨水—河流等搬运进入沉积区的风化壳物质 + 冰川融水涌进沉积区可能携带的火山灰 + 山岳冰川堆积）× 松散系数

凭什么长城群—蓟县群—青白口群沉积物翻来覆去总是碳酸盐岩—泥质岩？这是一个有趣的问题。其沉积物来源只能认为其主体主要是飘落在中国北方的火山灰，尽管华北地台曾经历长达至少 7 亿年的风化，风化壳并不发育，只有像锰、铅之类的物质（之类而已，并非仅此。绝大多数的风化壳物质很难从其中分辨。但绝对不属主体）。

概括起来，长城群—蓟县群—青白口群属于震旦纪晚期的理由有 3 个。第一是震旦纪冰碛层沉积之前大气圈没有氧，不可能沉积出串铃沟组三价铁宣龙式铁矿；第二是现有的同位素测年选择的矿物、岩石大多是下伏基底物，不能作为沉积时代的证据；第三最有说服力，可分为 5 项：其一是以东焦磷矿为代表产出的磷矿，属于冰碛层之“磷帽”。其二白云岩发育，符合地史学家强调的“震旦系的特征之一是白云岩广布”，其原因是经过震旦纪大冰期陆壳型火山群发，熔融元古界全球性白云岩建造的再造。其三是碳酸盐岩中燧石和硅质团块—条带可与灯影组对比，它还是冰碛层的“硅帽”。其四是蓟县群洪水庄组页岩中含煤属“碳帽”，与宣龙式铁矿一样反映大气圈有氧，有光合作用能力的生物已经相当繁茂。其五是蓟县群杨庄组红色页岩中夹有石膏层，反映的是冰碛层的“膏盐帽”（不是原来的正常海水干涸，而是冰川融水淡水干涸，所以只有石膏，并且反映其时冰川融水呈酸性）。

结论只能是北方震旦系相当于南方震旦系的晚期沉积。

“长城群底部磷矿（东焦磷矿）赋存于常州沟组—大红峪组碎屑岩中（在曲阳沙侯一带为常州沟组，获鹿、平山、井陉一带含磷层位进一步划分为串岭沟组），该层位在燕山地区分布普遍，华北区长城群含磷层位在今后应予以足够重视”[6]300 的说法并不正确。磷块岩既然是冰碛层之帽，当然形成于震旦纪大冰期之后，故此，长城群底部层位的常州沟组—大红峪组仍然是南沱冰碛层之后的最早沉积层。但是，对“华北区长城群含磷层位在今后应予以足够重视”的论点却不正确。这是因为中国北方相对于中国南方在震旦纪已经是古老得多的准地台（下伏为元古代—太古代基底。长城群—蓟县群—青白口群为上覆第一个盖层），整个华北地台准平原化相当充分，属于海岸带的沉积环境少，含磷岩系沉积时的古地理环境大不相同，很难出现像开阳磷矿—瓮安磷矿相距极近却沉积环境（地形起伏）大相径庭的情况，要想找到含磷岩系下部或之下地层缺失的部位是极为困难的。而这是笔者强调的重要的、带有战略性的找矿条件。

参考文献

［1］地质科学研究院情报所 . 国外矿产资源参考资料［M］. 北京：地质科学研究院，1971.

［2］B.И 维尔纳茨基 . 地球化学［M］. 杨辛，译 . 北京：科学出版社，1962.

［3］杨树庄 .BCMT 杨氏矿床成因论：基底—盖层—岩浆岩及控矿构造体系 (上卷)［M］. 广州：暨南大学出版社，2011.

［4］《中国矿床》编委会 . 中国矿床 (下册)［M］. 北京：地质出版社，1989.

［5］《中国矿床》编委会 . 中国矿床 (中册)［M］. 北京：地质出版社，1994.

［6］叶连俊，陈其英，赵东旭，等 . 中国磷块岩［M］. 北京：科学出版社，1989.

［7］CASTRO P， HUBER E M. 海洋生物学［M］.6 版 . 茅云翔，等译 . 北京：北京大学出版社，2011.

［8］盖保民 . 地球演化 (第一卷)［M］. 北京：中国科学技术出版社，1991.

［9］高振家，陈克强，魏家庸 . 中国岩石地层辞典［M］. 武汉：中国地质大学出版社，2000.

［10］国际地质对比计划中国委员会 . 第五届国际磷块岩讨论会论文集（1，2）［M］. 北京：地质出版社，1984.

［11］赵忠伟 . 东山峰磷矿沉积相及成因机理探讨［M］// 国际地质对比计划中国委员会 . 第五届国际磷块岩讨论会论文集 2. 北京：地质出版社，1984.

［12］游国君，张祖圻 . 浏阳永和磷矿沉积环境与成矿机理［J］. 湖南地质，2000，19（2）：90–94，116.

［13］北京地质学院地史教研室 . 地史学教程［M］. 北京：中国工业出版社，1961.

［14］长春地质学院岩石教研室 .1956—1960 届教材岩石学（沉积岩部分）［A］.

［15］地质辞典编纂委员会 . 地质辞典 (二)［M］. 北京：地质出版社，1981.

［16］范德清，魏宏森 . 现代科学技术史［M］. 北京：清华大学出版社，1988.

［17］中国地质科学院 . 中国地层 1·中国地层概论［M］. 北京：地质出版社，1982.

［18］《中国地层典》编委会 . 中国地层典·古元古界［M］. 北京：地质出版社，1996.

［19］张道忠，刘志明，薛浩江，等 . 太行山南段甘陶河群铜矿化特征及控矿因素分析［J］. 矿产与地质，2007（2）：158–163.

［20］地质辞典编纂委员会 . 地质辞典 (三)［M］. 北京：地质出版社，1979.

［21］H. 布拉特，G.V. 米德顿，R.V. 穆雷 . 沉积岩成因［M］.《沉积岩成因》翻译组，译校 . 北京：科学出版社，1978.

［22］朱政源，董凌峰，于航，等 . 海绿石的成因与应用［J］. 科技创新与应用，2015（33）：16–18.

［23］陈骏，王鹤年 . 地球化学［M］. 北京：科学出版社，2004.

［24］华东师范大学无机化学教研室 . 无机化学［M］. 上海：华东师范大学出版社，1992.

［25］刘新锦，朱亚先，高飞 . 无机元素化学［M］. 北京：科学出版社，2005.

［26］邵懋昭．生物无机化学［M］．北京：农业出版社，1988.

［27］项斯芬，严宣申，曹庭礼，等．无机化学丛书(第四卷)：氮、磷、砷分族［M］．北京：科学出版社，2011.

［28］王将克，常弘，廖金凤，等．生物地球化学［M］．广州：广东科技出版社，1999.

［29］地质辞典编纂委员会．地质辞典(四)［M］．北京：地质出版社，1986.

［30］张泓，晋香兰，李贵红，等．世界主要产煤国煤田与煤矿开采地质条件之比较［J］．煤田地质与勘探，2007，35（6）：1-9.

［31］CHAEL FOOTE ARNOLD I. MILLER. 古生物学原理［M］.3 版．樊隽轩，詹仁斌，等译．北京：科学出版社，2013.

［32］武汉地质学院煤田教研室．煤田地质学(下册)［M］．北京：地质出版社，1981.

［33］刘东生．黄土与环境［M］．北京：科学出版社，1985.

［34］涂光炽．涂光炽学术文集［M］．北京：科学出版社，2010.

［35］杨起．煤地质学进展［M］．北京：科学出版社，1987.

［36］地质辞典编纂委员会．地质辞典(一)：上［M］．北京：地质出版社，1983.

［37］杨树庄．大冰期成因探讨［J］．世界地质，2004（3）：252-254，294.

［38］杨树庄．论地槽加地台与地洼同格［J］．地质科技管理，1989（4）：71-76.

［39］Н.Л. 格林卡．普通化学［M］．肖涤凡，等译．北京：人民教育出版社，1982.

［40］地质辞典编纂委员会．地质辞典(一)：下［M］．北京：地质出版社，1983.

［41］李怀坤，陆松年，李惠民，等．侵入下马岭组的基性岩床的锆石和斜锆石 U-Pb 精确定年：对华北中元古界地层划分方案的制约［J］．地质通报，2009，28（10）：1396-1404.

［42］孙立新，朱更新，黄学光．燕山中段常州沟组底砾岩的成因类型［J］．中国区域地质，1999，18(3)：284-288.

［43］杨杰东，薛耀松，陶仙聪．中国南方震旦系陡山沱组 Sm-Nd 同位素年龄测定［J］．科学通报，1994（1）：65-68.

第四章 论泥炭

引 言

为写“磷帽说”论证含磷岩系与含煤岩系都是大冰期的产物，笔者去寻觅煤和泥炭的资料。能够读到的书有限，除几本煤田地质学外，所幸找到两本关于泥炭的书——日本大家的《泥炭地地学》[1] 和中国学者的《泥炭地学》[2]，但读来一头雾水。费去两个多月，我终于弄明白原委——概念不清又描述论述混述。论碳帽和论磷帽两章完成后，我觉得有必要写篇读后感，又再次花四个月时间边读边摘录，且文献［1］是从 2015 年 12 月 2 日开始就读的。因为文献［1］强调“对环境变化的探讨”，所以其间寻寻觅觅兼查阅了《沉积环境和相》[3]。

“一个学科的发展水平，决定于研究的深入程度。目前泥炭地学的科学水平，除了已发表的大量专业学术论文和专著外，许多国家都建立了一些专职的研究机构和专门培养人才的高等院校，有些著名大学的相关专业，也从事泥炭沼泽的科学研究。如苏联早在 1921 年就成立了莫斯科中央泥炭工业研究所，专门从事泥炭沼泽基本理论和泥炭工业利用方面的科学研究。1923 年又建立了国家工业委员会中央泥炭（实验）站。相继又创办了加里宁泥炭工业学院，有些加盟共和国还建立了泥炭研究所。芬兰赫尔辛基大学设有森林沼泽系、第四纪地质研究所泥炭研究室。美国建立了泥炭生产者协会，加拿大的新布伦斯威大学设立了泥炭研究所。日本农业土木学会设置了北海道泥炭地开发研究委员会，北海道大学成立了泥炭研究会，北海道开发局还设有泥炭地研究室。在许多高等学校里，如加拿大魁北克大学、芬兰赫尔辛基大学、美国加利福尼亚大学、日本北海道大学和东京大学等，均有一些专家教授从事泥炭沼泽专业的科学研究工作。为了加强国际性学术交流，1953 年在爱尔兰召开了第一次国际泥炭学术会议，1968 年在加拿大魁北克召开了第三次会议，并在这次会议上成立了国际泥炭学会，决定每四年召开一次学术会议。1980 年在美国德卢斯召开了第六次国际泥炭学术会议，我国代表团首次出席了这次会议，并被接纳为集体会员。国际泥炭学会下设六个专业委员会……随着应用科学的发展，泥炭地学理论的深入研究，将更加系统和完善，不断提高科学水平，成为一门独立的完整的科学体系。”[2]7

应当说北半球的泥炭大国（也可以说就是世界各国）对泥炭的研究是真下功夫的。

写评地质力学概论虽有批判和匡正，属拭去金子上的尘埃，阻止其被埋没，但宗旨还是“捧场”。评论泥炭著作就大不相同了，在如此强大的科研、教学背景下，读后感是否还可对其批判呢？

“科学所以叫科学，正是它不承认偶像，不怕推翻过时的旧事物，很仔细地倾听实践和经验的呼声。”[4]研究自然科学的最大优点是要求共同遵守服从真理、客观规律的平等原则，像奥运那样有共同的价值观，没有偶像。泥炭工业学院怎么啦？泥炭地研究室怎么啦？国际泥炭学会又怎么啦？它们不都在追求真理吗？当然，地学界有自己的衡量标准，如学历高低、资历深浅、单位大小及职位高低等。因此，地学界还是有高下雅俗的；既有高下雅俗，高雅层面一个时期内不理睬下层要求也属寻常（莫柱荪先生说“矿床学究竟发生了什么事情，使得矿床的分类工作，在翻腾了50多年以后，又回到原来的轨道上来？”[5]）。但是，只要有这种原则，真理的声音是无法阻挡的，早一点、晚一点传播开来而已，不像奥运赛那样立见分晓，令人羡慕。懂得“50多年”中的道理头脑就清醒，梁启超有云：莫问收获，只问耕耘。何况即使不与以阶级斗争为纲相比较，今天的日子也足够幸福了，尤其是像笔者这样只有本科学历、在地质队25年、远未读万卷书的老地质队员，能够探讨大半辈子不敢涉足的“学术”，这个过程本身就是最大的快乐，所以不仅敢，而且兴致勃勃，不知老之将至矣哉。事实上，上述强大阵容并不足畏，因为“我国……把泥炭本身作为古环境情报的提供者来看待的研究事例极为稀少”，“由于以往没有关于泥炭、泥炭地的一般的解说书，甚至就连研究工作者能正确理解泥炭、泥炭地的人，也仅仅是少数。现状就是如此。”[1] i。

概念不清是地质学界的通病。泥炭算什么“相”呢？当然值得推敲。“相是一种具有特定特征的岩石体。就沉积岩来说，它是根据颜色、层理、成分、结构、化石和沉积构造加以定义的。‘岩相’应当就是指这样一种客观地描述的岩石单位。然而，使用‘相’这个术语时其含义可以很不相同：A. 仅仅指岩石的外观，例如‘砂岩相’；B. 指产物的成因，即指形成该岩石的作用过程，例如作为浊积产物的‘浊积岩’；C. 指形成一种岩石或一套混合岩石的环境，例如‘河流相’或‘浅海相’；D. 作为‘构造相’，例如‘造山期后相’或‘磨拉石相’。只要我们意识到使用‘相’这个词的含义，那么，‘相’这个术语的各种用法都是可行的。例如，我们能够客观地定义一种沉积物，如‘红色的、有波痕的砂岩相’；我们也能够主观地解释一种过程，例如‘浊积岩相’意味着我们相信它是浊流沉积的。‘河流相’这样的术语最好不用来指‘河流环境’，而只用于指这一环境的产物。选择对相下定义的特征和把重点放在它们中的哪一个之上，则取决于主观的、个人的估计，而这种估计是以采集的样品、露头的类型、可利用的时间和客观的调查为基础的。然而，某一种相都必须在可观察和可测量特征的基础上客观地下定义。为相的选定拟定严格的规则是非常困难的，因为每一组岩石都是不同的，因而所选择的相界限也将相应地变化。然而，在集体的研究和经常的工作中，必须保持一致性以取得一致的结果。在理想的情况下，相应该是在一定的沉积条件下形成的一种有特色的岩石，这种沉积条件反映一种特定的过程或环境。”[3] 3

这一段话说明地质学概念的混乱和认同混乱。这位作者就列举了相的外观、成因、环境和构造4种相类别，并且“‘相’这个术语的各种用法都是可行的”，因为“为相的选定拟定严格的规则是非常困难的”。

困难真的到了不可能解决的程度了吗？显然不是。例如“就沉积岩来说”，就可以用笨办法先建立“外观相”“成因相”“环境相”和“构造相”，以避免混乱嘛。“然而，在集体的研究和经常的工作中，必须保持一致性以取得一致的结果”。这个“集体的”是多大的范围呢？显然，他的这个集体是个小圈子。“必须保持一致性以取得一致的结果”反映的是必要性。“为相的选定拟定严格的规则是非常困难的”只属可能性。因为可能性问题，放弃必要性，显然不合逻辑，经不起质疑追问。但是，作者却要为舍弃必要性申述理由。个中原因很简单，采用“外观相”“成因相”“环境相”和“构造相”这样直白、谁都看得明白的词，不符合学界的价值观。更重要的是，概念混乱对于维系地质学界现状的效用很大、很重要，它可以令圈外人插不上话，局外人更敬而远之（在学术圣殿里，谁敢问：先生，你的那个相指的是什么呀？要是被奚落为“连这个都不懂”，问题没搞清楚，“面子”可就丢尽了）。不是说有朦胧的美吗？如果真的用上了“外观相”等一类直白的概念，就太不给高雅地质学面子了。

泥炭算什么相的问题当然没有结果，因为两本书所称泥炭可以产出于沉积作用的所有“环境相”中。但读书不等于没有收获，许多细节都宝贵。有意思的是，“泥炭地学”并非“地学”，而是“泥炭地之学”。因为学者开篇就明确“泥炭地学是关于泥炭地的科学”，并且“是在自然地理学、植物生态学、土壤学、水文学、第四纪地质学和古地理学等诸学科研究的基础上发展起来的”[2] I，自成一体（但称书属编著）。

概念不清又描述、论述混述，甚至强述成因是地质学的一个通病，值得深入剖析。可笔者又没有像读《地质力学概论》那样下功夫，植物学等相关学科功底又差得远，所以文章最先的题目不叫评论，而叫读后感（其实就是读后感）。书名也避免用原名，因为什么叫“泥炭”的问题没有解决，概念不清怎么可能有“地学”“泥炭地地学”呢？

文献［1］有前言及绪论、泥炭、泥炭地的形成（Ⅰ）、泥炭地的形成（Ⅱ）、泥炭地的微地形、泥炭地和地学性的变迁 6 章 30.9 万字，目录上没有“冰期”二字。前言作于 1974 年 2 月；文献［2］有绪论、泥炭沼泽的发生与发展、泥炭沼泽植被和泥炭植物残体、泥炭沼泽的水文和微地貌、泥炭的组成和性质、泥炭与泥炭地的分类、泥炭沼泽发生发展的控制因素、泥炭地的变迁与成炭期、泥炭层系、泥炭沼泽的地理分布、重要泥炭聚集区、泥炭地学的基本研究方法、泥炭沼泽的开发与保护 13 章 47.6 万字。

本章分两部分。一部分是陈述书的素材。地质学的博大，要求从业者尽可能多地掌握素材。另一部分是读后感。可能有资料引用的重复，这虽然累赘了些，但也有避免前后翻看查证的好处。

第一节　开卷有益

书中有多种相关素材，也有学界对泥炭的研究现状。

一、书中给出的泥炭的概念

①“泥炭是没有完全分解的植物遗体的堆积物；泥炭地是指泥炭堆积的地方”[1]1。“泥炭和泥炭地的定义，根据其研究范围和利用范围不同而发生变化”[1]1。德国泥炭层的厚度在排水后至少要有 20 cm 的地方规定为泥炭地，北海道与之相同；瑞典要求＞ 40 cm；英国要求＞ 15 cm，但其地质调查所规定为 0.6 m 以上；奥地利要求＞ 50 cm；丹麦要求＞ 33 cm；苏联要求 35 cm 以上[1]2。

“泥炭的概念和名称至今尚未完全统一。有的叫泥炭（英文 Peat，德文 ort，俄文 Topφ），有的叫泥炭土（Peat soils）或称为有机质土壤（Olgakic）。目前通用的是‘泥炭’。”“此外，我国还有许多地方性的名称”[2]1。“泥炭是有机残体（主要是植物残体）、腐殖质和矿物质三部分组成的。分歧的是有机体分解到什么程度才算泥炭，同草根层的区别在哪里，有机质的含量应占多少。有人主张有机质的含量必须超过半数，否则就不能算作有机质堆积物了；有人认为有机质含量不一定要超过 50%，甚至 20% 的也算作泥炭。这样就出现了许多不同的定义”[2]1。“我们认为，‘泥炭是不同分解程度的松软的有机体堆积物，其有机质含量应在 30% 以上’。这样定义，可将泥炭同褐煤、草根层及枯枝落叶层等加以区别。褐煤中未完全分解的有机体极少，残体难以辨认，含水量少，碳化程度高，C / N 比值也大，而且大多已岩石化。枯枝落叶层残体分解极少，枝叶保存完好。泥炭层同草根层的区分较难，因为生长在泥炭地上的植物，可使原生泥炭植物残体增加一些新的成分，即较晚的植物根系扎入较早的泥炭层中，比如芦苇属的根状茎能够扎入很深的泥炭层里，死亡后分解又较慢，从而改变了原泥炭层的植物残体成分，但仍属泥炭层的范畴。草根层主要是指泥炭沼泽地活植物根系密集的浅层，其活根应占有机残体的 50% 以上”[2]1。“大多数国家将有机质含量的最低限度定为 30%”。

②“从古地理学的观点来看，这里所说的泥炭，仅限于几乎没有混入类似黏土的碎屑物和火山喷发物等，但植物遗体仍占 50% 以上的，采用混入物的名称，称为黏土质泥炭、砂质泥炭、夹火山灰泥炭等；在植物遗体占 50% 以下的时候，称为泥炭质黏土、有机质黏土、夹杂植物黏土，借以明确同泥炭的区别……多数规定无机物含量占 35%~65%。……泥炭构成植物为藓苔和草木时，灰分在 10% 以下的为泥炭，在 10% 以上的可以视为混入了无机物的泥炭。……无任何规定而使用‘泥炭’这一用语的时候，必须同意它的内容不一定是这里规定的那样的物质。此外，在北海道农业试验场，把有机物质含量 50% 以上、植物遗体使用肉眼识别不出来的称为‘黑泥土’，以便与泥炭相区别；把含有大量砂、黏土的叫作‘亚泥炭’或‘半泥炭’”[1]3。

③泥炭有两类，“大部分”为“冰后期”泥炭和“全新世新期泥炭”。世界主要的泥炭地与冰川覆盖地域密切相关：“大部分泥炭产生于冰后期。泥炭地是平地的重要堆积物，冰后期和泥炭地是相辅相成的，这有利于冰后期的研究。当然，泥炭在全新世也在形成。古泥炭层的分布，如果和全新世形成的新期泥炭相比，是不成比例的、狭小的。世界主要的泥炭地分布地域是针叶树林带（泰加针叶林带），或第四纪冰川覆盖地域”[1]69。“问题是在何种情况的气候条件下泥炭得以形成起来，如何解释从过去泥炭层产生的煤层的那个地方，在产生的当时该地的气候和土地条件怎样？”[1]68

④“泥炭地保护研究计划，是 1966 年在瑞士卢塞恩召开的（国际自然保护联合会）会议上制订的。这次会议的目的是如何保护泥炭地和研究其生产力。……该计划的泥炭地分类草案，是以水文和地形为基础的，可以说是最为概括的分类”[1]9（注意此项分类标准涉及泥炭的概念）。

⑤“泥炭与相近物质区分的界限，如同草根层、枯枝落叶层、褐煤、腐殖泥，以及木本泥炭与腐木及埋没林的界限”[2]3。

重要的专业术语概念不相同。“高位泥炭地一般中央部位比周围稍高，整个形状好像手表的表蒙子。与此相对照的低位泥炭地几乎是平坦的，因为中位泥炭地的形状介于两者之间”[1]4。“在日本等国家，高位、中位、低位泥炭地这种用语，离开了本来的形态和水理含义，而是在贫、中、富营养性泥炭的意义上被利用。”“高地泥炭地的‘高地’包含比冲积平原高的一切地形”[1]9。“因为‘高位’‘低位’等用语有含混的地方，容易使人误解，按说使用贫、中、富营养性泥炭的用语为好；但是高、中、低位泥炭的名称在日本已经成了习惯用语，本书像对待泥炭地一样，主要使用高、中、低位泥炭这个名称”[1]11。

二、关于泥炭的学科归宿——沼泽学、地学、“泥炭地生态学”、泥炭地（之）学

“关于泥炭地或湿地的科学，德语叫 Moorkunde（沼泽学），俄语叫 bolotovëdenie（沼泽学），英语是希腊语的 telma（telmatpool 之意），来源于 telmatology（根据 1919 年 Standard Dictionary 标准大辞典：掌握泥炭地生态的学问），但是现在不使用了（笔者认为，不应当恢复这种用语）”[1]4。

“作为泥炭、泥炭地一般的解说书，有 1929 年出版的冯布格（K.ron Bulow）的《泥炭地学丛书》（*Handbudbuch der Moorkunde*）第一卷；《一般泥炭地质学——泥炭地学整个领域的导论》（*Allgeneine der Moorgeologie*，*Einfuhrung in das Gesamrgebiet der Moorkunde*），从那以来，仅就笔者所知，全世界也不过只有几册。日本没有综合性的著作，和它相类似的有若干本。但是，这都是官方出版物，一般很难弄到”。“本书就是这种情形下产生的”[1]ii。

三、泥炭的用途概述

泥炭有多种用途，20 世纪 70 年代已可用作燃料[1]62、家畜褥草、提取物［酒精、氨、硝酸盐、饲料泥炭蜜糖（按：原著如此，是否应称泥炭糖化饲料）］的材料、泥炭蜡烛、充填材料、地下水净化材料、脱臭剂，可以制造地毯、窗帘、壁纸，水藓泥炭作为园艺植物根系的保水材料，使麦芽干燥，还可以做泥炭浴、浴用粉末泥炭、雪花膏、牙膏、肥皂以及修葺屋顶（屋顶上可长草）[1]64。

四、泥炭的空间分布

①“世界主要的泥炭地分布地域是针叶树林带（泰加针叶林带），或第四纪冰川覆盖地域。正像以后搞清楚的那样，这些地域的泥炭，从冰后期形成起，就开始堆积泥炭，这种说法也并不言过其实。因此，全球泥炭沼泽发达区，同第四纪冰川覆盖区几乎一致”[1]69（图 4–1）。

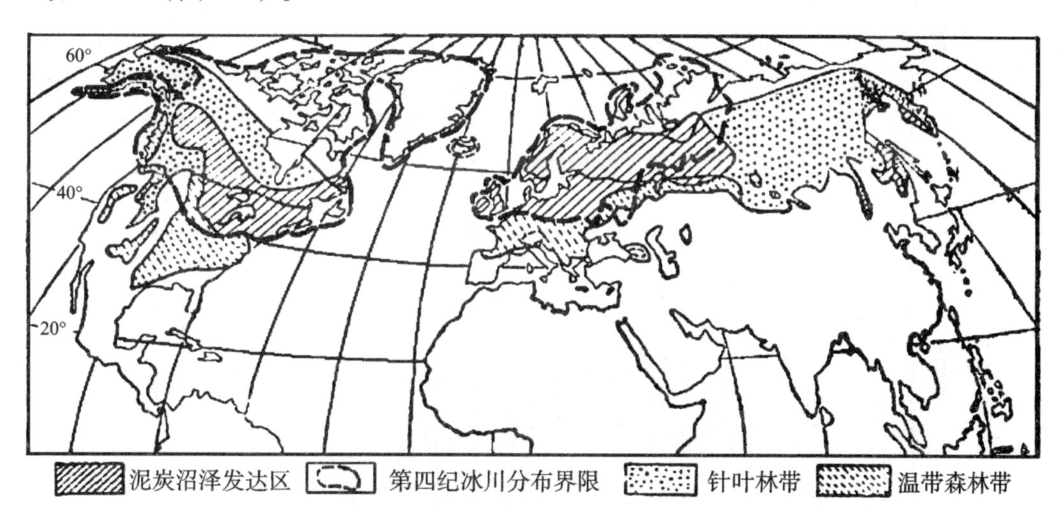

图 4–1　世界泥炭沼泽发达区同第四纪冰川分布关系[1]144

“苏联是世界上泥炭最丰富（约占世界总储量的 70% 以上）、沼泽分布最广的国家，泥炭沼泽形成的地带性特点十分明显，即与水文因素的影响有着密切的关系”。“俄罗斯平原上的几个大泥炭沼泽——莫斯科东北部的奥卡河平原沼泽、普里皮亚特河平原泥炭沼泽及西伯利亚泥炭沼泽……其中普里皮亚特大沼泽面积达 100~110 km²，沼泽率达 28.9%。泥炭层厚度 2~4 m，至今泥炭仍然以 1~7 mm/a 积累着”[2]149。

第四纪大冰期“北半球高纬度地区大体上形成 3 个大陆冰川中心，即北欧、北美和西伯利亚北部”[2]154。“北欧冰盖以斯堪的纳维亚为中心。规模最大时，向东可能与西伯利亚冰盖相连，向西南与不列颠群岛相连，向西北一直延伸到挪威西海岸外 200 m 深处，并与斯匹兹卑尔根相连，向南到达中欧高地的北麓，即北纬 47° ~52° 一带。北欧、荷兰一带的冰期研究较详，细分为 6 次冰期，其间被 5 次暖期隔开，以萨勒冰期的冰川范围为最大。山地冰川以阿尔卑斯研究最早，曾分为 4 期，但近来的研究有增多之势。西伯利亚北部的大陆冰川比欧洲的规模小些，以乌拉尔、太麦尔为中心，在最大的萨马洛夫冰期时，其南界可达北纬 60° ~70° 附近。向东北亚方向，由于降水量贫乏，冰盖逐渐缩小，并分离开来，变成山地冰川。北美大陆主要有两个中心，一个是科迪勒拉中心，具有高原山地冰川特点；另一个是劳伦太冰盖，范围最广。此外，格陵兰冰川范围很小。北美大陆冰川向南伸展很远，在堪萨斯冰期时曾达北纬 38° ~39° 附近。北美一般也分出 4 次冰期”[2]155。“最后一次冰期研究得比较清楚，大约由距今 70 000 年前开始，最大的亚冰期在距今 50 000~25 000 年间，冰期极盛时在距今 18 000 年前后”。“冰期时，冰盖外围是寒冷的冰缘环境，其特征是林木稀疏，多为苔原，甚至光秃的寒漠。如西欧最后一次冰期的冰缘是蒿属和唐松草为主的开阔草原。东欧冰盖前缘可能是一片荒漠。北美冰盖前缘分布着以松和云杉占优势的针叶林，其中零星散布着小片苔原。与冰缘植被相应的，地下往往分布着多年冻土层。需要指出，多年冻土层相当于区域性隔水层，可造成滞水条件，尤其在由冰期向均变期间冰期或冰后期过渡时，冰川融水增加，但下渗困难，因而促进泥炭沼泽的发展”[2]155。“M. H. 尼阔诺夫和 C. H. 丘列姆诺夫先后编制世界泥炭分布图时，在北纬 50° ~65° 附近划出了一个最大的泥炭带。这个带属副极地大陆性湿润气候，能满足泰加林（针叶林）生长，加上最后一次大陆冰川退却后遗留下来的丘岗起伏的冰碛地形，地下多年冻土层的存在和发育不成熟的水系，等等，造成了地表滞水条件，促进了泥炭沼泽的旺盛发育，从全球来说，这个带可称北部泥炭集中带。大致以赤道为轴，约在南北纬 15° 之间又形成了一个泥炭集中带”[2]158（图 4–2）。

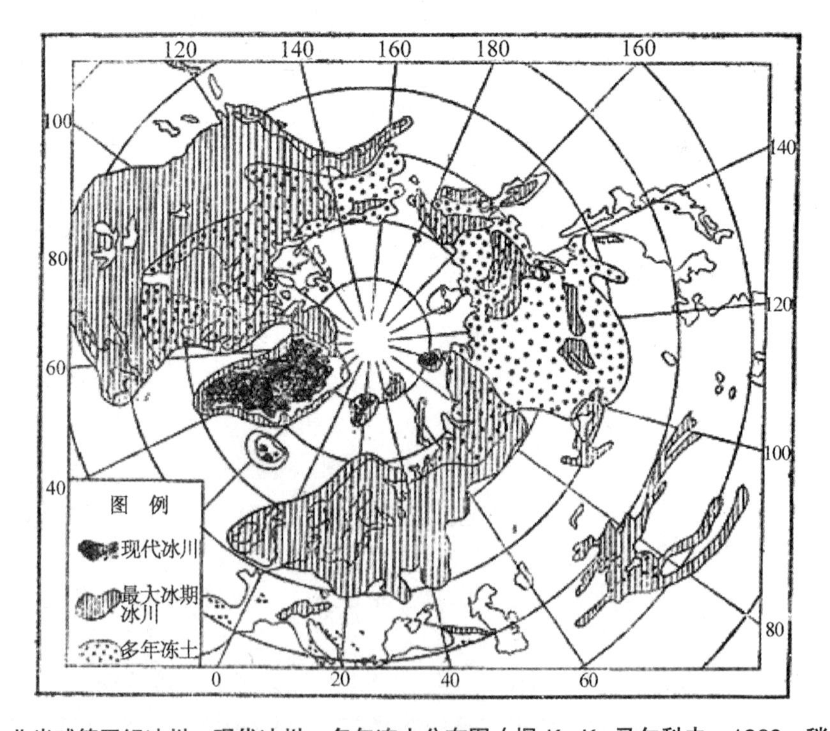

图 4–2 北半球第四纪冰川、现代冰川、多年冻土分布图（据 K．K．马尔科夫，1960，稍加简化）

“泥炭地的分布面积和泥炭的埋藏量在世界各地有很大的不同，可以说，其数值特别大的地域，限于北半球。尼科诺夫认为，每公顷有 30~1 000 吨泥炭堆积分布的多产地域是：从欧亚大陆的叶尼塞河到爱尔兰的森林地带、黑龙江流域和堪察加半岛西岸，以及从北美的大西洋岸边到科尔迭拉山脉的森林地带。这些地域泥炭地的面积，科迪勒拉山脉达 900 万平方公里，占整个陆地面积的 6%。泥炭多产地域除了湿润系数（年降水量：年蒸发量）在 1 以上，形成永久冻土的地域以外，在气候上属于亚寒带和温带的一部分"[1]17。

世界泥炭地的分布概况与分区特征:"北半球分布广泛,类型复杂,南半球则相反","欧亚大陆西岸较东岸发达，北美大陆则相反"[2]188。有"世界泥炭地分布与泥炭堆积强度分布图"。北半球泥炭沼泽的特征与分布规律："北半球泥炭最发达，类型也十分丰富，地带性分布规律比较明显，欧亚大陆和北美大陆虽各有差异，但各种特征却很相似"。欧亚大陆："北冰洋沿岸泥炭沼泽化面积很大，但泥炭积累很薄"；往南为针叶林地带，分布面积最广，"也是泥炭沼泽最发达的地带。主要是各种贫营养的隆起泥炭沼泽类型"[2]191。

再往南泥炭沼泽的面积缩小，主要为富营养泥炭沼泽，很少有贫营养泥炭沼泽发育。"这一分布规律在中部和东西两岸均有明显差异"。中部以西西伯利亚泥炭沼泽的地带性分布规律最明显。西西伯利亚是世界上最大的平原，其面积为 $274.5 \times 10^4 km^2$，地面平坦低洼，大小湖泊星罗棋布，"成为世界泥炭沼泽最发达的地区，泥炭沼泽总面积达 $30 \times 10^4 km$，泥炭总储量约为 950×10^4 t，多数地区泥炭沼泽率高达 50% 左右"。西西伯利亚主要泥炭沼泽分布区的泥炭沼泽多为距今 9 000~10 000 年；中西伯利亚和东西伯利亚即叶尼塞河以东广大地区，泥炭沼泽的纬度地带性分布规律很不明显，"接近太平洋沿岸，泥炭堆积加强，泥炭藓群落开始增多"[2]192。欧亚大陆南部山地高原泥炭沼泽难以发育，可见零星的小片泥炭沼泽[2]192。我国在世界强烈泥炭沼泽堆积带以南，"泥炭沼泽主要分布在山地丘陵与高山高原之中。东部除三江平原以外，均属埋藏泥炭地……全国绝大部分为富营养型的草木泥炭地"[2]192。"综上所述，欧亚大陆泥炭沼泽集中分布在较高纬度地带，在平原大区纬度地带性表现得较明显，而且从泥炭沼泽分布的面积、泥炭积累强度及类型来看，大陆的南北又具有对称的形势。"欧亚大陆东西两岸"由于海陆分布与洋流等的影响，泥炭沼泽地的纬度分带性已被破坏，其分布规律较复杂"。欧亚大陆西岸泥炭沼泽特别发育，"南北宽达 500~1 000 km，向陆地延伸超过 1 000 km，泥炭沼泽化程度比任何地区都大，甚至很多河间地区也被大面积的泥炭沼泽所占据。在这一广阔的地带里，由西向东或由南向北泥炭沼泽的类型和泥炭积累强度均发生有规律变化（按：此说与'南北对称说'相矛盾）。根据 H. 奥斯瓦尔德（Osvald）和 K. 冯布洛等的研究，发现西欧各种隆起泥炭沼泽的分布，不仅东西向和南北向没有变化（按：到底有没有变化？），而且同类泥炭沼泽因地势增高而上升，如图 10–4 所示。"（按：图涉及的范围比较小，以泥炭分布范围的宏大，不要说爱尔兰，就是英伦三岛也不足为据。本书不附该图）。"大陆东岸与西岸差别较大……泥炭沼泽远不如西岸发育"[2]195。"北美大陆泥炭沼泽的分布也很广泛，与欧亚大陆泥炭沼泽的分布规律有许多相似之处。美国（阿拉斯加除外）……泥炭沼泽率为 0.4%~0.5%，加拿大 1.0%~1.2%，整个北美泥炭沼泽率平均为 0.7%~0.8%，较欧洲 5.5% 少得多"。"根据 P. D. 穆尔等对北美大陆泥炭沼泽的类型分区来看，也有同欧亚大陆相似的纬度地带性和东西两岸的变异性”[2]195。

②“第四纪冰川覆盖地域和泥炭多产地域惊人的一致……在冰川覆盖地域残存的冰蚀地形，以及冰川堆积地形上的群丘状起伏、蛇丘、鼓丘、鼓丘四周的低地等，是泥炭地形成最适宜的地方”[1]17。

③“无论是牛轭湖，或者是河漫滩的中央部分，近谷坡部分因地势相对低洼而积水成湖，在其他有利成炭因素作用的配合下，由水域沼泽化而演变成泥炭沼泽”[2]145。

④“滨海地貌……如山东容城松埠嘴，位于胶东半岛最东部的一个濒临黄海的山前积水洼地内，它原为一个三面环山，一面开口濒临海洋的小海湾，后来由于海流挟带大量的泥沙流经海湾，因湾口岬角的影响，逐渐在湾口形成砂坝，将原来的海湾封闭成潟湖。尔后，潟湖淡化，逐渐沼泽化，积累了泥炭。山东荣成小石家泊、马家疃、辽宁复县泡崖等泥炭均属这类地貌成矿”[2]145。“在热带、亚热带地区的海岸与河口地区，还可以形成一种特殊类型的红树林泥炭沼泽，一般都是在高潮线和低潮线之间，即潮间地带，或潮汐能够影响到的河口地带最为有利。我国沿海从闽南惠安、泉州开始，向南一直到海南岛和广西的沿海都有分布，另外在台湾沿海亦有少量分布”[2]146。

⑤“日本泥炭地域几乎大部分分布在近期火山岩地带和本州中央部以北的冲积平原。缘于近期火山岩地带的熔岩流、泥流的堰塞盆地熔岩流、泥流上的浅凹地、具有风化了的火山灰层的平缓火山斜面、火山斜面或山麓处有丰富的涌水等地，都是泥炭地形成的极好条件，这和第四纪冰川覆盖地域的冰川地形上的泥炭地形成条件有一脉相通之处。日本高地的泥炭地，集中在近期火山带，是世界泥炭地分布上的一个特征。日本山地的高位泥炭地，从北海道到九州的屋久岛均可见到，而在低地的典型高位泥炭地的分布南限，可以视作在东北地方的北部”[1]21。

称日本泥炭地除与近期火山岩地带和一定纬度以北的冲积平原有关外，“植物具有和欧亚大陆泥炭地许多共同和近缘种”，厚度一般平均 3~5 m，“表现了和世界泥炭层的厚度大体相同的倾向”[1]21。

⑥在图示日本 45 处泥炭地的分布之后，描述了猿别泥炭地、钏路泥炭地、石狩泥炭地、狩野川冲积平原、尾濑原和热带沙捞越—文莱的泥炭地[1]211；描述了萨哈林的泥炭地并区分高、中、低位泥炭地予以图示“萨哈林岛的泥炭地，常常被叫作冰沼原（冻土地带）”[1]27。列出了萨哈林主要泥炭地一览表[1]30（在相关论述中列举了世界各地的实例）。

⑦南半球泥炭沼泽的分布：“南美洲南端（南纬 53°）的火地岛，大部分地段已被贫营养泥炭沼泽和富营养泥炭沼泽（灰藓和苔草）所占据，泥炭层厚达 5~7 m，泥炭中夹 3~4 层火山灰层。由水体沼泽发展成典型的隆起贫营养泥炭沼泽，如图 10-9 所示，湖盆的底部沉积有黏土和火山灰，其上为腐泥，腐泥之上为草本泥炭。湖泊消失后，泥炭沼泽向水平方向发展，堆积了较厚的水藓和其他苔藓泥炭，最后形成了圆形丘泥炭沼泽”[2]198。

上述泥炭地分布的主点是两个泥炭集中带——北纬 50°~65° 附近有一个最大的泥炭带，南北纬 15° 之间又形成了一个泥炭集中带。其次是大陆积水洼地、淡化了的滨海潟湖、热带—亚热带海岸带（红树林泥炭）等。南半球泥炭的资料介绍得比较少。

五、泥炭地形成的各种说法

文献［1］中泥炭地的形成有Ⅰ、Ⅱ两章，前章三节除首节介绍湿地植物外，又有两小节是泥炭地的成因（1）（2）（第六章还有目录上查不到的“泥炭地的形成”[1]342小节）。后章八节论述形成泥炭的一般性因素。

①“影响泥炭地形成和泥炭地性质的最主要的因素是水分”[1]5。

②“泥炭地是自然界变迁的结果，或者是由于气候变化；海面变动、地壳变动、地形营力的变化，或者是由于人为的作用，结果湿地不再是湿地了。虽然一般认为湿地变迁的结果变成森林，但是在日本还没有见到过这种变迁大规模进行的例子”[1]2。

③“泥炭沼泽发生发展的控制因素”的“第一节”是“气候因素”[2]136（按：第二节为“地质地貌因素”，第三节是“水文因素”）。“综上所述，可见温度和湿度，特别是两者有机地配合，对泥炭沼泽的发生发展是很重要的。因此，不少学者从不同的角度提出了一些关于温度与湿度的定量或半定量的指标，作为泥炭沼泽发育与分布的界限，但至今尚未取得满意的结果”[2]141。

④“泥炭地是植物生产量超过分解量的地方形成的”[1]16。

⑤“热带，特别是热带雨林带是世界上植物生产量最高的地域，但是由于在高温多湿的气候条件下，微生物的分解作用旺盛，所以，除了山岳地带，一般就不适于泥炭的堆积。可是，如果水文、地形的条件具备，热带也可以形成大规模的泥炭地。根据尼科诺夫等人的观点，世界泥炭埋藏量第二大的地带是湿润热带，特别是刚果盆地和马来半岛”[1]19。

⑥贾格纳的《泥炭物性论》“反驳了泥炭是由腐朽了的树木所形成的以往的说法”，理由是“A. 以往的说法违反荷兰居民的常识；B. 并不是任何泥炭地都有树木，树木丰富的泥炭地仅仅是泥炭地中很微小的一部分而已；C. 某泥炭地有深达 9 m 的林木，但是，这样厚的泥炭由林木产生是不能想象的等见解”[1]39。

⑦热带没有泥炭是沃克古老的论点。爱丁堡大学博物学教授沃克《地质学讲义录》称 “泥炭是温带和寒带气候的特殊产物。在温暖气候下恐怕不能形成，认为泥炭都是由半腐烂的植物所形成的。腐烂起一种发酵的作用，这是人们所熟知的。这种作用受温度高低所左右。温度过高，腐烂作用进行得就快，动、植物在短时间内成为完全矿质化的泥土状态；与此相反，在温度低的地方，腐烂作用进行得慢，后者正是起着形成泥炭地的作用”[1]42。“莱尔（Ch. Lyell）在《地质学原理》中，论述了关于泥炭地分布的赤道界限，对热带形成泥炭地抱着疑问”[1]19。他在沿袭古老的论点。

⑧“1876 年布莱特提出了冰期以来，挪威的气候出现了干燥的大陆性气候期和湿润的海洋性气候期交替出现的学说（Essay on immigration of the Norwegian flera during alternating raing and dry periods）。这个学说是他观察了挪威的平均深度 4.9 m 的最古老的泥炭层以后创立的。他观察的泥炭层由 4 层组成，各层间夹有树木的残根层、树木的遗体层，根层表示以前是干燥时期，变为温润期以后才堆积了水藓。他观察到的泥炭层表明，干燥期有过 3 回。他认为从根层形成到水藓泥炭堆积开始这几千年间，中断了泥炭的形成；今天的泥炭地为森林所覆盖，表示已经进入第 4 个干燥期。泥炭地的这种变化，在当时人们认为是局部地区的原因。他的学说被塞纳德采纳并加以修正。另外，在 20 世纪初遭

到安德森的激烈反驳”[1]45。

⑨“强调从地理学研究泥炭地的是索尔格（F. Solger），他于 1905 年在柏林地学协会的讲演中说：泥炭地的研究过去主要是由植物学家来进行，但是泥炭地的生物学、化学性质的侧面已明确，日益产生了以地理学、地质学观点进行研究的必要；问题是在何种情况的气候条件下泥炭得以形成起来？如何解释从过去泥炭层产生的煤层的那个地方，在产生的当时该地的气候条件和土地条件怎样？这些，都是地理学家关心的问题。据他说，从地理学的观点来研究这些问题，20 世纪末就已经开始了。那恐怕是指不列特等人的成果说的”[1]68。“那么，现在究竟从哪种意义上讲，泥炭地才成为地学研究的对象？”[1]68

⑩“泥炭的生成，除了水面下的场合，还限于温度低湿度大的场所。泥炭在这样的场所发育，任何一种植物都可以形成泥炭。但是，构成欧洲北部湿地泥炭的水藓占相当大的部分，这种植物具有下部开始枯萎的时候而上部却长出了新的茎叶的特性，在泥炭中可以经常见到芦苇、灯芯草及其他水草，它们的组织保存得很好，以至于常常可以识别出是何种类”[1]48。①

六、关于泥炭沼泽发生发展控制因素的认识

①文献［2］第七章“泥炭沼泽发生发展的控制因素”中第一节“气候因素”[2]136分析温度对泥炭沼泽的形成的影响时称“温度对泥炭沼泽的形成的影响在不同的热量带内……植物残体的堆积量也不相同。……一般所得到的残体堆积量都是间接获得的近似值。以热带雨林为例，有的认为是 10~15 t/（ha·a）［按：吨 /（公顷·年），有的则认为是 100~200 t/（ha·a），两者相差 10 多倍，因此对不同地带植物残落量的估算也必然相差很大。如热带雨林的残落量比温带森林要大几十倍。还由于残落量的概念含糊，研究的内容和范围缺乏各地带的完整资料，所以估算的数值只能是粗略的”[2]137］。“综上所述，可见温度和湿度，特别是两者有机地配合，对泥炭沼泽的发生发展是很重要的。因此，不少学者从不同的角度提出了一些关于温度与湿度的定量或半定量的指标作为泥炭沼泽发育与分布的界限，但至今尚未取得满意的结果。目前主要有以下几种意见：一是用温度（热量）作指标来确定泥炭沼泽的发育与分布的界限，如吉良企图采用温度（热量）指数②。二是用温润（水分）指标来确定泥炭沼泽分布界限。如 A. A. 格利哥里耶夫采用辐射干燥指数反映各自然带的特征，包括泥炭地发育的范围。M. H. 尼柯诺夫（Никонов）认为，泥炭矿床只有在一定气候条件下，即降水量大于蒸发量的地区，才能达到相当大

① 更多的素材是关于泥炭地本身的。如“泥炭”章是泥炭的生成、泥炭的分解度（分解度的意义、分解度的测定法、各种测定法的比较、泥炭的分解度和泥炭的各种性质）、泥炭化学成分、泥炭的构造。“泥炭地的形成”章（涉及两章），其Ⅰ是作为环境指标的湿地植物（泥炭的湿地植物、湿地植物和地下水位、水藓）；泥炭地的成因 A（陆化地形成的泥炭、陆化型泥炭地出层序、潟湖的陆化、沉水谷的陆化），B（沼泽化形成的泥炭地、河流泛滥形成的沼泽化、日本的 5 个泥炭地和沙捞越—文莱的泥炭地、排水不良形成的沼泽化、涌水形成的沼泽化、泥炭地扩大形成的沼泽化、大气降水形成的沼泽化）；其Ⅱ是泥炭层的水分分布、地下水位的降低引起湿地植物的变化、从泥炭层看到的变迁、典型的高位泥炭地、气候与高位泥炭地的形态、泥炭地变形、泥炭地的堆积速度。“泥炭地微地形”章是塔头和凸地、波状地和凹地、垅网状地和湿洼地、凸地—波状地—垅网状地的成因、扁平泥炭丘和穹形泥炭丘、池塘。

② 系指月均温≥ 5 ℃月份的气温，并从每月均温减去 5 ℃后的合计对日本泥炭地的发育与分布做出数量的分析。

规模和较大的集中。这不仅在苏联，而且在我国的泥炭地学工作者中，也有一些人把湿润系数大于 1 作为泥炭积累的气候指标。从现今泥炭沼泽分布的实际情况来看，湿润系数大于 1 的温带、寒带的泥炭沼泽虽然广泛分布，但在湿润系数大于 1 的亚热带却分布极少。同时，湿润系数小于 1 的东西伯利亚，我国青藏高原泥炭沼泽分布也较广泛。显然，这种现象的存在，说明单纯用湿润系数的观点是无法得到全面解释的。三是湿度（水分）和温度（热量）一定的搭配来确定泥炭沼泽的形成与分布的界限。如 Н. Я. 卡茨根据北半球泥炭沼泽发育的地带认为：'从南限来看，与七月平均气温 20 ℃等值线大体一致，北限相当于一月平均气温 –10~–15 ℃等值线，而且降水量与年蒸发量之比接近 1 或者是 1 以上'。卡茨之所以把七月平均气温 20 ℃等值线作为高位泥炭沼泽分布的南界，是因为如七月平均气温超过 20 ℃，作为高位泥炭主要构成要素的泥炭藓旺盛发育就困难了。另外，把一月平均气温在 –10~–15 ℃作为泥炭沼泽发育与分布的北限，是因为一月平均气温在 –10~–15 ℃的地带，冻结抑制了泥炭沼泽的发育。日本北海道开发局也赞同这一观点，他们认为泥炭沼泽发育的旺盛地区，与中纬度气团地带相符。把卡茨提出的上述气候条件应用到北海道，恰好七月平均气温 20 ℃等值线通过本州和北海道之间，湿润系数也大于 1。但一月平均气温超过 –10 ℃。所以从气候条件来看，可以说北海道是泥炭发育的旺盛地带，只是高位泥炭沼泽发育不典型。从现代泥炭沼泽发育的两个全球性地带的气候条件来看，上述水热指标只符合中、高纬度地带的泥炭沼泽分布情况，赤道雨林泥炭沼泽发达地带，则七月平均气温很高，超过 20 ℃，湿润系数大于 1.5，这表明上述水热指标仍不甚符合自然界的实际情况"[2]141。

②海侵与泥炭形成的关系。"全球性冰期和间冰期不仅影响高纬地区补给扩展和收缩，而且影响到中低纬度干旱、半干旱区的自然环境。"[2]155"虽然煤田的古地理类型有从浅海型、滨海型逐渐向内陆型发展的总趋势，但现今世界上表露和 / 或浅部的泥炭仍以滨海型为最厚。"[2]159"海侵过程中形成的泥炭层厚度很小。欧洲北海沿岸、日本海沿岸以及渤海、北黄海沿岸伴随冰后期海侵而形成的泥炭，厚度一般只有 20~50 cm"。"一般说来，松软的泥炭层在海侵过程中易被海浪破坏，甚至荡然无存。但在晚更新世，尤其全新世冰后期海侵层之下，往往垫着薄层泥炭。这显然与海侵速度很快、海浪作用时间很短有关。可能只有在海面迅速上升过程中伴有停顿或小幅度下降，才能形成较厚的泥炭，同时，也只有被接踵而来的海水迅速淹没和掩埋，才能使松软的泥炭被封存起来。海侵过程中形成的泥炭层及超覆其上的海相层，一般层序稳定，组合简单"[2]159。"一般认为，由海退到海侵的转折期，即前一次海退之末，下一次海侵开始之前的海面相对稳定，在岸线附近有利于泥炭沼泽发育"[2]159。"距今约 40 000 年前或更早些，向大理亚冰期过渡，海面开始回升，在北黄海现今水深 –73 m 附近（如黄 29 号钻孔）稍有停顿，留下了厚 25 cm 的灰黑色泥炭层（＞36 000 年）。海水继续向华北平原进侵，在黄骅一带地下 41 m 处形成了厚达 1 m 的泥炭（＞32 000 年）。这些泥炭直接被海侵层超覆，说明它是伴随海侵而生成的。距今 25 000 年前后，进入晚大理冰期，从而开始了幅度最大的海面下降，在距今 18 000 年前后冰期极盛时，最低海面在东海达 –155 m 以下。约从距今 15 000 年前起，海面开始回升，不断迁移的海岸带依次沼泽化，形成黑色淤泥和泥炭，同时又被接踵而来的海侵层超覆。在北黄海水深 –56 m（黄 8 号钻孔）处稍有停顿，形成

了厚 40 cm 的暗褐色泥炭（距今 12 400 ± 200 年）。海水继续西侵，形成黄骅地下 16 m 和 15 m 深处的泥炭（分别距今 10 300 ± 200 和 9 120 ± 180 年）”，“于距今 6 000~5 000 年，西侵的海水达到最大范围。……约相当于现代地面 4 m 等高线附近”[2]161，“一般来说，大面积缓慢沉降有利于区域性泥炭沼泽化，这在西西伯利亚低地表现得十分明显。那里的地面起伏极其微小，河道蜿蜒，排水不良，从全新世以来长期保持着地面充水，残存着大量湖泊。河流不仅不起到排水作用，相反，常与雨水、融雪水一起补给平原。因此在河漫滩、阶地、较平缓的河间地及分水岭都发育了泥炭沼泽。如鄂毕河中游瓦修干区，泥炭沼泽的面积占 70% 左右，泥炭厚 4~5 m。据研究，目前该区每年仍以 10~15 mm 的速度下沉，土壤湿度在增大，排水日趋困难，还在不断侵占泰加林”[2]162。“火山区泥炭地的形成是否与火山活动有必然的联系，值得探讨。对此，阪口也曾说：‘泥炭为何集中在特定的火山及其周围，还不清楚’。不过，火山活动会影响泥炭沼泽类型的发展。当火山灰一旦降落到贫营养泥炭沼泽地上时，会（按：原文为‘有时会’[1]353）引起沼泽向富营养方向转化，此类例子很多，如日本北海道风莲川泥炭地，在发育过程中有两次火山灰降落，尤其是第一次降落的火山灰层厚度约 10 cm，使该泥炭地从高位普遍向低位过渡。另一方面，火山灰落入泥炭地中，会改变泥炭层的通气性质，促进泥炭分解的增强，这是普遍的现象。但由于这种原因形成的高分解层，与前述由于大区甚至全球性气候变干而形成的界层完全不同”[2]163。

③“成炭期及其划分”节称“潮湿的气候，起伏不大的地形，排水不畅的水文状况，茂盛的植被，以及稳定而持久的构造条件等互相配合，构成了泥炭沼泽发育的地质地理环境”[2]164。“泥炭赋存的地层资料表明，泥炭主要形成在间冰期和冰后期。因此，以冰期为基础的气候地层学，可以作为成炭期划分的理论依据”。“赤道热带，据现有资料，集中了世界浅部和表露得最厚的泥炭层，如南美圭亚那和苏里南滨海平原有厚度超过 40 m 的淡水泥炭和咸水泥炭；牙买加 Negril 的泥炭厚达 16 m，刚果盆地泥炭在局部可厚达 30 m。波罗州文莱巴兰三角洲泥炭厚达 20 m。我国广东遂溪草潭珍珠湾（在北部湾岸）泥炭和腐木互层最厚处达 20~30 m（在埋深 8 m 处，^{14}C 年龄＞ 30 000 年），等等。这些大多位于滨海地区的泥炭地，基本上都是晚更新世以来形成的”[2]166。“晚玉木冰期极盛之后，约由距今 15 000 年前开始，向晚冰期和冰后期过渡，进入最重要的成炭期”[2]166。“晚更新世末—古全新世成炭亚期：距今 15 000~10 000 年前，一般称晚冰期，有人将其后半段划归古全新世。这是从晚冰期向冰后期过渡的时期，气候不稳定，波动频繁。在距今 13 000~11 000 年前，出现一次比较明显的暖期，大致相当于欧洲的博林期和阿尔路德期，其间虽有 2 000 年短暂的中仙女木冷期，但有些地方表现不明显。阪口认为，这个暖期才是晚冰期泥炭沼泽发育的真正开始”。“早—中全新世成炭亚期：距今 10 000~3 000 年的早—中全新世，气温较高，尤其距今 7 500~5 000 年的大西洋期最高，使地处高纬的西北欧最适于人类居住，因而被称为高温期或气候最佳期。……在日本中部以北的山地贫营养泥炭地，主要是距今 8 000~4 000 年形成的，多集中在海拔 1 700~1 900 m 附近。从中国副热带山地泥炭来看，大体也类似，但泥炭地的海拔高程由东向西逐渐升高，如从湖北神农架经川西若尔盖到藏南仲巴，由 1 740 m 升到 4 600 m”[2]167。

④泥炭层系中碎屑沉积物矿物成分复杂。“在泥炭层系碎屑沉积物中，最常见的矿

物有20多种。而其中最主要的矿物只有3~5种。按其比重，可分为轻矿物和重矿物两类”。< 2.86（g/cm^3）的轻矿物如石英、长石，重矿物如锆石、辉石、角闪石、石榴石、红柱石等，石英占60%以上，长石占10%~15%。> 2.86的重矿物，包括赤铁矿、磁铁矿、金红石、褐铁矿、刚玉、石榴石等，只占1%左右。“重矿物虽在碎屑沉积物里含量少，但是它的种类多、稳定”[2]172。

⑤泥炭层系的韵律结构。“如江苏盐城、弶港、启东及上海的嘉定等地钻孔剖面，显示出含泥炭层及其上下的沉积物曾多次出现，呈现出极明显的韵律结构。它们共同的特点是，下层沉积物是陆相棕黄色、杂色粉砂黏土，氧化铁含量较高，有较多铁锰结核。其上层为深水海相沉积物，主要为粉砂黏土，颜色灰绿，具有还原环境的特征，含有玻璃介化石。再向上为浅海相沉积物，主要为灰色至浅灰色或粉砂质黏土，含有少量玻璃介及平卷螺属化石等。浅湖相的顶部均为一层黏土。最上层为海相沉积物，主要为粉砂质黏土，颜色为灰色，含有海相的软体动物群及有孔虫等。类似这一沉积系列，在盐城钻孔剖面中出现过5次，弶港孔中出现2次。这些韵律结构反映江苏沿海地区自第四纪以来泥炭层系的反复沉积过程，也反映出江苏沿海地区晚更新世以来海侵海退的变化过程”[2]181。泥炭层的底板往往是黏土、亚黏土、亚砂、土等一套细粒沉积物，它是泥炭层堆积的碎屑沉积物质或土壤。

⑥对不同地带泥炭地特征的描述兼论述。

A.“北温带最重要的泥炭沼泽区鄂毕河中游泥炭沼泽区——世界最大的泥炭聚集区之一。世界绝大部分泥炭地集中分布在北半球的副寒带和寒温带，即所谓北方带或针叶林带。在气候上，这是极峰通过的多云低压带。在第四纪里，特别是最后一次冰期，这里是北半球大陆冰盖的边缘。大陆冰盖退却后遗留下丘岗起伏的冰碛地形和冰川湖群，水系发育不成熟，地表切割轻微，地下存在不透水的多年冻土层，等等，构成了促成泥炭发育的地表滞水条件。所以，在林下泥炭沼泽发育旺盛。但是由于区域性地质地理因素的干扰，泥炭分布并不均匀，主要集中在西西伯利亚、西北欧和北美五大湖到哈德逊湾一带”[2]215。“西西伯利亚低地，泥炭地面积最大，储量最多，特别是贫营养的藓类泥炭最为丰富”。“西西伯利亚低地是一块比较完整而单一的自然区。其西部以乌拉尔山东坡为界，东部以叶尼塞河谷和中西伯利亚山原陡坡为界，北临北极洋（按：应为北冰洋），唯有南部的自然界限不太清楚，逐渐向阿尔泰山地丘陵区过渡。在地质构造上，低地的褶皱基底被平缓的中—新生代地层覆盖，因而在地形上表现出其特有的平坦性。在第四纪里，一直到全新世都在强烈而不断地沉降。松散的湖积—冲积物（北部尚有冰川堆积物）很厚，地表自然环境的特征是强烈的区域性充水，因而特别有利于泥炭沼泽化”[2]215。可将鄂毕河分为下、中、上游3带，“北部下游带，由北向南依次为极地矿质苔草沼泽区、平原泥炭沼泽区和大丘泥炭沼泽区，泥炭沼泽率很高，皆在50%左右，但……植物生产量极低……泥炭积累很薄，其厚度一般不超过0.6 m”。南部上游带“渐渐接近于干燥的中亚丘陵山地……泥炭沼泽率减低，一般在3%~10%。泥炭厚度多在1~1.5 m间。总的说来，泥炭的面积不广，储量也不大”。“着重叙述鄂毕河中游带。这个带在气候区划上，大部属副极地大陆性气候。但由于温度低，蒸发弱，相对湿度大，所以被认为是大陆性气候最弱的和寒冷程度较轻的地区。正是由于这样的气候条件，再加上前述有利因素的配合，才使本区发育成为全世界泥炭沼泽率（泥炭盖度）最大、储量最丰富的地区”。其中瓦修干区尤为重要：“瓦修干区是广阔的、目前正经历着微弱构造抬升的微微凸起的低平原。它主要由通气性较差的亚黏土质堆积物构成。在区域的北部和东部，分布着湖积物和冲积物，向南逐渐过渡到黄土状亚黏土。相对排水的泥炭沼泽分布范围与正性构造轮廓大体一致。弱排水的泥炭沼泽一般占据着捷缅—额尔齐斯和鄂毕—额尔齐斯河分水岭上正在进行堆积的洼地。本区有世界上最大的，包括各种类型的分水岭泥炭矿床，亦称‘瓦修干’型矿床。其面积超过 50 000 km²，以贫营养藓类泥炭沼泽为主”[2]216。①

B. 三江平原泥炭沼泽区“综上所述，本区泥炭沼泽除局部地段以外，一般形成时期较晚，泥炭积累较慢，全区大部分仍处于泥炭沼泽化阶段，仅在东部发育了成片的泥炭沼泽”[2]221。“三江平原为新生代形成的内陆盆地，以后堆积了第三纪和第四纪松散地层……支流间分水界也不明显，甚至有些河段无明显的河床，或河流高出地面成河上河。[2]221……综上所述，在三江平原，无论是地质地貌还是水文气候均有利于泥炭沼泽的发育，但为什么泥炭积累很薄，而且大部分处于发育的初期？”萨罗贝兹泥炭沼泽位于日本北海道的西北部海滨，“萨罗贝兹泥炭沼泽发育 4 个阶段[2]223……海侵溺谷时期冰后期海面上升，海水沿着河谷向陆侵入。距今 12 000~11 000 年前，当时气候较冷，有古天盐川，谷地局部发育泥炭沼泽，形成了现代海面 –26 m 处的泥炭。第二，是稳定的高海面的海湾期。距今 6 000 年前达海侵高潮；海面高出现代海面 4~6 m，当时为溺谷和海湾，海岸砂坝开始形成，泥炭沼泽在湾头洼地和支谷中开始发育。第三，是海退潟湖期。大约由距今 4 000 年前开始，海面下降，到距今 3 000 年前海面比现代低 1 m 左右，潟湖逐渐淡化，泥炭沼泽迅速扩张。第四，是现代泥炭地形成期。距今 3 000~2 000 年以后，海面由 –1 m 处开始逐渐上升到现在的位置。泥炭地的河曲带稳定，洪水泛滥减少，废弃河道、砂坝间洼地、堤外洼地都泥炭沼泽化，小块孤立的泥炭地逐渐连接成大片的厚层泥炭地。泥炭层的厚度为 3~3 m（按：原文如此）”[2]229。亚热带、热带泥炭聚集区“迪斯玛尔泥炭沼泽濒临美国大西洋沿岸的广阔低平原上，于弗吉尼亚和北卡罗来纳州的边界上，有一片闻名于世的现代仍在发育着的迪斯玛尔大森林沼泽，大体在北纬 36° 附近。南北最长处达 65 km，东西最宽处 40 km，面积约 5 700 km²”，“泥炭沼泽的最高点在萨福克崖附近，海拔 7.5~8 m，最低点在芬特雷斯高地附近，海拔 3~4 m。泥炭沼泽的中心部位凸起，高出边缘部分 4~6 m”[2]229。“泥炭沼泽可分为暗沼泽（亦称橡树皮沼泽）和亮沼泽（亦称杜松树沼泽）。前者仍然保持着自然状态，后者则是受人类活动影响的地区。典型的橡树皮沼泽，季节性积水时间长，水深一般不到 1 m，常变化在地面以上 0.7 m 到地面以下 0.3 m 之间”。“迪斯玛尔泥炭沼泽是具有由第三纪残余树种落羽杉等构成的森林泥炭沼泽的特征”[2]230。“橡树皮在植被茂密的地方，泥炭层较他处为厚，一般 2~3 m，局部地方超过 6 m，多呈强酸性反应。在整个泥炭层中，木质泥炭与腐泥质

① 成炭期又称成煤时代或成煤期，地质历史中形成具有工业价值煤矿床的时期。我国的成炭期有早古生代（以石煤为主）、早石炭世、中石炭世、早二叠世、晚二叠世、晚三叠世—早侏罗世、早第三纪和晚第三纪。其中主要的成炭期为石炭纪二叠纪、侏罗纪和第三纪，与世界分为的 3 个主要成炭期——晚石炭世及二叠纪、侏罗纪、晚白垩世和第三纪基本一致[6]116；以高等植物的树干、树皮和孢子花粉等为原始物质形成的煤称为腐殖煤，以低等植物为主并有浮游生物为原始物质的称为腐泥煤，由高等植物和低等植物二者混合形成的煤称为腐殖—腐泥煤[6]117。

泥炭常呈互层，但上部以木质泥炭为主，红棕色，疏松多孔，下部以暗棕色腐泥质至纤维状泥炭为主，最底部泥沙质增多，有的变成富营养的湖积物。在上部木质泥炭中，最普遍的是落羽杉泥炭，其次为紫树属木质泥炭，再次白扁柏、松和常绿灌木组成的混合木质泥炭”[2]230。“北美大西洋沿岸是广阔的滨海低平原，海拔大部在 30 m 以内，起伏极其和缓，沼泽广泛发育是其特征之一。特别是平原的东北端，第四纪以来地壳明显沉降，形成了有众多海湾、潟湖和溺谷的所谓‘多湾区’。岸外往往有很长的砂坝、岬角和岛链保护，风浪不强，又加上墨西哥暖流通过的影响，气候温暖湿润，因而为泥炭沼泽的广泛发育提供了有利的自然地理条件。迪斯玛尔沼泽的地势很低，仅高出海面数米，高潮时海水尚可侵入，以致部分沼泽属半咸水性质的。水文地质条件最为重要。在这样的条件下，迪斯玛尔泥炭沼泽中森林茂密，树木基部膨大，根部向各个方向撑开，以保持树木的稳定性，但是大风时仍有大量树木纵横倒卧在沼泽中。因此，木质泥炭迅速积累，据分析和测定，平均速率为 2~2.5 mm/ 年。从煤田地质学角度看，迪斯玛尔泥炭沼泽的外貌，与地质时期（如石炭纪）中的滨海森林沼泽景观有许多可以类比之处”[2]230。其发展史：“a. 在桑加蒙间冰期高海面时，堆积了海成的桑德布利基层；b. 在威斯康星（玉木）本区低海面时，桑德布利基层表面被切割成树枝状沟谷；c. 距今 12 000~10 000 年前，低的地方开始堆积无机质堆积物，沿河两岸开始发育淡水泥炭沼泽，在河间地上则生长着北方系的松和云杉林；d. 距今 10 000~8 200 年前，在低地浅水中，堆积了凝胶状黏土，淡水沼泽渐次内陆和河间地扩展，河间地森林渐渐变成硬叶林；e. 距今 8 200~6 000 年前，沼泽继续扩展，河间地的森林变成含有落羽杉的硬叶林；f. 距今 6 000~3 500 年前，河间地的泥炭继续堆积，但其堆积速度已渐缓，沼泽地的水位下降，积水时间缩短，硬叶林逐渐代之以落羽杉—紫树林；g. 距今 3 500~ 现在，泥炭在沼泽地中普遍积累，植被以落羽杉—紫树林占优势”[2]231。

C.“大面积快速隆起中的局部慢速隆起，也可造成相对地洼有利于泥炭沼泽发育的地貌和水文条件，青藏高原东部冰缘的若尔盖泥炭地就是一例”[2]163。“滇西龙陵大坝堆积了厚一二百米夹有六层的年轻褐煤——古泥炭，从泥炭层与砂质黏土发育的情况来看，小盆地是在新构造间歇性沉降条件下形成的”[2]163。“河流中段，即珍珠湾泥炭地主体，泥炭最大厚度 24.50 m，呈透镜体状，长轴与谷地延长方向一致，整个谷地的泥炭平均厚度 4.5 m，夹 2~3 层腐木，每层平均厚度 2.08 m，泥炭储量达 $402\times10^4\,m^3$。全区超过 $10^6\,m^2$ 的大型泥炭地 7 处，$10\times10^4\,m^3$ 的中型泥炭地 10 余处，泥炭总储量达 $5\,800\times10^4 m^3$，约占我国热带泥炭总储量（$8\,000\times10^4 m^3$）的 72.5%。有些泥炭地如草潭、调熟—屋山、山后洋及协和等分布面积不大，合计 10 余平方公里，但泥炭矿层厚度大，一般单层厚度 3~5 m，最大厚度可达 27.5 m，而且常见 1~2 层厚度 2~4 m 的腐木层，是我国沿海地区罕见的厚层大型泥炭地。这些泥炭大部分堆积于晚更新世至全新世。目前尚残存有小片现代泥炭沼泽”[2]231。

D.“雷州半岛北部沿海泥炭聚集区”全区超过千万吨的大型泥炭地 3 处，百万～千万吨的中型泥炭地 14 处，泥炭多为 3 层，厚 10 m ± 。是我国沿海地区罕见的厚层大型泥炭地。有些泥炭地单层最大厚度可达 27.05 m。这些泥炭大部分堆积于晚更新世至全新世。目前尚残存有小片现代泥炭沼泽。典型的泥炭沼泽地“草潭、调熟—屋山、山后洋等”的特点是：“a. 绝大部分为埋藏型泥炭地，基本上是分布在圆形、椭圆形或长条状的洼地之中，其上已开垦为水田。b. 泥炭矿层厚度大，埋藏浅。一般埋深 1~5 m，矿层厚度 3~5 m，最大厚度 27.50 m；泥炭底板多低于现今海面。c. 泥炭与腐木厚层，一般由泥炭与腐木各 2~3 层相间组成。上、下层为草木泥炭或草—木混合泥炭，中层为木本泥炭。有的泥炭矿层较简单，其下层为木本泥炭，上层为草木泥炭，夹层为腐木层或黏土，且相互间呈渐变接触关系。d. 泥炭为草本泥炭和木本泥炭，呈褐黑色或棕褐色，细纤维状和颗粒状，较致密，有机质含量达 70% 以上，总腐殖酸含量 40%~50%，含油率高，在 5%~15%，泥炭蜡含量 5%~10%，泥炭碳、氧比（C/O）较高，属于高分解的优质泥炭。e. 泥炭形成时代较早，演化过程复杂。根据测年资料和泥炭堆积速度推算，该区泥炭大部分形成于中晚更新世，部分形成于全新世”[2]232。“雷州半岛沿海泥炭地规模大小不一，源地和形成过程也是多种多样的。多数起源于海湾潟湖、溺谷、潜蚀湖盆与砂坝间洼地。山后洋与调熟—屋山泥炭地即起源于海湾协和；珍珠湾泥炭地则发源于溺谷之中”[2]232。“山后洋泥炭地位于湛江市湖光岩乡东南，海拔高 3.5 m，距海约 3 km，现今仍有小河与海连通，呈椭圆形洼地。在洼地出口地段地表为灰白色至淡黄色细粒的浅海型冲积物，泥炭地覆盖层 1~2 m，有两层泥炭，下部泥炭层平均厚度 10.37 m，最厚在中心地段，达 19.95 m，上部泥炭平均厚度 1.14 m，最厚 3.45 m，夹层为腐木和少量黏土，其厚度约为 2.5 m。黏土呈褐红色木屑状，属于木本泥炭，储量达 439.50×10^2 m^3。底板为黑色腐泥，细腻而黏重，并在地表下 8.60~12.10 m 处发现类似腐泥夹层，表明泥炭地经历了潟湖相和泥炭沼泽交替堆积过程，且以泥炭沼泽堆积为主。珍珠湾溺谷泥炭地，位于遂溪县的草潭乡北部，距北部湾的英罗港 4 km，泥炭地形成于被开析的二级海积阶地的短小河谷中，谷长 3 km，河口段为盐碱海滩，植物生长稀疏。据传说，古时大船可到达珍珠湾处。1957 年海水曾一度倒灌至布屋一带。河流中段，即珍珠湾泥炭地主体，泥炭最大厚度 24.50 m，呈透镜体状，长轴与谷地延长方向一致，整个谷地的泥炭平均厚度 4.5 m，夹 2~3 层腐木，每层平均厚度 2.08 m，……该泥炭地的形成过程，大体上是北海组构成的阶地面被流水强烈切割，由冲沟逐渐发展为短小的河谷。同时，松散地层的崩塌作用也对加宽谷地有一定影响。当海面上升或构造下降运动时，海水进入谷地，形成溺谷。以后又被砂咀堵塞而形成潟湖，并演化为沼泽，堆积了泥炭。特别是在温和湿润的气候条件下，在海面相对稳定时期，积累了较厚的泥炭。在海退时期，谷底潜水位下降，沼泽退化为森林。此后海面再度上升，海水再次侵入谷地，淹没林地以及异地漂移来树木共同堆积在谷地之中，形成腐木层，如此反复多次，遂形成今日之泥炭地。”[2]233。“协和和泉水等泥炭地是在潜蚀湖盆中形成的。主要分布在北海组地层所构成的二级阶地上。这种潜蚀湖盆洼地的形成与北海组的松散地层及其地下水运动有关。由于阶地是含少量黏土的细砂及粗砂粒组成，岩层较疏松，厚 10 余米，其下与湛江组地层呈不整合接触……”，“泉水泥炭地地表下 5 m 处，发现埋没林，林木呈直立或倾倒的完整树木，胸径 10~15 cm，根部埋于淤泥质泥炭层中。根据 ^{14}C 年龄测定资料，属于 10 300~9 000 年的森林，抱粉组合为泪杉—椤属花粉谱，反映了当时气候炎热而干燥”[2]233。称潜蚀盆地是“由于本区岩层是以松散的砂和下部湛江组黏土为主构成的，抗蚀能力差异大，而以黏土透水性小，成为隔水层，致使上部北海组岩层受到潜水破坏，发生地面塌陷，形成潜蚀盆地”。“综上所述，一般在高海面时，特别是缓慢上升和高海面稳定时期，沿海泥炭沼泽发育强盛，地处热带的雷州半岛北部沿海，植物生长量大，地势低平，更有利于深厚泥炭地的形成。反之，海面下降，泥炭沼泽的发生发展将受到抑制”。

E. 北加里曼丹泥炭沼泽——热带雨林带的泥炭沼泽聚集区。“a. 红树林是兼性盐生植物，是热带、亚热带泥质平原海岸常见的特有的植被类型，生长茂密，笼罩着整个潮间带。其宽度一般可达数公里，而在大河流的河口地带，甚至可上溯数十公里。林下一般为黑色淤泥，加上腐烂的枯枝落叶，使淤泥具有浓厚的硫化氢气味。这种富含有机质的黑泥，常被称为‘红树泥炭’，其厚度由数厘米到数十厘米不等。b. 向内陆方向，在冲积平原上，淡水沼泽林异常发育，常受季节性洪水泛滥的影响，往下厚约数厘米的泥炭和黑泥。据安特生，前者有机质含量在 65% 以上，而后者则在 65%~35% 之间，pH 值一般大于 6。此类泥炭沼泽表面常是平坦的，或偶尔有不明显的微凸起。应该指出，在上述淡水沼泽林分布区中，于稍微高起和较为‘干燥’的、不被洪水淹没的地段，常常发育着最重要的泥炭沼泽林。实际上，这种泥炭沼泽林就是正在发育的所谓‘热带泥炭沼泽’，其下的泥炭一般在 10 m 左右，最厚可达 20 m，有机质含量多在 65% 以上。泥炭大体呈红棕色，纤维状，常含大段木材，下层较紧密，表层较松软”[2]234。“北加里曼丹藓类泥炭沼泽的宏观形态”：“地表的高度变化在 4~15 m，表面凸起，像倒扣的盘子，靠近边缘的坡度 0.4%~0.5%，其植物以泥炭藓为特征，主要靠矿物质极贫乏的雨水补给，等等。泥炭地排出的水在反射光下呈黑色，在透射光下呈茶色，显示强酸性反应，pH 值一般≤ 4。其中心的潜水面比周围高，地表的植被也像温带泥炭沼泽一样呈同心圆状分布，中心部分树木矮小，通常有旱生形态特征，一般以红胶木和布莱亚木占优势”。沙捞越“泥炭沼泽占其陆地面积 12.5%，估计有 1 500 km²，几乎占据了整个海岸和滨海低平原”。沙捞越拉姜三角洲和巴拉姆三角洲的泥炭沼泽“基底为硬黏土，其上直接覆盖着‘红树泥炭’，接着是革质坎诺漆、猩猩椰子……大体上与泥炭地表面环带状分布植被序列相对应。巴拉姆三角洲泥炭最厚处达 20 m。^{14}C 年龄测定表明，其演替开始于距今 4 500 年前，其堆积速率，如果不考虑到剖面中是否有高分解的界层存在，平均每年达 4.44 mm，比寒温带和副寒带的泥炭堆积速率高出 10 倍左右”[2]235。“本区泥炭沼泽之所以如此广泛，堆积速率如此之快，无疑与高温、多雨的气候有关，这当然是气候地带性的表现”[2]235。拉姜三角洲、巴拉姆三角洲剖面“可以看出，泥炭地的底板，一般低于海面 3~6 m，如果不考虑冲积物的压缩作用，就应该承认，从中全新世后期以来本区地壳是趋于沉降的，但由于泥炭积累速度大于地壳沉降速度，所以，泥炭层仍然表现为海退层位。据分析，巴拉姆三角洲海岸线近期以平均每年 9 m 的速度向海洋方向后退”[2]235“综上所述，在热带雨林地带，泥炭沼泽是比较发达的，主要是各种泥炭沼泽林，这是一种特殊类型。一般泥炭沼泽不被水淹没，多数中部明显隆起，泥炭有机质含量不低于 65%，通常都呈酸性，pH 值一般小于 4.0。泥炭层的厚度不小于 0.5 m，最厚可达 20 m，层内往往有大段的木材。但在山地中，泥炭层则较紧密，同低地泥炭有明显差异。可见这一地带中沿海低地和山地几乎都有泥炭沼泽林的发育，故成为世界上泥炭沼泽发达的地带之一”[2]201。

七、在泥炭地发现的某些现象

①哈特菲尔德泥炭地发现了 27.4 m 长的枞树和 30.5 m 长的枹树，“这枹树比在英国领土上发现的任何树都长”[1]48。爱尔兰多尼戈尔泥炭层 4.3 m 深处发现一栋圆木茅舍，茅舍充满泥炭，别的小木房子围绕着它，“四周有保持自然状态的树干和树根。这不知道是什么时代的茅舍，但毋庸置疑是被泥炭崩塌所吞没的一个村庄的实例”[1]53。

②“所谓泥炭埋没尸体，是指从欧洲的中、北部以及北西部泥炭地泥炭层中发现的，主要是铁器时代的人的尸体。过去 200 年间，在包括丹麦、德意志北西部以及荷兰在内的北欧铁器文化圈里，发现这样的尸体约 200 具”[1]49。尤特兰德中部的托利斯德“公元初年的铁器时代的人物尸体”，1950 年发掘出来后的头部照片，除了闭眼外，与一般人物头像照片看不出有大的差别。“泥炭中动物性物质的保存[1]49……为什么泥炭具有这样好的防腐性？”[1]50。

③“在苏格兰的泥炭地底部，常常发现麋鹿的角。这种动物确实是苏格兰所固有的，但是为什么在这里有它们的角？……大概是这个国家麋鹿多的时候，年年脱角，然后在这上面堆积了泥炭的吧。”苏格兰泥炭地一般树梢向北东方向横卧，“这是由于西或西南强风吹倒所致。另一方面，在荷兰泥炭地中的树木倒向东南方向是通常的现象，这是因为那个国家西北风最强所致”[1]41。某 90 岁老人称，1651 年欧洲红松森林，15 年后全部被风吹倒，被绿色的苔所覆盖。到 1699 年，“佃农在曾经是森林的地方采掘泥炭”。“所以，他知道泥炭地的主要部分是由树木形成的”[1]42。

④“库克船长接近火地岛海岸时，船上的水不足了，所以他不能不在该岛上补充像黑啤酒般的褐色水。这种水好像从英格兰的泥炭层里流出来的，没有办法只好把它装进来”[1]43。

⑤“在北京东部采掘泥炭，从中发现了水牛骨的遗物。从遗物测定泥炭层的时代，不是在汉代以后，因为不论是野生的还是家畜的水牛，很难想象在现在的气候条件下可生育在北京附近”[1]57。

⑥日本“富山县渔津海岸有埋藏林……挖掘出来的树木有二百几十根，最大的直径达 4 m，有的年轮达 1 500 多年。这些林木都是根的部分，其上部几乎是在一般高的地方像锯切得那样齐。其高度 1~1.5 m。根的扩展范围，有的达到 20 m^2 那么大。有的残树没有主根而向横的方向扩展，底面像板子那样平。这被认为是当时地下水面的高度，因而主根的发育受到了妨碍”[1]385。“穹形泥炭层一般是很薄的。它的整个生育期间靠冻土的融解来供给湿生植物的水分。在大陆性的地域，在穹形泥炭地里可以见到永久冻土出现在接近地表附近”[1]269（按：“穹形是由于强力的冻结作用而出现的泥炭丘”）。“同时也有两层树根，人们是这样解释的，在生育期间偶尔被土砂所埋没造成二次生根。大部分树木是杉树，也有其他少量的赤杨、栗树、朴树、桂树、盐地等。埋没树根的地层层序如图 6-22（按：本书不附该图）。似乎有两层泥炭层覆盖着树根，上部泥炭层和树根被灰色微砂层所覆盖，即森林的绝灭期在泥炭层堆积之后，灰色微砂层堆积之前进行的。如此图表示的那样，树根和泥炭层都在海面之下。在这埋藏林周围，泥炭层在海拔 0~–3 m 的周围内，上位泥炭层在 –1 m，下位泥炭层在 –2~–2.4 m 处。下位泥炭层的年代

距今1 750 ± 90年（Gak–563），树干的年代是根的开始年代，距今1 960 ± 70年（Gak–246）。因为这个树干的年轮达到1 500年之多，树干开始生育的年代是绳文中期左右。另一方面，从上位泥炭层的上面起，出土过弥生后期或者古坟时代初期的陶土器。渔津埋藏林是生长在近海的陆地森林，是由于受到海面上升或者陆地下降，或者两者同时影响而处于海面下面。上面出现在海面上的部分枯萎，树干就从那里烂掉，只是被水淹过的部分埋没在砂土中保存到现在"[1]387。

⑦北海道开发局在平原内钻了7个30 m深的钻孔。"1~4号钻孔的堆积物的特征，第一是含有河蚬的粉砂质黏土层，3号的厚度达到26 m，河蚬在中上部多，在下部没有见到；第二是泥炭质黏土层，在灰黑色黏土层、灰黑色沙砾层里，挟着河蚬层。通过整个钻孔各点来看，构成沙砾层的砾的种类是一样的，其中黏板岩、砂砾岩占大部分，也包含着燧石砾。也有的地方燧石砾占优势。4号最下部，5、6、7号的粉砂岩以及砂岩黏子的大小、硬度等与周围丘陵露出的第三纪上部层（勇知层）相对应。盖在其上的沙砾层，认为是与周围丘陵勇知层成不整合的由未固结的砂砾所构成的更别层或者是其再堆积物。从1~4号粒度呈不连续的变化，成为河蚬的粉砂质黏土层。这是全新世层。3号在海面下26 m处，有厚度90 cm的泥炭质黏土层。4号在海面下也有13.45~13.95 m的泥炭质黏土层。关于这两个地层，如上面3~7号所接触到的那样。根据钻孔点1~4号的资料推测泥炭地的地下状态，可以如图6–24那样的两种情况"[1]389。

⑧对泥炭地崩塌的描述是："雪急剧融化，布卢姆菲尔德和季伐之间的泥炭地崩塌了，携带着40公顷的泥炭地物质的黑色洪水沿着狭窄的河道流去，成为猛烈的激流，石南荒原、树木、泥、石冲走了，许多草地和耕地都被淹没"[1]53。

第二节 读后感

从泥炭的研究史看，泥炭最初作为一种燃料矿产，经开发利用得到重视，被作为科学研究对象。植物学家看到了植物，草本、木本和它们各自的种属，植物死亡后的腐败；生态学家看到了植物生态；化学家看到了形成泥炭地的化学特别是有机化学过程等；土壤学家看到了土壤对泥炭发育的影响；水文学家看到了水对泥炭发育的重要作用；地理学家看到了地理环境对泥炭的综合性作用；矿产勘查注重的是泥炭的技术经济指标等。所有这些，都立足于"泥炭矿"这一工业概念上。

"泥炭和泥炭地的定义，根据其研究范围和利用范围不同而发生变化"是客观存在的，工业概念的泥炭矿当然可以有不同划分标准。从资源丰富程度说，匮乏地区就可以比丰富地区采用更低标准；从富裕程度说，穷困地区就可以比富裕地区采用更低标准。如果没有阻止采富弃贫的措施，开发晚期就必定比早期的标准低。技术上可采、经济上盈利，就都叫泥炭矿，毫不理会是草本植物变来的还是木本植物变来的、有没有成炭期之类等涉及泥炭成因的本质属性。称谓当然也可以不同，只要那个地区的同行约定俗成即可。其实所有的矿产的工业指标全都如此，相同矿种的不同矿床可以不同，同一矿床在不同时期可以不同。这就是"泥炭的概念和名称至今尚未完全统一""此外，我国还有许多地方性的名称"[2]1 的渊源。如果将"泥炭矿"视为地质概念，那就是将工业概念与地质概念混淆，就是没有认识"物"，将两类成因大相径庭的泥炭混为一谈是概念混乱的必然结果。

认识世界其实也可以理解为认识"物"。认识物，就必须认识物的成因，因为"'物本身中'含有'因果依存性'"[7]，不懂得成因，就等于没有认识"物"。在要求认识物的学术领域不可容忍概念和名称都不统一的局面，必须概念清晰、定义严格。承认"定义可以根据其研究范围和利用范围不同而发生变化"，在起点上就错了。它意味着讨论的对象是"泥炭矿"，而不是本质大相径庭的沼泽泥炭或者泥炭两者中的一种。

煤田地质学对煤的成因并未查明，泥炭的研究家们对泥炭的成因更是一知半解，因为对研究对象的研究深度和广度相差太远。泥炭研究家们真正看到的只有正在形成的沼泽泥炭，地质时代稍微牵涉久远些，就将"物"混淆了。文献［1］正确认识到了有两类泥炭，但不懂得怎样区分。

因为泥炭的成因未查明，学术上不强调"物本身中"的"因果依存性"，所以"甚至就连研究工作者能正确理解泥炭、泥炭地的人，也仅仅是少数"的局面就不可能产生质的变化。今天看来，只能说，研究工作者能正确理解泥炭、泥炭地的人，在本书之前还没有。

两本书存在问题的所有直接原因都来自概念混乱。

本节分为对应点评和归纳两部分。对应点评按泥炭的概念和认识概念混乱的根本原因是不能分辨泥炭的 5 种本质属性——空间分布特征、时间分布特征、成碳植物的本质区别、沉积层系韵律与特定组分，并按形成泥炭的地壳运动背景 3 个方面分别阐述。

一、对应点评

（一）泥炭概念的模糊

①“泥炭是没有完全分解的植物遗体的堆积物”，“我们认为，‘泥炭是不同分解程度的松软的有机体堆积物，其有机质含量应在 30% 以上’。这样定义，可将泥炭同褐煤、草根层及枯枝落叶层等加以区别”。“大多数国家将有机质含量的最低限度定为 30%”。

这是将沼泽泥炭必然经历分解作用，扩大到被混称的所有“泥炭矿”所犯下的错误。沼泽泥炭与分解作用之间是存在必然联系的。“一岁一枯荣”的湿地植物当然会死亡、腐败。不断生长，又不断死亡、腐败，这就是沼泽泥炭发展演化的一般规律。“热带没有泥炭地的错误见解，很早就有”，从“泥炭只有在植物生产量超过分解量的时候才能够形成”来看，分解度的确很重要，它决定着沼泽泥炭的有和无。湿地植物死亡后，的确有可能经不起高温、腐殖酸等经年的分解作用，难以存留。而只要看到泥炭在北温带大量存在的事实，又将分解作用看成是泥炭的本质属性，都有可能按此思维逻辑推断，犯同样的错误，包括鼎鼎大名的莱伊尔。

分解作用是沼泽泥炭的本质属性，但不属泥炭的本质属性，形成泥炭并不必定经历分解作用。

文献［1］一面说热带没有泥炭是错误的观点，一面说“泥炭只有在植物生产量超过分解量的时候才能够形成。……但是，由于热带分解作用强烈，泥炭生产量最大的地带不是热带而是温带”，“泥炭是温带和寒带气候的特殊产物。在温暖气候下恐怕不能形成，认为泥炭都是由半腐烂的植物所形成的。腐烂起一种发酵的作用，这是人们所熟知的。这种作用受温度高低所左右。温度过高，腐烂作用进行得就快，动、植物质在短时间内成为完全矿质化的泥土状态；与此相反，在温度低的地方，腐烂作用进行得慢，后者正是起着形成泥炭地的作用”[1]42。热带没有泥炭是爱丁堡大学沃克教授 1781 年的古老论点，文献［1］延续着古老论点，因为他不懂得间冰期可在高纬度地区形成热带—亚热带气候。文献［2］的说法有种、属混淆之虞。沼泽泥炭与低层次草根层及枯枝落叶层等属于种的差别，而与褐煤是纲的差别；应用领域可“以多取胜”，但是在学术进步过程中，正确的观点往往是由少数人先发现的。

②文献［1］列举了泥炭的“仅限于几乎没有混入类似黏土的碎屑物和火山喷发物等”的泥炭、黏土质泥炭、砂质泥炭、夹火山灰泥炭、泥炭质黏土、有机质黏土、夹杂植物黏土、混入了无机物的泥炭、黑泥土、亚泥炭或半泥炭等十个概念，规定“无任何规定而使用‘泥炭’这一用语的时候，必须同意它的内容不一定是这里规定的那样的物质”，听上去相当清楚，却又后缀相当宽松的使用规则，这是在为概念混乱可能出现的问题留退路。此外，这十个概念，除“夹火山灰泥炭”外，很难说是“从古地理学的观点来看”（夹火山灰泥炭倒是更可能涉及地学），而主要是从泥炭或兼有近旁非火山作用物质本身的特征来

描述的。要注意其所称“类似黏土的碎屑物”很难说不是火山灰。

③“大部分”“冰后期”泥炭和“全新世新期泥炭”的划分非常正确，应予继承。“古泥炭层的分布，如果和全新世形成的新期泥炭相比，是不成比例的、狭小的”中的古泥炭层指的是什么没有说明，这很迷惑人。笔者最初就以为指的是冰后期泥炭而认为“狭小的”错了，应当修改成“巨大的”。假定作者指的是已经成岩的沼泽泥炭，那么由于难以分辨而被认为“狭小”就不能算错，解释权在作者手上。假如“古泥炭层”指的不是冰后期泥炭，而是已经成岩的碳质岩层，就很成问题了。因为这种碳质岩层既柔又薄，应当都破碎不堪，即使保存完好，也极难识别，大概属于高碳页岩、碳质泥岩之类吧。从行文上看，冰后期泥炭被称为“大部分”，“全新世新期泥炭”应当是“小部分”了。这应当是正确的。“世界主要的泥炭地分布地域是针叶树林带（泰加针叶林带），或第四纪冰川覆盖地域”。“问题是在何种情况的气候条件下泥炭得以形成起来，如何解释从过去泥炭层产生的煤层的那个地方，在产生的当时该地的气候和土地条件怎样？”能讨论“气候和土地条件”的是作者声明不予讨论的泥炭（当然，“土地条件”何指属未知）。问题提出来了，但是没有解决，也不可能解决，作者已经承认“也只好寄期望于将来”。

④“泥炭地保护研究计划……是以水文和地形为基础的，可以说是最为概括的分类”。乍看起来此项不属于泥炭的概念问题，因为其所称“以水文和地形为基础”进行分类，正是文献［1］本来要讨论的“泥炭”，即沼泽泥炭。沼泽泥炭的形成的确只涉及水文和地形。什么气候、温度、湿度、温度（热量）指数、辐射干燥指数、湿润系数等挖空心思的研究纯属概念混乱的结果。寒带、温带、热带和干旱（只要不是极端干旱）、湿润气候都有其各自的植物群落，生长快慢又不是问题，地质学里最充裕的是时间，只要水文和地形条件能够持续维持湿地植物的繁衍，哪怕积累速率只有 0.1 mm/a，1 万年就厚 10 m，比各国要求的最小厚度厚多了，而 1 万年在地质时期里实在不算什么。文献［1］前五章主要都在讨论沼泽泥炭，但之后讨论到泥炭地的地学性变迁时就主要讨论冰后期泥炭了。

⑤“高位泥炭地一般中央部位比周围稍高，整个形状好像手表的表蒙子。与此相对照的低位泥炭地几乎是平坦的，因为中位泥炭地的形状介于两者之间”，“在日本等国家，高位、中位、低位泥炭地这种用语，离开了本来的形态和水理含义，而是在贫、中、富营养性泥炭地意义上被利用”。“高地泥炭地的‘高地’包含比冲积平原高的一切地形”。“假如有助于富营养性的湿地植物的生育，就会阻碍贫营养性湿地植物的侵入”，说明湿地植物可以是富营养性的，也可以是贫营养性的。“因为‘高位’‘低位’等用语有含混的地方，容易使人误解，按说使用贫、中、富营养性泥炭的用语为好；但是高、中、低位泥炭的名称在日本已经成了习惯用语，本书像对待泥炭地一样，主要使用高、中、低位泥炭这个名称”，这说明业界热衷将直白的贫、中、富营养性泥炭变换为高、中、低位泥炭这样的隐晦概念。“降水除了城市和海岸地带之外，都是含盐类非常少的贫营养性水”。笔者虽反复琢磨，对此专业术语始终似懂非懂，不懂得要区分泥炭地营养性的奥妙在哪里，只理解了沼泽泥炭一般有由富营养性演化为贫营养性的规律，且有实际材料为证（如火地岛的泥炭断面[2]199，底部是富营养泥炭，中部是中营养泥炭，上部是贫营养泥炭，很有规律）。文献［1］也明确指出泥炭的一般演化规律是“因而泥炭

的层序是，矿质基盘→富营养性（低位）泥炭→中营养性（中位）泥炭→贫营养性（高位）泥炭。这个层序称‘正规层序’”。这也很好理解，一种植物群落长期吸收相同的营养物质，后生长的植物当然不再有先前生长的植物的营养条件。

营养性问题还是个有趣的问题。因为从地学角度看，对于植物的营养物质而言，灾变期与均变期可以完全不同。比如说，灾变期火山喷发了，火山灰和造成火山灰的 CO_2 喷发就彻底改变了营养物质的主次关系。对于靠光合作用生长的植物而言，有什么其他的营养物质比得上 CO_2（且兼有炎热气候）？均变期则大不相同，在固定的、稀薄的 CO_2 浓度条件下，钙、镁、磷、钾等微量元素才凸显出其重要性。

（二）沼泽泥炭与泥炭的本质属性问题

泥炭的本质属性有 5：一是全球规模的分布特征，二是时间上的成炭期，三是成碳植物以木本植物为主，四是有泥炭层系沉积韵律，五是泥炭层系中夹含火山灰。沼泽泥炭不可能具备这些属性。以下从 5 个方面看其所称“泥炭”概念的混乱。

1. 空间分布上的纬度带与小范围混杂

“大部分泥炭产生于冰后期。泥炭地是平地的重要堆积物，冰后期和泥炭地是相辅相成的，这有利于冰后期的研究。当然，泥炭在全新世也在形成。古泥炭层的分布，如果和全新世形成的新期泥炭相比，是不成比例的、狭小的。世界主要的泥炭地分布地域是针叶林带（泰加针叶林带），或第四纪冰川覆盖地域。正像以后搞清楚的那样，这些地域的泥炭，从冰后期形成起，就开始堆积泥炭，这种说法也并不言过其实。因此，冰后期就具有作为泥炭地形成的时代的特色。”这一段话的可贵之处仍然在于认识到泥炭有两类（这一点更明确的表述是“一类是泥炭地，特别是沼泽化型泥炭地和高位泥炭地的存在，受气候所支配；另一类是构成泥炭地的泥炭层，记录着气候的变化”[1]342）。另外，也陈述了“从冰后期形成起，就开始堆积泥炭”的事实。但此泥炭非彼泥炭。

“M.H. 尼阔诺夫和 C.H. 丘列姆诺夫先后编制世界泥炭分布图时，在北纬 50°~65° 附近划出了一个最大的泥炭带。这个带属副极地大陆性湿润气候，能满足泰加林（针叶林）生长，加上最后一次大陆冰川退却后却遗留下来的丘岗起伏的冰碛地形，地下多年冻土层的存在和发育不成熟的水系，等等，造成了地表滞水条件，促进了泥炭沼泽的旺盛发育，从全球来说，这个带可称北部泥炭集中带。大致以赤道为轴，约在南北纬 15° 之间又形成了一个泥炭集中带”。书中不止此一幅“泥炭分布图”。那种具有全球规模的分布图，必须与有全球规模的大事件相对应。现代沼泽的确也不少，但极小比例尺的世界地图都能予以标出“沼泽”泥炭，却应当是少而又小的，大概只能用“点”来标出。它们与属于腐殖煤系列的真正的泥炭不相干。

中国专家没有承继“泥炭有两类”的说法，这很可惜。他本来想说的泥炭和泥炭地的概念是相当清楚的，比日本大家泥炭分两类的级别更低、概念更清晰、内涵更小，因而外延更大。但是，在概念不清的总环境下，只有自己去调查研究、写一篇调查报告才可能做到，写论文和专著都不可能，因为不可能不用别人的资料和不做对比。一旦采用了其他人的资料或参与对比，概念与其他人的泥炭概念混为一谈，就胡子眉毛一把抓了。问题是作者的问题远不止此。没有承继“泥炭有两类”的说法，令人遗憾。

“苏联是世界上泥炭最丰富（约占世界总储量的 70% 以上）、沼泽分布最广的国家，泥炭沼泽形成的地带性特点十分明显，即与水文因素的影响有着密切的关系”。“俄罗斯平原上的几个大泥炭沼泽——莫斯科东北部的奥卡河平原沼泽、普里皮亚特河平原泥炭沼泽及西伯利亚泥炭沼泽……其中普里皮亚特大沼泽面积达 100 km²、110 km²，沼泽率达 28.9%。泥炭层厚度 2~4 m，至今泥炭仍然以 1~7 mm/a 积累着”。“约占世界总储量的 70% 以上”的泥炭中的主体，和“至今仍然以 1~7 mm/a 积累着”的是两类泥炭，不可能是一回事。不要看说的是泥炭的分布，只要作者没有分辨能力，说着说着就错了。

两本书的重要差别之一是后者更多牵扯第四纪冰川分布。以图为例，就有“北半球第四纪冰川”[2]144、“现代冰川”[2]154、“多年冻土分布图”[2]191 及欧亚大陆、北美洲 2 张共 5 幅[2]192–196（当然，前者也有 2 幅[1]17–18）。又譬如说“综上所述，欧亚大陆泥炭沼泽集中分布在较高纬度地带，在平原大区纬度地带性表现得较明显”，也未将冰后期泥炭与全新世新期泥炭加以区别。前者前五章涉及得少些而已。

世界上不可能有与纬度带相对应的沼泽带。就中国而言，六大沼泽分别是川西若尔盖、新疆巴音布鲁克、三江平原、黄河三角洲、扎龙、辽河三角洲。美国佛罗里达州南端有大沼泽地国家公园。它们都不与纬度带相关联，应当说受制约于相对局部的地理因素。

与纬度带相关联，是真正的泥炭的一个最重要的本质属性。沼泽泥炭不可能、也不应当有这种属性。

2. 时间分布上冰后期（灾变期尾）与全新世晚期（均变期首）未严格区别开来

“全新世新期泥炭”与“冰后期泥炭”被认为是两类泥炭，非常正确，应予继承。在整个地质时期，是否只有全新世能够形成“新期泥炭”？答案应当是否定的。但是，由于泥炭的概念混乱，两类泥炭被混杂在一起，因此新期泥炭的空间分布特征未予阐明。读者能够看到的分布特征，包括图件，都主要是冰后期泥炭的。

“泥炭地保护研究计划，是 1966 年在瑞士卢塞恩召开的（国际自然保护联合会）会议上制订的。这次会议的目的是如何保护泥炭地和研究其生产力。……该计划的泥炭地分类草案，是以水文和地形为基础的，可以说是最为概括的分类”。“以水文和地形为基础”，就被褒为“最为概括的分类”很有意思。因为这与“地学”就主要方面而言撇清了关系，尤其与地质时代扯不上关系，而与地理学关系密切了起来。什么样的地质时期会普遍出现适合沼泽泥炭的地形呢？如果有，那只能是继成炭期之后，顺势而为给予了沼泽泥炭的形成以机会。一面褒奖以水文和地形为基础的泥炭地分类，一面称“泥炭地地学”，这就经不起推敲了。

“冰后期就具有作为泥炭地形成的时代的特色”，说的是其“形成”具有“时代特色”的泥炭，是真正意义上的泥炭，不是他要说的“全新世也在形成”（准确说是全新世后期，全新世前期仍属冰后期）的沼泽泥炭。与成煤期相对应，“成炭期”是泥炭的又一大本质属性，它预示与全球性重大地质事件相关联，是灾变期的产物。地球上的某地至多在某一瞬间（按地球的时间尺度）存在过沼泽。沼泽泥炭是均变期的产物。如中国北方中、晚石炭世，晚古生代大冰期的冰川融水海侵不断淹没掩埋在高浓度 CO_2 下疯长的高等植物，在当年某个时段、以人类的时间尺度看，也曾像“湿地”“沼泽”。不过只是“像”而已，芦木、鳞木、封印木等那些高大的乔木被淹在“湿地”上，与泥炭藓之类长在沼泽里差别巨大。在地质时代的均变期，我们不可能看到高大的乔木被水淹致死、最后被掩埋的情景。将泥炭藓、水藓或者是长得高些的芦苇淹没、淹死、掩埋，需要的水量大不相同。山洪暴发的涨水，几天、十几天、了不起几十天又消退了，可以使得芦苇之类高大些的草本植物淹没、淹死，淹死倒伏之后被掩埋，但无法如法炮制高大的乔木。必须是灾变，冰川融水海侵来了，淹没、淹死、掩埋那些高大的热带乔木（注意，是无须没顶的淹没。几十米的高大乔木淹 10 m、15 m深，相当于两个河流阶地之间的高差，足矣），冰川融水淡水又使得尚未被淹没、淹死的高大乔木在高浓度 CO_2 及高温条件下继续疯长。

至少是显生宙以来的所有地质时期，沼泽泥炭都是可以形成的。即使在灾变期，沼泽泥炭也可以形成，不过它不可能成为主体。依理而论，碳质岩石中的某些部分可能就有沼泽泥炭，只不过要分辨出来是既费力又少价值的活。泥炭就大不相同了，它不仅作为能源矿产占重要地位，而且它的开发利用问题本身都大有学问，早年将泥炭作为燃料的人们，哪里知道泥炭还是珍贵的化工原料？文献［1］前五章的主要部分还是尽力在说沼泽泥炭，也介绍了不少沼泽泥炭的专业知识。但是，空间上不存在全球规模的所谓纬向带分布特征，时间上不存在地质时期中的“成沼泽期”，这才是日本大家准备讨论的“泥炭地”。在这种泥炭地后面加上地学二字，可以说就不通了。“晚玉木冰期极盛之后，约由距今 15 000 年前开始，向晚冰期和冰后期过渡，进入最重要的成炭期”。“晚更新世末—古全新世成炭亚期：距今 15 000~10 000 年前，一般称晚冰期，有人将其后半段划归古全新世。这是从晚冰期向冰后期过渡的时期，气候不稳定，波动频繁。在距今 13 000~11 000 年前，出现一次比较明显的暖期，大致相当于欧洲的博林期和阿尔路德期，其间虽有 200 年短暂的中仙女木冷期，但有些地方表现不明显。阪口认为，这个暖期才是晚冰期泥炭沼泽发育的真正开始”。“早—中全新世成炭亚期：距今 10 000~3 000 年的早—中全新世，气温较高，尤其距今 7 500~5 000 年的大西洋期最高，使地处高纬的西北欧最适于人类居住，因而被称为高温期或气候最佳期。……在日本中部以北的山地贫营养泥炭地，主要是距今 8 000~4 000 年形成的，多集中在海拔 1 700~1 900 m 附近。从中国副热带山地泥炭来看，大体也类似，但泥炭地的海拔高程由东向西逐渐升高，如从湖北神农架经川西若尔盖到藏南仲巴，由 1 740 m 升到 4 600 m”。这些论点应当都出之有据，但是所据事实的地域没有指明，而所据事实的地域是重要的，不同地域开始进入冰期的时刻可以大不相同。最重要的是，所指地质时期都属冰后期，形成的不是作者要说的沼泽泥炭。

3. 成碳植物是草本还是木本未予区分

两本书列举了众多的尤其是草本的成碳植物，如芦苇、苔草、棉花、莎草、芝菜、睡菜、水木贼、葡萄藓、水藓之类；指出水藓的保水能力甚至可以达到自重的 19~31 倍，与其他植物相比悬殊[1]137，等等，但是并没有比较鲜明地介绍植物在气候方面的属性。竺可桢先生创建的《物候学》在泥炭研究中本来是不可缺少的。例如，“西伯利亚松”过去的和现在的分布范围怎样，它反映的是怎样的气候？又如，水松属炎热气候条件下的喜光湿地植物，何以会在欧洲、北美、日本等地成为化石出现[8]这一类问题。这不过是一种遗憾而已，它只牵涉水平高与不高，不属于对与不对的问题。当然，这些只有讨论泥炭才能涉及。讨论沼泽泥炭也能够涉及的，那必须有极高的物候学水平。是否存在对气候要求极为苛刻，分布地域因而极为狭窄的草本植物种?

在地学范畴，从认识物的角度说，认识泥炭必须至少将植物划分出草本或者木本两大类，因为将高大的乔木林与将湿地草本植物群落淹没、掩埋，需要的是完全不同的两种地质环境，牵涉完全不同的两种地质作用。抓住这一点，就可以作出好文章。但是，这两本书都没有做这种区分。

4. 沉积韵律的有无干系重大

文献［1］有泥炭地和地壳变动节，文献［2］有“泥炭层系”专章。这两章涉及作者想要说的沼泽泥炭都不过属于陪衬。“泥炭层系，是指含有泥炭层并具有成因联系的一套沉积岩系，泥炭层在其成因上与其相关的沉积物有密切的联系。第四纪以来，由于不同的地质、地貌、新构造运动及不同的搬运介质的作用，而形成不同的沉积相及不同特点的泥炭层系”。“凡是埋藏泥炭，它的层系构成，都是由底板、泥炭层、顶板 3 个部分组成。有时，一些泥炭层系中夹有多层泥炭，即泥炭与无机沉积物间交互成层，反映出泥炭沼泽环境多次出现。而现代表露泥炭层系，只有碎屑沉积物构成的底板和上覆的泥炭层两部分”。但凡涉及沉积韵律，这种泥炭就不可能是作者要说的沼泽泥炭。

“一般认为，由海退到海侵的转折期，即前一次海退之末，下一次海侵开始之前的海面相对稳定期，在岸线附近有利于泥炭沼泽发育”[2]159。这个说法似是而非。“前一次海退之末，下一次海侵开始之前”，指的应当是大海侵旋回中的进退，而不是海退旋回的次级海水退进。应当说由上一次海侵结束到下一次海退之前海面的一段相对稳定期，有利于泥炭发育。因为从第四纪大冰期最后一次冰期玉木冰期有最低海面之后，总的趋势是陆壳一次次上抬又一次次被不断上升的海面追逐乃至淹没，在陆壳上抬和海面上升交替的过程中，某些泥炭层处于上抬可能剥蚀、海面上升又能够再沉积的地域，可能是形成厚大泥炭层的原因之一。这个道理与厚富磷块岩的形成过程没有本质区别（但厚大煤层形成的主要形式应当是植物边疯长，冰川融水边淹没、掩埋，那才能同时形成高质量并且厚大的煤层）。作者说的仍然是泥炭，不是沼泽泥炭。试想玉木冰期冰后期海面在 –155 m 标高时，由于冰后期高温和湿润气候，先有植物疯长，随后由冰川融水将其淹没、掩埋。此时可见到的是植物生长在火山灰层之上（套用煤田地质学的成果，是下有“根土层”），火山灰层上则有泥炭层。如果冰川融水大量涌来，超过了植物生长积累的速度，那么原地已经无法提供植物生长的条件了，只有偏内陆某些地域或成为新的泥炭堆积地，或靠当地的冰川融水滋养继续着植物疯长。原地则只能是由海侵携带来的碎屑组成上覆沉积层，这些碎屑当然以最常见的石英、细碎屑如普通的黏土物质为主，不排除混杂有由其他地方的火山灰，有如石榴石、锆石、金红石等且完好晶形（或存在断口、裂纹）的特征矿物混杂其中，甚至有较易风化的造岩矿物晶体。所以，还是将泥炭层视为海侵前的相对稳定期比较恰当和比较好理解。海退程序中形成的泥炭也可以有，但不可能是主体。

泥炭的形成必定同时存在沉积韵律。而只与水文和地形有关的沼泽泥炭则不可能与沉积韵律存在必然联系。某个沼泽死亡，沼泽泥炭保存后又成了沼泽，并保存了又一层沼泽泥炭的情况或许有吧，但那叫偶然性。

5. 特定物质——火山灰问题

特定物质指的是火山灰。煤田地质学在煤系地层中普遍找到并有确凿证据的标志性组分是火山灰。有无火山灰相伴随，是分辨泥炭与沼泽泥炭的重要标志。

"夹火山灰泥炭"[1]3；"南美洲南端（南纬 53°）的火地岛……泥炭层厚达 5~7 m，泥炭中夹 3~4 层火山灰层"[2]198；"火山区泥炭地的形成是否与火山活动有必然的联系，值得探讨。……日本北海道风莲川泥炭地，在发育过程中有两次火山灰降落，尤其是第一次降落的火山灰层厚度约 10 cm，使该泥炭地从高位普遍向低位过渡"[2]163。可以断定的是，所指火地岛泥炭是冰后期泥炭；日本岛处于板块缝合线部位近现代的火山多发带，风莲川泥炭的形成时间看起来相当新，靠厚不过"尤其是"的 10 cm 火山灰层来判断泥炭的性质，还嫌证据不足。只需要水文和地形条件的沼泽泥炭，凭什么要夹有火山灰呢？这毫无道理。普遍存在火山灰就这样成了沼泽泥炭与泥炭在物质成分上的重要区别。

火山灰的鉴别常常可能有困难，正如黄土成因的长期不能被认识。认识火山灰可借助矿物组成。"在泥炭层系碎屑沉积物中，最常见的矿物有 20 多种。而其中最主要的矿物只有 3~5 种。按其比重，可分为轻矿物和重矿物两类"。< 2.86 的轻矿物，如石英、长石，石英占 60% 以上，长石占 10%~15%；> 2.86 的重矿物，如锆石、辉石、角闪石、石榴石、红柱石等，只占 1% 左右。"重矿物虽在碎屑沉积物里含量少，但是它的种类多、稳定"[2]172。当很难识别和判断火山灰时，只要有如上述角闪石等，又有良好的形态特征（如晶形、裂纹、断口等），都可以判断为夹有火山灰的混入物。这些矿物与黄土的矿物组成和特征何其相似。泥炭层系碎屑沉积物中，凭什么要出现角闪石、红柱石等岩浆岩、变质岩的重要造岩矿物或者标型矿物呢（姑且不说外生环境下比较稳定的矿物，其实锆石、石榴石和辉石、角闪石、红柱石等同时出现，也事出蹊跷）？所有的事物都有渊源，不会无缘无故。大冰期成因论已经阐明火山灰的形成不能继续援用"爆炸成因说"，而必须建立岩浆的"高压 CO_2 喷气雾化成因说"。"高压 CO_2 喷气雾化成因说" CO_2 的制冷机制使得岩浆封冻、由火山口变狭窄也能促使喷气压力增高乃至爆炸（爆炸前部分 CO_2 余入岩浆形成浮石爆出）；如此喷发的重熔岩浆自然有如黄土"含有各大类岩石的碎屑矿物"[9]210，出现诸如角闪石、红柱石等不可能在陆壳风化壳中普遍保存的不稳定矿物。或者还有其他的气体喷发可造成岩浆的雾化吧，显然由 CO_2 造成的高压喷气是造成岩浆雾化的主要形式。这样，CO_2—泥炭—"各大类岩石的碎屑矿物"中一般风化壳条件下非普遍存在的造岩矿物或标型矿物，与由煤田地质学普遍存在火山灰夹矸的事实，就有机地联系在一起了。除非邻近有火山灰层，个别的沼泽泥炭也可由地质作用外营力带来火山灰，一般说来，沼泽泥炭普遍存在火山灰是毫无道理的。这就是泥炭与沼泽泥炭在物质组成上的根本区别。泥炭层系中存在火山灰层就可以成为泥炭的一种本质属性。这两本书都没有提到泥炭中的火山灰问题，"阪口也曾说'泥炭为何集中在特定的火山及其周围，还不清楚"[2]163，说明火山灰与泥炭的相关关系，前人也注意到了，只是不懂得大冰期成因，不可能从中领悟真谛。文献［2］有"泥炭层系"专章，却没有讨论火山灰层。当然应当主要是没有从煤田地质学中汲取精华，没有认识到火山灰存在的意义，而有意识地在泥炭层系中寻找火山灰层。

沼泽泥炭也可算是一种地质现象，它能够反映的，不过是水文和地形的因素。沼泽泥炭的本质属性是什么呢？根据“泥炭只有在植物生产量大于分解量的时候才能形成”，大概是只有分解作用和草本植物吧，沼泽泥炭必定以草本植物为主且经历分解作用。沼泽泥炭讨论的是从草木到泥炭的长期变化过程，不大可能是“春华”正盛、“秋实”尚未到来，一岁一枯荣的野草正青翠、半岁就腐败并积累起来成了泥炭。还有什么能够作为沼泽泥炭本质属性的呢？那应当是“湿地”。什么地形上的相对低洼地、降水量丰沛地域或下兼有隔水层、下有地下水补给……这些东西都不能算本质属性，都包括在湿地里了。没有多少本质属性的东西，能研究得出什么对地学有价值的结论呢？

低洼的地形在大多数情况下都会风化堆积土壤，再有降水、地表水或地下水位比较高形成了湿地，都会有湿地植物生长，都可能会出现沼泽泥炭。它与地壳运动、海面升降没有必然关系，了不起跟随在成炭期末顺势而为也被纳入泥炭矿范畴。研究沼泽泥炭能有什么意义，大概只在生态环境范畴吧。从平面上说，沼泽泥炭增多了或者是减少了，当然说明生态环境在变化。至于从沼泽泥炭剖面中能寻找出什么来，依理而论，如果物候学水平高，自然界乂果然存在对气候要求极为严格因而分布地域极为狭窄的湿地植物，在北部泥炭集中带，是有可能找出近两三千年来，湿地植物由要求温润气候逐渐转向现代气候的。不具备这个前提，靠研究沼泽泥炭绝不可能得出环境变化的成果。

（三）文献［1］核心章节第六章的大变调

名为“泥炭地地学——对环境变化的探讨”的第六章“泥炭地的地学性变迁”应当属于全书的点睛之笔（按：共4节——“泥炭地和气候变化”“泥炭地和火山活动”“泥炭地和水位变化”“泥炭地和地壳变动”），因为全书涉及“环境变化”“变迁”只有两处，另一处在“从泥炭层看到的变迁”小节。可以看出，此核心章节讨论的其实是真正的泥炭，尽管作者连带也说了些沼泽泥炭，但属顺带讲的。

1.“泥炭地和气候变化节”说的不是沼泽泥炭

开篇“泥炭地的形成”[1]342，列举的是降水量、湿度、涌水量、土壤湿润、河道等与沼泽泥炭有关的内容，但是陈述的时间域在图上可长达2.1万年（照片6–1界限层和新期泥炭的再生循环[1]344），文字中描述的最老年代达1.2万年[1]351，其他六七千年、七千年至九千年这些久远的年代，都属冰后期。如果将全新世分为早、中、晚三期的话，那么按照泥炭层的记录，可能晚全新世只有一两千年、两三千年。四会城区“地下森林”开始发育和死亡的时间大致为4 000~3 000年前[7]，碳化程度或者称“生物化学作用”程度还只达到将树木变为可制作软木塞的程度，但它归属由淡水海侵造成的、以水松为主的植物群落。这种炎热气候条件下的喜光湿地植物，随着冰后期气温降低，在欧洲、北美、日本等地仅存化石，逐渐南移“多发现于中国南方和越南等中亚热带东部和北热带东部”，作为冰后期的孑遗品种，现在已经成了“国家一级珍稀树种”“国家一级保护植物”“重点保护的六种野生湿地植物之一”了。这说明冰后期泥炭的形成期延续到了三四千年前。

2.第二节“泥炭地和火山活动”则更难与沼泽泥炭扯上关系

除堰塞湖之类改变了地表水的状态或是含水层被火山颈阻隔迫使地下水位上升甚至溢出地面，很难再将火山活动与沼泽泥炭地联系起来。“靠火山活动形成的地形”，“在火山活动带的泥炭地，因为泥炭地具有特异的堆积环境，因而保存了甚至是极少的火山喷出物”，“火山喷出物一进入泥炭层，该部分由于富营养化和通气的改良而促进了分解，有时会从贫营养性向富营养性泥炭变化”，都很难与泥炭地的形成拉扯上关系。“从古地理学的观点来看，这里所说的泥炭，仅限于几乎没有混入类似黏土的碎屑物和火山喷发物等”[1]3 即是证明。

日本的一系列火山活动与泥炭地的相关关系，如“靠近宝兰的幌别町鹫别海岸泥炭地，在泥炭层上部挟着四层火山喷出物和一层海沙层”[1]353，这 4 层“火山喷出物”既没有被称为“火山灰”，又不过是 17 世纪以来沉积的。显然，它们与 CO_2 喷发、冰后期的关系不能认定，也许此处真是沼泽泥炭。但到底是与不是，这就必须调查究竟是所有的全新世后期泥炭地都有“火山喷出物”（必须强调的是全新世后期。如果是间冰期、冰后期，真正的泥炭地里是必定有火山灰层的，就像煤系地层中普遍存在火山灰层一样），还是学者只挑出有火山喷出物的泥炭地来说事。像“火山喷出物一进入泥炭层，该部分由于富营养化和通气性改良而促进了分解，有时会从贫营养性向富营养性泥炭变化”；靠说不清楚道理的“特异的堆积环境”或“有时会”这样不存在必然的相关关系找到的规律是不可信的。这一节的末尾说到了瑞典的、斯堪的纳维亚半岛的相关情况，年代距今 3 830 ± 120 年或公元前 1 700 年，又处在环北大西洋地域，这种泥炭地究竟是真正的泥炭还是沼泽泥炭就比较难判断了。窃以为很可能仍是冰后期泥炭。

该节列举的英吉利诸岛的泥炭、多格尔沙洲的沉水谷泥炭、荷兰的泥炭层、冰岛的海岸泥炭，就其主要部分而言，都不是学者想要说的沼泽泥炭。即便是英格兰的讷尔富克湖沼，言及中世纪初期的泥炭采掘，关于埋藏泥炭言及玉木冰期，渔津埋藏林和泥炭层，猿别平原 30 m 深钻孔涉及的泥炭层等，都不是学者想要说的沼泽泥炭，而主要是冰后期泥炭。

3. 第三节“泥炭地和水位变化”似有意避开了“海面变化”用词

“像这样在海面下发现的泥炭层，除了极小一部分例外，泥炭层就成为海面上升或者陆地沉降的一种证据”[1]357。作者称利用泥炭层研究室面（按：“室面”应为“水面”之误）的变化，是从北欧开始的。在北美墨西哥沿岸、大西洋沿岸都有过研究[1]359。而实际上作者是在回避“海面”一词，因为这些地方沿岸都是海。海面上升或者下降，当然不能说与沼泽泥炭无关。但是，沼泽泥炭这样的现象竟然要与煤炭资源那样的按纬度带全球规模分布的、有成煤期的大宗矿产品“平起平坐”，证据尚不够充分。

4. 第四节“泥炭地和地壳变动”中似回避“海面”一词

说到“在费诺斯堪的亚第四纪最后的大陆冰川缩小、消灭的过程中，发生了地壳平衡式的隆起，直到现在仍在继续进行”[1]396，这很了不起，对地表水体地质作用的细微和普遍现象不能认识，却懂得属于大地构造学高度概括地壳运动现象——这就是笔者命名的“冰川性地壳均衡代偿”，说明在阪口丰之前，已有人看到大冰期能引发地壳升降，不过未知因果关系予以确立而已。但是，这个问题不在他讨论的沼泽泥炭范围内。能在南芬南瓦纳贾贝斯湖“巧妙地应用花粉分析的方法，探求了湖的某个地域地壳变动的经过”[1]396，说的虽然是湖，涉及的时间域却包括公元前 6500、公元前 5250 年，还“从砂层下部挖出含有树的残株的泥炭层”[1]398，仍然可以断言它并不是作者想要说的沼泽泥炭。研究沼泽泥炭能够探求到地壳变动是不可能的，作者分明推崇“按水文和地形分类”。

泥炭地与地壳变动和泥炭层系的韵律结构其实是同一件事，即地壳运动是造成泥炭的这个本质属性的原因。“泥炭地是自然界变迁的结果，或者是由于气候变化：海面变动、地壳变动、地形营力的变化，或者是由于人为的作用，结果湿地不再是湿地了。虽然一般认为湿地变迁的结果是变成森林，但是在日本还没有见到过这种变迁大规模进行的例子”[1]2。这话有毛病（详后）。海面变动、地壳变动是非常重大的地质事件，必然留下与此事件相对应的地质遗迹，地壳运动的性质特征就由这种地质遗迹反映出来。

泥炭层系的韵律结构就是其对应表现。这种地壳运动的特征有 5：一是冰川性地壳均衡代偿所造成的地壳运动是造陆运动，不是造山运动，泥炭层系与下伏地层必定是整合接触或假整合接触；二是既然是造陆运动，沉积物的来源就相当稳定，表现的是相同的沉积物反复沉积显现韵律结构；三是泥炭层是各个沉积韵律中的标志性沉积层，因为充斥大气圈的 CO_2 要寻觅归宿，由 CO_2 变成植物再掩埋进入岩石圈成为泥炭，体现的是物质不灭定律；四是在绝大多数场合，泥炭层下伏地层为火山灰层（煤田地质学所称“根土岩”），泥炭矿床越大越无例外；五是韵律层序应当是越靠近环北大西洋陆壳越多，远离环北大西洋陆壳则越少。不论是滨海相、近海相还是内陆相，所有的泥炭层系都有此五大特征。懂得泥炭层系的这些特征，再进行研究，包括区分出沼泽泥炭，效果将大不相同。

“在距今 18 000 年前后冰期极盛时，最低海面在东海达 –155 m 以下”[2]161。这个资料与珠江口中国珠江口海面上升了 130~155 m、黄渤海 2~1.5 万年的最低海面在 –150~–160 m[10]157 的资料相当。1.8 万年来平均海水面上升了 155 m，它将对地壳产生怎样的影响？促使海面上升的水是消融冰盖提供的。最厚可达 1 500 m 的冰盖在环北大西洋陆壳上消融了，陆壳减轻了载荷，冰川融水使海面上升 155 m 增加了载荷。既然硅铝层与硅镁层密度相差仅 0.3 g/cm^3 就可以造成地壳均衡代偿，冰和水的密度分别是 0.9 g/cm^3 和 1 g/cm^3，冰、水在陆壳、海洋的这一减一增，当然要引发“冰川性地壳均衡代偿”。冰川性地壳均衡代偿是河海阶地以及泥炭层系存在韵律结构的根本原因。

总之，此第六章要想将沼泽泥炭与大的气候变化、火山活动、实际上是海面变动的“水位变化”和地壳变动作为必然性联系起来，是不可能的，只能拉扯上冰后期真正的泥炭才能做到。这与作者褒奖对泥炭“以水文和地形为基础”分类就是最为概括的分类[1]9 是完全不同的思路。由此可以说，离开了冰后期真正的泥炭，作者无法撰写其核心章节。

看到“变迁”一词（见“从泥炭层看到的变迁”小节），按常理以为说的是环境变迁，但实际上说的是泥炭地生成过程的一般性演化：“因而泥炭的层序是，矿质基盘→富营养性（低位）泥炭→中营养性（中位）泥炭→贫营养性（高位）泥炭。这个层序称‘正规层序’”[1]242；并且根据这样的生成演化过程说：“这样，从正规的泥炭层序出发，根据层序的中断、逆转，或者是异常的堆积的观察，即通过泥炭层的变化来判断环境的变化是可能的。”[1]245 层序中断了、逆转了，或者异常了，可以推断出原来的环境改变了，这是不错的。但是，变成了怎样的环境了呢？好在作者求实地承认：“有关古环境的变化并未进行系统的总结。……也只好寄期望于将来”[1]ii。“书名虽然是《泥炭地地学》，但考虑到它几乎接触到有关泥炭、泥炭地的所有重要问题，可以起到泥炭、泥炭地概论的作用”[1]iii。窃以为书名称“泥炭、泥炭地概论”比较相宜，凭这种层次的认识，还不能深入讨论什么和得到什么关于环境变化的有价值的论点。

前人的某些重要概括并不正确。例如“泥炭只有在植物生产量大于分解量的时候才能形成”的问题，这个观念历史悠久，从字面意思说也显然不会错，因为分解量大于生产量就没有了可堆积的物质（只留下外营力将制造出由腐殖酸造成的酸性环境），就是沼泽泥炭也无法形成。但是这有一个量比的问题。煤炭的形成过程中也会有分解度的问题。间冰期、冰后期植物疯长过程中，必定有枯枝落叶，这些枯枝落叶当然会腐败，并且因为炎热气候和树木生长的光合作用产生出大量的氧气，很可能腐败速度很快而出现超过枯枝落叶量的情况。今天能否从煤系地层中找到有一定分解度的腐泥煤层，从沼泽泥炭研究的角度，是有必要调查研究的。可以肯定地说，这种有一定分解度的腐泥煤的数量一定有但应当极少。煤系地层的主体一定是一枝一叶都能保存，就像四会“地下森林”那样，冰川融水海侵淹没、掩埋“地下埋藏树木”，以地质学的时间尺度说，是“一瞬间”就被封存起来，然后以“生物化学作用为主”形成泥炭或者是煤。四会的实际情况是形成连泥炭都未能达到的腐木。所以说，研究沼泽泥炭要与地学拉扯上关系，从时间尺度上说，也很成问题。从这个角度说，《泥炭地学》又比《泥炭地地学》好得太多了。

（四）其所称“泥炭地”研究只能归属沼泽学

如果容忍泥炭没有明确的概念，像“相”那样公开认同混乱，那么研究“泥炭地”就没有可归宿的学科。有趣的和值得思考的是两位作者都不采用概念明确的，同时也是德国尤其是俄国采用的“沼泽学”（而欧洲尤其是俄国在泥炭研究上分量是很重的）。文献［1］改弦易辙弄了个《泥炭地地学》；文献［2］作者用“阪口认为”口气说事，可见文献［1］作者之盛名。但文献［2］作者却并不效仿“泥炭地地学”，而是创建了个“泥炭地（之）学”。在沼泽学、地学、按其解释堪称“泥炭地生态学”及泥炭地（之）学4种名目中，应当说只有沼泽学符合两位作者声明要说的对象。但都放弃采用“沼泽学”和“沼泽泥炭学”，所为何来？“谁解其中味”？可以肯定的是，如果写沼泽学，是无法与地壳运动、海面变化拉扯上关系的。是否能论证出气候变化来，很值得怀疑。结论只能是这种“泥炭地”研究不属于科学，只属于技术，诸如泥炭地的开发利用之类。假如还未认识到它是两种“物”的混合体，那么即使仿“煤岩学”称“泥炭岩学”也不适当。

（五）一些具体问题

1. 描述与论述混述得可怕

“冰期时，冰盖外围是寒冷的冰缘环境，其特征是林木稀疏，多为苔原，甚至光秃的寒漠。如西欧最后一次冰期的冰缘是蒿属和唐松草为主的开阔草原。东欧冰盖前缘可能是一片荒漠。北美冰盖前缘分布着以松和云杉占优势的针叶林，其中零星散布着小片苔原”。“与冰缘植被相应的，地下往往分布着多年冻土层”[2]155。

“冰缘植被”和上述冰盖前缘植物种类的罗列，似乎是对事实的描述。冰盖上不可能有植物，冰缘环境是否有植物呢？“苔原”“松和云杉占优势的针叶林”和“其中零星散布着小片苔原”，如此明白无误地罗列，看起来是对事实的描述，而其实应当是作者对冰盖外缘植物生长状态的想象，或是将不同时的现象说成是同时。笔者认为，在第四纪大冰期的环北大西洋区，不论是水下、天空，还是地面、地下，全部生物圈因为环境骤变而死灭，冰盖外缘仍包括在死灭区核心部位里，何来稀疏林木、苔原、草原、针叶林？“冰缘植被”是不可能存在的错误概念。如果冰盖外缘，后来植物生长确有特色需要命名，那只能称“消融冰盖外缘区”，此时为间冰期或冰后期，气候炎热且有高浓度 CO_2 滋养，植物可能会疯长。需要指出，多年冻土层相当于区域性隔水层，可造成滞水条件，尤其在由冰期向均变期间冰期或冰后期过渡时，冰川融水增加，但下渗困难，因而促进泥炭沼泽的发展[2]155倒是正确的，冻土层可阻滞冰川融水下渗，较长时期维持地表湿热环境。

“冰缘植被”概念直接与笔者的磷帽说冲突，不能不予以驳斥。

还有比较多的“由于”，在泥炭成因未查明时强述因果关系，是非常可怕的。

欧亚大陆东西两岸“由于海陆分布与洋流等的影响，泥炭沼泽地的纬度分带性已被破坏，其分布规律较复杂”（沼泽泥炭没有纬度分带）。“泥炭地是植物生产量超过分解量的地方形成的，因为生产和分解作用受气候和地形以及地质条件所影响，根据气候条件属于带状的同时，又由于地形以及地质条件而打破了这个规律性”（沼泽泥炭与地质条件不相干；带状气候条件只可能出现在间冰期）[1]16。“由于热带分解作用强烈，泥炭生产量最大的地带不是热带而是温带”[1]71（这是将现代气候说成是泥炭生成时的气候。泥炭生成时现在的温带应是热带，或缓和些说是热带—亚热带）。“在北半球针叶林带有永久冻土层的地方，融雪、融冰的水由于冻土的存在而不能够渗透，而产生地表积水，这样也容易形成泥炭地。世界泥炭地中，大部分分布在针叶林带的主要原因就在这里”[1]215（针叶林带是现代温带代表性林带，在间冰期该地带不代表温带而应是热带）。“由于冰后期的海面上升，引起陆地地下水位上升则发生积水。另外由于海面上升、河床比降变得平缓起来，这样的低平的土地排水更加不良，形成湿地而发生泥炭堆积。在我国的冲积平原所常见到的海成冲积层埋藏的泥炭层，就是这样堆积起来的泥炭地的堆积物”[1]216（沼泽泥炭与海面升降没有必然关系；海成冲积层埋藏的泥炭层不是沼泽泥炭）及“冰后期海面上升期，由于排水不良和地下水位上升引起的泥炭地化”[1]382（冰后期泥炭不是沼泽泥炭）。“火山灰也是某些地区泥炭矿物质的重要来源。在日本、苏联堪察加、北美太平洋沿岸、南美、挪威、瑞典、冰岛等地的一些泥炭地中均可见到。由于泥炭地距火山的远近、喷出物的数量、次数多少的影响，火山灰在泥炭中的存在状态也有明显差别。有的火山灰呈层状存在，并和泥炭层相间排列，最少的一二层，最多的火山灰层可达 11 层（日本），这是火山多次喷发形成的；有的火山灰是分散存在于泥炭中，这种存在状态多是泥炭地距火山较远或喷发物数量较少影响的结果，当数量较多的火山灰进入泥炭中以后，不仅增加了泥炭矿物质含量，甚至改变泥炭地发育过程，促使贫营养泥炭地向富营养泥炭地方向发展”[2]99，“第四纪以来，由于不同的地质、地貌、新构造运动及不同的搬运介质的作用，而形成不同的沉积相及不同特点的泥炭层系”[2]172（有火山灰并且多达 11 层就一定不是沼泽泥炭）。“由于东西伯利亚地表切割较大，山地多，气候较寒冷，湿度不足，自然纬度地带性已被破坏，所以泥炭沼泽的纬度地带性分布规律很不明显”[2]193（同前，沼泽泥炭没有纬度带分布属性）。“由于区域性地质地理因素的干扰，泥炭分布并不均匀，主要集中在西西伯利亚、西北欧和北美五大湖到哈德逊湾一带”[2]215（此泥炭不是沼泽泥炭）。“着重叙述鄂毕河中游带。这个带在气候区划上，大部属副极地大陆性气候。但由于温度低，蒸发弱，相对湿度大，所以被认为是大陆性气候最弱的和寒冷程度较轻的地区。正是由于这样的气候条件，再加上前述有利因素的配合，才使本区发育成为全世界泥炭沼泽率（泥炭盖度）最大、储量最丰富的地区”[2]216（此非沼泽泥炭）等。这些“由于”“所以”对于初学者尤其是求学者的毒害不可名状。

2. 有些素材，作者并未吃透

如泥炭“欧亚大陆西岸较东岸发达，北美大陆则相反”[2]188、欧亚“大陆东岸与西岸差别较大……泥炭沼泽远不如西岸发育”[2]195 与欧亚大陆“接近太平洋沿岸，泥炭堆积加强，泥炭藓群落开始增多”[2]192 就相矛盾。这里可能指的是两类泥炭。“欧亚大陆西岸较东岸发达，北美大陆则相反”指的是泥炭，“接近太平洋沿岸，泥炭堆积加强，泥炭藓群落开始增多”指的是沼泽泥炭，因为接近太平洋沿岸的现代气候较之内陆地势低平、水位上升、气候温润了，而“水文和地形”对沼泽泥炭最为重要。

3. 逻辑学问题与原因混述

“泥炭地是自然界变迁的结果，或者是由于气候变化：海面变动、地壳变动、地形营力的变化，或者是由于人为的作用，结果湿地不再是湿地了。虽然一般认为湿地变迁的结果变成森林，但是在日本还没有见到过这种变迁大规模进行的例子。”[1]2 这段话的问题有二。一个是逻辑学的划分问题。“泥炭地是自然界变迁的结果，或者是由于气候变化”中的气候变化属于“自然界变迁”里的子项，不可并列；“地形营力”又是什么呢？但这类问题在地学论著屡见不鲜，几乎算不上问题了，它应当与地质院校不开哲学和逻辑学课直接相关；主要问题是不同原因混述，前句应在说泥炭地形成的原因，后句变成了泥炭地的消亡原因。“海面变动、地壳变动、地形营力的变化，或者是由于人为的作用”，这些大小混杂的营力因素，作为泥炭地形成的原因是不可能的（谁会相信“90岁老人……知道泥炭地的主要部分是由树木形成的”[1]42？三四千年前的水松才形成腐木嘛），但是作为单个泥炭地消亡的原因却毫无问题。

4. 相互矛盾，以“对泥炭的积累最为有利”的论述为例

①“苏联 M.И. 涅施塔德在论证苏联全新世古地理时，曾根据孢子花粉分析，按区域计算出不同时代泥炭积累的速度。就表中分析，全新世晚期，泥炭积累速度最快，是因为这一时期的气候为温凉温润期，对泥炭积累最为有利；全新世中期积累速度最慢，不足晚全新世的 1/3，因中全新世气候温暖湿润→温凉干燥，对泥炭积累不甚有利；全新世早期则介于两期之间，是因气候冷温干燥”[2]39。

②“着重叙述鄂毕河中游带。这个带在气候区划上，大部属副极地大陆性气候。但由于温度低，蒸发弱，相对湿度大，所以被认为是大陆性气候最弱的和寒冷程度较轻的地区。正是由于这样的气候条件，再加上前述有利因素的配合，才使本区发育成为全世界泥炭沼泽率（泥炭盖度）最大、储量最丰富的地区”[2]216。

③称北加里曼丹泥炭沼泽——热带雨林带的泥炭沼泽聚集区“本区泥炭沼泽之所以如此广泛，堆积速率如此之快，无疑与高温、多雨的气候有关，这当然是气候地带性的

表现”[2]35。

④“若尔盖泥炭沼泽面积大，集中连片，广泛分布在高原上丘陵间的各种谷地中”。“总面积约为 50 多万公顷”[2]236。“该区泥炭沼泽的广泛分布与高寒气候有关……这种冷湿气候有利于泥炭积累”[2]236。

⑤“地处热带的雷州半岛北部沿海，植物生长量大，地势低平，更有利于深厚泥炭地的形成”[2]234。

仅列举此 5 项，在论证“有利于”泥炭积累、形成上的矛盾就突显出来了。事实上，除了极地，热带、温带、寒带都有各自的植物群落，植物生长速度快慢都不算问题，只要“水文和地形条件”具备，就可以形成沼泽泥炭。地质学里最富裕的条件是时间。

5. 对非常普通的地质现象和地质作用缺乏认识

如赞比亚西河威克多利亚瀑布“幅宽 1 800 m，广度 120~140 m”“从落下的水产生的飞沫”，“遂在瀑布线上形成云，其高度可达地表以上 400 m”。从这个云降下来的毛毛雨，仅限于瀑布 100~150 m 范围之内。降雨时间仅仅是几分钟，最长也只能达到 15 分钟。“从峡谷起点离开 10~40 m 的地方，沿着瀑布形成长 5~600 m（按：可能是 500~600 m）、宽 50~100 m 的热带雨林。从起点到 10~40 m 的范围内之所以不出现雨林，恐怕是对形成热带雨林来说，降雨量过多了吧”[1]233——河有河漫滩，海有潮间带，瀑布下当然有丰水期和枯水期水涨水消的地带，这“10~40 m”是在一个水文年中多次被水冲刷、淹没的地带，当然不出现雨林。当然，作者并未以肯定句表达，属缝隙中露出的破绽。作为“地学”，出现这种破绽是很不应该的。

二、归纳

为了此读后感的完整，也为借此讨论第四纪大冰期的相关问题，稍加归纳。

这两本书的作者都是所在领域的佼佼者，他们对具体问题的研究功不可没。笔者不过是指明他们所说的泥炭中包含了成因大相径庭的两种“物”而已。他们将两种物并在一起描述和论述，能告诉读者的只有细节，在总体上必然使其困惑无所得。笔者的另一个大目标是为大冰期成因论的正确性再添上浓重的一笔。不是说“大部分泥炭产生于冰后期。……当然，泥炭在全新世也在形成”吗？正好借此机会讨论第四纪大冰期，以及它怎样造成了泥炭的堆积，此成炭期比之前大冰期是成煤期有更多素材可供论证。

沼泽泥炭只与水文和地形相关，其形成的时间域仅限于全新世晚期。整个地质时期，沼泽泥炭应当也在形成，但是成岩之后，比较不容易分辨并且为进行分辨而投入研究的价值有限。当然，如果物候学研究有足够高的水平，能够在近两三千年的时间域分辨出气候变化来，也可以补充得出沿袭冰后期气候在暖多冷少的趋势下，越来越趋向温和平静的常态；补充说明地球气候的未来变化将由再谱写一次洋壳—陆壳型火山爆发交响曲，引发第四纪的第五次亚冰期（当然，也可能现在已经是冰后期）。

（一）“第四纪冰川覆盖地域和泥炭多产地域惊人的一致”事实中蕴含的信息

此事实在进一步阐明泥炭与冰期的关系，乃泥炭空间分布的一个主要特征。

什么“北美大陆泥炭沼泽……也有同欧亚大陆相似的纬度地带性和东西两岸的变异性”，什么“欧亚大陆西岸较东岸发达，北美大陆则相反”，原因都在“第四纪冰川覆盖地域和泥炭多产地域惊人的一致”[1]17 里蕴含的成因信息中。什么“副极地大陆性湿润气候”，什么“亚寒带和温带的一部分”，说的是现代气候，从现代气候带寻觅过去泥炭集中带形成的原因是一个误区。这倒是可以从过去堆积泥炭的与现代的气候差别中寻觅泥炭的成因和冰后期气候变迁的规律。

不知道大冰期成因，“第四纪冰川覆盖地域和泥炭多产地域惊人的一致”中蕴藏的成因信息就无法揭示。不论是“天文假说”“大气物理学假说”“地质、地理假说”或者“多种原因综合作用的结果”[11]135，乃至 20 世纪 90 年代的“大冰期是银河系悬臂磁场与地球磁场相互作用的结果”，这些“大冰期成因理论”都不能解释何以“第四纪冰川覆盖地域和泥炭多产地域惊人的一致”这个事实。大冰期成因论[12]则可天衣无缝地予以解释，起到相互印证的作用。

首先是植物的所谓营养性。对靠光合作用生长的植物而言，没有什么其他组分能够取代 CO_2 的作用。地质时期的均变期，如 CO_2 在今天的万分之三浓度环境下，显现出“钙镁磷肥”之类对植物生长的重要作用。一旦第四纪冰盖在某个时期的 CO_2 达到如致庞贝人窒息死亡的浓度，其他营养组分都不可能再像今天这样起重要作用。因此会出现“这枹树比在英国领土上发现的任何树都长”[1]48，“在富山县鱼津海岸有埋藏林……最大的直径达 4 m，有的年轮达 1 500 多年”[1]386 这样的事实。1 500 多年长成直径达 4 m 的树，算不算生长得超常快？没有指明树种，难以深究。但是，例如水松，罗浮山九天观水松树龄三四百年，树径五六十厘米；明正德年间栽种的 400 余年树龄的南华寺九龙潭九棵水松，直径也是五六十厘米。而四会“水松直径两米以上的比比皆是”[13]是可以参照、比对的。不论是论理还是信手拈来的素材，都能说明不能以今天的生长速度去看待冰后期植物的生长速度，冰后期植物的生长速度是令人不敢想象的。促使植物疯长的重要原因之一是 CO_2 的高浓度所带来的营养性。维诺格拉多夫就在地球生命物质的平均成分中指出，在有机体中元素的平均含量（重量）O_2 为 70.0%，C 为 18.0%，H 为 10.5%，三者合计占 98.5%。有机体如此，其中的植物对 CO_2 的需求可想而知。

另一重要的原因是 CO_2 造成的高温和融冰造成的湿润的气候。对于植物生长的速度，热带快于温带、寒带属于常识。但是，今天的热带植物也不可能像冰后期那样疯长，因为它们不再同时具备高温和高营养性的高浓度 CO_2。

这两个因素加在一起，促成了“全球……北部泥炭集中带”冰后期的热带—亚热带气候。

下面是一些细节里的学问。

1. 大气圈的环流规律使 CO_2 较长时期滞留在北部泥炭集中带

气态的 CO_2 尽管是环北大西洋陆壳型火山爆发的产物，可以飘向世界各地，但是是

什么因素使 CO_2 滞留在“全球……北部泥炭集中带”呢？

在《论黄土就是火山灰》[12] 中，笔者指出：“K.K・马尔科夫强调冰蚀作用在黄土形成中的意义。‘就广义的冰缘概念来说，黄土的堆积环境是一种冰缘环境’”[9]32，“黄土就是火山灰”的论点已经呼之欲出。现在泥炭产出不在冰缘环境而是北纬 50° ~65° 附近的一个最大的泥炭带，是冰盖的核心区。

对于冰盖而言，火山灰堆积在边缘（冰盖中当然也有 [12]31 并且更多），而泥炭生成并堆积在腹地。火山灰和泥炭这两个看似不相干的东西，都与由火山喷发的 CO_2 相关联。研究它们之间的有机联系，对于理解泥炭堆积在第四纪冰川覆盖地域很有益。

正如“论黄土就是火山灰”中指出的，大气圈气体的流动有其自身的规律。它们在南北半球分别存在对称分布的三大大气环流，即低纬环流（低纬度正环流）、中纬环流（逆环流）和高纬环流（极区正环流）。由于大气圈太薄，在赤道带受热上升和在极地下沉的气流，不可能成为一个完整的环流，而是在赤道带上升，至 30° 纬度带下沉（下沉气流带）；极地下沉气流在地面造成高压，顺地面流向赤道方向，在 60° 左右上升；30° ~60° 带遂成为逆环流或间接环流。

就像火山灰被大气环流规律左右在低纬度环流的下沉气流带堆积类似，环北大西洋区陆壳型火山爆发喷出的 CO_2 被极地正环流裹挟，在 60° 带上升流向极地，再从极地环流至 60° 带上升，这等于使 CO_2 较长时间徘徊在极地间接环流带。CO_2 的重量为空气重量的 1.5 倍，一部分 CO_2 滞留在地形上的低洼地带，不进入环流，也是可能的。欧洲是世界上地势最低的洲，北美大陆的大西洋侧都是地势低平并且多湖泊区域。在紧贴低洼地面有更高浓度的 CO_2 是完全可能的；即使进入环流，也必定是极小半径的环流，不可能与大气同上下进退。“极地形成的泥炭高堆”[1]321；苔原地带和森林带北部永冻土地带，极地植物种属占优势；鄂毕河北部下游带有“极地矿质苔草沼泽区”[2]216；“叙述鄂毕河中游带……大部属副极地大陆性气候……发育成为全世界泥炭沼泽率（泥炭盖度）最大、储量最丰富的地区”[2]216。这些极地泥炭的出现，以现代气候来解释是不可想象的。

同样属环北大西洋区陆壳型火山爆发的产物，气态的 CO_2 被裹挟在极地间接环流带，固态的火山灰却偏移 30° 纬度，到下沉气流带堆积，构成不连续的环球分布带，是否牵强？笔者认为，关于大冰期成因、火山灰的成因、黄土就是火山灰、白垩的成因、庞贝人的死因、河海阶地的成因、煤和泥炭的成因、磷的成因兼及盐卤的成因等论证到如此程度，该怀疑论证的牵强，还是该对论证所依据的事实加深认识和理解（对地质现象的认识和对地质作用的理解），就必须权衡了。

2. 泥炭“欧亚大陆西岸较东岸发达，北美大陆则相反”是环北大西洋冰盖覆盖地域的翻版

这就是“第四纪冰川覆盖地域和泥炭多产地域惊人的一致”的另一种说法。如果一定要找出其中的隐秘来，那应当是大气环流主要沿经向循环，佐证气候学的环流规律。欧亚大陆东西两岸“由于海陆分布与洋流等的影响，泥炭沼泽地的纬度分带性已被破坏，其分布规律较复杂”，是描述论述混述的例证，本来相当规律的现象，被作者理解的“由于”复杂化了。

3. 日本泥炭地“植物具有和欧亚大陆泥炭地许多共同和近缘种”是指其同属冰后期泥炭

所称日本的泥炭地特征，包括植物种类相似、厚度“表现了和世界泥炭层的厚度大体相同的倾向”[1]21，说的不是作者想说的沼泽泥炭，而是冰后期泥炭。“本州中央部以北的冲积平原”，南界的纬度大约在北纬三十六七度吧。这些泥炭地之所以不再在“北纬 50°～65°”的纬度带，而是偏南较多，应当是距离北大西洋较远，又属海洋性气候，气候受地热系统影响加大的缘故。当然，日本还有些泥炭地形成相当年轻，作者又没有分别交代，很可能两类泥炭都有。

（二）泥炭的空间分布特征主要是在阐明冰后期泥炭本质属性中的道理

沼泽泥炭当然有自己的空间分布规律，那就是只要是水文和地形条件适宜，在植物能够生长的地方都可以形成，一片湿地就够了。与泥炭相比较，堪称有十足的“小家子气”。

泥炭的空间分布特征只有两条，一是按纬度带分布，气势宏大，显示着泥炭与重大的地质事件相关联，不是一片湿地就可以成就的；二是泥炭是在冰川性地壳均衡代偿作用陆壳总体上抬过程中，海面上升与陆壳上抬轮番演绎下，海面上升速度与其积累速度相匹配的产物。

第四纪大冰期冰盖出现在环北大西洋区的事实，在泥炭的形成问题上反映的是环北大西洋区喷发了大量的 CO_2，根据物质不灭定律，这些 CO_2 要有归宿。否则，今天的 CO_2 浓度不会只有万分之三。大气环流中的中纬环流（逆环流）使 CO_2 较长时期徘徊在北纬 50°～65° 的环北大西洋纬度带，在为该带提供了植物最重要的营养物质 CO_2 的同时，还以 CO_2 的温室效应提供了高温的气候，冰川融化还有湿润气候共同促使植物疯长。当然，CO_2 的高浓度是全球性的，环北大西洋区作为 CO_2 的源区，浓度高得多，温室效应更显著而已。南北纬 15° 赤道带本来就是地日气候系统的高温带，加上第四纪大冰期新增 CO_2 的温室效应和宏量营养元素，当然也能使植物疯长。

既然 CO_2 高浓度是全球性的，高温湿润气候当然也是全球性的。之所以只有“全球……北部泥炭集中带”埋藏了最多的泥炭储量，只能是冰川性地壳均衡代偿作用使然了。

冰川性地壳均衡代偿的确立，靠的是演绎思辨。这就是建立在前人硅铝层与硅镁层之间的微小的密度差可以造成地壳均衡代偿，并且被事实证实之后提出来的。第四纪北大西洋海水转移上环北大西洋区成了冰盖，海水水位降低，洋壳、陆壳载荷的这一减一增，当然迫使地壳做更为强烈的相应反应。这是论理。冰川性地壳均衡代偿究竟怎样作用、幅度如何，还必须从地壳实际出发。这就是由大西洋中脊的格陵兰上抬成岛，欧洲成了世界最低的洲、北美近大西洋区也极为低平且多湖的事实反映出来的宏观态势。

间冰期冰盖消融，海水增加，海面上升，迫使洋壳沉陷和消融冰盖覆盖的陆壳上抬。但自然过程是不可逆的。格陵兰不再沉陷至海面之下，出现了地球上唯一的上百万平方公里的、质地为玄武岩质的陆地；欧洲、北美也不再上抬达到原来的高度（当然，这是推断，原来的高度未知），至于它们上抬的幅度，那就只能靠此过程中的沉积物说话了。“全球……北部泥炭集中带”说明，洋壳—陆壳沉陷与上抬，恰恰与泥炭堆积速度相匹配，表现在泥炭层系的韵律结构上。而在其他纬度带不具备这种相匹配的条件，它们的某些局部也可以有泥炭堆积，但不能成为泥炭集中带。

赤道带凭什么也成了泥炭集中带？由于从两本书中能够看到的相关资料太少，因此可能难有中肯的分析。赤道带应当是冰川融水上升幅度最大的地带，地球缓慢自转既然能使“固态”地球成为椭球体，在赤道带膨出，液态的水圈当然就有更为显著的曲率。但是不要紧，水圈增厚多，迫使陆壳上抬幅度也大，这不是问题。具体分析亚洲地质图，就可以对亚洲的泥炭集中带能够形成做出合理的分析，即这些地方属第三系沉积带。换言之，东南亚陆壳虽然整体上抬了，有第三系出露的加里曼丹、苏门答腊、马来半岛，却在冰川性地壳均衡代偿作用下上抬的过程中，不仅沉积有第三系，且持续下沉接受沉积。即在这些地带，仍然可以有相当发育的第四系，它们当然可以成为泥炭集中带。

广东省也是泥炭沉积比较丰富的地区。广东海岸是典型的上升海岸带，上升海岸带怎么可能有泥炭的沉积呢？但只要读懂地质图，就可以看出，道理与东南亚泥炭集中带相同，即泥炭分布在上升海岸带的沉陷带。广东泥炭的主要分布区在雷州半岛、珠三角地带，这些地带都是上升海岸带中的沉陷带。笔者曾经有力地论证，广东源发于皂幕山、流经鹤山—开平的镇海水原本流向西南方台山市的镇海湾，但后来却并入潭江至新会市的崖门出海，完成了河流的袭夺。这个袭夺的时刻，就在二级阶地与三四级阶地形成之间，证据确凿，毋庸置疑[14]65。珠三角的北北西向构造带越偏西沉陷越深，四会城区正在这条构造带的偏西部位北端，有地下埋藏林就不奇怪了。

经过这样的分析就可以认定，赤道带之所以也能够成为泥炭集中带，是因为构成泥炭集中带的地域是继第三纪之后第四纪的持续沉陷地带。加里曼丹、苏门答腊、马来半岛都属于自第三纪以来持续沉陷的地区，广东雷州半岛和珠三角属于第四纪的沉陷地带，四会地下埋藏林属于相当晚的沉陷带，距今不过三四千年。广东有五级河流阶地，早期阶地的形成时间间隔短一点，因为面型分布的冰川在全面融化；后形成的阶地形成的时间间隔会逐渐变长，因为大范围的薄冰川已经融化殆尽，只有厚大的冰川可继续提供融水。这很符合冰川融水水量的变化规律。姑且“死马当活马医”吧——中国远古的治水传说，前后 22 年，大禹的父亲鲧治了 9 年，治水得法与不得法，这 9 年水患都会更凶。大禹接手又治了 13 年，头几年水患可能还是越来越凶的，但“疏”的确方法得当，一定会有局部安民的证据，否则，9 年不见效问斩，岂可容忍 13 年？大禹“三过家门而不入”有没有说道？有。这就是其时没有寒冬。如果有寒冬，按中国气候格局，寒冬可以如北宋的桂秋八月黄河就彻底封冻，大禹可以回家歇一歇脚嘛（那时是没有今天的“过年”的，历法也没有）。22 年水患基本平息，这与中国只有山岳冰川、冰川堆积量相对较少又全年都在融化可以认为是相符合的。依理而论，第四纪大冰期后 8 000 至 10 000 年的头 2 000 年可能是冰川融水迅猛期，随后的 2 000 年可能是水量渐消的维持期，再后则应当是缓慢消减期。如果研究广东省河流的五级阶地的形成期，可以参考此宏观判断。三四千年为二级阶地的形成期，不至于有太大问题。瞧“萨罗贝兹泥炭沼泽发育 4 个阶段……第四，是现代泥炭地形成期。距今 3 000~2 000 年以后，海面由 –1 m 处开始逐渐上升到现在的位置”，即两三千年海面才上升 1 m。笔者这样的写作曾经被小辈讥为“科普”，谢谢他们的抬举。地质学就是需要改变那种弄上几个新名词，说一番概念含混、逻辑混乱及似是而非的东西让人似懂非懂为上的文风。

（三）与煤有成煤期一样，泥炭有成炭期

第四纪大冰期之前的成煤期都对应有大冰期，其原因前述已经详尽。从物质不灭定律说，就是 CO_2 制冷后由植物疯长并被掩埋进入岩石圈成为煤系地层；从沉积岩石学角度说，是冰川性地壳均衡代偿作用造成了有韵律的泥炭层系；从大地构造学角度说，是由冰川性地壳均衡代偿作用地壳运动引起属造陆运动，泥炭层系与下伏地层的和各地层之间的接触关系是假整合或直接接触关系。陆壳型火山—CO_2 喷发— CO_2 喷发制冷—CO_2 喷发后成为植物的富营养组分— CO_2 高浓度造成高温湿润气候—（与洋壳型火山联合作用造成的大陆冰川与海面下降）冰川性地壳均衡代偿—含煤岩系或泥炭层系的沉积韵律等有机联系在一起的因素，在讨论泥炭的每一项本质属性时都将涉及，成炭期就这样成了泥炭的本质属性。

（四）第四纪大冰期“海水登陆”问题

第四纪大冰期“海水登陆”成为形成环北大西洋区大陆冰川的过程，也就是地壳运动的过程，海水登陆引起了怎样的地壳运动比较粗略，只有诸如大西洋洋中脊上抬成了格陵兰、环北大西洋区沉陷之类，它们的细节可以再研究。冰盖消融则能够造成全球规模的造陆运动；冰后期冰盖的消融过程，就是冰川性地壳均衡代偿泥炭层系的沉积韵律形成过程。泥炭层系已经记载了造陆运动的性质。此项上述已经涉及，不赘述。

（五）泥炭的形成并不必定经历分解作用

煤岩学的研究表明，绝大多数的煤并未经历分解作用，腐殖煤系列中的如镜煤、丝煤等保存着十分完美的植物组织，一枝一叶都可以完整保存。煤系地层中经历分解作用的腐泥煤，从整体上看不过是附庸而已。

煤田地质学认为存在“腐殖煤系列”和“腐泥煤系列”。前者是“泥炭被沉积物覆盖后，在温度压力的长期作用下，逐渐转变为褐煤、烟煤和无烟煤。它是一个煤化程度逐渐增高的过程”。在这里根本没有提到“分解作用”，被沉积物覆盖也就终结了分解作用。泥炭“是高等植物残体在沼泽中经过以生物化学作用为主而成的一种松软有机质堆积物”[6]127。后者称之“腐泥”，“是在沼泽深水地带、湖泊、潟湖和海湾等缺氧还原环境中”，由“低等浮游生物和低等植物，在厌氧细菌参与下分解，经过聚合作用和缩合作用形成的暗褐色和黑灰色的有机质软泥，再经失水、压紧而成”[6]120。这两者的差别有二，一是是否高等植物，二是是否需要“分解”。研究沼泽也罢、泥炭也罢，可能需要首先理解煤田地质学这两个最普通的概念。前者不需要分解作用，姑且不说煤中的孢子体，如“木质镜煤”附有镶边的角质层属“叶肉组织”，连稚嫩的薄叶都可以保存下来，第三纪软褐煤中还可保留有“叶绿素体”。最生动的例证是四会的地下埋藏林，水松变成了可制作软木塞的腐木。尽管过去的煤田地质学并没有查明煤的成因，但是从其广泛被研究必定提升其研究深度来看，是沼泽学无法相比的，对煤的研究比对沼泽的研究无须考证就可判断要深入得多。泥炭这个概念的精华在“高等植物”和“煤化过程”，限指由高等

植物煤化形成。将森林淹没、掩埋与令苔藓、灯芯草、芦苇之类低等植物成为所谓的“泥炭”，所需要的条件有根本性差别。泥炭的本质属性还包括时间概念上的成炭期和空间概念上的全球性规模分布。它与“泥炭—无烟煤说”构成完整的煤的沉积成岩作用理论体系。高等植物被淹没、掩埋在地下，埋藏的地质年代愈长，“生物化学作用”愈彻底，是谓“泥炭—无烟煤说”，生动地说明随地质年代的延续，煤作为可燃性有机岩，在成岩过程中比无机质的岩层变化显著得多。

看起来这两位先生没有煤田地质学研究经历或至少是没有运用煤田地质学的研究成果。而要撰写泥炭的著作，是必须先对煤田地质学有相当深刻的认识的。

从被认为“缺乏科学性”的金的“卓越观察”[1]35起，迄今336年过去了，泥炭究竟是怎么形成的，总是顾此失彼，说不清楚，困惑不已。本文着重想要告诉读者的，除能印证大冰期成因论外，就是要重视研究对象的本质属性。地质学的研究对象，就某些矿产或者是岩石而言，不仅仅是研究对象本身是什么化学成分、矿物成分和结构构造之类，其分布特征，以泥炭为例，就必须包括时间上、空间上两个方面。笔者一再强调从空间分布特征中寻找规律，不可仅局限在对研究对象本身的成分、结构构造等的研究上。对于泥炭，因为存在成煤期的事实，就应当思考成炭期问题，时间因素也就成了必须特别重视的本质属性。而沼泽泥炭则不存在时间因素，只要水文条件长期适宜湿地植物生长，至少在显生宙，所有的地质时期就都可以形成沼泽泥炭，最后表现为碳质岩如碳质泥岩。

回过头来，再讨论泥炭是什么“相”的问题就十分简单和清楚了。沼泽泥炭应称为沼泽相，只要水文和地形条件具备，至少是显生宙以来各个地质时期都可以形成；冰后期泥炭才是真正的泥炭，煤田地质学早已充分研究，并且证据相当充分的各种沉积“环境”相，诸如滨—浅海相、近海相、内陆相等三大类，只有在大冰期亦即成煤期—成炭期才能形成。

参考文献

[1] 阪口丰．泥炭地地学：对环境变化的探讨 [M]．刘哲民，译．北京：科学出版社，1983.

[2] 柴岫．泥炭地学 [M]．北京：地质出版社，1990.

[3] H.G. 里丁．沉积环境和相 [M]．周明鉴，等译．北京：科学出版社，1985.

[4] 王涵，等．名人名言录 [M]．上海：上海人民出版社，1981.

[5] 莫柱荪．矿床成因和分类研究的新动向及其对普查找矿的意义 [J]．广东地质，1989(2)：67–74.

[6] 地质辞典编纂委员会．地质辞典 (四) [M]．北京：地质出版社，1986.

[7] 中共中央马克思恩格斯列宁斯大林著作编译局．列宁全集 [M]．北京：北京人民出版社，1963.

[8] 丁平，沈承德，易维熙，等．广东四会古森林地下生态系统 14C 地层年代学研究 [J]．第四纪研究，2007，27(4)：492–498.

[9] 刘东生，等．黄土与环境 [M]．北京：科学出版社，1985.

[10] 黄镇国，李平日，张仲英，等．珠江三角洲形成发育演变 [M]．广州：科学普及出版社广州分社，1982.

[11] 地质辞典编纂委员会．地质辞典 (一)：上册 [M]．北京：地质出版社，1983.

[12] 杨树庄．BCMT 杨氏矿床成因论：基底—盖层—岩浆岩及控矿构造体系 (上卷) [M]．广州：暨南大学出版社，2011.

[13] 李维宁．整个四会城区，地下都是森林？ [N]．羊城晚报，2005-06-04.

[14] 杨树庄．苍茫大地谁主沉浮：老地质队员说道 [M]．广州：广东经济出版社，2003.

后 记

求学第一课时老师教导，地质学是年轻的科学，是冷门，待破解的问题很多，希望同学们努力。对于笔者这个 17 岁又 4 个月的学生，对地质学只觉得新奇不敢奢望，连老师的姓都忘记了。1958 年通化地区一位年轻的村干部领笔者检查群众报矿，称听说地质学是“胡贴”的，问笔者是不是这样？他笑着说，笔者却一脸认真：高高兴兴上大学，怎么可能是来学“乱来”。这人的音容笑貌至今记忆犹新，因为笔者感觉受到了羞辱，当年笔者对地质学科学性的辩解苍白无力。木秀于林，风必摧之，当年地学界地位骤起，谤言也随之而来。

应当说，中华人民共和国在“文革”浩劫前乃至 20 世纪 70 年代，地学界的潜在主流观念是“地质学是不科学的科学”（从业至多十几年即可有此共识）。笔者在本书上卷绪论中已经指出地质学的经典错误和混乱。现在地质学的科学性依然被公开否定，如作为“本书是地质矿产部软科学研究项目和地质行业科学技术发展基金项目‘当代地质科学前沿及我国对策研究’之二”中写道：“我国正处于由模仿进入建立中国地质科学理论体系的新时期，而现有的地质科学研究很多仍处于学科描述阶段，缺乏创立现代地质科学新知识的能力”（而其理论体系“为实现地质科学的最终目标——创立行星地球的统一演化论理，提供理论思维和线索”——哲学认为实践是认识的目的和归宿。这也是笔者函致中国社会科学院哲学研究所，祈请调查研究地学界的思想方法的触发点）。由此可见，至 1978 年，地学界仍公开承认“地质科学很多仍然处于学科描述性阶段”，也在公开藐视权威和否定地质科学有发展、进展。

但从 20 世纪 70 年代后期起，另一种力量开始在中国自然科学年鉴逐年记载地球化学的发展并一再鼓吹地质学进展、发展、大进展。

世界的对应反响是：“近几年来，‘地球化学走向何方’？在国际上是一个非常引人注目的问题。1987 年在加拿大渥太华举行的四年召开一次的‘国际地球物理大地测量学术讨论会’……专门讨论了‘地球物理走向何方’的问题”，“1989 年苏联哈茵院士在《真理报》上发表了一篇很长的文章，题目为‘地质学走向何方’，讨论了苏联地质学的现状、地质学的发展及其存在问题，引起了同行们的强烈反响”（但在中国，当时知道世界反响者寡）。

因此，笔者想写一段后记，回首笔者对地质学的认识和反思（也就是解放思想）及其后有所发现的过程，必将有益于后人。

1977 年底考察闽南马坑铁矿及粤东沿海铁矿后，笔者发现闽南、粤东沿海铁矿与笔者所在的粤北有共同的大海侵旋回部位——都在不整合面上碎屑岩向碳酸盐岩的转换部位，遂有 1978 年 2 月的“从粤北看马坑式铁矿”，提出马坑铁矿是“石碌第二”和泥盆系盖层中宁乡式铁矿由改造基底元古代新余式铁矿形成的论点。

1980 年笔者独自完成广东韶关—乳源地区 1 ： 5 万成矿预测时发现一个地堑两侧正断层竟然向同一侧倾斜。在华南准地台不应当出现这种构造，它不再是地台型构造，这使笔者开始重视并研究地洼学说。1986 年以《论地槽加地台与地洼同格》参加庆祝地洼学说创建 30 年的学术活动。该文章 3 年后由地质科技管理杂志刊出。

1981 至 1983 年，笔者作为广东地质局的代表参加地质部地矿司湘、桂、粤、赣、闽五省区“南岭铅锌矿规律研究专题组”，在介绍凡口铅锌矿后被任命为副组长。1982 年，笔者开始自己的写作，并以排名推后的方式表达不同意专题研究成果《南岭地区铅锌矿床成矿规律》。此次视野甚为开阔，上升的理性认识也有了高度——与考察马坑铁矿一样，让实践层面开阔视野有利于科学发展。

斯坦顿先生指出“在矿床成因学说上，令人惊奇的是缺少一个清楚的发展格局。各种观念彼此之间少有演化上的联系。事实上，在各种理论之间明显地保留着一种‘针锋相对’的关系，当一种理论受到另一种理论攻击时，它表现出显著的坚持性和抵抗力。各种理论都此起彼伏地流行着——经常是作为对于一类特定矿石经过特别的独立研究而得出的具有雄辩力的结果——但是不论是哪一种理论正在蓬勃兴起之时，其他理论仍然在背后坚持着，待到适当的时机又东山再起”。此语道出了广东省地质局原莫柱孙总工矿床地质学“过 50 年又重回故道”的所谓发展。石碌铁矿则 22 年就重回故道——1978 年已经充分论证含矿层属泥盆系。

辩证法的一个主要特征是事物的有机联系哲学思想给了笔者极大的思辨演绎空间。既然大冰期成因必定包括有火山灰喷发的火山活动，第四纪大冰期就必定有大量喷发的火山灰，黄土是否就是火山灰促使笔者去读刘东生先生的著作，结果就有上卷“论黄土就是火山灰”及推断冰碛泥砾岩中泥也是火山灰；既然存在冰川性地壳均衡代偿，煤系地层和含磷岩系的沉积韵律就是冰川性地壳均衡代偿的遗迹，煤—泥炭和磷块岩当然都是大冰期的产物。笔者的论碳帽、论磷帽和论泥炭就这样顺理成章成就。

写作过程就是读书过程，笔者为此读书不下 500 本。科学史、煤田地质学、关于泥炭的书、同位素地质学、有机的无机的化学和生物学、海洋生物学等各种关于生命的科学、讨论碳循环和全球变暖说的著作、土壤学以及更多相关期刊论文，上网查资料不计其数。

在资料收集方面，学长许静、钱娇凤高工寄来“江西钨矿地质特征及成矿规律”和“江西主要金矿类型成矿条件及找矿方向”和不少剪报（如《信息时报》2009 年 4 月 1 日《瑞典实地考察后批驳“水掩陆地”学说全球水位上升是“世纪谎言”》），地科院地质所刘兰笙研究员的 1 ： 400 万中国地质图，甘肃冶金 6 队钟丹峰高工的“陕甘宁青四省（区）基性、超基性岩及有关矿产资料汇编”，中国地质学会《地质论评》常务副主编章雨旭研究员的《试论华北板块寒武纪地层的穿时性》《白云鄂博矿床及北京西山微晶丘地质、地球化学研究》，本局何耀基正高工提供多种资料帮助等，还有本局赖应籛夫人黄慧玲高工任笔者挑选业务书籍资料，年长笔者 8 岁的邱祖干探矿高工大清早从华南工业大学住地亲自送来《参考消息》2009 年 4 月 19 日《冰核钻探和海冰监测表明南极冰在增加而非减少》等，都给了笔者帮助尤其是鼓舞，借后记致谢。

2023 年 2 月 2 日

题记（补）

事实上，有些决断最先常常属于直觉，笔者之所以决定书名要冠以“杨氏”二字，最先只感到以“基底—盖层—岩浆岩及控矿构造体系”来讨论热液矿床成因，以及其中的6个导篇涉及“重大地质作用涉及的地壳形变、大气圈及生命演化”“陆壳运动发展演化及其规律”“丰量元素成矿作用启示”及“热液矿床地质特征及成矿作用参照”，非寻常矿床成因论可比。另借以看重年轻人的建议。今天看，漏掉了最重要的诠释。

尽管笔者了解地质学史中的“火成派”与“水成派”的论争，但主要囿于岩石学范畴，没有将其与矿床地质学相联系。而矿石也可以看成是一种岩石，有些其实就是岩石，例如水泥灰岩、玻璃硅质原料用石英砂岩等。后来看到导师的一段话，使笔者觉得可以用于题记。这段话是“一部不过200余年的矿床成因分类史却充满了剧烈的‘水’‘火’之争。一个时期，某些矿床被认为是内生的，岩浆热液的，另一个时期，它们却被认为是沉积矿床、外生矿床”。

导师之言未见得都对，但这段话没有错。以笔者的亲历，广东仁化凡口铅锌矿床一直被认为是低温岩浆热液矿床，笔者则论证为“海水下灌渗滤作用成矿矿床”——冷液矿床；英德西牛硫铁矿床最先认为是宁乡式沉积铁矿床，之后认为是热液矿床，最后认为是层控矿床，即从水成的到火成的，再到有同生沉积因素、受后期改造形成的矿床；尤其是随着层控成矿理论的兴起，一大批原来被称为“热液矿床”转移到“层控矿床”的方面来。《中南层控矿床专辑》的编辑出版，反映了20世纪80年代一大批历来被认为的热液矿床，诸如广东大宝山、湖南柿竹园、湖北兴山百果园、广西北山铅锌黄铁矿床、泗顶—古丹铅锌矿田等，乃至“湖南的层控铅锌矿床”“湘、桂、粤中泥盆世棋梓桥组层控多金属矿产”，等等，都由传统观念的“火成”热液矿床转变为层控矿床，而层控矿床总被视为与同生沉积脱不开干系，有人甚至要将其视为同生沉积成因。总之，被认为属层控矿床至少算不得纯粹的火成的了。

既然地质学界在矿床成因上的传统观念200多年来不是火成就是水成，抑或是不是内生就是外生，从未跳出这个框框，而笔者的矿床成因论既非水成、也非火成，又既是水成、也可以掺杂火成；既非内生、也非外生，又既外生、也内生。概括起来，笔者的矿床成因论应当称“构造聚矿论”，属“侧分泌说”的延续。如果说李四光先生“拧毛巾”式成矿提出了矿床成因研究的方向，杨氏矿床成因论则是这一思路的具体化。阐明陆壳已经由沉积作用（外生、水成）聚集了矿质，靠构造作用或兼有岩浆岩（内生、火成）

聚集成矿，既是外生的也是内生的，既是水成的也可以兼及火成的。这就是外生阶段（基底—盖层）先行初步富集，然后靠“内生”的构造岩浆作用将初步富集的矿质聚集成矿。这样的矿床成因论当然有必要特别标示，这就是书名要冠以“杨氏”的根本原因。

2022 年 8 月 26 日

附 文

一次找矿活动

广东并非没有第四纪冰川遗迹，而是第四纪冰川遗迹尚缺乏鉴别。有人说有冰川遗迹有人说那是泥石流遗迹，不好说已成定论。

早在 20 世纪 60 年代初，有地质队员发现广东封开、怀集一带山区有冰川遗迹。这些冰川遗迹包括冰斗、角峰、刃脊、U 形谷等冰蚀地貌，冰碛物有泥砾，及由泥砾组成的鼓丘散布在 U 形谷中，鼓丘长轴与 U 形谷平行，高几米至几十米，其上多建有房舍。有冰碛石，冰碛石上常有无定方向的擦痕。研究认为这些冰川遗迹也可以分为 3 期，与庐山冰川遗迹可以对比。

没有调查就没有发言权。封开、怀集一带是不是有冰川遗迹，笔者不能评论。但是，笔者相信广东有过第四纪冰川活动。这个相信，来自笔者说过的“大禹治的什么水”（参见《苍茫大地 谁主沉浮——老地质队员说道》）中的许多洪积物，比如低平地区有砾石层等洪积现象，如杭州附近的第四纪“之江砾石层”、珠三角珠江灯笼沙口门一带水深 20 多米还有含淤泥的沙砾层等事实，不是洪水，这些已经接近海平面的地域怎么可能出现沙砾层。只有海平面远低于现海平面才能产生洪水。这里我还想起了一次找矿活动——

念及过去关系，省经委牵线找来港资，给原省冶金局——省有色金属总公司的一家铁合金厂转产水泥，已经勘探了水泥用石灰岩矿，要求就近找水泥配料黏土—硅质混合原料矿[①]，地点在英德。

生产水泥需要多种矿物原料。主要是石灰岩、黏土及石英砂。现在要找的黏土，要正好代替原来的黏土 + 沙。3 种主要矿产原料变成 2 种，显然有利于水泥生产，但是却加大了找矿难度，本来常见的风化壳黏土、河沙一般都符合要求，现在以一张化学成分表提出的要求，我意识到是沙土。必须找含砂高的黏土。笔者接到了这项找矿任务。

说到矿，人们很容易先想到金银铜铁等金属矿，殊不知很普通的泥巴沙子也是矿，有时还很难找。那年是笔者地质生涯的 37 个年头，深知这项找矿任务的难度：英德地区

---

① 要求是一组化学成分：SiO_2 60%~70%；MgO < 3.0%，SO_3 < 0.5%，Cl^- < 0.015%。Sm > 3.0。AM 2.0~3.0。当 SiO_2 为 60% 时，Al_2O_3+ Fe_2O_3 ≯2.0（$Al_2O_3$13.3%~15.0%，$Fe_2O_3$6.67%~5%）；当 SiO_2 为 70% 时 ≯3.0 时，Al_2O_3+ Fe_2O_3 ≯23.3（$Al_2O_3$15.3%~17.25%，$Fe_2O_3$7.67%~5.75%）。如果死琢磨这些化学指标，很难让人建立起明确的概念。这只要懂得黏土 SiO_2 不可能大于 50%，就可确定不是一般的黏土而是含砂高的土，相当于亚砂土—砂土；Cl^- 要求极低说的是不能掺杂些许盐分（滨海淤积可以有亚砂土—砂土）；SO_3 < 0.5% 说的是要产出在充分氧化环境下。

是陆壳长期上升区，那桂林山水般的喀斯特地貌，高处根本没有风化壳层——基岩裸露；北江深深下切，平常季节，不走近江边根本看不见江水。这找矿之难由普通地质学已可阐明；尤其是地质资料档案目录赫然记载有由省地质局勘探的万埠岗砂岩矿和由省建工局勘探的万埠砂页岩矿详勘报告，证明前人已经绝望，被迫增加凿岩、粉碎工艺。这种局面，还想挑三拣四要硅、铝质混合黏土！

这必须认真对待，仔细查找资料，死马当作活马医吧。笔者主要研究喀斯特地貌区外缘地形图，并且发现一个叫“长岭”的地名，其地形非比寻常：在一排垂直主体山脉的侧向山脊里，它却明显要长一点、平缓圆浑一点。地形图上还标绘了一些散布的小砖瓦房。笔者又设法找来航空照片判读——马上辨别出来这是个“冲洪积扇”——这是从碎屑岩高山上冲下来的堆积！笔者当即认定这个矿已经找到了，只要这长岭上没有水稻田，这个矿十有八九算找到了！此处距国有企业直线距离 16 km，符合“在 20 km 范围”要求。笔者十分兴奋。笔者告诉伙伴，他中专毕业早笔者三年参加工作，“四化”当上队书记、队长，调局当副处长。从他将信将疑的态度看，他对找矿难度毫无认识。

我们 2 人周一到达现场。笔者当然想直接去长岭，他很会说话，说还是先就近吧。这没法反对，他没说不去，尤其有“近、富、浅、易”——就近找浅部易采的富矿是谁都理解的大原则。周二、三、四 3 天就近寻找，早出晚归，果然连低洼处风化壳层都非常薄，或有些许黏土都并不含砂。附近小水泥厂可以迅速提供样品化学分析结果，就近找矿一无所获。周五这天，笔者按地形图指挥行车并准确到达长岭。1968 年航空摄影绘制 1∶5 万地形图上的“大车路”，此时已经勉强可以行汽车了。

原来，长岭上曾有驻军，所以有散布的小砖瓦营房；果然没有水稻田——也就是说，长岭上的泥巴是存不住水的；地面偶然可以发现大石块（洪积）。陪同我们的国有企业的科长与助手，本来已经失去了“找矿新鲜感”，此刻也跑过来帮助我们拿工具、采样品，他们情绪高涨。他们这时对我们刮目相看了——这广州来的两名高工，指挥行车车程 20 多千米，怎么一步错路都没走，怎么知道这他们都没来过的山沟沟里，有他们急需的大矿，现场情况竟然与在行车交谈时预计的会这样一致？

笔者仔细做了观察。这长岭冲洪积扇产在海拔 350~100 m 段，宽 1 200 m，长 2 000 m。其左右各有一条稍大的溪流，溪流相距 1 400 m，均发源于海拔近 1 400 m 的山脉主峰下。真正制造冲洪积扇的，是冲洪积扇顶端的一个相对平缓的山谷。其平缓段长 1 000 m，之上陡坡段直到其山峰（海拔约 1 000 m）共 600 m，地形图标绘为干谷——并无水流。这干谷在雨季初至的 5 月毫无“嚣张气焰 ”，看不到几十年一遇、几百年一遇洪水泛滥的踪迹。这干谷接水面积非常小。即使将左右两条溪流之间、350 m 高以上的接水面积都计算进来，也不到 6 平方千米。接水面积区又都是陡坡，不能先汇集、后集中排泄，根本不具备产生洪水的条件。按笔者的职业习惯，笔者思考起这冲洪积扇的成因来。上瞧下看、左思右想，但总是降雨——产生洪水的思路，觉得实在无法解释，当年笔者留下了这困惑。好在找矿任务圆满完成，质量完全符合要求，数量超额许多倍。当年时兴的有偿服务，找到矿可创收 4 万元。

在解密大冰期成因后，再来思考，这个冲洪积扇可以作为广东第四纪大冰期的遗迹：1 400 m 间距有两条较大的溪流，说明此山主峰区地下水比较丰富。在第四纪冰期，广东山脉覆盖着厚厚的山岳冰川，也就是已经贮藏了大量的水。当气候变暖、冰雪消融时，也就是“大禹治水”的那个洪水开始发作的时候，恢复活动的地下水在干谷上方开始对主峰区冰川“挖墙脚”，并逐步发展使厚大冰雪层融化出“天窗”。结果是厚大冰雪层的融水集中流向“天窗”，变成了“空前绝后”的洪水。最初其强烈冲刷作用冲垮了干谷之上超过半个立方千米的砂页岩及其风化物，堆积在干谷下，成为冲洪积扇，后续大气降水持续（按人类时间尺度是断续）作用改造成冲洪积扇；地下水冒头流出地面，当然有其内在原因，也就是构造裂隙比别处发育些，因此也比别处脆弱些。强烈的冲刷作用后，后继持续冲刷还摧毁了这地下水原来在最高处冒出的机制。地下水则改由左右两处冒出，并最终形成现在的局面，——冲洪积扇左右各有一条溪流，冲洪积扇之上反而只有一条干谷。

冲洪积扇堆积物碎屑有其固有的特点：上粗、中部粗，下细、边缘细，冲积物的大小均匀程度（“分选性”）是上差、中部差，下良、边缘良。洪积物的厚度是中部厚，上、下薄、边缘薄。之间当然是过渡状态。这次找矿查明，在持续冲积过程对冲积物的分选中，冲洪积扇中、下部，有合格的含砂黏土。保守一点匡算，含砂黏土不会少于 1 000 万吨，远远超过要求的“30 万吨”储量规模。

找冰川遗迹可以论证第四纪冰川。找到冰川融水形成的洪—冲积物，至少可以对冰川遗迹存在的可能性争议作出判断。这次找矿找到的冲洪积扇，只能用冰川融水造成的流水作用来解释。也因此，笔者认为封开—怀集一带山区有较多种类遗迹证据的冰川活动是可能存在的。

必须指出的是，“冲洪积扇”名词与描述的形态不合，它并不呈扇形，而呈锥形。考虑到“冲积锥”一词更生涩没有采用。其实冲积锥更能体现冰川融水的短暂性。持续作用的流水早晚要将冲积物冲成扇形。

一般寓于个别之中，长岭的冲积锥证明可以作为冰川微地貌，其他地域的冲积锥是否也可作为冰川微地貌，很值得调查研究。